“十三五”国家重点出版物出版规划项目

量子科学出版工程（第二辑）

国家出版基金项目

NATIONAL PUBLICATION FOUNDATION

Lectures on

Quantum Mechanics

（美）斯蒂芬·温伯格　著

张　礼　张　璟　译

量子力学讲义

中国科学技术大学出版社

安徽省版权局著作权合同登记号:12181798 号

图书在版编目(CIP)数据

量子力学讲义/(美)斯蒂芬·温伯格著;张礼,张璟译. —合肥:中国科学技术大学出版社,2021.3(2022.11 重印)

(量子科学出版工程. 第二辑)

书名原文:Lectures on Quantum Mechanics

国家出版基金项目

"十三五"国家重点出版物出版规划项目

ISBN 978-7-312-05169-2

Ⅰ. 量…　Ⅱ. ①斯… ②张… ③张…　Ⅲ. 量子力学—研究　Ⅳ. O413.1

中国版本图书馆 CIP 数据核字(2021)第 033342 号

量子力学讲义

LIANGZI LIXUE JIANGYI

出版	中国科学技术大学出版社
	安徽省合肥市金寨路 96 号,230026
	http://press.ustc.edu.cn
	https://zgkxjsdxcbs.tmall.com
印刷	合肥华苑印刷包装有限公司
发行	中国科学技术大学出版社
开本	787 mm×1092 mm　1/16
印张	25
字数	483 千
版次	2021 年 3 月第 1 版
印次	2022 年 11 月第 2 次印刷
定价	168.00 元

内 容 简 介

诺贝尔奖得主 Steven Weinberg 将他卓绝的物理洞察力和明晰的表达天赋结合起来,在这本成功的著作完全更新的第 2 版中提供了近代量子力学的简明介绍.第 2 版包括如刚性转体和量子密钥分配等主题的全新 6 节以及对全书现有章节的重要增补,非常适合作为一年的研究生课程教材或研究人员的参考书.从量子力学的历史评述和 Schrödinger 方程的经典解开始,Weinberg 运用他卓越的教学经验阐明了 Bloch 波和能带结构、Wigner-Eckart 定理、幻数、同位旋和普遍散射理论,然后将量子力学发展到近代 Hilbert 空间处理形式.每一章之后都有习题,讲课教师可以从网上获得题解.

作 者 简 介

Steven Weinberg 是美国 Texas 大学 Austin 校区物理和天文系成员(教授).他的研究工作涉及量子场论、基本粒子理论和宇宙学等领域.他被授予诸多奖项,包括诺贝尔物理学奖、美国国家科学奖、数学物理学 Heinemann 奖.他是美国国家科学院成员(院士)、英国皇家学会会员以及美国和国外一些学术机构成员.美国哲学学会给他颁发 Benjamin Franklin 奖章,获奖证书称"他被许多人认为是当今世界尚存的一位杰出的理论物理学家".他为物理学工作者所写的书包括《引力和宇宙学》、三卷本《量子场论》和最近的《宇宙学》.他在 Cornell 大学、Copenhagen 大学和 Princeton 大学接受教育,并拥有其他 16 所大学授予的荣誉学位.他曾在 Columbia 大学、加州大学 Berkeley 分校、MIT(麻省理工学院)执教,在 1982 年到 Texas 大学之前是 Harvard 大学的 Higgins 物理学教授.

诺贝尔物理学奖得主 Steven Weinberg 写了一本极为清晰和整体连贯的近代量子力学研究生水平的教科书. 该书以明晰和严格的方式呈现了理论的物理和数学陈述. 对所有的公式都给予了逐步的解释, 每一项都有定义. 他呈现了教授这门课程的一条新鲜、完整的途径, 着重于对称原理. Weinberg 演示了卓越的教师和作者的灵巧.

Barry R. Masters, *Optics and Photonics News*

《量子力学讲义》肯定属于对于有好的本科(量子力学)基础的学生而言最好的教材之列. 清楚解释的理论形式和令人信服的物理例子的结合做得很巧妙. Weinberg 与读者分享的知识和洞察力的深度是引人注目的.

Mark Srednicki, *Physics Today*

或许该书与其竞争者的区别是逻辑的一致性和深度, 以及精心制作. 几乎一字不错, Weinberg 对内容的深刻理解意味着他做得极为彻底, 我们用不着凭信任来接受任何东西⋯⋯读者可以跟随 Weinberg 通过更深刻的理解来发现学习量子力学的快乐: 我喜欢它!

Jeff Forshaw, *CERN Courier*

立刻成为经典⋯⋯清晰, 结构巧妙, 充满深刻的见解. 这证明了 Weinberg 不仅是 50 年来非常伟大的理论物理学家之一, 而且是非常流利的作家之一的威望. 这是纯粹的享乐!

The Times Higher Education Supplement

第 2 版序

自第 1 版发行以来,我想有几个主题应该增加到本书中.因此我增加了 6 节新内容:4.9 节"刚性转子";5.9 节"van der Waals 力";6.8 节"Rabi 振荡与 Ramsey 干涉仪";6.9 节"开放系统",包括 Lindblad 方程的推导;8.9 节"散射过程的时间反转",包括 Watson-Fermi 定理的一个证明;11.8 节"量子密钥分配".在第 1 版的各节中也有许多增补,包括 1.1 节中的黑体辐射普适性的讨论,1.2 节中的激光,3.3 节中的非纠缠体系,4.1 节中的 $O(3)$ 和 $SO(3)$ 群,4.3 节中的 $3j$ 符号和球谐函数的相加定理,7.10 节中的程函近似对长程力散射的应用,12.3 节中的纠错码.我也借此机会改正了许多小错误,以及在 5.1 节和 5.4 节简并微扰论表述中的一个非常大的错误.

在第 1 版的 3.7 节中,我评述了量子力学的各种诠释,并解释了为什么没有一个使我完全满意.现在我重新组织并扩大了这个讨论,但结论并没有改变.

* * * * *

感谢 Raphael Flauger 和 Joel Meyers,我在 Texas 大学讲授量子力学课程时,他们作为研究生协助我,并对讲义提出了许多调整和修正的建议,此讲义就成为第 1 版的基础.我也感谢 Robert Griffiths,James Hartle,Allan Macdonald 和 John Preskill,他们在各种特定主题方面给我以忠告,有助于准备第 1 版;感谢 Scott Aaronson,Jeremy Bernstein,Jacques Distler,Ed Fry,Christopher Fuchs,James

Hartle，Jay Lawrence，David Mermin，Sonia Paban，Philip Pearle 和 Mark Raizen，他们帮助我在第 2 版中准备各种主题．感谢许多读者，他们指出了第 1 版中的错误，特别是 Andrea Bernasconi，刘全慧，Mark Weitzman 以及施郁，Cumrun Vafa 用第 1 版的前一半作为在哈佛大学讲授的一学期的研究生量子力学教科书，并提出了许多有价值的建议，哪些问题应该包括进来，哪些应该解释得更好些．当然，对在本书中仍存在的错误我负全部责任．我也要感谢 Terry Riley，Abel Ephraim 和 Josh Perlman，他们找到了不计其数的图书和论文，也感谢 Jan Duffy，她给予了我各种帮助．我感谢剑桥大学出版社的 Lindsay Barnes 和 Roisin Munnelly，他们帮助我准备本书的出版，感谢 Steven Holt 博士，为了他细心和贴切的稿件编辑，特别感谢我的编辑 Simon Capelin，为了他的鼓励和好的忠告．

Steven Weinberg

序

20 世纪 20 年代量子力学的发展是自 Newton 的研究工作以来物理科学最伟大的进展.这是不容易的;量子力学的概念呈现了对于一般的人类直觉深刻的偏离.量子力学通过它的成功获得了接受.它对于近代原子、分子、原子核和基本粒子物理都是极为重要的,对化学和凝聚态物理也是一样.

有许多关于量子力学的好书,包括 Dirac 和 Schiff 所写的.在很久以前我学习这门课程时曾读过它们.但当我教这门一年的研究生课程时,我发现这些书中没有一本能够完全概括我所要讲的内容.一来我想比通常更多地强调对称性原理,包括其在导出对易规则时的作用.(在此处理方法中对多数问题并不需要正则理论形式,因此对它的系统处理可以延至第 9 章.)再者我想讲一些近代的主题,在很久之前的书中不可能包括它们,包括基本粒子物理中的一些例子,不同于 Copenhagen 学派的诠释以及对纠缠的理论和实验检验的简短(十分简短)介绍及其在量子计算中的应用.此外,我涉及的一些主题在量子力学书中是经常没有的:Bloch 波、时间反转不变性、Wigner-Eckart 定理、幻数、同位旋对称性、"入"态和"出"态、"入-入"(in-in)理论形式、Berry 相、Dirac 的约束正则系统理论、Levinson 定理、普遍光学定理、共振散射的普遍理论、泛函分析的应用、光电离、Landau 能级、多极辐射等.

本书各章分为一些节,一节平均大约代表 75 分钟的一讲.这本书的材料大约正好适合一年的课程,这意味着其他材料要被省略.每一本量子力学书都代表一次选择性的练习——我不能说我的选择要比其他作者的更好些,但至少在我讲这门课时它让我满意.

有一个主题我虽省略而无憾:Dirac 相对论波动方程.在我看来,通常量子力学书中介绍它的方式是很误导人的.Dirac 认为他的方程是非相对论的与时间有关的 Schrödinger 方程的相对论推广,而 Schrödinger 方程是描述在电磁场中点粒子的概率振幅的.一段时间以后,人们认识到 Dirac 方法仅适用于自旋 1/2 的粒子,这正和电子的自旋相符合,它还预言负能量状态,状态为空时就代表电子的反粒子,这是一件好事.今天我们知道,存在 $W^{\pm}$ 粒子,它们和电子一样,也是基本粒子,它们也有与自己不同的反粒子,但自旋是 1,而不是 1/2.将相对论和量子力学合到一起的正确方式是通过量子场论,在那里 Dirac 波函数是一个量子场在单粒子态和真空态之间的矩阵元,而不是概率振幅.

在本书中我尝试避免处理量子场论的重复,关于场论我在早些年写过三卷[①].除第 11 章中电磁场的量子化外,本书其他部分不涉及相对论量子力学.有些主题是包括在量子场论书中的,因为它们一般不包括在量子力学课程中,但我认为它们应该包括在内.虽然和我早些年的书有重复,但我仍把它们列入,特别是在第 8 章普遍散射理论中.

本书的观点是:物理状态由 Hilbert 空间的矢量表示,Schrödinger 波函数是这些态与具有确定位置态的基之间的标量积.这本质上是 Dirac"变换理论"的观点.我不用 Dirac 的括弧(bra-ket)符号,因为对一些目的它不合适,但在 3.1 节中我解释了它和本书所用符号间的关系.不论用哪一种符号,对初学者而言 Hilbert 空间形式都显得很抽象,因此为了给读者这个理论形式一个物理的更大意义,我回到它的历史根源.对量子力学从 Planck 黑体辐射公式到 Heisenberg 和 Schrödinger 的矩阵力学和波动力学以及 Born 的概率诠释的发展在第 1 章中做了回顾.在第 2 章中,用 Schrödinger 波动方程解经典性的束缚态问题:氢原子与谐振子.Hilbert 空间理论形式在第 3 章中做了介绍,并在此后应用它.

Steven Weinberg

---

① Weinberg S. The Quantum Theory of Fields. Cambridge:Cambridge University Press,1995;1996;2000.

符号

i,j,k 等一般对三个空间坐标取值,通常取 $1,2,3$ 等.

不采用求和约定;对重复指标只在明显表明时才求和.

空间三维矢量用黑斜体符号表示,特别地,∇ 是梯度算符.

∇^2 是 Laplace 算符 $\sum\limits_i \dfrac{\partial^2}{\partial x^i \partial x^i}$.

三维"Levi-Civita 张量"ϵ_{ijk} 定义为完全反对称量,其中 $\epsilon_{123}=+1$,即

$$\epsilon_{ijk} \equiv \begin{cases} +1, & ijk = 123,231,312 \\ -1, & ijk = 132,213,321 \\ 0, & \text{其他} \end{cases}$$

Kronecker δ 符号定义如下:

$$\delta_{nm} = \begin{cases} 1, & n = m \\ 0, & n \neq m \end{cases}$$

任何矢量上标有"$\wedge$"都表示相应的单位矢量,如 $\hat{\boldsymbol{v}} = \boldsymbol{v}/|\boldsymbol{v}|$.

任何量上面的点都表示该量的时间导数.

阶跃函数 $\theta(s)$ 当 $s>0$ 时为 1,当 $s<0$ 时为 0.

矩阵 A 的复共轭、转置和 Hermite 伴随分别表示为 A^*,A^T 和 $A^\dagger$(特殊矩阵采用黑斜体).算符 O 的 Hermite 伴随用 $O^\dagger$ 表示.在方程之末出现 $+$ H.c. 或 $+$ c.c.,

表明加上前一项的 Hermite 伴随或复共轭.

当有必要区别算符及其本征值时,大写字母表示算符,小写字母表示其本征值. 当文中算符和本征值的区别很明显时,这个约定并不总是使用.

光速 c、Boltzmann 常量 k_B、Planck 常量 h 或 $\hbar \equiv h/(2\pi)$ 的因子都明显标出.

用非有理化的静电单位表示电磁场、电荷和电流,所以 $e_1 e_2/r$ 是相对距离 r 的一对电荷 e_1 和 e_2 的 Coulomb 势.纵贯始终,$-e$ 是电子的非有理化的电荷,所以精细结构常数是 $\alpha \equiv e^2/(\hbar c) \approx 1/137$.

在被引证的数值后面括弧中的数字给出被引证数字最后数位的不确定性.除非另外指明来源,实验数据都来源于 K. Nakamura 等人(即粒子数据组(Particle Data Group))的文章 *Review of Particle Properties*($J. Phys. G$,2010,37:075021).

目录

第 2 版序 —— ⅰ

序 —— ⅲ

符号 —— ⅴ

第 1 章
历史简介 —— 001
1.1　光子 —— 001
1.2　原子光谱 —— 006
1.3　波动力学 —— 011
1.4　矩阵力学 —— 014
1.5　概率诠释 —— 021
历史文献 —— 026
习题 —— 027

第 2 章

中心势中的粒子状态 ——— 028

2.1　中心势的 Schrödinger 方程 ——— 028

2.2　球谐函数 ——— 035

2.3　氢原子 ——— 038

2.4　二体问题 ——— 042

2.5　谐振子 ——— 044

习题 ——— 048

第 3 章

量子力学的一般原理 ——— 050

3.1　状态 ——— 051

3.2　连续态 ——— 056

3.3　可观测量 ——— 059

3.4　对称性 ——— 068

3.5　空间平移 ——— 071

3.6　时间平移与反演 ——— 075

3.7　量子力学的诠释 ——— 080

习题 ——— 093

第 4 章

自旋及其他 ——— 094

4.1　转动 ——— 096

4.2　角动量多重态 ——— 101

4.3　角动量的相加 ——— 106

4.4　Wigner-Eckart 定理 ——— 116

4.5　玻色子与费米子 ——— 119

4.6　内在对称性 ——— 127

4.7　反演 ——— 134

4.8　氢原子光谱的代数推导 ——— 138

4.9　刚性转子 ——— 142

习题 ——— 150

第 5 章

能量本征值的近似方法 —— 152

5.1　一阶微扰论 —— 152

5.2　Zeeman 效应 —— 157

5.3　一阶 Stark 效应 —— 161

5.4　二阶微扰论 —— 164

5.5　变分法 —— 168

5.6　Born-Oppenheimer 近似 —— 171

5.7　WKB 近似 —— 177

5.8　破缺的对称性 —— 183

5.9　van der Waals 力 —— 186

习题 —— 189

第 6 章

时间依赖问题的近似方法 —— 191

6.1　一阶微扰论 —— 191

6.2　单频微扰 —— 193

6.3　电磁波导致的电离 —— 195

6.4　涨落微扰 —— 197

6.5　辐射的吸收与受激发射 —— 198

6.6　绝热近似 —— 200

6.7　Berry 相 —— 204

6.8　Rabi 振荡与 Ramsey 干涉仪 —— 208

6.9　开放系统 —— 213

习题 —— 220

第 7 章

势散射 —— 222

7.1　入态 —— 223

7.2　散射振幅 —— 227

7.3　光学定理 —— 229

7.4　Born 近似 —— 232

7.5 相移 —— 233

7.6 共振 —— 237

7.7 时间延迟 —— 241

7.8 Levinson 定理 —— 242

7.9 Coulomb 散射 —— 243

7.10 程函近似 —— 245

习题 —— 252

第 8 章

一般散射理论 —— 253

8.1 S 矩阵 —— 254

8.2 跃迁率 —— 258

8.3 一般光学定理 —— 262

8.4 分波展开 —— 263

8.5 再论共振 —— 269

8.6 旧式微扰论 —— 273

8.7 时间依赖微扰论 —— 278

8.8 浅束缚态 —— 283

8.9 散射过程的时间反转 —— 288

习题 —— 291

第 9 章

正则理论形式 —— 293

9.1 Lagrange 理论形式 —— 294

9.2 对称原理与守恒定律 —— 296

9.3 Hamilton 理论形式 —— 297

9.4 正则对易关系 —— 300

9.5 受限 Hamilton 体系 —— 303

9.6 路径积分理论形式 —— 308

习题 —— 314

量子科学出版工程(第二辑)
Quantum Science Publishing Project(Ⅱ)

量子力学讲义
Lectures on Quantum Mechanics

第 10 章

电磁场中的带电粒子 —— 315

10.1 带电粒子的正则形式 —— 315

10.2 规范不变性 —— 318

10.3 Landau 能级 —— 320

10.4 Aharonov-Bohm 效应 —— 323

习题 —— 326

第 11 章

辐射的量子理论 —— 327

11.1 Euler-Lagrange 方程 —— 327

11.2 电动力学的 Lagrange 量 —— 329

11.3 电动力学的对易关系 —— 331

11.4 电动力学的 Hamilton 量 —— 334

11.5 相互作用绘景 —— 336

11.6 光子 —— 340

11.7 辐射跃迁率 —— 345

11.8 量子密钥分配 —— 352

习题 —— 354

第 12 章

纠缠 —— 356

12.1 纠缠的佯谬 —— 356

12.2 Bell 不等式 —— 361

12.3 量子计算 —— 365

索引 —— 369

第1章

历史简介

由于量子力学的原理与通常的直觉是如此不同, 所以最好从其背景来看它产生的动机. 在这一章中, 我们将考虑 20 世纪最初几年物理学家们所面临的问题, 这些问题最终导致了现代量子力学的产生.

1.1 光子

量子力学起源于黑体辐射的研究. 这种辐射频率分布的普适性是在 1859～1862 年由 Gustav Robert Kirchhoff (1824～1887) 在热力学基础上所确立的, 他也给出了黑体辐射这个名称. 考虑一个封闭空间, 它的壁保持在温度 T. 假定在封闭空间中单位体积内频率区间 $\nu \sim \nu + \mathrm{d}\nu$ 的辐射能量是某个函数 $\rho(\nu, T)$ 乘以 $\mathrm{d}\nu$. Kirchhoff 计算了单位时间打在壁上小块面积 A 上任何频率区间的能量. 他指出, 小块面积 A 在封闭空间内一点处所张开的立体角是 $A\cos\theta/(4\pi r^2)$, 此处 r 是点到小块面积的距离, θ 从小块面积的法线量起. 在时间 t 内打在面积上的频率区间 $\nu \sim \nu + \mathrm{d}\nu$ 的总能量就是 $A\cos\theta/(4\pi r^2) \times \rho(\nu,T)\mathrm{d}\nu$ 在半径为 ct 的半球上的积分, 此处 c 是光速:

$$2\pi \int_0^{ct} \mathrm{d}r \int_0^{\pi/2} \mathrm{d}\theta r^2 \sin\theta \times \frac{A\cos\theta\rho(\nu,T)\mathrm{d}\nu}{4\pi r^2} = \frac{ctA\rho(\nu,T)\mathrm{d}\nu}{4}$$

如果这个能量的一部分 $f(\nu,T)$ 被空间壁吸收, 则壁在单位面积、单位时间内所吸收的频率区间 $\nu \sim \nu + \mathrm{d}\nu$ 的总能量是

$$E(\nu,T)\mathrm{d}\nu = \frac{c}{4}f(\nu,T)\rho(\nu,T)\mathrm{d}\nu$$

为了达到平衡, 这个量必须等于壁在单位面积、单位时间、同样频率区间内所发射的能量, 壁不能吸收比它所接收到的更多辐射, 所以吸收的部分 $f(\nu,T)$ 永远是小于 1 的. 任何满足 $f(\nu,T)=1$ 的材料都称为**黑体**. 函数 $\rho(\nu,T)$ 必须是普适的, 因为如果想要通过对空间壁做一些改动而仍维持在温度 T, 使函数受到影响而有所变化, 某些频率的能量就会从辐射流向壁, 或者反之, 这对在一定温度下的材料是不可能的.

19 世纪后期的几十年中, 物理学家一般都很关心如何去理解这个分布函数 $\rho(\nu,T)$. 它曾经被测量过, 主要是在柏林的一个国家物理技术研究所里测量过, 但是人们怎样去理解被测量的具体数值呢?

在 1900 年和 1905 年 John William Strutt (1842~1919) (更常称为 Rayleigh 爵士) 和 James Jeans(1877~1946) 的一系列文章[①]中, 尝试用 19 世纪后期的统计力学 (没有量子概念) 来获得答案. 人们熟知可以把盒子中的辐射当作简正模的 Fourier 和. 例如边长为 L 的立方盒子, 无论在盒子的一个面上设置什么边界条件, 它在对立的一面上也必须满足. 因此辐射的相位在经过距离 L 时必须变化 2π 的整数倍. 即辐射场与 $\exp(\mathrm{i}\boldsymbol{q}\cdot\boldsymbol{x})$ 的各项之和成比例, 这里

$$\boldsymbol{q} = 2\pi\boldsymbol{n}/L \tag{1.1.1}$$

此处矢量 $\boldsymbol{n}$ 的分量为整数.(例如, 为了保持平移不变性, 通常加上边界条件: 电磁场的每一个分量在盒子的相对的两个面上是相等的.) 因此, 每一个简正模都由三个整数 n_1, n_2, n_3, 以及一个极化态 (我们可以取左圆极化或者右圆极化) 来表征. 简正模的波长是 $\lambda = 2\pi/|\boldsymbol{q}|$, 因此它的频率由下式给出:

$$\nu = \frac{c}{\lambda} = \frac{|\boldsymbol{q}|c}{2\pi} = \frac{|\boldsymbol{n}|c}{L} \tag{1.1.2}$$

---

① Lord Rayleigh. Phil. Mag., 1900, 49: 539; Nature, 1905, 72: 54. Jeans J. Phil. Mag., 1905, 10: 91.

每个简正模在矢量 $\boldsymbol{n}$ 空间中占据单位体积的元胞, 因此在频率区间 $\nu \sim \nu + \mathrm{d}\nu$ 的简正模数 $N(\nu)\mathrm{d}\nu$ 是在频率空间相应的壳体积的 2 倍:

$$N(\nu)\mathrm{d}\nu = 2 \times 4\pi |\boldsymbol{n}|^2 \mathrm{d}|\boldsymbol{n}| = 8\pi(L/c)^3 \nu^2 \mathrm{d}\nu \tag{1.1.3}$$

多出来的因子 2 计入每个波矢的两个可能的偏振. 在经典统计力学中, 可以当作谐振子集合的任何体系中, 每一个振子的平均能量 $\bar{E}(T)$ 简单地和温度成正比, 关系是 $\bar{E}(T) = k_{\mathrm{B}}T$, 此处 k_{B} 是一个基本常量, 称为 Boltzmann 常量 (其推导见下文). 若将它用于辐射, 辐射在频率区间 $\nu \sim \nu + \mathrm{d}\nu$ 时能量密度就由 Rayleigh-Jeans 公式给出:

$$\rho(\nu, T)\mathrm{d}\nu = \frac{\bar{E}(T)N(\nu)\mathrm{d}\nu}{L^3} = \frac{8\pi k_{\mathrm{B}}T\nu^2\mathrm{d}\nu}{c^3} \tag{1.1.4}$$

关于 $\rho(\nu, T)$ 正比于 $T\nu^2$ 的预言确实在 ν/T 之值小时与观测结果一致, 但对大的 ν 值就差得很多. 确实, 如果这个预言对于在给定温度下所有频率都对, 总能量密度 $\int \rho(\nu, T)\mathrm{d}\nu$ 就会是无限大的. 此点称为**紫外灾难**.

下面说明两人的具体贡献. 在 1900 年 Rayleigh 证明在低频时 $\rho(\nu, T)$ 和 $T\nu^2$ 成正比, 但他没有进一步计算式(1.1.3)或 $\bar{E}(T)$ 中的比例常量, 因此得不出式(1.1.4)的常量因子. 为了避免紫外灾难, 他还专门为此目的包括了一个因子, 它对大的 ν/T 值按指数衰减, 他没有尝试计算衰减在多大的 ν/T 值时变得明显. Rayleigh 在 1905 年进一步计算了式(1.1.3)中的常量因子, 但得到的结果大了 8 倍. 稍晚的时候, Jeans(在他 1905 年文章的尾注中) 给出了正确结果, 他也正确地给出 $\bar{E}(T) = k_{\mathrm{B}}T$, 也就是得到了作为低频极限的式(1.1.4).

正确的结果早在 1900 年就由 Max Planck (1858~1947) 发表了[1]. Planck 注意到黑体辐射的数据可以用下面的公式拟合:

$$\rho(\nu, T)\mathrm{d}\nu = \frac{8\pi h}{c^3} \frac{\nu^3 \mathrm{d}\nu}{\exp(h\nu/(k_{\mathrm{B}}T)) - 1} \tag{1.1.5}$$

此处 h 是一个新的常量, 此后称为 **Planck 常量**. 通过观测比较, 给出 $k_{\mathrm{B}} \approx 1.4 \times 10^{-16}\ \mathrm{erg \cdot K^{-1}}$, 且有 $h \approx 6.6 \times 10^{27}\ \mathrm{erg \cdot sec}$[2]. 此公式在开始时仅是一个猜测, 稍晚时 Planck 给出了推导[3], 基于一个假设, 即辐射和大量不同频率的带电谐振子处于热平衡, 而任何频率为 ν 的谐振子能量为 $h\nu$ 的整数倍. Planck 的推导很长, 在此就不重复了, 因为它的基础和此后不久替代它的推导不同.

---

① Planck M. Verh. Deutsch. Phys. Ges., 1900, 2: 202.

② 近代的值是 $6.626\,068\,91(9) \times 10^{-27}\ \mathrm{erg \cdot sec}$. (Williams E R, Steiner R L, Newell D B, et al. Phys. Rev. Lett., 1988, 81: 2404.)

③ Planck M. Verh. Deutsch. Phys. Ges., 1900, 2: 237.

对于 $\nu/T \ll k_B/h$, Planck 公式和 Rayleigh-Jeans 公式(1.1.4)相符合,但对于 $\nu/T \gg k_B/h$, 它给出指数下降的能量密度:

$$\int_0^{+\infty} \rho(\nu, T)\mathrm{d}\nu = a_B T^4, \quad a_B \equiv \frac{8\pi^5 k_B^4}{15h^3 c^3} \tag{1.1.6}$$

(用近代的常量得到 $a_B = 7.565\ 77(5) \times 10^{-15}\ \mathrm{erg \cdot cm^{-3} \cdot K^{-4}}$.) 根据 $\rho(\nu, T)$ 与黑体辐射率之间的 Kirchhoff 关系, 黑体单位面积的总能量发射率是 σT^4, 此处 σ 是 Stefan-Boltzmann 常量:

$$\sigma = \frac{c a_B}{4} = \frac{2\pi^5 k_B^4}{15h^3 c^2} = 5.670\ 373(21) \times 10^{-5}\ \mathrm{erg \cdot cm^{-2} \cdot K^{-4}}$$

或许 Planck 工作的最重要的直接结果是提供了长期待定的一些常量. 理想气体理论给出熟知的定律 $pV = nRT$, 此处处于温度 T、体积为 V 的 n 克分子气体的压力为 p, 常量 $R = k_B N_A$, 其中 N_A 是 Avogadro 常量, 即 1 mol 分子气体的分子数. 气体性质的测量早已给出 R 的值, 知道了 k_B 的值, Planck 就可推得 N_A 的值, 它是单位原子量的一个气体原子 (假想的, 接近于氢原子) 质量的倒数. 这和从非理想气体的依赖于数量密度而非质量密度的性质 (例如黏性) 的估计符合得很好. 知道了单个原子的质量, 且假设固体中的原子紧密堆积, 就可以估计出原子的质量与体积之比和测得的同一元素的宏观固体样品密度很接近. 类似地, 电解产生的各种元素量的测量给出了 Faraday 量, $F = e N_A$, 此处 e 是产生一个原子价为 1 的原子所传输的电量, 所以知道了 N_A 就可以计算出 e 的值. 可以假设 e 就是电子的电荷. 电子是 Joseph John Thomson (1856~1940) 在 1897 年发现的, 所以这就相当于测量电子的电荷, 这个测量要比当时直接测量的结果准确得多. Thomson 曾测量过 e 和电子质量的比, 用的方法是观测在电场和磁场中阴极射线的偏转, 所以这也给出了电子的质量.

有点讽刺意味的是, Rayleigh 在 1900 年本来可以不用量子概念就做到这点, 如果他当时得到了正确的 Rayleigh-Jeans 公式(1.1.4). 他只要把公式和小的 ν/T 的实验数据加以比较 (公式在这个条件下是成立的), 并用结果找出 k_B 的值就行, 对此是不需要 Planck 常量 h 的.

Planck 的量子化假设应用于发射和吸收辐射的物质, 而不是辐射本身. 正如George Gamow 此后指出的, Planck 认为, 辐射就如同黄油; 黄油本身可以是任何数量, 但买和卖只能是 1/4 磅的整数倍[①]. 是 Albert Einstein(1879~1955) 在 1905 年建议频率为 ν 的辐射能量是 $h\nu$ 的整数倍的. 他由此预言了, 在光电效应中当光射在金属表面时, 只有在光频率超过最小值 $\nu_{\min}$ 时才有电子发射, 此处 $h\nu_{\min}$ 是从金属释出一个电子所需的能量 ("功函数"). 电子就具有能量 $h(\nu - \nu_{\min})$. Robert Millikan (1868~1953) 在

[①] Einstein A. Ann. Physik, 1905, 17: 132.

1914~1916 年的实验[1]证实了这个公式, 并给出了 h 的值, 与从黑体辐射得出的值符合.

Einstein 假设和黑体辐射公式的关系由 Hendrik Lorentz (1853~1928) 在 1910 年的推导给出了最好的解释[2]. Lorentz 用了 J. W. Gibbs (1839~1903) 统计力学的基本结果[3]: 在一个包含大量在给定温度 T 时处于热平衡的全同粒子体系 (如同在黑体腔中的光量子) 中, 一个粒子具有能量 E 的概率与 $\exp(-E/(k_{\mathrm{B}}T))$ 成正比, 比例常量与能量无关. 如果光量子的能量是连续分布的, 平均能量就是

$$\bar{E} = \frac{\int_0^{+\infty} \exp(-E/(k_{\mathrm{B}}T))E\mathrm{d}E}{\int_0^{+\infty} \exp(-E/(k_{\mathrm{B}}T))\mathrm{d}E} = k_{\mathrm{B}}T$$

这就是在推导 Rayleigh-Jeans 公式(1.1.4)时用到的假设. 但如果能量是 $h\nu$ 的整数倍, 平均能量就是

$$\bar{E} = \frac{\sum_{n=0}^{+\infty} \exp(-nh\nu/(k_{\mathrm{B}}T))nh\nu}{\sum_{n=0}^{+\infty} \exp(-nh\nu/(k_{\mathrm{B}}T))} = \frac{h\nu}{\exp(h\nu/(k_{\mathrm{B}}T))-1} \tag{1.1.7}$$

在频率区间 $\nu \sim \nu+\mathrm{d}\nu$ 的辐射能量密度由 $\rho\mathrm{d}\nu = \bar{E}N\mathrm{d}\nu/L^3$ 给出, 由此以及式(1.1.3)、式(1.1.7)就给出 Planck 公式(1.1.5).

即使在 Millikan 实验中证实了 Einstein 对于光电子能量的预言, 关于光量子的现实性仍然有许多怀疑. Arthur Compton(1892~1962) 在 1922~1923 年的 X 射线散射实验[4]驱散了怀疑. X 射线的能量足够高, 轻的原子中电子的结合能要低得多, 因此可以忽略, 可以把电子当作自由粒子来处理. 狭义相对论告诉我们, 如果光量子具有能量 $E = h\nu$, 为了满足 $m_\gamma^2 c^4 = E^2 - p^2 c^2 = 0$, 它就具有动量 $p = h\nu/c$. 例如, 一个光量子打在静止的电子上而向后方散射, 散射量子频率为 ν, 前向散射的电子具有动量 $h\nu/c + h\nu'/c$. 此处 ν' 由能量守恒给出:

$$h\nu + m_{\mathrm{e}}c^2 = h\nu' + \sqrt{m_{\mathrm{e}}^2 c^4 + (h\nu/c + h\nu'/c)^2 c^2}$$

其中 m_{e} 是电子质量. 所以

$$\nu' = \frac{\nu m_{\mathrm{e}}c^2}{2h\nu + m_{\mathrm{e}}c^2}$$

通常这个关系写作关于波长 $\lambda = c/\nu$ 和 $\lambda' = c/\nu'$ 的公式:

$$\lambda' = \lambda + 2h/(m_{\mathrm{e}}c) \tag{1.1.8}$$

① Millikan R A. Phys. Rev., 1916, 7: 355.

② Lorentz H A. Phys. Z., 1910, 11: 1234.

③ Gibbs J W. Elementary Principles in Statistical Mechanics. New York: Charles Scribner's Sons, 1902.

④ Compton A H. Phys. Rev., 1923, 21: 483.

长度 $h/(m_e c) = 2.425 \times 10^{-10}$ cm 称为电子的 Compton 波长. (对于电子散射方向和前向成 θ 角的情况, 式(1.1.8)中的因子 2 应由 $1 - \cos\theta$ 代替.) 这个关系得到验证使物理学家信服了光量子的存在. 此后不久化学家 G. N. Lewis[1]为光量子命名——**光子**, 从此它就成为正式的名字.

1.2　原子光谱

物理学家在整个 19 世纪和 20 世纪早期面临着另一个问题. 1802 年 William Hyde Wollaston (1766~1828) 在太阳光谱中发现了黑线, 在 1814 年前对黑线没有仔细地研究, 直到 1814 年左右它们才被 Joseph von Fraunhofer(1787~1826) 重新发现. 之后明白了热的原子气体只发射和吸收确定频率的光, 频率的图样 (即光谱) 仅和气体的元素有关. Wollaston 和 Fraunhofer 所发现的黑线是由光在射出通过太阳较冷的外大气层时被吸收造成的. 光谱亮线和暗线的研究成为化学分析、天文学和发现新元素的有用工具, 例如, 从太阳光谱发现的氦. 但是, 像用被遗忘的语言写作一样, 这些原子光谱并不提供有用的信息.

对原子结构没有任何认识是不可能对原子光谱有所理解的. 在 Thomson 于 1897 年发现电子后, 人们相信原子就像布丁一样, 带负电的电子就像葡萄干一样嵌在正电荷均匀的背景上. 1909~1911 年 Ernest Rutherford(1871~1937) 在曼彻斯特大学实验室中进行的实验彻底改变了这个图景. 在这些实验中, 博士后 Hans Geiger(1882~1945) 和本科生 Ernest Marsden (1889~1970) 用一束从镭源发出的准直的 α 粒子 (^{4}He 原子核) 打在薄金箔上. 当通过金箔的 α 粒子打在一片硫化锌上时就因发光被探测到. 如预期的那样, 粒子束由于 α 粒子在金原子上的散射而稍有扩张. 由于某种原因 Rutherford 想起来请 Geiger 和 Marsden 验证一下, 是否有一些 α 粒子经过大角度散射. 如果 α 粒子打在轻得多的粒子如电子上, 这根本不会发生. 如果质量为 M、速度为 u 的粒子打在静止的质量为 m 的粒子上, 以速度 u' 沿原方向运动, 使靶粒子具有速度 u, 由动量和能量守恒方程给出

$$Mv = mu + Mv', \quad \frac{1}{2}Mv^2 = \frac{1}{2}Mv'^2 + \frac{1}{2}mu^2 \tag{1.2.1}$$

(在这里用的符号中, 正的速度表示和 α 粒子原速度同方向, 负的速度表示反方向.) 消

---

① Lewis G N. Nature, 1926, 118: 874.

去 u, 就得到关于 u'/u 的二次方程

$$0 = (1+M/m)(v'/v)^2 - 2(M/m)(v'/v) - 1 + M/m$$

它有两个解: 一个解是 $v' = v$. 这个解表明什么都没有发生——入射粒子仍以原速度前进. 另一个解是有趣的:

$$v' = -v\frac{m-M}{m+M} \tag{1.2.2}$$

但它只在 $m > M$ 时才有负值 (即向后反冲). (大角度散射推论出一个较弱的 m 极限值.)

然而, 他们观测到了 α 粒子进行了大角度散射. 此后 Rutherford 做了解释:"这是我一生中发生的最不可想象的事件. 它几乎和你发射 15 英寸 (38.1 cm) 的子弹打在一张卫生纸上, 而子弹弹回打中了你一样不可思议. "[1]

所以 α 粒子必须是打在了金原子中比电子要重得多的某种东西上, 电子质量仅为 α 粒子质量的 1/7300. 此外, 靶粒子必须足够小才能用正电荷的 Coulomb 斥力使 α 粒子停止. 如果靶粒子的电荷为 $+Ze$, 要使电荷为 $+2e$ 的 α 粒子在距离靶粒子 r 处停止, 动能 $mv^2/2$ 必须转变为势能 $(2e)(Ze)/r$, 所以 $r = 4Ze^2/(Mv^2)$. 从镭源发出的 α 粒子速度为 2.09×10^9 cm·s^{-1}, 因此它们被一个重靶粒子停止的距离是 $3Z \times 10^{-14}$ cm. 对于任何合理的 Z (即使 $Z \approx 100$), 这个距离比金原子要小得多, 是 10^{-8} cm 的数倍.

Rutherford 做出结论[2]: 原子的正电荷集中在一个小的重原子核上, 轻得多的带负电的电子围绕它在轨道上旋转, 就像行星围绕太阳一样. 但这只是增加了围绕原子光谱的神秘性. 如电子这样的带电粒子在轨道上转动应会辐射出光, 其频率和轨道运动一样. 轨道运动的频率可以是任何值. 更糟的是, 电子在辐射过程中能量减少, 它会盘旋下降到原子核中. 那么原子如何保持稳定呢?

1913 年 Rutherford 的曼彻斯特实验室的一位年轻的访问者 Niels Bohr(1885~1962) 给出了答案. Bohr 首先假设原子的能量是量子化的, 意为原子只存在于一系列的分立能量状态上, 其能量为 $E_1, E_2, \cdots$(逐次增加). 在跃迁 $m \to n$ 中发射的光子频率或在跃迁 $n \to m$ 中吸收的光子频率由 Einstein 公式 $E = h\nu$ 和能量守恒给出:

$$\nu = (E_m - E_n)/h \tag{1.2.3}$$

光谱的亮线或暗线是原子在从一个高能级向低能级跃迁 (或相反) 中发射 (或吸收) 时形成的. 这解释了一个称为 Ritz 组合原理的规则, 这是 Walther Ritz (1878~1909) 在 1908 年[3]实验中注意到的 (他没有给出解释): 任何原子的光谱都可以用一个称为光谱

[1] da Costa Andrade E N. Rutherford and the Nature of the Atom. Garden City: Doubleday, 1964.
[2] Rutherford E. Phil. Mag., 1911, 21: 669.
[3] Ritz W. Phys. Z., 1908, 9: 521.

"项" 的集合简约地描述, 光谱线的所有频率都由项的差给出. 根据 Bohr, 这些项正是 E_n/h.

Bohr 还给出了计算 E_n 的方法, 至少对 Coulomb 场中的电子, 如氢原子和单电离的氦等, 可以适用. Bohr 注意到 Planck 常量 h 的量纲和角动量一样, 他猜想速度为 u、在半径为 r 的原子圆形轨道上的电子, 其角动量 $m_e vr$ 应该是 $\hbar$ 的整数倍[①], 很可能和 h 具有相同的量级:

$$m_e vr = n\hbar, \quad n = 1, 2, \cdots \tag{1.2.4}$$

(Bohr 没有用符号 $\hbar$. 知道 $\hbar$ 和 h 关系的读者要暂时忘记这条信息; 目前 $\hbar$ 只是另一个符号.)Bohr 把上式同轨道平衡方程

$$\frac{m_e v^2}{r} = \frac{Ze^2}{r^2} \tag{1.2.5}$$

和电子能量公式

$$E = \frac{m_e v^2}{2} - \frac{Ze^2}{r} \tag{1.2.6}$$

联系起来. 由此给出

$$v = \frac{Ze^2}{n\hbar}, \quad r = \frac{n^2\hbar^2}{Zm_e e^2}, \quad E = -\frac{Z^2 e^4 m_e}{2n^2\hbar^2} \tag{1.2.7}$$

用能量和频率的 Einstein 关系, 从量子数为 n 的轨道跃迁到量子数为 n' 的轨道时发射的光子频率为

$$\nu = \frac{\Delta E}{h} = \frac{Z^2 e^4 m_e}{2h\hbar^2}\left(\frac{1}{n'^2} - \frac{1}{n^2}\right) \tag{1.2.8}$$

要求找出 $\hbar$, Bohr 依靠一个**对应原理**, 即经典物理学的结果对于大的轨道, 即大的 n 值适用. 如 $n \gg 1$ 和 $n' = n-1$, 则方程(1.2.8)给出 $Z^2 e^4 m_e/(h\hbar^2 n^3)$. 根据经典电动力学, 这两个频率应该相等, 所以 Bohr 给出结论: $\hbar = h/(2\pi)$. 用从黑体辐射观测和 Planck 公式相匹配得到的 h 值, Bohr 应能推导出电子的速度、径向坐标和能量:

$$\nu = \frac{Ze^2}{n\hbar} \approx \frac{Zc}{137n} \tag{1.2.9}$$

$$r = \frac{n^2\hbar^2}{Zm_e e^2} \approx n^2 \times 0.529 Z^{-1} \times 10^{-8} \text{ cm} \tag{1.2.10}$$

$$E = -\frac{Z^2 e^4 m_e}{2n^2\hbar^2} \approx -\frac{13.6 Z^2}{n^2} \text{ eV} \tag{1.2.11}$$

方程(1.2.11)和从光谱频率得出的氢原子能级的惊人符合给出强烈的暗示: Bohr 是在正确的道路上. 当 Bohr 指出 (见 *Nature*, 1913, 92: 231) 方程(1.2.11)对于单电离的氦原子 (由天文观测和实验室观测所得) 也成立, 只有一个小的可探测的修正时, 理论变得

[①] Bohr N. Phil. Mag., 1913, 26: 1, 476, 857; Nature, 1913, 92: 231.

更强有力了. Bohr 理解到在这些公式中出现的质量不应该精确等于电子质量, 而应该是约化质量 $\mu \equiv m_e/(1+m_e/m_N)$, 此处 m_N 是原子核质量. (这点将在 2.4 节中讨论.) 因此 E 和 $1/n^2$ 间的比例常量对于氦比对于氢要大, 相差的因子不单纯是 $Z_{He}^2 = 4$, 而是 $4(1+m_e/m_H)/(1+m_e/m_{He}) = 4.001\,63$, 和实验相符.

在推导中 Bohr 曾依赖于经典辐射理论的思想, 即光谱线的频率应该与电子轨道运动的频率相同, 但他假设这只对具有大的 n 值的大轨道适用. 他所计算的低的初态或末态间的跃迁频率, 例如 $n=2 \to n=1$, 并不是都和初态或末态的轨道频率相符. 所以 Bohr 的工作代表了离开经典物理学的又一大步.

Bohr 的公式不仅适用于单电子原子, 例如氢和单电离氦, 对于重原子的最内轨道, 此处核电荷未被电子屏蔽, 也可以近似地适用, 可以取 Ze 作为原子核的真实电荷. 对于 $Z \geqslant 10$, 在 $n=2 \to n=1$ 跃迁中发出的光子频率大于 1 keV, 位于 X 射线谱内. H. G. J. Mosley (1887~1915) 通过测量这些 X 射线得以找到从钙到锌的一系列原子的 Z 值. 他发现在实验不确定性范围内, Z 是整数, 表明原子核的正电荷是由质量比电子大得多的、电荷为 $+e$ 的粒子所携带, Rutherford 称这种粒子为**质子**. 并且, 除去少数例外, 从任何元素到下一个比其原子量 A(大致而言, 这是以氢原子质量为单位的原子质量) 大的元素, Z 增加 1 单位. 但是 Z 并不等于 A. 例如, 对于锌, $A=65.38$, 而 $Z=30.00$. 一些年来, 人们认为原子量 A 大约等于质子的数目, 多余的电荷被 $A-Z$ 个电子抵消了. 1935 年 James Chadwick(1891~1974) 中子 (它的质量接近于氢原子质量) 的发现[1]证明了原子核含有 Z 个质子和大约 $A-Z$ 个中子. (原子量并不精确等于质子加中子的数目, 一来中子质量并不精确等于质子质量, 再者, 根据 Einstein 公式 $E=mc^2$, 原子核中粒子相互作用能量也对核质量有贡献.)

顺便说一下, 方程(1.2.9)~(1.2.11)对重原子的最外轨道的电子也粗略适用, 核的电荷被内电子屏蔽, 因此 Z 可以取 1 的量级. 这就是重原子的大小比轻原子大不了很多的原因, 并且重原子外轨道之间的跃迁发出的光的频率和氢原子的相应能量可以相比, 即在可见谱的范围内. 重原子比轻原子大一些, 根据 4.5 节给出的原因, 重原子的外轨道比轻原子的值要大.

Bohr 理论仅适用于圆轨道, 但和太阳系一样, Coulomb 场中粒子的一般轨道不是圆的, 而是椭圆的. Bohr 量子化条件(1.2.4)的推广是由 Arnold Sommerfeld (1868~1951) 在 1916 年建议的[2], 他用来计算椭圆轨道电子的能量. Sommerfeld 条件是, 由若干坐标 q_a 和相应动量 p_a 满足运动方程 $\dot{q}_a = \partial H/\partial p$ 和 $\dot{p}_a = -\partial H/\partial q_a$, 其 Hamilton 量为 $H(q,p)$ 的体系中, 如果所有的 q 和 p 都有同一个周期的时间依赖 (例如在封闭轨道上),

---

① Chadwick J. Nature, 1932, 129: 312.
② Sommerfeld A. Ann. Physik, 1916, 51: 1.

则对于任何 a, 都有

$$\oint p_a \mathrm{d}q_a = n_a h, \quad n_a \text{ 为整数} \tag{1.2.12}$$

对一个运动周期做积分. 例如, 对一个在圆轨道上的电子, 我们可以将 q 取作核与电子连线所扫过的角度, p 就是角动量 $m_e v r$, 在此情况下有 $\oint p \mathrm{d}q = 2\pi m_e v r$, 式(1.2.12)就和 Bohr 量子化条件(1.2.4)相同. 我们在此并不进一步发展这条途径, 因为不久波动力学的发现就使它过时.

1916 年, Einstein(在他发现广义相对论的闲暇时间) 再一次回到黑体辐射理论[①], 这次他把它和 Bohr 的量子化原子能量状态的概念结合起来. Einstein 定义了 A_m^n 作为原子从状态 m 到更低的状态 n、发出能量为 $E_m - E_n$ 的光子的自发跃迁率. 他也考虑了从能量密度为 $\rho(\nu)\mathrm{d}\nu$ 的辐射 (不一定是黑体辐射) 吸收频率为 $\nu \sim \nu + \mathrm{d}\nu$ 的光子. 在这样的场中个别原子从态 n 到能量更高的态 m 的跃迁率写作 $B_n^m \rho(\nu_{nm})$, 此处 $\nu_{nm} \equiv (E_m - E_n)/h$ 是被吸收光子的频率. Einstein 也考虑了辐射可以诱发原子从态 m 到能量更低的态 n 跃迁并发射光子, 跃迁率为 $B_m^n \rho(\nu_{nm})$. 系数 B_n^m 同 B_m^n 和 A_m^n 一样, 假设只和个别原子的性质有关, 但和辐射的温度 T 无关.

假设辐射是在温度 T 时和原子平衡的黑体辐射. 辐射的能量密度就是式(1.1.5)给出的函数 $\rho(\nu, T)$. 在平衡条件下原子从高能态到低能态 $m \to n$ 的跃迁率必须等于原子逆跃迁的跃迁率:

$$N_m(A_m^n + B_m^n \rho(\nu_{nm}, T)) = N_n B_n^m \rho(\nu_{nm}, T) \tag{1.2.13}$$

此处 N_n 和 N_m 是分别处于 n 态和 m 态上的原子数. 根据经典统计力学的 Boltzmann 规则, 处于能量为 E 的态上的原子数和 $\exp(-E/(k_B T))$ 成正比, 所以

$$N_m/N_n = \exp(-(E_m - E_n)/(k_B T)) = \exp(-h\nu_{nm}/(k_B T)) \tag{1.2.14}$$

(重要的是, 要取处于态 n 上的原子数 N_n, 而不是具有能量 E_n 的原子数, 因为不同的态可以具有精确相等的能量.) 由以上两式给出

$$A_m^n = \frac{8\pi h}{c^3} \frac{\nu_{nm}^3}{\exp(h\nu_{nm}/(k_B T)) - 1} (\exp(h\nu_{nm}/(k_B T)) B_n^m - B_m^n) \tag{1.2.15}$$

在系数 A 和 B 与温度无关时, 要使此式适用于所有温度, 系数间的关系必须满足

$$B_m^n = B_n^m, \quad A_m^n = \frac{8\pi h \nu_{nm}^3}{c^3} B_m^n \tag{1.2.16}$$

[①] Einstein A. Phys. Z., 1917, 18: 121.

因此, 知道了具有一定能量密度的经典光波被原子吸收或诱导电子发光的速率, 我们就能计算原子自发发射光子的速率[1]. 这个计算将在 6.5 节中给出.

受激发射现象使在激光中光束的放大成为可能. 假设有一束能量密度分布为 $\rho(\nu)$ 的光通过包含 N_n 个处在能级 E_n 的原子的介质. 从第一激发态 $n=2$ 到基态 $n=1$ 的受激发射给光束增加了频率为 $\nu_{12}=(E_2-E_1)/h$ 的光子, 增加率为 $N_2\rho(\nu_{12})B_2^1$, 但从基态的吸收以吸收率 $N_1\rho(\nu_{12})B_1^2$ 减少了光子, 且因 $B_2^1=B_1^2$, 故只有在 $N_2>N_1$ 情况下光子才能净增加. 不幸的是, 这样的布居反转不能由把原子曝光于这个频率的光束下得到. 这是因为从激发态的自发和受激发射以及从基态的吸收产生的第一激发态 $n=2$ 的布居净变化率是

$$\dot{N}_2=-N_2\rho(\nu_{12})B_2^1-N_2A_2^1+N_1\rho(\nu_{12})B_1^2$$

或者, 用 Einstein 关系式(1.2.16), 有

$$\dot{N}_2=B_2^1\left(-N_2\left(\rho(\nu_{12})+8\pi\nu_{12}^3h/c^3\right)+N_1\rho(\nu_{12})\right) \tag{1.2.17}$$

如果从 $N_2=0$ 开始, 则 N_2 会增加直到它趋近 $N_1/(1+\xi)$, 此处 $\xi\equiv8\pi\nu_{12}^3h/(\rho(\nu_{12})c^3)$ 变为常量. 不仅这个过程不能产生布居反转, 并且由于自发发射, 它甚至不能使 N_2 和 N_1 一样大. 粒子数布居反转要用其他方法实现, 例如用光泵浦, 先让原子吸收频率为 $\nu_{31}=(E_3-E_1)/h$ 的光激发到 $n=3$ 的态, 然后自发衰变到 $n=2$ 的态.

1.3　波动力学

从 Maxwell 开始光被看作电场和磁场的波, 但在 Einstein 和 Compton 之后它又明显地表现出粒子性, 即光子的性质. 所以, 像电子这样的东西 (一直被当作粒子) 是否也可以作为某种波出现? 这是 1923 年巴黎的一个博士研究生Louis de

---

[1]　Einstein 在其论文 (*Phys. Z.*, 1917, 18: 121) 中实际上用了这个论据, 给出了 $\rho(\nu,T)$ 的 Planck 公式以及关系式(1.2.16)的推导. 他首先考虑很高温度的极限, 此时 $\rho(\nu_{nm},T)$ 会很大, 式(1.2.14)给出 N_n 必须非常接近 N_m. 在此极限下, 式(1.2.13)要求 $B_n^m=B_m^n$, 由于系数 B 与温度无关, 此关系式应该普遍成立. 在式(1.2.13)中, 一般温度下用 $B_n^m=B_m^n$ 给出 $\rho(\nu,T)=(A_m^n/B_m^n)(\exp(h\nu_{nm}/(k_BT))-1)$. Einstein 用了 Wilhelm Wien(1884~1928) 的一个热力学关系: Wien 位移定律. 它要求 $\rho(\nu,T)$ 等于 ν^3 乘以某一个 ν/T 的函数. 这就给出 A_m^n/B_m^n 正比于 ν^3, 这样 Einstein 就要求 Rayleigh-Jeans 公式(1.1.4)在 $k\nu\ll k_BT$ 条件下成立而找到了比例常量. 但其实 Einstein 不必用 Wien 位移定律, 因为要使公式 $\rho(\nu,T)=(A_m^n/B_m^n)(\exp(h\nu_{nm}/(k_BT))-1)$ 在 $k\nu\ll k_BT$ 条件下和 Rayleigh-Jeans 公式一致, 比例 A_m^n/B_m^n 由式(1.2.16)给出, 这样就立刻得到 Planck 公式.

Broglie (1892~1987) 建议的[①]. 任何一种频率为 ν、波矢为 $\boldsymbol{k}$ 的波都有时空依赖 $\exp(i\boldsymbol{k}\cdot\boldsymbol{x}-i\omega t)$, 此处 $\omega = 2\pi\nu$. Lorentz 不变性要求 $(\boldsymbol{k},\omega)$ 作为 4-矢量变换, 正和动量 4-矢量 $(\boldsymbol{p},E)$ 一样. 根据 Einstein, 光子的能量是 $E = h\nu = \hbar\omega$, 它的动量大小是 $|\boldsymbol{p}| = E/c = h\nu/c = h\lambda = \hbar|\boldsymbol{k}|$, 所以 de Broglie 建议普遍情况下任何质量的粒子都伴有具有 4-矢量 $(\boldsymbol{k},\omega)$ 等于 $1/\hbar$ 乘以 4-矢量 $(\boldsymbol{p},E)$ 的波:

$$\boldsymbol{k} = \boldsymbol{p}/\hbar, \quad \omega = E/\hbar \tag{1.3.1}$$

这个想法由以下事实支持: 满足式(1.3.1)的波会有群速度, 它等于动量为 $\boldsymbol{p}$ 和能量为 E 的粒子的通常速度 $c^2\boldsymbol{p}/E$. 回顾一下群速度的概念. 考虑一维波包:

$$\psi(x,t) = \int \mathrm{d}k\, g(k) \exp(ikx - i\omega(k)t) \tag{1.3.2}$$

此处 $g(k)$ 是一个光滑函数, 它的峰值在自变量 k_0 处. 假设在 $t=0$ 的波 $\int \mathrm{d}k\, g(k) \exp(ikx)$ 在 $x=0$ 处有峰值. 将 $\omega(k)$ 在 k_0 附近展开, 有

$$\psi(x,t) \approx \exp\left(-it\left(\omega(k_0) - k_0\omega'(k_0)\right)\right) \int \mathrm{d}k\, g(k) \exp\left(ik\left(x - \omega'(k_0)t\right)\right)$$

因此

$$|\psi(x,t)| \approx |\psi((x - \omega'(k_0)t))| \tag{1.3.3}$$

在 $t=0$ 时, 在 $x=0$ 附近集中的波包显然在时间 t 就在 $x = \omega'(k_0)t$ 附近集中, 所以它的运动速度为

$$v = \frac{\mathrm{d}\omega}{\mathrm{d}k} = \frac{\mathrm{d}E}{\mathrm{d}p} = \frac{c^2 p}{E} \tag{1.3.4}$$

与狭义相对论的通常速度公式相符合.

正如小提琴弦上的振动波由于边界条件而量子化一样: 弦在两端被固定, 波必须包含半波长的整数倍, 所以根据 de Broglie, 在圆轨道上运动的电子所关联的波必须具有在轨道上排列 n 个波的相应波长, 所以 $2\pi r = n\lambda$, 因此

$$p = \hbar k = \hbar \times 2\pi/\lambda = n\hbar/r \tag{1.3.5}$$

用非相对论公式 $p = mv$, 这就和 Bohr 量子化条件(1.2.4)相同. 更一般地, Sommerfeld 条件(1.2.12)可以理解为当原子完成了一个轨道时, 波的相位要改变 2π 的整数倍的要求. 这样 Bohr 和 Sommerfeld 狂热猜想的成功可以用波动理论来解释, 但这个解释也是一个狂热的猜想.

有一个故事: 当 de Broglie 在学位论文口试的时候被问到, 电子的波动理论还有什么其他证据, 他回答当电子在晶体上散射时可能会观察到衍射现象. 不管这个故事

---

① de Broglie L. Comptes Rendus Acad. Sci., 1923, 177: 507, 548, 630.

是真是假, 在 Walter Elsasser(1904~1991) 的建议之下, 在贝尔电话实验室由 Clinton Davisson (1881~1958) 和 Lester Germer (1896~1971) 进行了这个实验, 他们在 1927 年报告说电子在镍单晶上的散射给出了衍射峰的图样, 和 X 射线在晶体上的一样[①].

当然, 原子轨道并不是琴弦. 我们需要的是, 把波的概念从式(1.3.2)对自由粒子的描述用某种方式推广到在势 (例如原子中的Coulomb 势) 中运动的粒子. 这种方法在 1926 年由 Erwin Schrödinger (1887~1961) 提供[②]. Schrödinger 提出的想法是调适经典力学中的 Hamilton-Jacobi 理论形式. 从量子力学走到那里实在是太远了. 有理解 Schrödinger 波动力学更简单的途径, 就是把 de Broglie 所做的进行自然的推广.

根据关系 $\boldsymbol{p} = \hbar\boldsymbol{k}$ 和 $E = \hbar\omega$, 动量为 $\boldsymbol{p}$、能量为 E 的自由粒子波函数 $\psi \propto \exp(\mathrm{i}\boldsymbol{k}\cdot\boldsymbol{x} - \mathrm{i}\omega t)$ 满足微分方程

$$-\mathrm{i}\hbar\nabla\psi(\boldsymbol{x},t) = \boldsymbol{p}\psi(\boldsymbol{x},t), \quad \mathrm{i}\hbar\frac{\partial}{\partial t}\psi(\boldsymbol{x},t) = E\psi(\boldsymbol{x},t)$$

对任何能量为 E 的态, 就有

$$\psi(\boldsymbol{x},t) = \exp(-\mathrm{i}Et/\hbar)\psi(\boldsymbol{x}) \tag{1.3.6}$$

在非相对论情况下, 对于自由粒子, 有 $E = \boldsymbol{p}^2/(2m)$, 这里 $\psi(\boldsymbol{x})$ 是以下方程的解:

$$E\psi(\boldsymbol{x}) = \frac{-\hbar^2}{2m}\nabla^2\psi(\boldsymbol{x})$$

更一般地, 在势 $V(\boldsymbol{x})$ 中粒子的能量为 $E = \boldsymbol{p}^2/(2m) + V(\boldsymbol{x})$, 这提示我们, 对这个粒子我们依然有式(1.3.6), 只是现在下式成立:

$$E\psi(\boldsymbol{x}) = \left(\frac{-\hbar^2}{2m}\nabla^2 + V(\boldsymbol{x})\right)\psi(\boldsymbol{x}) \tag{1.3.7}$$

这就是能量为 E 的单粒子 Schrödinger 方程.

正像小提琴弦的横向振动频率的方程一样, 这个方程也只对一些给定的 E 值有解. 取代小提琴弦的边界条件, 即在弦的两端被固定处, 它不会振动, 此处的边界条件是: $\psi(\boldsymbol{x})$ 是单值的 (即当 $\boldsymbol{x}$ 沿封闭曲线走一圈回到原处时 $\psi(\boldsymbol{x})$ 仍取原值), 且当 $|\boldsymbol{x}|$ 趋向无穷远时, $\psi(\boldsymbol{x})$ 为零. 例如, Schrödinger 得以证明在 Coulomb 势 $V(\boldsymbol{x}) = -Ze^2/r$ ($n = 1, 2, \cdots$) 中, 方程(1.3.7)有 n^2 个不同的单值解, 且在 $r \to +\infty$ 时这些解为零, 能量由 Bohr 公式 $E_n = -Z^2e^4m_{\mathrm{e}}/(2n^2\hbar^2)$ 给出; 并且对其他的能量值无解. (我们将在下一章中进行这个计算.) 正如 Schrödinger 在他关于量子力学的第一篇论文中所评论的: "在我看来, 关键在于 '整数' 假设不再神秘地进入量子规则, 我们追踪得再深一点, 发现 '整数性' 源于某个空间函数的有限性和单值性."

---

① Davisson C, Germer L. Phys. Rev., 1927, 30: 705.
② Schrödinger E. Ann. Physik, 1926, 79: 361, 489.

更进一步, Schrödinger 方程对普遍的体系有显然的推广. 如果一个体系由 Hamilton 量 $H(\boldsymbol{x}_1,\cdots;\boldsymbol{p}_1,\cdots)$(这里省略号表示更多粒子的坐标和动量) 表示, Schrödinger 方程取以下形式:

$$H(\boldsymbol{x}_1,\cdots;\mathrm{i}\hbar\nabla_1,\cdots)\psi_n(\boldsymbol{x}_1,\cdots) = E_n\psi_n(\boldsymbol{x}_1,\cdots) \tag{1.3.8}$$

例如, 质量为 $m_r\ (r=1,2,\cdots)$ 的 N 个粒子位于势 $V(\boldsymbol{x}_1,\cdots,\boldsymbol{x}_N)$ 中, 其 Hamilton 量是

$$H = \sum_r \frac{\boldsymbol{p}_r^2}{2m_r} + V(\boldsymbol{x}_1,\cdots,\boldsymbol{x}_N) \tag{1.3.9}$$

相应的 Schrödinger 方程是

$$E\psi(\boldsymbol{x}_1,\cdots,\boldsymbol{x}_N) = \left(\sum_{r=1}^{N} \frac{-\hbar^2}{2m_r}\nabla_r^2 + V(\boldsymbol{x}_1,\cdots,\boldsymbol{x}_N)\right)\psi(\boldsymbol{x}_1,\cdots,\boldsymbol{x}_N) \tag{1.3.10}$$

体系的容许能量就相应于方程的单值解 $\psi(\boldsymbol{x}_1,\cdots,\boldsymbol{x}_N)$, 在任何 $|\boldsymbol{x}_r|$ 趋于无穷远时为零. 所以现在就有可能, 至少在原则上, 不仅可以计算氢原子的谱, 而且可以计算任何其他原子的谱, 以至于可以计算在任何已知势中任何非相对论体系的谱.

1.4　矩阵力学

在 de Broglie 引入波动力学概念几年之后, 在 Schrödinger 发展了他的理论之前不久, Heisenberg(1901~1976) 发展了量子力学的一个完全不同的理论形式. Heisenberg 得了花粉热, 于是在 1925 年他躲开了空气中充斥花粉的 Göttingen 到不长草的北海 Helgoland 岛去度假. 在假期中他和围绕着 Bohr 和 de Broglie 量子化神秘的条件作战. 当他回到 Göttingen 大学时, 他已经有了量子化条件的新形式, 这个新形式后来称为矩阵力学[①].

Heisenberg 的出发点是一个哲学判断: 一个物理理论不应该和电子轨道这样的东西打交道, 它们永远不会被观测到. 这是一个危险的假设, 但这一次它帮了 Heisenberg 的忙. 他把原子态的能量 E_n 和原子从一个态 m 到另一个态 n 的自发辐射跃迁率 A_m^n 称为可观测量, 在可观测量的基础上建立物理理论. 在经典电动力学中, 电荷为 $\pm e$、位置

---

① Heisenberg W. Z. Physik, 1925, 33: 879.

矢量为 $\boldsymbol{x}$ 的粒子在进行非均匀运动时发射的辐射功率为[1]

$$P = \frac{2e^2}{3c^3}\ddot{\boldsymbol{x}}^2 \tag{1.4.1}$$

Heisenberg 猜想: 当原子从一个能量为 E_m 的态跃迁到更低能量 E_n 的态时, 这个公式就给出跃迁辐射的功率, 只要我们做一个置换就行:

$$\boldsymbol{x} \mapsto [\boldsymbol{x}]_{nm} + [\boldsymbol{x}]_{nm}^* \tag{1.4.2}$$

此处 $[\boldsymbol{x}]_{nm}$ 是一个表征此跃迁的复矢量振幅, 其正比于 $\exp(-\mathrm{i}\omega_{nm}t)$, ω_{nm} 是跃迁发射的辐射的圆频率 (频率乘以 2π):

$$\omega_{nm} = (E_m - E_n)/\hbar \tag{1.4.3}$$

(Heisenberg 并未写出经典公式(1.4.1), 但他给出远离加速粒子处的电场和磁场, 由此就可推得式(1.4.1). 他也并未明确说明他用了置换(1.4.2), 但从他下面的结果可以清楚地看出这正是他所做的.) 式(1.4.1)经过置换(1.4.2)就成为跃迁 $m \to n$ 所发射的辐射功率:

$$P(m \to n) = \frac{2e^2\omega_{nm}^4}{3c^3}\left([\boldsymbol{x}]_{nm}^2 + 2[\boldsymbol{x}]_{nm}[\boldsymbol{x}]_{nm}^* + [\boldsymbol{x}]_{nm}^*[\boldsymbol{x}]_{nm}^*\right)$$

右边第一项和第三项分别正比于 $\exp(-2\mathrm{i}\omega_{nm}t)$ 和 $\exp(2\mathrm{i}\omega_{nm}t)$, 因此在进行对长于 $1/\omega_{nm}$ 的时间平均时贡献为零. 时间平均 (用 P 上面的横线表示) 由交叉项给出, 它与时间无关:

$$\overline{P}(m \to n) = \frac{4e^2\omega_{nm}^4}{3c^3}\left|[\boldsymbol{x}]_{nm}\right|^2 \tag{1.4.4}$$

就是用 Einstein 的符号, 在跃迁 $m \to n$ 中带有能量 $\hbar\omega_{nm}$ 的光子发射率是

$$A_m^n = \frac{\overline{P}(m \to n)}{\hbar\omega_{nm}} = \frac{4e^2\omega_{nm}^3}{3c^3\hbar}\left|[\boldsymbol{x}]_{nm}\right|^2 \tag{1.4.5}$$

并且, 根据 Einstein 关系式(1.2.16), 它给出在受激发射和吸收率中 $\rho(\nu_{nm})$ 的系数

$$B_n^m = B_m^n = \frac{2\pi e^2}{3\hbar^2}\left|[\boldsymbol{x}]_{nm}\right|^2 \tag{1.4.6}$$

在式(1.4.5)和式(1.4.6)中, $[\boldsymbol{x}]_{nm}$ 只在 $E_m > E_n$ 时才出现, Heisenberg 把 $[\boldsymbol{x}]_{nm}$ 的定义推广到 $E_n > E_m$ 的情况, 用以下条件:

$$[\boldsymbol{x}]_{nm} = [\boldsymbol{x}]_{mn}^* \propto \exp(-\mathrm{i}\omega_{nm}t) \tag{1.4.7}$$

---

[1] Larmor J. Phil. Mag. S5, 1897, 44: 503. (这是在时间 t 通过半径为 r 的球面的总辐射功率, $\boldsymbol{x}$ 在推迟时间 $t - r/c$ 取值, 假设 r 远大于粒子与球心的距离.)

所以式(1.4.6)对于 $E_m > E_n$ 和 $E_n > E_m$ 两种情况都适用.

Heisenberg 的计算限于一维非谐振子这个例子, 它的经典能量与位置及其变化率的关系是

$$E = \frac{m_e}{2}\dot{x}^2 + \frac{m_e\omega_0^2}{2}x^2 + \frac{m_e\lambda}{3}x^3 \tag{1.4.8}$$

此处 ω_0 和 λ 是自由实参数. 要计算 E_n 和 $[x]_{nm}$, Heisenberg 需要两个关系. 第一个是式(1.4.8)的量子力学诠释:

$$\frac{m_e}{2}\left[\dot{x}^2\right]_{nm} + \frac{m_e\omega_0^2}{2}\left[x^2\right]_{nm} + \frac{m_e\lambda}{3}\left[x^3\right]_{nm} = \begin{cases} E_n, & n = m \\ 0, & n \neq m \end{cases} \tag{1.4.9}$$

此处 E_n 是量子态 n 的能量. 但对于 $[\dot{x}^2]_{nm}$, $[x^2]_{nm}$ 和 $[x^3]_{nm}$ 能赋予什么意义呢? Heisenberg 发现 "最简单和最自然的假设" 是取

$$\left[x^2\right]_{nm} = \sum_l [x]_{nl}[x]_{lm}, \quad \left[x^3\right]_{nm} = \sum_{l,k}[x]_{nl}[x]_{lk}[x]_{km} \tag{1.4.10}$$

类似地

$$\left[\dot{x}^2\right]_{nm} = \sum_k [\dot{x}]_{nk}[\dot{x}]_{km} = \sum_k w_{mk}[x]_{nk}[x]_{km} \tag{1.4.11}$$

注意: 因为 $[x]_{nm}$ 对于任何 n 和 m 都和 $\exp(-\mathrm{i}(E_m - E_n)t/\hbar)$ 成正比, 对于 $n = m$, 式(1.4.9)的每一项都与时间无关. 并且, 由于条件(1.4.7), 前两项对于 $n = m$ 是正的, 但第三项不一定.

第二个关系是量子条件. 这里 Heisenberg 采用了稍早W. Kuhn[①]和 W. Thomas[②]发表的公式, Kuhn 用了一个束缚态电子作为在三维空间以频率 ν_{nm} 振荡的谐振子系综模型推导这个公式. 在很高频率时, 从这样的电子上和从自由电子上的散射应该相同. 用这个条件, Kuhn 推导出纯经典的结论[③]: 对任何的态 n, 有

$$\sum_m B_n^m(E_m - E_n) = \frac{\pi e^2}{m_e} \tag{1.4.12}$$

将此式与式(1.4.6)组合, 给出

$$\hbar = \frac{2m_e}{3}\sum_m |[\boldsymbol{x}]_{nm}|^2 \omega_{nm} \tag{1.4.13}$$

因为对于三维 $|[\boldsymbol{x}]_{nm}|^2$ 有三项, 因子 1/3 给出三项的平均值, 因此对于一维, 我们会有

$$\hbar = 2m_e\sum_m |[x]_{nm}|^2 \omega_{nm} \tag{1.4.14}$$

---

① Kuhn W. Z. Physik, 1925, 33: 408.

② Thomas W. Naturwissenschaften, 1925, 13: 627.

③ Kuhn 实际上只在 n 为基态, 即最低能量态时给出这个条件, 但论据应用于任何状态. 当 n 不是基态时, 在对 m 求和中如果 m 的能量比 n 高, 则相应的项为正值, 如果 m 的能量低于 n, 则为负值.

这是 Heisenberg 所用的量子化条件.

Heisenberg 找到了对谐振子 $\lambda = 0$ 情况方程(1.4.9)和(1.4.14)的精确解[①]. 对任何整数 $n \geqslant 0$, 有

$$E_n = \left(n + \frac{1}{2}\right)\hbar\omega_0, \quad [x]^*_{n+1,n} = [x]_{n,n+1} = \mathrm{e}^{-\mathrm{i}\omega_0 t}\sqrt{\frac{(n+1)\hbar}{2m_\mathrm{e}\omega_0}} \tag{1.4.15}$$

除非 $n - m = \pm 1$, $[x]_{nm}$ 为零. 在 2.5 节中, 我们将看到如何对 $\lambda = 0$ 推导这些结果. Heisenberg 得以计算对于小的非零 λ 的相应结果, 准确到 λ 的一阶.

这些在当时是很晦涩的. Heisenberg 从 Helgoland 岛回来之后, 把他的结果拿给Max Born(1882~1970) 看. Born 认出来公式(1.4.10)正是一个熟知的数学过程, 即**矩阵乘法**的特例. 一个记为 $[A]_{nm}$ 或简记为 A 的矩阵是一个方的数 (实或复) 的行列, $[A]_{nm}$ 是第 n 行和第 m 列的数. 一般地, 给定任何两个矩阵 $[A]_{nm}$ 和 $[B]_{nm}$, 矩阵 AB 就是方阵列:

$$[AB]_{nm} = \sum_l [A]_{nl}[B]_{lm} \tag{1.4.16}$$

为了将来的应用, 我们给出两个矩阵之和的定义:

$$[A+B]_{nm} = [A]_{nm} + [B]_{nm} \tag{1.4.17}$$

以及一个矩阵和一个数值因子 α 的乘积的定义:

$$[\alpha A]_{nm} = \alpha[A]_{nm} \tag{1.4.18}$$

矩阵乘法是满足结合律的, 即 $A(BC) = (AB)C$, 也满足分配律, 即 $A(\alpha_1 B_1 + \alpha_2 B_2) = \alpha_1 AB_1 + \alpha_2 AB_2$ 和 $(\alpha_1 B_1 + \alpha_2 B_2)A = \alpha_1 B_1 A + \alpha_2 B_2 A$, 但一般情况下它不满足对易律 ($AB$ 和 BA 不一定相等). 如在式(1.4.10)中定义的, $[x^2]$ 是矩阵 $[x]$ 的平方, $[x^3]$ 是矩阵 $[x]$ 的立方, 等等.

也可以给量子条件(1.4.14)一个优美的矩阵方程写法. 注意根据式(1.4.7), 动量矩阵是

$$[p]_{nm} = m_\mathrm{e}[\dot{x}]_{nm} = -\mathrm{i}m_\mathrm{e}\omega_{nm}[x]_{nm}$$

所以矩阵乘积 $[px]$ 和 $[xp]$ 的对角元素是

$$[px]_{nn} = \sum_m [p]_{nm}[x]_{mn} = -\mathrm{i}m_\mathrm{e}\sum_m \omega_{nm}\,|[x]_{mn}|^2$$

---

① 有些不自洽, Heisenberg 把 $[x]_{nm}$ 的时间依赖取作 $\cos\omega_{nm}t$ 而不是 $\exp(-\mathrm{i}\omega_{nm}t)$. 这里的结果应用于 $[x]_{nm} \propto \exp(-\mathrm{i}\omega_{nm}t)$ 的情况; $[x]_{nm}$ 是 Heisenberg 解中与 $\exp(-\mathrm{i}\omega_{nm}t)$ 成正比的项.

$$[xp]_{nn} = \sum_m [x]_{nm}[p]_{mn} = -im_e \sum_m \omega_{mn} |[x]_{mn}|^2$$

(在上面两个公式中, 我们用了关系式(1.4.7), 它告诉我们 $[x]_{nm}$ 是一个**Hermite 矩阵**.)

因为 $\omega_{nm} = -\omega_{mn}$, 量子条件式(1.4.14)可以写作两种方式:

$$i\hbar = -2[px]_{nn} = +2[xp]_{nn} \tag{1.4.19}$$

当然, 这个关系也可以写作

$$i\hbar = [xp]_{nn} - [px]_{nn} = [xp - px]_{nn} \tag{1.4.20}$$

此处我们用了定义式(1.4.17)和式(1.4.18).

在 Heisenberg 的论文发表不久后出现了两篇论文, 将式(1.4.20)推广为矩阵 $xp - px$ 所有矩阵元的普遍公式:

$$xp - px = i\hbar \times I \tag{1.4.21}$$

此处 I 是单位矩阵,

$$[I]_{nm} \equiv \delta_{nm} \equiv \begin{cases} 1, & n = m \\ 0, & n \neq m \end{cases} \tag{1.4.22}$$

也就是, 除式(1.4.20)之外, 对于 $n \neq m$, 我们有 $[xp - px]_{nm} = 0$. 对此事实 Born 和他的助教 Pascual Jordan[1] (1902~1984) 给出了一个基于 Hamilton 运动方程的错误的数学推导. Paul Dirac[2](1902~1984) 从和经典力学的Poisson 括号的相似性出发, 直接地假设了式(1.4.21). Poisson 括号将在 9.4 节中描述.

矩阵力学现在已成为计算任何体系的能谱的工具, 体系用经典 Hamilton 量 $H(q,p)$ 描述, 其中 $H(q,p)$ 由一定数量的坐标 q_r 和相应 "动量" p_r 的函数给出. 我们寻找一个表示, 其中作为矩阵的 q 和 p 满足矩阵方程

$$q_r p_s - p_s q_r = i\hbar \delta_{rs} \times I \tag{1.4.23}$$

并且矩阵 $H(q,p)$ 是对角的,

$$[H(q,p)]_{nm} = E_n \delta_{nm} \tag{1.4.24}$$

对角元 E_n 是体系的能量, 矩阵元 $[x]_{nm}$ 可以和式(1.4.5)、式(1.4.6)一起用来计算辐射的自发和受激发射率以及吸收率.

不幸的是, 能够实施这类计算的物理系统太少了: 一个是谐振子, 被 Heisenberg 解出了. 另一个是氢原子, Sommerfeld 的一个学生 Wolfgang Pauli[3]用矩阵力学获得了其

---

[1] Jordan P. Z. Physik, 1925, 34: 858.

[2] Dirac P A M. Proc. Roy. Soc. A, 1926, 109: 642.

[3] Pauli W. Z. Physik, 1926, 36: 336.

能谱, 这展示了他的数学天才. (Pauli 的计算将在 4.8 节中给出.) 这两个问题之所以有解, 是因为其 Hamilton 量的特殊性, 它使得粒子的经典轨道成为闭合曲线. 用矩阵力学去解更复杂的问题, 例如氢分子问题, 是没有希望的, 所以在理论物理的工具中波动力学大大地超越了矩阵力学.

但不能把波动力学和矩阵力学看成不同的物理理论. 1926 年, Schrödinger 证明了矩阵力学的原理可以从波动力学的原理推导出来[①]. 要懂得这是如何发生的, 首先注意 Hamilton 量是一个Hermite 算符, 意为任何两个函数 f 和 g 满足加在波函数上的单值条件和在无穷远处为零, 我们有

$$\int f^*(Hg) = \int (Hf)^* g \qquad (1.4.25)$$

对于所有的坐标进行积分. 对于式(1.3.9)中的 V 项是显然的, 对拉普拉斯算符也是对的, 可以通过积分下列恒等式看出:

$$(\nabla^2 f)^* g - f^*(\nabla^2 g) = \nabla \cdot ((\nabla f)^* g - f^* \nabla g)$$

因此对于能量为 E_n 的 Schrödinger 方程的解 ψ_n, 我们有

$$E_n \int \psi_m^* \psi_n = \int \psi_m^* (H\psi_n) = \int (H\psi_m)^* \psi_n = E_m^* \int \psi_m^* \psi_n \qquad (1.4.26)$$

取 $m = n$, 我们看到 E_n 为实数; 再取 $m \neq n$, 我们看到对于 $E_n \neq E_m$ 有 $\int \psi_m^* \psi_n = 0$. 可以证明, 如果有不止一个 Schrödinger 方程的解具有相同的能量, 永远可以选择解使得它们满足: 对于 $m \neq n$, 有 $\int \psi_m^* \psi_n = 0$. (在 3.1 节第三个脚注中给出当 Schrödinger 方程有同样能量的有限数目的解时的证明.) 用适当因子乘以 ψ_n, 可以使得 $\int \psi_n^* \psi_n = 1$, 所以 ψ_n 是**正交归一**的, 意为

$$\int \psi_m^* \psi_n = \delta_{nm} \qquad (1.4.27)$$

现在考虑任何算符 $A, B, \cdots$, 用它们在波函数上的作用定义. 例如, 对单粒子, 动量算符 $\boldsymbol{P}$ 和位置算符 $\boldsymbol{X}$ 定义为

$$[\boldsymbol{P}\psi](\boldsymbol{x}) \equiv -\mathrm{i}\hbar \nabla \psi(\boldsymbol{x}), \quad [\boldsymbol{X}\psi](\boldsymbol{x}) \equiv \boldsymbol{x}\psi(\boldsymbol{x}) \qquad (1.4.28)$$

对于任何这样的算符, 定义一个矩阵

$$[A]_{nm} \equiv \int \psi_n^* [A\psi_m] \qquad (1.4.29)$$

注意, 作为式(1.3.6)的推论, 它有 Heisenberg 所假设的时间依赖式(1.4.7):

[①] Schrödinger E. Ann. Physik, 1926, 79: 734.

$$[A]_{nm} \propto \exp\left(-\mathrm{i}(E_m - E_n)/\hbar\right)$$

用定义式(1.4.29), 可以证明算符乘积的矩阵就是矩阵的乘积:

$$\int \psi_n^* \left[A[B\psi_m]\right] = \sum_l [A]_{nl}[B]_{lm} \tag{1.4.30}$$

要证明这点, 假设函数 $B\psi_m$ 可以写作对波函数的展开:

$$B\psi_m = \sum_r b_r(m)\psi_r$$

展开系数为 $b_r(m)$. (要使它严格正确, 可能需要把体系放在一个盒子中, 和在 1.1 节所做的一样, 从而 Schrödinger 方程的解组成分立的集合, 包括那些对应非束缚电子的解.) 用 ψ_l^* 乘以展开式的两边并对所有坐标积分, 再用正交归一条件(1.4.27)就可求得这些系数:

$$[B]_{lm} = \int \psi_l^* [B\psi_m] = \sum_r b_r(m)\delta_{rl} = b_l(m)$$

由此就得到

$$B\psi_m = \sum_l [B]_{lm}\psi_l \tag{1.4.31}$$

重复同样的论证, 就有

$$A[B\psi_m] = \sum_{l,s} [B]_{lm}[A]_{sl}\psi_s \tag{1.4.32}$$

乘以 ψ_n^*, 对所有坐标积分, 再一次用正交归一条件(1.4.27)就得到式(1.4.30).

我们现在就可以推导 Heisenberg 量子化条件. 首先, 注意矩阵 $[\boldsymbol{H}]_{nm}$ 就是

$$[H]_{nm} \equiv \int \psi_n^*[H\psi_m] = E_m \int \psi_n^*\psi_m = E_m\delta_{nm} \tag{1.4.33}$$

它和式(1.4.24)相同. 其次, 我们可以证实在普遍形式(1.4.21)下的条件(1.4.14). 注意到

$$\frac{\partial}{\partial x}(x\psi) = \psi + x\frac{\partial}{\partial x}\psi$$

所以在式(1.4.28)中所定义的算符 P 和 X 满足

$$[P[X\psi]] = -\mathrm{i}\hbar\psi + [X[P\psi]]$$

运用普遍公式(1.4.30), 我们就有

$$[xp - px]_{nm} = \mathrm{i}\hbar\delta_{nm} \tag{1.4.34}$$

这和式(1.4.21)相同. 明显地, 同样的论证可以用于得到更普遍的条件(1.4.23).

在第 3 章中我们讨论量子力学普遍原理时所用的方法既不是矩阵力学, 也不是波动力学, 而是一种更抽象的方法, 即 Dirac 所称的**变换理论**[1], 由它可以导出矩阵力学和波动力学.

虽然我们在第 11 章以前不会讨论量子电动力学, 我在此愿意提一下 1926 年Born, Heisenberg 和Jordan[2]把矩阵力学的概念用于电动力学. 他们证明了在边长为 L 的立方盒子内, 自由场可以写作如式(1.1.1)给出的波数各项之和, 即 $\boldsymbol{q_n} = 2\pi\boldsymbol{n}/L$, $\boldsymbol{n}$ 是具有整数分量的矢量, 每一项由谐振子 Hamilton 量 $H_n = (\dot{\boldsymbol{a}}_n^2 + \omega_n^2 \boldsymbol{a}_n^2)/2$(用 $[\boldsymbol{a_n}]$ 代替 $\sqrt{m}\boldsymbol{x}$) 描述, 此处 $\omega_n = c|\boldsymbol{q_n}|$. 当场中第 $\boldsymbol{n}$ 个振子处于第 $\mathcal{N}_{\boldsymbol{n}}$ 个激发态上时, 场的能量是谐振子能量(1.4.15)之和:

$$E = \sum_{\boldsymbol{n}} \left(\mathcal{N}_{\boldsymbol{n}} + \frac{1}{2} \right) \hbar \omega_{\boldsymbol{n}} \tag{1.4.35}$$

这样的状态被诠释为包含波矢为 $\boldsymbol{q_n} = 2\pi\boldsymbol{n}/L$ 的具有 $\mathcal{N}_{\boldsymbol{n}}$ 个光子的态, 因此证实了 Einstein 的假设, 光以能量 $h\nu = \hbar\omega$ 的光子形式传播 (附加的"零点" 能量 $\sum_{\boldsymbol{n}} \hbar\omega_{\boldsymbol{n}}/2$ 是真空中量子涨落能量, 它除了对引力场之外没有其他效应. 它是对 "暗能量" 的一种贡献. 暗能量是当前物理学家和天文学家的主要关注点.)1927 年 Dirac[3]得以用辐射的量子理论给出光子自发辐射率公式(1.4.5)的完全量子力学的推导, 不需要依赖与经典辐射理论的类比. 在 11.7 节中将给出此式的推导和推广.

1.5 概率诠释

最初, Schrödinger 和其他人都认为波函数代表扩散开来的粒子, 就像液体中的压力扰动, 多数粒子位于波函数值大的地方. 在 Max Born [4]分析量子力学中的散射时, 这就站不住脚了. 为此目的, Born 用了 de Broglie 关于自由粒子波函数的时间依赖假设(1.3.6)的推广. 对于任何由 Hamilton 量 H 描述的体系, 任何波函数, 不论是否具有

---

① Dirac P A M. Proc. Roy. Soc. A, 1927, 113: 621. 这个方法是 Dirac 教科书《量子力学原理》(第 4 版, 牛津大学出版社, 1976) 的基础.

② Born M, Heisenberg W, Jordan P. Z. Physik, 1926, 35: 557. 他们忽略了光的偏振, 并处理一维问题, 不像在此处描述的对三维的处理.

③ Dirac P A M. Proc. Roy. Soc. A, 1927, 114: 710.

④ Born M. Z. Physik, 1926, 37: 863; 38: 803.

确定能量的状态, 其时间依赖都由下式给出:

$$i\hbar \frac{\partial}{\partial t} \psi = H\psi \tag{1.5.1}$$

例如, 对于在势 $V(\boldsymbol{x})$ 中运动的质量为 m 的粒子, 经典力学的非相对论 Hamilton 量是 $H = \boldsymbol{p}^2/(2m) + V$, 波函数满足时间有关的 Schrödinger 方程

$$i\hbar \frac{\partial}{\partial t} \psi(\boldsymbol{x}, t) = H(\boldsymbol{X}, \boldsymbol{P})\psi(\boldsymbol{x}, t) = \left(-\frac{\hbar^2 \nabla^2}{2m} + V(\boldsymbol{x}) \right) \psi(\boldsymbol{x}, t) \tag{1.5.2}$$

算符 $\boldsymbol{X}$ 和 $\boldsymbol{P}$ 由式(1.4.28)定义. 通过局限在空间小的区域中波包如式(1.3.2)的时间演化, Born 发现, 当一个粒子打在靶 (例如原子或原子核) 上时, 它的波函数向所有方向辐射而出, 其大小随 r 的增加而减小, 此处 r 是到靶的距离. (在第 7 章中证明.) 这和常识相矛盾, 尽管一个粒子打在靶上会散射到任何方向上, 但是它不会散裂开飞向四方.

Born 建议, 波函数 $\psi(\boldsymbol{x}, t)$ 并不告诉我们在时间 t 粒子有多少部分位于 $\boldsymbol{x}$, 而是在时间 t 粒子位于 $\boldsymbol{x}$ 或在它附近的**概率**. 更精确些, Born 建议, 对一个单粒子系统, 粒子在时间 t 处于以 $\boldsymbol{x}$ 为中心的一个小体积 d^3x 内的概率是

$$\mathrm{d}P = |\psi(\boldsymbol{x}, t)|^2 \, \mathrm{d}^3x \tag{1.5.3}$$

为了使粒子总会存在于某处的概率是 100%, 波函数应该归一化:

$$\int |\psi(\boldsymbol{x}, t)|^2 \, \mathrm{d}^3x = 1 \tag{1.5.4}$$

积分对全空间进行. 积分值为 1 对于在物理上容许的波函数种类施以重要的限制, 因为只要积分是一个有限常数 N, 我们只要将波函数除以 $\sqrt{N}$ 就永远可以使式(1.5.4)得到满足. 积分有限这一点是重要的, 这是 Schrödinger 所用的波函数在无穷远处为零的条件的更强版本.

注意, 对于时间依赖由 Schrödinger 方程(1.5.1)描述的波函数, 若它在某一时刻满足归一化条件(1.5.4), 则在所有的时间都满足它. 积分随时间的变化率由下式给出:

$$\begin{aligned}
i\hbar \frac{\mathrm{d}}{\mathrm{d}t} &\int |\psi(\boldsymbol{x}, t)|^2 \, \mathrm{d}^3x \\
&= i\hbar \int \psi^*(\boldsymbol{x}, t) \frac{\partial}{\partial t} \psi(\boldsymbol{x}, t) \mathrm{d}^3x + i\hbar \int \left(\frac{\partial}{\partial t} \psi^*(\boldsymbol{x}, t) \right) \psi(\boldsymbol{x}, t) \mathrm{d}^3x \\
&= \int \psi^*(\boldsymbol{x}, t) \left([H\psi](\boldsymbol{x}, t) \right) \mathrm{d}^3x - \int \left([H\psi](\boldsymbol{x}, t) \right)^* \psi(\boldsymbol{x}, t) \mathrm{d}^3x
\end{aligned}$$

此量为零, 因为 H 满足条件(1.4.25), 即它是一个Hermite 算符. 特别地, 如果 ψ 满足单粒子 Schrödinger 方程(1.5.2), 则有

$$\frac{\partial}{\partial t} |\psi(\boldsymbol{x}, t)|^2 = \frac{i\hbar}{2m} \nabla \cdot (\psi^*(\boldsymbol{x}, t) \nabla \psi(\boldsymbol{x}, t) - \psi(\boldsymbol{x}, t) \nabla \psi^*(\boldsymbol{x}, t)) \tag{1.5.5}$$

和电荷守恒一样, 这是一个守恒定律, 但此处取代电荷的 $|\psi|^2$ 是概率密度, 取代电流密度的 $\mathrm{i}\hbar/(2m)(\psi^*\nabla\psi - \psi\nabla\psi^*)$ 是概率通量. 如果对 $|\boldsymbol{x}| \to +\infty$, $\psi(\boldsymbol{x},t)$ 为零, 则方程(1.5.5)和高斯定理再一次告诉我们, $|\psi|^2$ 对全空间的积分与时间无关.

从式(1.5.3)立即得到, 任何函数 $f(\boldsymbol{x})$ 的平均值("期望值") 由下式给出:

$$\langle f \rangle = \int f(\boldsymbol{x})|\psi(\boldsymbol{x},t)|^2 \,\mathrm{d}^3x \tag{1.5.6}$$

换句话说, 如果 $f(\boldsymbol{X})$ 是将波函数 $\psi(\boldsymbol{x},t)$ 乘以 $f(\boldsymbol{x})$ 的算符, 则有

$$\langle f \rangle = \int \psi^*(\boldsymbol{x})[f(\boldsymbol{X})\psi](\boldsymbol{x})\mathrm{d}^3x$$

从此到假设任何可观测量 A 的平均值为

$$\langle A \rangle = \int \psi^*(\boldsymbol{x})[A\psi](\boldsymbol{x})\mathrm{d}^3x \tag{1.5.7}$$

就只有一小步了, 此处 $A\psi$ 是代表可观测量 A 的算符作用于 ψ 的效果. 在多于一个粒子的体系中, 波函数依赖于所有粒子的坐标, 在式(1.5.4)～ 式(1.5.7)中的积分也遍及所有这些坐标.

1927 年 Paul Ehrenfest (1880～1933) 用这些结果证明了非相对论粒子在势中的经典运动方程如何从时间依赖的 Schrödinger 方程中导出[①]. 要推导 Ehrenfest 的结果, 我们用方程(1.5.2), 求出坐标和动量期望值的时间导数:

$$\frac{\mathrm{d}}{\mathrm{d}t}\langle \boldsymbol{X} \rangle = \frac{1}{\mathrm{i}\hbar} \int \mathrm{d}^3x\, \psi^*(\boldsymbol{x},t)(\boldsymbol{X}H - H\boldsymbol{X})\psi(\boldsymbol{x},t) = \langle \boldsymbol{P} \rangle /m$$

$$\frac{\mathrm{d}}{\mathrm{d}t}\langle \boldsymbol{P} \rangle = \frac{1}{\mathrm{i}\hbar} \int \mathrm{d}^3x\, \psi^*(\boldsymbol{x},t)(\boldsymbol{P}H - H\boldsymbol{P})\psi(\boldsymbol{x},t) = -\langle \nabla V(\boldsymbol{X}) \rangle$$

这和经典方程不完全一样, 因为 $\langle V(\boldsymbol{X}) \rangle$ 在一般情况下和 $V(\langle \boldsymbol{X} \rangle)$ 并不相同. 但如果(在宏观体系中一般如此) 力在波函数相当可观的范围内变化不很大, 则这些方程和 $\langle \boldsymbol{P} \rangle$ 与 $\langle \boldsymbol{X} \rangle$ 的经典运动方程很接近. (如在 7.10 节中所描述的, 用程函近似可以使结果更精确.)

我们现在就可以看到, 为什么所有代表可观测量的算符必须是 Hermite 的这一点是重要的. 取式(1.5.7)的复共轭, 可给出

$$\langle A \rangle^* = \int [A\psi](\boldsymbol{x})^*\psi(\boldsymbol{x})\mathrm{d}^3x = \int \psi(\boldsymbol{x})^*[A\psi](\boldsymbol{x})\mathrm{d}^3x$$

在最后一步, 我们用了 Hermite 算符的定义式(1.4.25). 最后的表达式是 A 的期望值, 所以我们看到 Hermite 算符的期望值是实的.

[①] Ehrenfest P. Z. Physik, 1927, 45: 455.

我们现在也可以推导波函数代表一个状态、其 Hermite 算符 A 代表的可观测量具有确定的实数值 a 的条件. $(A-a)^2$ 的期望值是

$$
\begin{aligned}
\langle (A-a)^2 \rangle &= \int \psi^*(\boldsymbol{x}) \left[(A-a)^2 \psi \right](\boldsymbol{x}) \mathrm{d}^3 x \\
&= \int \left(\left[(A-a)\psi \right](\boldsymbol{x}) \right)^* \left[(A-a)\psi \right](\boldsymbol{x}) \mathrm{d}^3 x \\
&= \int \left| \left[(A-a)\psi \right](\boldsymbol{x}) \right|^2 \mathrm{d}^3 x
\end{aligned}
\tag{1.5.8}
$$

如果 $\psi(\boldsymbol{x},t)$ 所代表的态对于 A 有确定的值 a, 则 $(A-a)^2$ 的期望值必须为零, 在此情况下, 式(1.5.8)表明 $(A-a)\psi$ 在各处都为零, 因此

$$
[A\psi](\boldsymbol{x}) = a\psi(\boldsymbol{x})
\tag{1.5.9}
$$

在此情况下, $\psi(\boldsymbol{x})$ 称为 A 的**本征函数**, 相应**本征值**为 a. 能量的 Schrödinger 方程和具有确定能量态的波函数正是这个条件的特例, 这里 A 是 Hamilton 量, a 是能量.

我们现在可以看到, 任何态具有确定的位置的任何分量 a 和相应的动量 p 是不可能的. 如果有这样的态, 它的波函数就要满足下面两个关系:

$$
X\psi = x\psi, \quad P\psi = p\psi
\tag{1.5.10}
$$

此处 x 和 p 分别是位置和动量的数值. 但这就导致

$$
XP\psi = pX\psi = px\psi, \quad PX\psi = xP\psi = xp\psi
$$

因此

$$
(XP - PX)\psi = 0
$$

和对易关系 $XP - PX = \mathrm{i}\hbar$ 相矛盾.

Heisenberg[①]甚至给出了位置和动量不确定性乘积的下限, 称之为 Heisenberg 不确定性原理. 他用对易关系证明了

$$
\Delta x \Delta p \geqslant \hbar/2
\tag{1.5.11}
$$

此处 Δx 和 Δp 分别是位置和动量的不确定性, 定义为位置和动量对于其期望值的均方根偏离:

$$
\Delta x \equiv \langle (X - \langle X \rangle)^2 \rangle^{1/2}, \quad \Delta p \equiv \langle (P - \langle P \rangle)^2 \rangle^{1/2}
\tag{1.5.12}
$$

证明将在 3.3 节中给出. 应该强调, Δx 是测量位置之值的扩展, 是通过大量高度准确的测量获得的, 而每次测量都是对同一个波函数 ψ 代表的同一个态进行的, 同样也对 Δp

---

① Heisenberg W. Z. Physik, 1927, 43: 172; The Physical Principles of the Quantum Theory (Chicago: University of Chicago Press, 1930: Chapter Ⅱ, 16-21. Eckart C, Hoyt F C, translate). 本书此处关于 Heisenberg 工作的讨论基于此后的文献.

适用. 这些不确定性依赖于状态, 与测量方法无关. 一般来说, 测量也会给 x 和 p 的结果带来附加的不确定性, 这是不包括在定义式(1.5.12)中的. 在式(1.5.12)中定义的 Δx 和 Δp 与我们测量了 x(测量改变了状态), 然后对改变了的状态测量 p 所得到的 Δx 和 Δp 是不一样的. 反过来也一样[①].

Heisenberg 也对关系式(1.5.11)提供了一个粗略的论证, 但这个关系式有一个非常不同的意义. 他假设用波长为 λ 的光来观察粒子, 在此情况下测量出位置的不确定性不能比 λ 小很多, 不论波函数在给定的位置有怎样锐利的峰值. 每个光子有动量 $2\pi\hbar/\lambda$, 所以在**相继**的动量测量中与新的波函数相应的不确定性 Δp 不能比 $2\pi\hbar/\lambda$ 小很多, 所以不确定性的乘积不能比 $2\pi\hbar$ 小很多. 在 Heisenberg 的假想实验中, 位置不确定性的下限来源于测量方法的性质, 而动量不确定性的下限来源于位置测量后的波函数性质.

更普遍地说, 要使用波函数 ψ 表示的态对于 A 和 B 算符代表的可观测量具有确定值, 必须有

$$(AB - BA)\psi = 0 \tag{1.5.13}$$

当然, 如果 $AB = BA$, 则此论断对所有的波函数都是正确的, 而如果是一个非零的数, 例如 $i\hbar$ 乘以单位算符, 则没有波函数能使以上论断成立. $AB - BA$ 称为 A 和 B 的对易子, 可写作

$$[A, B] \equiv AB - BA \tag{1.5.14}$$

只有在波函数 ψ 满足 $[A, B]\psi = 0$ 时, 对于 A 和 B 态才能有确定值. 任何两个算符, 其对易子为零时称为对易的.

在波函数不是 Hamilton 量的本征函数时, Born 也给出了概率诠释[②]. 假设对一个波函数进行能量本征函数展开:

$$\psi = \sum_n c_n \psi_n \tag{1.5.15}$$

此处 $H\psi_n = E\psi_n$, c_n 是数值系数. 如在 1.4 节中所指出的, 我们可以选择 ψ_n 满足正交归一条件(1.4.27), 这时归一化波函数必须满足

$$1 = \int |\psi|^2 = \sum_{n,m} c_n^* c_m \int \psi_n^* \psi_m = \sum_n |c_n|^2 \tag{1.5.16}$$

任何 Hamilton 量的函数 $f(H)$ 的期望值是

$$\langle f(H) \rangle = \sum_{n,m} c_n^* c_m \int \psi_n^* f(H) \psi_m = \sum_{n,m} f(E_n) c_n^* c_m \int \psi_n^* \psi_m = \sum_n |c_n|^2 f(E_n) \tag{1.5.17}$$

---

① 关于相继测量的不确定性, 见: Ozawa M. Phys. Rev. A, 2003, 67: 042105; Distler J, Paban S. arXiv: 1211.4169.

② Born M. Nature, 1927, 119: 354.

要使此式对任何波函数都正确, 我们必须把 $|c_n|^2$ 诠释为在一个能量测量中 (如果能量简并, 就测其他可以区分个别态的可观测量), 体系位于以 ψ_n 描述的态中的概率. 这个规则不久就被扩展到一般的算符, 不只是 Hamilton 量.

如我们在 1.4 节中看到的, 可以用 ψ_m^* 乘以式(1.5.15), 对坐标积分, 用正交归一条件(1.4.27)来计算系数 c_n, 得到 $c_m = \int \psi_m^* \psi$. 因此, 如果一个体系位于以波函数 ψ 表示的态中, 我们进行一次测量, 将体系置于用正交归一波函数 ψ_n 所表示的态集合中的任何一个 (它可以是, 也可以不是能量本征态), 则体系被发现处于波函数 ψ_m 所表示的一个特殊态中的概率是

$$P(\psi \to \psi_m) = \left| \int \psi_m^* \psi \right|^2 \tag{1.5.18}$$

这称为**Born 规则**, 可以认为它是量子力学的基本诠释公设.

从一开始量子力学的概率诠释就有争论. 理论物理学大师, 如 Schrödinger 和 Einstein 都用这种或那种方式反对过它. 量子力学这个方面的争论持续好多年, 最引人注意的是 1927 年布鲁塞尔举行的索尔维会议及其后几年. 直到今日, 在概率诠释和波函数决定论性的演化 (由式(1.5.1)描述) 之间仍存在紧张关系. 如果物理状态, 包括观测者和他们的仪器都决定论性地演化, 那么概率是从哪里来的? 这些问题将在 3.7 节中讨论.

历史文献

下面列举的著作包含了从量子力学和原子理论早期开始的原始论文 (英文或英文翻译) 的适合的收集:

1. *The Question of the Atom: From the Karlsruhe Congress to the First Solvay Conference, 1860–1911*, ed. M. J. Nye (Tomash Publishers, Los Angles/San Francisco, CA. 1986).

2. *The Collected Papers of Lord Rutherford of Nelson O. M., FRS*, ed. J. Chadwick (Interscience, New York, 1963).

3. *Sources of Quantum Mechanics*, ed. B. L. van der Waerden (North Holland, Amsterdam, 1967).

4. E. Shrödinger, *Collected Papers on Wave Mechanics*, Third English Edition (Chelsea Publishing, New York, 1982).

5. G. Bacciagaluppi and A. Valentini, *Quantum Theory at the Crossroads: Reconsidering the 1927 Solvay Conference* (Cambridge University Press, Cambridge, 2009).

习题

1. 考虑局限在一维势中质量为 M 的非相对论粒子, 势在 $-a \leqslant x \leqslant a$ 区间为零, 在 $|x| > a$ 时为无限大, 因此波函数在 $x = \pm a$ 处必须为零.

   (1) 求具有确定能量态的能量和波函数.

   (2) 令粒子处于与 $a^2 - x^2$ 成正比的波函数所描述的态. 如果测量粒子的能量, 它处于能量最低态的概率为多少?

2. 考虑三维空间中质量为 M 的非相对论粒子, 由 Hamilton 量

$$H = \frac{\boldsymbol{P}^2}{2M} + \frac{M\omega_0^2}{2}\boldsymbol{X}^2$$

描述.

   (1) 求具有确定能量态的能量值和每个能量的状态数.

   (2) 令粒子具有电荷 e. 求粒子通过光子发射由第一激发态到最低能量态的衰变率.

   提示: 可以把 Hamilton 量写为三个一维谐振子 Hamilton 量的和, 用 1.4 节中一维谐振子能级和 x-矩阵元的结果.

3. 假设光子有三个偏振态而不是有两个. 这对 Einstein 系数 A 与 B 的关系有何影响?

第 2 章

中心势中的粒子状态

在下一章展示量子力学基本原理之前, 在本章中我们先通过用波动力学方法解一些重要物理问题来阐释 Schrödinger 方程的意义. 首先, 我们考虑在三维空间的一般中心势影响下运动的单粒子; 然后我们专注于 Coulomb 势的情况, 并得出氢原子光谱; 在本章最后处理另一个经典问题: 谐振子.

2.1 中心势的 Schrödinger 方程

考虑质量[①]为 μ 的粒子在**中心势** $V(r)$ 中运动, 而势仅依赖于 $r \equiv \sqrt{x^2}$. 此问题的

---

① 我们用 μ 表示质量, 是为了避免和经常用来描述波函数角度依赖的指标 m 相混淆. 我们将在 2.4 节中看到, 在质量为 m_1 和 m_2 的二粒子问题中, 当势仅与粒子间距离有关时, 如用 μ 表示约化质量 $m_1 m_2 / (m_1 + m_2)$, Schrödinger 方程同样适用.

Hamilton 量是[①]

$$H = \frac{\boldsymbol{p}^2}{2\mu} + V(r) = -\frac{\hbar^2}{2\mu}\nabla^2 + V(r) \tag{2.1.1}$$

此处 ∇^2 是 Laplace 算符:

$$\nabla^2 = \frac{\partial^2}{\partial x_1^2} + \frac{\partial^2}{\partial x_2^2} + \frac{\partial^2}{\partial x_3^2} \tag{2.1.2}$$

表示确定能量态的波函数 $\psi(\boldsymbol{x})$ 的 Schrödinger 方程是

$$E\psi = H\psi = -\frac{\hbar^2}{2\mu}\nabla^2\psi + V(r)\psi \tag{2.1.3}$$

和任何确定能量态一样, 这个 $\psi(\boldsymbol{x})$ 包含一个对时间简单依赖的因子 $\exp(-\mathrm{i}Et/\hbar)$, 我们通常不把它明确写出.

在面对这样的问题时, 一个好的办法是考虑还有哪些可观测量可以和能量一起用来表征物理状态. 如在 1.5 节中解释过的, 这些是和 Hamilton 量对易的算符. 其中之一是角动量算符 $\boldsymbol{L} = \boldsymbol{x} \times \boldsymbol{p}$. 用 $-\mathrm{i}\hbar\nabla$ 代替 $\boldsymbol{p}$, 从而在量子力学中我们应该定义角动量算符

$$\boldsymbol{L} \equiv -\mathrm{i}\hbar\boldsymbol{x} \times \nabla \tag{2.1.4}$$

此处 $\boldsymbol{x}$ 是用其宗量来乘波函数的算符 (在第 1 章中记作 $\boldsymbol{X}$). 用笛卡儿坐标分量表示, 此算符是

$$L_i = -\mathrm{i}\hbar \sum_{j,k} \epsilon_{ijk} x_j \frac{\partial}{\partial x_k} \tag{2.1.5}$$

此处 i, j, k 每一个都跑遍 1, 2, 3 三个方向, ϵ 是完全反对称系数, 定义为

$$\epsilon_{ijk} \equiv \begin{cases} +1, & i\,j\,k \text{为 1 2 3 的偶置换} \\ -1, & i\,j\,k \text{为 1 2 3 的奇置换} \\ 0, & \text{其他} \end{cases} \tag{2.1.6}$$

要证明 $\boldsymbol{L}$ 和 Hamilton 量对易, 先考虑 L_i 与 x_j 或 $\partial/\partial x_j$ 的对易子. 回顾下列关系

$$\frac{\partial}{\partial x_k}(x_j\psi) - x_j\frac{\partial}{\partial x_k}\psi = \delta_{jk}\psi$$

所以

$$\left[\frac{\partial}{\partial x_k}, x_j\right] = \delta_{kj} \tag{2.1.7}$$

因为 $\boldsymbol{x}$ 的各分量彼此对易, 所以将式(2.1.5)中的 j 换为求和指标 m 就得出

$$[L_i, x_j] = -\mathrm{i}\hbar \sum_m \epsilon_{imj} x_m = +\mathrm{i}\hbar \sum_k \epsilon_{ijk} x_k \tag{2.1.8}$$

---

① 在本章以及此后的大多数章中, 我们将用 $\boldsymbol{x}$ 既表示波函数的宗量 ($r \equiv |\boldsymbol{x}|$), 又表示用其宗量乘在波函数上的算符, 在上一章中我们曾用 $\boldsymbol{X}$ 表示这个算符. 从行文中可以辨别其含义. 此外, 这里 $\boldsymbol{p}$ 是算符 $-\mathrm{i}\hbar\nabla$, 在上一章中用 $\boldsymbol{P}$ 表示.

要求出 $\boldsymbol{L}$ 和梯度算符的对易子, 只需把式(2.1.7)改写为

$$\left[x_m, \frac{\partial}{\partial x_j}\right] = -\delta_{jm}$$

梯度算符的各分量彼此对易, 因此

$$\left[L_i, \frac{\partial}{\partial x_j}\right] = +\mathrm{i}\hbar \sum_k \epsilon_{ijk} \frac{\partial}{\partial x_k} \tag{2.1.9}$$

式(2.1.8)和式(2.1.9)可以写成以下形式:

$$[L_i, v_j] = \mathrm{i}\hbar \sum_k \epsilon_{ijk} v_k \tag{2.1.10}$$

此处 v_i 是 x_i 或 $\partial/\partial x_i$. 可以证明式(2.1.10)对于用 $\boldsymbol{x}$ 或 ∇ 构成的任何算符 $\boldsymbol{v}$ 都是正确的. 例如, 它对于 $\boldsymbol{L}$ 自身是正确的:

$$[L_i, L_j] = \mathrm{i}\hbar \sum_k \epsilon_{ijk} L_k \tag{2.1.11}$$

对于 $i = j$, 它显然是正确的, 因为 ϵ_{ijk} 在任何两个指标相等时为零. 要验证 i 和 j 不相等时的式(2.1.1), 取 $i = 1$ 和 $j = 2$. 这里

$$\begin{aligned}
[L_1, L_2] &= -\mathrm{i}\hbar \left[L_1, x_3 \frac{\partial}{\partial x_1} - x_1 \frac{\partial}{\partial x_3}\right] \\
&= -\mathrm{i}\hbar \left(-\mathrm{i}\hbar x_2 \frac{\partial}{\partial x_1} + \mathrm{i}\hbar x_1 \frac{\partial}{\partial x_2}\right) \\
&= \mathrm{i}\hbar L_3 = \mathrm{i}\hbar \sum_k \epsilon_{12k} L_k
\end{aligned}$$

$[L_2, L_3]$ 和 $[L_3, L_1]$ 也有类似的关系.

要证明 L_i 和 Hamilton 量对易, 注意到如果 v_i 是满足式(2.1.10)的任何矢量, 则有

$$[L_i, \boldsymbol{v}^2] = \sum_j [L_i, v_j] v_j + \sum_j v_j [L_i, v_j] = \mathrm{i}\hbar \sum_{j,k} \epsilon_{ijk}(v_k v_j + v_k v_j)$$

所以, 由于 ϵ_{ijk} 关于 j 和 k 反对称, 故

$$[L_i, \boldsymbol{v}^2] = 0 \tag{2.1.12}$$

(注意, 即使 $\boldsymbol{v}$ 的分量彼此不对易, 例如除去位置和梯度外的其他矢量算符, 此式也适用.) 特别地, L_i 与 $\boldsymbol{x}^2$ 对易, 所以也和任何 $r \equiv [\boldsymbol{x}^2]^{1/2}$ 对易, 并与 Laplace 算符 ∇^2 对易, 因此它与 Hamilton 量(2.1.1)对易. 正是 Hamilton 量的旋转对称性保证了它与 $\boldsymbol{L}$ 对易; 如果 Hamilton 量依赖于 $\boldsymbol{x}$ 或 $\boldsymbol{p}$ 的方向而不仅仅依赖其大小, 它就不会和 $\boldsymbol{L}$ 对易.

因为 L_j 本身就是一个满足式(2.1.10)的矢量 v_j, 所以也有 L_i 与 $\boldsymbol{L}^2$ 对易的结果. 更进一步, L_i 与 Hamilton 量对易, 所以 $\boldsymbol{L}^2$ 也如此. 因而我们可以用算符 $H, \boldsymbol{L}^2$ 以及 $\boldsymbol{L}$ 的任何一个分量的本征值来表征物理状态, 这些算符彼此都对易. 注意, 我们只可以选 $\boldsymbol{L}$ 的**一个**分量, 因为根据式(2.1.11), 三个分量彼此不对易. 习惯上选 L_3, 因此物理波函数用 $H, \boldsymbol{L}^2$ 和 L_3 的本征值表征.

由于每一个 L_i 都和 r 对易, 它必须仅作用在宗量 $\boldsymbol{x}$ 的方向上而不作用在它的大小上. 就是说, 在极坐标中,

$$x_1 = r\sin\theta\cos\phi, \quad x_2 = r\sin\theta\sin\phi, \quad x_3 = r\cos\theta \tag{2.1.13}$$

算符 L_i 仅作用在 θ 和 ϕ 上. 从这些算符的定义式(2.1.5), 我们可以求出在极坐标中它们的形式:

$$\begin{aligned}
L_1 &= \mathrm{i}\hbar\left(\sin\phi\frac{\partial}{\partial\theta} + \cot\theta\cos\phi\frac{\partial}{\partial\phi}\right) \\
L_2 &= \mathrm{i}\hbar\left(-\cos\phi\frac{\partial}{\partial\theta} + \cot\theta\sin\phi\frac{\partial}{\partial\phi}\right) \\
L_3 &= -\mathrm{i}\hbar\frac{\partial}{\partial\phi}
\end{aligned} \tag{2.1.14}$$

在极坐标中, 还有

$$\boldsymbol{L}^2 = -\hbar^2\left(\frac{1}{\sin\theta}\frac{\partial}{\partial\theta}\left(\sin\theta\frac{\partial}{\partial\theta}\right) + \frac{1}{\sin^2\theta}\frac{\partial^2}{\partial\phi^2}\right) \tag{2.1.15}$$

我们来计算对于我们最重要的 L_3, 以此作为式(2.1.14)推导的例子. 注意到

$$\begin{aligned}
\frac{\partial}{\partial\phi} &= \sum_i \frac{\partial x_i}{\partial\phi}\frac{\partial}{\partial x_i} \\
&= -r\sin\theta\sin\phi\frac{\partial}{\partial x_1} + r\sin\theta\cos\phi\frac{\partial}{\partial x_2} = -x_2\frac{\partial}{\partial x_1} + x_1\frac{\partial}{\partial x_2} \\
&= \frac{\mathrm{i}}{\hbar}L_3
\end{aligned}$$

证明了式(2.1.14)中 L_3 的公式.

应该注意, $\boldsymbol{L}$ 的每一个分量都是 Hermite 的, 因为 x_j 和 p_k 是 Hermite 算符, 且当 $j \neq k$ 时它们对易. 这是一个普遍规则的特例, 此规则是: 如果算符 A 和 B 是 Hermite 的、对易的, 则有

$$\int \psi^*(AB\psi) = \int (A\psi)^* B\psi = \int (BA\psi)^*\psi = \int (AB\psi)^*\psi$$

因此 AB 是 Hermite 的. 并且, 因为 $\boldsymbol{L}$ 的每个分量是 Hermite 的并且和自身对易, 其平方就是 Hermite 的, 故它们的和 $\boldsymbol{L}^2$ 是 Hermite 的.

这些和 Schrödinger 方程有什么关系? 要明白这点, 我们来用另一个办法计算 $\boldsymbol{L}^2$. 根据式(2.1.5), 它是

$$\boldsymbol{L}^2 = \sum_i L_i L_i = -\hbar^2 \sum_{i,j,k,l,m} \epsilon_{ijk}\epsilon_{ilm} x_j \left(\frac{\partial}{\partial x_k}\right) x_l \left(\frac{\partial}{\partial x_m}\right)$$

对 i 求和, 可得

$$\sum_i \epsilon_{ijk}\epsilon_{ilm} = \delta_{jl}\delta_{km} - \delta_{jm}\delta_{kl}$$

(此式成立的理由是: 对每一个 i, ϵ_{ijk} 将会等于零, 除非 j 和 k 是除去 i 之外的另外两个方向, ϵ_{ilm} 将会等于零, 除非 l 和 m 是除去 i 之外的另外两个方向, 所以乘积 $\epsilon_{ijk}\epsilon_{ilm}$ 等于零, 除非 $j = l$ 和 $k = m$, 或者 $j = m$ 和 $k = l$. 在前一种情况下, 乘积的两个 ϵ 指标具有同一顺序, 乘积为 1; 在后一种情况下, 两个 ϵ 的指标区别在于第二个指标与第三个指标互换, 乘积为 -1.) 因此

$$\boldsymbol{L}^2 = -\hbar^2 \sum_{j,k} \left[x_j \left(\frac{\partial}{\partial x_k}\right) x_j \left(\frac{\partial}{\partial x_k}\right) - x_j \left(\frac{\partial}{\partial x_k}\right) x_k \left(\frac{\partial}{\partial x_j}\right) \right]$$

(通常在这些算符表达式中, 偏导数算符作用在它右边所有因子上, 包括 $\boldsymbol{L}^2$ 所作用的任何函数在内.) 把方括弧中第一项的第二个 x_j 向左移动, 并用对易关系式(2.1.7), 可得

$$\sum_{j,k} x_j \left(\frac{\partial}{\partial x_k}\right) x_j \left(\frac{\partial}{\partial x_k}\right) = r^2\nabla^2 + \sum_j x_j \left(\frac{\partial}{\partial x_j}\right)$$

用同样的方式, 互换第二项中的因子 x_j 和 x_k, 并两次用同一个对易关系, 可得

$$\sum_{j,k} x_j \left(\frac{\partial}{\partial x_k}\right) x_k \left(\frac{\partial}{\partial x_j}\right) = \sum_{j,k} x_k \left(\frac{\partial}{\partial x_k}\right) x_j \left(\frac{\partial}{\partial x_j}\right) + 3\sum_j x_j \left(\frac{\partial}{\partial x_j}\right) - \sum_j x_j \left(\frac{\partial}{\partial x_j}\right)$$

联立以上方程, 并记住 $\sum\limits_j x_j \partial/\partial x_j = r\partial/\partial r$, 我们有

$$\boldsymbol{L}^2 = -\hbar^2 \left(r^2\nabla^2 - r\frac{\partial}{\partial r} r\frac{\partial}{\partial r} - r\frac{\partial}{\partial r} \right) = -\hbar^2 \left(r^2\nabla^2 - \frac{\partial}{\partial r} r^2\frac{\partial}{\partial r} \right)$$

或者换一个写法, 即

$$\nabla^2 = \frac{1}{r^2}\frac{\partial}{\partial r} r^2 \frac{\partial}{\partial r} - \frac{\boldsymbol{L}^2}{\hbar^2 r^2} \tag{2.1.16}$$

Schrödinger 方程(2.1.3)就有下面的形式:

$$E\psi(\boldsymbol{x}) = -\frac{\hbar^2}{2\mu r^2}\frac{\partial}{\partial r}\left(r^2\frac{\partial\psi(\boldsymbol{x})}{\partial r} \right) + \frac{1}{2\mu r^2}\boldsymbol{L}^2\psi(\boldsymbol{x}) + V(r)\psi(\boldsymbol{x}) \tag{2.1.17}$$

现在我们考虑算符 $\boldsymbol{L}^2$ 的谱. 只要 $V(r)$ 在 $r=0$ 点不是特别奇异, 波函数 ψ 在 $\boldsymbol{x}=\boldsymbol{0}$ 附近就必须是笛卡儿坐标 x_i 的光滑函数, 即它可以展开为这些坐标的幂级数. 假设对某个特定的波函数, 其幂级数含有 x_1, x_2, x_3 因子数量最小的项有 ℓ 个这样的因子. 这里 ℓ 可以是 $0, 1, 2, \cdots$. 所有这些项之和形成所谓的 $\boldsymbol{x}$ 的 ℓ 阶齐次多项式. (例如, 0 阶齐次多项式是一个常数; 1 阶齐次多项式是 x_1, x_2, x_3 的线性组合; 2 阶齐次多项式是 $x_1^2, x_2^2, x_3^2, x_1x_2, x_2x_3, x_3x_1$ 的线性组合; 等等.) 用极坐标表示时, ℓ 阶齐次多项式是 r^ℓ 乘以一个 θ 和 ϕ 的函数. 这样, 在 $r \to 0$ 时, $\psi(\boldsymbol{x})$ 的形式是

$$\psi(\boldsymbol{x}) \to r^\ell Y(\theta, \phi) \tag{2.1.18}$$

这里, $Y(\theta, \phi)$ 是单位矢量 $\hat{\boldsymbol{x}}$ 的 ℓ 阶齐次多项式

$$\hat{\boldsymbol{x}} \equiv \boldsymbol{x}/r = (\sin\theta\cos\phi, \sin\theta\sin\phi, \cos\theta) \tag{2.1.19}$$

方程(2.1.17)可以写作

$$\boldsymbol{L}^2 \psi(\boldsymbol{x}) = \hbar^2 \frac{\partial}{\partial r}\left(r^2 \frac{\partial \psi(\boldsymbol{x})}{\partial r}\right) + 2\mu r^2 (E - V(r)) \psi(\boldsymbol{x})$$

在 $r \to 0$ 时, 右边第一项是 $\hbar^2 \ell(\ell+1)\psi$. 只要势比 $1/r^2$ 的奇异性小, 右边第二项在 $r \to 0$ 时就比 ψ 更快地趋于零, 所以上式要求在 $r \to 0$ 时, ψ 满足本征方程

$$\boldsymbol{L}^2 \psi \to \hbar^2 \ell(\ell+1)\psi \tag{2.1.20}$$

因此, 如果 ψ 是 $\boldsymbol{L}^2$ 和 H 的本征函数, $\boldsymbol{L}^2$ 的本征值只能是 $\hbar^2 \ell(\ell+1)$, 其中 $\ell \geqslant 0$ 为整数. 我们将在 4.2 节中给这个结果一个更为普遍的推导.

如果我们选波函数为 $\boldsymbol{L}^2$ 和 H 的本征函数 (我们能够这样做), 则根据式(2.1.20), 本征值只能是 $\hbar^2 \ell(\ell+1)$, 所以式(2.1.20)不仅对 $r \to 0$ 适用, 而且对所有的 r 适用. 因为 $\boldsymbol{L}^2$ 仅作用于角度, 故这样的波函数必须正比于一个仅含角度的函数, 比例系数 $R(r)$ 只依赖于 r. 这就是, 对于所有的 r, 有

$$\psi(\boldsymbol{x}) = R(r) Y(\theta, \phi) \tag{2.1.21}$$

此处 $R(r)$ 是一个 r 的函数, 满足

$$R(r) \propto r^\ell, \quad r \to 0 \tag{2.1.22}$$

$Y(\theta, \phi)$ 是 θ 和 ϕ 的函数, 满足

$$\boldsymbol{L}^2 Y = \hbar^2 \ell(\ell+1) Y \tag{2.1.23}$$

如果我们也要求 ψ 是 L_3 的本征函数, 相应本征值为 $\hbar m$, 则有

$$L_3 Y = \hbar m Y \tag{2.1.24}$$

方程(2.1.14)表明 $Y(\theta, \phi)$ 必须有一个 ϕ- 依赖

$$Y(\theta, \phi) = \mathrm{e}^{im\phi} \times (\theta\text{的函数}) \tag{2.1.25}$$

$Y(\theta, \phi)$ 在 $\phi = 0$ 和 $\phi = 2\pi$ 时必须具有相同的值, 此条件要求 m 为整数. 在下一节中我们将看到 $|m| \leqslant \ell$.

把方程(2.1.21)用于式(2.1.17), Schrödinger 方程变为 $R(r)$ 的常微分方程①:

$$ER(r) = -\frac{\hbar^2}{2\mu r^2}\frac{\mathrm{d}}{\mathrm{d}r}\left(r^2\frac{\mathrm{d}R(r)}{\mathrm{d}r}\right) + \frac{\hbar^2\ell(\ell+1)}{2\mu r^2}R(r) + V(r)R(r) \tag{2.1.26}$$

在这些条件之外, 我们还必须加上如下要求: $R(r)$ 在 $r \to +\infty$ 时足够快地趋近于零, 以使 $\int |\psi|^2 \mathrm{d}^3 x$ 收敛. 因此

$$\int_0^{+\infty} |R(r)|^2 r^2 \mathrm{d}r < +\infty \tag{2.1.27}$$

对于一个在 $r \to +\infty$ 时足够快地趋近于零的势, 方程(2.1.26)对于 $E < 0$ 的通解是一个指数增加和一个指数衰减的解的线性组合, 条件(2.1.27)要求我们选择指数衰减的解.

方程(2.1.26)可以写得更像一维 Schrödinger 方程, 利用如下新的径向波函数定义即可:

$$u(r) \equiv rR(r) \tag{2.1.28}$$

将方程(2.1.26)乘以 r, Schrödinger 方程就取以下形式:

$$-\frac{\hbar^2}{2\mu}\frac{\mathrm{d}^2 u(r)}{\mathrm{d}r^2} + \left(V(r) + \frac{\ell(\ell+1)\hbar^2}{2\mu r^2}\right)u(r) = Eu(r) \tag{2.1.29}$$

归一化条件是

$$\int_0^{+\infty} |u(r)|^2 \mathrm{d}r < +\infty \tag{2.1.30}$$

方程几乎和一维 Schrödinger 方程相同, 但有两个重要区别: 一个是加在势上的附加项 $\ell(\ell+1)\hbar^2/(2\mu r^2)$, 这可以理解为离心力的效应; 另一个是在 $r = 0$ 处的边界, $u(r)$ 表现为 $r^{\ell+1}$.

---

① 通常在解一个偏微分方程, 如 Schrödinger 方程(2.1.3)时, 人们尝试一个能分解为函数乘积的解, 每个函数依赖于坐标的一个子集, 如式(2.1.21). 这里讲述的 Schrödinger 方程的处理表明方法的成功取决于待解方程的转动对称. 这是一个普遍规则: 偏微分方程有适当的对称条件时, 一般都可以找到能因式分解的解.

2.2 球谐函数

在前一节中已经提到过，我们用 L_3 的本征值以及 H 和 $\boldsymbol{L}^2$ 的本征值来分类确定能量态的波函数. 因此波函数的角度部分就用 ℓ 和 m 表示，写作 $Y_\ell^m(\theta,\phi)$，本征条件为

$$\boldsymbol{L}^2 Y_\ell^m = \hbar^2 \ell(\ell+1) Y_\ell^m \tag{2.2.1}$$

$$L_3 Y_\ell^m = \hbar m Y_\ell^m \tag{2.2.2}$$

我们现在考虑对于给定的 ℓ，哪些 m 值是被允许的，并演示如何计算 Y_ℓ^m.

用 Laplace 算符表达式(2.1.16)，我们可以把本征值条件(2.2.1)重写为更方便的形式. 作用在 $r^\ell Y_\ell^m$ 上，式(2.1.16)右边第一项是 $\ell(\ell+1)r^{\ell-2}Y_\ell^m$. 根据方程(2.2.1)，它被第二项抵消，所以

$$\nabla^2(r^\ell Y_\ell^m) = 0 \tag{2.2.3}$$

最后，回顾 $r^\ell Y_\ell^m(\theta,\phi)$ 是坐标矢量 $\boldsymbol{x}$ 的笛卡儿分量的 ℓ 阶齐次多项式. 等价地，它可以写成变量 $x_\pm$ 和 x_3 的 ℓ 阶齐次多项式[①]

$$x_\pm = x_1 \pm \mathrm{i}x_2 = r\sin\theta \mathrm{e}^{\pm\mathrm{i}\phi}, \quad x_3 = r\cos\theta \tag{2.2.4}$$

因此方程(2.2.2)告诉我们 Y_ℓ^m 必须包含 $x_\pm$ 因子的数目 $\nu_\pm$，满足

$$m = \nu_+ - \nu_- \tag{2.2.5}$$

由于因子 x_+, x_- 和 x_3 的总数为 ℓ，指标 m 是正整数或负整数，极大值为 ℓ，当 $\nu_+ = \ell$ 和 $\nu_- = 0$ 时达到，极小值为 $-\ell$，当 $\nu_- = \ell$ 和 $\nu_+ = 0$ 时达到. 在4.2节中，我们将看到如何用对易关系式(2.1.11)给 L_3 的谱的这个结果一个纯代数的推导，并用式(2.2.1)得出 $\boldsymbol{L}^2$ 的谱.

现在我们必须问 Y_ℓ^m 是否由 ℓ 和 m 的值完全确定 (当然，准确到一个常数因子)，对于给定的 ℓ，指标 m 从 $m=-\ell$ 到 $m=\ell$ 取任何整数值，所以共取 $2\ell+1$ 个值. 另一方面，$x_\pm$ 和 x_3 的 ℓ 阶齐次多项式是一些项的线性组合，它们包含的 x_+ 因子共 ν_+ 个，$0 \leqslant \nu_+ \leqslant \ell$；$x_-$ 因子共 ν_- 个，$0 \leqslant \nu_- \leqslant \ell - \nu_+$；$x_3$ 因子共 $\ell - \nu_+ - \nu_-$ 个. 所以这三个坐标独

[①] 我们有时把球谐函数写作单位矢量 $\hat{\boldsymbol{x}} \equiv \boldsymbol{x}/r$ 的函数，而不用 θ 和 ϕ，两组变量由式(2.2.4)相关联.

立的 ℓ 阶齐次多项式总数是

$$N_\ell = \sum_{\nu_+=0}^{\ell} \sum_{\nu_-=0}^{\ell-\nu_+} 1 = \sum_{\nu_+=0}^{\ell} (\ell-\nu_++1) = \frac{1}{2}(\ell+1)(\ell+2) \tag{2.2.6}$$

Laplace 算符作用在 ℓ 阶齐次多项式上的结果是 $\ell-2$ 阶齐次多项式, 所以式(2.2.3)对于 Y 施加了 $N_{\ell-2}$ 个独立的条件, 因此对于给定的 ℓ, 独立的 Y 的数目是

$$N_\ell - N_{\ell-2} = 2\ell+1 \tag{2.2.7}$$

因为这也是对给定的 ℓ 指标 m 取值的数目, 所以我们可以得出对于每一个 ℓ 和 m 正好有一个独立的多项式的结论. 这些函数用 $Y_\ell^m(\theta,\phi)$ 表示, $-\ell \leqslant m \leqslant +\ell$, 称为**球谐函数**. 这些函数可以写作

$$Y_\ell^m(\theta,\phi) \propto P_\ell^{|m|}(\theta) \mathrm{e}^{\mathrm{i}m\phi} \tag{2.2.8}$$

这里 $P_\ell^{|m|}$ 满足微分方程 (参见式(2.1.15))

$$\frac{1}{\sin\theta} \frac{\mathrm{d}}{\mathrm{d}\theta} \left(\sin\theta \frac{\mathrm{d}P_\ell^{|m|}}{\mathrm{d}\theta} \right) + \frac{m^2}{\sin^2\theta} P_\ell^{|m|} = \ell(\ell+1) P_\ell^{|m|} \tag{2.2.9}$$

这个方程的解称为**连带 Legendre 函数**. 它们是 $\cos\theta$ 和 $\sin\theta$ 的多项式.

简单地枚举一个变量 x 的 0 阶、1 阶和 2 阶独立齐次多项式, 并施加条件 $\nabla^2(r^\ell Y) = 0$, 容易看到 $\ell \leqslant 2$ 时的球谐函数是

$$Y_0^0 = \sqrt{\frac{1}{4\pi}}$$

$$Y_1^1 = -\sqrt{\frac{3}{8\pi}}(\hat{x}_1+\mathrm{i}\hat{x}_2) = -\sqrt{\frac{3}{8\pi}}\sin\theta \mathrm{e}^{\mathrm{i}\phi}$$

$$Y_1^0 = \sqrt{\frac{3}{4\pi}}\hat{x}_3 = \sqrt{\frac{3}{4\pi}}\cos\theta$$

$$Y_1^{-1} = \sqrt{\frac{3}{8\pi}}(\hat{x}_1-\mathrm{i}\hat{x}_2) = \sqrt{\frac{3}{8\pi}}\sin\theta \mathrm{e}^{-\mathrm{i}\phi}$$

$$Y_2^2 = \sqrt{\frac{15}{32\pi}}(\hat{x}_1+\mathrm{i}\hat{x}_2)^2 = \sqrt{\frac{15}{32\pi}}\sin^2\theta \mathrm{e}^{2\mathrm{i}\phi}$$

$$Y_2^1 = -\sqrt{\frac{15}{8\pi}}(\hat{x}_1+\mathrm{i}\hat{x}_2)\hat{x}_3 = -\sqrt{\frac{15}{8\pi}}\sin\theta\cos\theta \mathrm{e}^{\mathrm{i}\phi}$$

$$Y_2^0 = \sqrt{\frac{5}{16\pi}}(2\hat{x}_3^2-\hat{x}_1^2-\mathrm{i}\hat{x}_2^2) = \sqrt{\frac{5}{16\pi}}(3\cos^2\theta-1)$$

$$Y_2^{-1} = \sqrt{\frac{15}{8\pi}}(\hat{x}_1-\mathrm{i}\hat{x}_2)\hat{x}_3 = \sqrt{\frac{15}{8\pi}}\sin\theta\cos\theta \mathrm{e}^{-\mathrm{i}\phi}$$

$$Y_2^{-2} = \sqrt{\frac{15}{32\pi}}(\hat{x}_1-\mathrm{i}\hat{x}_2)^2 = \sqrt{\frac{15}{32\pi}}\sin^2\theta \mathrm{e}^{-2\mathrm{i}\phi}$$

例如, Y_0^0 和每一个 Y_1^m 分别包含 0 个和 1 个 $\hat{x}_\pm$ 或 $\hat{x}_3$ 因子, 所以为了具有正确的 ϕ 依赖, Y_0^0 必须是常数, Y_1^{+1}, Y_1^0 和 Y_1^{-1} 必须分别和 $\hat{x}_+$, $\hat{x}_3$ 和 $\hat{x}_-$ 成正比. 类似地, 每一个 Y_2^m 正好包含两个 $\hat{x}_\pm$ 和 / 或 $\hat{x}_3$ 因子, 所以为了具有正确的 ϕ 依赖, $Y_2^{\pm2}$ 必须和 $\hat{x}_\pm^2$ 成正比, $Y_2^{\pm1}$ 必须和 $\hat{x}_\pm\hat{x}_3$ 成正比. Y_2^0 的情况比较复杂一些, 因为 $\hat{x}_+\hat{x}_-$ 和 $\hat{x}_3^2$ 都有正确的 ϕ 依赖. 如果我们把 Y_2^0 取作 $A\hat{x}_+\hat{x}_- + B\hat{x}_3^2$, 这样 $r^2 Y_2^0$ 就等于 $A\hat{x}_+\hat{x}_- + B\hat{x}_3^2 = A(\hat{x}_1^2 + \hat{x}_2^2) + B\hat{x}_3^2$, 所以 $\nabla^2(r^2 Y_2^0) = 4A + 2B$, 因此式(2.2.3)要求 $B = -2A$. 这样 Y_2^0 就正比于 $\hat{x}_+\hat{x}_- - 2\hat{x}_3^2 = 1 - 3\cos^2\theta$. 这里数值因子的选取使得 Y_ℓ^m 是归一化的:

$$\int \mathrm{d}^2\Omega \, |Y_\ell^m(\theta,\phi)|^2 \equiv \int_0^\pi \sin\theta \mathrm{d}\theta \int_0^{2\pi} \mathrm{d}\phi \, |Y_\ell^m(\theta,\phi)|^2 = 1 \tag{2.2.10}$$

此处 $\mathrm{d}^2\Omega$ 是立体角微分 $\sin\theta\mathrm{d}\theta\mathrm{d}\phi$. 仅余下相位是任意的. 这里相位的选择理由到我们在第 4 章中讲到角动量的普遍理论时就会弄清楚.

不同的 ℓ 和 / 或 m 的球谐函数是正交的, 因为它们是 Hermite 算符 $\boldsymbol{L}^2$ 和 L_3 的本征函数, 且其相应本征值不同. 要验证正交性, 首先注意到

$$\int \mathrm{d}^2\Omega \, Y_\ell^m(\theta,\phi)^* Y_{\ell'}^{m'}(\theta,\phi) \propto \int_0^{2\pi} \exp(\mathrm{i}(m'-m)\phi)\mathrm{d}\phi \propto \delta_{mm'} \tag{2.2.11}$$

其次, 考虑 $m' = m$ 的情况,

$$\int \mathrm{d}^2\Omega \, Y_\ell^m(\theta,\phi)^* Y_{\ell'}^m(\theta,\phi) \propto \int_0^\pi P_\ell^{|m|}(\theta) P_{\ell'}^{|m|}(\theta) \sin\theta\mathrm{d}\theta \tag{2.2.12}$$

将方程(2.2.9)乘以 $P_{\ell'}^{|m|}\sin\theta$, 并减去将 ℓ 与 ℓ' 互换后的相同表达式, 可得

$$(\ell(\ell+1) - \ell'(\ell'+1)) P_{\ell'}^{|m|}(\theta) P_\ell^{|m|}(\theta) \sin\theta$$
$$= \frac{\mathrm{d}}{\mathrm{d}\theta}\left[\sin\theta P_\ell^{|m|}(\theta)\frac{\mathrm{d}}{\mathrm{d}\theta} P_{\ell'}^{|m|}(\theta) - \sin\theta P_{\ell'}^{|m|}(\theta)\frac{\mathrm{d}}{\mathrm{d}\theta} P_\ell^{|m|}(\theta)\right] \tag{2.2.13}$$

等号右边中括号中的量在 $\theta = 0$ 和 $\theta = \pi$ 时为零, 所以

$$(\ell(\ell+1) - \ell'(\ell'+1)) \int_0^\pi P_{\ell'}^{|m|}(\theta) P_\ell^{|m|}(\theta) \sin\theta\mathrm{d}\theta = 0 \tag{2.2.14}$$

当 ℓ 和 ℓ' 为正数时, 仅当 $\ell' = \ell$ 时才可能有 $\ell(\ell+1) = \ell'(\ell'+1)$, 因此

$$\int_0^\pi P_{\ell'}^{|m|}(\theta) P_\ell^{|m|}(\theta) \sin\theta\mathrm{d}\theta = 0, \quad \ell \neq \ell' \tag{2.2.15}$$

将式(2.2.10)、式(2.2.11) 和式(2.2.15)联合在一起, 就可给出正交归一条件

$$\int \mathrm{d}^2\Omega \, Y_\ell^m(\theta,\phi)^* Y_{\ell'}^{m'}(\theta,\phi) = \delta_{\ell\ell'}\delta_{mm'} \tag{2.2.16}$$

我们也注意到波函数的空间反演 (或 "宇称") 性质. 因为 Y_ℓ^m 是单位矢量 $\hat{\boldsymbol{x}}$ 的齐次多项式, 故在变换 $\hat{\boldsymbol{x}} \to -\hat{\boldsymbol{x}}$ 下球谐函数正好变一个符号因子 $(-1)^\ell$:

$$Y_\ell^m(\pi-\theta, \pi+\phi) = (-1)^\ell Y_\ell^m(\theta,\phi) \tag{2.2.17}$$

$m = 0$ 时的球谐函数通常用 **Legendre 多项式** 表示:

$$Y_\ell^0(\theta) = \sqrt{\frac{2\ell+1}{4\pi}} P_\ell(\cos\theta) \tag{2.2.18}$$

要看出 $Y_\ell^0(\theta)$ 是 $\cos\theta$ 的多项式, 回想它是单位矢量 $\hat{\boldsymbol{x}}$ 的分量的多项式, 因为它对绕 3-轴旋转是不变的, 它必须是 $\hat{x}_3 = \cos\theta$ 和 $\hat{x}_+\hat{x}_- = \sin^2\theta = 1 - \cos^2\theta$ 的多项式. (式 (2.2.18) 中的数值因子选择要使 $P_\ell(1) = 1$.) 参考上面列出的球谐函数表, 由式(2.2.18) 给出

$$P_0(\cos\theta) = 1, \quad P_1(\cos\theta) = \cos\theta, \quad P_2(\cos\theta) = \frac{1}{2}\left(3\cos^2\theta - 1\right), \quad \cdots \tag{2.2.19}$$

2.3　氢原子

最后我们来考虑一个现实的三维体系, 它包含一个在 Coulomb 势中运动的单个电子. Coulomb 势为

$$V(r) = -\frac{Ze^2}{r} \tag{2.3.1}$$

此处 $-e$ 是电子的电荷, 单位是非有理化的静电单位 (这里 $e^2/(\hbar c) \approx 1/137$). 我们来解能量 $E < 0$ 的束缚态 Schrödinger 方程.

将波函数写为 $\psi(\boldsymbol{x}) \propto u(r) Y_\ell^m(\theta, \phi)/r$, 径向 Schrödinger 方程(2.1.29)就是

$$-\frac{\hbar^2}{2m_\text{e}}\frac{\mathrm{d}^2 u(r)}{\mathrm{d}r^2} + \left(-\frac{Ze^2}{r} + \frac{\ell(\ell+1)\hbar^2}{2m_\text{e}r^2}\right)u(r) = Eu(r)$$

换句话说, 它是

$$-\frac{\mathrm{d}^2 u(r)}{\mathrm{d}r^2} + \left(-\frac{2m_\text{e}Ze^2}{r\hbar^2} + \frac{\ell(\ell+1)\hbar^2}{2m_\text{e}r^2}\right)u(r) = -\kappa^2 u(r) \tag{2.3.2}$$

此处 κ 由下式定义:

$$E = -\frac{\hbar^2\kappa^2}{2m_\text{e}}, \quad \kappa > 0 \tag{2.3.3}$$

m_e 是电子质量. 将它写为无量纲形式, 需引入

$$\rho \equiv \kappa r \tag{2.3.4}$$

方程(2.3.2)在除以 κ^2 之后变为

$$-\frac{\mathrm{d}^2 u}{\mathrm{d}\rho^2} + \left(-\frac{\xi}{\rho} + \frac{\ell(\ell+1)}{\rho^2} \right) u = -u \tag{2.3.5}$$

此处

$$\xi \equiv \frac{2m_e Z e^2}{\kappa \hbar^2} \tag{2.3.6}$$

我们必须找到在 $\rho \to 0$ 时如同 $\rho^{\ell+1}$ 一样减小的解, 它在 $\rho \to +\infty$ 时, 近似像 $\exp(-\rho)$ 一样表现, 因此我们用一个新函数 $F(\rho)$ 来代替 u, 定义为

$$u = \rho^{\ell+1} \exp(-\rho) F(\rho) \tag{2.3.7}$$

从而有

$$\frac{\mathrm{d}u}{\mathrm{d}\rho} = \rho^{\ell+1} \exp(-\rho) \left(\left(\frac{\ell(\ell+1)}{\rho} - 1 \right) F + \frac{\mathrm{d}F}{\mathrm{d}\rho} \right)$$

和

$$\frac{\mathrm{d}^2 u}{\mathrm{d}\rho^2} = \rho^{\ell+1} \exp(-\rho) \left(\left(1 - \frac{2(\ell+1)}{\rho} + \frac{\ell(\ell+1)}{\rho^2} \right) F \right.$$
$$\left. + \left(-2 + \frac{2(\ell+1)}{\rho} \right) \frac{\mathrm{d}F}{\mathrm{d}\rho} + \frac{\mathrm{d}^2 F}{\mathrm{d}\rho^2} \right)$$

径向波动方程(2.3.5)就变为

$$\frac{\mathrm{d}^2 F}{\mathrm{d}\rho^2} - 2\left(1 - \frac{\ell+1}{\rho} \right) \frac{\mathrm{d}F}{\mathrm{d}\rho} + \frac{\xi - 2\ell - 2}{\rho} F = 0 \tag{2.3.8}$$

试求幂级数解

$$F = \sum_{s=0}^{+\infty} a_s \rho^s \tag{2.3.9}$$

此处 $a_0 \neq 0$, 因为我们定义 ℓ, 使得 $r \to 0$ 时 $u(r) \propto r^{\ell+1}$. 方程(2.3.8)变为

$$\sum_{s=0}^{+\infty} a_s \left(s(s-1)\rho^{s-2} - 2s\rho^{s-1} + 2s(\ell+1)\rho^{s-2} + (\xi-2\ell-2)\rho^{s-1} \right) = 0 \tag{2.3.10}$$

为了推导出幂级数中系数的关系, 我们在按 ρ^{s-2} 变化 (而非按 ρ^{s-1} 变化) 的各项中用求和变量 $s+1$ 代替 s. (式(2.3.10)中第一项和第三项的因子 s 使得对这些项求和时从 $s=1$ 开始, 所以在重新定义 s 为 $s+1$ 后所有求和都从 $s=0$ 开始.) 方程(2.3.10)就变为

$$\sum_{s=0}^{+\infty} \rho^{s-1} \left(s(s+1)a_{s+1} - 2s a_s + 2(s+1)(\ell+1)a_{s+1} + (\xi-2\ell-2)a_s \right) = 0 \tag{2.3.11}$$

此式必须对所有 $\rho > 0$ 成立, 所以 ρ 的各幂次系数都必须为零, 这给出一个递推关系

$$(s+2\ell+2)(s+1)a_{s+1} = (-\xi+2s+2\ell+2)a_s \tag{2.3.12}$$

左边系数 $(s+2\ell+2)(s+1)$ 对任何 $s \geqslant 0$ 都不为零, 所以这就给出用任意归一系数 a_0 表示的所有系数 a_s.

我们考虑对大的 ρ 值的幂级数的渐近行为. 当 $s \to +\infty$ 时, 由关系式(2.3.12)给出

$$a_{s+1}/a_s \to 2/s \tag{2.3.13}$$

由于对于大的 s, a_s 有相同符号, 幂级数的渐近行为由 ρ 的高幂次控制, 由关系式(2.3.12)给出

$$a_s \approx C2^s/(s+B)! \tag{2.3.14}$$

C 和 B 是未知常数. (如果 B 不是整数, 此处的阶乘就是伽马函数, 但当 $s \gg B$ 时它们没有区别.) 所以我们得到渐近关系

$$F(\rho) \approx C \sum_{s=0}^{+\infty} \frac{(2\rho)^s}{(s+B)!} \to C(2\rho)^{-B} \mathrm{e}^{2\rho} \tag{2.3.15}$$

除去系数和 ρ 的幂次以外, 函数(2.3.7)的本质行为是

$$u \approx \mathrm{e}^\rho \tag{2.3.16}$$

一点都不奇怪, 因为对一般的 ξ 值而言, 在 $\rho \to 0$ 时表现为 $\rho^{\ell+1}$ 的解在 $\rho \to +\infty$ 时会趋于正比于 e^ρ 和 $\mathrm{e}^{-\rho}$ 项的线性组合, 在此极限下正比于 e^ρ 的项为主. 但像式(2.3.16)这样的渐近行为显然和表示波函数可归一化的条件(2.1.30)不相洽合.

避免此情况的唯一办法是要求幂级数中止, 从而 $F(\rho)$ 表现为 ρ 的某一个幂次, 而不像 $\mathrm{e}^{2\rho}$. 递推关系式(2.3.12)表明, 如要幂级数中止, 必须使 ξ 等于某一个偶的正整数 $2n$ $(n \geqslant \ell+1)$, 在此情况下级数在幂次 $\rho^{n-\ell-1}$ 中止. 函数 $F(\rho)$ 就是 $n-\ell-1$ 阶多项式, 称为 **Laguerre 多项式**, 写作 $L_{n-\ell-1}^{2\ell+1}(2\rho)$. 前几个例子是 (不写归一化常数)

$$F = \begin{cases} 1, & n = \ell+1 \\ 1-\rho/(\ell+1), & n = \ell+2 \end{cases} \tag{2.3.17}$$

虽然波函数与 ℓ 和 n 有关, 但能量只依赖于 n. 对于 $\xi = 2n$, 由式(2.3.6)给出

$$\kappa_n = \frac{2m_{\mathrm{e}}Ze^2}{\xi\hbar^2} = \frac{1}{na} \tag{2.3.18}$$

此处 a 是 **Bohr 半径**:

$$a = \frac{\hbar^2}{m_{\mathrm{e}}Ze^2} = 0.529\ 177\ 249(24) \times 10^{-8} Z^{-1}\ \mathrm{cm} \tag{2.3.19}$$

径向波函数 $R(r) \equiv u(r)/r$ 在大距离处减小, 表现为 $\rho^{n-1} \exp(-\rho) \propto r^{n-1} \exp(-r/(na))$, 故电子基本上限制在半径 na 之内. 最后, 在式(2.3.3)中利用式(2.3.18)和式(2.3.19), 可给出束缚态能量

$$E_n = -\frac{\hbar^2 \kappa_n^2}{2m_e} = -\frac{\hbar^2}{2m_e a^2 n^2} = -\frac{m_e Z^2 e^4}{2\hbar^2 n^2} = -\frac{13.605\,698\,1(40)Z^2 \text{ eV}}{n^2} \tag{2.3.20}$$

如我们在1.2节中看到的, 这就是 Bohr 在 1913 年猜出的著名公式. 对于单电子原子, 如氢 ($Z=1$)、单电离氦 ($Z=2$)、双电离锂 ($Z=3$) 等, 它是很好的近似 (忽略磁和相对论效应). 如在 1.2 节中提到的, 对碱金属中性原子如锂、钠、钾, 它们的部分核电荷 Ze 被内层 $Z-1$ 个电子屏蔽, 所以式(2.3.20)中的 Z 可以近似取为 1 的量级. 对它们的最外层电子, 这个公式也是好的近似.

顺便说一下, 注意到将氢原子从 $n=1$ 态激发到 $n=2$ 态需要能量 10.2 eV, 因此在原子碰撞中把氢原子从基态激发到更高状态需要的温度至少约为 10^5 K. 在天体物理中, 热气体典型地通过在原子碰撞中激发的原子发射辐射而冷却, 所以热的氢气体很难冷却到大约 10^5 K 以下. 另一方面, 如在 4.5 节中讨论的, 重原子的外层电子都有大的 n 值, 所以激发这些原子到下一个激发态只需小得多的能量, 甚至少量的重元素对于冷却速率会带来大的变化.

对每一个 n, 都有从 0 到 $n-1$ 的 ℓ 值, 对每一个 ℓ 值, 都有 $2\ell+1$ 个 m 值, 所以能量 E_n 的态的总数是

$$\sum_{\ell=0}^{n-1}(2\ell+1) = 2\frac{n(n-1)}{2} + n = n^2 \tag{2.3.21}$$

我们将在 4.5 节中看到, 这个公式在解释周期表中起主要作用. 在多电子原子中, 这些态的能量实际上是彼此分开的, 这是由于核与其他电子的作用, 以及相对论效应和磁场的影响, 有效静电势偏离严格地正比于 $1/r$, 也可以进一步被外场分裂.

对于这些态有标准的命名法. 一般地, 单电子原子态的 $\ell = 0, 1, 2, 3$ 被记为 s, p, d, f. (这些字母来自 "sharp""principal""diffuse" 等, 和光谱线形状有关.) 对于氢和类氢原子, 在这些字母前面写上一个数字, 代表能级. 所以氢的最低的能量态是 1s, 次低的是 2s 和 2p, 再次低的是 3s, 3p 和 3d, 等等.

如在 1.4 节中讨论的, 在原子跃迁中发射的光波长远远大于 Bohr 半径的近似下, 波函数 ψ 代表的状态通过单光子发射到以波函数 ψ' 代表的状态的衰变率正比于 $|\int \psi'^* \boldsymbol{x} \psi|^2$. 如果我们把积分变量 $\boldsymbol{x}$ 改为 $-\boldsymbol{x}$, 如在 2.2 节中提到的, 波函数 ψ 和 ψ' 分别改变一个因子 $(-1)^\ell$ 和 $(-1)^{\ell'}$, 因此整个被积函数改变因子

$$(-1)^{\ell+\ell'+1}$$

这样，除非 $(-1)^\ell$ 和 $(-1)^{\ell'}$ 符号相反，在此近似下跃迁率为零.(还有其他选择规则，将在 4.4 节中描述.) 例如，2p 态能够发射一个光子并衰变到 1s 态 (称为 Lyman α 辐射)，但 2s 态就不行. 这个选择规则实际上帮助热气体中氢离子和电子复合，就像在早期宇宙中，温度大约为 3 000 K. 发射一个 Lyman α 光子可能并不提供氢原子达到它的最低能量态 ("基态") 的有效途径，因为那个光子正好激发另一个处于 1s 态的氢原子到 2p 态①. 另一方面，2s 态只能发射两个光子衰变到 1s 态，任何一个光子都没有足够的能量把另一个氢原子从基态上激发.

2.4 二体问题

到目前为止，我们考虑了在固定势中的单粒子量子力学. 当然，真实的单电子原子包含两个粒子: 一个原子核和一个电子. 其相互作用势依赖于它们的坐标矢量之差. 在经典力学中知道，这个二体问题等价于一个单体问题，只要把电子质量代以约化质量即可:

$$\mu = \frac{m_{\mathrm{e}} m_{\mathrm{N}}}{m_{\mathrm{e}} + m_{\mathrm{N}}} \tag{2.4.1}$$

此处 m_{N} 是原子核质量. 现在我们会看到，在量子力学中也是如此.

在经典力学和量子力学中，单电子原子的 Hamilton 量是

$$H = \frac{\boldsymbol{p}_{\mathrm{e}}^2}{2m_{\mathrm{e}}} + \frac{\boldsymbol{p}_{\mathrm{N}}^2}{2m_{\mathrm{N}}} + V(\boldsymbol{x}_{\mathrm{e}} - \boldsymbol{x}_{\mathrm{N}}) \tag{2.4.2}$$

此处 $\boldsymbol{p}_{\mathrm{e}}$ 和 $\boldsymbol{p}_{\mathrm{N}}$ 分别是电子与核的动量. (势仅依赖于 $|\boldsymbol{x}_{\mathrm{e}} - \boldsymbol{x}_{\mathrm{N}}|$，这是一个好的近似，但对于本节的目的，处理普遍情况也一样容易.) 另外，在经典力学和量子力学中，我们引入相对坐标 $\boldsymbol{x}$ 和质心坐标 $\boldsymbol{X}$:

$$\boldsymbol{x} \equiv \boldsymbol{x}_{\mathrm{e}} - \boldsymbol{x}_{\mathrm{N}}, \quad \boldsymbol{X} \equiv \frac{m_{\mathrm{e}}\boldsymbol{x}_{\mathrm{e}} + m_{\mathrm{N}}\boldsymbol{x}_{\mathrm{N}}}{m_{\mathrm{e}} + m_{\mathrm{N}}} \tag{2.4.3}$$

以及相对动量 $\boldsymbol{p}$ 与总动量 $\boldsymbol{P}$:

$$\boldsymbol{p} \equiv \mu \left(\frac{\boldsymbol{p}_{\mathrm{e}}}{m_{\mathrm{e}}} - \frac{\boldsymbol{p}_{\mathrm{N}}}{m_{\mathrm{N}}} \right), \quad \boldsymbol{P} = \boldsymbol{p}_{\mathrm{e}} - \boldsymbol{p}_{\mathrm{N}} \tag{2.4.4}$$

---

① 有一个例外. 在宇宙学中，一个存活足够长的 Lyman α 光子会通过宇宙膨胀损失能量，直到它不再能够把氢原子从基态激发到任何高的态. 这也对氢的复合做出贡献.

容易看到, Hamilton 量(2.4.2)可以写为

$$H = \frac{\boldsymbol{p}^2}{2\mu} + \frac{\boldsymbol{P}^2}{2(m_{\mathrm{e}} + m_{\mathrm{N}})} + V(\boldsymbol{x}) \tag{2.4.5}$$

这在经典力学和量子力学中都是正确的.

在量子力学中, 我们把动量等同于算符

$$\boldsymbol{p}_{\mathrm{e}} = -\mathrm{i}\hbar\nabla_{\mathrm{e}}, \quad \boldsymbol{p}_{\mathrm{N}} = -\mathrm{i}\hbar\nabla_{\mathrm{N}} \tag{2.4.6}$$

计算动量算符(2.4.4)是简单的:

$$\boldsymbol{p} = -\mathrm{i}\hbar\nabla_{\boldsymbol{x}}, \quad \boldsymbol{P} = -\mathrm{i}\hbar\nabla_{\boldsymbol{X}} \tag{2.4.7}$$

所以动量(2.4.4)和坐标(2.4.3)满足对易关系

$$[x_i, p_j] = [X_i, P_j] = \mathrm{i}\hbar\delta_{ij}, \quad [x_i, P_j] = [X_i, p_j] = 0 \tag{2.4.8}$$

很显然, Hamilton 量(2.4.2)和 $\boldsymbol{P}$ 的所有分量对易, 分量间也彼此对易, 所以代表具有确定能量物理态的波函数也可以取作具有确定的总动量.

这样的波函数具有以下形式:

$$\psi(\boldsymbol{x}, \boldsymbol{X}) = \mathrm{e}^{\mathrm{i}\boldsymbol{P}\cdot\boldsymbol{X}/\hbar}\psi(\boldsymbol{x}) \tag{2.4.9}$$

$\boldsymbol{P}$ 现在是 c 数本征值, $\psi(\boldsymbol{x})$ 是具有内能 $\mathcal{E}$ 的波函数, 满足单粒子 Schrödinger 方程

$$-\frac{\hbar^2\nabla_{\boldsymbol{x}}^2\psi(\boldsymbol{x})}{2\mu} + V(\boldsymbol{x})\psi(\boldsymbol{x}) = \mathcal{E}\psi(\boldsymbol{x}) \tag{2.4.10}$$

例如, 单电子原子的内能 $\mathcal{E}$ 由式(2.3.20)给出, 其中 m_{e} 用 μ 替换. 总能量是原子内能 $\mathcal{E}$ 加上原子的总体动能:

$$E = \mathcal{E} + \frac{\boldsymbol{P}^2}{2(m_{\mathrm{e}} + m_{\mathrm{N}})} \tag{2.4.11}$$

将电子质量置换为约化质量(2.4.1)的最重要的方面是, 使得内能对于核质量有轻微依赖. 氢核有两个稳定同位素: 质子 (质量为 $1\,836m_{\mathrm{e}}$) 和氘 (质量为 $3\,670m_{\mathrm{e}}$), 它们的约化质量为

$$\mu_{\mathrm{pe}} = 0.999\,45m_{\mathrm{e}}, \quad \mu_{\mathrm{de}} = 0.999\,73m_{\mathrm{e}} \tag{2.4.12}$$

这个微小区别已足够产生正常的氢和氘的混合物发射光频率的可测量的分裂. 天文学家用观察到的氢和氘光谱线的相对强度来测量星际介质的氢与氘的相对丰度, 它进一步会显示在少量物质形成氘的时期早期宇宙的条件. 而且, 如在 1.2 节中提到过的, 不同单电子原子如氢和电离氦能级差别的预言的实验验证有助于这些原子的 Bohr 理论的证实.

2.5   谐振子

作为三维空间束缚态的最后一个问题, 我们考虑在势

$$V(r) = \frac{1}{2}M\omega^2 r^2 \tag{2.5.1}$$

中一个质量为 M 的粒子, 此处 ω 是频率量纲的常量. 当然这不是电子在原子中受到的势, 但至少有四个理由来考虑它. 一个理由是历史的重要性. 在 1.4 节中我们看到, 这是 Heisenberg 在 1925 年介绍矩阵力学的开创性论文研究的问题 (虽然是一维问题). 另一个理由是这个理论提供了用代数方法 (Heisenberg 用的方法) 而不必解二阶微分方程来求出能级和辐射跃迁振幅的一个好的演示. 第三, 在原子核模型中用的就是谐振子势, 我们将在 4.5 节中看到这会导致中子或质子 "幻数" 概念, 其中原子核特别稳定. 最后, 此处描述的处理谐振子问题的方法在 10.3 节处理电子在磁场中的能级及在 11.5 节和 11.6 节中计算光子的性质中会是有用的.

Schrödinger 方程(2.1.3)在这里是

$$E\psi = -\frac{\hbar^2}{2M}\nabla^2\psi + \frac{1}{2}M\omega^2 r^2\psi \tag{2.5.2}$$

Laplace 算符和 $r^2 = \boldsymbol{x}^2$ 都可以写成三个坐标方向之和, 所以 Schrödinger 方程可以写为

$$\left(\frac{-\hbar^2}{2M}\frac{\partial^2\psi}{\partial x_1^2} + \frac{M\omega^2 x_1^2\psi}{2}\right) + \left(\frac{-\hbar^2}{2M}\frac{\partial^2\psi}{\partial x_2^2} + \frac{M\omega^2 x_2^2\psi}{2}\right) + \left(\frac{-\hbar^2}{2M}\frac{\partial^2\psi}{\partial x_3^2} + \frac{M\omega^2 x_3^2\psi}{2}\right) = E\psi \tag{2.5.3}$$

它有 (因式) 分离解,

$$\psi(\boldsymbol{x}) = \psi_{n_1}(x_1)\psi_{n_2}(x_2)\psi_{n_3}(x_3) \tag{2.5.4}$$

此处 $\psi_n(x)$ 是一维 Schrödinger 方程的解

$$\frac{-\hbar^2}{2M}\frac{\partial^2\psi_n(x)}{\partial x^2} + \frac{M\omega^2 x^2\psi_n(x)}{2} = E_n\psi_n(x) \tag{2.5.5}$$

能量是三个位于第 n_1、第 n_2 和第 n_3 能量状态的一维谐振子能量之和:

$$E = E_{n_1} + E_{n_2} + E_{n_3} \tag{2.5.6}$$

因此我们的问题就约化为 Heisenberg 在 1925 年考虑的一维谐振子问题.

为解决这个问题, 我们引入所谓的降低算符和提升算符:

$$a_i \equiv \frac{1}{\sqrt{2M\hbar\omega}} \left(-\mathrm{i}\hbar \frac{\partial}{\partial x_i} - \mathrm{i}M\omega x_i \right)$$

$$a_i^\dagger \equiv \frac{1}{\sqrt{2M\hbar\omega}} \left(-\mathrm{i}\hbar \frac{\partial}{\partial x_i} + \mathrm{i}M\omega x_i \right) \tag{2.5.7}$$

这里 $i = 1, 2, 3$. 这些算符满足对易关系

$$[a_i, a_j^\dagger] = \delta_{ij} \tag{2.5.8}$$

$$[a_i, a_j] = [a_i^\dagger, a_j^\dagger] = 0 \tag{2.5.9}$$

此外, 一维 Hamilton 量是

$$H_i \equiv -\frac{\hbar^2}{2M} \nabla_i^2 + \frac{M\omega^2 x_i^2}{2} = \hbar\omega \left(a_i^\dagger a_i + \frac{1}{2} \right) \tag{2.5.10}$$

(对重复指标的求和规则在此处不用.) 现在, 从式(2.5.8)~式(2.5.10)得出

$$[H_i, a_i] = -\hbar\omega a_i, \quad [H_i, a_i^\dagger] = +\hbar\omega a_i^\dagger \tag{2.5.11}$$

因此, 如果 ψ 代表能量为 E 的态, 则 $a_i\psi$ 代表能量为 $E - \hbar\omega$ 的态, $a_i^\dagger\psi$ 代表能量为 $E + \hbar\omega$ 的态, 当然只要相应的 $a_i\psi$ 和 $a_i^\dagger\psi$ 不为零. 存在一个波函数 $\psi_0(x_i)$, 有 $a_i\psi = 0$; 它是

$$\psi_0(x_i) \propto \exp(-M\omega x_i^2/(2\hbar)) \tag{2.5.12}$$

这代表能量 $E_{n_i} = \hbar\omega/2$ 的态, 用 a_i 作用在这个波函数上得不出代表任何能量比 E_{n_i} 还低的态的波函数. 另一方面, 没有一个波函数 $\psi(x_i)$ 能使 $a_i^\dagger\psi$ 为零, 因为微分方程 $a_i^\dagger\psi = 0$ 的解是 $\psi \propto \exp(M\omega x_i^2/(2\hbar))$, 它是不可归一化的. 结果是, 用 $a_i^\dagger$ 作用在 ψ_0 上不论多少次所得到的波函数代表的态, 其能量都是没有上限的. 这些波函数的形式为

$$\psi_{n_i}(x_i) \propto a_i^{\dagger n_i} \psi_0(x_i) \propto H_{n_i}(x_i) \exp(-M\omega x_i^2/(2\hbar)) \tag{2.5.13}$$

此处 $H_n(x)$ 是 x 的 n 阶多项式. (它和 n 阶宗量为 $z = x\sqrt{2Mw/\hbar}$ 的 Hermite 多项式 $H_n(z)$ 成正比.) 例如

$$H_0(x) \propto 1, \quad H_1(x) \propto x, \quad H_2(x) \propto 1 - 2M\omega x^2/\hbar, \quad \cdots$$

这些多项式满足宇称条件

$$H_n(-x) = (-1)^n H_n(x) \tag{2.5.14}$$

用式(2.5.10)和对易关系可以证明式(2.5.13)是 H_i 的本征函数, 对应本征值为 $\hbar\omega(n_i + 1/2)$. 所以, 代表确定能量态的普遍波函数是

$$
\begin{aligned}
\psi_{n_1 n_2 n_3}(\boldsymbol{x}) &\propto a_1^{\dagger^{n_1}} a_2^{\dagger^{n_2}} a_3^{\dagger^{n_3}} \psi_0(r) \\
&\propto H_{n_1}(x_1) H_{n_2}(x_2) H_{n_3}(x_3) \exp(-M\omega r^2/(2\hbar))
\end{aligned}
\tag{2.5.15}
$$

态的能量是

$$
E_{n_1 n_2 n_3} = \hbar\omega \left(N + \frac{3}{2} \right)
\tag{2.5.16}
$$

并有宇称性质

$$
\psi_{n_1 n_2 n_3}(-\boldsymbol{x}) = (-1)^N \psi_{n_1 n_2 n_3}(\boldsymbol{x})
\tag{2.5.17}
$$

此处

$$
N = n_1 + n_2 + n_3
\tag{2.5.18}
$$

这些能级除最低态外都有很大的简并. 对于固定的 $N = n_1 + n_2 + n_3$, 给定 n_1 和 n_2 后只有一个可能的 n_3 值, 所以将正整数 N 写成三个正 (或为 0) 整数之和的方式数为

$$
\begin{aligned}
\mathcal{N}_N &= \sum_{n_1=0}^{N} \sum_{n_2=0}^{N-n_1} 1 = \sum_{n_1=0}^{N} (N - n_1 + 1) \\
&= (N+1)^2 - \frac{N(N+1)}{2} \\
&= \frac{(N+1)(N+2)}{2}
\end{aligned}
\tag{2.5.19}
$$

由于势(2.5.1)是球对称的, 这些波函数也可以写成球谐函数 $Y_\ell^m(\theta, \phi)$ 的和乘以与 m 无关的径向波函数 $R_{N\ell}(r)$, 数值系数可能依赖于 N, ℓ 和 m. 波函数(2.5.15)是 x_i 的 $N = n_1 + n_2 + n_3$ 阶多项式乘以一个 r 的函数, 所以 ℓ 的极大值是 N. 而且, 根据式(2.5.17), 波函数(2.5.15)关于 x 是偶的或奇的, 取决于 N 是偶的或奇的. 因此这个波函数最多是正比于 $Y_\ell^m(\theta, \phi)$ 的各项之和, $\ell = N, N-2, \cdots$ 逐渐降至 $\ell = 1$ 或 $\ell = 0$. 例如, $H_1(x) \propto x$, 所以形式(2.5.15)的三个波函数为 $x_1 \exp(-M\omega r^2/(2\hbar))$, $x_2 \exp(-M\omega r^2/(2\hbar))$ 和 $x_3 \exp(-M\omega r^2/(2\hbar))$, 它们可以写作 $\ell = 1$ 的三项 $r Y_\ell^m(\theta, \phi) \exp(-M\omega r^2/(2\hbar))$ ($m = +1, m = 0, m = -1$) 的线性组合.

原来对于更大的 N 值, 确有独立的波函数正比于 $Y_\ell^m(\theta, \phi)$, $\ell = N, N-2, \cdots$ 逐渐降至 $\ell = 1$ 或 $\ell = 0$, 正好是通常的每个 ℓ 值的 $2\ell+1$ 个波函数. 要验证这一点, 注意到这给出总的简并度

$$
\mathcal{N}_N = \sum_{\ell = N, N-2, \cdots} (2\ell + 1)
\tag{2.5.20}
$$

例如, 如果 N 为偶数, 我们设 $\ell = 2k$, 则得到简并度

$$\mathcal{N}_N = \sum_{k=0}^{N/2}(4k+1) = 4\frac{(N/2)(N/2+1)}{2} + \frac{N}{2} + 1$$
$$= \frac{(N+1)(N+2)}{2}$$

与式(2.5.19)相符合. 对于 N 为奇数的情况, 同样的结果也成立.

能态的简并, 特别是存在不同 ℓ 值但能量相同的态, 这是 Coulomb 势和谐振子势的特征, 不能预期对一般的势都具有此特征. 以上两种情况的简并性源于和 Hamilton 量相对易的算符存在, 算符作用于确定能量的波函数上时, 给出另一个具有相同能量的波函数. 某些这样的算符和 $\boldsymbol{L}^2$ 不对易, 当作用在确定轨道角动量的波函数上时, 给出具有不同角动量的波函数, 虽然能量是相同的. 对于 Coulomb 势, 这些算符是什么将在 4.8 节中解释. 对于谐振子势, 它们是九个算符 $a_j^\dagger a_k$, j 和 k 跑遍坐标指标 1,2,3. 容易看出, 它们和三维 Hamilton 量对易, 三维 Hamilton 量由一维 Hamilton 量(2.5.10)的和给出:

$$H = \hbar\omega\left(\sum_i a_i^\dagger a_i + \frac{3}{2}\right)$$

我们将在 4.6 节中看到, 这些算符和 Hamilton 量对易的事实, 是和 Hamilton 量的对称性以及对易关系有关的. 顺便说一下, 对于 Coulomb 势和谐振子势, 与 Hamilton 量对易的算符存在, 也和这两种势的经典轨道形成闭合曲线的特殊性质有关.

要计算平均值和辐射跃迁率, 需要构造适当的归一化波函数. 最容易的办法是用提高算符和降低算符 (式(2.5.7)). 首先, 要归一化一维谐振子的基态波函数, 我们必须把它写作

$$\psi_0(x) = \left(\frac{M\omega}{\pi\hbar}\right)^{1/4}\exp(-M\omega x^2/(2\hbar)) \tag{2.5.21}$$

从而有

$$\int_{-\infty}^{+\infty}|\psi_0(x)|^2\mathrm{d}x = 1 \tag{2.5.22}$$

此外, 注意到 $a_i^\dagger$ 是算符 a_i 的**伴随**, 即对于任何两个归一化的函数 f 和 g, 我们有

$$\int_{-\infty}^{+\infty}f^*(x_i)a_i g(x_i)\mathrm{d}x_i = \int_{-\infty}^{+\infty}\left(a_i^\dagger f(x_i)\right)^* g(x_i)\mathrm{d}x_i \tag{2.5.23}$$

从而得到

$$\int_{-\infty}^{+\infty}\left|a_i^{\dagger n_i}\psi_0(x_i)\right|^2\mathrm{d}x_i = \int_{-\infty}^{+\infty}\left(a_i^{\dagger(n_i-1)}\psi_0(x_i)\right)^* a_i a_i^{\dagger n_i}\psi_0(x_i)\mathrm{d}x_i$$

由对易关系式(2.5.8)和式(2.5.9)给出

$$a_i a_i^{\dagger n_i} = a_i^{\dagger n_i}a_i + n_i a_i^{\dagger(n_i-1)}$$

并且因为 a_i 湮灭 $\psi_0(x_i)$, 所以我们有

$$\int_{-\infty}^{+\infty} \left| a_i^{\dagger n_i} \psi_0(x_i) \right|^2 \mathrm{d}x_i = n_i \int_{-\infty}^{+\infty} \left| a_i^{\dagger(n_i-1)} \psi_0(x_i) \right|^2 \mathrm{d}x_i$$

因此

$$\int_{-\infty}^{+\infty} \left| a_i^{\dagger n_i} \psi_0(x_i) \right|^2 \mathrm{d}x_i = n_i! \tag{2.5.24}$$

适当归一化的波函数就是

$$\psi_{n_1 n_2 n_3}(\boldsymbol{x}) = \frac{1}{\sqrt{n_1! n_2! n_3!}} \left(\frac{M\omega}{\pi\hbar} \right)^{3/4} a_1^{\dagger n_1} a_2^{\dagger n_2} a_3^{\dagger n_3} \exp(-M\omega r^2/(2\hbar)) \tag{2.5.25}$$

要计算 $\boldsymbol{x}$ 的一个分量的矩阵元素, 例如 x_1, 注意到根据式(2.5.7), 有

$$x_1 = \frac{\mathrm{i}\sqrt{\hbar}}{\sqrt{2M\omega}} (a_1 - a_1^\dagger)$$

因为 a_1 和 $a_1^\dagger$ 分别降低和提高指标 n_1 一单位, 故 $[x_1]_{nm}$ 必须为零, 除非 $n-m = \pm 1$. 并有

$$\begin{aligned}
[x_1]_{n+1,n} &\equiv \int \psi_{n+1}^*(x_1) x_1 \psi_n(x_1) \mathrm{d}x_1 \\
&= \frac{1}{\sqrt{n!}\sqrt{(n+1)!}} \int \left(a_1^{\dagger(n+1)} \psi_0 \right)^* \frac{-\mathrm{i} a_1^\dagger \sqrt{\hbar}}{\sqrt{2M\omega}} (a_1^{\dagger n} \psi_0) \mathrm{d}x_1 \\
&= -\mathrm{i} \sqrt{\frac{(n+1)\hbar}{2M\omega}}
\end{aligned} \tag{2.5.26}$$

如果我们把时间依赖因子 $\exp(-\mathrm{i}Et/\hbar)$ 包括在波函数内, 此式就和 Heisenberg 的结果式(1.4.15)一样, 除去一个通常的常量相因子, 它当然对于 $|\boldsymbol{x}_{nm}|^2$ 没有影响, 因此对于辐射跃迁率也没有影响.

习题

1. 用在 2.2 节中描述的方法计算 $\ell = 3$ 的球谐函数 (除去常数因子).

2. 推导氢从 2p 态到 1s 态的单光子发射率.

3. 计算氢 1s 态的动能和势能的平均值.

4. 计算三维谐振子最低能量态的动能和势能的平均值, 并用 2.5 节中的代数方法求出体系的能级.

5. 用在 2.3 节中对氢原子使用的幂级数方法 (要稍加改变) 推导三维谐振子的能级公式.

6. 求出在氢和氘中的 Lyman α 跃迁能量之差.

7. 计算氢原子 3s 态的波函数 (不计归一化).

   提示: 在第 2 和第 3 题中, 不要忘记用适当归一化的波函数.

第 3 章

量子力学的一般原理

在前面一章中, 我们看到在解决物理问题中波动力学是何等有用. 但波动力学也有几点缺陷. 它用波函数描述物理状态, 波函数是体系的粒子位置的函数, 但为什么我们要把位置选出来作为基本的可观测量? 例如, 我们也许想用粒子具有某些动量或能量值的概率振幅来描述状态, 而不是用位置. 一个更基本的缺陷是有些物理体系的属性根本不能用粒子集合的位置和动量来描述. 这些属性之一是**自旋**, 它将成为第 4 章研究的主要对象. 另一个是在空间某些点处的电场和磁场的值, 在第 11 章中处理. 本章将描述量子力学原理, 用的基本上是 Dirac "变换理论" 的理论形式, 在 1.4 节中曾简要提及. 这个理论形式推广了 Schrödinger 的波动力学和 Heisenberg 的矩阵力学, 并且足够广泛, 可以应用到任何一类物理系统.

3.1 状态

量子力学的第一个公设是物理状态可以用一种抽象空间即 **Hilbert 空间**的矢量代表.

在进入 Hilbert 空间之前, 我要稍微说一下一般的矢量. 在中学我们学到矢量是既有大小又有方向的量. 以后当我们学习解析几何时, 我们学到在 d 维空间矢量可以用一串 d 个数字, 即矢量的分量来描述. 后面的方式在计算中更有用, 但中学的版本更好, 因为它能使我们描述矢量间的关系而不必标出一个坐标系. 例如, 一个矢量和第二个矢量平行或与第三个垂直这样的陈述就和我们如何选择坐标系没有关系.

在这里我们将明确表达一般的矢量空间, 特别是 Hilbert 空间的含义, 表达是独立于我们用来描述空间中方向的坐标的. 从这个观点出发, 我们在波动力学中用来描述物理状态的波函数应被视作一个抽象矢量 Ψ 的**分量** $\psi(\boldsymbol{x})$ 的集合, 这个矢量称为**状态矢量**, 存在于一个无穷维空间中, 在其中我们选择坐标轴, 用位置 $\boldsymbol{x}$ 所能取的所有值做标记. 换一种方法, 同一个状态矢量可以用动量空间的波函数 $\tilde{\psi}(\boldsymbol{p})$ 代表, 定义为在波包上的展开式 (如式(1.3.2))[①]

$$\psi(\boldsymbol{x}) = (2\pi\hbar)^{-3/2} \int \mathrm{d}^3p \exp(\mathrm{i}\boldsymbol{p}\cdot\boldsymbol{x}/\hbar)\tilde{\psi}(\boldsymbol{p})$$

中的 $\exp(\mathrm{i}\boldsymbol{p}\cdot\boldsymbol{x}/\hbar)$ 的系数. 在此例中, $\tilde{\psi}(\boldsymbol{p})$ 被认为是同一个状态矢量 Ψ 沿相应动量 $\boldsymbol{p}$ 确定值方向的分量. 在概念上, 这和将位置矢量的描述从纬度、经度和高度换为三个坐标的另外某个集合差不多. 或者, 如在式(1.5.15)中一样, 我们可以将 $\psi(\boldsymbol{x})$ 写成确定能量波函数 $\psi_n(\boldsymbol{x})$ 的展开:

$$\psi(\boldsymbol{x}) = \sum_n c_n \psi_n(\boldsymbol{x})$$

并将系数 c_n 作为同一状态矢量在不同能量值所表征的方向上的分量. 这些仅是一些例子, 我们关于 Hilbert 空间的讨论将和任何特殊的坐标选择无关.

Hilbert 空间是一种**正规复矢量空间**. 一般而言, 任何一种矢量空间由 Ψ, Ψ' 等所组成, 具有以下性质:

---

① 定义的构造是使动量算符 $-\mathrm{i}\hbar\nabla$ 作用在 $\psi(x)$ 上, 其效果和用 $\boldsymbol{p}$ 乘以 $\tilde{\psi}(\boldsymbol{p})$ 相同. 将因子 $(2\pi\hbar)^{-3/2}$ 包括进来是为了对于归一化波函数有 $\int |\psi(\boldsymbol{x})|^2 \mathrm{d}^3x = 1$, 由 Fourier 分析定理就有 $\int |\tilde{\psi}(\boldsymbol{p})|^2 \mathrm{d}^3p = 1$.

- 如果 Ψ, Ψ' 是矢量, 则 $\Psi + \Psi'$ 也是. 加法是满足结合律和对易律的:

$$\Psi + (\Psi' + \Psi'') = (\Psi + \Psi') + \Psi'' \tag{3.1.1}$$

$$\Psi + \Psi' = \Psi' + \Psi \tag{3.1.2}$$

- 如果 Ψ 是矢量, 则 $\alpha\Psi$ 也是, 这里 α 是任何数. 在**实矢量空间**中, 这些数被限制为实数. 在**复矢量空间**中, 如量子力学的 Hilbert 空间中像 α 这样的数可以为复数. 在实矢量和复矢量空间中, 乘以一个数的运算满足结合律和分配律:

$$\alpha(\alpha'\Psi) = (\alpha\alpha')\Psi \tag{3.1.3}$$

$$\alpha(\Psi + \Psi') = \alpha\Psi + \alpha\Psi' \tag{3.1.4}$$

$$(\alpha + \alpha')\Psi = \alpha\Psi + \alpha'\Psi \tag{3.1.5}$$

- 有一个唯一的零矢量[①]o, 具有以下显然的性质, 对任何矢量 Ψ 和数 α, 有

$$o + \Psi = \Psi, \quad 0\Psi = o, \quad \alpha o = o \tag{3.1.6}$$

正规矢量空间是一个矢量空间, 在其中对任何两个矢量 Ψ 和 Ψ' 存在一个数, 称为它们的标量积 (Ψ, Ψ'), 它具有**线性**, 即

$$(\Psi'', \alpha\Psi + \alpha'\Psi') = \alpha(\Psi'', \Psi) + \alpha'(\Psi'', \Psi') \tag{3.1.7}$$

对称性, 即

$$(\Psi', \Psi)^* = (\Psi, \Psi') \tag{3.1.8}$$

以及**正值性**, 它要求矢量与其自身的标量积是一个实数, 且有

$$(\Psi, \Psi) > 0, \quad \Psi \neq o \tag{3.1.9}$$

(注意对任何 Ψ, 有 $(\Psi, o) = 0$, 当然对 $\Psi = o$ 也成立, 因为对于任何数 α 和矢量 Ψ, 都有 $\alpha(\Psi, o) = (\Psi, \alpha o) = (\Psi, o)$, 这只有在 $(\Psi, o) = 0$ 时才有可能.) 对实矢量空间, 标量积 (Ψ, Ψ') 都是实数, 在式(3.1.8)中的复共轭没有实际效应; 对复矢量空间, 标量积应该允许为复数. 从式(3.1.7)和式(3.1.8)可以得出

$$(\alpha\Psi + \alpha'\Psi', \Psi'') = \alpha^*(\Psi, \Psi'') + \alpha'^*(\Psi', \Psi'') \tag{3.1.10}$$

Hilbert 空间, 除是正规矢量空间外, 可以是有限维的, 或者满足某些技术性的连续性假设, 使得它在一些方面可以当作有限维来处理. 要解释这一点, 必须首先介绍一下独立的或完全的矢量集合, 这有助于定义一个矢量空间的维数.

[①] 在后面的各章中, 在不引起混淆时, 我们将不使用特殊符号 o 来表示零矢量, 就使用 **0**.

矢量 $\Psi_1, \Psi_2, \cdots$ 的集合称为**独立的**, 如果没有一个非平庸的线性组合可以为零. 也就是说, 如果 $\Psi_1, \Psi_2, \cdots$ 是**独立的**, 而且数 $\alpha_1, \alpha_2, \cdots$ 的集合可以使得 $\alpha_1\Phi_1 + \alpha_2\Phi_2 + \cdots = o$, 就有 $\alpha_1 = \alpha_2 = \cdots = 0$. 等价地, 独立的矢量集合中没有任何一个矢量可以表示为其他矢量的线性组合. 作为特例, 如果矢量 $\Psi_1, \Psi_2, \cdots$ 是正交的, 也就是对于 $i \neq j$, 有 $(\Psi_i, \Psi_j) = 0$, 它们就是独立的: 如果这样一个正交矢量集合满足 $\alpha_1\Psi_1 + \alpha_2\Psi_2 + \cdots = o$, 就有 $\alpha_1 = \alpha_2 = \cdots = 0$ 这个关系, 取它和任一个矢量的标量积, 就有 $\alpha_i(\Psi_i, \Psi_i) = 0$, 这样对所有的 i, 就有 $\alpha_i = 0$. 相反的陈述则不成立: 一个独立集合的矢量不一定是正交的. 但是如果矢量 Ψ_i 是独立的, 我们永远能够找到这些矢量的 n 个线性组合 Φ_i, 它们不仅是独立的, 也是正交的[①].

矢量 $\Psi_1, \Psi_2, \cdots, \Psi_n$ 的集合称为**完备的**, 如果任意矢量 Ψ 都能表示为 Ψ_i 的线性组合:

$$\Psi = \alpha_1\Psi_1 + \alpha_2\Psi_2 + \cdots + \alpha_n\Psi_n$$

矢量的完备集不必为独立的, 但如果它们不独立, 我们就一定可以找到一个子集, 它既是完备的也是独立的. 办法是找到集合中的一个矢量, 它可以表示为所有其他矢量的线性组合, 然后把它去除. 给定矢量 Ψ_i 的一个完备独立集合, 用上面描述的方法我们可以得到一个矢量集合 Φ_i, 它是正交的和独立的, 并且根据构造方法, 每一个 Ψ_i 都是矢量 Φ_i 的线性组合, 矢量集 Φ_i 也是完备的. 正交矢量的完备集合称为 Hilbert 空间的**基**.

矢量空间称为具有有限维 d, 如果它的独立矢量的最大数目为 d. 在这个空间中, **任何 d 个独立矢量 Φ_i 的集合也是完备的**, 因为如果有一个矢量 Ψ 不能被写作 $\sum_{i=1}^{d} \alpha_i \Phi_i$, 就会有 $d+1$ 个独立矢量, 即 Ψ 和 Φ_i. 并且, 没有数目比 d 还少的矢量集合 Υ_j 可能是完备的, 因为如果它是完备的, 则 d 个独立矢量 Φ_i 中的每一个都能被写作 $\Phi_i = \sum_{j=1}^{d-1} c_{ij}\Upsilon_j$, 并且对于任何 $d \times (d-1)$ 矩阵 (c_{ij}) 总有一个 d 分量的 u_i, 使得 $\sum_{i=1}^{d} u_i c_{ij} = 0$, 这和 Υ_i 是独立的假设相矛盾.

对我们当前的目的, Hilbert 空间可以定义为一个正规的复矢量空间, 它或者是有限维的, 或者存在一个独立正交矢量 Φ_i 的无穷集合, 它们是完备的, 意为对于任何的矢量

---

① 在此情况下, 我们可以构造一个矢量

$$\Phi_n \equiv \Psi_n - \sum_{i,j=1}^{n-1} (\omega^{-1})_{ji} \Psi_j (\Psi_i, \Psi_n)$$

它和所有的 $\Psi_i (1 \leq i \leq n-1)$ 正交, 此处 $\omega_{ij} \equiv (\Psi_i, \Psi_j)$. (我们知道 (ω_{ij}) 有逆, 因为如果有一个非零矢量 v_i, 使得 $\sum_j \omega_{ij}v_j = 0$, 这样矢量 $\Omega \equiv \sum_i v_i\Psi_i$ 就会有模 $(\Omega, \Omega) = \sum_{i,j} v_i^* \omega_{ij}v_j = 0$, 矢量 Ω 就应为零, 因为 Ψ_i 是独立的, 这只在所有的 v_i 都为零时才有可能.) 并且, 我们知道 Φ_n 不为零, 因为这样就和 Ψ_i 的独立性相矛盾. 沿着这个思路继续下去, 我们可以构造一个非零的矢量 Φ_{n-1}, 它和所有的指标为 $1 \leq i \leq n-2$ 的矢量 Ψ_i 正交, 也和 Φ_n 正交, 等等, 一直到我们得到了 n 个正交矢量的集合 Φ_i 为止.

Ψ, 我们能找到一个数值 α_i 的集合, 使求和 $\sum_{i=1}^{+\infty} \alpha_i \Phi_i$ 收敛到 Ψ. (意为对于 $N \to +\infty$ 有 $(\Omega_N, \Omega_N) \to 0$, 此处 $\Omega_N \equiv \Psi - \sum_{i=1}^{N} \alpha_i \Phi_i$.) 这个条件容许我们运用某些同样的数学方法, 就好像 Hilbert 空间是有限维的一样.

在矢量 Φ_i 的完备正交集合所提供的基上一个状态矢量 Ψ 的**分量**正好是在表达式 $\Psi = \sum_i \alpha_i \Phi_i$ 中的系数 α_i. 它们是唯一的, 因为如果 Ψ 可以用两个不同的 α_i 的集合写成这种形式, 那么两个求和之差会等于零, 与 Φ_i 为独立的假设相矛盾. 实际上, 取和 $\Psi = \sum_i \alpha_i \Phi_i$ 与 Φ_j 的标量积, 我们可以将分量写为

$$\alpha_j = \frac{(\Phi_j, \Psi)}{(\Phi_j, \Phi_j)}$$

因此任何一个矢量 Ψ 可以用正交矢量 Φ_i 的完备集表示为

$$\Psi = \sum_j \frac{(\Phi_j, \Psi)}{(\Phi_j, \Phi_j)} \Phi_j \tag{3.1.11}$$

它允许把任意两个矢量 Ψ 和 Ψ' 的标量积具体实现为

$$(\Psi, \Psi') = \sum_{i,j} \frac{(\Phi_j, \Psi)^*(\Phi_i, \Psi')}{(\Phi_j, \Phi_j)(\Phi_i, \Phi_i)} (\Phi_j, \Phi_i)$$

或者, 由于集合 Φ_i 是正交的, 故

$$(\Psi, \Psi') = \sum_i \frac{(\Phi_i, \Psi)^*(\Phi_i, \Psi')}{(\Phi_i, \Phi_i)} \tag{3.1.12}$$

(在此, 我们限于用可数的基矢量 Φ_i 的完备集. 连续基矢量将在下一节中讨论.)

现在终于可以在骨架上放上肉了, 并且将标量积用概率诠释. 量子力学的第一个诠释性公设是任何态 Φ_i 的完备正交集合与某种测量的所有可能结果一一对应 (何种测量将在 3.3 节中考虑), 并且如果体系在测量前处于态 Ψ, 则测量将产生对应于态 Φ_i 的结果的概率是

$$P(\Psi \mapsto \Phi_i) = \frac{|(\Phi_i, \Psi)|^2}{(\Psi, \Psi)(\Phi_i, \Phi_i)} \tag{3.1.13}$$

注意到这个公式给出的概率具有任何概率所应有的基本性质, 这点是重要的. 首先, 显然它们都是正的. 其次, 因为 Φ_i 是完备正交集, 由式(3.1.12)给出

$$(\Psi, \Psi) = \sum_i \frac{|(\Phi_i, \Psi)|^2}{(\Phi_i, \Phi_i)}$$

所以概率(3.1.13)相加的结果为 1.

如果我们将 Ψ 乘以常数 α, 则概率(3.1.13)保持不变, 或将 Φ_i 乘以常数 β 也是如此. 在量子力学中, 只相差常数因子的状态矢量被认为代表同一个物理状态. (但 $\Psi + \Psi'$ 和 $\alpha\Psi + \Psi'$ 一般并**不代表**相同的状态.) 如果我们需要, 就可以将态矢量 Ψ 和 Φ_i 乘以常数, 常数的选择使得下式成立:

$$(\Psi, \Psi) = (\Phi_i, \Phi_i) = 1 \tag{3.1.14}$$

在此情况下, 概率(3.1.13)是

$$P(\Psi \mapsto \Phi_i) = |(\Phi_i, \Psi)|^2 \tag{3.1.15}$$

这基本上就是在 1.5 节中提到的 Born 规则.

若矢量 Φ_i 的集合是正交的, 并归一化为 $(\Phi_i, \Phi_i) = 1$, 则称之为**正交归一**的. 对于基矢量 Φ_i 的完备正交归一集合, 式(3.1.11)和式(3.1.12)分别变为

$$\Psi = \sum_j (\Phi_j, \Psi)\Phi_j \tag{3.1.16}$$

$$(\Psi, \Psi') = \sum_i (\Phi_i, \Psi)^*(\Phi_i, \Psi') \tag{3.1.17}$$

甚至在选定满足式(3.1.14)的 Ψ 和 Φ_i 之后, 我们仍能将状态矢量乘以一个模大小为 1 的复数 (即相因子) 而使式(3.1.14)和式(3.1.15)不改变. 因此量子力学的物理状态与 Hilbert 空间的**射线**一一对应, 每一个射线包含单位模方的态矢量集合, 它们彼此只相差一个不同的相因子.

在这里正好提一下 Dirac 使用的"bra-ket" 记法. 在 Dirac 的记法中, 态矢量 Ψ 记为 $|\Psi\rangle$, 两个态矢的标量积 (Φ, Ψ) 记为 $\langle\Phi|\Psi\rangle$. 符号 $\langle\Phi|$ 称为一个 "bra", $|\Psi\rangle$ 称为一个 "ket", 所以 $\langle\Phi|\Psi\rangle$ 就是一个 bra-ket, 即括弧 (不要和在 9.5 节中描述的完全不同的 Dirac 括号相混淆). 在特殊情况中, 当 Ψ 表示某个可观测量 A 为确定值 a 的状态时, 在 Dirac 记法中的相应 ket 经常写作 $|a\rangle$.

我们所用的以 (Φ, Ψ) 表示标量积的记法是数学家经常使用的, 而 Dirac 记法把标量积写为 $\langle\Phi|\Psi\rangle$, 这是物理学家常用的. 在 3.3 节中我会解释对于某些情况 Dirac 记法是特别方便的, 而在另一些情况中是不方便的.

3.2 连续态

在进入下一个量子力学的诠释公设前, 有必要先解释一下, 当我们考虑完备正交态组成连续体的系统时, 上一节所给出的物理状态描述方法要做修改. 假设将用一个分立的标号 i 来标志 Φ_i 的办法代替为用连续的变量 (例如位置)ξ 来标志 Φ_ξ. (定义具有确定位置或其他任何可观测量的状态的数学条件将在下一节中讨论.) 我们可以修改一下前一节的结果来近似处理这样的系统, 办法是令 ξ 在很小的区间从 ξ 到 $\xi + \mathrm{d}\xi$ 取很大数量的 $\rho(\xi)\mathrm{d}\xi$ 分立值. (例如, 如果 ξ 是一个粒子的 x 坐标, 我们可以把 x 轴用大量的分立点代替, 相邻点之间被小的距离 $1/\rho(x)$ 分离.) 在此情况下, 当引入基矢量 Φ_ξ 的完备正交集时, 把它们归一化为

$$(\Phi_{\xi'}, \Phi_\xi) = \rho(\xi)\delta_{\xi'\xi} \tag{3.2.1}$$

是方便的. 这样根据式(3.1.11), 任意状态可以表示为基矢量的线性组合,

$$\Psi = \sum_\xi \frac{(\Phi_\xi, \Psi)}{\rho(\xi)} \Phi_\xi \tag{3.2.2}$$

在点 ξ 变得越来越近的极限下, 任何连续函数 $f(\xi)$ 对 ξ 的求和就可以表示为一个积分

$$\sum_\xi f(\xi) \mapsto \int f(\xi)\rho(\xi)\mathrm{d}\xi \tag{3.2.3}$$

(在一个足够小的间隔 $\mathrm{d}\xi$ 中, $f(\xi)$ 和 $\rho(\xi)$ 基本上是常数, 对所有 ξ 值求和就等于在间隔中容许的 ξ 值的数目 $\rho(\xi)\mathrm{d}\xi$ 乘以 $f(\xi)$. 将此对所有间隔求和就给出积分.) 因此在此极限下式(3.2.2)可以写为

$$\Psi = \int (\Phi_\xi, \Psi)\Phi_\xi \mathrm{d}\xi \tag{3.2.4}$$

因子 $\rho(\xi)$ 在此消失了. 类似地, 两个态的标量积(3.2.12)可以写作

$$(\Psi, \Psi') = \sum_\xi \frac{(\Phi_\xi, \Psi)^*(\Phi_\xi, \Psi')}{\rho(\xi)} = \int (\Phi_\xi, \Psi)^*(\Phi_\xi, \Psi')\mathrm{d}\xi \tag{3.2.5}$$

作为其特殊情况, 态 Ψ 具有单位模方的条件是

$$1 = \int |(\Phi_\xi, \Psi)|^2 \mathrm{d}\xi \tag{3.2.6}$$

如果一个系统初始位于单位模方矢量 Ψ 所代表的态, 我们进行一个实验, 它的可能结果由态 Φ_ξ 的完备集代表, 则实验结果处于从 ξ 到 $\xi+\mathrm{d}\xi$ 间隔的微分概率 $\mathrm{d}P(\Psi \mapsto \Phi_\xi)$ 等于找到一个其标志在 ξ 附近状态的概率 (由式(3.1.13)给出) 乘以在此间隔中的状态数目:

$$\mathrm{d}P(\Psi \mapsto \Psi_\xi) = \frac{|(\Phi_\xi, \Psi)|^2}{(\Phi_\xi, \Phi_\xi)} \times \rho(\xi)\mathrm{d}\xi = |(\Phi_\xi, \Psi)|^2 \mathrm{d}\xi \tag{3.2.7}$$

根据式(3.2.6), 它满足任何结果的总概率必须为 1 的基本条件:

$$\int \mathrm{d}P(\Psi \mapsto \Phi_\xi) = 1 \tag{3.2.8}$$

例如, 我们可以用 Φ_x 代表粒子具有一维位置 x 确定值的状态. 如在本章开始时提到过的, Schrödinger 波动力学的波函数就是下面的标量积:

$$\psi(x) = (\Phi_x, \Psi) \tag{3.2.9}$$

式(3.2.5)证明两个态矢量 Ψ_1 和 Ψ_2 的标量积为

$$(\Psi_1, \Psi_2) = \int \psi_1^*(x)\psi_2(x)\mathrm{d}x \tag{3.2.10}$$

特别地, 单位模方的态矢量的条件(3.2.6)现在就是

$$1 = \int |\psi(x)|^2 \mathrm{d}x \tag{3.2.11}$$

对于满足这个条件的态, 式(3.2.7)给出粒子位于 x 和 $x+\mathrm{d}x$ 间隔中的概率

$$\mathrm{d}P = |\psi(x)|^2 \mathrm{d}x \tag{3.2.12}$$

正如 Born 在 1926 年所猜出的. (见 1.5 节.)

我们有时用 Dirac 的 "δ(delta) 函数" 符号[①]. 我们定义

$$\delta(\xi - \xi') \equiv \rho(\xi)\delta_{\xi\xi'} \tag{3.2.13}$$

从而连续态的归一化条件就成为

$$(\Phi_\xi, \Phi_{\xi'}) = \delta(\xi - \xi') \tag{3.2.14}$$

根据式(3.2.13), δ 函数乘以任何光滑函数 $f(\xi')$ 对 ξ' 的积分是

$$\int \delta(\xi - \xi')f(\xi')\mathrm{d}\xi' = \sum_{\xi'} \frac{\delta(\xi - \xi')f(\xi')}{\rho(\xi')} = f(\xi) \tag{3.2.15}$$

---

① Dirac P A M. Principles of Quantum Mechanics. 4th ed. Oxford: Clerendon, 1958.

即函数(3.2.13)为零, 除非在 $\xi' = \xi$, 但在此点它的值大到对 ξ' 的积分为 1, 即在如式(3.2.15)这样的积分中它挑选函数在 $\xi' = \xi$ 处的值.

有时把 δ 函数表示为一个光滑函数会方便些, 它在变量为零以外各处可以忽略, 但在零点处有极大的峰值, 使得积分为 1. 例如, 可以定义

$$\delta(\xi - \xi') \equiv \frac{1}{\epsilon\sqrt{\pi}} \exp(-(\xi - \xi')^2/\epsilon^2) \tag{3.2.16}$$

此处 ϵ 可以由正值趋向零. 或者, 放弃连续性要求, 定义

$$\delta(\xi - \xi') = \begin{cases} 1/2\epsilon, & |\xi - \xi'| < \epsilon \\ 0, & |\xi - \xi'| \geqslant \epsilon \end{cases} \tag{3.2.17}$$

Fourier 分析的基础定理提供另一种表达形式. 根据这个定理, 如果 $g(k)$ 是一个足够光滑的函数, 它在 $k \to \pm\infty$ 时仍表现足够良好, 我们定义

$$f(x) = \frac{1}{\sqrt{2\pi}} \int_{-\infty}^{+\infty} g(k)\mathrm{e}^{\mathrm{i}kx}\mathrm{d}k \tag{3.2.18}$$

这样就有

$$g(k) = \frac{1}{\sqrt{2\pi}} \int_{-\infty}^{+\infty} f(x)\mathrm{e}^{-\mathrm{i}kx}\mathrm{d}x \tag{3.2.19}$$

如果我们在式(3.2.18)的被积分函数中用定义式(3.2.19), 至少在形式上就有

$$f(x) = \frac{1}{2\pi} \int_{-\infty}^{+\infty} \mathrm{d}x' f(x') \int_{-\infty}^{+\infty} \mathrm{d}k\,\mathrm{e}^{\mathrm{i}k(x-x')} \tag{3.2.20}$$

所以我们可以取

$$\delta(x - x') = \frac{1}{2\pi} \int_{-\infty}^{+\infty} \mathrm{d}k\,\mathrm{e}^{\mathrm{i}k(x-x')} \tag{3.2.21}$$

读者可以验证, 如果我们插入一个收敛因子 $\exp(-\epsilon^2 k^2/4)$ (ϵ 为无穷小量) 到被积分量中以期赋予此积分以意义, 则式(3.2.21)和式(3.2.16)相同.

有一个 δ 函数的严格表述, 称为**分布理论**, 由数学家 Laurent Schwarz[1] (1915~2012) 提出, 在此理论中我们放弃了将 δ 函数本身表示为一个真实函数的想法, 代之以仅用式(3.2.15)来定义包含 δ 函数的积分. 用同样办法, δ 函数的导数用下式定义:

$$\int \delta'(\xi - \xi')f(\xi')\mathrm{d}\xi' = -f'(\xi) \tag{3.2.22}$$

此式可以从式(3.2.15)通过分部积分得到.

---

[1] Schwarz L. Théorie des Distributions[M]. Paris: Hermann et Cie, 1966.

3.3 可观测量

现在我们来到量子力学第二公设. 这个公设要求可观测的物理量, 如位置、动量、能量等, 用 Hilbert 空间中的 Hermite 算符代表, 在某种意义下解释如下: 一个 Hermite 算符是线性的和自伴随的, 所以在我们讲明这个公设的意义之前, 要解释一般算符是什么, 线性算符是什么, 算符的伴随是什么.

一个算符是 Hilbert 空间到自身的任何映射. 意思是算符 A 将 Hilbert 空间任何矢量 Ψ 转化为 Hilbert 空间的另一个矢量, 记为 $A\Psi$. 这导致算符之间的乘积、算符与数的乘积以及算符之和的自然定义. 两个算符乘积 AB 定义为先将 B 作用在任意态矢量 Ψ 之上, 然后再用 A 作用的算符, 即

$$(AB)\Psi \equiv A(B\Psi) \tag{3.3.1}$$

正常复数 α 也可以被认为是一个将任意态矢量乘以这个数的算符, 所以根据式(3.3.1), 数 α 和算符 A 的乘积 αA 是一个算符, 它先用 A 作用在任意态矢量 Ψ 上, 然后将结果乘以 α:

$$(\alpha A)\Psi \equiv \alpha(A\Psi) \tag{3.3.2}$$

两个算符 A 和 B 的和定义为一个算符, 它作用在任意态矢量 Ψ 上给出分别用 A 和 B 作用在 Ψ 上产生的两个矢量之和:

$$(A+B)\Psi \equiv A\Psi + B\Psi \tag{3.3.3}$$

我们定义零算符 $\mathbf{0}$, 它作用在任意态矢量 Ψ 上都给出零矢量 o:

$$\mathbf{0}\Psi \equiv o \tag{3.3.4}$$

因此, 对于任意算符 A 和数 α,

$$\mathbf{0}A = \mathbf{0}, \quad \mathbf{0}+A = A, \quad \alpha\mathbf{0} = \mathbf{0}\alpha = \mathbf{0} \tag{3.3.5}$$

我们也定义恒等算符 $\mathbf{1}$, 它作用在任意态矢量 Ψ 上给出同样的矢量:

$$\mathbf{1}\Psi \equiv \Psi \tag{3.3.6}$$

对于任何算符 A, 我们有

$$1A = A1 = A \tag{3.3.7}$$

一个**线性**算符 A 对于任意态矢量 Ψ 和 Ψ' 以及任意数 α 而言, 有如下的作用:

$$A(\Psi + \Psi') = A\Psi + A\Psi', \quad A(\alpha\Psi) = \alpha A\Psi \tag{3.3.8}$$

容易看到, 如果 A 和 B 是线性的, 那么 AB 和 $\alpha A + \beta B$ 也是线性的, 此处 α 和 β 是任意数. 并且, $\mathbf{0}$ 和 $\mathbf{1}$ 都是线性的.

任意算符 A(无论线性与否) 的**伴随** $A^\dagger$ 由下式定义为一个算符 (如果它存在)[①]:

$$(\Psi', A^\dagger\Psi) = (A\Psi', \Psi) \tag{3.3.9}$$

其中 Ψ 和 Ψ' 是两个任意的态矢量, 或等价地,

$$(\Psi', A^\dagger\Psi) = (\Psi, A\Psi')^*$$

证明伴随的以下普遍性质是简单的:

$$(AB)^\dagger = B^\dagger A^\dagger, \quad (A^\dagger)^\dagger = A, \quad (\alpha A)^\dagger = \alpha^* A^\dagger, \quad (A+B)^\dagger = A^\dagger + B^\dagger \tag{3.3.10}$$

$\mathbf{0}$ 和 $\mathbf{1}$ 都是它们自己的伴随.

如果我们引入基矢量 Φ_i 的完备正交归一集合, 就能把任何一个算符 A 表示为下列矩阵:

$$A_{ij} \equiv (\Phi_i, A\Phi_j) \tag{3.3.11}$$

利用式(3.1.16), 我们看到表示任意算符乘积 AB 的矩阵就是矩阵的乘积:

$$(AB)_{ij} = (\Phi_i, AB\Phi_j) = \sum_k (\Phi_i, A\Phi_k)(\Phi_k, B\Phi_j) = \sum_k A_{ik}B_{kj} \tag{3.3.12}$$

算符的伴随由代表算符本身的矩阵的转置复共轭矩阵表示:

$$(A^\dagger)_{ij} = A_{ji}^* \tag{3.3.13}$$

如上一节所讨论的, 我们经常遇到态矢量 Φ_ξ 的完备集合, 是用连续变量 ξ, 而不是分立变量 i 标志, 这时正交归一在这种意义下为

---

① 式(3.3.9)用 Dirac 的 bra-ket 符号表示是比较麻烦的, 因为在 $\langle\Psi' \mid B \mid \Psi\rangle$ 中算符 B 总是被认为向右方作用的. 我们必须用 $\langle\Psi' \mid A^\dagger \mid \Psi\rangle = \langle\Psi \mid A \mid \Psi'\rangle^*$ 代替式(3.3.9).

$$(\Phi_{\xi'}, \Phi_\xi) = \delta(\xi' - \xi) \tag{3.3.14}$$

在此情况下, 我们定义

$$A_{\xi',\xi} \equiv (\Phi_{\xi'}, A\Phi_\xi) \tag{3.3.15}$$

代替式(3.3.12), 我们就有

$$(AB)_{\xi'\xi} = \int d\xi'' A_{\xi'\xi''} B_{\xi''\xi} \tag{3.3.16}$$

量子力学第二公设宣称一个状态中以线性 Hermite 算符 A 所代表的可观测量具有确定值, 当且仅当态矢量 Ψ 是 A 的本征矢量, 相应的本征值为 a, 可表示如下:

$$A\Psi = a\Psi \tag{3.3.17}$$

如果还有 $A\Psi' = a'\Psi'$, 则因为 A 是 Hermite 的, 故有

$$a(\Psi', \Psi) = (\Psi', A\Psi) = (A\Psi', \Psi) = a'^*(\Psi', \Psi)$$

在 $\Psi = \Psi' \neq o$ 和 $a' = a$ 的情况下, 上式给出 $a^* = a$, 当 $a \neq a'$ 时, 我们有 $(\Psi', \Psi) = 0$. 也就是, 可观测量的许可值是实的, 且具有任何可观测量不同值的态矢量是正交的. 通过矩阵(3.3.11)或(3.3.15), 条件(3.3.17)可以写为

$$\sum_j A_{ij}(\Phi_j, \Psi) = a(\Phi_i, \Psi) \tag{3.3.18}$$

或者

$$\int d\xi A_{\xi'\xi}(\Phi_\xi, \Psi) = a(\Phi_\xi, \Psi) \tag{3.3.19}$$

如果一个态矢量 Ψ 具有以 A 所代表的可观测量的确定值 a, 也有以 B 所代表的可观测量的确定值 b, 则有

$$AB\Psi = bA\Psi = ba\Psi = ab\Psi = aB\Psi = BA\Psi$$

所以对于对易子 $[A, B] \equiv AB - BA$, Ψ 具有确定零值. 特别地, 不可能有一个态具有一对可观测量的确定值, 如果它们的对易子没有一个零本征值, 例如, 对易子是一个非零的数乘以单位算符的情况. 具有 A 和 B 二者都有确定值的状态存在的这个壁垒在算符**对易**的情况下就不会发生, 即 $[A, B]$ 为零.

代表可观测量的 Hermite 算符假设具有一个重要性质, 即它们的本征矢量构成完备集合, 可以取它为正交归一的. 对于作用在有限维空间的 Hermite 算符, 这点自动

成立①. 要证明无限维空间中给定的 Hermite 算符具有这样的性质更为困难, 特别是当它的本征态形成连续体时更是如此. 我们就简单地假设以上陈述成立.

这经常称作矩阵 A 的**对角化**. 因为我们可以把 A 的第 r 个正交归一本征矢量 u_r 的第 i 个分量看作矩阵 U_{ir} 的第 ir 个分量, 所以本征值条件可以写为 $AU = UD$, 其中 $D_{rs} = a_r \delta_{rs}$ 是对角矩阵. 本征矢量是正交归一的条件告诉我们 $U^\dagger U = I$, 所以 U 有一个逆等于 $U^\dagger$, 并有 $U^{-1}AU = D$.

要看到当一个算符是非 Hermite 的会出什么问题, 考虑 2×2 矩阵

$$M = \begin{pmatrix} a & c \\ 0 & b \end{pmatrix}$$

如果 $c \neq 0$, 它就是非 Hermite 的, 不管 a 和 b 的值是多少. 它有本征值 a 和 b, 其本征矢量分别为

$$\begin{pmatrix} 1 \\ 0 \end{pmatrix}, \quad \begin{pmatrix} c \\ b-a \end{pmatrix}$$

这两个本征矢量在二维空间中形成完备集合, 除非 $a = b$ 且 $c \neq 0$, 此时两个本征值相同, 两个本征矢量在同一方向上, 因此不是完备集合. 另一方面, 在 Hermite 情况下, 当 $c = 0$ 时两个本征矢量可以形成完备集合 $\{(1,0),(0,1)\}$, 不论 a 是否等于 b.

这些结果可以推广到多个对易 Hermite 算符的情况. 设 A 和 B 是 Hermite 的, 并满足 $[A,B] = 0$. 如上面所提到过的, 我们能找到矢量 u_r 的完备集, 满足本征值条件 $Au_r = a_r u_r$. 我们把记号略做调整, 用 r 标记不同的本征值 a_r, 用指标 s 区别具有 A 的本征值 a_r 的所有本征矢量 u_{rs}. 对于固定的 r, 不同 s 值 u_{rs} 的线性组合空间 u 在 B 的作用之下是不变的, 因为如果 $Au = a_r u$, 则 $A(Bu) = BA(u) = a_r Bu$. 因此, 用对于 A 的同样论证, 在此空间中我们能找到 B 的本征矢量的完备正交归一集合. 也就是说, 我们可以选择正交归一矢量 u_{rs}, 使得 $Au_{rs} = a_r u_{rs}$ 以及 $Bu_{rs} = b_s u_{rs}$. 因此, 与前面的含义相同, 我们可以选择一组基, 其中 A 和 B 都用对角矩阵表示.

量子力学第二公设导致一个表达任何可观测量期望值的简单公式. 令 Ψ_r 为一个完备正交归一集合, 它对于某个自伴随线性算符 A 代表可观测量 A 具有 a_r 值的状态矢

---

① 证明如下: 从行列式理论知道, 有限 d 维矩阵 A_{ij} 有一个本征值 a, 当且仅当 $A - aI$ 的行列式为零. 这个行列式是 a 的 d 次多项式, 因此根据代数的一个基本定理, 至少有一个 a 的值使它为零, 因此至少有一个本征矢量 u, 使得 $Au = au$. 考虑一个与 u 正交的矢量 v 的空间, 此处有 $(v, u) = 0$. 如果 A 是 Hermite 的, 这个空间在 A 作用下是不变的, 因为如果 $(v,u) = 0$, 则 $(Av, u) = (v, Au) = a(v,u) = 0$. 根据 3.1 节第三个脚注的论证, 我们可以在此空间中引入一个完备正交归一的矢量 v_i, 从而 Av_i 是这些基矢量的线性组合 $\sum_j A_{ji} v_j$. 因为 $A_{ji} = (v_j, Av_i) = (Av_j, v_i) = A_{ij}^*$, 系数 A_{ij} 组成一个 Hermite 矩阵, 但现在是在 $d - 1$ 维中. 同理, 我们证明有某个矢量 v_i 的线性组合, 它和 u 正交, 也是 A 的本征矢量. 再考虑 A 与 u 和 v 正交的 $d - 2$ 维矢量空间, 我们就找到在此空间中 A 的本征矢量. 我们能照此办法继续下去构造 A 的 d 个正交本征矢量. 因为它们正交、相互独立, 并且共有 d 个, 所以它们就组成一个完备集合.

量, 所以对它有 $A\Psi_r = a_r\Psi_r$. 在一个归一化的状态 Ψ 中, 这个可观测量的期望值是对所有允许值的求和, 各值用概率(3.1.15)加权:

$$\langle A \rangle_\Psi = \sum_r a_r |(\Psi_r, \Psi)|^2 = \sum_r (\Psi, A\Psi_r)(\Psi_r, \Psi) = (\Psi, A\Psi) \tag{3.3.20}$$

容易看到, 如果以 Ψ 代表的状态对于以算符 A 代表的可观测量具有确定值 a, 就有 $A^n\Psi = a^n\Psi$, 所以对于以任何幂级数 $p(A)$ 代表的可观测量, 它具有确定值 $p(a)$. 更一般地, 通过指明对于 A 的本征矢量 Ψ_r(相应本征值为 a_r) 的完备独立集合的任意线性组合 $\sum_r c_r\Psi_r$, 我们有

$$f(A)\sum_r c_r\Psi_r \equiv \sum_r c_r f(a_r)\Psi_r$$

我们就可以定义 Hermite 算符的函数 $f(A)$.

一般地, 一个算符的函数的期望值并不等于算符期望值的函数, 即 $\langle f(A)\rangle_\Psi \neq f(\langle A\rangle_\Psi)$. 实际上, 对于 Hermite 算符, $\langle A^2\rangle_\Psi \geqslant \langle A\rangle_\Psi^2$, 等号当且仅当 Ψ 是 A 的本征矢量时成立. 要看到这点, 注意任何 Hermite 算符 B 平方的期望值是

$$\langle B^2\rangle_\Psi = (B\Psi, B\Psi)$$

所以期望值永为正值, 仅在 B 湮灭状态矢量 Ψ 时为零. 所以, 特别地, 有

$$0 \leqslant \langle (A - \langle A\rangle)^2\rangle_\Psi = \langle A^2\rangle_\Psi - 2\langle A\rangle_\Psi^2 + \langle A\rangle_\Psi^2 = \langle A^2\rangle_\Psi - \langle A\rangle_\Psi^2 \tag{3.3.21}$$

此式证明, $\langle A\rangle_\Psi^2$ 最大等于 $\langle A^2\rangle_\Psi$, 只有在 Ψ 是 A 的本征态时才等于它.

我们现在就来证明一个推广版的 Heisenberg 不确定性原理. 为此, 我们需要一个普遍的不等式, 称为 **Schwartz 不等式**, 对于任何两个态矢量 Ψ 和 Ψ', 有以下关系:

$$|(\Psi', \Psi)|^2 \leqslant (\Psi', \Psi')(\Psi, \Psi) \tag{3.3.22}$$

(这是熟知的事实 $\cos^2\theta \leqslant 1$ 的推广.)Schwartz 不等式的证明可以通过引入

$$\Psi'' \equiv \Psi - \Psi'(\Psi', \Psi)/(\Psi', \Psi')$$

并注意到

$$\begin{aligned}0 &\leqslant (\Psi'', \Psi'')(\Psi', \Psi') = (\Psi, \Psi)(\Psi', \Psi') - 2(\Psi, \Psi')(\Psi', \Psi) + |(\Psi', \Psi)|^2 \\ &= (\Psi, \Psi)(\Psi', \Psi') - |(\Psi', \Psi)|^2\end{aligned}$$

就得以完成. 要给不确定性原理一个确切的陈述, 可以定义 Hermite 算符对于它在状态 Ψ 中的期望值的均方根偏离为

$$\Delta_\Psi A \equiv \sqrt{\langle (A - \langle A\rangle)^2\rangle_\Psi} \tag{3.3.23}$$

为了我们的目的, 将它写为以下形式是方便的:

$$\Delta_\Psi A = \sqrt{(\Psi_\mathrm{A}, \Psi_\mathrm{A})}$$

其中

$$\Psi_\mathrm{A} = (A - \langle A \rangle_\Psi)\Psi / \sqrt{(\Psi, \Psi)}$$

对于任何一对 Hermite 算符 A 和 B, Schwartz 不等式(3.3.22)给出

$$\Delta_\Psi A \Delta_\Psi B \geqslant |(\Psi_\mathrm{A}, \Psi_\mathrm{B})|$$

右边的标量积可以表示为

$$(\Psi_\mathrm{A}, \Psi_\mathrm{B}) = \frac{(\Psi, (A - \langle A \rangle_\Psi)(B - \langle B \rangle_\Psi)\Psi)}{(\Psi, \Psi)} = \frac{(\Psi, (AB - \langle A \rangle_\Psi \langle B \rangle_\Psi)\Psi)}{(\Psi, \Psi)}$$

因为对 Hermite 算符, 有 $(\Psi, AB\Psi)^* = (\Psi, BA\Psi)$, 此标量积的虚部是

$$\mathrm{Im}(\Psi_\mathrm{A}, \Psi_\mathrm{B}) = \frac{(\Psi, [A, B]\Psi)}{2\mathrm{i}(\Psi, \Psi)} = \frac{\langle [A, B] \rangle_\Psi}{2\mathrm{i}}$$

任何复数的绝对值等于或大于其虚部的绝对值, 因此最后有

$$\Delta_\Psi A \Delta_\Psi B \geqslant \frac{1}{2}|\langle [A, B] \rangle_\Psi| \tag{3.3.24}$$

例如, 我们有一对算符 X 和 P, 满足 $[X, P] = \mathrm{i}\hbar$, 这样, 在任何态中, 有

$$\Delta_\Psi X \Delta_\Psi P \geqslant \frac{\hbar}{2} \tag{3.3.25}$$

这就是在 1.5 节中讨论过的 Heisenberg 不确定关系. 不可能推出更好的 $\Delta_\Psi X \Delta_\Psi P$ 的普遍下限, 因为对于 Gauss 波包, 这个乘积实际上等于 $\hbar/2$.

对于某个算符 A, 我们可以定义一个数, 称为**迹**, 记作 $\mathrm{Tr}A$. 引入基矢量 Ψ_i 的完备正交归一集合, 其定义为

$$\mathrm{Tr}A = \sum_i (\Psi_i, A\Psi_i) \tag{3.3.26}$$

由于 $\mathrm{Tr}A$ 存在时, 它与选用的基无关, 所以很有用. 给定另一个由基矢量 Φ_i 形成的完备正交归一集合, 由式(3.1.16)给出

$$A\Psi_i = \sum_j (\Phi_j, A\Psi_i)\Phi_j$$

所以由式(3.3.26)和式(3.1.17)就给出

$$\mathrm{Tr}A = \sum_{i,j} (\Phi_j, A\Psi_i)(\Psi_i, \Phi_j) = \sum_j (\Phi_j, A\Phi_j)$$

迹有一些显然的性质:

$$\mathrm{Tr}(\alpha A + \beta B) = \alpha \mathrm{Tr} A + \beta \mathrm{Tr} B, \quad \mathrm{Tr} A^\dagger = (\mathrm{Tr} A)^* \tag{3.3.27}$$

$$\mathrm{Tr}(AB) = \sum_i (\Psi_i, AB\Psi_i) = \sum_{i,j} (\Psi_i, A\Psi_j)(\Psi_j, B\Psi_i)$$

$$= \sum_{i,j} (\Psi_j, B\Psi_i)(\Psi_i, A\Psi_j) = \mathrm{Tr}(BA) \tag{3.3.28}$$

但并非所有的算符都有迹. 单位算符 **1** 的迹正是 $\sum_i 1$, 它是 Hilbert 空间的维数, 因此对无限维空间没有定义. 尤其要注意: 在有限维空间中对易关系 $[X, P] = \mathrm{i}\hbar\mathbf{1}$ 的迹给出自我矛盾的结果 $0 = \mathrm{i}\hbar\mathrm{Tr}\mathbf{1}$, 所以这个对易关系只能在无限维的 Hilbert 空间中实现, 在那里迹不存在.

算符可以从状态矢量来构造. 对于任何两个状态矢量 Ψ 和 Ω, 我们可以定义一个线性算符 $[\Psi\Omega^\dagger]$, 称为**并矢**, 它作用在任意状态矢量 Φ 上, 给出[①]

$$[\Psi\Omega^\dagger]\Phi \equiv \Psi(\Omega, \Phi) \tag{3.3.29}$$

这个并矢的伴随是 $[\Psi\Omega^\dagger]^\dagger = [\Omega\Psi^\dagger]$. 并矢的乘积作用在任意态矢量 Φ 上的结果是

$$[\Psi_1\Omega_1^\dagger][\Psi_2\Omega_2^\dagger]\Phi = (\Omega_2, \Phi)[\Psi_1\Omega_1^\dagger]\Psi_2 = (\Omega_2, \Phi)(\Omega_1, \Psi_2)\Psi_1$$

所以乘积结果是数值因子乘以另一个并矢:

$$[\Psi_1\Omega_1^\dagger][\Psi_2\Omega_2^\dagger] = (\Omega_1, \Psi_2)[\Psi_1\Omega_2^\dagger] \tag{3.3.30}$$

(对于任意给定的态矢量 Ω, 只要愿意, 我们就能引入一个算符 $\Omega^\dagger$, 它作用在任何态矢量 Φ 上都产生数 (Ω, Φ), 但在这本书中, 除了作为并矢的部分如 $[\Psi\Omega^\dagger]$ 以外, 我们都不使用 $\Omega^\dagger$.)

特别地, 如果 Φ 是归一化的状态矢量, 则并矢 $[\Phi\Phi^\dagger]$ 是一个 Hermite 算符, 它等于自身的平方:

$$[\Phi\Phi^\dagger]^2 = [\Phi\Phi^\dagger] \tag{3.3.31}$$

这样的算符称为**投影算符**. 从式(3.3.31)得出, 投影算符的本征值 λ 满足 $\lambda^2 = \lambda$, 因此 λ 的值非 1 即 0. 投影算符 $[\Phi\Phi^\dagger]$ 代表一个可观测量, 它在以 Φ 所代表的状态中取值 1, 在以与 Φ 正交的矢量所代表的状态中取值 0. 对于正交归一态 Φ_i 的完备集合,

$$\sum_i [\Phi_i\Phi_i^\dagger] = \mathbf{1} \tag{3.3.32}$$

---

　① 此处 Dirac 的 bra-ket 符号特别方便. 并矢 $[\Psi\Omega^\dagger]$ 用此符号写作 $|\Psi\rangle\langle\Omega|$, 由此立即给出 $(|\Psi\rangle\langle\Omega|)|\Phi\rangle = |\Psi\rangle(\langle\Omega \mid \Phi\rangle)$, 这和式(3.3.29)相同.

式(3.3.32)可以表示为关于相应投影算符之和为 1 的陈述. 一个 Hermite 算符 A, 若其具有本征值 a 和正交归一本征矢量 Φ_i 的完备集合, 则能表示为投影算符之和. 其系数等于本征值:

$$A = \sum_i a_i[\Phi_i\Phi_i^\dagger] \tag{3.3.33}$$

(要看到这点, 只需验证算符 $A - \sum_i a_i[\Phi_i, \Phi_i^\dagger]$ 湮灭任何一个 Φ_i; 由于 Φ_i 组成一个完备集合, 因此这个算符等于零.)

从式(3.3.33)容易看出, 对于任何算符 $P(A)$ 的多项式函数, 我们有

$$P(A) = \sum_i P(a_i)[\Phi_i\Phi_i^\dagger]$$

我们把这点推广到算符的任意函数: 对任意函数 $f(a)$, 它在本征值 a_i 处有限, 我们定义

$$f(A) \equiv \sum_i f(a_i)[\Phi_i\Phi_i^\dagger] \tag{3.3.34}$$

概率进入量子力学不仅因为状态矢量的概率性质, 也因为 (和经典力学一样) 我们可能不知道体系的状态. 体系可能处于以 Ψ_n 代表的一些状态之中的某一个, 相应概率为 P_n, 满足 $\sum_n P_n = 1$, 它们是归一化的, **但不必是正交的**. (例如, 一个 $\ell = 1$ 的原子状态可能有 20% 概率在 $L_z = \hbar$ 态上, 30% 概率在 $L_x = 0$, 以及 50% 概率在 $(L_x + L_y)/\sqrt{2} = \hbar$.) 在这种情况下, 方便的办法是定义一个**密度矩阵** (实际上是算符, 不是矩阵) 作为投影算符之和, 系数等于相应的概率:

$$\rho \equiv \sum_n P_n[\Psi_n\Psi_n^\dagger] \tag{3.3.35}$$

我们注意到由任意 Hermite 算符 A 所代表的可观测量的期望值是每个单独的状态 Ψ_n 的期望值以这些状态的概率为权重求和:

$$\langle A \rangle = \sum_n P_n(\Psi_n, A\Psi_n) = \mathrm{Tr}(A\rho) \tag{3.3.36}$$

所以在量子力学中, 可能状态的统计系综的物理性质完全由系综的密度矩阵表征. 这是值得注意的, 因为同一个密度矩阵可以写成不同的各具不同概率的状态集合的求和. 特别地, 因为密度矩阵(3.3.35)是 Hermite 的, 它有一个正交归一本征矢量 Φ_i(相应本征值为 p_i) 的完备集合, 所以它也可以写作

$$\rho = \sum_i p_i[\Phi_i\Phi_i^\dagger] \tag{3.3.37}$$

而且, ρ 是一个正算符, 即它的任何期望值都是正数, 所以所有的 p_i 都满足 $p_i \geqslant 0$. 最后, 用式(3.1.17), 我们能看出算符(3.3.35)有单位迹:

$$\mathrm{Tr}\rho = \sum_n P_n = 1$$

所以将此式用于式(3.3.37), 我们也有 $\sum_i p_i = 1$. 对于计算期望值而言, 我们也可以说体系处于以可能不正交态矢量 Ψ_n (相应概率 P_n) 所代表的任何一个态中, 或者处于以正交态矢量 Φ_i (相应概率为 p_i) 所代表的任何一个态中. 量子力学的一个特点是, 我们对于同一个体系的知识可以用不同的方式表达, 作为在不同态的集合中不同的概率集合. 我们将在 12.1 节中看到, 这个特点阻止了在彼此相距很远的孤立的观测者之间瞬时传递信息的可能性.

有时候用 **von Neumann** 熵来表达一个体系的状态和一个单独的纯态区别的程度是方便的:

$$S[\rho] \equiv -k_{\mathrm{B}}\mathrm{Tr}(\rho\ln\rho) = -k_{\mathrm{B}}\sum_i p_i\ln p_i \tag{3.3.38}$$

其中 k_{B}(经常被略去) 是 Boltzmann 常量. 对于纯态, 一个 p_i 等于 1, 而其他所有等于 0, von Neumann 熵等于 0, 而在所有其他情况下都有 $S > 0$.

我们经常遇到一个由两个子体系构成的体系, 所以我们用复合指标 ma, nb 等来标记状态: 子体系 I 在 m 态、子体系 II 在 a 态的状态由态矢量 Ψ_{ma} 表示. 这两个子体系可以是两个原子, 或者子体系 I 是某个微观系统, 而子体系 II 是它的环境. 如果一个算符 A 代表的可观测量只对子体系 I 有实际作用, 即

$$A_{ma,nb} = A^{\mathrm{I}}_{mn}\delta_{ab} \tag{3.3.39}$$

那么它在一个密度矩阵为 $\rho_{ma,nb}$ 的状态系综中的平均值是

$$\langle A \rangle = \mathrm{Tr}(A\rho) = \sum_{m,a,n,b} A_{ma,nb}\rho_{nb,ma} = \sum_{m,n} A^{\mathrm{I}}_{mn}\rho^{\mathrm{I}}_{mn} \tag{3.3.40}$$

此处

$$\rho^{\mathrm{I}}_{m,n} \equiv \sum_a \rho_{ma,na} \tag{3.3.41}$$

这样, 我们可以把 ρ^{I}_{mn} 看作子体系 I 的密度矩阵, 对于没有对子体系 II 的探索做任何事情状况下适用. 注意, 像任何密度矩阵一样, ρ^{I} 是 Hermite 的、正的且有单位迹. 在同样意义下, $\rho^{\mathrm{II}}_{ab} \equiv \sum_m \rho_{ma,mb}$ 可以看作子体系 II 的密度矩阵.

在两个子体系间没有关联时, 整个体系的密度矩阵是两个子体系密度矩阵的乘积, $\rho = \rho^{\mathrm{I}} \otimes \rho^{\mathrm{II}}$, 或者更明确地, 有

$$\rho_{ma,nb} = \rho^{\mathrm{I}}_{mn}\rho^{\mathrm{II}}_{ab} \tag{3.3.42}$$

在这种情况下, 每一个 ρ 的本征值就是 ρ^{I} 的本征值 ρ_i^{I} 与 ρ^{II} 的本征值 ρ_r^{II} 的乘积, von Neumann 熵(3.3.38)就是简单的相加:

$$S[\rho] = -k_{\mathrm{B}} \sum_{ir} p_i^{\mathrm{I}} p_r^{\mathrm{II}} \ln(p_i^{\mathrm{I}} p_r^{\mathrm{II}}) = -k_{\mathrm{B}} \sum_{ir} p_i^{\mathrm{I}} p_r^{\mathrm{II}} \left(\ln p_i^{\mathrm{I}} + \ln p_r^{\mathrm{II}} \right)$$

$$= S[\rho^{\mathrm{I}}] + S[\rho^{\mathrm{II}}] \tag{3.3.43}$$

在**纠缠**的情况下, 式(3.3.42)和式(3.3.43)都不成立. 纠缠是第 12 章的内容.

3.4 对称性

在历史上, 是经典力学给量子力学提供了一类可观测量及其性质. 但其中很多可以从对称性的基本原则得到, 不必去引用经典力学.

对称原理的陈述如下: 当我们用某种方式改变我们的观点时, 自然定律并不改变. 例如, 移动或转动我们的实验室不应该改变在实验室中观测到的自然定律. 这种改变我们观点的特殊方式称为对称变换. 这个定义并不意味着对称变换不改变物理状态, 而仅是对称变换后的新状态会被观测到满足同样的自然定律, 和旧的状态一样.

一个特殊的例子是, 对称变换不改变跃迁概率. 回想一下, 一个体系处于以归一化的 Hilbert 空间矢量 Ψ 代表的状态, 我们进行一个测量 (例如, 测互相对易的 Hermite 算符代表的可观测量集合), 结果将体系置于由正交归一态矢量 Φ_i 所代表的完备集合中的任何一个态中, 这样在一个特殊的 Φ_i 所代表的状态中找到体系的概率由式(3.1.15)给出:

$$P(\Psi \mapsto \Phi_i) = |(\Phi_i, \Psi)|^2 \tag{3.4.1}$$

因此对称变换必须使所有的 $|(\Phi_i, \Psi)|^2$ 不变. 满足这个条件的一种办法是假设对称变换将一个一般的态矢量 Ψ 转化为另一个态矢量 $U\Psi$, 这里 U 是一个线性算符, 满足**幺正性**条件, 即对于任意两个态矢量 Φ 和 Ψ, 我们有

$$(U\Phi, U\Psi) = (\Phi, \Psi) \tag{3.4.2}$$

回想一下, 一个算符 U 的伴随是用下式定义的:

$$(U\Phi, U\Psi) = (\Phi, U^\dagger U\Psi)$$

所以幺正性条件也可以表达为一个算符关系:

$$U^{\dagger}U = 1 \tag{3.4.3}$$

我们将只讨论具有逆的对称变换, 例如旋转和移动, 逆将原变换取消 (逆转). (例如, 绕某一轴旋转 θ 角的对称变换有一个逆对称变换, 即绕同一个轴旋转 $-\theta$ 角.) 如果一个对称变换用线性幺正算符 U 代表, 它将任意的 Ψ 转化为 $U\Psi$, 那么它的逆必须被左逆算符 U^{-1} 代表, 它将 $U\Psi$ 转化为 Ψ, 所以

$$U^{-1}U = 1 \tag{3.4.4}$$

同样的论证对于 U^{-1} 本身也应该适用, 所以它有一个左逆 $(U^{-1})^{-1}$, 对于逆应有 $(U^{-1})^{-1}U^{-1} = 1$. 将此式右乘以 U, 并结合式(3.4.4)就给出

$$\left(U^{-1}\right)^{-1} = U \tag{3.4.5}$$

将式(3.4.4)作用于 U^{-1}, 我们看到 U 的左逆也是它的右逆:

$$UU^{-1} = 1 \tag{3.4.6}$$

将式(3.4.3)右作用于 U^{-1}, 我们看到幺正算符的逆就是它的伴随:

$$U^{\dagger} = U^{-1} \tag{3.4.7}$$

现在, 这是否是对称变换作用于物理状态的唯一方式? 在量子力学中要将对称变换的数学条件理论形式化, 我们立刻就遇到麻烦. 如在 3.1 节中讨论的, 在量子力学中一个物理状态并不是被一个特定的 Hilbert 空间中的归一化矢量所代表, 而是被射线所代表, 它是整个一类归一化的态矢量, 彼此之间只相差一个模为 1 的数值相因子. 我们不能简单地假设对称变换将 Hilbert 空间中的一个任意态矢量映射到某个确定的另一个矢量上. 我们只能要求对称变换将射线映射到射线上, 即一个对称变换作用在给定的物理状态上, 它被一类彼此相差相因子的归一化状态矢量所代表, 将产生另外某类彼此相差相因子的归一化状态矢量, 它们代表另一个物理状态. 要表示一个对称性, 这样射线间的变换必须保留跃迁概率不变, 即如果 Ψ 和 Φ 是态矢量, 分别属于代表两个不同物理状态的射线, 有一个对称变换将这对射线变为另外两个射线, 它们包含矢量 Ψ' 和 Φ', 则我们必须有

$$|(\Phi', \Psi')|^2 = |(\Phi, \Psi)|^2 \tag{3.4.8}$$

注意, 这仅是一个射线间的条件: 如果它被一组态矢量满足, 它也会被另一组态矢量满足, 它们和第一组仅相差任意相因子.

Eugene Wigner(1902~1995) 给出一个基本定理[①]: 正好有两种方法对于所有的 Ψ 和 Φ 使这个条件得到满足. 一个正是我们刚讨论过的: 选择相位使得对称变换对于任意状态矢量 Ψ 的效应是变换 $\Psi \to U\Psi$, 这里 U 是线性幺正算符, 满足条件(3.4.2). 另一个可能是, U 为反线性和反幺正的, 即由下列两式表示:

$$U(\alpha\Psi + \alpha'\Psi') = \alpha^*(U\Psi) + {\alpha'}^*(U\Psi') \tag{3.4.9}$$

$$(U\Phi, U\Psi) = (\Phi, \Psi)^* \tag{3.4.10}$$

(注意一个反幺正的算符不可能是线性的, 因为如果它是, 我们就会有 $\alpha(U\Phi, U\Psi) = (U\Phi, U\alpha\Psi) = (\Phi, \alpha\Psi) = (\alpha\Psi, \Phi)^* = \alpha^*(U\Phi, U\Psi)$, 这对于复的 α 是不成立的.) 对于反幺正算符, 伴随的定义变为

$$(U^\dagger\Phi, \Psi) = (\Phi, U\Psi)^*$$

所以式(3.4.3)对于反幺正算符和幺正算符一样适用. 在 3.6 节中我们将看到反线性反幺正算符所代表的对称性都包含时间流方向的改变. 我们将主要关心线性幺正算符所代表的对称性.

算符 **1** 代表一个平凡对称性, 它对态矢量什么都不做. 它当然是线性和幺正的. 如果 U_1 和 U_2 都代表对称变换, 则 U_1U_2 也是. 这个性质和逆的存在以及平凡变换 **1**, 意味着所有代表对称变换的算符构成一个**群**.

有一类特殊的由线性幺正算符所代表的对称性: 对于它们, U 可以任意地接近 **1**. 任何这样的对称算符都可以方便地写为

$$U_\epsilon = \mathbf{1} + \mathrm{i}\epsilon T + O(\epsilon^2) \tag{3.4.11}$$

此处 ϵ 是任意无限小的实数, T 是某个与 ϵ 无关的算符. 幺正条件是

$$\left(\mathbf{1} - \mathrm{i}\epsilon T^\dagger + O(\epsilon^2)\right)\left(\mathbf{1} + \mathrm{i}\epsilon T + O(\epsilon^2)\right) = \mathbf{1}$$

或者准确到 ϵ 的一阶,

$$T = T^\dagger \tag{3.4.12}$$

这样, Hermite 算符在无限小对称中自然地出现. 如果我们取 $\epsilon = \theta/N$, 此处 θ 是一个与 N 无关的有限参数, 然后进行 N 次对称变换, 并令 N 趋向无限, 我们就找到一个由下列算符所表示的变换:

$$(\mathbf{1} + \mathrm{i}\theta T/N)^N \mapsto \exp(\mathrm{i}\theta T) = U(\theta) \tag{3.4.13}$$

---

① Wigner E P. Ann. Math., 1939, 40: 149. 一些缺少的步骤由S. Weinberg 提供 (The Quantum Theory of Fields, Vol. 1, Cambridge: Cambridge University Press, 1995: 91-96).

(要看到这对于 Hermite 算符 T 是正确的, 注意到把方程的两边作用在 T 的一个本征矢量上, 这时 T 就可以被它的本征值替代, 因为这些本征矢量构成完备集, 上式就普遍成立.) 在式(3.4.11)中出现的算符 T 称为对称性的**生成元**. 如我们将看到的, **在量子力学中代表可观测量的许多算符, 如果不是所有的算符的话, 都是对称性的生成元**. 例如, 总动量是空间坐标平移的生成元 (3.5 节); Hamilton 量是时间平移的生成元 (3.6 节); 总角动量是空间旋转的生成元 (4.1 节).

在对称变换 $\Psi \to U\Psi$ 的作用下, 任何可观测量 A 的期望值经历如下变换:

$$(\Psi, A\Psi) \mapsto (U\Psi, AU\Psi) = (\Psi, U^{-1}AU\Psi) \tag{3.4.14}$$

所以我们可以通过对可观测量进行变换

$$A \mapsto U^{-1}AU \tag{3.4.15}$$

找到期望值 (或其他任何矩阵元) 的变换性质. 这类变换称为**相似变换**. 注意, 相似变换保留代数关系:

$$U^{-1}AU \times U^{-1}BU = U^{-1}ABU, \quad U^{-1}AU + U^{-1}BU = U^{-1}(A+B)U$$

而且, 相似变换不改变算符的本征值; 如果 Ψ 是 A 的本征矢量, 相应的本征值为 a, 则 $U^{-1}\Psi$ 是 $U^{-1}AU$ 的本征矢量 (具有同样的本征值). 当 U 取式(3.4.11)(ϵ 为无限小) 时, 任意算符 A 变换为

$$A \mapsto A - \mathrm{i}\epsilon[T, A] + O(\epsilon^2) \tag{3.4.16}$$

这样, 无限小对称变换在任何算符上作用的效应就由对称生成元和该算符的对易关系表示出. 当算符 A 本身是个对称生成元时更是如此, 因为我们在几个例子中将要看到, 在这种情况下对易关系反映对称群的本性.

3.5 空间平移

作为具有很大物理重要性的对称变换的一个例子, 我们来考虑空间平移下的对称性: 如果把我们的空间坐标系的原点移动, 任何粒子坐标 $\boldsymbol{X}_n$(其中 n 标示个别粒子) 转

换为 $\boldsymbol{X}_n + \boldsymbol{a}$, 此处 $\boldsymbol{a}$ 是一个任意的 3-矢量. 因此必定存在一个幺正算符①$U(\boldsymbol{a})$, 使得

$$U^{-1}(\boldsymbol{a})\boldsymbol{X}_n U(\boldsymbol{a}) = \boldsymbol{X}_n + \boldsymbol{a} \tag{3.5.1}$$

作为特例, 对于无限小的 $\boldsymbol{a}$, 必须取如式(3.4.11)那种形式, 在此情况下我们将以 Hermite 的 3-矢量 $-\boldsymbol{P}/\hbar$ 代替 T:

$$U(\boldsymbol{a}) = 1 - \mathrm{i}\boldsymbol{P} \cdot \boldsymbol{a}/\hbar + O(\boldsymbol{a}^2) \tag{3.5.2}$$

条件(3.5.1)就要求, 对于任何无限小 3-矢量 $\boldsymbol{a}$, 有

$$\mathrm{i}[\boldsymbol{P} \cdot \boldsymbol{a}, \boldsymbol{X}_n]/\hbar = \boldsymbol{a}$$

因此

$$[X_{ni}, P_j] = \mathrm{i}\hbar\delta_{ij} \tag{3.5.3}$$

$\hbar$ 在这个熟知的对易关系中出现, 因为我们按习惯用质量乘速度的单位表示空间平移的生成元, 而不用长度倒数的自然单位. 式(3.5.2)可以简单地视作动量的定义, 让经验来证明这个对称生成元与经典力学中的动量是等同的.

必须注意, 这里引入的算符 $\boldsymbol{P}$ 与任何粒子的坐标矢量都有着相同的对易关系(3.5.3), 所以 $\boldsymbol{P}$ 必须被诠释为任何系统的**总动量**. 在体系包含一定数目的以 n 为标志的不同粒子时, 总动量通常取以下形式:

$$\boldsymbol{P} = \sum_n \boldsymbol{P}_n \tag{3.5.4}$$

此处算符 $\boldsymbol{P}_n$ 仅作用于第 n 个粒子, 所以

$$[\boldsymbol{P}_n, \boldsymbol{X}_m] = 0, \quad n \neq m \tag{3.5.5}$$

从式(3.5.3)就得出

$$[X_{ni}, P_{mj}] = \mathrm{i}\hbar\delta_{ij}\delta_{nm} \tag{3.5.6}$$

当然, 个别动量算符 $\boldsymbol{P}_n$ 不是任何自然对称性的生成元.

用矢量 $\boldsymbol{a}$ 做平移, 继之用矢量 $\boldsymbol{b}$ 做平移或先用矢量 $\boldsymbol{b}$ 做平移, 继之用矢量 $\boldsymbol{a}$ 做平移, 给出坐标同样的变化, 所以

$$U(\boldsymbol{b})U(\boldsymbol{a}) = U(\boldsymbol{a})U(\boldsymbol{b})$$

这个关系中正比于 $a_i b_j$ 的两项告诉我们, 动量的各分量彼此对易:

$$[P_i, P_j] = 0 \tag{3.5.7}$$

---

① 我们一般不对这些幺正算符标注它们所代表的对称性, 而由幺正算符宗量来指出.

因为它们对易, 我们可以找到动量所有三个分量的本征矢量的完备集合, 所以用我们原来推导式(3.4.13)时所用的论据, 对于有限的平移, 我们有

$$U(\boldsymbol{a}) = \exp(-\mathrm{i}\boldsymbol{P} \cdot \boldsymbol{a}/\hbar) \tag{3.5.8}$$

这是从对称变换群的结构推导对易关系的一个简单的例子. 它不总是很容易. 围绕不同的轴的两个旋转的效应取决于旋转的次序, 所以, 如我们在下一章中所看到的, 旋转生成元的不同分量即角动量矢量的分量彼此不对易.

如果 $\varPhi_0$ 是具有在原点处确定位置的单粒子态 (即位置算符 $\boldsymbol{X}$ 的本征态, 相应本征值为 0), 这样根据式(3.5.1), 我们就能构成一个具有确定位置 $\boldsymbol{x}$ 的状态:

$$\varPhi_{\boldsymbol{x}} \equiv U(\boldsymbol{x})\varPhi_0 \tag{3.5.9}$$

即

$$\boldsymbol{X}\varPhi_{\boldsymbol{x}} = \boldsymbol{x}\varPhi_{\boldsymbol{x}} \tag{3.5.10}$$

从式(3.5.6), 我们能推论[①]

$$P_j\varPhi_{\boldsymbol{x}} = \mathrm{i}\hbar\frac{\partial}{\partial x_j}\varPhi_{\boldsymbol{x}} \tag{3.5.11}$$

所以这个态和确定动量态 $\varPsi_{\boldsymbol{p}}$ 的标量积是

$$(\varPsi_{\boldsymbol{p}}, \varPhi_{\boldsymbol{x}}) = \exp(-\mathrm{i}\boldsymbol{p} \cdot \boldsymbol{x}/\hbar)(\varPsi_{\boldsymbol{p}}, \varPhi_0)$$

将这些态归一为

$$(\varPsi_{\boldsymbol{p}}, \varPhi_{\boldsymbol{x}}) = (2\pi\hbar)^{-3/2}\exp(-\mathrm{i}\boldsymbol{p} \cdot \boldsymbol{x}/\hbar)$$

是方便的. 它的复共轭给出具有确定动量粒子坐标空间波函数的通常平面波公式

$$\psi_{\boldsymbol{p}}(\boldsymbol{x}) \equiv (\varPhi_{\boldsymbol{x}}, \varPsi_{\boldsymbol{p}}) = (2\pi\hbar)^{-3/2}\exp(\mathrm{i}\boldsymbol{p} \cdot \boldsymbol{x}/\hbar) \tag{3.5.12}$$

这个归一化的优点是, 如果态 $\varPhi_{\boldsymbol{x}}$ 满足通常的连续态归一条件

$$(\varPhi_{\boldsymbol{x}'}, \varPhi_{\boldsymbol{x}}) = \delta^3(\boldsymbol{x} - \boldsymbol{x}')$$

那么态 $\varPsi_{\boldsymbol{p}}$ 也满足. 也就是说, 这些态的标量积是

$$(\varPsi_{\boldsymbol{p}'}, \varPsi_{\boldsymbol{p}}) = \int \mathrm{d}^3x\, \psi_{\boldsymbol{p}'}^*(\boldsymbol{x})\psi_{\boldsymbol{p}}(\boldsymbol{x}) = \int \mathrm{d}^3x\,(2\pi\hbar)^{-3}\exp(\mathrm{i}(\boldsymbol{p} - \boldsymbol{p}') \cdot \boldsymbol{x}/\hbar)$$

我们把这个积分视作 δ 函数 $(k_i = p_i/\hbar)$ 每一个坐标方向的表示(3.2.21)的乘积, 所以

$$(\varPsi_{\boldsymbol{p}'}, \varPsi_{\boldsymbol{p}}) = \delta^3(\boldsymbol{p} - \boldsymbol{p}') \tag{3.5.13}$$

正如式(3.2.14)所要求的.

---

① 译者注: 这里的导数不是对波函数的变量, 而是对 $\boldsymbol{X}$ 的本征值 $\boldsymbol{x}$ 所取的.

在某些外在环境下, Hamilton 量并不对所有的平移不变, 而只对平移群的一个子群不变. 在一个三维晶体中, Hamilton 量对于以下空间平移

$$\boldsymbol{x} \mapsto \boldsymbol{x} + \boldsymbol{L}_r, \quad r = 1, 2, 3 \tag{3.5.14}$$

以及它们的任何组合不变. $\boldsymbol{L}_r$ 是三个独立的平移矢量, 它们将任何原子带到具有全同的晶体环境的邻近的原子. (当然, $\boldsymbol{L}_r$ 是三个独立的矢量, 不是一个矢量的三个分量.) 例如, 像在氯化钠这样的立方晶格中, 三个 $\boldsymbol{L}_r$ 是正交的同样长度的矢量, 在一般情况下, 它们不必正交或具有相同长度.

因为这个对称性, 如果 $\psi(\boldsymbol{x})$ 是晶体中电子的不含时 Schrödinger 方程的解, 则每一个 $\psi(\boldsymbol{x} + \boldsymbol{L}_r)(r = 1, 2, 3)$ 也是具有相同能量的解. 假定没有简并[①], 这要求 $\psi(\boldsymbol{x} + \boldsymbol{L}_r)$ 和 $\psi(\boldsymbol{x})$ 成正比, 波函数的归一化条件要求比例常数为相因子:

$$\psi(\boldsymbol{x} + \boldsymbol{L}_r) = \mathrm{e}^{\mathrm{i}\theta_r} \psi(\boldsymbol{x}) \tag{3.5.15}$$

其中 θ_r $(r = 1, 2, 3)$ 是三个实数角. 用群论的语言, 波函数提供了包括三个基本平移(3.5.14)的所有组合的平移群的一维表示. 不失一般性, 每一个 θ_r 都可以由下式限制:

$$0 \leqslant \theta_r < 2\pi, \quad r = 1, 2, 3 \tag{3.5.16}$$

我们用三个条件定义波矢 $\boldsymbol{q}$:

$$\boldsymbol{q} \cdot \boldsymbol{L}_r = \theta_r, \quad r = 1, 2, 3 \tag{3.5.17}$$

在正方晶格的特殊情况下, 这直接给出 $\boldsymbol{q}$ 的笛卡儿分量. 在更普遍的情况下, 就需要解这三个线性方程, 从而找出 $\boldsymbol{q}$ 的三个分量. 在任何情况下, 都可从式(3.5.15)和式(3.5.17)得出函数 $\mathrm{e}^{-\mathrm{i}\boldsymbol{q}\cdot\boldsymbol{x}}\psi(\boldsymbol{x})$ 是周期性的, 从指数变化得出的因子抵消了式(3.5.15)中的 $\mathrm{e}^{\mathrm{i}\theta_r}$ 因子. 因此我们可以有

$$\psi(\boldsymbol{x}) = \mathrm{e}^{\mathrm{i}\boldsymbol{q}\cdot\boldsymbol{x}}\varphi(\boldsymbol{x}) \tag{3.5.18}$$

此处 $\varphi(\boldsymbol{x})$ 是周期性的, 即

$$\varphi(\boldsymbol{x} + \boldsymbol{L}_r) = \varphi(\boldsymbol{x}), \quad r = 1, 2, 3 \tag{3.5.19}$$

---

① 结论式(3.5.15)对于简并情况也适用, 但在论证中要多说几句话. 在 N 重简并情况下, 在式(3.5.15)中的因子 $\exp(\mathrm{i}\theta_r)$ 处我们有三个 $N \times N$ 幺正矩阵. 由于平移彼此对易, 这三个矩阵彼此对易, 因此我们可以选择 N 个简并波函数的基, 在其中幺正矩阵是对角的: 它们在主对角上有相因子 $\exp(\mathrm{i}\theta_{r\nu})(\nu = 1, 2, \cdots, N)$, 在其他地方为零. 在这个基中, 式(3.5.15)对第 ν 个简并波函数应用时应用 $\theta_{r\nu}$ 代替 θ_r.

Schrödinger 方程的这类解称为 **Bloch 波**[1].

如果 $\psi(\boldsymbol{x})$ 满足 Schrödinger 方程

$$H(\nabla, \boldsymbol{x})\psi(\boldsymbol{x}) = E\psi(\boldsymbol{x}) \tag{3.5.20}$$

则 $\varphi(\boldsymbol{x})$ 满足一个与 $\boldsymbol{q}$ 相关的方程

$$H(\nabla + \mathrm{i}\boldsymbol{q}, \boldsymbol{x})\varphi(\boldsymbol{x}) = E\varphi(\boldsymbol{x}) \tag{3.5.21}$$

正如在周期性边界条件的盒子中的自由粒子情况一样, 周期性条件(3.5.19)使在微分方程(3.5.21)中出现的每一个 $\boldsymbol{q}$ 的本征值的谱成为一个分立集 $E_n(\boldsymbol{q})$. 当然, $\boldsymbol{q}$ 是一个连续变量, 但根据式(3.5.16)和式(3.5.17), 它只在有限的区间内变化, 定义如下:[2]

$$|\boldsymbol{q} \cdot \boldsymbol{L}_r| < 2\pi, \quad r = 1, 2, 3 \tag{3.5.22}$$

所以对于每一个 n, 能量 $E_n(\boldsymbol{q})$ 占据一个有限的能带. 这将在 4.5 节中简单地描述, 结晶固体的很多性质取决于这些能带的占据情况.

3.6 时间平移与反演

自然的一个基本对称性是时间平移不变性: 自然定律不应该和如何设定我们的钟表有关. 因此不论一个物理状态矢量 $\Psi(t)$ 有什么样的时间相关性, 时间平移一个间隔 τ 的结果 $\Psi(t+\tau)$ 都应该在物理上是等价的, 所以必须有某个线性幺正算符 $U(\tau)$, 使得体系在时间 t 的状态变换为

$$U(\tau)\Psi(t) = \Psi(t+\tau) \tag{3.6.1}$$

由于 τ 是一个连续变量, 就一定可以将 $U(\tau)$ 表示成为像式(3.4.13)那样. 要把时间平移放在如式(3.4.13)中一般 Hermite 算符 T 的位置, 我们引入 Hermite 算符 $-H/\hbar$, 使得

$$U(\tau) = \exp(-\mathrm{i}H\tau/\hbar) \tag{3.6.2}$$

---

[1] Bloch F. Z. Physik, 1929, 52: 555.

[2] 这称为第一 Brillouin 区, 由 L. Brillouin 提出 (*Comptes Rendus*, *1930*, 191: 292). 如果我们选择了式(3.5.15)中 θ_r 不同于式(3.5.16)的另外的约定, 波矢 $\boldsymbol{q}$ 就会处于另外不同的有限区域中的一个, 称为第二、第三 …… Brillouin 区. 这正好相当于周期函数 $\varphi(\boldsymbol{x})$ 的重新定义, 不改变物理结果.

这可以被认为是 Hamilton 量 H 的定义.

这就得出, 在式(3.6.1)中设 $t = 0$, 并用 t 代替 τ, 任何物理状态的时间依赖可由下式给出:

$$\Psi(t) = \exp(-\mathrm{i}Ht/\hbar)\Psi(0) \tag{3.6.3}$$

如同用线性幺正算符所代表的任何对称变换一样, 这保持标量积不变:

$$(\Phi(t), \Psi(t)) = (\Phi(0), \Psi(0)) \tag{3.6.4}$$

从式(3.6.3), 我们能够容易地推导状态矢量的时间依赖的微分方程:

$$\mathrm{i}\hbar\dot{\Psi}(t) = H\Psi(t) \tag{3.6.5}$$

这是时间相关的 Schrödinger 方程的一般版本.

我们将时间依赖赋予物理状态 (所以也赋予波函数) 的这个理论形式称为 **Schrödinger 绘景**. 有另一个完全等价的理论形式: 我们将状态矢量固定, 用一个固定时间, 例如 $t = 0$ 来描述体系的任何状态, 而把时间依赖赋予代表可观测量的算符. [①] 为了使期望值的时间依赖在两个绘景中相同, 我们必须用下式来定义在 Heisenberg 绘景中的算符:

$$A_H(t) = \exp(+\mathrm{i}Ht/\hbar)\,A\exp(-\mathrm{i}Ht/\hbar) \tag{3.6.6}$$

注意, 因为 H 和它自己对易,

$$\exp(+\mathrm{i}Ht/\hbar)\,H\exp(-\mathrm{i}Ht/\hbar) = H$$

所以 Hamilton 量在 Heisenberg 和 Schrödinger 绘景中相同. 在 Heisenberg 绘景中, 任何算符的时间依赖都由下式给出:

$$\dot{A}_H(t) = \mathrm{i}[H, A_H(t)]/\hbar \tag{3.6.7}$$

只要 A 的定义不明显地涉及时间. 因此 Hamilton 量就决定了大多数物理量的时间依赖. 任何算符 A, 只要和 Hamilton 量对易且不明显地依赖时间就都是**守恒**的, 意为 $\dot{A}_H(t) = 0$, 即这个可观测量的期望值是与时间无关的, 不论我们用 Heisenberg 绘景或 Schrödinger 绘景.

为什么物理理论应该包含守恒量? 对此, 对称原理提供了一个自然的理由. 如果一个观测者看到状态 $\Psi(t)$ 按照式(3.6.3)演化, 则对于另一个观测者, 自然定律对于他应该和前者相同, 就必须看到状态 $U\Psi(t)$ 按照同一个方程演化

$$U\Psi(t) = \exp(-\mathrm{i}Ht/\hbar)U\Psi(0) \tag{3.6.8}$$

---

① 译者注: 这是 Heisenberg 绘景.

量子力学讲义
Lectures on Quantum Mechanics

要使这个方程对于任何状态都和方程(3.6.3)相容, 就必须有

$$\exp(-\mathrm{i}Ht/\hbar)U = U\exp(-\mathrm{i}Ht/\hbar) \qquad (3.6.9)$$

所以, 只要 U 是一个线性算符, 就有

$$U^{-1}HU = H \qquad (3.6.10)$$

也就是说, Hamilton 量在对称变换下应该是不变的. 对于由式(3.4.11)给出的无限小对称变换 U, 这个论断告诉我们

$$[H, T] = 0 \qquad (3.6.11)$$

所以, **用 Hamilton 量的对称生成元所代表的可观测量与 Hamilton 量对易**. 在空间和时间平移下的不变性是为动量和能量守恒负责的.

注意, 如果 U 是反线性的, 以上的结论就不对了. 在这种情况下, 由于在式(3.6.9)中指数上的 i, 我们就得不到式(3.6.10), 而得到 $U^{-1}HU = -H$. 这就意味着, 对于 Hamilton 量的每一个能量为 E 的本征态 $\varPhi$ 就会有另一个本征态 $U\varPhi$, 相应能量为 $-E$, 这明显和观察以及物质的稳定性相矛盾[①]. 避免用反幺正算符所代表的对称性的这个结论的唯一方法是, 代替式(3.6.8), 假设这样的对称性反转时间的方向:

$$U\varPsi(t) = \exp(\mathrm{i}Ht/\hbar)U\varPsi(0) \qquad (3.6.12)$$

这样, 代替式(3.6.9), 和式(3.6.3)相容就要求

$$\exp(\mathrm{i}Ht/\hbar)U = U\exp(-\mathrm{i}Ht/\hbar)U \qquad (3.6.13)$$

对于 U 是反线性的情况, 这再一次给出 U 和 H 对易的结果, 避免了负能量的灾难. 所以我们看到用反线性算符代表的对称性是可能的, 但它们必须包括时间方向的反转.

在过去曾经认为自然界尊重在变换 $t \to -t$ 下其他事物一切都不变的对称性. 如在 4.7 节中讨论的, 现在知道这个对称性被弱作用破坏了, 但即使在那里它也是一个好的近似. 时间反转对称性对于散射问题的应用将在 8.9 节中描述. 也有一种变换, 它反转时间和空间的方向, 并且将物质和反物质互换, 它被认为是所有相互作用的精确对称性. 这将在 4.7 节中进一步讨论.

并不是所有的对称性都被和 Hamilton 量对易的算符代表. 另一类对称性的典型例子是在 Galilei 变换下的不变性, 它将 $\boldsymbol{x}$ 变为 $\boldsymbol{x} + \boldsymbol{v}t$ (此处 $\boldsymbol{v}$ 是一个常速度), 而保持时

---

① Dirac 遇到了负能量态, 但不是作为时间反转对称性的推论, 而是他的相对论性波动方程的负能量解. Dirac 假设由于所有或几乎所有的负能量态都被占据, 因而物质是稳定的.(Dirac P A M. Proc. Roy. Soc. A, 1930, 126: 360.) Dirac 关于负能量态的诠释是站不住脚的, 理由见 4.6 节.

间坐标不变. 在量子力学中这个对称性需要有一个幺正算符 $U(\boldsymbol{v})$, 使得下式成立:

$$U^{-1}(\boldsymbol{v})\boldsymbol{X}_H(t)U(\boldsymbol{v}) = \boldsymbol{X}_H(t) + \boldsymbol{v}t \tag{3.6.14}$$

此处 $\boldsymbol{X}_H(t)$ 是代表任何粒子的空间坐标的 Heisenberg 绘景算符. 取式(3.6.14)的时间导数并用式(3.6.7), 给出

$$\mathrm{i}U^{-1}(\boldsymbol{v})[H, \boldsymbol{X}_H(t)]U(\boldsymbol{v}) = \mathrm{i}[H, \boldsymbol{X}_H(t)] + \hbar\boldsymbol{v}$$

所以, 令 $t = 0$, 则得

$$\mathrm{i}\left[U^{-1}(\boldsymbol{v})HU(\boldsymbol{v}), U^{-1}(\boldsymbol{v})\boldsymbol{X}U(\boldsymbol{v})\right] = \mathrm{i}[H, \boldsymbol{X}] + \hbar\boldsymbol{v}$$

对于 $t = 0$, 式(3.6.14)告诉我们, $U(\boldsymbol{v})$ 和 Schrödinger 绘景算符 $\boldsymbol{X}$ 对易, 所以由上式给出

$$\mathrm{i}\left[U^{-1}(\boldsymbol{v})HU(\boldsymbol{v}), \boldsymbol{X}\right] = \mathrm{i}[H, \boldsymbol{X}] + \hbar\boldsymbol{v} \tag{3.6.15}$$

这要求

$$U^{-1}(\boldsymbol{v})HU(\boldsymbol{v}) = H + \boldsymbol{P}\cdot\boldsymbol{v} \tag{3.6.16}$$

其中 $\boldsymbol{P}$ 是一个算符, 满足和**每一个**粒子坐标的对易关系 $[X_i, P_j] = \mathrm{i}\hbar\delta_{ij}$, 也就是说, $\boldsymbol{P}$ 是总动量矢量.

对于无限小的 $\boldsymbol{v}$, 我们可以有

$$U(\boldsymbol{v}) = \boldsymbol{1} - \mathrm{i}\boldsymbol{v}\cdot\boldsymbol{K} + O(\boldsymbol{v}^2) \tag{3.6.17}$$

这里 $\boldsymbol{K}$ 是一个 Hermite 算符, 称为**推动算符** (boost generator). 由于变换(3.6.14)是可加的, 我们有 $U(\boldsymbol{v})U(\boldsymbol{v}') = U(\boldsymbol{v} + \boldsymbol{v}')$, 从而有

$$[K_i, K_j] = 0 \tag{3.6.18}$$

并且, 令式(3.6.16)中的 $\boldsymbol{v}$ 变为无限小, 我们得到

$$[\boldsymbol{K}, H] = -\mathrm{i}\boldsymbol{P} \tag{3.6.19}$$

由于 $\boldsymbol{K}$ 和 Hamilton 量不对易, 我们不用它的本征值来分类具有确定能量的物理状态. 推动算符是普遍规则的一个例外, 规则是: 对称生成元和 Hamilton 量对易. 例外的出现是因为 $\boldsymbol{K}$ 和变换(3.6.14)相联系, 它与时间明显相关.

因为式(3.6.14)对于任何粒子的坐标 $\boldsymbol{X}_n$ 都适用 (现在用下标 n 来标示个别粒子), 对它取时间导数并乘以粒子质量 m_n, 我们有

$$U^{-1}(\boldsymbol{v})\boldsymbol{P}_{nH}(t)U(\boldsymbol{v}) = \boldsymbol{P}_{nH}(t) + m_n\boldsymbol{v} \tag{3.6.20}$$

此处 $\boldsymbol{P}_{nH} \equiv m_n \dot{\boldsymbol{X}}_{nH}$ 是 Heisenberg 绘景中第 n 个粒子的动量. 设 $t=0$, 并用无限小 Galilei 变换(3.6.17), 得出

$$[K_i, P_{nj}] = -\mathrm{i}m_n\delta_{ij} \tag{3.6.21}$$

注意, 式(3.6.19)用下面的通常多粒子体系 Hamilton 量

$$H = \sum_n \frac{\boldsymbol{P}_n^2}{2m_n} + V \tag{3.6.22}$$

就可以满足, 只要势 V 只依赖粒子坐标矢量之差即可. 的确, 从把对称性看作基础的观点出发, 我们可以说, 为什么非相对论性粒子 Hamilton 量采取这个形式的理由就是 Galilei 不变性.

注意算符 $\boldsymbol{K}$, H 和总角动量 $\boldsymbol{P} = \sum\limits_n \boldsymbol{P}_n$ 组成封闭的 Lie 代数, 意为这些生成元的对易子同样是这些生成元的线性组合. 但有一个复杂情况: K_i 和 P_j 的对易子正比于总质量 $\sum\limits_n m_n$. 像总质量这样的物理量, 它出现在对易关系中, 但又和所有的算符对易, 称之为**中心荷**. 在遵守 Lorentz 不变性而非 Galilei 不变性的理论中, 也有由总动量 $\boldsymbol{P}$、Hamilton 量 H 和推动生成元 $\boldsymbol{K}$ 所生成的对称性, 但对易关系不同: $\boldsymbol{K}$ 和 $\boldsymbol{P}$ 的对易子和 H 成正比, 而不是和总质量成正比; 这里没有中心荷, 并且对易子 $[K_i, K_j]$ 不为零, 而和总角动量算符成正比.

$*****$

有时遵循密度矩阵的时间依赖是有用的. 设在 $t=0$ 时体系处于用独立归一化的 (但不一定正交) 的状态矢量 $\varPsi_n$ 所代表的不同状态中的概率是正量 P_n, 而 $\sum\limits_n P_n = 1$. 这样, 如在 3.3 节中讨论的, 在 $t=0$ 时密度矩阵是

$$\rho(0) = \sum_n P_n[\varPsi_n, \varPsi_n^\dagger] \tag{3.6.23}$$

在以后的时间 t, 状态矢量 $\varPsi_n$ 变为 $\exp(-\mathrm{i}Ht/\hbar)\varPsi_n$, 密度矩阵变为

$$\rho(t) = \sum_n P_n \exp(-\mathrm{i}Ht/\hbar)[\varPsi_n, \varPsi_n^\dagger]\exp(+\mathrm{i}Ht/\hbar)$$
$$= \exp(-\mathrm{i}Ht/\hbar)\rho(0)\exp(+\mathrm{i}Ht/\hbar) \tag{3.6.24}$$

这是一个幺正变换, 所以 $\rho(t)$ 是 Hermite 的, 并且和 $\rho(0)$ 有同样的本征值, 因此是正的, 有单位迹, 和 $\rho(0)$ 有相同的 von Neumann 熵.

3.7　量子力学的诠释

在 3.1 节中关于概率的讨论原来是基于在 Niels Bohr[①]领导下建立的称为量子力学的 Copenhagen 诠释上的. 根据 Bohr[②], "量子现象分析的主要面貌是 …… 引入在**测量仪器和被研究的物体之间的基本区别**. 这是需要用纯经典的语言解释测量仪器的功能, 在原则上排除对作用量子的任何考虑的直接后果".

如 Bohr 所确认的, 在 Copenhagen 诠释中, 测量会改变体系的状态, 改变本身是不能由量子力学描述的[③]. 这可以在理论的诠释规则中看到. 如果我们测量由 Hermite 算符 A 所代表的可观测量, 而体系最初处于一个归一叠加态 $\sum_r c_r \Psi_r$ 中, Ψ_r 是算符 A 的正交归一本征矢量, 相应本征值为 a_r, 则状态被认定为在测量过程中塌缩到一个状态, 在此态中可观测量具有确定的值 a_r, 且得出 a_r 值的概率为 $|c_r|^2$. 这个规则称为 Born 规则. 量子力学的这个诠释带来了在测量中造成对量子力学动力学假设的偏离. 在量子力学中, 由时间依赖的 Schrödinger 方程所描述的状态矢量的演化是决定论性的. 如果时间依赖的 Schrödinger 方程也能描述测量过程, 测量的最终状态就会是某个确定的纯态, 并不是具有不同概率的若干可能性.

我们可以通过考虑测量对于密度矩阵的效应看到这点. 对于一个可以处于具有概率 P_r 的不同的可能状态 Ψ_r 的体系, 密度矩阵是

$$\rho = \sum_r \Lambda_r P_r \tag{3.7.1}$$

此处 $\Lambda_r \equiv [\Psi_r \Psi_r^\dagger]$ 是到归一化的状态矢量 Ψ_r 上的投影算符. 如果体系处于一个状态 Ψ_r 中, 我们对某个量或某些量进行测量, 它们在一个态矢量的完备正交归一集合 Φ_α 中具

---

① Bohr N. Nature, 1928, 121: 580. 重印于: *Quantum Theory of Measurements* (Eds. J. A. Wheeler and W. H. Zurek, Princeton University Press, Princeton, NJ, 1983); *Essays 1958-1962 on Atomic Physics and Human Knowledge* (New York: Interscience Publishers, 1962).

② Bohr N. Quantum Mechanics and Philosophy: Causality and Complementarity// Klibansky R. Philosophy in the Mid-Century. Florence: La Nuova Italia Editrice, 1958. 重印于: *Essays 1958-1962 on Atomic Physics and Human Knowledge* (New York: Interscience Publishers, 1963).

③ 有 Copenhagen 诠释的一些变异也符合这个观点, 其中的一些诠释描述见 B. S. DeWitt 的文章 (*Physics Today*, 1970, 23: 30).

有确定值, 则我们找到某个特殊态 Φ_α 的特征值的概率是 $|(\Phi_\alpha, \Psi_r)|^2$, 所以测量后的密度矩阵是

$$\rho' = \sum_\alpha \Lambda_\alpha \sum_r P_r |(\Phi_\alpha, \Psi_r)|^2$$
$$= \sum_\alpha \Lambda_\alpha \mathrm{Tr}(\rho \Lambda_\alpha) = \sum_\alpha \Lambda_\alpha \rho \Lambda_\alpha \tag{3.7.2}$$

此处 $\Lambda_\alpha \equiv [\Phi_\alpha \Phi_\alpha^\dagger]$ 是到状态矢量 Φ_α 上的投影算符. 从另一方面看, 由熟知的量子力学态矢量的决定论性的演化给出, 一个体系在时间 t 处于状态 Ψ_r, 在时间 t' 将会处于状态

$$\Psi_r' = \exp(-\mathrm{i}H(t'-t)/\hbar)\Psi_r$$

因此在时间 t' 的密度矩阵将是

$$\rho' = \sum_r P_r \exp(-\mathrm{i}H(t'-t)/\hbar)\Lambda_r \exp(+\mathrm{i}H(t'-t)/\hbar)$$
$$= \exp(-\mathrm{i}H(t'-t)/\hbar)\rho\exp(+\mathrm{i}H(t'-t)/\hbar) \tag{3.7.3}$$

没有一个可能的 Hamilton 量可以使得从任何初始的密度矩阵 ρ 演化来的最终密度矩阵(3.7.3)采取式(3.7.2)的形式.

这肯定不令人满意. 如果量子力学对于所有东西都适用, 它对于物理学家的测量仪器也该适用, 对于物理学家本身也适用. 从另一方面看, 如果量子力学不能对所有东西都适用, 我们需要知道在哪里画出它成立的边界. 它仅对于不太大的系统适用吗? 它对于由自动仪器进行测量而没有人来读取结果的情况适用吗? 此外, 对于 Bohr, 经典力学不仅是量子力学的近似: 它是世界的本质部分, 对于诠释量子力学也是必要的. 即使我们把这个观点当作是荒谬的, Copenhagen 诠释仍然留下一个问题, 在量子力学成立的边界以外是些什么?

这个难题曾经引导一些物理学家建议用更令人满意的理论来代替量子力学. 一个可能性是把"隐变量"加入理论. 在量子力学中遇到的概率仅仅是反映我们对于这些变量的无知, 而不是自然的内在的不确定性[1]. 往相反方向走的另一个可能性是往状态矢量的演化方程里面加上内在的随机项, 没有隐变量, 因而叠加就以一种不可预言的方式自发塌缩到在经典物理中熟悉的状态, 对微观体系如原子和光子, 塌缩得太慢了, 以至不能被观测到, 但对宏观体系, 如测量仪器, 塌缩就要快得多[2]. 在本节中我们只限于讨论量子力学的诠释, 它不包括任何对其动力学基础的改变: 没有隐变量, 也没有对含时 Schrödinger 方程的改动.

---

[1] 这种理论中最著名的当属 D. Bohm (*Phys. Rev.*, 1952, 85: 166, 180).

[2] 这种理论中典型的是 G. C. Ghirardi, A. Rimini 和 T. Weber 提出的 (*Phys. Rev. D, 1986, 34: 470*). 理论其评述见 A. Bassi 和 G. C. Ghirardi (*Phys. Rep.*, 2003, 379: 257).

近年来出现了在测量中实际上发生了什么的清晰绘景. 这在很大程度上是由于对失谐现象的注意[1]. 但如我将尝试说明的, 即使有了这个澄清, 在我们对量子力学的理解中好像还是缺了些什么.

从一开始就很清楚, 测量的第一个要求就是状态矢量在 Schrödinger 绘景中演化, 它在我们所研究的体系 (我将称之为微观体系, 虽然在原则上它不必小) 中, 例如原子的角动量或者一个放射性核, 和一个宏观仪器之间建立关联. 宏观仪器可以是一个确定原子轨迹的探测器, 或者是一只猫. 假设微观体系可以处于用指标 n 标示的不同状态, 而仪器可以处于用指标 a 标示的状态之中, 所以组合的系统可以用一个状态矢量 Ψ_{na} 的完备正交归一基来表述. (仪器的状态 a 至少要和体系的状态 n 一样多, 虽然它可以更多.) 在 $t=0$ 时, 仪器被置于一个适当的已知的初态, 以 $a=0$ 表示, 微观体系则处于一般的叠加态中, 所以组合系统具有初始状态矢量

$$\Psi(0) = \sum_n c_n \Psi_{n0} \tag{3.7.4}$$

我们打开微观体系和测量仪器间的相互作用, 这样系统在时间 t 演化到 $U\Psi(0)$, 其中 U 是幺正算符 $U = \exp(-i\hbar Ht/\hbar)$. 假设我们可以随意自由选择 Hamilton 量 H, 这样 U 就可以是我们需要的任何幺正算符. 对于一个理想的测量, 我们所需要的是基态矢 Ψ_{n0} 应该演化到 $U\Psi_{n0} = \Psi_{na_n}$, n 保持不变[2], 并且用 a_n 标示仪器的确定状态, 和微观体系的状态有唯一的对应, 即若 $n \neq n'$, 则 $a_n \neq a_{n'}$. 也就是说, 我们需要[3]

$$U_{n'a',n0} = \delta_{n'n}\delta_{a'a_n} \tag{3.7.5}$$

---

[1] 对于失谐的评述, 见 W. H. Zurek (*Rev. Mod. Phys.*, 1952, 75: 715).

[2] 测量在这个意义下, 且微观体系状态不变, 被 J. A. Wheeler (1911~2008) 称为 "量子非破坏性" 测量. 在某些情况下改变微观体系状态的测量也是有用的.

[3] 我们永远可以选择那些 $a \neq 0$ 的另外的 $U_{n'a',na}$ 矩阵元, 使得整个矩阵是幺正的. 例如, 对 $a \neq 0$, 我们能够取

$$U_{n'a',na} = \begin{cases} \delta_{n'n}\mathcal{U}^{(n)}_{a'a}, & a' \neq a_{n'} \\ 0, & a' = a_{n'} \end{cases}$$

此处子矩阵 $\mathcal{U}^{(n)}$ 由以下条件约束: 对于所有的 $a \neq 0$ 和 $\bar{a} \neq 0$,

$$\delta_{a\bar{a}} = \sum_{a' \neq a_n} \mathcal{U}^{(n)*}_{a'\bar{a}} \mathcal{U}^{(n)}_{a'a}$$

子矩阵 $\mathcal{U}^{(n)}_{a'a}$ 是方形的, 因为 a' 跑遍除去 $a' \neq a_n$ 以外的所有的仪器状态, a 跑遍除去 $a=0$ 以外的所有的仪器状态. 这些条件就简单地需要这些子矩阵是幺正的, 因为对它们没有其他的限制条件, 我们能够找出任意数量的矩阵满足这些条件. 读者可以验证, 这些条件使得整个矩阵 $U_{n'a',na}$ 为幺正的.

在微观体系和测量仪器相互作用后, 组合系统处于状态 $U\Psi(0)$, 根据式(3.7.4)和式(3.7.5), 它是仪器态的叠加[1]:

$$U\Psi(0) = \sum_n c_n \Psi_{na_n} \tag{3.7.6}$$

这还不是一个测量, 因为体系还在一个纯态中, 即基状态 Ψ_{n,a_n} 的确定的叠加中. 系统要以某种方式跃迁到其中的某一个或另一个态上, 相应的概率由 Born 规则 $|c_n|^2$ 给出.

甚至在我们考虑这是如何发生之前, 我们遇到一个问题. 正常的经验指出对测量产生的态有严格的限制. 我们可以观测到表盘上的指针指向一个确定的方向, 而实际上我们从来没有观察到它在不同方向的叠加. 我们称测量所产生的状态为**经典态**. (这些状态是 Zurek 确定的, 称为 "指针态"[2].) 量子力学没有指出关于经典态有何特别之处. 至于说我们到现在所进行的讨论, 我们可以取 Ψ_{na} 为任何正交归一基. 问题的解原来涉及失谐现象. 要演示这点, 我们来看两个经典的测量例子, 在此后处理更深刻的问题时它们也是有用的.

第一个例子是 1922 年的 Stern-Gerlach 实验, 将在 4.2 节中详细考虑它 (比我们现在需要的更详细). 在这类实验中原子束通过一个磁场, 场在 z 方向上有一个均匀项, 另有一个小的非均匀项, 它按照原子总角动量的 z 分量 J_z 将原子置于不同的轨线上. 如果原子最初处于不同本征值的 J_z 本征态的线性组合上, 那么状态矢量就演化成原子遵循的不同轨线各项的叠加态. 这样, 为什么我们永远看到粒子在一个相应确定的 J_z 值的确定轨道上?

回答与失谐现象有关. 发生这种现象是因为任何宏观仪器都永远会受到从周围环境中来的小的微扰, 例如在温度高于绝对零度时总会存在的黑体光子就会做到[3]. Joos 和 Zeh[4]考虑过一个实验, 电子可以经典地跟随两个可能轨道中的一个, 他们也展示了室温辐射如何用 1 秒钟就在两个相距仅 1 mm 的轨道的状态矢量之间引入了很大的随机相

---

[1] 一个经常被引用的例子是由 John von Neumann (1903~1957) 在 *Mathematical Foundations of Quantum Mechanics*(译自德文, R. T. Beyer 译, Princeton University Press, Princeton NJ, 1955) 中给出的. 微观体系和探测仪器的状态不是由分立的指标 n 和 a 标示, 而是由一个粒子的坐标 x 和仪器指针坐标 X 表征. Hamilton 量取为 $H = \omega x P$, 此处 ω 是一个常数, P 是指针的动量算符, 满足通常的对易关系 $[X, P] = i\hbar$(X 和 P 同 x 及其相应的动量 p 对易). 如果在 $t = 0$ 坐标空间波函数是 $\psi(x, X, 0) = f(x - \xi)g(X)$, 则在此后的时间 t 波函数将是

$$\psi(x, X, 0) = f(x - \xi)g(X - \omega x t)$$

如果 f 和 g 二者都在其宗量为零时有尖峰, 则指针位置的观测将告诉我们粒子的位置 ξ, 选择 f 和 g 的峰足够尖锐, 可以使位置的不确定性如我们所愿的那么小. 但如果我们从描述粒子的宽波包 f 开始, 则不管我们使 g 有多么窄的峰, 指针都将留在位于不同位置 X 的宽区域的状态叠加之中.

[2] Zurek W H. Phys. Rev. D, 1981, 24: 1516.

[3] A. J. Leggett (*Contemp. Phys., 1984*, 25: 583) 对压制失谐使得经典态的叠加可以观测到的可能性进行了讨论.

[4] Joos E, Zeh H D. Z. Phys. B: Condensed Matter, 1985, 59: 223.

位差. 这样的扰动通常不能把一个经典态变为另一个. 例如, 暴露在低温黑体辐射光子下不可能把 Stern-Gerlach 实验中的一个粒子从一个轨道转移到另一个完全不同的轨道上. 如果我们选择基态 Ψ_{na} 为经典态, 例如在 Stern-Gerlach 实验中的态, 其中的粒子具有确定的 J_z 值且在确定的轨道上运动, 则失谐的效应只能是将式(3.7.6)转变为

$$\sum_n \exp(\mathrm{i}\varphi_n)c_n\Psi_{na_n} \tag{3.7.7}$$

此处 φ_n 是随机涨落的相位[①]. 其结果是, 当我们计算期望值时叠加中的不同项相互干涉且平均为零, 从而任何 Hermite 算符 A(不一定是 Ψ_{na} 为其本征态的算符) 的观测期望值为

$$\overline{\langle A \rangle} = \sum_n |c_n|^2 (\Psi_{na_n}, A\Psi_{na_n}) \tag{3.7.8}$$

期望值上面的横线表示对 φ_n 的平均. 这通常被诠释为体系和仪器处于 Ψ_{na_n} 的概率为 $|c_n|^2$, 但是, 如下面所讨论的, 这个诠释还远远不是清楚的.

一个更具戏剧性的量子力学测量的例子是 1935 年由 Schrödinger 提供的[②]. 一只猫被关在密闭的盒子中, 盒中有放射性核, 一个 Geiger 计数器能探测放射性衰变, 一个毒品囊在计数器探测到核衰变时释放毒剂. 在一个半衰期后, 组合系统的状态矢量是两项等值的叠加: 一项是核未衰变, 猫还活着; 另一项是衰变已经发生, 猫被毒死. 仅观察猫会干扰系统, 但不能把一个死猫变活, 反之亦然. 这些扰动能够并且实施了经典态 (猫确定活着或死亡) 相位的迅速改变. 这些迅速和随机的相位改变几乎立即把任何经典态的叠加变为另一个叠加. 一个猫科的叠加 $c_{\mathrm{alive}}\Psi_{\mathrm{alive}} + c_{\mathrm{dead}}\Psi_{\mathrm{dead}}$ 就变为 $\mathrm{e}^{\mathrm{i}\alpha}c_{\mathrm{alive}}\Psi_{\mathrm{alive}} + \mathrm{e}^{\mathrm{i}\delta}c_{\mathrm{dead}}\Psi_{\mathrm{dead}}$, 此处 α 和 δ 是随机涨落的相位. 此外, 在这样的叠加态中代表可观测量的算符 A 的期望值在对相位平均后将变为 A 在猫是活或死的状态期望值的平均, 状态的权重分别是 $|c_{\mathrm{alive}}|^2$ 和 $|c_{\mathrm{dead}}|^2$.

有一个广为传播的印象是, 失谐除去了量子力学的这一类诠释的所有障碍. 但仍然有一个 Born 规则的问题, 它告诉我们在状态(3.7.8)中, 观测者看到系统在状态 Ψ_{na_n} 的概率是 $|c_n|^2$. 上面给出的基于式(3.7.8)的 "推导", 是一个循环的论证, 自为因果, 因为它依赖于期望值作为算符矩阵元的公式, 而这个公式本身就是用 Born 规则推导出来的. 所以, 到底 Born 规则是从哪里来的? 对这个问题有两种处理方法: 一种称为**工具论者**的; 另一种称为**实在论者**的. 每一种都有各自的缺点.

---

① 假设上面讨论的这一类经典态 Ψ_{na} 组成完备正交归一基. 在简单情况下, 如 Stern-Gerlach 实验, 经典态组成了完备正交归一集合. 在更复杂的情况下, 这不一定正确.

② Schrödinger E. Naturwissenschaften, 1935, 48: 52.

1. 工具论

在工具论者的处理方法中, 人们放弃闭合体系的状态矢量能给出体系条件的完全描述的概念, 仅把它看成一个工具, 它提供一个计算概率的办法. 这个观点可以被认为是对量子力学的 Copenhagen 版本的再诠释: 代替引入一个神秘的在测量中体系的状态塌缩, 只要简单地假设在归一化的态矢量 Ψ 代表的状态中, 一个 Hermite 算符 A 代表的量被发现具有值 a_n(而不是这个量的任何其他值) 的概率为 $p_n = \sum_r |(\Phi_{nr}, \Psi)|^2$, 此处 Φ_{nr} 是本征值为 a_n 的算符 A 的所有正交归一本征矢量. 这个 Born 规则就简单地被认为是自然定律之一. 但如果这些概率是人们进行观测时得到不同结果的概率, 这个处理方法就把人们带到自然定律中了.

这对于像 Bohr 那样的物理学家来讲不成问题, 他们把自然定律只看作是排序和审视人类经验的一组方法. 它们本来就是那样, 但放弃在此之外应该还有更多一些东西的希望令人悲伤: 在一定意义下自然定律应该在客观现实之中, 定律总是一样的 (除去语言不同之外), 不管是谁来研究它们, 也不管有没有人来研究它们.

对于某些物理学家, 人类闯入自然定律并非不受欢迎. David Mermin[1]赞许地引证称为量子 Bayes 主义[2]的方案, 它 "将量子力学基础的混乱归结为我们不自觉地把科学家从科学中移去了".

工具论的问题并不在于在测量中考虑发生了什么, 而是考虑测量的科学家. 这是不能反对的, 或许是不可避免的. 问题恰恰发生了, 因为我们要能够科学地了解科学家以及其他一切, 正是因为这个理由, 我们需要把人类 (科学家、观测者或其他任何人) 置于自然定律之外, 这点根据定义是无需解释的. 只有在定律用不涉及人的语言表述时, 即粒子轨迹或波函数或其他任何东西不涉及进行观测的人们时, 我们才能希望达到当人们观察自然界或进行测量时发生什么的科学的理解.

在进化论中有一个平行的例子. 在 Charles Darwin 和 Alfred Russel Wallace 之前, 那些接受进化的现实的自然研究者将其解释为生命有一个内在的趋势——变得更好, 即像我们这样演化. Darwin 和 Wallace 的伟大成就在于证明了像人类一样的物种是如何从更早的物种演化而来的, 而并不援引任何自然定律. 如果没有这个成就, 从那时起的生物学的很多进展就是不可能的.

持工具论方案的一些物理学家宣称, Born 规则预言的概率可以认为是客观的概率, 并不一定和进行测量的人们有什么关系. 例如, 他们认为当我们说一个粒子位于在坐标 x 附近小的间隔 Δx 内的概率是 $|\psi(x)|^2 \Delta x$ 时, 这就是一个简单的陈述, 粒子确实就在那里的可能性, 而并不必说是当我们去看粒子时发现粒子在那里的可能性. 我并不认为

---

[1] Mermin N D. Nature, 2014, 507: 421.

[2] Fuchs C A, Mermin N D, Schack R. Am. J. Phys., 2014, 82: 749.

这站得住脚, 因为在一般情况下粒子没有确定的位置和动量直到人们选择去测量这个或那个. 它不可能既有确定的位置 x 又有确定的动量 $p(\Delta x\Delta p<\hbar/2)$, 因为没有这个状态.

工具论仅认为状态矢量是概率的预言者而不赋予其实在性, 工具论也放弃经典物理系统的客观演化的经典概念. 我们可以容许物理系统的状态用 Hilbert 空间的矢量描述的概念, 而不是用系统的所有粒子位置和动量的数值, 但很难容许没有物理系统演化的描述. 这个异议部分地与 "失谐历史" 或 "相洽历史" 处理相符合, 处理最初由 Griffiths[①]提出, 由 Omnès[②]发展, 由 Gell-Mann 和 Hartle[③]具体发展. 在这个处理中, 人们定义封闭系统的历史 (例如整个宇宙), 对它能够赋予概率, 符合概率的通常性质.

历史首先用一个归一化的初态 Ψ 表征, 它从开始的时间 t_0 起根据含时 Schrödinger 方程演化到时间 t_1. 在时间 t_1 将系统对其性质进行平均, 平均时将几个可观测量 $A_{1\eta}$ 的值 $a_{1\eta}$ 固定. 系统随即演化到时间 t_2, 此时系统再次对其性质进行平均, 将另一组可观测量 $A_{2\eta}$ 的值 $a_{2\eta}$ 保持固定, 等等. 就是说, 历史由 Ψ 以及时间 $t_1, t_2, \cdots$, 选择可观测量 $A_{1\eta}, A_{2\eta}, \cdots$ 决定, 在每个时间进行平均时这些可观测量的值 $a_{1\eta}, a_{2\eta}, \cdots$ 保持固定. 这些正和在实际观测中所做的相对应, 比如观察粒子轨迹, 只有少数几个系统的性质被测量, 其他性质诸如周围的辐射场等都被忽略.

为了简化记号, 我们省略指标 η, 好像每次平均只将一个可观测量 $A_1, A_2, \cdots$ 的值固定. 对每一个历史, 我们赋予一个态矢量:

$$
\begin{aligned}
\Psi_{a_1 a_2 \cdots a_{\mathcal{N}}} &\equiv \Lambda_{\mathcal{N}}(a_{\mathcal{N}}) \exp\left(-\mathrm{i}H(t_{\mathcal{N}}-t_{\mathcal{N}-1})/\hbar\right) \cdots \times \exp\left(-\mathrm{i}H(t_3-t_2)/\hbar\right) \Lambda_2(a_2) \\
&\quad \times \exp\left(-\mathrm{i}H(t_2-t_1)/\hbar\right) \Lambda_1(a_1) \exp\left(-\mathrm{i}H(t_1-t_0)/\hbar\right) \Psi
\end{aligned} \tag{3.7.9}
$$

此处 $\Lambda_1(a_1), \Lambda_2(a_2), \cdots$ 是对和标志为 $a_1, a_2, \cdots$ 的局限相容的系统的所有状态的投影算符之和. 例如, 如果第 r 次平均只将一个单独的可观测量 A_r 的值 a_r 固定, 则 $\Lambda_r(a_r)$ 将是 $\sum_i^{a_r}\left[\Phi_i\Phi_i^\dagger\right]$, 即到正交归一态矢量 Φ_r 的投影算符之和, 这些态在包含具有本征值 a_r 的本征态 A_r 的子空间中是完备的. (这被 Gell-Mann 和 Hartle 称为 **粗粒化**. 投影算符

① Griffiths R B, J. Stat. Phys., 1984, 36, 219; Griffiths R B. Consistent Quantum Theory. Cambridge: Cambridge University Press, 2002.

② Omnès R. Rev. Mod. Phys., 1992, 64: 339; Omnès R. The Interpretation of Quantum Mechanics. Princeton: Princeton University Press, 1994.

③ Gell-Mann M, Hartle J B//Zurek W H. Complexity, Entropy, and the Physics of Information. Reading, MA: Addison-Wesley, 1990;//Kobayashi S, Ezawa H, Murayama, et al. Proceedings of the Third International Symposium on the Foundations of Quantum Mechanics in the Light of New Technologies. Physical Society of Japan, 1990;//Phua K K, Yamaguchi Y. Proceedings of the 25th International Conference on High Energy Physics, Singapore, August 2-8, 1990. Singapore: World Scientific, 1990. Hartle J B//Hu B-L, Ryan M P, Vishveshwars C V. Directions in Relativity, Vol. 1. Cambridge University Press, 1993.

将在 3.3 节中讨论.) 等价地, 我们有

$$\Psi_{a_1 a_2 \cdots a_{\mathcal{N}}} = \mathrm{e}^{-\mathrm{i}Ht_{\mathcal{N}}/\hbar} \Lambda_{\mathcal{N}}(a_{\mathcal{N}}, t_{\mathcal{N}}) \cdots \Lambda_2(a_2, t_2) \Lambda_1(t_1, a_1) \mathrm{e}^{-\mathrm{i}Ht_0/\hbar} \Psi \tag{3.7.10}$$

此处 $\Lambda_r(a_r, t_r)$ 是同一个投影算符的和, 只是在 Heisenberg 绘景里:

$$\Lambda_r(a_r, t_r) = \mathrm{e}^{\mathrm{i}Ht_r/\hbar} \Lambda_r \mathrm{e}^{-\mathrm{i}Ht_r/\hbar} \tag{3.7.11}$$

对每一个历史, 根据 Born 规则的推广, 假设概率是正的:

$$P(a_1 a_2 \cdots) \equiv (\Psi_{a_1 a_2 \cdots}, \Psi_{a_1 a_2 \cdots}) \tag{3.7.12}$$

有必要证明式(3.7.12)具有概率的通常性质, 但这仅对一类可能的历史成立. 特别地, 我们必须证明对于一个可观测量, 例如 a_r, 其所有可能值的概率的和等于一个该可观测量不被固定的历史的概率:

$$\sum_{a_r} P(a_1 a_2 \cdots a_{r-1} a_r a_{r+1} \cdots a_{\mathcal{N}}) = P(a_1 a_2 \cdots a_{r-1} a_{r+1} \cdots a_{\mathcal{N}}) \tag{3.7.13}$$

满足下列相容条件的历史就属于这一类:

$$\left(\Psi_{a'_1 a'_2 \cdots a'_{\mathcal{N}}}, \Psi_{a_1 a_2 \cdots a_{\mathcal{N}}}\right) = 0 \quad (\text{除非 } a'_1 = a_1, a'_2 = a_2, \cdots) \tag{3.7.14}$$

证明如下: 根据式(3.7.12), 式(3.7.13)中的和是

$$\sum_{a_r} P(a_1 a_2 \cdots a_{r-1} a_r a_{r+1} \cdots a_{\mathcal{N}}) = \sum_{a_r} \left(\Psi_{a_1 a_2 \cdots a_{r-1} a_r a_{r+1} \cdots a_{\mathcal{N}}}, \Psi_{a_1 a_2 \cdots a_{r-1} a_r a_{r+1} \cdots a_{\mathcal{N}}}\right)$$

用相容条件(3.7.14), 我们可以将它写作

$$\sum_{a_r} P(a_1 a_2 \cdots a_{r-1} a_r a_{r+1} \cdots a_{\mathcal{N}}) = \left(\sum_{a'_r} \Psi_{a_1 a_2 \cdots a_{r-1} a'_r a_{r+1} \cdots a_{\mathcal{N}}}, \sum_{a_r} \Psi_{a_1 a_2 \cdots a_{r-1} a_r a_{r+1} \cdots a_{\mathcal{N}}}\right)$$

但由完备条件(3.3.32)给出

$$\sum_{a_r} \Lambda_r(a_r, t_r) = 1$$

所以

$$\sum_{a_r} \Psi_{a_1 a_2 \cdots a_{r-1} a_r a_{r+1} \cdots a_{\mathcal{N}}} = \Psi_{a_1 a_2 \cdots a_{r-1} a_{r+1} \cdots a_{\mathcal{N}}}$$

由此可以立刻得到式(3.7.13). 这个定理有一个重要的推论: 对于一个给定的历史类型 (即具有给定的初态 Ψ, 给定的时间 $t_1, \cdots, t_{\mathcal{N}}$ 和给定的在每一时间被固定的可观测量 A_r), 其概率之和为 1,

$$\sum_{a_1, a_2, \cdots, a_{\mathcal{N}}} P(a_1 a_2 \cdots a_{\mathcal{N}}) = (\Psi, \Psi) = 1 \tag{3.7.15}$$

满足相容条件(3.7.14)的历史用失谐来识别. 例如, 行星围绕太阳的运动由一组投影算符表征, 以标志 a 区别可能找到行星的空间有限的元胞. (有必要采用空间有限体积, 因为位置的精确测量将使行星以不需要的动量变化.) 在计算任何给定历史的式(3.7.9)或式(3.7.10)时, 我们对所有其他表征行星轨道扰动的变量进行平均, 包括太阳辐射、行星际物质等. 这些扰动不会将行星从一个元胞移到另一个元胞, 但它们会改变态矢量(3.7.9)的相位, 对扰动进行平均就消灭了可能使相容条件(3.7.14)失效的关联.

有些失谐-历史方案的拥护者将概率(3.7.12)描述为不同历史的客观性质, 不必和观测者看到的任何事情相关联, 并且在没有真实的观测者时, 例如在早期宇宙时, 也可以使用. 这个观点在我看来不可接受, 理由就像在单一测量情况下描述的. 历史必须满足相容条件(3.7.13)的要求并不唯一地确定可观测量 $A_1, A_2, \cdots$ 的选择, 对它们本征矢量在时间 $t_1, t_2, \cdots$ 我们不进行平均. 这里的问题不在于选择不唯一, 而在于选择只能由人来做出. 当然在经典力学和量子力学中问题的答案取决于我们选什么问题来问, 但在经典物理中选择的必要可以避免, 因为在原则上我们可以测量一切东西. 但在量子力学中不能用这个办法来逃避选择, 因为一般来讲很多这种选择是彼此不相容的. 例如, 我们可以选择 J_x, J_y 或 J_z 的本征值在给定的时间不被平均, 但我们不能让所有这三个不被平均, 因为没有这样一个状态, 其中所有这三个都有确定的非零值. 所以在失谐-历史方案中 Born 规则像是把人带到了自然规律中, 就像在任何工具论者的方案中不可避免一样.

2. 实在论

Copenhagen 学派和工具论者对量子力学诠释处理的缺点使得一些物理学家采用一个方案, 在其中人们不把实在性赋予如位置和动量这样的经典可观测量, 而代以赋予状态矢量本身. 认真对待状态矢量, 把它当作系统物理条件的完全描述, 我们能够尝试去了解概率是如何从状态矢量的决定论的演化产生出来的, 而不需要把测量或做测量的人们引入自然定律.

对状态矢量赋予实在性的一个麻烦是在两个彼此完全分离的体系的纠缠态中, 一个体系的态矢量可以通过干预另一个体系而立即改变. 当我们在 12.1 节中讨论纠缠时再来考虑它.

某些物理学家觉得实在论难以接受的另一个方面是它好像不可避免地导致量子力学的"多世界诠释", 这是由 Hugh Everett(1930~1982) 在他 1957 年的 Princeton 博士论文① 中提出的. 在这个处理中, 状态矢量不塌缩; 它继续被决定论的含时 Schrödinger

---

① Everett H. Rev. Mod. Phys., 1957, 29: 454.

方程决定, 但体系状态矢量的不同分量变得和测量仪器和观测者的不同分量结合在一起, 所以世界的历史就等效于分裂为不同的路径, 每一个路径用不同的测量结果表征.

量子力学的这个诠释和 Copenhagen 诠释的不同之处可以通过考虑早先提到过的测量经典例子来解释. 根据 Copenhagen 诠释, 在 Stern-Gerlach 实验中当原子和观测者相互作用时, 体系塌缩到一个状态, 其中原子具有在均匀磁场方向的角动量分量 J_z 的确定值, 而沿一个确定轨道运动. 根据多世界诠释, 由原子及观测者组成系统的状态矢量停留在一个叠加态上: 在一项中观测者看到原子有一个 J_z 值沿着一个轨道运动; 在状态矢量的另一项中观测者看到另一个 J_z 值沿另一个轨道运动. 两个诠释都和经验相符合, 但 Copenhagen 诠释要依赖在测量中发生了一些在量子力学范围之外的事, 而多世界诠释严格遵循量子力学, 但假设宇宙的历史在连续地分裂为难以想象的大量的分支.

类似地, 在 Schrödinger 猫的情况中, 根据 Copenhagen 诠释, 当猫被观测 (也许被猫自己, 这还不清楚) 时原子核与猫及观测者的系统的状态塌缩, 或者塌缩到一个原子核未衰变而猫还活着的状态, 或者塌缩到一个衰变已经发生而猫已死亡的状态, 二者都有相应的概率. 与此相对照的是, 根据多世界诠释, 状态矢量停留在项的叠加态上, 一项是猫还活着, 观测者看见它活着; 另一项是猫死了, 观测者看到它死了.(当然, 即使在状态矢量的猫在一个衰变的半周期后还活着的那一项, 它的将来也是阴暗的.)

除了其他问题之外, 实在论还面临推导 Born 规则的挑战. 如果测量确实被量子力学描述, 我们应该能够推导出这样的公式, 把时间依赖的 Schrödinger 方程应用于重复测量的情况. 这不仅仅是思维上的整洁问题: 想把物理理论的公设数量减少到所需的最小数量. 如果 Born 规则不能从时间依赖的 Schrödinger 方程推导出来, 那么就需要在量子力学范围之外的一些东西, 在这方面多世界诠释和工具论以及 Copenhagen 诠释一样都有所欠缺[1].

要处理这个问题我们需要明确规定概率被测量的环境. 如果我们认为概率是观测者看到某个事物的频率, 我们就必须确切说明观测者和系统什么时候如此地纠缠在一起, 以至于我们可以认为状态矢量的不同的项包含了观测者的不同结论.

一个可能是, 进行了一系列的实验, 每个实验都从同样的状态矢量(3.7.4)开始, 每一次都继之以上面描述的测量, 观测者作为测量仪器的一部分. 在每一次测量中世界历史都分裂为和状态数 n 相同的那么多的分支, 且 (只要没有一个 c_n 等于零) 对于实验结果的每一个可能的序列 $n_1, n_2, \cdots$ 就有观测者看到的这些结果的一个历史. 例如, 考虑只有两个可能状态的系统, 它们在状态矢量中以系数 c_1 和 c_2 出现. 只要系数都不为零, 在可观测量的一次区别两个状态的测量之后, 世界的状态将有两个分支, 其中一个观测者看到系统在状态 1, 另一个观测者发现系统在状态 2. 在 N 次重复测量之后, 世界的

---

[1] 这个观点的一个加强的表达见 A. Kent 的文章 (*Int. J. Mod. Phys. A*, 1990, 5: 1745).

历史将有 2^N 个分支, 其中将要出现这些实验结果的每一个可能的历史. 不论比例 c_1/c_2 有多大或多小, 只要它不是零或无限大, 就挑不出实验结果的一个序列比其他的更多可能或更少可能. 在这个绘景里没有任何东西和通常的量子力学假设相对应, 它将概率 $|c_1|^2|c_2|^2\cdots$ 赋予一个历史, 在其中观测者发现的结果序列是 $n_1, n_2, \cdots$.

在一种不同的概率测量实验中, 大量的 N 个相同体系的样本被制备在相同的状态 $\sum_n c_n \Psi_n$ 上, 所以组合系统的状态矢量是一个直积:

$$\Psi = \sum_{n_1, n_2, \cdots, n_N} c_{n_1} c_{n_2} \cdots c_{n_N} \Psi_{n_1 n_2 \cdots n_N} \tag{3.7.16}$$

此处在状态 $\Psi_{n_1 n_2 \cdots n_N}$ 中体系样本 s 处于状态 n_s. 如果 Ψ_n 是适当的经典态, 即经过了失谐的那种态, 那么环境的效应就是将每一个 c_n 乘以一个相因子 $\exp(\mathrm{i}\varphi_{s,n_s})$, 因而式(3.7.16)变为

$$\Psi = \sum_{n_1, n_2, \cdots, n_N} c_{n_1} c_{n_2} \cdots c_{n_N} \exp(\mathrm{i}\varphi_{1,n_1} + \cdots + \mathrm{i}\varphi_{N,n_N}) \Psi_{n_1 n_2 \cdots n_N} \tag{3.7.17}$$

其中相位 φ_{s,n_s} 是随机的且相互无关联. 我们取这个基的状态为正交归一的, 即

$$\left(\Psi_{n_1' n_2' \cdots n_N'}, \Psi_{n_1 n_2 \cdots n_N}\right) = \delta_{n_1' n_1} \delta_{n_2' n_2} \cdots \delta_{n_N' n_N}$$

并且式(3.7.17)是归一的, 如果 $\sum_n |c_n|^2 = 1$. 在此情况下, 只有在微观系统制备在状态(3.7.17)之后, 将体系和测量仪器、观测者关联, 观测者发现她处于世界历史的一个分支, 其中每一个样本位于某一个确定的基状态, 比如说在 $n_1, n_2, \cdots, n_N$ 态上. 我们就说, 她在每一个状态 n 中找到 N_n 个样本, 当然 $\sum_n N_n = N$. 她将做出结论: 状态中任何一个样本的概率是 $P_n = N_n/N$.

注意, 这大致就是在实际中概率是如何测量的. 例如, 如果我们要测量在某个初态的原子核将在某一个时刻 t 发生放射性衰变的概率, 我们就收集大量 N 个这种位于同一个初态的原子核, 并且数出在 t 时间内有多少个原子核发生了衰变, 衰变概率就是那个数目除以 N.

又一次, 所有的结果都是可能的. 在全同的子体系状态中观测者能找到任意的结果集合 $n_1, n_2, \cdots, n_N$. 这和经典力学没有多少差别. 一个观测者投掷硬币几次后就有可能发现每一次都是正面朝上, 他应该希望如果重复的次数 N 足够大, 相对频率 N_n/N 将是真实概率 P_n 的好的近似.

即使在大 N 极限下, 这个绘景也会导致通常的量子力学假设, 即 P_n 趋近 $|c_n|^2$ 吗? 当然, 没有一些诠释性的公设, 状态矢量什么也不会告诉我们. 一个公设不至于和决定论的 Schrödinger 方程动力学发生相容问题, 也不会把对人们的参考拉入自然定律, 这

就是在 3.3 节中描述的"量子力学第二公设": 如果一个系统的状态矢量是代表某个可观测量的 Hermite 算符 A 的本征态, 相应本征值为 a, 则这个系统的可观测量的值确定地是 a. 这里令我们感兴趣的算符是频率算符 P_n, 由以下条件定义: 它们是线性的, 以及用以下方式作用于合成系统的基状态,

$$P_n \Psi_{n_1 n_2 \cdots n_N} \equiv (N_n/N) \Psi_{n_1 n_2 \cdots n_N} \tag{3.7.18}$$

此处 N_n 是指标 $n_1, n_2, \cdots, n_N$ 等于 n 的数目. 它会解决我们所有的问题, 如果我们能证明状态(3.7.17)是 P_n 的本征态, 相应本征值为 $|c_n|^2$, 当然这不是真实的 (除非在以下特殊情况下, $|c_n|^2$ 是 0 或 1, 即 Ψ 或者不包含任何 $\Psi_{n_1, n_2, \cdots, n_N}$ 项, 其中任何指标都等于 n, 或者正比于所有指标都等于 n 的一项). 我们能够证明的是这个本征值条件对于大的 N 是**近似**真实的. 具体地说, 对状态(3.7.17), 我们有[①]

$$\|(P_n - |c_n|^2)\Psi\|^2 = \frac{|c_n|^2(1 - |c_n|^2)}{N} \leqslant \frac{1}{4N} \tag{3.7.19}$$

此处对于任何状态 Φ, 模 $\|\Phi\|$ 表示 $(\Phi, \Phi)^{1/2}$.

证明如下: 用一个复合指标 ν 替换指标集合 $n_1, n_2, \cdots, n_N$ 是更方便的, 令 $N_{\nu,n}$ 为指标 $n_1, n_2, \cdots, n_N$ 等于 n 的数目. 当然, 对于任何 ν, 有 $\sum_n N_{\nu,n} = N$. 由此记号, 态(3.7.17)可以写作

$$\Psi = \sum_\nu \left(\prod_n c_n^{N_{\nu,n}} \right) \mathrm{e}^{\mathrm{i}\varphi_\nu} \Psi_\nu$$

由式(3.7.18)给出

$$P_n \Psi = \sum_\nu \left(\prod_m c_m^{N_{\nu,m}} \right) \mathrm{e}^{\mathrm{i}\varphi_\nu} \left(\frac{N_{\nu,n}}{N} \right) \Psi_\nu$$

我们可以独立地对 $N_1, N_2, \cdots$ 求和以代替对 ν 求和. 对于给定的 $N_1, N_2, \cdots$, 满足 $N_{\nu,n} = N_n$ 的 ν 的数目是二项式系数 $N!/(N_1! N_2! \cdots)$. 因此我们有

$$\|(P_n - |c_n|^2)\Psi\|^2 = \sum_{N_1, N_2, \cdots} \left(\prod_m |c_m|^{2N_m} \right) \left(\frac{N_n}{N} - |c_n|^2 \right)^2 \frac{N!}{N_1! N_2! \cdots}$$

---

① 当 N 足够大时, $\|(P_n - |c_n|^2)\Psi\| = 0$ 的证明是由 J. B. Hartle 给出的 *(Am. J. Phys.*, 1968, 36: 704). 也见 B. S. DeWitt(*Battelle Rencontres, 1967 Lectures in Mathematics and Physics*, C. DeWitt 和 J. A. Wheeler 编, W. A. Benjamin, New York, 1968), N. Graham *(The Many Worlds Interpretation of Quantum Mechanics*, B. S. DeWitt 和 N . Graham 编, Princeton University Press, Princeton, 1973) (他给出了式(3.7.19)), E. Farhi, J. Goldstone, S. Gutmann *(Ann. Phys.*, 1989, 192: 368), Deutsch D. *(Proc. Roy. Soc. A*, 1999, 455: 3129).

这里求和由条件 $N_1 + N_2 + \cdots = N$ 限制. 根据二项式定理, 有

$$\sum_{N_1, N_2, \cdots} \left(\prod_m |c_m|^{2N_m} \right) \frac{N!}{N_1! N_2! \cdots} = \left(\sum_m |c_m|^2 \right)^N$$

所以

$$\|(P_n - |c_n|^2) \Psi\|^2 = \left[\frac{1}{N^2} \left(|c_n|^2 \frac{\partial}{\partial |c_n|^2} \right)^2 - \frac{2}{N} \left(|c_n|^4 \frac{\partial}{\partial |c_n|^2} \right) + |c_n|^4 \right] \left(\sum_m |c_m|^2 \right)^N$$

$$= N(N-1) \left(\frac{|c_n|^4}{N^2} \right) \left(\sum_m |c_m|^2 \right)^{N-2} + N \left(\frac{|c_n|^2}{N^2} \right) \left(\sum_m |c_m|^2 \right)^{N-1}$$

$$- 2N \left(\frac{|c_n|^4}{N} \right) \left(\sum_m |c_m|^2 \right)^{N-1} + |c_n|^4 \left(\sum_m |c_m|^2 \right)^N$$

如果我们现在用归一化条件 $\sum_m |c_m|^2 = 1$, 就可得到式(3.7.19), 这就是我们要证明的.

利用这个我们应该做什么呢? 式(3.7.19)并不能说明当 $N \to +\infty$ 时, 态 Ψ_ν 趋近频率算符的本征态, 因为这些态不趋近任何极限. 实际上, 它们所占据的 Hilbert 空间的大小依赖于 N. Hartle 和 Farhi, 以及 Goldstone 和 Gutmann 在上页脚注所引的著作中证明了在 $N = +\infty$ 情况下如何构造 Hilbert 空间[1], 并证明了算符 P_n 作用在这个空间上有本征值 $|c_n|^2$, 但是要应用这个构造必须把通常关于有限 N 体系 Hilbert 空间本征值的诠释性假设延伸到对于 $n = +\infty$ 的 Hilbert 空间, 这像是一个拉伸.

我们可以尝试引入一个加强的关于本征态和本征值的公设. 假设如果一个归一化的状态矢量 Ψ 近似地是 Hermite 算符 A 的本征矢量, 本征值为 a, 即模 $\|(A - a)\Psi\|$ 是小的, 则在 Ψ 所代表的状态中, 几乎肯定 A 所代表的可观测量是接近于 a 的. 这很难说是精确的. 在任何情况下, 因为这个假设采用了 "几乎肯定" 这样的提法, 它就再次引入了关于概率的一个假设, 而不是证明它如何从量子力学的动力学假设得到.

这些问题或者和那些影响经典物理中关于概率的讨论差不多, 除此之外还有一个附加的困难. Born 规则从这个分析中出现, 恰恰是因为我们用量子力学的模 $\|\Psi\| \equiv (\Psi, \Psi)^{1/2}$ 作为物理状态从算符 P_n 的具有本征值 $|c_n|^2$ 本征态的偏离. 对于大的 N, 所有的 $\|(P_n - |c_n|^2)\Psi\|$ 都很小, 这正好告诉我们 Ψ 和 P_n 的任何本征态 (其本征值与 $|c_n|^2$ 显著地不同) 的标量积是小的. (具体地说, $|(\Phi, \Psi)|^2$ 对状态 Φ 求和, 此处状态 Φ 对 P_n 的本征值和 $|c_n|^2$ 的差别要比量级为 $1/\sqrt{N}$ 的项大, 求和最多是 $1/N$ 量级的.) 如果我们采用 Born 规则, 这就意味着观测者观察到如此 "错误" 的 N_n/N 值的概率是小的, 当然用这样的论据来推导 Born 规则是循环论证.

---

[1] 对于这个构造的批评, 见 C. M. Caves 和 R. Schack 的文章 (*Ann. Phys.*, 2005, 315: 123).

★★★★★

我自己的结论是现在没有一个量子力学的诠释是没有严重缺点的. 这个观点并不是被普遍接受的. 实际上, 许多物理学家对他们自己的量子力学诠释是满意的. 但不同的物理学家喜欢不同的诠释. 我的观点是, 我们应该严肃对待并找出一个更令人满意的其他理论的可能性, 而量子力学仅是这个理论的好的近似.

习题

1. 考虑一个有一对可观测量 A 和 B 的系统, 它们和 Hamilton 量的对易关系形式为 $[H, A] = iwB$, $[H, B] = -iwA$, 其中 w 是一个实常数. 假设 A 和 B 在 $t = 0$ 时的期望值已知. 给出 A 和 B 期望值作为时间函数的公式.

2. 考虑在 $t = 0$ 时的归一化初态 Ψ, 其能量扩展 ΔE 定义为

$$\Delta E \equiv \sqrt{\left\langle (H - \langle H \rangle_\Psi)^2 \right\rangle_\Psi}$$

计算 $|(\Psi(\delta t), \Psi)|^2$, 它是在很短的时间 δt 之后体系仍然处于 Ψ 的概率. 将结果用 ΔE, $\hbar$ 和 δt 表示, 准确到 δt 的第二阶.

3. 假设 Hamilton 量是线性算符, 并有

$$H\Psi = g\Phi, \quad H\Phi = g^*\Psi, \quad H\Upsilon_n = 0$$

此处 g 是任意常数, Ψ 和 Φ 是一对归一化的独立 (但不一定正交) 状态矢量, Υ_n 跑遍所有和 Ψ 与 Φ 正交的状态矢量. 要使这个 Hamilton 量是 Hermite 的, Φ 和 Ψ 应该满足哪些条件? 若这些条件满足了, 求具有确定能量的状态及相应的能量值.

4. 设有线性算符 A, 虽然不是 Hermite 的, 但它满足和自己的伴随对易的条件. 关于 A 和 $A^\dagger$ 的本征值之间的关系可以说些什么? 具有不相等的本征值的 A 的两个本征态的标量积能说些什么?

5. 设状态矢量 Ψ 和 Ψ' 是一个幺正算符的本征矢量, 相应本征值为 λ 和 λ'. 如果 Ψ 不正交于 Ψ', 则 λ 和 λ' 必须满足什么关系?

6. 证明: 对于自由粒子波函数的 Gauss 波包, 其位置和动量的不确定量的乘积取最小值 $\hbar/2$.

第 4 章

自旋及其他

　　波动力学在解释原子能级的多重性方面失败得很惨. 这在解释碱金属锂、钠、钾等时最为明显. 人们知道, 这些元素中任何一个原子都可以看作一个具有或多或少惰性的内核, 包括原子核以及 $Z-1$ 个内层电子, 还有一个单独的外面的 "价" 电子, 它在能级之间的跃迁就是光谱线出现的原因. 因为外电子感受的静电场不是 Coulomb 场, 在没有外电场时它的能级依赖于轨道角动量量子数 ℓ 以及径向量子数 n, 但由于原子的球对称, 并不依赖角动量的 z 分量 $\hbar m$ (见式(2.1.29)). 对于每一个 n, ℓ 和 m, 应该只有一个能级. 但原子光谱的观测表明实际上除 s 态以外, 所有的能级都是成双的. 例如, 甚至一个低分辨率的光谱计也能显示出, 钠的价电子 3p → 3s 跃迁所产生的 D 线是双线, 波长为 5 896 和 5 890 Å($1\ \text{Å} = 10^{-10}$ m). 这使得 Pauli 建议, 在这样的原子中电子除 n, ℓ 和 m 以外还有第四个量子数, 除 s 态之外, 其他所有态的电子第四个量子数都取两个值. 但这第四个量子数的物理含义不清楚.

　　1925 年两个年轻的物理学家 Samuel Goudsmit(1902~1978) 和 George Uhlenbeck (1900~1988) 建议[①], 能级成双是由于电子内在的角动量, 它在 $\boldsymbol{L}$ 方向 (对 $\boldsymbol{L} \neq \boldsymbol{0}$ 情况)

---

　　① Goudsmit S, Uhlenbeck G. Naturwissenschaften, 1925, 13: 953; Nature, 1926, 117: 264.

的分量只能取两个值, 因此它通过和电子轨道运动产生的弱磁场相互作用就把除 s 态以外的所有状态分裂为近简并的双态. 角动量 s 的分量会取 $2s+1$ 个值. 所以与 ℓ 相对应的内在角动量就必须取一个非比寻常的值 $1/2$. 这个内在角动量称为电子的**自旋**.

开始时这个想法广泛地不被信任. 我们在 2.1 节中看到轨道角动量不可能有 $\ell=1/2$ 这样非整数的值. 另一个令人担心的是, 对于一个电子质量大小的球体, 角动量是 $\hbar/2$, 在它表面处转动速度小于光速, 那么它的半径必须大于 $\hbar/(2m_ec) \approx 2 \times 10^{-11}$ cm, 一个电子的半径如果有这么大, 看来肯定逃不脱观测. 过了一些时候, 当一些作者[①]证明了电子自旋和它的轨道运动的耦合导致了氢原子的精细结构: $\ell \neq 0$ 的态一分为二. 电子自旋概念变得受人尊重了. (这将在 4.2 节中讨论.)

自旋电子模型令人担心, 是由于用经典概念来理解量子现象这个挥之不去的愿望. 要代替它, 我们应该把自旋和轨道角动量二者的存在作为一种对称性的结果. 在 3.4~3.6 节中, 我们看到了对称原理是如何导致如能量和动量这样的守恒可观测量的存在的. 在非相对论和相对论物理中还有另一个经典对称性, 即在空间转动下的不变性. 在 4.1 节中, 我们将证明转动不变性如何在量子力学中导致守恒角动量 3-矢量 $\boldsymbol{J}$ 的存在. 在 4.2 节中这些算符的对易关系将用来推导 $\boldsymbol{J}^2$ 和 J_3 的本征值谱, 并且找出 $\boldsymbol{J}$ 的三个分量如何作用在相应的本征态上. 将要看到, J_3 的本征值可以是 $\hbar$ 的整数或**半整数**倍.

一般说来, 任何粒子的角动量 $\boldsymbol{J}$ 都是它的轨道角动量和自旋角动量之和, 前者已在 2.1 节中讨论过, 后者可以取半整数或整数. 而且, 在多粒子体系中, 体系总角动量是个别粒子角动量之和. 为了这两种原因, 在 4.3 节中我们将考虑如何在两个角动量之和中从个别角动量 $\boldsymbol{J}^2$ 和 J_3 的本征态来构造合成角动量的相应本征态. 在 4.4 节中, 角动量相加的规则应用于推导一个称为 Wigner-Eckart 定理的公式, 用于算符在角动量本征态的多重态间的矩阵元.

原来不仅是电子, 质子和中子也有自旋 $1/2$. 有时人们说电子和其他粒子的这个自旋值是相对论的结果. 这是因为 Dirac 在 1928 年发展了相对论波动力学[②], 它要求理论中的粒子具有自旋 $1/2$. 但是 Dirac 的相对论波动力学不是把相对论和量子力学结合起来的唯一方式. 实际上, 在 1934 年 Pauli 和 Victor Weisskopf[③](1908~2002) 证明了一个相对论量子理论可以为无自旋粒子来构造. 今天我们知道如 Z 和 W 这样的粒子, 像是和电子不差分毫的一样基本, 它们的自旋不是 $j=1/2$, 而是 $j=1$. 关于自旋, 没有任何理由要把相对论考虑在内, 在相对论中也没有任何东西要求粒子具有自旋 $1/2$.

虽然在开始时并不知道, 粒子的自旋决定同样类型的几个粒子的波函数对于粒子坐

---

① Heisenberg W, Jordan P. Z. Physik, 1926, 37: 263; Darwin C G. Proc. Roy. Soc. A, 1927, 116: 227.

② Dirac P A M. Proc. Roy. Soc. A, 1928, 117: 610.

③ Pauli W, Weisskopf V F. *Helv. Phys. Acta*, 1934, 7: 709.

标 (包括自旋) 是对称的还是反对称的. 这将在 4.5 节中讨论, 包括它对于原子、核、气体和晶体性质的联系.

用我们学到的有关角动量的知识, 在 4.6 节和 4.7 节中我们将考虑其他两种对称性: 内部对称 (如同位旋对称) 和空间反演对称. 4.8 节证明, 对于 Coulomb 势有两个都具有角动量性质的不同的 3-矢量, 用在 4.2 节中推导这样的 3-矢量的性质给出氢原子能级的代数计算. 在这很长的一章的结尾即 4.9 节中讨论刚性转子, 它的能级可以确切计算, 这提供了对于分子转动谱的近似.

4.1 转动

转动是一个笛卡儿坐标 $x_i \mapsto \sum_j R_{ij} x_j$ 的实线性变换, 它使标量积 $\boldsymbol{x} \cdot \boldsymbol{y} = \sum_i x_i y_i$ 不变, 即

$$\sum_i \left(\sum_j R_{ij} x_j \right) \left(\sum_k R_{ik} y_k \right) = \sum_i x_i y_i$$

这里对 i, j, k 等求和, 跑遍 $1, 2, 3$ 各值. 使两边 $x_j y_k$ 的系数相等, 就可找到转动的基本条件

$$\sum_i R_{ij} R_{ik} = \delta_{jk} \tag{4.1.1}$$

或用矩阵记号

$$R^{\mathrm{T}} R = I \tag{4.1.2}$$

此处 R^{T} 表示矩阵的转置, $[R^{\mathrm{T}}]_{ji} = R_{ij}$, I 是单位矩阵, $[I]_{ij} = \delta_{ij}$. 满足式(4.1.2)的实矩阵称为**正交**的.

取式(4.1.2)的行列式, 又由于矩阵乘积的行列式是它们行列式的乘积, 以及矩阵转置的行列式等于矩阵本身的行列式的事实, 我们看到 $(\mathrm{Det}\ R)^2 = 1$, 所以 $\mathrm{Det}\ R$ 只能是 $+1$ 或 -1. 有一个矩阵代数的定理告诉我们, 因为 $\mathrm{Det}\ R$ 不等于零, 故 R 有一个逆 R^{-1}, 满足 $R^{-1} R = R R^{-1} = I$. 将式(4.1.2)左乘以 R^{-1}, 我们得到 $R^{-1} = R^{\mathrm{T}}$. 注意这个逆矩阵也是正交矩阵, 因为 $(R^{-1})^{\mathrm{T}} R^{-1} = R R^{\mathrm{T}} = I$.

应该注意, 矩阵乘积的转置是颠倒次序的转置的乘积:

$$[AB]_{ij}^{\mathrm{T}} = [AB]_{ji} = \sum_k A_{jk} B_{ki} = \sum_k B_{ik}^{\mathrm{T}} A_{kj}^{\mathrm{T}} = [B^{\mathrm{T}} A^{\mathrm{T}}]_{ij}$$

作为特例, 我们有以下结果: 正交矩阵的乘积是正交的, 如果 $A^{\mathrm{T}}A = I$ 以及 $B^{\mathrm{T}}B = I$, 则有

$$(AB)^{\mathrm{T}}AB = B^{\mathrm{T}}A^{\mathrm{T}}AB = B^{\mathrm{T}}B = I$$

所有实正交矩阵的集合包括单位矩阵, 所有这些矩阵都有逆, 它们也都是实正交矩阵, 所以这个集合满足所有的群的性质. 这个群称为 $O(3)$, 即实正交 3×3 矩阵群.

注意, 并非所有满足式(4.1.2)的 R_{ij} 定义的变换 $x_i \mapsto \sum_j R_{ij}x_j$ 都是转动. 我们已经注意到, 满足式(4.1.2)的 R_{ij}, 其行列式只能是 $+1$ 或 -1. 满足 $\mathrm{Det}\,R = -1$ 的变换是空间反演; 简单变换 $\boldsymbol{x} \mapsto -\boldsymbol{x}$ 是一个例子. 将在 4.7 节中考虑这些变换. $\mathrm{Det}\,R = +1$ 的变换是转动, 我们在此讨论. 转动自身构成群, 因为具有单位行列式的矩阵的任何乘积也有单位行列式. 这个 $O(3)$ 群的子群称为三维特殊正交群, 或 $SO(3)$, 而 $O(3)$ 再次代表实正交 3×3 矩阵, S 代表 "特殊"(special), 意味着这些矩阵有单位行列式.

如同其他对称性变换一样, 转动 R 在物理状态的 Hilbert 空间诱导一个幺正变换, 在此例中是 $\Psi \mapsto U(R)\Psi$. 如果我们进行转动 R_1, 然后转动 R_2, 物理状态经受变换 $\Psi \mapsto U(R_2)U(R_1)\Psi$, 但这就必须和我们进行了变换 R_2R_1 一样, 所以[1]

$$U(R_2)U(R_1) = U(R_2R_1) \tag{4.1.3}$$

作用在代表矢量可观测量的算符 $\boldsymbol{V}$(例如坐标矢量 $\boldsymbol{X}$ 或动量矢量 $\boldsymbol{P}$) 上, $U(R)$ 必须诱导一个转动

$$U^{-1}(R)V_iU(R) = \sum_j R_{ij}V_j \tag{4.1.4}$$

不像反演, 转动可以是无限小的. 在此情况下,

$$R_{ij} = \delta_{ij} + \omega_{ij} + O(\omega^2) \tag{4.1.5}$$

这里 ω_{ij} 是无限小. 条件(4.1.2)在此处给出

$$I = \left(I + \omega^{\mathrm{T}} + O(\omega^2)\right)\left(I + \omega + O(\omega^2)\right) = I + \omega^{\mathrm{T}} + \omega + O(\omega^2)$$

所以 $\omega^{\mathrm{T}} = -\omega$, 换句话说,

$$\omega_{ji} = -\omega_{ij} \tag{4.1.6}$$

对于这样的无限小转动, 幺正算符必须采取以下形式:

$$U(1+\omega) \mapsto I + \frac{\mathrm{i}}{2\hbar}\sum_{i,j}\omega_{ij}J_{ij} + O(\omega^2) \tag{4.1.7}$$

---

[1] 一般地说, 在这个关系的右方可能出现相因子 $\exp(\mathrm{i}\alpha(R_1, R_2))$. 但对于由非常小的角度的转动所构成的转动变换, 这个相因子不出现. 这是我们在此处讨论中所感兴趣的. 关于这点的详细讨论, 见 S. Weinberg 的 *The Quantum Theory of Fields: Vol. 1* (Cambridge University Press, 1995) 52~53 页 2.7 节.

这里 $J_{ij} = -J_{ji}$ 是一组 Hermite 算符. (因子 $1/\hbar$ 在定义式(4.1.7)中被植入, 目的是使 J_{ij} 具有 $\hbar$ 的量纲, 和距离乘以动量的相同.)

通常对于对称变换的生成元, 其他可观测量的变换性质能够用这些可观测量和对称生成元的对易关系表示. 例如, 将式(4.1.7)用于对矢量 $\boldsymbol{V}$ 的变换规则(4.1.4), 就得到

$$\frac{\mathrm{i}}{\hbar}[V_k, J_{ij}] = \delta_{ik}V_j - \delta_{jk}V_i \tag{4.1.8}$$

我们也能够找到 J_{ij} 的变换规则和它们彼此对易的关系. 作为式(4.1.3)的应用, 对于任何 $\omega_{ij} = -\omega_{ji}$ 和任何与 ω 无关的转动 R', 我们有

$$U(R'^{-1})U(1+\omega)U(R') = U(R'^{-1}(1+\omega)R') = U(1+R'^{-1}\omega R')$$

准确到 ω 的一阶, 我们就有

$$\sum_{i,j}\omega_{ij}U(R'^{-1})J_{ij}U(R') = \sum_{k,l}(R'^{-1}\omega R')_{kl}J_{kl} = \sum_{i,j,k,l}R'_{ik}R'_{jl}\omega_{ij}J_{kl}$$

在其中我们用了式(4.1.2), 它给出 $R'^{(-1)} = R'^{\mathrm{T}}$. 令此式两边 ω_{ij} 的系数相等, 就给出算符 J_{ij} 的变换规则:

$$U(R'^{-1})J_{ij}U(R') = \sum_{k,l}R'_{ik}R'_{jl}J_{kl} \tag{4.1.9}$$

这就是说, J_{ij} 是一个**张量**. 我们可以更进一步, 令 R' 为一个无限小转动, 形式为 $R' \to 1+\omega'$, $\omega'_{ij} = -\omega'_{ji}$ 为无限小. 这样, 准确到 ω' 的一阶, 由式(4.1.9)给出

$$\frac{\mathrm{i}}{2\hbar}\left[J_{ij}, \sum_{k,l}\omega'_{kl}J_{kl}\right] = \sum_{k,l}\left(\omega'_{ik}\delta_{jl} + \omega'_{jl}\delta_{ik}\right)J_{kj} = \sum_k \omega'_{ik}J_{kj} + \sum_i \omega'_{jl}J_{il}$$

令此式两边 ω'_{kl} 的系数相等, 就得出 J 的对易关系:

$$\frac{\mathrm{i}}{\hbar}[J_{ij}, J_{kl}] = -\delta_{il}J_{kj} + \delta_{ik}J_{lj} + \delta_{jk}J_{il} - \delta_{jl}J_{ik} \tag{4.1.10}$$

到此为止, 所有这些都能用到在任意维空间的转动不变理论. 在三维空间, 将 J_{ij} 用有 3-分量的 $\boldsymbol{J}$ 来表示, 即

$$J_1 \equiv J_{23}, \quad J_2 \equiv J_{31}, \quad J_3 \equiv J_{12}$$

是很方便的, 或者写得更简洁点,

$$J_k \equiv \frac{1}{2}\sum_{i,j}\epsilon_{ijk}J_{ij}, \quad J_{ij} = \sum_k \epsilon_{ijk}J_k \tag{4.1.11}$$

此处 ϵ_{ijk} 是一个完全反对称的量, 它仅有的非零分量是 $\epsilon_{123} = \epsilon_{231} = \epsilon_{312} = +1$ 和 $\epsilon_{213} = \epsilon_{321} = \epsilon_{132} = -1$. 无限小转动的幺正算符(4.1.7)由此就取以下形式:

$$U(1+\omega) \to 1 + \frac{\mathrm{i}}{\hbar}\boldsymbol{\omega}\cdot\boldsymbol{J} + O(\omega^2) \tag{4.1.12}$$

此处 $\omega_k \equiv \frac{1}{2}\sum_{i,j}\epsilon_{ijk}\omega_{ij}$. 这里的转动是指绕在 $\boldsymbol{\omega}$ 方向的轴转一个无限小的角度 $|\boldsymbol{\omega}|$.

通过 $\boldsymbol{J}$, 3-矢量 $\boldsymbol{V}$ 的特征性质(4.1.8)取以下形式:

$$[J_i, V_j] = \mathrm{i}\hbar\sum_k \epsilon_{ijk}V_k \tag{4.1.13}$$

(例如, 由式(4.1.8)给出 $[J_1, V_2] = [J_{23}, V_2] = \mathrm{i}\hbar V_3$). 并且, 对易关系(4.1.10)取以下形式:

$$[J_i, J_j] = \mathrm{i}\hbar\sum_k \epsilon_{ijk}J_k \tag{4.1.14}$$

(例如, 由式(4.1.10)给出 $[J_1, J_2] = [J_{23}, J_{31}] = -\mathrm{i}\hbar J_{21} = \mathrm{i}\hbar J_3$.) 这就是说, $\boldsymbol{J}$ 本身是一个 3-矢量. 我们可能回想起式(4.1.14)和轨道角动量算符 $\boldsymbol{L}$ 满足的对易关系(2.1.11)是同样的对易关系, 但在这里是从转动的对称性假设推导出来的, 对有关坐标和动量不做任何假设. 这个对易关系将成为我们在以下各节中处理角动量的基础.

顺便说一下, 由式(4.1.11)所定义的量 $\boldsymbol{J}$ 必须是一个矢量没有什么令人惊异之处, 因为虽然 ϵ_{ijk} 的分量在所有坐标系中都一样, 它却是个张量, 意思是

$$\epsilon_{ijk} = \sum_{i',j',k'} R_{ii'}R_{jj'}R_{kk'}\epsilon_{i'j'k'} \tag{4.1.15}$$

这是因为右边对 i,j 和 k 是完全反对称的, 所以它必须和 ϵ_{ijk} 成正比. 根据行列式的定义, 比例常数正好是 Det R, 对于转动它是 $+1$. 知道了 ϵ_{ijk} 和 J_{ij} 是张量, 从式(4.1.11)看 J_i 是 3-矢量的分量就变得显然了.

现在让我们回到在本章开头提出的观点, 一个粒子的总角动量 $\boldsymbol{J}$ 可能和它的轨道角动量 $\boldsymbol{L}$ 不同. 如果 $\boldsymbol{J}$ 是真实的转动生成元, 那么应该是 $\boldsymbol{J}$ 而不是 $\boldsymbol{L}$ 才有和**任意**矢量的对易关系(4.1.13). 如我们在 2.1 节中看到的, 直接计算表明对中心势中的粒子算符 $\boldsymbol{L} \equiv \boldsymbol{X} \times \boldsymbol{P}$ 满足和 $\boldsymbol{J}$ 同样的对易关系(4.1.14):

$$[L_i, L_j] = \mathrm{i}\hbar\sum_k \epsilon_{ijk}L_k \tag{4.1.16}$$

并且由于 $\boldsymbol{L}$ 是矢量, 我们必须有

$$[J_i, L_j] = \mathrm{i}\hbar\sum_k \epsilon_{ijk}L_k \tag{4.1.17}$$

因此, 如果我们定义一个算符 $S \equiv J - L$, 即

$$J = L + S \tag{4.1.18}$$

则从式(4.1.17)减去式(4.1.16), 我们求得

$$[S_i, L_j] = 0 \tag{4.1.19}$$

从式(4.1.19)、式(4.1.18)、式(4.1.16) 和式(4.1.14), 我们就有

$$[S_i, S_j] = \mathrm{i}\hbar \sum_k \epsilon_{ijk} S_k \tag{4.1.20}$$

这样 S 就表现为一种新的角动量, 可以当作一个粒子的内在性质, 称为**自旋**. 在 2.1 节中, 我们实际上假设问题中的粒子自旋 $S = 0$, 但这对于电子和多种其他粒子是不对的.

自旋算符不是从粒子的坐标和动量算符构造的. 实际上它和它们是对易的. 通过直接计算给出

$$[L_i, X_j] = \mathrm{i}\hbar \sum_k \epsilon_{ijk} X_k, \quad [L_i, P_j] = \mathrm{i}\hbar \sum_k \epsilon_{ijk} P_k \tag{4.1.21}$$

然而, 作为式(4.1.13)的特例, 有

$$[J_i, X_j] = \mathrm{i}\hbar \sum_k \epsilon_{ijk} X_k, \quad [J_i, P_j] = \mathrm{i}\hbar \sum_k \epsilon_{ijk} P_k \tag{4.1.22}$$

由式(4.1.21)与式(4.1.22)的差就给出

$$[S_i, X_j] = [S_i, P_j] = 0 \tag{4.1.23}$$

包含几个粒子的系统有总角动量, 它是个别粒子 (用指标 n 和 n' 标志) 的轨道角动量 L_n 和自旋角动量 S_n 之和,

$$J = \sum_n L_n + \sum_n S_n \tag{4.1.24}$$

因为它们作用在不同粒子上, 对 J 有贡献的各项的对易关系有以下普遍形式

$$[L_{ni}, L_{n'j}] = \mathrm{i}\hbar \delta_{nn'} \sum_k \epsilon_{ijk} L_{nk} \tag{4.1.25}$$

$$[L_{ni}, S_{n'j}] = 0 \tag{4.1.26}$$

$$[S_{ni}, S_{n'j}] = \mathrm{i}\hbar \delta_{nn'} \sum_k \epsilon_{ijk} S_{nk} \tag{4.1.27}$$

所以 J 满足式(4.1.14). 并且 L_n 仅作用在第 n 个粒子的坐标上, 所以

$$[L_{ni}, X_{n'j}] = \mathrm{i}\hbar \delta_{nn'} \sum_k \epsilon_{ijk} X_{nk}, \quad [L_{ni}, P_{n'j}] = \mathrm{i}\hbar \delta_{nn'} \sum_k \epsilon_{ijk} P_{nk} \tag{4.1.28}$$

而

$$[S_{ni}, X_{n'j}] = [S_{ni}, P_{n'j}] = 0 \tag{4.1.29}$$

没有 $\boldsymbol{S}$ 或 $\boldsymbol{J}$ 的显式公式, 重要的是要能够计算在普遍情况下角动量算符如何作用在物理状态矢量上, 用对易关系即可. 在下一节中, 我们将计算出 $\boldsymbol{J}$, 但完全同样的分析对 $\boldsymbol{L}$ 和 $\boldsymbol{S}$ 都适用, 对个别粒子的自旋、轨道和总角动量都适用.

4.2 角动量多重态

对于满足对易关系(4.1.14)的任何 Hermite 算符 $\boldsymbol{J}$, 我们现在将算出 $\boldsymbol{J}^2$ 和 J_3 的本征值, 以及 $\boldsymbol{J}$ 在这些算符本征矢量的多重态上的作用.

首先, 我们注意到

$$[J_3, J_1 \pm \mathrm{i}J_2] = \mathrm{i}\hbar J_2 \pm \mathrm{i}(-\mathrm{i}\hbar J_1) = \pm\hbar(J_1 \pm \mathrm{i}J_2) \tag{4.2.1}$$

所以 $J_1 \pm \mathrm{i}J_2$ 担当了**提升算符**和**降低算符**的角色: 对于满足本征值条件 $J_3\Psi^m = \hbar m \Psi^m$ 的状态矢量 Ψ^m(对任意 m), 我们有

$$J_3(J_1 \pm \mathrm{i}J_2)\Psi^m = (m \pm 1)\hbar(J_1 \pm \mathrm{i}J_2)\Psi^m$$

所以如果 $(J_1 \pm \mathrm{i}J_2)\Psi_m$ 不为零, 它就是 J_3 的本征态, 本征值为 $m \pm 1$. 因为 $\boldsymbol{J}^2$ 和 J_3 对易, 故我们可以选择 Ψ^m 为 J_3 和 $\boldsymbol{J}^2$ 的本征矢量. 此外, 因为 $\boldsymbol{J}^3$ 和 $J_1 \pm \mathrm{i}J_2$ 对易, 所以通过降低和/或提高算符相联系的所有状态矢量将有与 $\boldsymbol{J}^2$ 相同的本征值.

现在, 可以用这种方法获得的 J_3 的本征值必须有一个极大值和一个极小值, 因为任何 J_3 的本征值的平方必须**小于$\boldsymbol{J}^2$**. 这是因为对于任何归一化的状态 Ψ(具有 J_3 的本征值 a 和 $\boldsymbol{J}^2$ 的本征值 b), 我们有

$$(b - a^2)\big(\Psi, (\boldsymbol{J}^2 - J_3^2)\Psi\big) = \big(\Psi, (J_1^2 + J_2^2)\Psi\big) \geqslant 0$$

通常对于一个用提升算符和降低算符关联起来的状态矢量集合, 定义 j 为 $J_3/\hbar$ 的本征值的极大值. 暂时我们用 j' 定义这些状态矢量的 $J_3/\hbar$ 的极小值. 状态矢量 Ψ^j(J_3 取极大本征值 $\hbar j$) 必须满足

$$(J_1 + \mathrm{i}J_2)\Psi^j = 0 \tag{4.2.2}$$

否则, $(J_1+\mathrm{i}J_2)\Psi^j$ 就会是一个具有 J_3 的更大本征值的状态矢量. 类似地, 用 $J_1-\mathrm{i}J_2$ 作用在状态矢量 Ψ^j 上给出其本征值为 $\hbar(j-1)$ 的状态矢量, 当然除非这个状态矢量为零. 照这样继续下去, 我们最后一定可以得到一个状态矢量 $\Psi^{j'}$, 它有 J_3 的极小本征值, 满足

$$(J_1-\mathrm{i}J_2)\Psi^{j'}=0 \tag{4.2.3}$$

否则, $(J_1-\mathrm{i}J_2)\Psi^{j'}$ 就会是一个具有 J_3 的更小本征值的状态矢量. 从 Ψ^j 到 $\Psi^{j'}$, 我们使用了降低算符 $J_1-\mathrm{i}J_2$ 整数次, 所以 $j-j'$ 必须为整数.

继续做下去, 我们用 J_1 和 J_2 的对易关系证明

$$(J_1-\mathrm{i}J_2)(J_1+\mathrm{i}J_2)=J_1^2+J_2^2+\mathrm{i}[J_1,J_2]=\boldsymbol{J}^2-J_3^2-\hbar J_3 \tag{4.2.4}$$

$$(J_1+\mathrm{i}J_2)(J_1-\mathrm{i}J_2)=J_1^2+J_2^2-\mathrm{i}[J_1,J_2]=\boldsymbol{J}^2-J_3^2+\hbar J_3 \tag{4.2.5}$$

一方面, 根据式(4.2.2), 当作用在 Ψ^j 上时, 算符(4.2.4)给出零, 所以

$$\boldsymbol{J}^2\Psi^j=\hbar^2 j(j+1)\Psi^j \tag{4.2.6}$$

另一方面, 根据式(4.2.3), 当作用在 $\Psi^{j'}$ 上时, 算符(4.2.5)给出零, 所以

$$\boldsymbol{J}^2\Psi^{j'}=\hbar^2 j'(j'-1)\Psi^{j'} \tag{4.2.7}$$

但是所有这些状态矢量都是具有相同本征值的 $\boldsymbol{J}^2$ 的本征态, 所以 $j'(j'-1)=j(j+1)$. 对 j' 这个二次方程式有两个解: $j'=j+1$ 和 $j'=-j$. 第一个解是不可能的, 因为 j' 是 $J_3/\hbar$ 的极小本征值, 不可能比极大本征值 j 还大. 这就留下了另一个解

$$j'=-j \tag{4.2.8}$$

但是我们看到 $j-j'$ 必须是整数, 所以 j 必须是**整数**或**半整数**. J_3 的本征值的范围有 $2j+1$ 个值 $\hbar m, m=-j,-j+1,\cdots,j$. 相应的本征态记为 Ψ_j^m, 所以

$$J_3\Psi_j^m=\hbar m\Psi_j^m, \quad m=-j,-j+1,\cdots,j \tag{4.2.9}$$

$$\boldsymbol{J}^2\Psi_j^m=\hbar^2 j(j+1)\Psi_j^m \tag{4.2.10}$$

这是我们在前面为轨道角动量事例中找到的同样的本征值, 只有一个很大的区别: j 和 m 此处可以是半整数, 而不必是整数.

不同 m 值的状态矢量 Ψ_j^m 是正交的, 因为它们是 Hermite 算符 J_3 的不同本征值的本征矢量, 它们还可以通过乘以适当常数来归一化, 所以

$$(\Psi_j^{m'},\Psi_j^m)=\delta_{m'm} \tag{4.2.11}$$

并且, 我们注意到 $(J_1 \pm \mathrm{i}J_2)\Psi_j^m$ 具有 J_3 的本征值 $\hbar(m \pm 1)$, 所以它必然和 $\Psi_j^{m\pm1}$ 成正比:

$$(J_1 \pm \mathrm{i}J_2)\Psi_j^m = \alpha^{\pm}(j,m)\Psi_j^{m\pm1} \tag{4.2.12}$$

因此由式(4.2.4), 就有

$$\alpha^{-}(j,m+1)\alpha^{+}(j,m) = \hbar^2(j(j+1)-m^2-m) \tag{4.2.13}$$

为了满足归一化条件(4.2.11), 必须有

$$\begin{aligned}\left|\alpha^{\pm}(j,m)\right|^2 &= \left((J_1 \pm \mathrm{i}J_2)\Psi_j^m, (J_1 \pm \mathrm{i}J_2)\Psi_j^m\right) \\ &= \left(\Psi_j^m, (J_1 \mp \mathrm{i}J_2)(J_1 \pm \mathrm{i}J_2)\Psi_j^m\right)\end{aligned}$$

所以, 根据式(4.2.4)和式(4.2.5), 有

$$\left|\alpha^{\pm}(j,m)\right|^2 = \hbar^2(j(j+1)-m^2\mp m) \tag{4.2.14}$$

将状态矢量 Ψ_j^m 乘以相因子 (具有单位模的复数), 就可以把系数 $\alpha^{-}(j,m)$ 调节到我们需要的相位, 这不会影响式(4.2.11). (要调节 $\alpha^{-}(j,j)$ 的相位, 将 Ψ_j^{j-1} 乘以一个适当的相因子; 然后, 要调节 $\alpha^{-}(j,j-1)$ 的相位, 就将 Ψ_j^{j-2} 乘以适当的相因子; 等等.) 按照惯例, 把这些相位调节到使所有的 $\alpha^{-}(j,m)$ 是正实数, 在此情况下式(4.2.13)就需要所有的 $\alpha^{+}(j,m)$ 也是正实数. 由式(4.2.14)就给出这些因子为

$$\alpha^{\pm}(j,m) = \hbar\sqrt{j(j+1)-m^2\mp m} \tag{4.2.15}$$

所以

$$(J_1 \pm \mathrm{i}J_2)\Psi_j^m = \hbar\sqrt{j(j+1)-m^2\mp m}\,\Psi_j^{m\pm1} \tag{4.2.16}$$

现在可以看出来, 在 2.2 节中球谐函数 Y_ℓ^m 的相位选择使同样的关系成立, 只要把这里的 J_i 和 j 换成 L_i 和 ℓ 就行. 式(4.2.9)和式(4.2.16)提供了量子力学算符 J_i 如何作用在状态矢量 Ψ_j^m 上完整的陈述. 在群论中, 我们说关系式(4.2.9)和式(4.2.16)给对易关系式(4.1.14)提供了一个**表示**. (当然, 状态矢量 Ψ_j^m 可以依赖任何数目的其他动力学变量, 它们在对称性生成元 J_i 作用下是不变的.)

作为一个例子, 考虑 $j=1/2$ 的情况. 我们注意到在这里由式(4.2.16)给出

$$(J_1 \pm \mathrm{i}J_2)\Psi_{1/2}^{\mp1/2} = \hbar\Psi_{1/2}^{j\pm1/2}, \quad (J_1 \pm \mathrm{i}J_2)\Psi_{1/2}^{\pm1/2} = 0$$

且当然有

$$J_3\Psi_{1/2}^{\pm1/2} = \pm\frac{\hbar}{2}\Psi_{1/2}^{\pm1/2}$$

这些结果可以总结为

$$\left(\Psi_{1/2}^{m'}, \boldsymbol{J}\Psi_{1/2}^{m}\right) = \frac{\hbar}{2}\boldsymbol{\sigma}_{m'm} \tag{4.2.17}$$

此处 σ_i 是 2×2 矩阵, 称为 **Pauli 矩阵**:

$$\sigma_1 = \begin{pmatrix} 0 & 1 \\ 1 & 0 \end{pmatrix}, \quad \sigma_2 = \begin{pmatrix} 0 & -\mathrm{i} \\ \mathrm{i} & 0 \end{pmatrix}, \quad \sigma_3 = \begin{pmatrix} 1 & 0 \\ 0 & -1 \end{pmatrix} \tag{4.2.18}$$

式(4.2.16)有一个简单的应用, 在许多物理计算中很有用. 假设我们知道一个体系处于以归一化状态矢量 Ψ_j^m 表示的状态中, 我们需要知道, 某一个测量将体系置于以归一化状态矢量 Φ_j^m 表示的状态中的概率 (而不是用一个完备正交归一集合代表的其他任何状态). 此处不同的 Ψ_j^m 组成一个用式(4.2.16)相互关联的多重态, 对于 Φ_j^m 也是一样. 根据量子力学的一般原理, 这个概率是矩阵元 (Φ_j^m, Ψ_j^m) 绝对值的平方[①]. 利用式(4.2.16), 我们能证明, 这个矩阵元, 即相应的概率是**不依赖于** m 的. 要看到这点, 我们用式(4.2.16)计算:

$$\hbar\sqrt{j(j+1)-m^2\mp m}\left(\Phi_j^{m\pm 1}, \Psi_j^{m\pm 1}\right)$$
$$= \left(\Phi_j^{m\pm 1}, (J_1\pm \mathrm{i}J_2)\Psi_j^{m\pm 1}\right) = \left((J_1\mp \mathrm{i}J_2)\Phi_j^{m\pm 1}, \Psi_j^{m\pm 1}\right)$$
$$= \hbar\sqrt{j(j+1)-(m\pm 1)^2\pm(m\pm 1)}\left(\Phi_j^m, \Psi_j^m\right) = \hbar\sqrt{j(j+1)-m^2\mp m}\left(\Phi_j^m, \Psi_j^m\right)$$

所以

$$\left(\Phi_j^{m\pm 1}, \Psi_j^{m\pm 1}\right) = \left(\Phi_j^m, \Psi_j^m\right) \tag{4.2.19}$$

计算可以重复下去, 从而得到 (Φ_j^m, Ψ_j^m) 与 m 无关的结论, 这正是我们要证明的. 用同样的论证, 如果 A 是一个与 $\boldsymbol{J}$ 相对易的算符 (例如 Hamilton 量), 则它的矩阵元 $(\Phi_j^m, A\Psi_j^m)$ 也和 m 无关. 这个小定理将在 4.4 节中用来计算具有在转动下不同变换性质的算符的矩阵元与 m 的无关性.

$$*****$$

如我们所看到的, 束缚态能级的角动量决定其多重性. 角动量的分量也可以直接测量. 这样测量的经典例子是 1922 年 Walter Gerlach(1889～1979) 和 Otto Stern(1888～1969) 的测量[②], 在 3.7 节中涉及量子力学诠释时曾经简略地提到. 在 Stern-Gerlach 实验中, 一束中性原子[③]被送入慢变化的磁场. 磁场具有以下形式:

---

① 我们仅考虑具有 j 和 m 值相等的两个状态矢量的矩阵元, 因为两个状态矢量都是 Hermite 算符 J^2 和 J_3 的本征矢量, 所以除非它们有相同的本征值, 否则矩阵元就会为零.

② Gerlach W, Stern O. Z. Physik, 1922, 9: 353.

③ 用中性原子, 是为了既要避免偶然电场的 Coulomb 力, 又要避免由带电粒子通过磁场所诱发的 Lorentz 力.

$$\boldsymbol{B}(x) = \boldsymbol{B}_0 + \boldsymbol{B}_1(\boldsymbol{x}) \tag{4.2.20}$$

此处 $\boldsymbol{B}_0$ 是常量, 变量项 $\boldsymbol{B}_1(\boldsymbol{x})$ 比 $\boldsymbol{B}_0$ 小得多. 我们将要看到 $\boldsymbol{B}_0$ 的方向决定在实验中要测定的量. 我们以此为第三轴. $\boldsymbol{B}_1(\boldsymbol{x})$ 的精确形式并不十分重要, 虽然它必须满足自由场的 Maxwell 方程

$$\nabla \cdot \boldsymbol{B}_1 = 0, \quad \nabla \times \boldsymbol{B}_1 = \boldsymbol{0} \tag{4.2.21}$$

例如, 我们可以有 $B_{1i} = \sum_j D_{ij} x_j$, 常数矩阵 D_{ij} 是对称和无迹的. 假设原子有总角动量 $\boldsymbol{J}$. 原子的 Hamilton 量是

$$H = \frac{\boldsymbol{p}^2}{2m} - \frac{\mu}{\hbar j} \left(J_3 |\boldsymbol{B}_0| + \boldsymbol{J} \cdot \boldsymbol{B}_1(\boldsymbol{x}) \right) \tag{4.2.22}$$

其中 $\boldsymbol{J}^2 = \hbar^2 j(j+1)$, μ 是原子性质, 称作它的磁矩. 在原来的 Stern-Gerlach 实验中用的是银原子, 角动量 $j = 1/2$ 从一个单个电子自旋而来 (虽然当时还不知道这点), 但考虑普遍情况, 即任意 j, 也一样容易. 根据在 1.5 节中 Ehrenfest 的论证, 坐标和动量的期望值服从运动方程

$$\frac{\mathrm{d}}{\mathrm{d}t} \langle \boldsymbol{x} \rangle = \langle \boldsymbol{p} \rangle m, \quad \frac{\mathrm{d}}{\mathrm{d}t} \langle \boldsymbol{p} \rangle = \frac{\mu}{\hbar j} \langle \nabla (\boldsymbol{J} \cdot \boldsymbol{B}_1(\boldsymbol{x})) \rangle \tag{4.2.23}$$

对足够大的 $\boldsymbol{B}_0$, 状态矢量具有 J_3 的本征值 $\hbar\sigma \neq 0$ 的分量被一个快速振荡的因子 $\exp(\mathrm{i}\sigma\mu|\boldsymbol{B}_0|t/(\hbar j))$ 支配. 我们曾看到过 J_3 的本征值是 $\hbar\sigma$, 此处 $\sigma = -j, -j+1, \cdots, j$. 并且, 在两个 J_3 的本征值相差 $\pm\hbar$ 的状态之间的 J_1 和 J_2 的矩阵元才不为零, 所以这些矩阵元和 $\exp(\pm\mathrm{i}\mu|\boldsymbol{B}_0|t/(\hbar j))$ 成正比, 而即使对短时间间隔平均也给出零. 因此一个 $J_3 = \hbar\sigma$ 的粒子的运动方程(4.2.23)变为

$$\frac{\mathrm{d}}{\mathrm{d}t} \langle \boldsymbol{x} \rangle = \frac{\langle \boldsymbol{p} \rangle}{m}, \quad \frac{\mathrm{d}}{\mathrm{d}t} \langle \boldsymbol{p} \rangle = \frac{\mu\sigma}{j} \langle \nabla B_{13}(\boldsymbol{x}) \rangle \tag{4.2.24}$$

例如, 在上面讨论的情况中, $B_{1i} = \sum_j D_{ij} x_j$, 这两个方程可以合并为一个对于 $\langle \boldsymbol{x} \rangle$ 的二阶微分方程:

$$m \frac{\mathrm{d}^2}{\mathrm{d}t^2} \langle x_i \rangle = \frac{\mu\sigma}{j} D_{3i}$$

不论 $\boldsymbol{B}_1$ 的形式如何, 都有 $2j+1$ 个可能的轨道, 观察粒子运行的实际轨道就告诉我们 σ 的值.

4.3　角动量的相加

经常遇到的情况是一个物理系统包含两种或多种不同性质的角动量. 例如, 在氢原子基态有两个电子, 它们各有自己的自旋, 但没有轨道角动量. 对于氢原子 $\ell > 0$ 的激发态, 它既有轨道角动量, 又有自旋角动量. 个别角动量之间的相互作用的效应使得它们不再分别守恒, 即个别角动量和 Hamilton 量不再对易. 在这种情况下, 引入一个由个别角动量之和给出的**总角动量**算符是有用的, 它和 Hamilton 量**对易**. 问题是, 如何关联用总角动量的值所标志的状态和用个别角动量描述的状态?

假设我们有两个角动量算符 $\boldsymbol{J}'$ 和 $\boldsymbol{J}''$, 它们可以是自旋、轨道角动量, 或自旋和轨道角动量之和, 它们可以是两个自旋、两个轨道角动量, 或者是自旋和轨道角动量, 满足对易关系(4.1.14):

$$[J'_1, J'_2] = \mathrm{i}\hbar J'_3, \quad [J'_2, J'_3] = \mathrm{i}\hbar J'_1, \quad [J'_3, J'_1] = \mathrm{i}\hbar J'_2 \tag{4.3.1}$$

$$[J''_1, J''_2] = \mathrm{i}\hbar J''_3, \quad [J''_2, J''_3] = \mathrm{i}\hbar J''_1, \quad [J''_3, J''_1] = \mathrm{i}\hbar J''_2 \tag{4.3.2}$$

但彼此对易,

$$[J'_i, J''_k] = 0 \tag{4.3.3}$$

我们考虑一个有两个独立角动量 $\boldsymbol{J}'$ 和 $\boldsymbol{J}''$ 的状态集合, J'_3 和 J''_3 分别取值 $\hbar m'$ 和 $\hbar m''$[①], $m' = -j', -j'+1, \cdots, j', m'' = -j'', -j''+1, \cdots, j''$. 这些态的归一化状态矢量 $\Psi^{m'm''}_{j'j''}$ 满足

$$\boldsymbol{J}'^2 \Psi^{m'm''}_{j'j''} = \hbar^2 j'(j'+1) \Psi^{m'm''}_{j'j''} \tag{4.3.4}$$

$$J'_3 \Psi^{m'm''}_{j'j''} = \hbar m' \Psi^{m'm''}_{j'j''} \tag{4.3.5}$$

$$(J'_1 \pm \mathrm{i}J'_2)\Psi^{m'm''}_{j'j''} = \hbar \sqrt{j'(j'+1) - m'^2 \mp m'}\, \Psi^{m'\pm 1, m''}_{j'j''} \tag{4.3.6}$$

$$\boldsymbol{J}''^2 \Psi^{m'm''}_{j'j''} = \hbar^2 j''(j''+1) \Psi^{m'm''}_{j'j''} \tag{4.3.7}$$

$$J''_3 \Psi^{m'm''}_{j'j''} = \hbar m'' \Psi^{m'm''}_{j'j''} \tag{4.3.8}$$

$$(J''_1 \pm \mathrm{i}J''_2)\Psi^{m'm''}_{j'j''} = \hbar \sqrt{j''(j''+1) - m''^2 \mp m''}\, \Psi^{m', m''\pm 1}_{j'j''} \tag{4.3.9}$$

---

① 当然在此处用的 j' 和在上一节中临时采用的没有关系.

这时我们就能引入总角动量

$$\boldsymbol{J} = \boldsymbol{J}' + \boldsymbol{J}'' \tag{4.3.10}$$

它也满足对易关系(4.1.14),

$$[J_1, J_2] = \mathrm{i}\hbar J_3, \quad [J_2, J_3] = \mathrm{i}\hbar J_1, \quad [J_3, J_1] = \mathrm{i}\hbar J_2 \tag{4.3.11}$$

$\boldsymbol{J}'^2$ 和 $\boldsymbol{J}''^2$ 二者都和 $\boldsymbol{J}'$, $\boldsymbol{J}''$ 的所有分量对易. 另一方面, 一般情况下 Hamilton 量包含相互作用项, 它和 $\boldsymbol{J}'$ 或 $\boldsymbol{J}''$ 都不对易, 例如一个可能的与 $\boldsymbol{J}' \cdot \boldsymbol{J}''$ 成正比的项. 这样我们就应该去寻找和这样的相互作用项对易的其他算符.

这通常 (但不永远如此!) 包括 $\boldsymbol{J}'^2$ 和 $\boldsymbol{J}''^2$, 因为它们每一个都与 $\boldsymbol{J}'$ 和 $\boldsymbol{J}''$ 对易. 而且, 如我们在 4.1 节中看到的, **总角动量 $\boldsymbol{J}$** 和所有转动不变的算符对易. 例如,

$$\boldsymbol{J}' \cdot \boldsymbol{J}'' = \frac{1}{2}\left(\boldsymbol{J}^2 - \boldsymbol{J}'^2 - \boldsymbol{J}''^2\right)$$

右边的每一项都和 $\boldsymbol{J}$ 对易. 表征具有确定能量的状态, 我们不用 $\boldsymbol{J}'^2, J'_3, \boldsymbol{J}''^2$ 和 J''_3 的值 $j'(j'+1)\hbar^2, \hbar m', j''(j''+1)\hbar^2$ 和 $\hbar m''$, 而分别采用 $\boldsymbol{J}'^2, \boldsymbol{J}''^2, \boldsymbol{J}^2$ 和 J_3 的值 $j'(j'+1)\hbar^2, j''(j''+1)\hbar^2, j(j+1)\hbar^2$ 和 $\hbar m$. 我们的问题是, 对于给定的 j' 和 j'' 哪些 j 的值出现, 对于给定的 j', j'', j 和 m, 有多少状态可以用矢量 $\varPsi_{j',j''}^{m',m''}$ 代表的态构造出来, 以及我们如何用 $\varPsi_{j',j''}^{m',m''}$ 把这些态的状态矢量表示出来?

普遍的规则是, 在以下的范围中对每一个 j 和 m 正好有一个态:

$$j = |j'-j''|, |j'-j''|+1, \cdots, j'+j'', \quad m = j, j-1, \cdots, -j \tag{4.3.12}$$

这些态的归一化状态矢量 $\varPsi_{j'j''j}^{m}$ 就被唯一地定义为 (准确到一个共同相因子)

$$\boldsymbol{J}'^2 \varPsi_{j'j''j}^{m} = \hbar^2 j'(j'+1)\varPsi_{j'j''j}^{m} \tag{4.3.13}$$

$$\boldsymbol{J}''^2 \varPsi_{j'j''j}^{m} = \hbar^2 j''(j''+1)\varPsi_{j'j''j}^{m} \tag{4.3.14}$$

$$\boldsymbol{J}^2 \varPsi_{j'j''j}^{m} = \hbar^2 j(j+1)\varPsi_{j'j''j}^{m} \tag{4.3.15}$$

$$J_3 \varPsi_{j'j''j}^{m} = \hbar m \varPsi_{j'j''j}^{m} \tag{4.3.16}$$

$$(J_1 \pm \mathrm{i}J_2)\varPsi_{j'j''j}^{m} = \hbar\sqrt{j(j+1) - m^2 \mp m}\,\varPsi_{j'j''j}^{m\pm 1} \tag{4.3.17}$$

这些状态矢量可以表示为线性组合

$$\varPsi_{j'j''j}^{m} = \sum_{m',m''} C_{j'j''}(jm; m'm'')\varPsi_{j'j''}^{m'm''} \tag{4.3.18}$$

此处 $C_{j'j''}(jm; m'm'')$ 是一些称为 **Clebsch-Gordan 系数**[①]的常数集合. 当然, 因为 $J_3 = J'_3 + J''_3$, 故只有当

$$m = m' + m'' \tag{4.3.19}$$

---

① 译者注: 有时也称为 Wigner 系数或矢量耦合 (vector coupling) 系数.

时相应的 Clebsch-Gordan 系数才不为零.

要验证不为零的 Clebsch-Gordan 系数的 j 值由式(4.3.12)所限, 我们首先注意到 $m = m' + m''$ 的值只能位于 $j' + j''$ 和 $-j' - j''$ 之间, 所以 j 的可能极大值是 $j' + j''$. 另一方面, 对 $m' = j'$ 和 $m'' = j''$ 的状态矢量, 有 $j \geqslant |m| = j' + j''$, 所以只能有 $j = j' + j''$. 此外, 使 $m = j' + j''$ 的办法是 $m' = j'$ 和 $m'' = j''$, 所以确实有一个状态, 满足 $j = j' + j''$ 和 $m = j' + j''$, 因此只有一个态 $j = j' + j''$, 它有任何的在 $j' + j''$ 和 $-j' - j''$ 之间的 m. 适当选择相因子, 这个态的状态矢量是

$$\Psi_{j'j''j'+j''}^{j'+j''} = \Psi_{j'j''}^{j'j''} \tag{4.3.20}$$

也就是说,

$$C_{j'j''}(j, m; j'j'') = \delta_{j, j'+j''} \delta_{m, j'+j''} \tag{4.3.21}$$

现在考虑状态矢量 $\Psi_{j'j''}^{m'm''}$, 满足 $m = m' + m'' = j' + j'' - 1$. 一般地说, 有两个这样的状态矢量: 一个满足 $m' = j'$ 和 $m'' = j'' - 1$; 另一个满足 $m' = j' - 1$ 和 $m'' = j''$.(唯一的例外在 $j' - 1 < -j'$ 时发生, 换句话说, $j' = 0$, 在此情况下 m' 不能等于 $j' - 1$; 或者在 $j'' - 1 < -j''$ 时发生, 换句话说, $j'' = 0$, 在此情况下 m'' 不能等于 $j'' - 1$.) 这两个状态矢量的一个线性组合是一个 $j = j' + j''$ 的状态矢量, 它是由将降低算符 $J_1 - \mathrm{i}J_2$ 作用在状态矢量(4.3.20)上得到的. 在这里, 因子(4.2.15)是

$$\sqrt{j(j+1) - j^2 + j} = \sqrt{2j} = \sqrt{2(j' + j'')}$$

所以

$$\begin{aligned}
\Psi_{j'j''j'+j''}^{j'+j''-1} &= (2(j' + j''))^{-1/2} (J_1 - \mathrm{i}J_2) \Psi_{j'j''j'+j''}^{j'+j''} \\
&= (2(j' + j''))^{-1/2} (J_1' - \mathrm{i}J_2' + J_1'' - \mathrm{i}J_2'') \Psi_{j'j''}^{j'j''} \\
&= (j' + j'')^{-1/2} \left(\sqrt{j'} \Psi_{j'j''}^{j'-1, j''} + \sqrt{j''} \Psi_{j'j''}^{j', j''-1} \right)
\end{aligned} \tag{4.3.22}$$

再也没有其他满足 $j = j' + j''$ 和 $m = j' + j'' - 1$ 的状态矢量了. 因为如果有的话, 也会有两个态满足 $j = j' + j''$ 和 $m = j' + j''$, 但我们看到了只能有一个. 所以仅有的另一个可能满足 $m = j' + j'' - 1$ 的态矢量必须具有对此态矢量可能的 j 仅有一个其他值 $j = j' + j'' - 1$. 具有这个 j 值的态矢量必须和态矢量(4.3.22)是正交的, 因为它是具有另一个 $\boldsymbol{J}^2$ 值的态矢量, 所以 (一个任意选择的相因子除外) 适当地归一化之后, 它只能是状态矢量

$$\Psi_{j'j''j'+j''-1}^{j'+j''-1} = (j' + j'')^{-1/2} \left(\sqrt{j''} \Psi_{j'j''}^{j'-1, j''} + \sqrt{j'} \Psi_{j'j''}^{j', j''-1} \right) \tag{4.3.23}$$

即

$$C_{j'j''}(jm;j'-1j'') = \delta_{m,j'+j''-1}\left(\sqrt{\frac{j'}{j'+j''}}\delta_{j,j'+j''} + \sqrt{\frac{j''}{j'+j''}}\delta_{j,j'+j''-1}\right) \tag{4.3.24}$$

$$C_{j'j''}(jm;j'j''-1) = \delta_{m,j'+j''-1}\left(\sqrt{\frac{j''}{j'+j''}}\delta_{j,j'+j''} - \sqrt{\frac{j'}{j'+j''}}\delta_{j,j'+j''-1}\right) \tag{4.3.25}$$

照这样继续下去, 我们首先发现, 对于 m 每减小一步, 就有一个新的状态矢量 $\Psi_{j'j''j}^m$, 它和所有的用降低算符作用在已经构造好了的状态矢量 (它有 $j = m+1, m+2, \cdots, j'+j''$) 上得到的这种类型的状态矢量正交, 因此只能有 $j = m$.

这个过程最终要终止, 因为 m' 被限制在 $-j'$ 和 $+j'$ 之间, m'' 被限制在 $-j''$ 和 $+j''$ 之间. 因此对于给定的 m, $m' = m - m''$ 就从 $-j'$ 和 $m - j''$ 之中的大者跑遍到 $+j'$ 和 $m + j''$ 之中的小者. 对于 $m = j' + j''$, $-j'$ 和 $m - j''$ 之中的大者是 $m - j'' = j'$, $+j'$ 和 $m + j''$ 之中的小者是 j', 所以 m' 的值当然是唯一的, $m' = j'$. 只要 $-j'$ 和 $m - j''$ 之中的大者是 $m - j''$, $+j'$ 和 $m + j''$ 之中的小者是 j', m 每减小一步就增加 m' 的范围一单位, 每一步给出一个新的、减小一单位的 j 值. 但这只继续到或者 $m - j'' = -j'$ 或者 $m + j'' = j'$. 换句话说, 直到 m 等于 $j'' - j'$ 和 $j' - j''$ 之中的大者, 即 $|j' - j''|$. 在此之后我们得不到新的 j 值, 因此它就限于范围(4.3.12)之中.

作为验证, 我们来数所有这些状态矢量的总数. 假设 $j' \geqslant j''$, 所以式(4.3.12)允许 j 值从 $j' - j''$ 跑到 $j' + j''$, 每一个都有 $2j + 1$ 个值, 状态矢量 $\Psi_{j'j''j}^m$ 的总数就是

$$\sum_{j=j'-j''}^{j'+j''}(2j+1) = 2\frac{(j'+j'')(j'+j''+1)}{2} - 2\frac{(j'-j''-1)(j'-j'')}{2} + (2j''+1)$$

$$= (2j'+1)(2j''+1) \tag{4.3.26}$$

它正是状态矢量 $\Psi_{j'j''}^{m'm''}$ 的数目, 这里 m' 和 m' 分别取 $2j'+1$ 和 $2j''+1$ 个值. 因为结果关于 j' 和 j'' 是对称的, 对于 $j'' \geqslant j'$ 也有同样的结果.

用此处选择的相位约定, Clebsch-Gordan 系数都是实的. 它们也有另一个重要性质, 从它们作为两个正交归一状态矢量集合的变换系数的角色得来. 要在一般情况下看到这点, 假设有两个状态矢量集合 Φ_n 和 Φ_a', 满足正交归一条件

$$(\Phi_n, \Phi_m) = \delta_{nm}, \quad (\Phi_a', \Phi_b') = \delta_{ab}$$

它们用系数 C_{na} 的集合相联系,

$$\Phi_n = \sum_a C_{na}\Phi_a' \tag{4.3.27}$$

正交归一条件要求

$$\delta_{nm} = (\Phi_n, \Phi_m) = \sum_{a,b} C_{na}^* C_{mb} (\Phi_a', \Phi_b') = \sum_a C_{na}^* C_{ma} \qquad (4.3.28)$$

有一个矩阵代数的普遍定理[①]告诉我们, 若一个复数 C_{na} 的有限方阵列满足这个关系, 则我们也有

$$\sum_n C_{na}^* C_{nb} = \delta_{ab} \qquad (4.3.29)$$

所以

$$\Phi_a' = \sum_n C_{na}^* \Phi_n \qquad (4.3.30)$$

对于实的 Clebsch-Gordan 系数, 条件式(4.3.28)和式(4.3.29)分别成为[②]

$$\sum_{j,m} C_{j'j''}(jm; m'm'') C_{j'j''}(jm; \tilde{m}'\tilde{m}'') = \delta_{m'\tilde{m}'} \delta_{m''\tilde{m}''} \qquad (4.3.31)$$

$$\sum_{m',m''} C_{j'j''}(jm; m'm'') C_{j'j''}(\tilde{j}\tilde{m}; m'm'') = \delta_{j\tilde{j}} \delta_{m\tilde{m}} \qquad (4.3.32)$$

而且, 关系式(4.3.18)可以反转成为

$$\Psi_{j'j''}^{m'm''} = \sum_{j,m} C_{j'j''}(jm; m'm'') \Psi_{j'j''j}^m \qquad (4.3.33)$$

某些Clebsch-Gordan 系数的值在表 4.1 中给出.

作为一个物理的例子, 考虑氢原子的状态矢量, 把电子自旋 1/2 考虑在内. 对于 $\ell = 0$, j 的仅有可能值当然是 $j = 1/2$; 对于 $\ell > 0$, j 有两个值, 即 $j = \ell + 1/2$ 和 $j = \ell - 1/2$. 在标准记号中氢原子状态写作 $n\ell_j$, 轨道角动量 $\ell = 0, 1, 2, 3, 4, \cdots$ 用字母 s, p, d, f, g 代表, 此后按字母顺序. 回顾一下 $\ell \leqslant n - 1$. 我们看到对基态 $n = 1$, 有 $\ell = 0$, 所以这个态有唯一的 j 值, $j = 1/2$, 并记为 $1s_{1/2}$. 对第一激发能级 $n = 2$, 有 $\ell = 0$ 和 $\ell = 1$. 对 $n = 2, \ell = 0$ 态, 有 $j = 1/2$, 记为 $2s_{1/2}$. 对 $n = 2, \ell = 1$ 态, 它可以分解为 $j = 1/2$ 和 $j = 3/2$ 的态, 分别记为 $2p_{1/2}$ 和 $2p_{3/2}$. 因此氢原子态就是 $1s_{1/2}, 2p_{3/2}, 2p_{1/2}, 2s_{1/2}, 3d_{5/2}, 3d_{3/2}, 3d_{1/2}, 3p_{3/2}, 3p_{1/2}, 3s_{1/2}$ 等.

[①] 用矩阵记号, 关系 $\sum C_{na}^* C_{ma} = \delta_{mn}$ 写作 $CC^\dagger = I$, 此处任意两个矩阵 A 和 B 的乘积 AB 定义为一个矩阵, 其分量为 $(AB)_{mn} \equiv \sum_a A_{ma} B_{an}$, $C^\dagger$ 是一个矩阵, 其分量为 $C_{an}^\dagger = (C_{na})^*$. 而且, 这里的 I 是单位矩阵, $I_{mn} = \delta_{mn}$. 矩阵乘积的行列式是行列式的乘积, $C^\dagger$ 的行列式是 C 的行列式的复共轭, 所以这里 $|\text{Det } C| = 1$. 因为 $\text{Det } C \neq 0$, C 有逆矩阵, 故在此情况下它是 $C^\dagger$, 所以也有 $C^\dagger C = I$. 此式的 ab 分量告诉我们 $\sum_n C_{na}^* C_{nb} = \delta_{ab}$.

[②] 译者注: 对出现在点群中的复数 Clebsch-Gordan 系数, 式(4.3.31)~式(4.3.33)中的 $C_{j'j''}(jm; \tilde{m}'\tilde{m}'')$, $C_{j'j''}(\tilde{j}\tilde{m}; m'm'')$ 以及 $C_{j'j''}(jm; m'm'')$ 改为其共轭即可.

表 4.1 由两个角动量 j' 和 j''(它们的分量取值 m' 和 m'') 相加给出

角动量 j(其分量取值 m) 中非零的Clebsch-Gordan 系数

j'	j''	j	m	m'	m''	$C_{j'j''}(jm;m'm'')$
$\frac{1}{2}$	$\frac{1}{2}$	1	$+1$	$+\frac{1}{2}$	$+\frac{1}{2}$	1
$\frac{1}{2}$	$\frac{1}{2}$	1	0	$\pm\frac{1}{2}$	$\mp\frac{1}{2}$	$1/\sqrt{2}$
$\frac{1}{2}$	$\frac{1}{2}$	1	-1	$-\frac{1}{2}$	$-\frac{1}{2}$	1
$\frac{1}{2}$	$\frac{1}{2}$	0	0	$\pm\frac{1}{2}$	$\mp\frac{1}{2}$	$\pm1/\sqrt{2}$
1	$\frac{1}{2}$	$\frac{3}{2}$	$\pm\frac{3}{2}$	±1	$\pm\frac{1}{2}$	1
1	$\frac{1}{2}$	$\frac{3}{2}$	$\pm\frac{1}{2}$	±1	$\mp\frac{1}{2}$	$\sqrt{1/3}$
1	$\frac{1}{2}$	$\frac{3}{2}$	$\pm\frac{1}{2}$	0	$\pm\frac{1}{2}$	$\sqrt{2/3}$
1	$\frac{1}{2}$	$\frac{1}{2}$	$\pm\frac{1}{2}$	±1	$\mp\frac{1}{2}$	$\pm\sqrt{2/3}$
1	$\frac{1}{2}$	$\frac{1}{2}$	$\pm\frac{1}{2}$	0	$\pm\frac{1}{2}$	$\mp\sqrt{1/3}$
1	1	2	±2	±1	±1	1
1	1	2	±1	±1	0	$1/\sqrt{2}$
1	1	2	±1	0	±1	$1/\sqrt{2}$
1	1	2	0	±1	∓1	$\sqrt{1/6}$
1	1	2	0	0	0	$\sqrt{2/3}$
1	1	1	±1	±1	0	$\pm1/\sqrt{2}$
1	1	1	±1	0	±1	$\mp1/\sqrt{2}$
1	1	0	0	±1	∓1	$\sqrt{1/3}$
1	1	0	0	0	0	$-\sqrt{1/3}$

比如我们测量电子在 $2\mathrm{p}_{3/2}, m=1/2$ 态的自旋和轨道角动量的第三分量 S_3 和 L_3[①], 我们将得到 $1/2$ 和 0, 或者 $-1/2$ 和 $+1$, 分别具有等于相应的 Clebsch-Gordan 系数平方的概率, 根据表 4.1, 概率分别为 $2/3$ 和 $1/3$.

[①] 这可以通过 Stern-Gerlach 实验来完成, 其中强磁场设置在第三轴方向. 我们将在 5.2 节中看到, $\boldsymbol{L}$ 和 $\boldsymbol{S}$ 对于原子磁矩的贡献不同, 所以原子与磁场的相互作用能量对于不同的 m_ℓ 和 m_s 是不同的, 即使在相同的 $m = m_\ell + m_s$ 值时也是如此. 如果这个相互作用能比原子的自旋和轨道角动量的相互作用能大, 联系不同 m_ℓ 和 m_s 值的磁矩的第一和第二分量的矩阵元将快速振荡, 对相互作用能没有贡献, 因此如果磁场有一个弱的非均匀项且第三分量不为零, 则原子将按照不同的 m_ℓ 和/或 m_s 依循不同的轨道.

和 $L \cdot S$ 成正比的自旋-轨道相互作用将有相同的 n 和 ℓ 但不同的 j 的状态分裂开, 其差别称为氢原子的精细结构. 例如, $2\mathrm{p}_{1/2}$ 和 $2\mathrm{p}_{3/2}$ 态的能量差是 $4.528\,3 \times 10^{-5}$ eV. 这个效应并不分裂具有相同的 j 和 n 但不同的 ℓ 的态, 但这样的态被一个更小的能量差 (称为 **Lamb 能移**) 分裂开, 能移的来源主要是电子连续的发射和再吸收光子. $2\mathrm{p}_{1/2}$ 和 $2\mathrm{s}_{1/2}$ 态之间的分裂能是 $4.351\,52 \times 10^{-6}$ eV.

以上氢原子谱的讨论略去了质子磁矩的效应. 它是很小的, 因为质子的大质量给了它一个比电子小得多的磁矩. 任何原子的核磁场对原子能级的效应称为**超精细分裂**. 例如, 氢原子有两个 1s 态, 质子和电子的总自旋是 1 或 0, 两态被能量差 5.87×10^{-6} eV 分开, 和 $n=2$ 态的 Lamb 能移可以相比. 总自旋为 1 和 0 的两态间的辐射跃迁是著名的氢射频谱的 21 cm 线.

Clebsch-Gordan 系数有对称或反对称的重要性质:

$$C_{j'j''}(jm; m'm'') = (-1)^{j-j'-j''} C_{j''j'}(jm; m''m') \tag{4.3.34}$$

要看到这点, 注意两个状态矢量 $\Psi_{j'j''}^{jm}$ 和 $\Psi_{j''j'}^{jm}$ 代表同一个状态, 即角动量 J' 和 J'' 组合形成总角动量 J, 有 $J^2 = \hbar^2 j(j+1)$ 和 $J_3 = \hbar m$, 所以两者是相等的, 准确到相差一个相因子. 互换 j' 和 j'' 后再互换回来, 我们必须回到同一个状态矢量, 所以这个因子的平方必须为 1, 仅仅相差一个正负号. 再者, 因为所有的 $\Psi_{j'j''}^{jm}$ 的 j', j'' 和 j 相同, 而 m 不同, 它们彼此间通过作用以 $J_1 + \mathrm{i}J_2$ 或 $J_1 - \mathrm{i}J_2$ 互相联系, 两个算符在 J' 和 J'' 间是对称的, 这两个状态矢量都有同样的对称性质或反对称性质, 选择仅仅依赖于 j', j'' 和 j, 所以

$$C_{j'j''}(jm; m'm'') = (\pm 1)_{jj'j''} C_{j''j'}(jm; m''m')$$

对于极大的 j 和 m 的情况, $j = m = j' + j''$, 式(4.3.21)证明符号是 $+1$. 有两个态满足 $m' + m'' = j - 1$. 一个是 $j = j' + j''$, 它必须有一个 Clebsch-Gordan 系数在交换 j' 和 j'' 时对称, 如我们在式(4.3.24)中所看到的. 另一个是 $j = j' + j'' - 1$, 它必须同 $m' + m'' = j - 1$ 和 $j = j' + j''$ 的态正交. 这需要它有一个 Clebsch-Gordan 系数在交换 j' 和 j'' 时反对称, 如我们在式(4.3.25)中所看到的. 这个论证可以对于更低的 m 值重复, 结果是对于固定的 j' 和 j'', 符号 $(\pm 1)_{jj'j''}$ 对于每一次 j 减小一单位要变号, 最后结果是 $(\pm 1)_{jj'j''} = (-1)^{j-j'-j''}$, 这正是要证明的.

结果(4.3.34)可以从表 4.1 看到. 例如, 包含两个自旋 1/2 的状态对于两个粒子自旋 3-分量是对称的或反对称的, 依赖于总自旋 s 是 $s = 1$, 对它有 $s - 1/2 - 1/2 = 0$, 或 $s = 0$, 对它有 $s - 1/2 - 1/2 = -1$.

有一个重要的角动量相加的特例: 由两个角动量 j', m' 和 j'', m'' 构成一个转动不变的 Ψ, 其总角动量为 $j = 0, m = 0$. 根据式(4.3.12)和式(4.3.19), 这只有当 $j' = j''$ 和

$m' = -m''$ 时才有可能. 所以这个转动不变的状态必须取下面的形式:

$$\Psi = \sum_{m'} C_{j'm'} \Psi_{j'j'}^{m'-m'}$$

转动不变性需要这个状态被提升算符湮灭, 所以

$$0 = (J_1 + \mathrm{i}J_2)\Psi = (J_1' + \mathrm{i}J_2')\Psi + (J_1'' + \mathrm{i}J_2'')\Psi$$

$$= \sum_{m'} \Big[C_{j'm'} \sqrt{(j'-m')(j'+m'+1)} \Psi_{j'm'+1,j'-m'}$$

$$+ C_{j'm'} \sqrt{(j'+m')(j'-m'+1)} \Psi_{j'm',j'-m'+1} \Big]$$

改变方括弧中第二项的求和变量, 从 m' 变为 $m'+1$, 我们看到这等价于要求 $C_{j'm'} = -C_{j'm'+1}$. 所以我们可以调整 $C_{j'm'}$ 的整体相位, 使得 $C_{j'm'} = (-1)^{j'-m'} N_{j'}$, 这里 $N_{j'}$ 是正实数. 归一化条件(4.3.32)告诉我们 $N_{j'} = 1/\sqrt{2j'+1}$. 于是 (弃去不需要的撇号) 这里的 Clebsch-Gordan 系数是

$$C_{jj}(00; m-m) = \frac{(-1)^{j-m}}{\sqrt{2j+1}} \tag{4.3.35}$$

读者可以验证这就是表 4.1 第四行和最后两行的结果, 相位约定也一样.

作为重要特例, 我们可以用这个结果组合两个不同单位矢量 $\hat{\boldsymbol{a}}$ 和 $\hat{\boldsymbol{b}}$ 的球谐函数以形成一个转动不变的 $\hat{\boldsymbol{a}}$ 和 $\hat{\boldsymbol{b}}$ 的函数, 因此它只能依赖于 $\hat{\boldsymbol{a}} \cdot \hat{\boldsymbol{b}}$:

$$F_\ell(\hat{\boldsymbol{a}} \cdot \hat{\boldsymbol{b}}) = \sum_{m=-\ell}^{\ell} (-1)^{\ell-m} Y_\ell^m(\hat{\boldsymbol{a}}) Y_\ell^{-m}(\hat{\boldsymbol{b}})$$

我们可以通过考察一个特例 $\hat{\boldsymbol{b}} = \hat{\boldsymbol{z}} \equiv (0,0,1)$ 和 $\hat{\boldsymbol{a}} = (\sin\theta\cos\phi, \sin\theta\sin\phi, \cos\theta)$ 来确定函数 F_ℓ. 球谐函数 $Y_\ell^{-m}(\hat{\boldsymbol{z}})$ 只有在 $m=0$ 时才不为零, 在此情况下由式(2.2.18)给出

$$Y_\ell^0(\hat{\boldsymbol{a}}) = \sqrt{\frac{2\ell+1}{4\pi}} P_\ell(\cos\theta), \quad Y_\ell^0(\hat{\boldsymbol{b}}) = \sqrt{\frac{2\ell+1}{4\pi}}$$

于是就有 $F_\ell(\cos\theta) = ((2\ell+1)/4\pi) P_\ell(\cos\theta)$, 它产生了重要的**球谐函数相加定理**:

$$P_\ell(\hat{\boldsymbol{a}} \cdot \hat{\boldsymbol{b}}) = \frac{4\pi}{2\ell+1} \sum_{m=-\ell}^{\ell} (-1)^{\ell-m} Y_\ell^m(\hat{\boldsymbol{a}}) Y_\ell^{-m}(\hat{\boldsymbol{b}}) \tag{4.3.36}$$

不使用 Clebsch-Gordan 系数从两个个别的角动量 j', m' 和 j'', m'' 状态构造总角动量 j, m 状态, 我们可以用这些系数和式(4.3.35)从一个有三个个别角动量的 $\Psi_{jj'j''}^{mm'm''}$ 构造总角动量为零的状态 Ψ:

$$\Psi = \sum_{m,m',m''} \begin{pmatrix} j & j' & j'' \\ m & m' & m'' \end{pmatrix} \Psi_{jj'j''}^{mm'm''} \tag{4.3.37}$$

此处系数是

$$\begin{pmatrix} j & j' & j'' \\ m & m' & m'' \end{pmatrix} \equiv \frac{(-1)^{j+m}}{\sqrt{2j+1}} C_{j'j''}(j-m;m'm'') \tag{4.3.38}$$

这称为 $3j$ **符号**. 由于三个角动量出现在式(4.3.37)中的对称方式, $3j$ 符号不但对于交换 j',m' 和 j'',m'' 是对称的或反对称的, 如式(4.3.34)所示, 而且对于交换 j,m 和 j',m'(或 j'',m'') 也是如此, 这也不令人惊异:

$$\begin{pmatrix} j & j' & j'' \\ m & m' & m'' \end{pmatrix} = (-1)^{m'-m''+m} \begin{pmatrix} j' & j & j'' \\ m' & m & m'' \end{pmatrix} \tag{4.3.39}$$

换句话说,

$$C_{jj''}(j'-m';mm'') = (-1)^{j-j'-2m'+m''} \sqrt{\frac{2j'+1}{2j+1}} C_{j'j''}(j-m;m'm'') \tag{4.3.40}$$

(这里出现的符号对于以下内容是不起作用的, 我们也不去推导它.) 从正交归一条件(4.3.32), 我们得到另一个有用的正交归一条件,

$$\sum_{m',m''} C_{jj''}(j'm';mm'') C_{\bar{j}j''}(j'm';\bar{m}m'')^* = \frac{2j'+1}{2j+1} \delta_{\bar{j}j} \delta_{m\bar{m}} \tag{4.3.41}$$

$$* * * * *$$

角动量多重态有一个替代的描述, 在某些状况下是有用的, 并且可以推广到其他对粒子物理重要的对称群. 根据式(4.2.17)和式(4.1.12), 无限小转动 $1+\omega$ 在自旋 $1/2$ 的状态矢量 Ψ_m ($m = \pm 1/2$) 上的作用是

$$\Psi_m \to \sum_{m'=\pm 1/2} \left(I + \frac{\mathrm{i}}{2} \boldsymbol{\omega} \cdot \boldsymbol{\sigma} \right)_{mm'} \Psi_{m'} \tag{4.3.42}$$

现在, 对于一般的实的 ω,

$$\omega \cdot \sigma = \begin{pmatrix} \omega_3 & \omega_1 - \mathrm{i}\omega_2 \\ \omega_1 + \mathrm{i}\omega_2 & -\omega_3 \end{pmatrix}$$

它是最一般的无迹的 Hermite 2×2 矩阵. 因此式(4.3.42)是最一般的具有单位行列式的幺正无限小变换. (回想一下, 对于无限小的 M, Det $M = 1 + \text{Tr } M$.) 所以, 作用在自旋 $1/2$ 指标上, 三维转动群就和 $SU(2)$ 群一样, 这是 2×2 幺正矩阵组成的群, 它们 "特殊" 就在于具有单位行列式. 我们看到, 至少对于从无限小转动构成的转动变换, 三维

转动群 $SO(3)$ 和二维幺正幺模群是一样的. (在几种高维情况下有相似的关系, 例如在 $SO(6)$ 和 $SU(4)$ 之间有类似关系, 但对于一般高维空间没有类似关系.)

一般地说, 状态矢量 $\Psi_{m_1\cdots m_n}$ 组合成 N 个自旋 $1/2$ 的角动量, 每一个 m_i 等于 $\pm 1/2$, 在 $SU(2)$ 下作为张量变换:

$$\Psi_{m_1\cdots m_N} \to \sum_{m'_1,\cdots,m'_N} U_{m_1 m'_1}\cdots U_{m_N m'_N}\Psi_{m'_1\cdots m'_N} \tag{4.3.43}$$

此处 U 是具有单位行列式的 2×2 矩阵. 一般说来, 从这个张量可以导出有更少指标的张量. 注意 U 具有单位行列式意为

$$\sum_{m'_1,m'_2} U_{m'_1 m_1} U_{m'_2 m_2}\epsilon_{m'_1 m'_2} = \epsilon_{m_1 m_2} \tag{4.3.44}$$

此处

$$\epsilon_{\frac{1}{2},-\frac{1}{2}} = \epsilon_{-\frac{1}{2},\frac{1}{2}} = 1, \quad \epsilon_{\frac{1}{2},\frac{1}{2}} = \epsilon_{-\frac{1}{2},-\frac{1}{2}} = 0 \tag{4.3.45}$$

由此得出, 一个一般张量 $\Psi_{m_1\cdots m_n}$ 乘以 $\epsilon_{m_r m_s}$ (r 和 s 是在 1 和 N 之间的两个不同的整数) 并对 m_r 和 m_s 求和, 就得到少两个指标的张量. 一种不可约张量, 即我们不能用以上方法形成有更少指标的非平庸的张量, 即完全对称张量, 对它们的 m_r 和 m_s 求和会给出零.

用角动量语言表述, 我们注意到根据角动量相加规则, 一个状态矢量 $\Psi_{m_1\cdots m_n}$ 可以表示为不同总角动量的状态之和, 正好其中之一是角动量 $N/2$. 从表 4.1 第四行我们看到张量(4.3.45)正是将两个角动量 $1/2$ 组合为零的 Clebsch-Gordan 系数:

$$\epsilon_{m'_1 m'_2} = \sqrt{2}C_{\frac{1}{2}\frac{1}{2}}(00;m_1 m_2) \tag{4.3.46}$$

所以当我们将 $\Psi_{m_1\cdots m_n}$ 乘以 $\epsilon_{m_r m_s}$ 并对 m_r 和 m_s 求和时, 我们就得到一个组合 $N-2$ 个自旋 $1/2$ 角动量的状态矢量, 它可以表示为不同总角动量的状态矢量之和, 它们每一个都小于 $N/2$. 所以为了隔离状态矢量 $\Psi_{m_1\cdots m_{2j}}$ 仅含角动量 j 的那个部分, 状态矢量必须关于指标 $m_1\cdots m_{2j}$ 对称. 这个对称化的状态矢量的独立分量就完全被 n 个 $m=+1/2$ 和 $2j-n$ 个 $m=-1/2$ 指标表征. 所以独立分量的数目简单地就是 n 的值在 0 和 $2j$ 之间的数目, 这就是 $2j+1$. 这样自旋 j 的状态矢量可以简单地描述为 $2j$ 个自旋 $1/2$ 的对称组合. 例如, 总角动量为 1 的多重态包含三个态:

$$\Psi_{\frac{1}{2},\frac{1}{2}}, \quad \Psi_{\frac{1}{2},-\frac{1}{2}} + \Psi_{-\frac{1}{2},\frac{1}{2}}, \quad \Psi_{-\frac{1}{2},-\frac{1}{2}}$$

和表 4.1 的前三行相符 (不计归一化).

我们可以用这个替代形式求出角动量相加规则. 当我们组合角动量态 j_1 和 j_2 时, 状态矢量取 $\Psi_{m_1\cdots m_{2j_1};m_1'\cdots m_{2j_2}'}$ 形式, 它关于 m 对称且关于 m' 对称, 但在 m 和 m' 之间没有特殊的对称关系. 因此, 乘以 M 个因子 $\epsilon_{m_r m_s}$ 并对指标求和, 我们就形成了 m 指标少 M 个、m' 指标少 M 个的张量. 如果对剩余的指标对称化, 我们就得到仅描述角动量 $2j_1+2j_2-2M$ 的张量. 这里 M 可以取从 0 到 $2j_1$ 和 $2j_2$ 中的小者间的任何值. 所以通过组合角动量 j_1 和 j_2, 我们能够形成角动量 $j=j_1+j_2-M$, $0\leqslant M\leqslant\min\{2j_1,2j_2\}$. 换句话说, 角动量 $|j_1-j_2|\leqslant j\leqslant j_1+j_2$, 和我们在前面用提升算符和降低算符所得的相同.

4.4 Wigner-Eckart 定理

角动量的代数处理方法的优点之一是, 只要我们知道算符和转动生成元之间的对易关系 (而这从相应的可观测量的转动变换性质就可得出), 我们就能演绎出不同算符的矩阵元形式. $2j+1$ 个算符 O_j^m $(m=j,j-1,\cdots,-j)$ 的集合称为具有自旋 j, 如果转动生成元和算符的对易关系具有和算符作用在角动量为 j 的状态矢量 Ψ_j^m 上的式(4.2.9)和式(4.2.16)相同的形式:

$$[J_3,O_j^m]=\hbar m O_j^m \tag{4.4.1}$$

$$[J_1\pm\mathrm{i}J_2,O_j^m]=\hbar\sqrt{j(j+1)-m^2\mp m}\,O_j^{m\pm1} \tag{4.4.2}$$

这些条件可以总结在下面的陈述中:

$$[\boldsymbol{J},O_j^m]=\hbar\sum_{m'}\boldsymbol{J}_{m'm}^{(j)}O_j^{m'} \tag{4.4.3}$$

其中 $\boldsymbol{J}_{m'm}^{(j)}$ 是角动量算符对自旋 j 的表示,

$$[J_3^{(j)}]_{m'm}\equiv m\delta_{m'm},\quad [J_1^{(j)}]_{m'm}\pm\mathrm{i}[J_2^{(j)}]_{m'm}\equiv\sqrt{j(j+1)-m^2\mp m}\,\delta_{m',m\pm1} \tag{4.4.4}$$

例如, 标量算符 S 是一个和 $\boldsymbol{J}$ 的所有分量都对易的算符: 如果我们给算符赋值 $j=m=0$, 式(4.4.1)和式(4.4.2)就平凡地被满足, 或者等价地式(4.4.3)也被满足, 对它有 $\boldsymbol{J}_{m'm}^{(0)}=\boldsymbol{0}$. 并且, 根据式(4.1.13), 矢量算符 $\boldsymbol{V}$ 是满足对易关系的算符,

$$[J_i,V_j]=\mathrm{i}\hbar\sum_k\epsilon_{ijk}V_k \tag{4.4.5}$$

我们可以定义这个矢量的**球面分量**,

$$V^+ \equiv -\frac{V_1+\mathrm{i}V_2}{\sqrt{2}}, \quad V^- \equiv \frac{V_1-\mathrm{i}V_2}{\sqrt{2}}, \quad V^0 = V_3 \tag{4.4.6}$$

这样我们就可以用对易关系(4.4.5)证明

$$[J_3, V^m] = \hbar m V^m \tag{4.4.7}$$

$$[J_1 \pm \mathrm{i}J_2, V^m] = \hbar\sqrt{2-m^2 \mp m}\, V^{m\pm 1} \tag{4.4.8}$$

所以 V^m 就组成算符 V_1^m, $j=1$. 这样算符 V_1^m 的特例由球谐函数 $Y_1^m(\hat{\boldsymbol{x}})$ 提供, 此处 $\hat{\boldsymbol{x}}$ 作为算符处理. 其实, 对于任何的矢量算符 $\boldsymbol{V}$, ℓ 阶多项式 $|\boldsymbol{V}|^\ell Y_\ell^m(\hat{\boldsymbol{V}})$ 是 O_j^m 型算符, $j=\ell$.

我们将证明一个基本的普遍结果, 由 Wigner[1]和 Carl Eckart[2](1902~1973) 提出, 称为 **Wigner-Eckart 定理**, 它给出

$$(\Phi_{j''}^{m''}, O_j^m \Psi_{j'}^{m'}) = C_{jj'}(j''m''; mm')^* (\Phi\|O\|\Psi) \tag{4.4.9}$$

此处 $C_{jj'}(j''m''; mm')$ 是在 4.3 节中引入的 Clebsch-Gordan 系数, $(\Phi\|O\|\Psi)$ 是一个称为**约化矩阵元**的系数, 它不依赖 m, m' 和 m''.

要证明这个结果, 考虑自旋 j 的一般算符 O_j^m. 态矢量 $\Omega_{jj'}^{mm'} \equiv O_j^m \Psi_{j'}^{m'}$ 当作用以角动量算符时就变为

$$\begin{aligned}
J_i \Omega_{jj'}^{mm'} &= [J_i, O_j^m]\Psi_{j'}^{m'} + O_j^m J_i \Psi_{j'}^{m'} \\
&= \hbar \sum_{m''} [J_i^{(j)}]_{m''m} \Omega_{jj'}^{m''m'} + \hbar \sum_{m''} [J_i^{(j)}]_{m''m'} \Omega_{jj'}^{mm''}
\end{aligned} \tag{4.4.10}$$

换句话说, J_i 作用在 $\Omega_{jj'}^{mm'}$ 上, 就好像 $\Omega_{jj'}^{mm'}$ 是一个由两个自旋 j 和 j'、3-分量 m 和 m' 的粒子组成的体系的状态矢量一样. 所以

$$O_j^m \Psi_{j'}^{m'} = \sum_{j'',m''} C_{jj'}(j''m''; mm') \Omega_{jj'j''}^{m''} \tag{4.4.11}$$

此处 $\Omega_{jj'j''}^{m''}$ 是一个角动量 j''、3-分量 m'' 的状态矢量. 应用式(4.2.19)于状态矢量 Φ 和 Ω 就给出希望得到的结果式(4.4.9).

① Wigner E P. Gruppentheorie und ihre Anwendung auf die Quantenmechanik der Atomspektren. Braunschweig: Vieweg und Sohn, 1931.

译者注: Group Theory and Its Application to Quantum Mechanics of Atomic Spectra. New York: Academic Press, 1959(英文版).

② Eckart C. Rev. Mod. Phys., 1930, 2: 305.

对于矢量算符, 这个结果有一个直接的应用: **所有的矢量算符在具有确定角动量的状态矢量间的矩阵元是平行的**. 也就是, 对于任何一对矢量 $\boldsymbol{V}$ 和 $\boldsymbol{W}$, 只要 $(\Phi\|\boldsymbol{W}\|\Psi)$ 不为零, 我们就有

$$\left(\Phi_{j''}^{m''}, V_1^m \Psi_{j'}^{m'}\right) = \frac{(\Phi\|V\|\Psi)}{(\Phi\|W\|\Psi)}\left(\Phi_{j''}^{m''}, W_1^m \Psi_{j'}^{m'}\right) \tag{4.4.12}$$

因为此式对于矢量的球面分量成立, 它对笛卡儿分量也成立,

$$\left(\Phi_{j''}^{m''}, V_i \Psi_{j'}^{m'}\right) = \frac{(\Phi\|V\|\Psi)}{(\Phi\|W\|\Psi)}\left(\Phi_{j''}^{m''}, W_i \Psi_{j'}^{m'}\right) \tag{4.4.13}$$

特别地, 由于 $\boldsymbol{J}$ 本身也是矢量, 我们有

$$\left(\Phi_{j''}^{m''}, V_i \Psi_{j'}^{m'}\right) \propto \left(\Phi_{j''}^{m''}, J_i \Psi_{j'}^{m'}\right) \tag{4.4.14}$$

在上式的结果中我们只写了 $j'' = j'$ 的情况, 因为 $\boldsymbol{J}$ 和 $\boldsymbol{J}^2$ 对易, 所以约化矩阵元 $(\Phi\|\boldsymbol{J}\|\Psi)$ 在 Φ 与 Ψ 有不同角动量情况下等于零. 但这不应理解为矢量算符一般地在具有不同角动量的态之间的矩阵元等于零; 这仅对于角动量算符本身才是普遍规则.

我们将在 5.2 节中用式(4.4.14)处理 Zeeman 效应. 常常遇到 "物理的" 解释, 说任何与角动量矢量正交的矢量会在体系绕 $\boldsymbol{J}$ 转动下被平均掉, 但是如果没有 Wigner-Eckart 定理, 人们就会认为这个本质上经典的解释会容许量子修正的可能.

作为 Wigner-Eckart 定理的下一个应用, 我们推导最常见的光子发射跃迁服从的选择规则. 如我们在 1.4 节中看到的, Heisenberg 用振动电荷的辐射经典公式猜出从一个原子状态到另一个原子状态的跃迁率公式(1.4.5). 推广到任何数量的电荷, 其相对于质量中心的位置算符为 $\boldsymbol{X}_n$, 电荷为 e_n, 这个公式给出从初始原子状态 a 到最终原子状态 b 的跃迁率为

$$\Gamma(a \to b) = \frac{4(E_a - E_b)^3}{c^3 \hbar^4} \left|(b|\boldsymbol{D}|a)\right|^2 \tag{4.4.15}$$

此处 $\boldsymbol{D}$ 是偶极算符,

$$\boldsymbol{D} = \sum_n e_n \boldsymbol{X}_n \tag{4.4.16}$$

我们将在 11.7 节中给出这个公式的量子力学推导. 在那里证明式(4.4.15)给出辐射跃迁率 ($(b|\boldsymbol{X}_n|a)$ 定义为第 n 个粒子相对于质量中心的坐标, 去掉了动量 δ 函数), 取的近似是: 发射光子的波长 $hc/(E_a - E_b)$ 的矩阵元比原子的大小要大得多, 只要 $(b|\boldsymbol{D}|a)$ 不为零. 这里我们关心的是矩阵元不为零的条件.

算符 $\boldsymbol{D}$ 是一个 3-矢量, 所以如在式(4.4.6)中, 它的分量可以写作算符 D^m 的 $j = 1$ 多重态的线性组合:

$$D_1 = \frac{1}{\sqrt{2}}\left(-D^{+1} + D^{-1}\right), \quad D_2 = \frac{\mathrm{i}}{\sqrt{2}}\left(D^{+1} + D^{-1}\right), \quad D_3 = D^0 \tag{4.4.17}$$

算符 D^m 的矩阵元有对于 m 和始态及终态角动量量子数 j_a, m_a 和 j_b, m_b 的依赖, 由 Clebsch-Gordan 系数给出

$$(a|D^m|b) \propto C_{j_a 1}(j_b m_b; m_a m) \tag{4.4.18}$$

比例常数不依赖于 m, m_a 和 m_b. 跃迁率(4.4.15)为零, 除非角动量量子数满足

$$|j_a - j_b| \leqslant 1, \quad j_a + j_b \geqslant 1, \quad |m_a - m_b| \leqslant 1 \tag{4.4.19}$$

此外还有宇称选择规则, 将在 4.7 节中给出.

当选择规则被满足, 并且跃迁率由式(4.4.15)作为很好的近似给出时, 这就叫作电偶极, 或 E1 跃迁. 当然, 并不是所有可能的原子跃迁都满足这些选择规则. 当这些选择规则不被满足时, 光子跃迁仍然是可能的, 但跃迁率被压低一个原子大小除以光子波长的因子. 这些跃迁将在 11.7 节中讨论.

经常发生的是, 角动量为 j' 的原子、分子或基本粒子是非极化的, 即 m' 值是从 $-j'$ 到 j' 等概率出现的. 所以在求一个算符 O_j^m 在态 $\Psi_{j'}^{m'}$ 的期望值时我们必须对 m' 求平均. 由 Wigner-Eckart 定理给出期望值

$$\begin{aligned}
\langle O_j^m \rangle &= \frac{1}{2j'+1} \sum_{m'} \left(\Psi_{j'}^{m'}, O_j^m \Psi_{j'}^{m'} \right) \\
&= \frac{1}{2j'+1} \sum_{m'} C_{jj'}(j', m'; m m')(\Psi \| O \| \Psi)
\end{aligned} \tag{4.4.20}$$

在正交归一关系(4.3.41)中, 设 $\bar{j} = \bar{m} = 0$, 并用显然的关系 $C_{0j''}(j'm'; 0m'') = \delta_{j'j''}\delta_{m'm''}$, 我们得到

$$\sum_{m'} C_{jj'}(j'm', mm') = (2j'+1)\delta_{j0}\delta m 0 \tag{4.4.21}$$

因此除去 $j = m = 0$ 的那些 O_j^m 算符以外, 没有一个算符在非极化系统内有不为零的期望值. 在 5.9 节中我们将看到, 这对电中性的原子和分子间的长程力有重要的推论.

4.5 玻色子与费米子

据我们所知, 宇宙中每一个电子都和每一个其他电子全同, 除去它们的位置 (或动量) 和自旋 3-分量. 对于其他已知的基本粒子——光子、夸克等也是如此. 对于这些不

可区别 (全同) 的粒子, 在一个物理状态中不论我们在写位置和自旋指标时采取什么顺序都没有任何区别: 我们说在一个状态矢量 $\Phi_{\boldsymbol{x}_1, m_1; \boldsymbol{x}_2, m_2; \cdots}$ 代表的状态中有一个电子有位置 $\boldsymbol{x}_1$ 和自旋 3-分量 $\hbar m_1$, 另一个电子有位置 $\boldsymbol{x}_2$ 和自旋 3-分量 $\hbar m_2$, 等等, 而**不说**第一个电子有位置 $\boldsymbol{x}_1$ 和自旋 3-分量 $\hbar m_1$, 第二个电子有位置 $\boldsymbol{x}_2$ 和自旋 3-分量 $\hbar m_2$, 等等. 所以例如状态矢量 $\Phi_{\boldsymbol{x}_2, m_2; \boldsymbol{x}_1, m_1; \cdots}$ 和状态矢量 $\Phi_{\boldsymbol{x}_1, m_1; \boldsymbol{x}_2, m_2; \cdots}$ 必须代表同一个物理状态. 这并不是说两个状态矢量相等, 只是说它们准确到一个常数因子[①] (例如 α) 时相等:

$$\Phi_{\boldsymbol{x}_2, m_2; \boldsymbol{x}_1, m_1; \cdots} = \alpha \Phi_{\boldsymbol{x}_1, m_1; \boldsymbol{x}_2, m_2; \cdots} \tag{4.5.1}$$

因为 α 不依赖于动量或自旋, 所以我们也有

$$\Phi_{\boldsymbol{x}_1, m_1; \boldsymbol{x}_2, m_2; \cdots} = \alpha \Phi_{\boldsymbol{x}_2, m_2; \boldsymbol{x}_1, m_1; \cdots} \tag{4.5.2}$$

将式(4.5.1)代入式(4.5.2)的右边, 我们看到

$$\Phi_{\boldsymbol{x}_1, m_1; \boldsymbol{x}_2, m_2; \cdots} = \alpha^2 \Phi_{\boldsymbol{x}_1, m_1; \boldsymbol{x}_2, m_2; \cdots}$$

所以

$$\alpha^2 = 1 \tag{4.5.3}$$

这个论证适用于任何类型的粒子, 基本或者非基本粒子. $\alpha = +1$ 和 $\alpha = -1$ 的粒子分别称为**玻色子**和**费米子**, 以 Satyendra Nath Bose(1894~1974) 和 Enrico Fermi (1901~1954) 的名字命名.

狭义相对论在量子力学中最重要的推论之一就是所有自旋为奇整数一半的粒子是费米子, 所有自旋为整数的粒子是玻色子[②]. 所以, 具有自旋 1/2 的电子和夸克是费米子. 在称为 β 衰变的放射性过程中起关键作用的重粒子 W 和 Z 具有自旋 1, 因此是玻色子. (定义无质量粒子如光子的自旋时需要小心. 对我们在此处的需要, 只要注意到光子自旋在其运动方向的分量只能取值 $\pm \hbar$, 对应于左手和右手圆偏振电磁波, 光子是玻色子.)

当我们交换一对全同复合粒子时, 我们交换它们所有的组成部分, 所以我们得到一个符号因子, 它由所有的个别组成部分的符号因子的乘积给出. 所以就得出: **一个包含**

---

① 在推导式(4.5.3)时, 重要的是 α 应该仅依赖于粒子的种类, 而不依赖于粒子的动量或自旋. 这是考虑时空对称出现的结果; α 依赖于动量或自旋会破坏坐标系转动不变性或坐标系平移不变性. 在二维空间中有一个奇异的可能性, α 可能依赖于把粒子带到现有的位置或动量的路径, 但这在三维或更高维空间中是不可能的.

② 这个结果第一次 (在用微扰论情况下) 由 M. Fierz (*Helv. Phys. Acta, 1939, 12: 3*) 和 W. Pauli (*Phys. Rev.*, 1940, 58: 716) 提出. 在公理化场论中非微扰的证明由 G. Lüders 和 B. Zumino (*Phys. Rev., 1958, 110: 1450*) 以及 N. Burgoyne (*Nuovo Cimento*, 1958, 8: 807) 给出. 也参见 R. F. Streater 和 A. S. Wightman 的著作 (*PCT, Spin and All That*, 1958, Benjamin, New York, 1968).

偶数个费米子和任意数目的玻色子的复合粒子是一个玻色子, 一个包含奇数个费米子和任意数目的玻色子的复合粒子是一个费米子. 这样质子和中子每一个包含三个夸克, 是费米子. 氢原子包含一个质子和一个电子, 是玻色子. 注意这个规则和角动量相加的规则是相容的: 奇数个半奇整数角动量和任意整数个整数角动量相加是一个半奇整数角动量, 以及偶数个半奇整数角动量和任意整数个整数角动量相加是一个整数角动量. 所有整数个自旋粒子都不可能是费米子, 因为整数个自旋粒子会有整数自旋, 也是一个玻色子.

玻色子和费米子的区别对于一类系统是特别重要的, 在系统中 Hamilton 量分别作用在每个粒子上成为好的近似. 这就是

$$H\Phi_{\xi_1\xi_2\cdots} = \int \mathrm{d}\xi_1' H_{\xi_1'\xi_1} \Phi_{\xi_1',\xi_2,\cdots} + \int \mathrm{d}\xi_2' H_{\xi_2'\xi_2} \Phi_{\xi_1,\xi_2',\cdots} + \cdots \tag{4.5.4}$$

此处 $H_{\xi'\xi}$ 是一个有效单粒子 Hamilton 量在单粒子态间的矩阵元,

$$H_{\xi'\xi} \equiv (\Phi_{\xi'}, H^{\mathrm{eff}}\Phi_\xi) \tag{4.5.5}$$

(我们现在用 ξ 标记粒子的动量和自旋 z-分量, 对 ξ 的积分理解为包括对动量矢量的积分和对自旋 z-分量的求和.) 在原子物理中, 这称为 **Hartree 近似**. 在一个多粒子系统中, 假设任何一个粒子响应其他粒子产生的势, 而它对于势的反作用可以忽略, Hartree 近似通常是很好的近似[①]. 当 Hamilton 量取式(4.5.4)时, 如果状态 Ψ 的波函数是单粒子波函数的乘积, Ψ 就是 Hamilton 量的本征态:

$$(\Phi_{\xi_1,\xi_2,\cdots}, \Psi) = \psi_1(\xi_1)\psi_2(\xi_2)\cdots \tag{4.5.6}$$

此处 ψ_a 是单粒子 Hamilton 量的本征函数

$$\int \mathrm{d}\xi' H_{\xi\xi'}\psi_a(\xi') = E_a\psi_a(\xi) \tag{4.5.7}$$

在此情况下, 我们有

$$(\Phi_{\xi_1,\xi_2,\cdots}, H\Psi) = \int \mathrm{d}\xi_1' H_{\xi_1'\xi_1}^* \psi_1(\xi_1')\psi_2(\xi_2)\cdots + \int \mathrm{d}\xi_2' H_{\xi_2'\xi_2}^* \psi_1(\xi_1)\psi_2(\xi_2')\cdots + \cdots$$

用单粒子 Hamilton 量的 Hermite 性, 我们有 $H_{\xi'\xi}^* = H_{\xi\xi'}$, 因此用式(4.5.7), 由此给出

$$(\Phi_{\xi_1,\xi_2,\cdots}, H\Psi) = (E_1 + E_2 + \cdots)(\Phi_{\xi_1,\xi_2,\cdots}, \Psi)$$

所以 Ψ 是 H 的本征矢量, 相应能量为 $E_1 + E_2 + \cdots$:

$$H\Psi = (E_1 + E_2 + \cdots)\Psi \tag{4.5.8}$$

---

① Hartree D R. Proc. Camb. Phil. Soc., 1928, 24: 111.

但对于全同粒子, 式(4.5.6)是和对于玻色子或费米子而言 $\Phi_{\xi_1,\xi_2,\cdots}$ 关于指标 ξ 应该分别是对称的或反对称的要求相冲突的. 在此情形下, 取代式(4.5.6), 我们必须对称化或反对称化波函数:

$$(\Phi_{\xi_1,\xi_2,\cdots},\Psi) = \sum_P \delta_P \psi_1(\xi_{P1})\psi_2(\xi_{P2})\cdots \tag{4.5.9}$$

此处求和是对于所有排列 $1,2,\cdots \mapsto P1,P2,\cdots$ 进行的, 此处 δ_P 对于费米子是 $+1$ 或 -1, 分别对应偶排列和奇排列, 对于玻色子, 对所有排列 $\delta_P = 1$. 以上关于波函数(4.5.6)的能量的论证也适用于求和的每一项, 所以根据同样的论证, Ψ 是 H 的本征矢量, 相应能量为 $E_1 + E_2 + \cdots$.

例如, 对于二粒子态正好有两种排列: 全同排列 $1,2 \mapsto 1,2$ 和奇排列 $1,2 \mapsto 2,1$, 所以

$$(\Phi_{\xi_1,\xi_2},\Psi) = \psi_1(\xi_1)\psi_2(\xi_2) \pm \psi_1(\xi_2)\psi_2(\xi_1)$$

对于玻色子符号为正, 对于费米子符号为负. 在一般情况下, 费米子波函数是一个行列式, 称为 **Slater 行列式**[1]:

$$(\Phi_{\xi_1,\xi_2,\cdots},\Psi) = \begin{vmatrix} \psi_1(\xi_1) & \psi_1(\xi_2) & \psi_1(\xi_3) & \cdots \\ \psi_2(\xi_1) & \psi_2(\xi_2) & \psi_2(\xi_3) & \cdots \\ \psi_3(\xi_1) & \psi_3(\xi_2) & \psi_3(\xi_3) & \cdots \\ \vdots & \vdots & \vdots & \end{vmatrix} \tag{4.5.10}$$

对于玻色子, 波函数以**积和式 (permanent)** 取代行列式, 这是一个行列式, 但所有的负号都用正号代替.

对于费米子, 不可能形成一个状态矢量以式(4.5.10)的形式出现, 其中任意的 ψ_a 是相同的, 因为这就使行列式的两行相同, 状态矢量就为零了. 这称为 **Pauli 不相容原理**[2]. 与此相对照的是, 对于玻色子我们甚至可以有宏观量 ψ_a 相同的状态. 这称为**Bose-Einstein 凝聚**[3]. 液氦的特殊性质可以用 Bose-Einstein 凝聚诠释, 但在这种情况下波函数不能近似表示为单粒子波函数乘积的对称化和. 只是近年来气体原子的 Bose-Einstein 凝聚才被观察到[4], 此处这个近似是合适的.

不相容原理不适用于玻色子, 甚至不适用于包含一对费米子的氢原子, 但它对这样的玻色束缚态系综是有影响的. 考虑由一对坐标为 ξ 和 η(每一个都包含动量和自旋 z

① Slater J C. Phys. Rev., 1929, 34: 1293.

② Pauli W. Z. Physik, 1925, 31: 765.

③ 在给 Einstein 的一封信中, Bose 描述了他的玻色子理论 (如光子), 此处粒子数是不确定的. Einstein 亲自把英文译成德文, 并把论文发表了. (Bose S N. Z. Physik, 1924, 26: 178.) 然后 Einstein 做出了粒子数固定的玻色气体理论, 也发表了. (Einstein A. Sitzungsber. Preuss. Akad. Wiss., 1925, 3.)

④ Anderson M H, Ensher J R, Matthews M R, et al. Science, 1995, 269: 198.

分量) 的费米子组成的玻色子. 这类全同玻色子气体的波函数由束缚态波函数的乘积给出, 但对于费米子变量要反对称化, 因此是一个行列式:

$$\begin{vmatrix} \psi(\xi_1,\eta_1) & \psi(\xi_1,\eta_2) & \psi(\xi_1,\eta_3) & \cdots \\ \psi(\xi_2,\eta_1) & \psi(\xi_2,\eta_2) & \psi(\xi_2,\eta_3) & \cdots \\ \psi(\xi_3,\eta_1) & \psi(\xi_3,\eta_2) & \psi(\xi_3,\eta_3) & \cdots \\ \vdots & \vdots & \vdots & \end{vmatrix}$$

对于有多少这样的全同玻色子共存是没有限制的.

不相容原理的第一个伟大的应用是解释原子周期表. 正如前面提到过的, 在多电子原子中每一个电子都可以被考虑为在原子核和其他电子所形成的势 $V(r)$ 中运动. 这个势很接近于中心势, 仅和到原子核的距离 r 有关, 但并不是一个简单地与 $1/r$ 成正比的 Coulomb 势. 它在原子核 (电荷为 $+Ze$) 附近表现为 $-Ze^2/r$, 在原子的外面表现为 $-e^2/r$, 在那里核电荷被 $Z-1$ 个电子屏蔽. 因为势仍然是中心势, 所以我们仍然可以用轨道角动量 ℓ 和主量子数 n 来表示个别电子的波函数 $\psi_a(\xi)$, 每个 n 和 ℓ 有 $2(2\ell+1)$ 个态 (附加的因子 2 由电子自旋而来). 整数 n 可以定义为 $\ell+1$ 加上径向波函数的节数, 正与 Coulomb 势一样. 但势并非 Coulomb 势, 我们不再有等距离的相同 n、不同 ℓ 的能级. 取代它的是能量随 ℓ 增加而增加的趋势, 因为波函数在原点附近表现为 r^ℓ, 所以具有较大 ℓ 的电子在核附近停留较少的时间, 在那里 $r|V(r)|$ 是最大的. 对于具有大数 Z 电子的原子, 甚至会有大的 ℓ 电子, 其能量高于具有更大 n 值但更小 ℓ 值的状态.

Pauli 不相容原理告诉我们, 没有两个电子能具有相同的波函数 $\Psi_a(\xi)$, 所以当我们考虑的原子具有越来越多的电子时, 电子必须放置到具有越来越高的单电子能量状态 E_a 上. 当然, 电子数量增加时, 势 $V(r)$ 随之改变, 所以能量 E_a 的值, 甚至它们的次序也会改变. 详细的计算表明, 单电子状态按照以下次序填充 (除去零星的例外), 能量按以下次序增加:

$$\begin{aligned} & 1s \\ & 2s, 2p \\ & 3s, 3p \\ & 4s, 3d, 4p \\ & 5s, 4d, 5p \\ & 6s, 3f, 5d, 6p \\ & 7s, 5f, 7p, \cdots \end{aligned} \tag{4.5.11}$$

此处 s, p, d 和 f 是经过时间考验的对于 $\ell=0,1,2$ 和 3 态的记号. 在同一行列出的单电子状态有大约相同的能量, 从左到右略有增加.

把自旋包括在内, 列于式(4.5.11)每一行的能级的状态数目是 2, 2+6=8, 2+6=8, 2+6+10=18, 2+10+6=18, 2+14+10+6=32, 等等. 对前两个元素 (氢和氦), $Z=1$ 和 $Z=2$, 只在式(4.5.11)中第一个 (最深) 能级上有电子; 其次 8 个元素, 从锂到氖在第二行能级中也有电子; 从钠到氩在第三行以及第一和第二行能级上有电子; 等等.

现在, 元素的化学性质一般由最高能级的电子数目决定, 它们是约束最小的. (一个重要的例外在下文中会提及.) 一个元素的原子在填满的能级之外没有电子, 它在化学上是特别稳定的. 这样的元素称为**惰性气体**: $Z=2$ 的氦, $Z=2+8=10$ 的氖, $Z=2+8+8=18$ 的氩, $Z=2+8+8+18=36$ 的氪, $Z=2+8+8+18+18=54$ 的氙和 $Z=2+8+8+18+18+32=86$ 的氡. 对于比惰性气体电子数多一点或少一点的元素, 其化学性质主要被一个称为**价**的数决定: 电子多余则为正, 电子缺少则为负. 由获得或丢失一个或多个电子的原子间的 Coulomb 吸引力固定在一起的稳定化合物, 典型地由其价之和为零的元素构成. 如果在最高能级上只有一个电子, 那么它最容易丢失, 所以元素表现为 +1 价的化学反应活跃的金属. (金属以其电子离开个别原子而在固体中自由穿行的性质而著称. 这使得金属具有高的热及电传导率.) 这类元素称为**碱金属**, 包括 $Z=2+1=3$ 的锂, $Z=2+8+1=11$ 的钠, $Z=2+8+8+1=19$ 的钾, 等等. 类似地, 如果在最高能级**缺少**一个电子, 原子则有很强的倾向吸引一个附加电子, 所以它是化学反应活跃的非金属, 价为 -1, 它们能和碱金属形成特别稳定的化合物. 这样的元素称为**卤素**: $Z=2+8-1=9$ 的氟, $Z=2+8+8-1=17$ 的氯, $Z=2+8+8+18-1=35$ 的溴, 等等. 比惰性气体多两个电子的元素有化学活性, 但不如碱金属那样活跃; 这称为**碱土金属**, 价为 +2, 包括 $Z=2+2=4$ 的铍, $Z=2+8+2=12$ 的镁, $Z=18+2=20$ 的钙, 等等. 类似地, 比惰性气体少两个电子的元素也有化学活性, 价为 -2, 但不如卤素那样活跃. 这些包括 $Z=10-2=8$ 的氧, $Z=18-2=16$ 的硫, 等等.

在第六能级包括 4f 状态和在第七能级包括 5f 态这个结论, 产生了周期表的一个令人印象深刻的特征. 详细的计算表明 4f 轨道的平均半径比 6s 态的小, 5f 轨道的平均半径比 7s 态的小, 所以 4f 和 5f 电子的数量对原子的化学性质影响很小, 甚至在它们是原子最高能量电子时也是如此. 所以最高能量电子是 4f 态的 $2(2 \cdot 3 + 1) = 14$ 个元素在化学上很相似, 对另外 14 个元素, 它们的最高能量电子是 5f 态, 在化学上也十分相似. 第一组元素称为**稀土**元素或**镧系**元素, 它们有从 $Z=2+8+8+18+18+2+1=57$(镧)[①]到 $Z=2+8+8+18+18+2+14=70$(镱) 的元素. 第二组元素称为**锕系**元素, 它们有从 $Z=2+8+8+18+18+32+2+1=89$(锕) 到 $Z=2+8+8+18+18+32+2+14=102$(锘) 的元素. 在锘之外更远, 化学性质的问

---

① 镧实际上是能级填充规则(4.5.11)的少数例外之一. 第 57 个电子在 5d 态而不在 4f 态上. 但在下一个稀土元素 (铈) 中, 两个电子位于 4f 态, 在 5d 态上没有电子, 这幅图景继续到其他稀土元素. 对于锕系元素也有类似的例外.

题就不着边际了. 因为对于这样大的 Z, 质子间的 Coulomb 斥力使得原子核如此不稳定, 原子不会存在够长时间来参加化学反应.

类似的壳层结构在原子核中也能看到[1]. 有一些质子和中子的"幻数", 它们形成闭合壳层, 表现在质子数或中子数多一个的核具有反常小的结合能. 用此办法观察到的幻数是

$$2, 8, 20, 28, 50, 82, 126 \tag{4.5.12}$$

例如, ^{4}He 是双幻核, 因为它有两个质子和两个中子, 因此没有多一个质子或多一个中子的稳定核. 这也是早期宇宙的核反应很难产生比 ^{4}He 更重的核的原因之一. 其他的双幻核如 ^{16}O 和 ^{40}Ca 允许结合一个附加的质子或中子, 但比临近的核结合能小得很多, 其结果就是这些氧和钙的同位素和其他邻近的核相比, 在星体中要产生得更多.

核幻数的解释就和惰性气体的原子序数 $Z = 2, 10, 18$ 等一样, 当然两种情况的势很不相同. 核子可以看成在核中一个共同的势 $V(r)$ 中运动, 在原点处势对三维矢量 $\boldsymbol{x}$ 必须是解析的, 因为和原子不同, 在核中原点没有什么特殊. 因此, 对 $r \to 0$, 势必须表现为一个常数加上一个和 r^2 成正比的项. 满足这个条件的一个简单的势就是谐振子势, $V(r) \propto V_0 + m_{\mathrm{N}} \omega^2 r^2 / 2$, 这里 ω 是某个常数频率. 如我们在 2.5 节中看到的, 在此势中粒子的前几个能级 (相对零点能 $V_0 + 3\hbar/2$) 以及能级的简并度如下:

$$
\begin{array}{ccc}
\text{能量本征值} & \text{本征态} & \text{简并度} \\
0 & \mathrm{s} & 2 \\
\hbar\omega & \mathrm{p} & 6 \\
2\hbar\omega & \mathrm{s\&d} & 12 \\
3\hbar\omega & \mathrm{p\&f} & 20 \\
\vdots & \vdots & \vdots
\end{array}
\tag{4.5.13}
$$

此处在简并度中包括了一个附加的因子 2, 是由于考虑了核子的自旋. 质子是费米子, 彼此全同, 所以核中最低能级被充满时, 质子数是 2; 到 $\hbar\omega$ 的所有能级被充满时质子数是 2+6=8; 到 $2\hbar\omega$ 的所有能级被充满时, 它是 2+6+12=20; 等等. 当然, 对于中子同样适用.

这解释了前三个幻数, 但会建议下一个幻数应该是 $2+6+12+20 = 40$, 但确定不是这样. 对于除轻核以外的核, 必须考虑到不可避免的对谐振子势的偏离, 还要考虑自旋-轨道耦合, 如在 4.3 节中讨论的, 它将具有确定 ℓ 值的 $2(2\ell+1)$ 态分裂为 $2\ell+2$ 个单粒子总角动量为 $j = \ell + 1/2$ 的态和 2ℓ 个 $j = \ell - 1/2$ 的态. 原来自旋-轨道耦合将

---

[1] Goeppert-Mayer M, Jensen J H D. Elementary Theory of Nuclear Shell Structure. New York: Wiley, 1955.

$j = 7/2$ 的 f 态的能量压低到其他 $3\hbar\omega$ 态之下. $f_{7/2}$ 态的简并度是 8, 所以在 20 之后的幻数是 20+8=28. 用类似的考虑解释了更大的幻数.

玻色子和费米子的区别对于我们在统计力学中如何数物理状态的方式起很重要的作用. 根据统计力学的一般原理, 在热平衡时状态的概率和线性守恒量的指数函数成正比——线性指的是在子系统有相互作用时, 这些量对于子系统的求和是守恒的. 这些守恒量包括总能量 E[①] 和粒子数 N (严格地说, 某些种类的粒子, 诸如夸克和电子的数目, 减去它们的反粒子数). 这个指数概率分布称为**巨正则系综**. 我们将在这里考虑像单分子气体这样的系统, 它的总能量等于以单粒子状态 n 标志的能量 E_n 乘以在 n 状态上的全同粒子数 N_n 再求和. 因此对于任何在热平衡下给定的 N_n 个粒子集合的概率是

$$P(N_1, N_2, \cdots) \propto \exp\left(-\frac{E}{k_{\mathrm{B}}T} + \frac{\mu N}{k_{\mathrm{B}}T}\right) = \exp\left(-\sum_n \frac{N_n(E_n - \mu)}{k_{\mathrm{B}}T}\right) \tag{4.5.14}$$

此处 $N = \sum_n N_n$ 以及 $E = \sum_n N_n E_n$ 分别是总粒子数和总能量, k_{B} 是 Boltzmann 常量, T 和 μ 是描述体系的参数, 分别称为**温度**和**化学势**.

到此为止, 可区别粒子和不可区别粒子或玻色子和费米子之间的不可区别粒子都没有什么不同. 在我们计算热力学平均值、对状态求和时区别才显露出来. 对于可区别粒子, 我们对每一个粒子的可能状态求和. 对于不可区别粒子, 我们对每一个单粒子状态的粒子数求和. 对于玻色子, 在状态 n 上的平均粒子数是

$$
\begin{aligned}
\overline{N_n} &= \frac{\displaystyle\sum_{N_n=0}^{+\infty} N_n \exp\left(-N_n(E_n - \mu)/(k_{\mathrm{B}}T)\right)}{\displaystyle\sum_{N_n=0}^{+\infty} \exp\left(-N_n(E_n - \mu)/(k_{\mathrm{B}}T)\right)} \\
&= \frac{1}{\exp\left(-(E_n - \mu)/(k_{\mathrm{B}}T)\right) - 1}
\end{aligned}
\tag{4.5.15}
$$

(对于在非 n 状态 $m \neq n$ 的粒子数 N_m 求和时, 分子和分母中的因子抵消了.) 这是 Bose-Einstein 统计的情况.

例如, 在辐射过程中光子的数目不守恒, 所以我们对光子应该取 $\mu = 0$. 如我们在 1.1 节中看到的, 在频率 ν 到 $\nu + \mathrm{d}\nu$ 范围有 $8\pi\nu^2 \mathrm{d}\nu/c^3$ 个单光子态, 每一个有能量 $h\nu$, 所以在单位体积中频率 ν 到 $\nu + \mathrm{d}\nu$ 的能量为 $8\pi h\nu^3 \overline{N} \mathrm{d}\nu/c^2$, 它立即导致了 Planck 黑体辐射公式(1.1.5).

对费米子, $\overline{N}$ 的计算和玻色子的完全一样, 除去根据 Pauli 不相容原理, 对 N_n 的求

[①] 通常不包括总动量, 虽然它是线性守恒的, 因为我们永远可以选择一个参照系, 其中总动量为零.

和只跑遍两个值: 0 和 1. 所以

$$\overline{N}_n = \frac{\exp\left(-(E_n - \mu)/(k_\mathrm{B}T)\right)}{1 + \exp\left(-(E_n - \mu)/(k_\mathrm{B}T)\right)} = \frac{1}{\exp\left((E_n - \mu)/(k_\mathrm{B}T)\right) + 1} \tag{4.5.16}$$

注意到 $\overline{N}_n \leqslant 1$, 当然这是 Pauli 不相容原理要求的. 这是 **Fermi-Dirac 统计**的情况.

当温度足够低时, 平均布居数(4.5.16)可以很好地近似为

$$\overline{N}_n = \begin{cases} 1, & E_n < \mu, \\ 0, & E_n > \mu \end{cases} \tag{4.5.17}$$

在动量空间中, $E_n = \mu$ 平面提供了被填充状态空间的边界, 称为 **Fermi 面**. Fermi 面的存在对于白矮星中的电子和中子星中的中子起着重要作用.

Pauli 原理对于晶体中电子的动力学有重要的推论. 如我们在 3.5 节中看到的, 在晶体中电子的允许能量落入几个不同的能带. 晶体的每一个能带的状态都被电子填充或者空置, 它就是绝缘体; 电子状态不能对电场做出反应, 因为这些状态被 Pauli 原理完全固定了. 一个晶体的某个能带既有可观数量的被填充状态, 又有可观数量的空置状态, 它就是金属, 具有好的电和热传导性, 因为在这种情况下, Pauli 原理不妨碍在电场中电子状态转变为其他状态, 也有足够数量的电子做出反应. 晶体的某个能带几乎被填满或空置, 而其他所有能带都完全被填满或空置, 它就是半导体. 在绝对零度, 一个纯粹的半导体是一个绝缘体. 但用杂质进行掺杂, 对几乎空置的能带提供一些电子, 或者对几乎填满的能带取走一些电子, 就把它转变为导体.

玻色子的式(4.5.15)和费米子的式(4.5.16)的区别当指数因子 $\exp\left((E_n - \mu)/(k_\mathrm{B}T)\right)$ 比 1 大得多时就消失了. 在此情况下, 我们就有

$$\overline{N}_n = \exp\left(-(E_n - \mu)/(k_\mathrm{B}T)\right) \tag{4.5.18}$$

这是我们熟悉的 Maxwell-Boltzmann 统计.

4.6　内在对称性

到目前为止, 我们只考虑过作用在时空坐标上的对称变换. 也有重要的对称变换, 它们作用在粒子的属性上, 而不影响时空坐标. 这是一个很大的课题, 我们在此只能给一个简要的介绍.

一个早期的例子从 1932 年中子的发现开始. 从最开始, 引人注意的是中子的质量几乎等于质子的质量, 它们分别是 939.565 MeV/c^2 和 938.272 MeV/c^2. 这好像建议存在一个 "电荷对称", 相应的变换作用在任何状态上都会把中子变成质子, 质子变成中子. 很显然, 这不是一个精确变换, 因为中子和质子没有精确相等的质量. 它也根本不可能是电磁相互作用的对称性, 因为质子是带电的, 而中子不是. 但至少还是有可能, 它是将中子和质子约束在原子核中的强核力的对称性, 也就可能对中子和质子质量有重要的影响.

电荷对称性对于复杂核有重要的推论. 对于轻核, Coulomb 力不居重要位置, Z 个质子、 N 个中子所组成的核的每一个能级应该和 N 个质子、 Z 个中子所组成的核的一个能级相匹配, 有相同的能量和自旋. 这在实验中很好地实现了. 例如 ^{3}H 核的自旋 1/2 基态和 ^{3}He 核的自旋 1/2 基态能量是如此接近, 其能量差刚刚足够使得 ^{3}H 衰变到 ^{3}He 并发射一个电子和一个几乎无质量的中微子. 类似地, ^{12}B 的自旋 1 基态和 ^{12}N 的自旋 1 基态相匹配.

电荷对称性要求两个中子间的强核力和两个质子间的强核力相同, 但它并不预言质子与中子间的力. 最初只有中子-质子间的力可以被测量: 直接测量中子在氢靶上的散射, 间接通过对氘核的性质测量. 中子-中子力不能直接测量, 原因很显然: 因为没有中子靶, 也没有二中子束缚态. 质子-质子力可以直接测量, 但在低能量时质子间的 Coulomb 斥力使得质子不能接近, 所以力几乎是纯粹的电磁力. 到 1936 年可以把质子加速到足够高的能量, 可以测量核力的效应, 并得到这个力和质子-中子力很相似的结果. 说得更精确些, 在这个实验中, 质子的能量还是足够小, 只有 $\ell = 0$ 散射 (低能量和低 ℓ 值的联系在 7.6 节中解释), 所以由于质子是费米子, 它们应该处于自旋反对称状态, 总自旋为零. 这就有可能从中子-质子散射实验中分离出质子和中子间在 $\ell = 0$ 和总自旋 0 的力, 只要减去在氘核性质中测得的 $\ell = 0$ 和总自旋 1 的力即可. 结果发现, 中子-质子的核力和质子-质子间 $\ell = 0$ 和总自旋 0 态的核力在强度和力程上都很相似[①].

这明显需要质子和中子之间超越电荷对称的新对称. 正确的对称变换被确认为[②]

$$\begin{pmatrix} p \\ n \end{pmatrix} \mapsto u \begin{pmatrix} p \\ n \end{pmatrix} \tag{4.6.1}$$

此处 u 是一个一般的 2×2 幺正矩阵, 行列式为 1. 如我们在 4.3 节结尾处所见到的, 这和三维空间转动群相同, 但它不是作用在坐标、动量或普通的自旋指标上, 而是作用在记号 p 和 n 上, 二重态 (p, n) 的变换方式和自旋 1/2 二重态在通常转动下的变换方式一样. 它们称为**同位旋**变换.

---

① Tuve M A, Heydenberg N, Hafstad L R. Phys. Rev., 1936, 50: 806.
② Cassen B, Condon E U. Phys. Rev., 1936, 50: 846; Breit G, Feenberg E. Phys. Rev., 50: 850.

要使这些变换成为量子力学理论的对称性, 对每一个单位行列式的 2×2 幺正矩阵 u, 必须存在一个幺正算符 $U(u)$. 这些变换由 Hermite 算符 $T_a(a=1,2,3)$ 生成, 定义为对于在单位元附近的同位旋变换 u, 其普遍形式为

$$u = I + \frac{\mathrm{i}}{2} \begin{pmatrix} \epsilon_3 & \epsilon_1 - \mathrm{i}\epsilon_2 \\ \epsilon_1 + \mathrm{i}\epsilon_2 & -\epsilon_3 \end{pmatrix}$$

(ϵ_a 为无限小实数), 算符 $U(u)$ 取以下形式:

$$U \to I + \mathrm{i} \sum_a \epsilon_a T_a \tag{4.6.2}$$

因为同位旋群的结构和转动群的结构相同, 所以其生成元满足和通常角动量相同的对易关系(4.1.14)(没有通常的因子 $\hbar$)

$$[T_a, T_b] = \mathrm{i} \sum_c \epsilon_{abc} T_c \tag{4.6.3}$$

这些生成元在质子和中子态上的作用可以用推导式(4.2.17)的方法得出:

$$\begin{aligned} (T_1 + \mathrm{i}T_2)\Psi_p &= 0, & (T_1 - \mathrm{i}T_2)\Psi_p &= \Psi_n, & T_3\Psi_p &= \frac{1}{2}\Psi_p \\ (T_1 + \mathrm{i}T_2)\Psi_n &= \Psi_p, & (T_1 - \mathrm{i}T_2)\Psi_n &= 0, & T_3\Psi_n &= -\frac{1}{2}\Psi_n \end{aligned} \tag{4.6.4}$$

我们注意到单个核子态的电荷是 $(1/2+T_3)e$. 因此包含 A 个核子的态具有电荷

$$Q = \left(\frac{A}{2} + T_3\right)e \tag{4.6.5}$$

它明显表明电磁作用对同位旋不变性的破缺.

同位旋不变性对于核结构的推论要超越电荷对称性的推论. 一个轻核的每一个能级必须是属于 $2t+1$ 个核 (t 和 j 类似, 也是整数或半整数) 的能级的多重态, 这些核具有相同的原子量 A, 它们的 T_3 值以单位步阶跑遍从 $-t$ 到 $+t$ 的值, 因此原子序数跑遍从 $A/2 - t$ 到 $A/2 + t$ 的值, 所有这些核态都有相同的自旋和近似相同的能量. 例如, 不仅 ^{12}B 和 ^{12}N 的基态具有相同的自旋 ($j=1$) 和近似相同的能量, ^{12}C 的激发态也具有相同的自旋和能量, 表明这三个核能级组成一个 $t=1$ 的同位旋多重态. (^{12}C 的 $t=1$ 态不是基态, 它的能量在 $t=1$ 激发态以下 15 MeV/c^2, 它的自旋是 $j=0$ 而不是 $j=1$.)

同位旋不变性不但要求原子核, 而且要求所有受到强核力的粒子都形成同位旋多重态. 例如, 1947 年在核反应 $N+N \to N+N+\pi$ 中发现了一对电荷为 $+e$ 和 $-e$ 的不稳定带电粒子 $\pi^\pm$ (此处 N 可以是中子或质子). 这些 "π 子" 具有核子数 $A=0$, 所以根据式(4.6.5), π^+ 和 π^- 相应有 $T_3=+1$ 和 $T_3=-1$. 这样, 同位旋对称性就要求 π 子必须

是 $2t+1$ 个近似等质量粒子的多重态的一部分, 这里 $t \geqslant 1$. 具体地, 应该有一个中性粒子 π^0, 其 $T_3 = 0$, 果然这个中性 π 子不久就被发现了. 但是没有发现双电荷的 π 子, 所以 π 子组成一个三重态, $t = 1$.

这些粒子的衰变十分不同: $\pi^{\pm}$ 通过弱相互作用衰变 (和原子核 β 衰变相似) 成为正电子和电子的重伙伴, 即 $\mu^{\pm}$ 和一个中微子或反中微子, 而 π^0 通过电磁相互作用衰变为两个光子. 但是同位旋不变性被任何由强核力所支配的过程遵从. 例如, 有四个 (由核子和 π 子组成的) 不稳定态 $\Delta^{++}, \Delta^+, \Delta^0$ 和 Δ^- 的多重态, 它们的自旋是 3/2, 质量大约是 $1\,240\ \mathrm{MeV}/c^2$. 这些态显示出很大的能量不确定性, 大约 $120\ \mathrm{MeV}/c^2$, 所以根据不确定性原理它们应该很快衰变, 其衰变并非由弱或电磁相互作用产生, 而是由强核力产生, 它遵从同位旋对称性. 因为 Δ 粒子衰变为包含一个核子的态, 它有 $A = 1$, 因此根据式(4.6.5)它们具有相应的 T_3 值 3/2, 1/2, $-1/2$ 和 $-3/2$. 这明显是一个 $t = 3/2$ 的同位旋多重态. 一个 $T_3 = m$ 的 Δ 通过强相互作用衰变到 $T_3 = m'$ 的 π 和一个 $T_3 = m''$ 的核子过程的振幅与电荷依赖正比于 Clebsch-Gordan 系数:

$$M(m, m', m'') = M_0 C_{1\frac{1}{2}}\left(\frac{3}{2}m; m'm''\right)$$

此处 M_0 与电荷无关. 衰变率当然正比于这些振幅的平方. 考察表 4.1 的第五、第六、第七行, 这些衰变率的比例如下:

$$\Gamma(\Delta^{++} \to \pi^+ + \mathrm{p}) = \Gamma(\Delta^- \to \pi^- + \mathrm{n}) \equiv \Gamma_0$$

$$\Gamma(\Delta^+ \to \pi^+ + \mathrm{n}) = \Gamma(\Delta^0 \to \pi^- + \mathrm{p}) \equiv \frac{1}{3}\Gamma_0$$

$$\Gamma(\Delta^+ \to \pi^0 + \mathrm{p}) = \Gamma(\Delta^0 \to \pi^0 + \mathrm{n}) \equiv \frac{2}{3}\Gamma_0$$

它们和观测结果符合得很好[1].

1947 年新粒子的发现迫使人们对电荷与同位旋之间的关系(4.6.5)做出重大的改变. 例如, (用近代的名称) 核子之间的碰撞会产生一定数量的自旋 1/2 粒子 (称为超子)——一个中性粒子 Λ^0(质量为 $1\,115\ \mathrm{GeV}/c^2$), 以及一个粒子三重态 Σ^+, Σ^0 和 Σ^- (质量分别为 $1\,189$, $1\,192$ 和 $1\,197\ \mathrm{GeV}/c^2$). 这些超子永远和自旋 0 粒子 K^+ 和 K^-(质量分别为 494 和 $498\ \mathrm{GeV}/c^2$ 二重态协同产生. (上标表示以 e 为单位的电荷.) 曾经被认为核子数 A(减去反核子数) 在自然界绝对守恒, 但是超子被观察到衰变到一个核子和一个 π 子, 所以必须把这个守恒定律推广到一个称为重子数 B 的量, 即核子数和超子数减去它们的反粒子数. 但仅将式(4.6.5)中的 A 改成 B 是不够的. 因为 Λ^0 并不和其他粒子组成同位旋多重态, 对它必须有 $t = 0$, 因此 $T_3 = 0$. 但如果我们将式(4.6.5)中的 A 替代为重

---

[1] Anderson H L, Fermi E, Martin R, et al. Phys. Rev., 1953, 91: 155; Orear J, Tsao C H, Lord J J, et al. Phys. Rev. A, 1954, 95: 624.

子数 $B=1$, 此公式将给出 Λ^0 的电荷为 $e/2$, 而不是 0. 同样的问题对于 Σ 和 K 也会产生. 有人建议将式(4.6.5)用下式替代: [①]

$$Q = \left(\frac{B+S}{2} + T_3 \right) e \tag{4.6.6}$$

此处 S 是一个称为**奇异数**的量, 对于普通粒子它为零, 但对于 Λ 和 Σ 它等于 -1, 对于 K 它等于 $+1$. 这样的分配确定了电荷: 对于 Λ 和 Σ 有 $B+S=0$. 所以 $Q=T_3 e$, 而对于 K 有 $B+S=1$, 所以 $Q=T_3+1/2$. 在强相互作用中奇异数守恒要求在核子-核子碰撞中超子必须与 K 粒子协同产生, 以保持总奇异数为零.

还发现了其他奇异粒子: 一个二重态 Ξ^0 和 Ξ^- (质量分别为 1315 和 $1322\ \mathrm{GeV}/c^2$), 以及 K^+ 和 K^0 的反粒子 $\overline{K}^-$ 和 $\overline{K}^0$. 为了得到正确的电荷, 必须赋予 Ξ 奇异数 -2, 赋予反 K 奇异数 -1. 在超子以及 K 和 $\overline{K}$ 衰变为核子及 π 子的过程中, 奇异数并不守恒, 但这些衰变是经过一种比强核力要弱得多的相互作用进行的. (奇异粒子寿命典型地为 $10^{-8} \sim 10^{-10}\ \mathrm{s}$, 这与典型的强相互作用的时间尺度 $\hbar/(1\ \mathrm{GeV}) = 6.6 \times 10^{-25}\ s$ 相比大幅度增加了. 所以奇异数对引起奇异粒子衰变的弱相互作用不守恒, 但它对强 (和电磁) 相互作用守恒.

所有这些近似的或精确的电荷、重子数、奇异数守恒定律都可以表达为对称原理. 例如, 我们可以构造一个幺正算符,

$$U(\alpha) \equiv \exp(\mathrm{i}\alpha Q) \tag{4.6.7}$$

这里 Q 是一个幺正算符, 当它作用在任何状态时, 给出一个因子等于在这个状态的总电荷 q, α 是一个任意实数. 通过作用在电荷的任何状态, 算符 $U(\alpha)$ 给出一个相因子 $\exp(\mathrm{i}\alpha q)$. 当且仅当电荷守恒时, 跃迁振幅在此对称下不变, 即当且仅当 Hamilton 量满足

$$U^{-1}(\alpha)HU(\alpha) = H \tag{4.6.8}$$

这里对称群是 $U(1)$, 即乘以 1×1 幺正矩阵的群, 它当然就是相因子. 重子数和奇异数守恒可以类似地表示为在其他 $U(1)$ 对称群下的不变性.

这些对称性是和同位旋 $U(1)$ 完全分开的, 意思是它们的生成元和同位旋生成元 T_a 对易. 很自然地提出一个问题: 这些对称性中的某一些能否合并到一个联合某些同位旋多重态的对称中去? 胜利的候选者是 $SU(3)$, 所有行列式为 1 的幺正 3×3 矩阵的群[②].

① Gell-Mann M. Phys. Rev., 1953, 92: 833; Nakano T, Nishijima K. Prog. Theor. Phys. (Kyoto), 1953, 10: 581.

② Gell-Mann M. Cal. Tech. Synchrotron Laboratory Report CTSL-20 (1961), unpublished. Y. Ne'eman, Nucl. Phys., 1961, 26: 222 (1961). 这些论文以及其他关于对称性的文章重印于 Gell-Mann M. 和 Ne'eman Y. 的著作 *The Eightfold Way* (New York: Benjamin, 1964).

同位旋不变性的 $SU(2)$ 变换形成一个子群, 用 3×3 Hermite 矩阵表示, 同位旋生成元 T_a 有以下形式:

$$\begin{pmatrix} t_a & 0 \\ 0 & 0 \end{pmatrix}$$

此处 t_a 是代表 $SU(2)$ 生成元的 2×2 Hermite 无迹矩阵. 还有一个 $U(1)$ 子群, 其生成元称为**超荷**,

$$Y \equiv B + S$$

它由 Hermite 无迹矩阵代表:

$$y = \begin{pmatrix} 1/3 & 0 & 0 \\ 0 & 1/3 & 0 \\ 0 & 0 & -2/3 \end{pmatrix}$$

我们可以用在 4.3 节末讨论的有关通常转动的张量算法求出粒子多重态. 但在这里有一个区别. 一般对于 N 维幺正矩阵群, 粒子多重态形成张量 $\Psi_{m_1 m_2 \cdots}^{n_1 n_2 \cdots}$(此处 m 和 n 跑遍 1 到 N), 其变换性质为

$$\Psi_{m_1 m_2 \cdots}^{n_1 n_2 \cdots} \mapsto \sum_{m_1', m_2', \cdots} \sum_{n_1', n_2', \cdots} u_{m_1' m_1} u_{m_2' m_2} \cdots u_{n_1' n_1}^* u_{n_2' n_2}^* \cdots \Psi_{m_1' m_2' \cdots}^{n_1' n_2' \cdots}$$

在二维, 也仅在二维, 有一个二指标的常张量(4.3.37). 当这个张量和一个上指标缩约时, 指标变为下指标, 所以在二维情形下不需要区别上指标和下指标. 对 $N = 3$ 我们应该区别上、下指标, 但是我们可以局限在对两种指标都完全对称的不可约张量, 因为有一个常反对称张量 $\epsilon_{m_1 m_2 m_3}$, 否则它会允许我们将两个上指标转换为一个下指标, 或者将两个下指标转换为一个上指标. 对于不可约张量, 我们还必须施加无迹条件

$$\Psi_{r m_2 \cdots}^{r n_2 \cdots} = 0$$

否则我们就可以分离出缺少一个上指标和缺少一个下指标的张量 $\Psi_{r m_2 \cdots}^{r n_2 \cdots}$. 例如, 核子 Λ, Σ 和 Ξ 能被联合在一个 $j = 1/2$ 的八重态中, 它的状态组成一个无迹张量 Ψ_n^m, 它有八个独立分量. 类似地, π, K, $\overline{K}$ 和第八个零自旋粒子 η 组成另一个八重态, 但它的 $j = 0$. 还有一个有 10 个成员的 $j = 3/2$ 粒子多重态, 它包括上面讨论过的 Δ, 相应对称张量为 $\Psi_{m_1 m_2 m_3}$.

　　因为不同种的粒子可以识别, 故我们可以选择不同的约定, 以把这些粒子在物理状态的标记上列入. 例如, 在一个包含一些质子和一些电子的状态中, 我们约定把质子首先列入, 然后是电子. 没有必要把状态矢量在交换质子和电子时加以反对称化. 但当

不同种粒子都属于某个内在对称群的同一多重态时, 就如同质子和中子属于同位旋的 $t=1/2$ 多重态, 而这些粒子是玻色子或费米子, 这样状态矢量必须相应地对于互换所有的粒子标号对称或反对称: 对于轨道量子数 (可以是位置、动量, 或轨道角动量的 z 分量) 和自旋 z 分量**以及**内在对称群量子数.

例如, 考虑一个质子-中子状态:

$$\Psi_{\pm} = \int \mathrm{d}\xi_1 \int \mathrm{d}\xi_2 \, \psi_{\pm}(\xi_1, \xi_2) \Phi_{p,\xi_1;n,\xi_2}$$

此处 ξ_1 和 ξ_2 标志两个核子的轨道和自旋量子数; $\int \mathrm{d}\xi$ 表示对动量 (或位置) 的积分, 同时对自旋 3-分量求和; 波函数 $\psi_{\pm}$ 是对称的或反对称的:

$$\psi_{\pm}(\xi_1, \xi_2) = \pm \psi_{\pm}(\xi_2, \xi_1)$$

将同位旋提升算符作用在这个状态给出 2-质子态:

$$(T_1 + \mathrm{i}T_2)\Psi_{\pm} = \int \mathrm{d}\xi_1 \int \mathrm{d}\xi_2 \, \psi_{\pm}(\xi_1, \xi_2) \Phi_{p,\xi_1;p,\xi_2}$$

因为质子是不可分辨费米子, 2-质子态关于 ξ_1 和 ξ_2 是反对称的, 所以 $(T_1 + \mathrm{i}T_2)\Psi_+ = 0$, 但 $(T_1 + \mathrm{i}T_2)\Psi_- \neq 0$, 因此 Ψ_+ 和 Ψ_- 分别有同位旋 0 和 1. 根据式(4.3.34), 同位旋 0 和 1 的态对同位旋 3-分量分别为奇的和偶的, 所以一个态对自旋和轨道量子数对称或反对称必须对同位旋 3-分量反对称或对称, 因此在两种情况下对所有量子数交换反对称. 例如, 二核子的 s 波态只能有总自旋 1 和总同位旋 0(如氘核), 或总自旋零和总同位旋 1(如低能二质子或二中子散射).

$$*****$$

$SU(3)$ 群还有另一个应用, 不是作为内部对称, 而是作为三维谐振子的 Hamilton 量的动力学对称性. 如在 2.5 节中描述的, Hamilton 量是

$$H = \hbar\omega \left(\sum_{i=1}^{3} a_i^{\dagger} a_i + \frac{3}{2} \right) \tag{4.6.9}$$

此处 a_i 和 $a_i^{\dagger}$ 分别是降低算符和提升算符, 满足对易关系:

$$[a_i, a_j^{\dagger}] = \delta_{ij}, \quad [a_i, a_j] = 0, \quad [a_i^{\dagger}, a_j^{\dagger}] = 0 \tag{4.6.10}$$

Hamilton 量和对易关系显然关于以下变换不变:

$$a_i \mapsto \sum_j u_{ij} a_j, \quad a_i^{\dagger} \mapsto \sum_j u_{ij}^{*} a_j^{\dagger} \tag{4.6.11}$$

此处 u_{ij} 是幺正矩阵, 且有 $\sum_j u_{ij} u_{kj}^* = \delta_{jk}$. 这个群是 $U(3)$, 即 3×3 幺正矩阵群. 能量为 $(N+3/2)\hbar\omega$ 的简并态的形式如下:

$$a_{i_1}^\dagger a_{i_2}^\dagger \cdots a_{i_N}^\dagger \Psi_0$$

此处 Ψ_0 是能量为 $3\hbar\omega/2$ 的基态; 在变换(4.6.11)下, 这些态如对称张量一样变换:

$$a_{i_1}^\dagger a_{i_2}^\dagger \cdots a_{i_N}^\dagger \Psi_0 \mapsto \sum_{j_1, j_2, \cdots, j_N} u_{i_1 j_1}^* u_{i_2 j_2}^* \cdots u_{i_N j_N}^* a_{j_1}^\dagger a_{j_2}^\dagger \cdots a_{j_N}^\dagger \Psi_0 \tag{4.6.12}$$

在 2.5 节中求得的能量为 $(N+3/2)\hbar\omega$ 的独立状态数 $(N+1)(N+2)/2$, 也是三维 N 秩对称张量的独立分量数.

在特殊情况下, $u_{ij} = \delta_{ij} e^{-i\varphi}$, φ 为实数, 变换(4.6.11)就和以下变换一样:

$$a_i \mapsto \exp(iH\varphi/(\hbar\omega)) a_i \exp(-iH\varphi/(\hbar\omega))$$
$$a_i^\dagger \mapsto \exp(iH\varphi/(\hbar\omega)) a_i^\dagger \exp(-iH\varphi/(\hbar\omega)) \tag{4.6.13}$$

所以在此情况下对称性并不新鲜, 正是时间平移不变性. 对三维谐振子而言, 新的特殊对称是从 $\text{Det}\, u = 1$ 而来, 形成群 $SU(3)$.

对无限小变换, 有

$$u_{ij} = \delta_{ij} + \epsilon_{ij} \tag{4.6.14}$$

此处 ϵ_{ij} 是无限小反 Hermite 矩阵, $\epsilon_{ij}^* = -\epsilon_{ji}$. 对于 $SU(3)$, 这些矩阵也是无迹的. 这些无限小变换必须在谐振子态的 Hilbert 空间诱导出相应的幺正变换,

$$U(1+\epsilon) = I + \sum_{i,j} \epsilon_{ij} X_{ij} \tag{4.6.15}$$

此处 $X_{ij}^\dagger = X_{ji}$ 是和 Hamilton 量对易的对称生成元. 这些对称生成元和在 2.5 节中提到的算符 $a_i a_j^\dagger$ 成正比.

4.7 反演

在 4.1 节中我们看到, 粒子坐标算符 (标记为 n) 的空间反演变换 $\boldsymbol{X}_n \mapsto -\boldsymbol{X}_n$ 不是一个转动, 而是另外一种对称变换. 所以它在从转动不变性推导出的推论以外会有自己的推论.

在对空间反演不变的量子理论中, 我们期望有一个幺正 "宇称算符"P, 其性质如下:

$$P^{-1} \boldsymbol{X}_n P = -\boldsymbol{X}_n \tag{4.7.1}$$

在一大类理论中, 动量算符 $\boldsymbol{P}_n$ 可以表示为 $\boldsymbol{P}_n = (im_n/\hbar)[H, \boldsymbol{X}_n]$, 所以如果 Hamilton 量 H 与 P 对易, 则也有

$$P^{-1} \boldsymbol{P}_n P = -\boldsymbol{P}_n \tag{4.7.2}$$

这个变换使我们至今常考虑的一类 Hamilton 量, 例如

$$H = \sum_n \frac{\boldsymbol{P}_n^2}{2m_n} + V$$

不变, 此处 V 仅依赖于距离 $|\boldsymbol{X}_n - \boldsymbol{X}_m|$.

作为式(4.7.1)和式(4.7.2)的结果, 算符 P 和轨道角动量 $\boldsymbol{L} = \sum_n \boldsymbol{X}_n \times \boldsymbol{P}_n$ 对易. 和轨道角动量对易关系的相容性也要求它和 $\boldsymbol{J}$ 与 $\boldsymbol{S}$ 对易.

对于如氢原子那样的一个系统, 即单粒子在有心力场中, 从式(4.7.1)可得: 如果 $\Phi_{\boldsymbol{x}}$ 是 $\boldsymbol{X}$ 的本征态的相应本征值 $\boldsymbol{x}$, 则 $P\Phi_{\boldsymbol{x}}$ 是 $\boldsymbol{X}$ 的本征态的相应本征值 $-\boldsymbol{x}$. (因为 P 和 S_3 对易, 这个态也是 S_3 的本征态, 和 $\Phi_{\boldsymbol{x}}$ 的本征值相同, 所以当前我们不需要明显展示自旋指标.) 因此, 除可能的相因子外 (以后再讨论这个问题),

$$P\Phi_{\boldsymbol{x}} = \Phi_{-\boldsymbol{x}} \tag{4.7.3}$$

状态 Y_ℓ^m(轨道角动量为 $\hbar\ell$, 3-分量为 $\hbar m$) 与 $\Phi_{\boldsymbol{x}}$ 的标量积 (即一个坐标空间波函数) 正比于球谐函数:

$$(\Phi_{\boldsymbol{x}}, \Psi_\ell^m) = R(|\boldsymbol{x}|) Y_\ell^m(\hat{\boldsymbol{x}}) \tag{4.7.4}$$

由反演性质 $Y_\ell^m(-\hat{\boldsymbol{x}}) = (-1)^\ell Y_\ell^m(\hat{\boldsymbol{x}})$ 给出

$$(\Phi_{-\boldsymbol{x}}, \Psi_\ell^m) = (-1)^\ell (\Phi_{\boldsymbol{x}}, \Psi_\ell^m)$$

将算符 $P^{-1}P = 1$ 插入左边的标量积, 并用式(4.7.3)和 P 的幺正性, 我们得到

$$(\Phi_{\boldsymbol{x}}, P\Psi_\ell^m) = (-1)^\ell (\Phi_{\boldsymbol{x}}, \Psi_\ell^m)$$

因此

$$P\Psi_\ell^m = (-1)^\ell \Psi_\ell^m \tag{4.7.5}$$

这让我们理解了, 为什么当像 Lamb 能移和自旋-轨道耦合这样精细的效应也被包括进来时, 具有确定 j 的氢原子态也有确定的 ℓ, 并不出现 $\ell = j \pm 1/2$ 态的混合. 例如,

当所有这些效应都考虑在内时, 为什么我们仍然可以将氢的 $j = 1/2$ 的 $n = 2$ 态看成纯态 $2s_{1/2}$ 和 $2p_{1/2}$? 氢原子的 Hamilton 量 (包括自旋效应和相对论修正) 在空间反演下是不变的. 所以空间反演作用在具有确定能量的单粒子状态矢量上, 会给出另一个具有相同能量的状态矢量. 包括进来足够的微扰, 可以破缺给定状态 $\boldsymbol{J}^2$, J_z 和 n 的简并, 确定能量态矢量的空间反演必须给出正比于同一个状态矢量的结果, 如果确定能量态是有奇有偶的 ℓ 值的混合, 例如 $\ell = j + 1/2$ 和 $\ell = j - 1/2$, 就不会如此.

原子物理的空间反演对称性对于最常见的原子辐射跃迁的选择规则有直接的应用. 如在 4.4 节末尾提到的, 在发射光子的波长比原子尺寸要大得多的近似下, 跃迁率就正比于电偶极算符 $\boldsymbol{D} = \sum_n e_n \boldsymbol{X}_n$ 在始态和终态间矩阵元的平方. 从式(4.7.1)立即得出 $\mathsf{P}^{-1} \boldsymbol{D} \mathsf{P} = -\boldsymbol{D}$. 如果始态 Ψ_a 和终态 Ψ_b 是宇称算符的本征态, 相应本征值为 π_a 和 π_b, 就有

$$\pi_a \pi_b (\Psi_b, \boldsymbol{D}\Psi_a) = -(\Psi_b, \boldsymbol{D}\Psi_a)$$

所以矩阵元和跃迁率为零, 除非

$$\pi_a \pi_b = -1 \tag{4.7.6}$$

在早先提到过的当跃迁只涉及一个电子时, 我们有 $\pi_a = (-1)^{\ell_a}$ 和 $\pi_b = (-1)^{\ell_b}$, 此处 ℓ_a 和 ℓ_b 是始态和终态电子的轨道角动量, 所以在此情况下宇称选择规则正好是 ℓ 必须从偶变奇或从奇变偶. 例如, 在电偶极近似下氢的辐射 $3p \to 2p$ 跃迁被角动量守恒允许, 但被宇称选择规则禁戒. 式(4.7.6)对于一定数量的带电粒子状态之间的跃迁也适用.

我们现在回到在变换规则诸如式(4.7.3)、式(4.7.5)中可能的附加相因子问题. 如果同一个相因子出现在所有状态的变换中, 它就不会有任何效应, 因为它可以通过幺正算符 P 的相位重新定义而被消去. 但有一个非平庸的可能, 相位与状态中的粒子本性有关, 这对在有新粒子产生或消灭的跃迁时会有重要的推论. 我们预期, 当粒子互相远离时, 算符 P 分别作用在每一个粒子上, 如果 P 和 Hamilton 量对易, 当粒子逐渐靠近时, 它会继续分别作用在每一个粒子上, 因此一个多粒子状态在变换中的附加相位就会是个别粒子相位 η_n 的乘积,

$$\mathsf{P}\Phi_{\boldsymbol{x}_1, \sigma_1; \boldsymbol{x}_2, \sigma_2; \cdots} = \eta_1 \eta_2 \cdots \Phi_{-\boldsymbol{x}_1, \sigma_1; -\boldsymbol{x}_2, \sigma_2; \cdots} \tag{4.7.7}$$

此处 σ 是自旋 3-分量, 相因子 η_n 只依赖于粒子 n 的种类. 这些因子称为不同粒子类型的**内禀宇称**. 算符 P^2 与所有坐标、动量和自旋对易. 它可以是某种内在对称性, 但如果它是个 $U(1)$ 算符, 就如式(4.6.7), 其形式为 $\exp(\mathrm{i}\alpha A)$, A 是某个守恒 Hermite 算符, 这样 $\exp(\mathrm{i}\alpha A/2)$ 也会是一个内在对称, 我们可以定义一个新的空间反演算符 $\mathsf{P}' \equiv \mathsf{P}\exp(\mathrm{i}\alpha A/2)$, 它满足 $\mathsf{P}'^2 = 1$. 去掉撇号, 我们假设 P 的选择使得 $\mathsf{P}^2 = 1$. 在此情况下, 在式(4.7.7)中所有的内禀宇称 η_n 就是 $+1$ 或 -1.

这种变换规则的经典例子由包含一个氘核和一个带负电的自旋为零的粒子 π^- (代替电子) 形成的介子原子的 1s 态衰变提供. π^- 被观察到很快被氘核吸收, 给出一对中子[1]. 因为中子是费米子, 二中子状态对于自旋和位置同时交换必须是反对称的, 所以它们或者有总自旋 1(对自旋对称) 和奇轨道角动量, 或者有总自旋 0(对自旋反对称) 和偶轨道角动量. 但已知氘核有自旋 1, 所以 1s 态 $d-\pi^-$ 原子有总角动量 1, 而总自旋 0 和偶轨道角动量的二中子态不可能有总角动量 1. 我们可以得到结论: 二中子末态必须有奇轨道角动量, 因此有宇称 $-\eta_n^2$. 这告诉我们 $\eta_d\eta_{\pi^-} = -\eta_n^2$. 氘核已知为质子和中子的 s 与 d 态的混合, 所以 $\eta_d = \eta_p\eta_n$, $\eta_p\eta_\pi = -\eta_n$. 我们不预期空间反演算符 P 是一个独立反演算符的同位旋多重态的一部分, 所以我们预期 P 和在上一节中讨论过的同位旋对称对易[2], 从而 $\eta_p = \eta_n$, 因此 π^- 有内禀宇称 -1. 这样同位旋不变性告诉我们, 反粒子 π^+ 和它们的中性伙伴 π^0 都有内禀宇称 -1.

过去人们想当然地认为, 自然界关于空间反演变换是不变的. 这样在 20 世纪 50 年代对称性原理的应用导致一个严重的问题. 在宇宙射线中发现了两个质量近似的带电粒子: 一个是 θ^+, 它衰变为 $\pi^+ + \pi^0$; 另一个是 τ^+, 它衰变为 $\pi^+ + \pi^+ + \pi^-$(或者 $\pi^+ + \pi^0 + \pi^0$). 在 τ 的衰变末态 π 粒子的角分布研究中, 发现这些 π 粒子没有轨道角动量, 所以 π 具有奇宇称和零自旋, τ^+ 就应该也有奇宇称和零自旋. 另一方面, 两个 π 在末态, 如果 θ^+ 和 π 一样有零自旋, 它就必须有偶宇称, 所以好像 θ^+ 和 τ^+ 不可能是同一种粒子, 但是随着测量不断改进, 就发现 θ^+ 和 τ^+ 的质量和平均寿命都不可区分. 人们可以想象某种对称性使它们的质量相等, 可是为什么它们以不同方式衰变, 平均寿命却能相等? 这时 1956 年李政道和杨振宁[3]建议, θ^+ 和 τ^+ 实际上是同一个粒子 (现在称为 K^+), 并且, 虽然空间反演对称被电磁相互作用和强相互作用遵从, 它却不被弱得多的、导致这些衰变的相互作用遵从. (这些相互作用之弱可以从 K^+ 粒子寿命之长看出, 它是 1.238×10^{-8} s, 比特征时间尺度 $\hbar/(m_K c^2) = 1.3 \times 10^{-24}$ s 长得很多.) 李政道和杨振宁进一步建议空间反演对称性在所有的基本粒子弱相互作用过程中严重破缺, 如核 β 衰变, 并且提出进行实验的建议, 很快就证明了他们是正确的[4].

还有两个其他的反演对称变换和强相互作用以及电磁相互作用对易. 一个是电荷共轭: 守恒算符 C 作用在任何状态上将每一个粒子变成它的反粒子, 根据粒子的本性会有

---

① Chinowski W, Steinberger J. Phys. Rev., 1954, 95: 1561.

② 甚至脱离开同位旋守恒, 如果需要的话, 我们也可以定义 P 算符, 使得 $\eta_p = \eta_n = 1$, 通过在算符 P 中包括一个因子等于 -1 的守恒量电荷与重子数的线性组合为幂.

③ Lee T-D, Yang C-N. Phys. Rev., 1956, 104: 254.

④ Wu C S, Ambler E, Hayward R W, et al. Phys. Rev., 1957, 105: 1413; Garwin R, Lederman L, Weinrich M. Phys. Rev., 1957, 105: 1415; Friedman J I, Telegdi V L. Phys. Rev., 1957, 105: 1681.

一个符号因子①. 另一个是时间反转: 一个守恒算符 T 在时间依赖的 Schrödinger 方程中反转时间的方向. 如我们在 3.6 节中所看到的, T 必须是反幺正和反线性的. 证明了 P 不被弱作用遵从的实验也证明了这些相互作用不遵从在 PT 下的不变性. 此后的实验也验证了 CP 的破缺②. 但是任何量子场论必须遵从在 CPT 下的不变性③, 而且我们知道, CPT 是精确守恒的, 所以在 PT 和 CP 下不变性的破缺立即意味着在 C 和 T 下不变性也是破缺的. 所以, CPT 是仅有的反转变换对称, 自然定律在其作用下是精确不变的.

4.8　氢原子光谱的代数推导

如在 1.4 节中提到过的, Pauli④在 1926 年用 Heisenberg 的矩阵力学给出氢原子能级及其简并的第一个推导. 这个推导是应用**动力学对称**的一个杰出的例子: 对称生成元不但和 Hamilton 量对易, 而且它们彼此间的对易子依赖于 Hamilton 量, 使得可以用纯代数的方法计算能级.

Pauli 的推导基于一个天体力学中熟知的工具——**Runge-Lenz 矢量**⑤. 在势 $V(r) = -Ze^2/r$ 中, 这个矢量是 (实际上是原有的 Runge-Lenz 矢量乘以质量 m)

$$\boldsymbol{R} = -\frac{Ze^2\boldsymbol{x}}{r} + \frac{1}{2m}(\boldsymbol{p}\times\boldsymbol{L} - \boldsymbol{L}\times\boldsymbol{p}) \tag{4.8.1}$$

此处 $\boldsymbol{L}$ 和通常一样, 是轨道角动量 $\boldsymbol{L} \equiv \boldsymbol{x}\times\boldsymbol{p}$. 在经典物理中, $\boldsymbol{p}\times\boldsymbol{L}$ 和 $-\boldsymbol{L}\times\boldsymbol{p}$ 没有区别. 是这些算符的平均出现在式(4.8.1)的量子力学推导中, 因为平均是 Hermite 的, 所以 $\boldsymbol{R}$ 也是:

$$\boldsymbol{R}^\dagger = \boldsymbol{R} \tag{4.8.2}$$

---

① 在 3.6 节第一个脚注中提到过, Dirac 将 Dirac 波动方程的负能量诠释为通常被完全占据的负能量态波函数, 所以 Pauli 不相容原理不允许正能量电子落入这些负能量态. 他把在负能量态的海洋中偶然的非占据态, 或者空穴, 诠释为反电子, 即称为正电子的粒子, 具有正能量和正电荷. Dirac 关于反物质的诠释是站不住脚的, 部分因为现在已经知道有的带电基本玻色子如 W⁺ 有一个反粒子 W⁻, 而不相容原理对于玻色子不适用. 在今天已经有了普遍的理解, 和 Dirac 自己想的不同, Dirac 方程的解并不是 Schrödinger 波动方程概率振幅的相对论推广. 代替的是, 正能量解是量子化电子场 $\psi(x)$ 在真空 Ψ_0 和各种单电子态 Ψ_1 之间的矩阵元 $(\Psi_0, \psi(x)\Psi_1)$, 而负能量解是电子场在真空和各种正电子态之间的矩阵元 $(C\Psi_1, \psi(x)\Psi_0)$.

② Christensen J H, Cronin J W, Fitch V L, et al. Phys. Rev. Lett., 1964, 13: 138.

③ Lüders G. Kon. Danske Vid. Selskab Mat.-Fys. Medd., 1954, 28: 5; Ann. Phys., 1957, 2: 1; Pauli W. Nuovo Cimento, 1957, 6: 204.

④ Pauli W. Z. Physik, 1926, 36: 336.

⑤ 可应用于引力场中的运动, 见 S. Weinberg 的著作 *Gravitation and Cosmology* (New York: Wiley, 1972) 9.5 节.

经典地, $\boldsymbol{R}$ 是守恒的, 其后果为 (仅对 Coulomb 和谐振子势) 经典轨道形成封闭曲线. 这个经典结果的量子力学对应当然是 $\boldsymbol{R}$ 与 Hamilton 量对易:

$$[H,\boldsymbol{R}]=0 \tag{4.8.3}$$

此处 H 是 Coulomb Hamilton 量,

$$H = \frac{\boldsymbol{p}^2}{2m} - \frac{Ze^2}{r} \tag{4.8.4}$$

通过对易关系 $[L_i, p_j] = \mathrm{i}\hbar \sum_k \epsilon_{ijk} p_k$ 改写式(4.8.1)是方便的:

$$\boldsymbol{R} = -\frac{Ze^2 \boldsymbol{x}}{r} + \frac{1}{m}\boldsymbol{p} \times \boldsymbol{L} - \frac{\mathrm{i}\hbar}{m}\boldsymbol{p} \tag{4.8.5}$$

角动量算符和式(4.8.5)的三项都是正交的, 所以

$$\boldsymbol{L} \cdot \boldsymbol{R} = \boldsymbol{R} \cdot \boldsymbol{L} = 0 \tag{4.8.6}$$

要计算 $\boldsymbol{R}$ 的平方, 我们所需的公式从 $\boldsymbol{x}, \boldsymbol{p}$ 和 $\boldsymbol{L}$ 的对易子容易地导出:

$$\boldsymbol{x} \cdot (\boldsymbol{p} \times \boldsymbol{L}) = \boldsymbol{L}^2, \quad (\boldsymbol{p} \times \boldsymbol{L}) \cdot \boldsymbol{x} = \boldsymbol{L}^2 + 2\mathrm{i}\hbar \boldsymbol{p} \cdot \boldsymbol{x}, \quad (\boldsymbol{p} \times \boldsymbol{L})^2 = \boldsymbol{p}^2 \boldsymbol{L}^2$$

$$\boldsymbol{p} \cdot (\boldsymbol{p} \times \boldsymbol{L}) = 0, \quad (\boldsymbol{p} \times \boldsymbol{L}) \cdot \boldsymbol{p} = 2\mathrm{i}\hbar \boldsymbol{p}^2$$

通过直接的计算得出

$$\boldsymbol{R}^2 = Z^2 e^4 + \frac{2H}{m}(\boldsymbol{L}^2 + \hbar^2) \tag{4.8.7}$$

所以如果我们能求出 $\boldsymbol{R}^2$ 的本征值, 就能得到能级.

为了这个目的, 我们需要求出 $\boldsymbol{R}$ 的分量之间的对易子. 通过另一个直接但繁琐的计算给出

$$[R_i, R_j] = -\frac{2\mathrm{i}}{m}\hbar \sum_k \epsilon_{ijk} H L_k \tag{4.8.8}$$

并且, $\boldsymbol{R}$ 是一个矢量的事实本身立即告诉我们

$$[L_i, R_j] = \mathrm{i}\hbar \sum_k \epsilon_{ijk} R_k \tag{4.8.9}$$

这样, 算符 $\boldsymbol{L}$ 和 $\boldsymbol{R}/\sqrt{-H}$ 形成了闭合代数. 引入线性组合

$$\boldsymbol{A}_{\pm} \equiv \frac{1}{2}\left(\boldsymbol{L} \pm \sqrt{\frac{m}{-2H}}\boldsymbol{R}\right) \tag{4.8.10}$$

就能看出这个代数的本性. 这样, 由对易子(4.8.8)和(4.8.9)以及通常的 $\boldsymbol{L}$ 对易关系给出

$$[A_{\pm i}, A_{\pm j}] = \mathrm{i}\hbar \sum_k \epsilon_{ijk} A_{\pm k}, \quad [A_{\pm i}, A_{\mp j}] = 0 \tag{4.8.11}$$

所以我们看到这里的对称性包含两个独立的三维转动群, 即 $SO(3) \otimes SO(3)$.

现在, 从我们关于正常转动群的研究, 我们知道 (条件是 $\boldsymbol{A}_{\pm}$ 为 Hermite 的) 允许的 $\boldsymbol{A}_{\pm}^2$ 值是 $\hbar^2 a_{\pm}(a_{\pm}+1)$, 此处 $a_{\pm}$ 一般是独立的正整数 (包括零) 或半整数, 即 $0, 1/2, 1, 3/2, \cdots$. 但这里我们有一个特殊条件(4.8.6), 它和式(4.8.10)一起告诉我们

$$\boldsymbol{A}_{\pm}^2 = \frac{1}{4}\left(\boldsymbol{L}^2 + \frac{m}{-2H}\boldsymbol{R}^2\right) \tag{4.8.12}$$

所以在此情况下 $a_+ = a_-$. 我们用 a 代表它们的共同值, 并取 E 作为 H 的本征值. 然后, 用式(4.8.7), 我们有

$$\hbar^2 a(a+1) = \frac{1}{4}\left(\boldsymbol{L}^2 + \frac{m}{-2E}\boldsymbol{R}^2\right) = \frac{1}{4}\left(\boldsymbol{L}^2 + \frac{m}{-2E}Z^2 e^2 - (\boldsymbol{L}^2 + \hbar^2)\right)$$
$$= \frac{m}{-8E}Z^2 e^4 - \frac{\hbar^2}{4}$$

因此

$$\frac{m}{-8E}Z^2 e^4 = \hbar^2\left(a(a+1) + \frac{1}{4}\right) = \frac{\hbar^2}{4}(2a+1)^2 \tag{4.8.13}$$

我们定义主量子数

$$n = 2a+1 = 1, 2, 3, \cdots \tag{4.8.14}$$

并将式(4.8.13)写成能量的公式

$$E = -\frac{Z^2 e^4 m}{2\hbar^2 n^2} \tag{4.8.15}$$

我们当然认出, 这就是氢的能级, 在 1.2 节中描述 Bohr 在 1913 年对它的计算, 在 2.3 节中给出用 Schrödinger 方程的推导.

注意我们只求得负能量态, 即束缚态. 当然也有非束缚态 $E > 0$, 在此态中电子被原子核散射. 在我们的计算中没有出现这些态, 因为作用在 H 的正本征值态时, 式(4.8.10)给出的算符 $\boldsymbol{A}_{\pm}$ 不再是 Hermite 的, 这使得 4.2 节中关于 $\boldsymbol{A}_{\pm}$ 的允许值取 $\hbar^2 a_{\pm}(a_{\pm}+1)$ 的熟知结果的推导不再成立. (在数学上, $\boldsymbol{L}$ 和 $\boldsymbol{R}$ 的对易子所提供的代数是**非紧致的**, 也就是说, 这些是一个对称群的生成元, 群参数不形成一个紧致空间. 这样非紧致代数的熟知面貌是和它们的生成元相联系的状态形成一个连续体, 这就是为什么 E 的被容许的正值在此处形成一个连续体.)

我们不仅能用这些代数结果得出能量的允许值, 也能得出每一个能级的简并度. 正和通常轨道角动量一样, 算符 $\boldsymbol{A}_{\pm 3}$ 可以取 $2a+1$ 个值 $-a, -a+1, \cdots, a$, 因为它们的本征值是独立的, 对给定的 n 共有 $(2a+1)^2 = n^2$ 个态. 这和在 2.3 节中找到的简并度相同.

这个简并度有一个漂亮的几何诠释. 我们在此前注意到, 算符 $\boldsymbol{A}_\pm$ 是两个独立的三维转动群 $SO(3) \otimes SO(3)$ 的生成元. 它们也可以当作**四维**转动群 $SO(4)$ 的生成元, 因为这些是相同的对称群. 我们在式(4.1.10)中看到任何维转动群的生成元是算符 $J_{\alpha\beta} = -J_{\beta\alpha}$, 这里 α 和 β 跑遍坐标指标, 满足对易关系

$$\frac{i}{\hbar}[J_{\alpha\beta}, J_{\gamma\delta}] = -\delta_{\alpha\delta}J_{\gamma\beta} + \delta_{\alpha\gamma}J_{\delta\beta} + \delta_{\beta\gamma}J_{\alpha\delta} - \delta_{\beta\delta}J_{\alpha\gamma} \tag{4.8.16}$$

在四维的情况中, α, β 等跑遍 1 到 4. 如果和过去一样, 我们令 i, j 等仅跑遍 1 到 3, 和式(4.1.11)一样, 取 $J_{ij} \equiv \sum_k \epsilon_{ijk} L_k$, 则 $\delta = \beta = 4$ 的对易关系采取以下形式:

$$[J_{i4}, J_{j4}] = -i\hbar J_{ji} = i\hbar \sum_k \epsilon_{ijk} L_k \tag{4.8.17}$$

这和式(4.8.8)相同, 如果我们取

$$R_i = \sqrt{\frac{-2H}{m}} J_{i4} \tag{4.8.18}$$

由式(4.8.16)的其他对易关系就给出 L_i 和 R_i 的对易子(4.8.9) 及通常的 L_i 和 L_j 的对易子. 用算符(4.8.10)表示, 我们有

$$J_{ij} = \sum_k \epsilon_{ijk}(\boldsymbol{A}_{+k} + \boldsymbol{A}_{-k}), \quad J_{k4} = \boldsymbol{A}_{+k} - \boldsymbol{A}_{-k} \tag{4.8.19}$$

具有确定能量的氢原子态就可以根据它们在四维转动群下的变换来分类.

条件 $a_+ = a_-$ 把这些状态局限于作为四维对称无迹张量变换的态. 四维 r 秩对称张量的独立分量数目是 $(3+r)!/(3!r!)$, 对于 $r \geqslant 2$ 的无迹条件要求有 $r-2$ 个指标, 因此有 $(1+r)!/3!(r-2)!$ 个独立分量的对称张量为零, 所以四维对称无迹张量的独立分量数是

$$\frac{(3+r)!}{3!r!} - \frac{(1+r)!}{3!(r-2)!} = (r+1)^2$$

如果我们将具有主量子数 n 的态和作为 $r = n-1$ 秩的四维对称无迹张量变换等同起来, 这就是我们在此前得到的简并度. 例如, $n = 1$ 的态作为四维标量变换; $n = 2$ 的态作为四维矢量 v_α 变换, 其中 v_i 是三个 p 态, v_4 是 s 态; $n = 3$ 的态作为对称无迹张量分量 $t_{\alpha\beta}$ 变换, 其中 t_{ij} 的无迹部分组成五个 d 态, 分量 $t_{i4} = t_{4i}$ 是三个 p 态, $\sum_i t_{ii} = -t_{44}$ 是 s 态. 在能量相同但 ℓ 值不同的态间算符的矩阵元间的关系可以用四维转动下的不变性找出, 如果我们知道算符在这些转动下的变换性质的话.

4.9 刚性转子

我们现在来讨论一个系统, 其中所有粒子的位置都是固定的, 而整个系统能够自由沿任何轴转动. 这并不是一个真实的系统, 但分子在只有很低能激发时它是好的近似. 在分子中, 将电子激发到一个更高的状态所需的能量和在原子中是同样量级的, 大约是 $e^4 m_e/\hbar^2$, 我们将在 5.6 节中看到在分子中激发核位置的振动所需的能量要小一些, 大约是 $(m_e/m_N)^{1/2} \times e^4 m_e/\hbar^2$, 这里 m_N 是一个典型的核质量. 在本节中将要看到, 要激发分子的转动模式所需能量更小些, 大约是 $(m_e/m_N) \times e^4 m_e/\hbar^2$. 因此, 我们能在认定核位置就好像它们固定在一个势的最小值处的前提下得出分子的转动谱, 势的最小值是用电子波函数计算出来的.

第一, 我们回顾一下在经典物理中刚性转子的处理. 假设一个刚性粒子的位置为

$$x_{ni}(t) = \sum_a R_{ia}(t) x_{na}^0 \tag{4.9.1}$$

此处 n 标示个别的粒子; i 是跑遍 1, 2, 3 的坐标指标, 由固定在实验室的坐标轴定义; a 是跑遍 x, y, z 的坐标指标, 由固定在物体中的坐标轴 (体坐标轴) 定义; x_{na}^0 是一组在体坐标系中时间依赖的粒子坐标; $R_{ia}(t)$ 是唯一的动力学变量, 一个时间依赖的转动满足通常转动条件(4.1.2):

$$(R^T R)_{ba} = \sum_i R_{ib}(t) R_{ia}(t) = \delta_{ab} \tag{4.9.2}$$

由此可以得到

$$(RR^T)_{ij} = \sum_a R_{ia}(t) R_{ja}(t) = \delta_{ij} \tag{4.9.3}$$

系统转动能量就由下式给出:

$$H = \frac{1}{2} \sum_{n,i} m_n \dot{x}_{ni}^2 = \frac{1}{2} \sum_{n,i,a,b} m_n \dot{R}_{ia} \dot{R}_{ib} x_{na}^0 x_{nb}^0 \tag{4.9.4}$$

此处 m_n 是第 n 个粒子的质量. 引入一个常数矩阵

$$N_{ab} \equiv \sum_n m_n x_{na}^0 x_{nb}^0 \tag{4.9.5}$$

是方便的, 因为由此式(4.9.4)可以写为

$$H = \frac{1}{2} \sum_{i,a,b} \dot{R}_{ia} \dot{R}_{ib} N_{ab} = \frac{1}{2} \mathrm{Tr} \left(\dot{R} N \dot{R}^{\mathrm{T}} \right) \tag{4.9.6}$$

因为 R 满足条件 $R^{\mathrm{T}} R = 1$, 它的时间导数满足 $\dot{R}^{\mathrm{T}} R + R^{\mathrm{T}} \dot{R} = 0$, 所以 $\dot{R}^{\mathrm{T}} R$ 是反对称的, 因此可以写作 (对于某个 Ω_c)

$$(\dot{R}^{\mathrm{T}} R)_{ab} = \sum_i \dot{R}_{ia} R_{ib} = \sum_c \epsilon_{abc} \Omega_c \tag{4.9.7}$$

(对于绕固定轴的转动, Ω_c 就在轴的方向, 其大小就是转动率.) 再根据式(4.9.3), 由它给出 $\dot{R}$ 的公式:

$$\dot{R}_{ia} = \sum_{c,d} R_{ic} \epsilon_{acd} \Omega_d \tag{4.9.8}$$

我们可以用它把转动能量(4.9.6)写作

$$H = \frac{1}{2} \sum_{i,a,b,c,d,e,f} R_{ic} R_{ie} \epsilon_{acd} \epsilon_{bef} \Omega_d \Omega_f N_{ab}$$
$$= \frac{1}{2} \sum_{a,b,c,d,f} \epsilon_{acd} \epsilon_{bcf} \Omega_d \Omega_f N_{ab}$$

用一个恒等式

$$\sum_c \epsilon_{acd} \epsilon_{bcf} = \delta_{ab} \delta_{df} - \delta_{af} \delta_{bd} \tag{4.9.9}$$

上式可以进一步简化, 给出

$$H = \frac{1}{2} \left(\sum_a \Omega_a^2 \mathrm{Tr} N - \sum_{a,b} \Omega_a \Omega_b N_{ab} \right) \tag{4.9.10}$$

为此原因, 我们引入**转动惯量张量**

$$I_{ab} \equiv \delta_{ab} \mathrm{Tr} N - N_{ab} \tag{4.9.11}$$

并把转动能量写为

$$H = \frac{1}{2} \sum_{a,b} \Omega_a \Omega_b I_{ab} \tag{4.9.12}$$

转动能量(4.9.12)也可以用角动量矢量表示. 在实验室固定的坐标系中, 角动量的分量定义为

$$J_i \equiv \sum_{n,j,k} \epsilon_{ijk} x_{nj} \dot{x}_{nk} m_n \tag{4.9.13}$$

143

用式(4.9.1)、式(4.9.5)和式(4.9.8), 这就是

$$J_i = \sum_{j,k,a,b} \epsilon_{ijk} R_{ja} \dot{R}_{kb} N_{ab} = \sum_{j,k,a,b} \epsilon_{ijk} \epsilon_{bcd} R_{ja} R_{kc} \Omega_d N_{ab}$$

我们可以得出在转动系统固定轴方向的角动量分量 $\mathcal{J}_e$ 的更简单的公式:

$$\mathcal{J}_e \equiv \sum_i R_{ie} J_i \tag{4.9.14}$$

和 $\sum_{i,j,k} \epsilon_{ijk} R_{ie} R_{ja} R_{kc}$ 关于 e, a, c 是完全反对称的, 所以正比于 ϵ_{eac}. 比例常数正是 R 的行列式, 它对于转动 (和反演不同) 是 1, 所以

$$\sum_{i,j,k} \epsilon_{ijk} R_{ie} R_{ja} R_{kc} = \epsilon_{eac} \tag{4.9.15}$$

再一次用恒等式(4.9.9), 由此就给出

$$\mathcal{J}_a = \sum_b I_{ab} \Omega_b \tag{4.9.16}$$

在一般情况下, I_{ab} 有逆, 转动能量(4.9.12)可以写作

$$H = \frac{1}{2} \sum_{a,b} \mathcal{J}_a \mathcal{J}_b I_{ab}^{-1} \tag{4.9.17}$$

因为 I_{ab} 是一个对称实矩阵, 所以我们可以找到一个基, 使得它是对角的, 例如在主对角线上分量为 I_x, I_y, I_z, 在此情况下, 式(4.9.17)取以下形式:

$$H = \frac{1}{2I_x} \mathcal{J}_x^2 + \frac{1}{2I_y} \mathcal{J}_y^2 + \frac{1}{2I_z} \mathcal{J}_z^2 \tag{4.9.18}$$

在本节最后我们再回来讨论一个特例, 那里 I_{ab} 的一个本征值为零.

在向量子力学过渡中, 我们引入一组 Hermite 算符 $\hat{R}_{ia}$, 它的本征值是特定转动 R 的分量 R_{ia}. (这类似于对于点粒子引入位置算符, 它的本征值是特定的位置. 在本节中我们在符号上放置一顶 "帽子", 来表示它们是算符, 不是 c 数.) 所有这些分量彼此对易 (但是和它们的时间导数不对易), 并满足约束式(4.9.2)和式(4.9.3). 代表个别粒子位置的算符由式(4.9.1)的量子版本给出:

$$\hat{x}_{ni}(t) = \sum_a \hat{R}_{ia}(t) x_{na}^0 \tag{4.9.19}$$

此处对于真实的刚性转子, x_{na}^0 是固定的 c 数. (对于分子, x_{na}^0 是算符, 但张量 N_{ab} 和 I_{ab} 仍然是 c 数, 对分子的给定的电子和振动态, 通过对式(4.9.5)中的和求期望值可得.) 和通常一样, 我们可以定义角动量算符

$$\hat{J}_i \equiv \sum_{n,j,k} \epsilon_{ijk} \hat{x}_{nj} \dot{\hat{x}}_{nk} m_n \tag{4.9.20}$$

满足通常的对易关系

$$[\hat{J}_i, \hat{J}_j] = i\hbar \sum_k \epsilon_{ijk} \hat{J}_k \tag{4.9.21}$$

我们能再次定义在固定于转子的基的角动量

$$\hat{\mathcal{J}}_a = \sum_i \hat{R}_{ia} \hat{J}_i \tag{4.9.22}$$

遵循在经典情况中同样的论证, 我们将 Hamilton 量算符写作类似于式(4.9.17):

$$\hat{H} = \frac{1}{2} \sum_{a,b} \hat{\mathcal{J}}_a \hat{\mathcal{J}}_b I_{ab}^{-1} \tag{4.9.23}$$

为了求能量本征值, 我们需要知道算符 $\hat{\mathcal{J}}_a$ 的对易关系. 我们首先注意到, 在实验室坐标轴的转动下, 算符 $\hat{R}_{ia}$ 不是作为张量转换, 而是作为三个 3-矢量:

$$[\hat{J}_i, \hat{R}_{ja}] = i\hbar \sum_k \epsilon_{ijk} \hat{R}_{ka} \tag{4.9.24}$$

(这顺便证明了为什么我们在定义式(4.9.22)中不去关心算符的排序; $\hat{J}_i$ 与 $\hat{R}_{ja}$ 在 $i = j$ 情况下对易.) 从式(4.9.21)和式(4.9.24)得出, $\hat{\mathcal{J}}_a$ 是转动的标量, 其意为

$$[\hat{J}_i, \hat{\mathcal{J}}_a] = 0 \tag{4.9.25}$$

所以

$$[\hat{\mathcal{J}}_a, \hat{\mathcal{J}}_b] = \sum_j [\hat{\mathcal{J}}_a, \hat{R}_{jb}] \hat{J}_j = \sum_{i,j} \hat{R}_{ia} [\hat{J}_i, \hat{R}_{jb}] \hat{J}_j = i\hbar \sum_{i,j,k} \epsilon_{ijk} \hat{R}_{ia} \hat{R}_{kb} \hat{J}_j$$

根据行列式理论, 对于任何行列式不为零的 3×3 矩阵 M, 我们有

$$\sum_{i,j,k} \epsilon_{ikj} M_{ia} M_{kb} = (\text{Det } M) \sum_c \epsilon_{abc} M_{cj}^{-1}$$

所以, 对于对易算符的幺模正交矩阵 $\hat{R}$, 有

$$\sum_{i,j,k} \epsilon_{ijk} \hat{R}_{ia} \hat{R}_{kb} = -\sum_c \epsilon_{abc} \hat{R}_{jc}$$

负号是从 ϵ_{ijk} 和 ϵ_{ikj} 之比而来的. 于是就有

$$[\hat{\mathcal{J}}_a, \hat{\mathcal{J}}_b] = -i\hbar \sum_c \epsilon_{abc} \hat{\mathcal{J}}_c \tag{4.9.26}$$

这就是算符 $-\hat{\mathcal{J}}_a$ 满足和通常角动量算符同样的对易关系. 并且, 因为 $\hat{R}_{ia}$ 满足式(4.9.2), 故由定义式(4.9.22)给出

$$\sum_i \hat{\mathcal{J}}_i^2 = \sum_a \hat{\mathcal{J}}_a^2 \tag{4.9.27}$$

遵循 4.2 节中的论证, 我们能找出状态 $\Psi_J^{M,K}$, 它是算符 $\sum_i \hat{\mathcal{J}}_i^2$ 和 $\sum_a \hat{\mathcal{J}}_a^2$ 的本征态, 且有相同的本征值 $\hbar^2 J(J+1)$, 这里 J 是正整数, 它也是算符 $\hat{\mathcal{J}}_3$ 和 $\hat{\mathcal{J}}_z$ 的本征态, 相应本征值为 $\hbar M$ 和 $\hbar K$, M 和 K 独立地以单位步阶跑遍 $-J$ 到 $+J$. (J 是整数, 因为在它的定义式(4.9.20)中我们隐含地假设转子由无自旋粒子组成, 它的总角动量是 $\boldsymbol{J}$.)

在一般情况下, $\Psi_J^{M,K}$ 不是 Hamilton 量(4.9.23)的本征函数. 对于**对称转子**, 事情要简单得多, 它们的转动惯量张量 I_{ab} 有两个相等的本征值. 在此情况下, 选好体轴基矢量, 这个张量有以下形式:

$$I = \begin{pmatrix} I_x & 0 & 0 \\ 0 & I_x & 0 \\ 0 & 0 & I_z \end{pmatrix} \tag{4.9.28}$$

Hamilton 量(4.9.23)就是

$$\hat{H} = \frac{1}{2I_x}(\hat{\mathcal{J}}_x^2 + \hat{\mathcal{J}}_y^2) + \frac{1}{2I_z}\hat{\mathcal{J}}_z^2 = \frac{1}{2I_x}\sum_a \hat{\mathcal{J}}_a^2 + \left(\frac{1}{2I_z} - \frac{1}{2I_x}\right)\hat{\mathcal{J}}_z^2 \tag{4.9.29}$$

这样 $\Psi_J^{M,K}$ 态就是对称转子的 Hamilton 量的本征态, 能量本征值为

$$E(JMK) = \frac{\hbar^2 J(J+1)}{2I_x} + \left(\frac{1}{2I_z} - \frac{1}{2I_x}\right)\hbar^2 K^2 \tag{4.9.30}$$

转动不变性的后果是能量与 M 无关, 因此每一个能级都有 $2J+1$ 重简并.

在普遍情况下, 当所有 I_{ab} 的本征值都不相同时, 没有类似的能量本征值公式, 但是总可能用纯粹的代数方法计算任何给定的 J 的能量本征值. 用 I_{ab} 对角的基, Hamilton 量算符是

$$\begin{aligned} \hat{H} &= \frac{1}{2I_x}\hat{\mathcal{J}}_x^2 + \frac{1}{2I_y}\hat{\mathcal{J}}_y^2 + \frac{1}{2I_z}\hat{\mathcal{J}}_z^2 \\ &= A(\hat{\mathcal{J}}_x^2 + \hat{\mathcal{J}}_y^2 + \hat{\mathcal{J}}_z^2) + B\hat{\mathcal{J}}_z^2 + C(\hat{\mathcal{J}}_x^2 - \hat{\mathcal{J}}_y^2) \end{aligned} \tag{4.9.31}$$

此处

$$A = \frac{1}{4I_x} + \frac{1}{4I_y}, \quad B = \frac{1}{2I_z} - \frac{1}{4I_x} - \frac{1}{4I_y}, \quad C = \frac{1}{4I_x} - \frac{1}{4I_y} \tag{4.9.32}$$

我们也注意到

$$\hat{\mathcal{J}}_x^2 - \hat{\mathcal{J}}_y^2 = \frac{1}{2}(\hat{\mathcal{J}}_x + \mathrm{i}\hat{\mathcal{J}}_y)^2 + \frac{1}{2}(\hat{\mathcal{J}}_x - \mathrm{i}\hat{\mathcal{J}}_y)^2$$

这样在一般情况下能量本征态具有固定 J 和 M 值, 但 K 值彼此相差 ± 2 倍数的态 $\Psi_J^{M,K}$ 的混合. 例如, 对 $J = 1$, 在一个行与列相应于 $K = +1$, $K = 0$ 与 $K = -1$ 的基中, Hamilton 量(4.9.31)是

$$\hat{H} = \hbar^2 \begin{pmatrix} 2A + B & 0 & C \\ 0 & 2A & 0 \\ C & 0 & 2A + B \end{pmatrix}$$

因此 $J = 1$ 的能量本征值 E 和相应的本征态 Ψ 分别是

$$E = \begin{cases} 2A + B + C, & \Psi \propto \Psi_1^{M,+1} + \Psi_1^{M,-1} \\ 2A, & \Psi \propto \Psi_1^{M,0} \\ 2A + B - C, & \Psi \propto \Psi_1^{M,+1} - \Psi_1^{M,-1} \end{cases}$$

计算刚性转子的能量本征值时, 我们不需要知道波函数, 但是若为了其他目的, 例如计算跃迁振幅, 就需要波函数了. 我们将计算 $\Psi_J^{M,K}$ 态的波函数 (不管这些态是否是能量本征态), 以态 Φ_R^K 为基, 其定义为转动算符 $\hat{R}$ 和转动不变量 $\hat{\mathcal{J}}_z$ 二者的本征态:

$$\hat{R}_{ia} \Phi_R^K = R_{ia} \Phi_R^K, \quad \hat{\mathcal{J}}_z \Phi_R^K = K \Phi_R^K \tag{4.9.33}$$

在此处回到 4.1 节的理论形式是方便的, 对于每一个 c 数转动 R', 引入一个满足缔合律(4.1.3)的幺正算符 $U(R')$, 它就如在式(4.1.4)中那样作用于 3-矢量算符. 特别地,

$$U^{-1}(R') \hat{R}_{ia} U(R') = \sum_j R'_{ij} \hat{R}_{ja} \tag{4.9.34}$$

所以 $U(R')\Phi_R^K$ 是 $\hat{R}_{ia}$ 的本征态, 相应本征值为 $(R'R)_{ia}$. 特别地, 如果我们定义 Φ_1^K 作为 $\hat{R}_{ia}$ 的本征态, 本征值为 δ_{ia}, 我们就能取一般的本征态

$$\Phi_R^K = U(R)\Phi_1^K \tag{4.9.35}$$

这样在此基中态 $\Psi_J^{M,K}$ 的波函数是

$$(\Phi_R^K, \Psi_J^{M,K}) = (\Phi_1^K, U(R^{-1})\Psi_J^{M,K}) = \sum_{M'} D_{M'M}^J(R^{-1})(\Phi_1^K, \Psi_J^{M',K}) \tag{4.9.36}$$

此处 $D_{M'M}^J(R)$ 是代表三维转动群的幺正矩阵[①], 意为 $D(R_1)D(R_2) = D(R_1 R_2)$ 在这里

[①] 这些矩阵的形式当然依赖于选来参数化转动的变量. 对通常情况, 转动用 Euler 角参数化, 矩阵 $D_{M'M}^J(R)$ 在一些书中给出, 包括 A. R. Edmonds 的 *Angular Momentum in Quantum Mechanics* (Princeton: Princeton University Press, 1957: Chapter 4), M. E. Rose 的 *Elementary Theory of Angular Momentum* (New York: John Wiley and Sons, 1957: Chapter Ⅳ), L. D. Landau 和 E. M. Lifshitz 的 *Quantum Mechanics: Non–Relativistic Theory* (3rd ed. Oxford: Pergamon Press, 1977: Section 58), Wu-Ki Tung 的 *Group Theory in Physics* (Singapore: World Scientific, 1985: Sections 7.3, 8.1). 在下面我们不需要这些矩阵的显示公式.

定义为

$$U(R)\Psi_J^{M,K} = \sum_{M'} D_{M'M}^J(R)\Psi_J^{M',K} \tag{4.9.37}$$

关于式(4.9.36)中与 R 无关的系数 $(\Phi_1^K, \Psi_J^{M',K})$, 我们还要说几句. 我们注意到

$$K(\Phi_1^K, \Psi_J^{M',K}) = (\Phi_1^K, \hat{\mathcal{J}}_3 \Psi_J^{M',K}) = \left(\Phi_1^K, \sum_i \hat{R}_{i3}\hat{J}_i \Psi_J^{M',K}\right)$$

Hermite 算符 $\hat{R}_{13}$ 从左边作用于 Φ_1^K, 给出因子 δ_{13}, 所以

$$K(\Phi_1^K, \Psi_J^{M',K}) = (\Phi_1^K, \hat{J}_3 \Psi_J^{M',K}) = M'(\Phi_1^K, \Psi_J^{M',K})$$

因此除非 $M' = K$, 这个矩阵元为零:

$$(\Phi_1^K, \Psi_J^{M',K}) = c_K^J \delta_{M'K} \tag{4.9.38}$$

将这个结果用于式(4.9.36), 我们找到波函数[①]

$$(\Phi_R^K, \Psi_J^{M',K}) = c_K^J D_{KM}^J(R^{-1}) \tag{4.9.39}$$

常数因子 c_K^J 可以从波函数的归一化要求求得 (准确到任意相因子).

我们现在处理一个特殊例子: I_{ab} 的一个本征值为零. 如果式(4.9.5)定义的矩阵 N_{ab} 的本征值是 N_x, N_y 和 N_z, 那么转动惯量张量 I_{ab} 的本征值就是 $N_y + N_z$, $N_z + N_z$ 和 $N_x + N_y$. 所有的 N_a 都是正的, 所以除非 I_{ab} 整体为零, 它最多只有一个本征值为零, 这只在 N_a 中的两个为零时才会发生. 如果我们选择坐标轴使得 $N_x = N_y = 0$, 那么 I_{ab} 的本征值便是 $I_x = I_y = N_z$ 和 $I_z = 0$. 这必须是线性转子的情况. 例如位于沿 z 轴的双原子分子, 在 x 轴和 y 轴方向没有延展. 有一个在前面处理过的对称转子特例, 它的能量由式(4.9.30)给出. 为了避免在 $I_z = 0$ 时的无限大能量 (或者在小的 I_z 时很大的能量), 有必要仅考虑 $K = 0$ 的状态, 此时能量(4.9.30)变为

$$E(JM0) = \frac{\hbar^2 J(J+1)}{2I_x} \tag{4.9.40}$$

相应的波函数(4.9.39)是

$$\left(\Phi_R^0, \Psi_\ell^{m,0}\right) = c_0^\ell D_{0m}^\ell(R^{-1}) \tag{4.9.41}$$

[①] 这是在典型教科书中得到的答案, 如 L. D. Landau 和 E. M. Lifshitz 的著作 *Quantum Mechanics: Non-Relativistic Theory* (3rd ed. Oxford: Pergamon Press, 1977: Section 103). 除去一个区别: 通常 D_{KM}^J 的宗量是 R, 不是 R^{-1}, 这表明 (也许考虑转动系统和转动坐标轴的区别) 它们的波函数是用基 $\Phi_{R^{-1}}^K$ 而不是用 Φ_R^K 计算的. 和许多作者一样, Landau 和 Lifshitz 不标明其波函数的基. 当然, 我们可以用任何的基定义波函数.

(因为 $K=0$ 是整数, 故 J 和 M 也必须是整数, 现在它们就相应记为 ℓ 和 m.) 在此情况下, 函数 $D^{\ell}_{0m}(R^{-1})$ 正好正比于通常的球谐函数:

$$D^{\ell}_{0m}(R^{-1}) = \mathrm{i}^{-\ell}\sqrt{\frac{4\pi}{2\ell+1}}Y^m_{\ell}(\hat{\boldsymbol{n}}) \tag{4.9.42}$$

此处 $\hat{\boldsymbol{n}}$ 是转动 R^{-1} 3-轴的方向. 因为 Y^m_{ℓ} 是正规归一化的波函数, 所以此处我们有 $c^{\ell}_0 = \sqrt{(2\ell+1)/(4\pi)}$ 以及转子波函数 $\mathrm{i}^{-\ell}Y^m_{\ell}(\hat{\boldsymbol{n}})$, 这里 $\hat{\boldsymbol{n}}$ 是实验室坐标系中转子 z 轴的方向.

在由两个全同的核组成的双原子分子中, ℓ 的值有重要的限制. 如果个别核的自旋是 s', 而且它们合成总自旋 s, 那么根据式(4.3.34)(s' 取 j' 和 j'' 的位置, s 取 j 的位置), 两个核自旋的互换就改变自旋波函数的符号 $(-1)^{s-2s'}$. 并且, 式(4.9.42)和式(2.2.17)证明这个互换将波函数的轨道部分乘以一个因子 $(-1)^{\ell}$. 但是根据 $2s'$ 是偶还是奇确定核是玻色子还是费米子, 所以两个核的互换必须以一个因子 $(-1)^{2s'}$ 改变完全的波函数. 这样我们必须有

$$(-1)^{s-2s'}\times(-1)^{\ell} = (-1)^{2s'}$$

因此 $(-1)^{\ell} = (-1)^s$. 这样 ℓ 就被限制为偶数值或奇数值, 依赖于总核自旋是偶或奇. 在这两种情况下, 分子被冠以一个前置 "仲" 或 "正" 以示区别. 例如, 在仲氢中核自旋是 $s=0$, ℓ 为偶数, 而在正氢中我们有 $s=1$, 而 ℓ 为奇数. 氘的核有自旋 $s'=1$, 所以氘分子可以是仲氘, 总核自旋 $s=0$ 或 $s=2$, 以及 ℓ 为偶数, 也可以是正氘, 总核自旋为 $s=1$, ℓ 为奇数.

基态永远是**仲态**, 但在室温下, 转动能级的能量差一般来说小于 $k_\mathrm{B}T$, 而所有的 $2s+1$ 个**正态**和**仲态**自旋态同样丰富. 例如, 室温下的氢气体每一个仲氢分子大概伴有三个正氢分子.

最后, 让我们考虑分子转动能量 E_{rot} 的数量级. 从式(4.9.18)看出, 一般地它们是 $\hbar^2/(m_\mathrm{N}a^2)$ 量级, 这里 m_N 是典型的核质量, a 是典型的分子大小. 至少对简单分子, a 和原子大小具有同样量级, $a \approx \hbar^2/(m_\mathrm{e}e^2)$, 所以

$$E_{\mathrm{rot}} \approx \frac{\hbar^2}{m_\mathrm{N}}\left(\frac{m_\mathrm{e}e^2}{\hbar^2}\right)^2 = \frac{m_\mathrm{e}^2e^4}{m_\mathrm{N}\hbar^2}$$

如在前面提过的, 它小于典型的电子能量 $m_\mathrm{e}e^4/\hbar^2$, 差一个量级为 $m_\mathrm{e}/m_\mathrm{N}$ 的因子. 例如, 如果我们取 $m_\mathrm{N} = 10m_\mathrm{p}$, E_{rot} 就是 10^{-3} eV 量级. 校验一下, 注意氰分子 CN 的转动能量 (注意它在星际空间的激发给出 3K 宇宙背景辐射的第一个暗示) 准确地由式(4.9.40)给出, $\hbar^2/(2I_x) = 2.35\times10^{-4}$ eV, 和我们粗略的估计符合得甚好.

习题

1. 假设一个电子位于轨道角动量态 $\ell = 2$. 给出如何用具有 S_3 和 L_3 确定值状态矢量的线性组合来构造总角动量 $j = 5/2$ 的态矢量和相应的 $m = 5/2$ 和 $m = 3/2$ 的 3-分量. 然后找出 $j = 3/2$ 和 $m = 3/2$ 的状态矢量. (所有这里的状态矢量都是正规归一化的.) 给出在 $(j, m) = (5/2, 5/2), (5/2, 3/2)$ 和 $(3/2, 3/2)$ 情况下的 Clebsch-Gordan 系数 $C_{\frac{1}{2} 2}(jm; m_s m_\ell)$ 来总结你的结果.

2. 假设 $\boldsymbol{A}$ 和 $\boldsymbol{B}$ 是矢量算符, 其意由下式表示

$$[J_i, A_j] = \mathrm{i}\hbar \sum_k \epsilon_{ijk} A_k$$

$$[J_i, B_j] = \mathrm{i}\hbar \sum_k \epsilon_{ijk} B_k$$

证明矢量积 $\boldsymbol{A} \times \boldsymbol{B}$ 在同样的意义下是个矢量.

3. 一个状态要有一个非零的自旋 j 算符 $\mathcal{O}_j^m$ 的期望值, 它的 $\boldsymbol{J}^2$ 的最小值是多少?

4. 质量为 M、自旋为 $\boldsymbol{S}$ 的自由粒子在 3 方向的磁场 $\boldsymbol{B}$ 中, 其 Hamilton 量为

$$H = \frac{\boldsymbol{p}^2}{2M} - g|\boldsymbol{B}|S_3$$

此处 g 为一常数 (与粒子的磁矩成正比). 给出描述 $\boldsymbol{S}$ 的所有三个分量的期望值的时间依赖方程.

5. 自旋 3/2 的粒子 X 衰变为一个核子和一个 π 子. 假设宇称在衰变中守恒. 说明如何可以用终态的角分布 (不测量自旋) 来确定衰变粒子的宇称.

6. 同位旋为 1、电荷为 0 的粒子衰变为 K 和 $\overline{\mathrm{K}}$. 假设同位旋在衰变中守恒. 两个过程 $\mathrm{X}^0 \to \mathrm{K}^+ + \overline{\mathrm{K}^-}$ 和 $\mathrm{X}^0 \to \mathrm{K}^0 + \overline{\mathrm{K}}^0$ 的衰变率之比是多少?

7. 假想电子有自旋 3/2, 而非 1/2, 但假设原子中当原子序数增加时所有确定 n 和 ℓ 值的单粒子态都已充满, 填充次序和真实世界中一样. 在原子序数从 1 到 21 的范围中, 哪一些元素会有与惰性气体、碱金属、卤素和碱土在真实世界中同样的性质?

8. 角动量算符 $\boldsymbol{J}$ 和 Galilei 变换生成元 $\boldsymbol{K}$ 的对易子是什么?

9. 考虑在原子核中有自旋 (即内在角动量)3/2, 它所在的原子中有一个电子位于零轨道角动量态上. 写出原子具有总角动量 z 分量 $m = 1$(电子加原子核) 以及每一个可能的总角动量确定值的状态 (具有核及电子自旋 z 分量确定值状态的线性组合).

第5章

能量本征值的近似方法

量子力学教程一般都是从久经沧桑的例子开始的: 自由粒子、Coulomb 势和谐振子势. 这些在本书第 2 章中讲授. 这是因为这些例子几乎是 Schrödinger 确定能量态方程有精确解的所有情形. 在真实世界中, 问题要复杂得多, 我们必须依靠近似解法. 实际上, 即使我们能找到复杂问题的精确解, 它们必然也会是很复杂的, 我们仍需要用近似来理解它们的物理结果.

5.1 一阶微扰论

求复杂问题近似解最常用的方法是微扰论. 在这个方法中, 我们从一个比较简单的、可以精确解出的问题开始, 然后把对 Hamilton 量的修正作为微扰处理.

考虑未微扰的 Hamilton 量 H_0, 例如像在 2.3 节中处理的氢原子的, 它足够简单, 我们能够求出它的能量值 E_a 和相应的正交归一态矢量 Ψ_a:

$$H_0\Psi_a = E_a\Psi_a \tag{5.1.1}$$

$$(\Psi_a, \Psi_b) = \delta_{ab} \tag{5.1.2}$$

假设我们在 Hamilton 量上加一小项 δH, 它正比于一个小的参量 ϵ. (例如对氢原子 H_0 是动能算符加一项和 $1/r$ 成正比的势能, 我们可以取 $\delta H = \epsilon U(\boldsymbol{x})$, 其中 $U(\boldsymbol{x})$ 是位置算符 $\boldsymbol{x}$ 的任意函数, 与 ϵ 无关, 或许代表由于质子的有限大小对 Coulomb 势的偏离.) 能量值就变为 $E_a + \delta E_a$, 相应的状态矢量为 $\Psi_a + \delta\Psi_a$, 此处 δE_a 和 $\delta\Psi_a$ 多由 ϵ 的幂级数给出:

$$\delta E_a = +\delta_1 E_a + \delta_2 E_a + \cdots, \quad \delta\Psi_a = \delta_1\Psi_a + \delta_2\Psi_a + \cdots \tag{5.1.3}$$

这里 $\delta_N E_a$ 与 $\delta_N\Psi_a$ 和 ϵ^N 成正比. Schrödinger 方程取以下形式:

$$(H_0 + \delta H)(\Psi_a + \delta\Psi_a) = (E_0 + \delta E_a)(\Psi_a + \delta\Psi_a) \tag{5.1.4}$$

收集 ϵ 的一阶项, 我们可以弃去式(5.1.4)中的 $\delta H\delta\Psi_a$ 和 $\delta E_a\delta\Psi_a$, 因为它们的幂级数从 ϵ^2 开始. 我们就有

$$\delta H\Psi_a + H_0\delta_1\Psi_a = \delta_a E_a\Psi_a + E_a\delta_1\Psi_a \tag{5.1.5}$$

要求出 δE_a, 我们取式(5.1.5)和 Ψ_a 的标量积. 由于 H_0 是 Hermite 的, 我们有

$$(\Psi_a, H_0\delta_1\Psi_a) = E_a(\Psi_a, \delta_1\Psi_a)$$

在标量积中, 这些项彼此抵消, 就余下

$$\delta_1 E_a = (\Psi_a, \delta_1\Psi_a) \tag{5.1.6}$$

这是微扰论的第一个主要结果: **准确到一阶, 束缚态能量的能移是微扰 δH 在未微扰状态的期望值**.

但是这个论证并非永远适用, 甚至在 δH 很小的时候. 要看在哪里出了问题, 我们来计算由微扰产生的状态矢量的变化. 这一次, 我们取式(5.1.5)和一个未微扰的能量本征矢量 Ψ_b 的标量积. 再一次用 H_0 是 Hermite 的事实, 由此给出

$$(\Psi_b, \delta H\Psi_a) = \delta_1 E_a\delta_{ab} + (E_a - E_b)(\Psi_b, \delta_1\Psi_a) \tag{5.1.7}$$

对于 $a = b$, 此式和式(5.1.6)一样, 所以新的信息是

$$(\Psi_b, \delta H\Psi_a) = (E_a - E_b)(\Psi_b, \delta_1\Psi_a), \quad a \neq b \tag{5.1.8}$$

在有简并时就出了问题. 假设有两个状态 $\Psi_b \neq \Psi_a$, 而 $E_a = E_b$. 这样, 式(5.1.8)就不能前后一致, 除非 $(\Psi_b, \delta H \Psi_a) = 0$, 但这并不必须如此. 不过, 我们可以永远避开这个问题, 只要明智地选择简并未微扰态. 假设有一定数量的状态 $\Psi_{a1}, \Psi_{a2}, \cdots$, 它们有同样的能量 E_a. 量 $(\Psi_{ar}, \delta H \Psi_{as})$ 组成一个 Hermite 矩阵, 所以根据矩阵代数的一个普遍定理, 这个矩阵作用的矢量空间由正交归一本征矢量 u_{rn} 集合张成, 使得

$$\sum_r (\Psi_{as}, \delta H \Psi_{ar}) u_{rn} = \Delta_n u_{sn} \tag{5.1.9}$$

(见 3.3 节第一个脚注.) 我们能定义具有同样能量 E_a 的 H_0 的本征态:

$$\Phi_{an} \equiv \sum_r u_{rn} \Psi_{ar} \tag{5.1.10}$$

对于它们有

$$(\Phi_{am}, \delta H \Phi_{an}) = \sum_{r,s} u_{sm}^* u_{rn} (\Psi_{as}, \delta H \Psi_{ar}) = \sum_s u_{sm}^* u_{sn} \Delta_n = \delta_{nm} \Delta_n \tag{5.1.11}$$

在这里我们用了正交归一条件 $\sum_s u_{sm}^* u_{sn} = \delta_{mn}$. 对于这些态, 微扰的所有非对角矩阵元都为零, 所以我们避免了式(5.1.8)的不相容问题, 只要从 Φ 开始, 而非从 Ψ 开始.

如果我们顽固地坚持采取 Ψ_{ar} 中的一个作为未微扰态, 而某些 $(\Psi_{as}, \delta H \Psi_{ar})$ 对于 $s \neq r$ 不等于零, 这样微扰论就不适用; 甚至一个很小的微扰就造成很大的状态矢量的变化. 例如, 假设 H_0 是转动不变的, 我们加上一个微扰 $\delta H = \epsilon \cdot v$, 此处 v 是个矢量算符. 如我们在前一章中所见, 因为 H_0 是转动不变的, 故就有 $2j + 1$ 个态有同样的未微扰能量和同样 $\boldsymbol{J}^2$ 的本征值 $\hbar^2 j(j+1)$. 如果我们的未微扰态是 J_3 的本征态, 但 ϵ 不在 3-轴方向, 那么不论 ϵ 多么小, 对态矢量都会有大的修正. 微扰迫使状态成为 $\boldsymbol{J} \cdot \epsilon$ 的本征态. 但如果从一开始我们就取未微扰态作为 $\boldsymbol{J} \cdot \epsilon$ 的本征态, 则因为 δH 和 $\boldsymbol{J} \cdot \epsilon$ 对易, 态矢量的变化就是 ϵ 量级的.

对于所有的态 $E_a = E_b$ $(a \neq b)$, 条件 $(\Psi_a, \delta H \Psi_b) = 0$ 就在一阶能量微扰 $\delta_1 E_a = (\Psi_a, \delta H \Psi_a)$ 都不相等的情况下唯一地决定了未微扰态 Ψ_a. 但是如果有一定数量的不同的未微扰态, 它们都有同样的零阶能量**以及**相同的一阶能量, 这些态的任何正交归一的线性组合将有同样的性质, 所以能被选为未微扰态. (典型地, 当某些对称性需要 δH 在具有给定未微扰能量的态之间的所有矩阵元为零时, 这种情况会发生.) 我们将在 5.4 节中看到, 在未微扰态矢量中这点剩余的自由度会因**二阶**微扰不产生能量本征矢大的变化的条件而去除.

其次, 我们来计算对态矢量的微扰. 我们首先考虑无简并的情况, 就是我们要计算能量和波函数的这些状态没有彼此相同, 或者与其他态相同的未微扰能量. 这里由式

(5.1.8) 立即给出

$$(\Psi_b, \delta_1\Psi_a) = \frac{(\Psi_b, \delta H\Psi_a)}{E_a - E_b}, \quad a \neq b \tag{5.1.12}$$

求 $\delta_1\Psi$ 沿 Ψ_a 的分量, 我们需要加上 $\Psi_a + \delta\Psi_a$ 是正常归一化的条件, 这给出

$$1 = \Psi_a + \delta\Psi_a, \Psi_a + \delta\Psi_a = 1 + (\Psi_a, \delta_1\Psi_a) + (\delta_1\Psi_a, \Psi_a) + O(\epsilon^2)$$

所以, 准确到 ϵ 阶, 有

$$0 = \text{Re}\ (\Psi_a, \delta_1\Psi_a) \tag{5.1.13}$$

我们可以随心所欲地选择 $(\Psi_a, \delta_1\Psi_a)$ 的虚部, 因为这只代表对整个态矢量相位的选择. 将状态矢量乘以一个相因子 $\exp(i\delta\varphi_a)$, 其中 $\delta\varphi_a$ 是数量级 ϵ 的任意实常数, 在 $\delta_1\Psi_a$ 中产生一个等于 $i\delta\varphi_a\Psi_a$ 的变化. 所以我们具体地可以选 $(\Psi_a, \delta_1\Psi_a)$ 为实数, 在此情况下归一化条件(5.1.13)变为

$$0 = (\Psi_a, \delta_1\Psi_a) \tag{5.1.14}$$

利用式(5.1.12), 所有确定 H_0 值的状态矢量的完备性告诉我们

$$\delta_1\Psi_a = \sum_b (\Psi_b, \delta_1\Psi_a)\Psi_b = \sum_{b \neq a} \Psi_b \frac{(\Psi_b, \delta H\Psi_a)}{E_a - E_b} \tag{5.1.15}$$

其次, 我们考虑更复杂的简并情况, 这里我们感兴趣的状态与一些其他状态有相同的未微扰能量. 式(5.1.8)现在告诉不了我们关于 $\delta_1\Psi_a$ 沿着未微扰状态 Ψ_b 分量的任何东西, 这里 $E_b = E_a$, 还有式(5.1.12)仅对 $E_b \neq E_a$ 适用. 所以, 相当于式(5.1.15), 我们只知道

$$\delta_1\Psi_a = \sum_{c: E_c \neq E_a} \Psi_c \frac{(\Psi_c, \delta H\Psi_a)}{E_a - E_c} + \sum_{b: E_b = E_a} \Psi_b (\Psi_b, \delta_1\Psi_a) \tag{5.1.16}$$

归一化怎么样? 在微扰简并态上我们加上正交归一条件,

$$(\Psi_b + \delta_1\Psi_b + O(\epsilon^2), \Psi_a + \delta_1\Psi_a + O(\epsilon^2)) = \delta_{ab}, \quad E_a = E_b$$

上式两边 ϵ 的零阶项是相等的, 所以左边 ϵ 的一阶项必须为零:

$$(\Psi_b, \delta_1\Psi_a) + (\delta_1\Psi_b, \Psi_a) = 0, \quad E_a = E_b \tag{5.1.17}$$

这就是说, $(\Psi_b, \delta_1\Psi_a)$ 矩阵的 Hermite 部分必须为零, 所以对于 $E_a = E_b$, 我们有

$$(\Psi_b, \delta_1\Psi_a) = A_{ba} \tag{5.1.18}$$

此处 A_{ba} 是反 Hermite 的: $A_{ba} = -A_{ab}^*$. 一阶 Schrödinger 方程(5.1.5)也好, 正交归一条件式(5.1.16)也好, 都不能进一步告诉我们矩阵 A_{ab} 的信息.

在简并情况中出现的不定反 Hermite 矩阵 A_{ab} 有一些类似于在非简并情况中态 $\Psi_a + \delta_a \Psi_a$ 的不定相因子 $\exp(\mathrm{i}\varphi_a)$. 但这里有很大的区别. 使得非简并情况中的相因子可以如我们所愿地选择, 特别是可以选择给出方便的结果式(5.1.14). 与此相对照, 我们将在 5.4 节中看到, 在简并情况下, 我们必须保持我们选择 A_{ab} 的自由以避免**二阶微扰**对**一阶状态矢量**引入大的修正. 这就是, 正像我们必须选择简并未微扰状态矢量 Ψ_a, 使得 $(\Psi_b, \delta_1 H \Psi_a)$ 在 $E_a = E_b$ 和 $b \neq a$ 情况下为零, 目的是允许到一阶微扰状态矢量的光滑过渡, 所以在 5.4 节中我们将要做出对 A_{ab} 的, 因此也就是一阶微扰态矢量的特定选择, 以允许到二阶微扰态矢量的光滑过渡.

好像有些令人惊异, 对 Hamilton 量的一个小的微扰能告诉我们, 应该取什么作为未微扰能量本征态, 但在经典物理中有相似的现象. 考虑一个粒子在二维或更高维空间中, 在势 $V(\boldsymbol{x})$ 的影响下运动, 有足够的摩擦把粒子带到势的局域极小处静止. 假设势包含一个未微扰项 $V_0(\boldsymbol{x})$ 加上微扰 $\epsilon U(\boldsymbol{x})$. 如果 $V_0(\boldsymbol{x})$ 的局域极小在隔绝的点 $\boldsymbol{x}_n$, 我们可以预期完全的势的局域极小出现在 $\boldsymbol{x}_n + \delta\boldsymbol{x}_n$, 此处 $\delta\boldsymbol{x}_n$ 的量级为 ϵ. 这些点是微扰势的局域极小的条件是

$$0 = \left. \frac{\partial\left(V_0(\boldsymbol{x}) + \epsilon U(\boldsymbol{x})\right)}{\partial x_i} \right|_{\boldsymbol{x} = \boldsymbol{x}_n + \delta\boldsymbol{x}_n}$$

或准确到 ϵ 的一阶,

$$0 = \left. \frac{\partial V_0(\boldsymbol{x})}{\partial x_i} \right|_{\boldsymbol{x} = \boldsymbol{x}_n} + \epsilon \left. \frac{\partial U(\boldsymbol{x})}{\partial x_i} \right|_{\boldsymbol{x} = \boldsymbol{x}_n} + \sum_j \left. \frac{\partial^2 V_0(\boldsymbol{x})}{\partial x_i \partial x_j} \right|_{\boldsymbol{x} = \boldsymbol{x}_n} (\delta\boldsymbol{x}_n)_j$$

第一项为零, 因为 $\boldsymbol{x}_n$ 是未微扰势的局域极小, 所以这给出 $\delta\boldsymbol{x}_n$ 的条件是

$$\sum_j \left. \frac{\partial^2 V_0(\boldsymbol{x})}{\partial x_i \partial x_j} \right|_{\boldsymbol{x} = \boldsymbol{x}_n} (\delta\boldsymbol{x}_n)_j = -\epsilon \left. \frac{\partial U(\boldsymbol{x})}{\partial x_i} \right|_{\boldsymbol{x} = \boldsymbol{x}_n}$$

如果 $\mathcal{M}_{ij} \equiv [\partial^2 V_0 / \partial x_i \partial x_j]_{\boldsymbol{x} = \boldsymbol{x}_n}$ 是一个非奇异的矩阵, 问题就解决了. 在此情况下, 有

$$(\delta\boldsymbol{x}_n)_i = -\epsilon \sum_j \mathcal{M}_{ij}^{-1} \left. \frac{\partial U(\boldsymbol{x})}{\partial x_j} \right|_{\boldsymbol{x} = \boldsymbol{x}_n}$$

但若有一个矢量 v_i, 使 $\sum_i v_i \mathcal{M}_{ij} = 0$, 则在 $\boldsymbol{x}_n$ 附近的展开失效, 除非 $\sum_i v_i (\partial U/\partial x_i)_{\boldsymbol{x} = \boldsymbol{x}_n} = 0$. 当未微扰势的局域极小不在孤立的点处, 而在一个曲线 $\boldsymbol{x} = \boldsymbol{x}(s)$ 上时, 问题典型地出现, 所以对于所有的 s, 有

$$0 = \left. \frac{\partial V_0(\boldsymbol{x})}{\partial x_i} \right|_{\boldsymbol{x} = \boldsymbol{x}(s)}$$

对 s 微分, 给出

$$0 = \sum_j \left. \frac{\partial^2 V_0(\boldsymbol{x})}{\partial x_i \partial x_j} \right|_{\boldsymbol{x} = \boldsymbol{x}(s)} \frac{\mathrm{d}x_j(s)}{\mathrm{d}s}$$

遵循和前面同样的论证, 局域极小的位置移动 $\delta \boldsymbol{x}(s)$ 由下面的方程支配:

$$\sum_j \frac{\partial^2 V_0(\boldsymbol{x})}{\partial x_i \partial x_j}\bigg|_{\boldsymbol{x}=\boldsymbol{x}(s)} \delta x_j(s) = -\epsilon \frac{\partial U(\boldsymbol{x})}{\partial x_i}\bigg|_{\boldsymbol{x}=\boldsymbol{x}(s)}$$

因为 $\partial^2 V_0/(\partial x_j \partial x_j)$ 关于 i 和 j 对称, 当方程左边乘以 $\mathrm{d}x_i(s)/\mathrm{d}s$ 并对 i 求和时给出结果零, 所以此方程无解, 除非

$$0 = \sum_i \frac{\mathrm{d}x_i(s)}{\mathrm{d}s} \frac{\partial U(\boldsymbol{x})}{\partial x_i}\bigg|_{\boldsymbol{x}=\boldsymbol{x}(s)} = \frac{\mathrm{d}U(\boldsymbol{x}(s))}{\mathrm{d}s}$$

这就是说, 要想微扰 $\epsilon U(\boldsymbol{x})$ 只给出粒子的平衡位置小的移动, 粒子不但最初要位于曲线 $\boldsymbol{x} = \boldsymbol{x}(s)$ 上, 即未微扰势的局域极小所在处, 而且必须也位于曲线的一点上, 在此处**微扰**的值也是局域极小.

5.2　Zeeman 效应

在外磁场存在时原子能量的移动提供了一阶微扰论的重要例子. 这称为 **Zeeman 效应**. 这个效应首先在 19 世纪 90 年代被光谱学家 Pieter Zeeman [1](1865～1943) 作为钠的 D 线在磁场中的分裂观察到, 在第 4 章开始时提到过这个谱线 (这个谱线使钠蒸气灯呈橙色), 但直到量子力学出现以前, 这个效应没有被正确计算过.

我们考虑磁场对于碱金属类型原子 (例如钠) 能谱的效应. 在这类原子中, 我们可以集中在封闭壳层之外的单个电子, 它感受到由于其他电子和原子核产生的有效中心势. 根据经典电动力学, 外磁场 $\boldsymbol{B}$ 和具有轨道角动量 $\boldsymbol{L}$ 的电子相互作用给予电子附加能量 $e/(2m_e c) \boldsymbol{B} \cdot \boldsymbol{L}$, 所以在量子力学中我们就在 Hamilton 量中包括一项 $e/(2m_e c)\boldsymbol{B} \cdot \boldsymbol{L}$, 这里 $\boldsymbol{L}$ 是轨道角动量算符. 我们能够猜想磁场与自旋角动量 $\boldsymbol{S}$ 相互作用会在 Hamilton 量中产生附加项 $eg_e/(2m_e c)\boldsymbol{B} \cdot \boldsymbol{S}$, 常数因子 g_e 称为电子的**回转磁比例**, 但是没有理由预期 $g_e = 1$. 实际上量子电动力学给出准确到精细结构常数 $e^2/(\hbar c) \approx 1/137$ 最低阶时 $g_e = 2$(Dirac 首先用他的相对论波动方程得到这个结果), 发射和吸收光子等过程的修正将预言值移到 $g_e = 2.002\,322\cdots$, 和实验符合得很好. 因此我们取 Hamilton 量的微扰为

$$\delta H = \frac{e}{2m_e c} \boldsymbol{B} \cdot (\boldsymbol{L} + g_e \boldsymbol{S}) \tag{5.2.1}$$

① Zeeman P. Nature, 1897, 55: 347.

计算原子状态能量的移动，我们需要 δH 在两个相同未微扰能量 $E_{n\ell j}$ 的状态矢量之间的矩阵元 $(\Psi^{m'}_{n\ell j}, \delta H \Psi^m_{n\ell j})$，此处

$$H_0 \Psi^m_{n\ell j} = E_{n\ell j} \Psi^m_{n\ell j} \tag{5.2.2}$$

这里 H_0 是电子在无磁场下单粒子的有效 Hamilton 量. 但在这个 Hamilton 量中必须包括什么呢？一般规律是，我们只能够忽略那些产生能量移动比当前的微扰更小的项. 对于典型的磁场强度，这意味着在 H_0 中我们必须不仅包括原子核和其他电子产生的有效静电势，也包括电子的自旋和轨道角动量相互作用，它产生精细结构，即能级在给定的 n 和 ℓ 时对于 j 的依赖. 但我们通常能忽略在电子和原子核自旋间的更小的相互作用，它产生的谱线的分裂称为超精细效应.

在计算这些期望值时，我们回忆式(4.4.14)告诉我们，对于任何 3-矢量算符 $\boldsymbol{V}$，矩阵元 $(\Psi^{m'}_{n\ell j}, \boldsymbol{V}\Psi^m_{n\ell j})$ 和将 $\boldsymbol{V}$ 代以 $\boldsymbol{J}$ 的矩阵元方向相同，对 m 和 m' 的依赖也相同. 特别地，这对矢量 $\boldsymbol{L} + g_e\boldsymbol{S}$ 也适用，所以

$$\left(\Psi^{m'}_{n\ell j}, (\boldsymbol{L} + g_e\boldsymbol{S})\Psi^m_{n\ell j}\right) = g_{nj\ell}(\Psi^{m'}_{n\ell j}, \boldsymbol{J}\Psi^m_{n\ell j}) \tag{5.2.3}$$

此处 $g_{nj\ell}$ 是与 m 和 m' 无关的常数，称为 **Landé g-因子**. 如在 4.4 节中提到的，这个结果在量子力学教科书中通常用源于矢量 $\boldsymbol{S}$ 和 $\boldsymbol{L}$ 围绕总角动量 $\boldsymbol{J}$ 快速进动来解释，但是这个奇异的经典力学和量子力学推理的掺和是十分不必要的; 式(5.2.3)是角动量算符和矢量算符对易关系的简单结果.

要计算 Landé g-因子，注意因为 $\boldsymbol{J}$ 与 $\boldsymbol{J}^2$ 对易，状态矢量 $\boldsymbol{J}\Psi^m_{n\ell j}$ 正好是各 m'' 值的状态矢量 $\Psi^{m''}_{n\ell j}$ 的线性组合，所以我们还有

$$\sum_i \left(\Psi^{m'}_{n\ell j}, (L_i + g_e S_i) J_i \Psi^m_{n\ell j}\right) = g_{nj\ell} \sum_i \left(\Psi^{m'}_{n\ell j}, J_i J_i \Psi^m_{n\ell j}\right) \tag{5.2.4}$$

两边的矩阵元容易计算. 在右边我们用

$$\sum_i J_i J_i \Psi^m_{n\ell j} = \hbar^2 j(j+1) \Psi^m_{n\ell j}$$

而在左边用 $\boldsymbol{S} = \boldsymbol{J} - \boldsymbol{L}$, 得

$$\sum_i L_i J_i \Psi^m_{n\ell j} = \frac{1}{2}\left(-\boldsymbol{S}^2 + \boldsymbol{L}^2 + \boldsymbol{J}^2\right)\Psi^m_{n\ell j} = \frac{\hbar^2}{2}\left[-\frac{3}{4} + \ell(\ell+1) + j(j+1)\right]\Psi^m_{n\ell j}$$

并用 $\boldsymbol{L} = \boldsymbol{J} - \boldsymbol{S}$, 得

$$\sum_i S_i J_i \Psi^m_{n\ell j} = \frac{1}{2}\left(-\boldsymbol{L}^2 + \boldsymbol{S}^2 + \boldsymbol{J}^2\right)\Psi^m_{n\ell j}$$

$$= \frac{\hbar^2}{2} \left[-\ell(\ell+1) + \frac{3}{4} + j(j+1) \right] \Psi_{n\ell j}^m$$

(注意, 对任何 3-矢量算符 $\boldsymbol{V}$, 我们有 $\boldsymbol{V} \cdot \boldsymbol{J} = \boldsymbol{J} \cdot \boldsymbol{V}$, 因为 $[J_i, V_j] = \mathrm{i}\hbar \sum_k \epsilon_{ijk} V_k$, 当 $i = j$ 时其值为零.) 所以由式(5.2.4)给出

$$\frac{1}{2} \left[-\frac{3}{4} + \ell(\ell+1) + j(j+1) \right] + g_{\mathrm{e}} \frac{1}{2} \left[-\ell(\ell+1) + \frac{3}{4} + j(j+1) \right] = j(j+1) g_{nj\ell}$$

所以 $g_{nj\ell}$ 与 n 无关, 且由下式给出:

$$g_{j\ell} = 1 + (g_{\mathrm{e}} - 1) \frac{j(j+1) - \ell(\ell+1) + 3/4}{2j(j+1)} \tag{5.2.5}$$

我们回到找出微扰能量的问题. 根据式(5.2.1)和式(5.2.3), 我们所需要的矩阵元是

$$(\Psi_{n\ell j}^{m'}, \delta H \Psi_{n\ell j}^m) = \frac{e g_{j\ell}}{2 m_{\mathrm{e}} c} \left(\Psi_{n\ell j}^{m'}, \boldsymbol{B} \cdot \boldsymbol{J} \Psi_{n\ell j}^m \right) \tag{5.2.6}$$

对于在一般方向的 $\boldsymbol{B}$, 这不满足在前一节中找出的一阶微扰论应用的条件, 即微扰在未微扰能量相同的不同状态矢量之间的矩阵元必须为零. 我们可以通过取未微扰态矢量作为 $\boldsymbol{B} \cdot \boldsymbol{J}$ 的本征态, 而非 J_3 的来避开这个问题, 但我们也可以用不引入代替 $\Psi_{n\ell j}^m$ 的新状态矢量, 而仅用第 3-轴在 $\boldsymbol{B}$ 方向的坐标系来避开此问题. 在此坐标系中, 矩阵元(5.2.6)变为

$$(\Psi_{n\ell j}^{m'}, \delta H \Psi_{n\ell j}^m) = \frac{e \hbar g_{j\ell} B}{2 m_{\mathrm{e}} c} m \delta_{m'm} \tag{5.2.7}$$

我们就能用一阶微扰论计算能量移动, 它给出

$$\delta E_{nj\ell m} = \frac{e \hbar g_{j\ell} B}{2 m_{\mathrm{e}} c} m \tag{5.2.8}$$

例如, Zeeman 所研究的钠的 D 线, 在没有磁场时本来就有两条光谱线, D_1 线是外面的 "价" 电子 $3\mathrm{p}_{1/2} \to 3\mathrm{s}_{1/2}$ 跃迁产生的, 而 D_2 线源于 $3\mathrm{p}_{3/2} \to 3\mathrm{s}_{1/2}$. (回顾一下, 因为外电子所受到的势不单纯与 $1/r$ 成正比, 在不同的 ℓ 值的态之间没有简并. 并且, 自旋-轨道耦合给能量一个 $j = \ell \pm 1/2$ 的依赖以下标标示, 此外, 对于 ℓ 和主量子数 n 的依赖也以下标标示, 此处 $n = 3$.) 对于涉及的态, 式(5.2.5)给出 Landé g-因子 (在当前近似下, $g_{\mathrm{e}} = 2$):

$$g_{\frac{3}{2}1} = \frac{4}{3}, \quad g_{\frac{1}{2}1} = \frac{2}{3}, \quad g_{\frac{1}{2}0} = 2 \tag{5.2.9}$$

D_1 线和 D_2 线就分裂为分量, 光子能量移动为

$$\Delta E_1(m \to m') = E_{\mathrm{B}} \left(\frac{2m}{3} - 2m' \right) \tag{5.2.10}$$

$$\Delta E_2(m \to m') = E_{\mathrm{B}} \left(\frac{4m}{3} - 2m' \right) \tag{5.2.11}$$

此处 $E_B \equiv e\hbar B/(2m_e c)$. 因为 D_1 跃迁和 D_2 跃迁都是在相反宇称态之间进行的, j 值之差为 0 或 1, 这些跃迁是电偶极跃迁, 在 4.4 节中证明了只允许 m 的变化为 0 或 ± 1. D_1 线就分裂为四个分量, 光子能量移动量为

$$\Delta E_1(\pm 1/2 \to \pm 1/2) = \mp 2E_B/3 \tag{5.2.12}$$

$$\Delta E_1(\pm 1/2 \to \mp 1/2) = \pm 4E_B/3 \tag{5.2.13}$$

D_2 线分裂为六个分量, 光子能量移动量为

$$\Delta E_2(\pm 3/2 \to \pm 1/2) = \pm E_B \tag{5.2.14}$$

$$\Delta E_2(\pm 1/2 \to \pm 1/2) = \mp E_B/3 \tag{5.2.15}$$

$$\Delta E_2(\pm 1/2 \to \mp 1/2) = \pm 5E_B/3 \tag{5.2.16}$$

注意, 如果从经典的观点预期 g_e 的值为 1, 式(5.2.5)会给出 Landé g-因子, 对于所有能级 $g_{j\ell}$, 式(5.2.8)会给出一个能量移动公式, 它除了磁量子数外不依赖其他任何能级的性质:

$$\delta E_{nj\ell m} = \frac{e\hbar B}{2m_e c} m$$

D_1 线和 D_2 线就会同样分裂为三个分量, 光子能量分裂的量仅依赖于磁量子数的变化:

$$\Delta E_1(\Delta m = \pm 1) = \Delta E_2(\Delta m = \pm 1) = \pm E_B$$

$$\Delta E_1(\Delta m = 0) = \Delta E_2(\Delta m = 0) = 0$$

频率移动 $E/h = eB/(4\pi m_e c)$ 是由 Hendrik Antoon Lorentz[①](1853~1928) 在经典基础上推导的, 称为**正常 Zeeman 效应**. Lorentz 公式和 Zeeman 早期数据的比较表明, 不论在原子中有什么带电粒子涉及辐射的发射, 它们的电荷/质量比 (e/m) 和在电解中涉及的氢离子的电荷/质量比要大 1 000 倍. 这是在 Thomson 发现电子以前, 关于原子的电荷是由比原子要轻得多的粒子携带这一事实的第一个指示. 但正确的分裂值是由式(5.2.12)~式(5.2.16)给出的. 这称为**反常 Zeeman 效应**, 因为它不是预期 $g_e = 1$ 所给出的结果.

这里给出的反常 Zeeman 效应仅对于足够小的磁场适用, 它给出能量移动(5.2.8)和在相同的 n 和 ℓ 但不同的 j 的精细结构分裂相比要小得多. 在相反的极限下, 能量移动(5.2.8)远大于精细结构分裂 (但比不同 n 或 ℓ 的态的能量差要小), 我们有基本上简并的未微扰态的更大的集合: 所有具有状态矢量 $\Psi_{n\ell m_\ell m_s}$、L_3 的本征值为 $\hbar m_\ell$、S_3 的本征值为 $\hbar m_s$ 的态. 仍将磁场取在 3-轴方向, 微扰的矩阵元是

$$(\Psi_{n\ell m'_\ell m'_s}, \delta H \Psi_{n\ell m_\ell m_s}) = \frac{e\hbar B}{2m_e c}(m_\ell + g_e m_s)\delta_{m'_\ell m_\ell}\delta_{m'_s m_s} \tag{5.2.17}$$

---

① Lorentz H A. Phil. Mag., 1897, 43: 232; Ann. Physik, 1897, 299: 278.

对相同未微扰能量的不同状态矢量 (即相同的 n 和 ℓ) 这些矩阵元为零, 所以我们能用一阶微扰论求能量移动, 得到

$$\delta E_{n\ell m_\ell m_s} = \frac{e\hbar B}{2m_{\mathrm{e}}c}(m_\ell + g_{\mathrm{e}}m_s) \tag{5.2.18}$$

从式(5.2.8)给出的能量到式(5.2.18)给出的能量的过渡称为 **Paschen-Back 效应**.

5.3 一阶 Stark 效应

我们转向在外电场出现时原子能级的移动, 即 1914 年发现的效应, 称之为 **Stark 效应**[①]. 我们将集中在氢中的 Stark 效应, 那里给定的 n 和 j 的态的能量的 ℓ 无关性起关键作用. 我们将看到, 氢中的 Stark 效应提供一个范例, 一阶微扰论的简并问题和 Zeeman 效应相比要用更为重要的方法解决. 氢以外原子 (以及在某些氢的状态) 的 Stark 效应必须用二阶微扰论计算, 这是下一节的内容.

一个电子与外在静电势 $\varphi(\boldsymbol{x})$ 相互作用给予它附加能量 $-e\varphi(\boldsymbol{x})$. 因为原子和 $\varphi(\boldsymbol{x})$ 变化的尺度相比要小得多, 我们可以将 $\varphi(\boldsymbol{x})$ 代以它的 Taylor 级数的前两项. 设定在原子核位置 $\boldsymbol{x}=\boldsymbol{0}$ 的 φ 值 (任意) 等于零, 这给出 $\varphi(\boldsymbol{x}) = -\boldsymbol{E}\cdot\boldsymbol{x}$, 此处 $E = -\nabla\varphi(0)$ 是在原子核处的电场, 所以 Hamilton 量的变化可以取为

$$\delta H = e\boldsymbol{E}\cdot\boldsymbol{X} \tag{5.3.1}$$

此处为了避免此后的混淆, 我们回到用 $\boldsymbol{X}$ 表示位置算符的约定.

再一次, 我们取未微扰 Hamilton 量 H_0 为氢原子在无电场时的 Hamilton 量, 包括精细结构, 但忽略 Lamb 能移和超精细分裂. 简并未微扰状态矢量就是固定的 n 和 ℓ 值的所有状态矢量 $\Psi_{n\ell j}^m$. 我们需要计算在这些状态矢量间的微扰矩阵元:

$$(\Psi_{n\ell' j}^{m'}, \delta H\Psi_{n\ell j}^m) = e\boldsymbol{E}\cdot(\Psi_{n\ell' j}^{m'}, \boldsymbol{X}\Psi_{n\ell j}^m) \tag{5.3.2}$$

就如在 Zeeman 效应情况中一样, 要避免 $m \neq m'$ 的非零矩阵元, 我们选 3-轴在电场方向, 在此情况下有

$$(\Psi_{n\ell' j}^{m'}, \delta H\Psi_{n\ell j}^m) = eE\delta_{m'm}(\Psi_{n\ell' j}^m, X_3\Psi_{n\ell j}^m) \tag{5.3.3}$$

---

① Stark J. Verh. Deutsch. Phys. Ges., 1914, 16: 327.

这对一阶微扰论仍然不合适, 因为矩阵元(5.3.3)当 $\ell \neq \ell'$ 时不为零. 实际上, 因为 X 在空间反演下为奇的, 而空间反演作用在状态矢量 $\Psi_{n\ell' j}^m$ 和 $\Psi_{n\ell j}^{m'}$ 上分别给出因子 $(-1)^{\ell'}$ 和 $(-1)^{\ell}$, 矩阵元(5.3.3)为零, 除非 $(-1)^{\ell'}(-1)^{\ell} = -1$, 所以仅有的非零矩阵元是那些 $\ell' \neq \ell$ 的.

例如, 在 $n = 1, j = 1/2$ 或 $n = 2, j = 3/2$ 的氢能级没有一阶 Stark 效应, 因为在这些能级我们相应地只有 $\ell = 0$ 或 $\ell = 1$. 另一方面, 在 $n = 2, j = 1/2$ 的氢能级, 对于每一个 $m = \pm 1/2$, 我们既有 $2\mathrm{s}_{1/2}$ 又有 $2\mathrm{p}_{1/2}$. 所以对 $n = 2, j = 1/2$, 我们有非零的矩阵元 $\left(\Psi_{211/2}^{\pm 1/2}, X_3 \Psi_{201/2}^{\pm 1/2} \right)$ 和 $\left(\Psi_{201/2}^{\pm 1/2}, X_3 \Psi_{211/2}^{\pm 1/2} \right)$(通常, 状态矢量标示为 $\Psi_{n\ell j}^m$, 自始至终 $s = 1/2$). 算符 X_3 作用在轨道角动量指标上, 但不作用在自旋指标上, 所以要计算它在状态矢量间的矩阵元, 我们需要用 Clebsch-Gordan 系数将此处的状态矢量通过状态矢量 $\Psi_{n\ell}^{m_\ell m_s}$ 表示, 这里 $S_3 = \hbar m_s$, $L_3 = \hbar m_\ell$:

$$\Psi_{n\ell j}^m = \sum_{m_\ell, m_s} C_{\ell \frac{1}{2}}(jm; m_\ell m_s) \Psi_{n\ell}^{m_\ell m_s} \tag{5.3.4}$$

因为 X_3 不涉及自旋, X_3 在具有 L_3 和 S_3 确定本征值的状态矢量之间的矩阵元是

$$\left(\Psi_{n\ell}^{m_\ell m_s}, X_3 \Psi_{n'\ell'}^{m'_\ell m'_s} \right) = \delta_{m_s m'_s} \int \mathrm{d}^3 x R_{n\ell}(r) Y_\ell^{m_\ell *}(\theta, \phi) r \cos\theta R_{n'\ell'}(r) Y_{\ell'}^{m'_\ell}(\theta, \phi) \tag{5.3.5}$$

(回顾一下, 径向波函数 $R_{n\ell}(r)$ 为实的.) 算符 X_3 与 L_3 和 S_3 都对易, 并且因为 s 波状态矢量 $\Psi_{201/2}^{\pm 1/2}$ 仅能有 $m_\ell = 0$, X_3 在这个状态矢量和 p 波状态矢量 $\Psi_{211/2}^{\pm 1/2}$ 之间只从两个波函数的 $m_\ell = 0$ 分量接受贡献. 因此非零的矩阵元是

$$\left(\Psi_{211/2}^{\pm 1/2}, X_3 \Psi_{201/2}^{\pm 1/2} \right) = \left(\Psi_{211/2}^{\pm 1/2}, X_3 \Psi_{201/2}^{\pm 1/2} \right)$$
$$= C_{1\frac{1}{2}} \left(\frac{1}{2} \pm \frac{1}{2}; 0 \pm \frac{1}{2} \right) C_{0\frac{1}{2}} \left(\frac{1}{2} \pm \frac{1}{2}; 0 \pm \frac{1}{2} \right) \mathcal{I} \tag{5.3.6}$$

此处

$$\mathcal{I} \equiv \int \mathrm{d}^3 x \, r \cos\theta \, R_{21}(r) Y_1^0(\theta) R_{20}(r) Y_0^0 \tag{5.3.7}$$

式(5.3.6)的 Clebsch-Gordan 系数是

$$C_{1\frac{1}{2}} \left(\frac{1}{2} \pm \frac{1}{2}; 0 \pm \frac{1}{2} \right) = \mp \frac{1}{\sqrt{3}}, \quad C_{0\frac{1}{2}} \left(\frac{1}{2} \pm \frac{1}{2}; 0 \pm \frac{1}{2} \right) = 1 \tag{5.3.8}$$

所以非零矩阵元(5.3.3)是[①]

[①] δH 在 $j = 1/2$ 状态矢量间的矩阵元依赖于 $m = \pm 1/2$ 的值通过一个符号因子 $\pm$ 这一事实可以理解得更直接, 可作为 Wigner-Eckart 定理的结果. 这里 δH 与 X_3 成正比, 它是矢量 X 的球面分量 x^μ, $\mu = 0$, 所以根据式(4.4.9), 有

$$\left(\Psi_{211/2}^m, \delta H \Psi_{201/2}^m \right) \propto C_{1\frac{1}{2}} \left(\frac{1}{2} m; 0 m \right)$$

根据表 4.1, 这个 Clebsch-Gordan 系数的值为 $-2m/\sqrt{3}$.

$$\left(\Psi_{2\,1\,1/2}^{\pm 1/2}, \delta H \Psi_{2\,0\,1/2}^{\pm 1/2} \right) = \left(\Psi_{2\,0\,1/2}^{\pm 1/2}, \delta H \Psi_{2\,1\,1/2}^{\pm 1/2} \right) = \mp e E \mathcal{I}/\sqrt{3} \tag{5.3.9}$$

因为 δH 在简并态矢量 $\Psi_{2\,1\,1/2}^{\pm 1/2}$ 和 $\Psi_{2\,0\,1/2}^{\pm 1/2}$ 之间有非零矩阵元, 故这些并不是计算微扰能量的适合的状态矢量. 相反, 我们必须考虑正交归一态矢量

$$\Psi_A^m \equiv \frac{1}{\sqrt{2}} \left(\Psi_{2\,1\,1/2}^m + \Psi_{2\,0\,1/2}^m \right), \quad \Psi_B^m \equiv \frac{1}{\sqrt{2}} \left(\Psi_{2\,1\,1/2}^m - \Psi_{2\,0\,1/2}^m \right) \tag{5.3.10}$$

δH 在这些态间的非零矩阵元是

$$\left(\Psi_A^{\pm 1/2}, \delta H \Psi_A^{\pm 1/2} \right) = - \left(\Psi_B^{\pm 1/2}, \delta H \Psi_B^{\pm 1/2} \right) = \mp \frac{e E \mathcal{I}}{\sqrt{3}} \tag{5.3.11}$$

而

$$\left(\Psi_A^{\pm 1/2}, \delta H \Psi_B^{\pm 1/2} \right) = \left(\Psi_B^{\pm 1/2}, \delta H \Psi_A^{\pm 1/2} \right) = 0 \tag{5.3.12}$$

所以一阶微扰论在**这些**态上的能量移动是

$$\delta E_A^{\pm 1/2} = \mp \frac{e E \mathcal{I}}{\sqrt{3}}, \quad \delta E_B^{\pm 1/2} = \pm \frac{e E \mathcal{I}}{\sqrt{3}} \tag{5.3.13}$$

现在还需要计算积分 $\mathcal{I}$. 由式(2.1.28)和式(2.3.7)给出径向波函数

$$R_{n\ell}(r) \propto r^\ell \exp(-r/(na)) F_{n\ell}(r/(na))$$

此处 a 是由式(2.3.19)给出的氢 Bohr 轨道半径, $a = \hbar^2/(m_e e^2)$, 以及由式(2.3.17)给出

$$F_{21}(\rho) \propto 1, \quad F_{20}(\rho) \propto 1 - \rho$$

正规地归一化这些状态矢量, 我们有

$$R_{20}(r) Y_0^0 = \frac{1}{\sqrt{4\pi}} (2a)^{-3/2} \left(2 - \frac{r}{a} \right) \exp(-r/(2a))$$

$$R_{21}(r) Y_1^0 = \frac{\cos\theta}{\sqrt{4\pi}} (2a)^{-3/2} \left(\frac{r}{a} \right) \exp(-r/(2a)) \tag{5.3.14}$$

这样, 由式(5.3.7)给出

$$\mathcal{I} = 2\pi \int_0^{+\infty} r^2 \mathrm{d}r \int_0^\pi \sin\theta \mathrm{d}\theta \frac{1}{4\pi} (2a)^{-3} r \cos^2\theta \left(\frac{r}{a} \right) \left(2 - \frac{r}{a} \right) \exp(-r/a)$$

$$= -3a \tag{5.3.15}$$

在这些计算中, 我们默认假设了电场是如此之弱, 以至 Stark 效应能量移动比精细结构分裂要小得多 (虽然仍比 Lamb 能移和超精细结构要大). 在相反的极限, Stark 效应能量移动比精细结构分裂要大得多, 我们有对给定 n 值所有的态矢量 $\Psi_{n\ell}^{m_\ell m_s}$ 的简并.

因为 X_3 不作用在自旋指标上, 故自旋在这里是不相关的. 对于 $n = 2$, 我们有非零矩阵元

$$\left(\Psi_{21}^{0\,m_s}, \delta H \Psi_{20}^{0\,m_s}\right) = \left(\Psi_{20}^{0\,m_s}, \delta H \Psi_{21}^{0\,m_s}\right) = eE\mathcal{I} \tag{5.3.16}$$

用于一阶微扰论的适当状态矢量就是

$$\Psi_A^{m_s} = \frac{1}{\sqrt{2}}\left(\Psi_{21}^{0\,m_s} + \Psi_{20}^{0\,m_s}\right), \quad \Psi_B^{m_s} = \frac{1}{\sqrt{2}}\left(\Psi_{21}^{0\,m_s} - \Psi_{20}^{0\,m_s}\right) \tag{5.3.17}$$

并且能量移动是

$$\delta E_A^{m_s} = eE\mathcal{I}, \quad \delta E_B^{m_s} = -eE\mathcal{I} \tag{5.3.18}$$

这是 Paschen-Back 效应的模拟, 也是经常在量子力学教科书中引用的结果.

这些计算表明, 即使一个很弱的电场也会彻底混合 2s 和 2p 态. (只需要 Stark 能量移动比 $2s_{2/1}$ 和 $2p_{1/2}$ 间的 Lamb 能移大.) 这就产生了戏剧性的效应: 在没有电场时 2s 态是亚稳态, 甚至在弱电场中它也会通过和 2p 态的混合很快通过单光子发射衰变到 1s 态.

5.4 二阶微扰论

我们现在来考虑微扰 δH 产生的能量变化, 准确到在微扰 Hamilton 量中出现的任何小参数 ϵ 的二阶. 当然, 当一阶微扰为零时, 二阶微扰就具有特殊的性质, 例如, 在电场中氢原子状态 $1s_{1/2}$, $2s_{3/2}$ 等的 Stark 移动, 以及几乎所有其他原子的所有其他状态. 但是在这里, 我们允许一阶和二阶微扰同时存在.

在 Hamilton 量中包括一项 ϵ 的二阶的 $\delta_2 H$, 从而 $H = H_0 + \delta_1 H + \delta_2 H$, 这里 $\delta_N H$ 的量级为 ϵ^N, 这是令人感兴趣的 (但也带来少许麻烦). 我们回到方程(5.1.4), 把双方的二阶项等同起来:

$$H_0 \delta_2 \Psi_a + \delta_1 H \delta_1 \Psi_a + \delta_2 H \Psi_a = E_a \delta_2 \Psi_a + \delta_1 E_a \delta_1 \Psi_a + \delta_2 E_a \Psi_a \tag{5.4.1}$$

我们仍然先考虑非简并情况. 在我们感兴趣的状态中, 没有一个态与其他态具有相同的未微扰能量. 在 5.1 节中, 我们找到一阶能量以及态矢量的微扰是

$$\delta_1 E_a = (\Psi_a, \delta_1 H \Psi_a) \tag{5.4.2}$$

$$\delta_1 \Psi_a = \sum_{b \neq a} \frac{(\Psi_b, \delta_1 H \Psi_a)}{E_a - E_b} \Psi_b \tag{5.4.3}$$

要找出二阶能量移动, 我们取式(5.4.1)和 Ψ_a 的标量积. 因为 H_0 是 Hermite 的, 在 Ψ_a 和式(5.4.1)左边标量积中的 $(\Psi_a, H_0 \delta_2 \Psi_a)$ 等于 $E_a(\Psi_a, \delta_2 \Psi_a)$, 所以它就抵消了右边和 Ψ_a 标量积中的这一项, 由此给出

$$(\Psi_a, \delta_1 H \delta_1 \Psi_a) + (\Psi_a, \delta_2 H \Psi_a) = \delta_2 E_a + \delta_1 E_a (\Psi_a, \delta_1 \Psi_a) \tag{5.4.4}$$

我们弃去和 $\delta_1 E_a$ 成正比的项, 因为在 5.1 节中解释过, 我们选择微扰状态矢量的相位和归一化, 使得 $(\Psi_a, \delta_1 \Psi_a) = 0$. 在式(5.4.4)中, 由式(5.4.3)就给出

$$\delta_2 E_a = \sum_{b \neq a} \frac{|(\Psi_b, \delta_1 H \Psi_a)|^2}{E_a - E_b} + (\Psi_a, \delta_2 H \Psi_a) \tag{5.4.5}$$

当我们说能量移动是由于发射和重新吸收某个虚粒子而产生时, 例如, Lamb 能移是由于氢原子中的电子发射和重新吸收虚光子而产生的, 意思是 $\delta_2 E_a$ (或者一个高阶修正) 从包含那个粒子的状态 Ψ_b 接收一个重要贡献.

式(5.4.5)的一个直接结果是, 如果 Ψ_a 是一个系统的最低能量状态, 则 (在 $\delta_2 H$ 不存在时) 它的能量二阶移动永远为负的, 因为对其他所有态都有 $E_b > E_a$.

作为应用式(5.4.5)的一个例子, 考虑一个二状态系统, 未微扰能量 $E_a \neq E_b$. 根据式(5.4.2)和式(5.4.5), 在没有 $\delta_2 H$ 时, 对它们能量的二阶微扰是

$$\delta E_a = (\Psi_a, \delta H \Psi_a) + \frac{|(\Psi_b, \delta_1 H \Psi_a)|^2}{E_a - E_b}$$

$$\delta E_b = (\Psi_b, \delta H \Psi_b) - \frac{|(\Psi_b, \delta_1 H \Psi_a)|^2}{E_a - E_b}$$

所以二阶修正对于较高能量的增加量等于它对于较低能量的减小量.

我们也能计算状态矢量的二阶移动. 取式(5.4.1)和 Ψ_b 的标量积, 并用式(5.4.3), 对于 $b \neq a$, 有

$$(\Psi_b, \delta_2 \Psi_a) = \frac{1}{E_a - E_b} \left(\sum_{c \neq a} \frac{(\Psi_b, \delta_1 H \Psi_c)(\Psi_c, \delta_1 H \Psi_a)}{E_a - E_c} + (\Psi_b, \delta_2 H \Psi_a) - \frac{\delta_1 E_a (\Psi_b, \delta_1 H \Psi_a)}{E_a - E_b} \right) \tag{5.4.6}$$

$\delta_2 \Psi_a$ 沿 Ψ_a 的分量可以通过施加条件 $\Psi_a + \delta_1 \Psi_a + \delta_2 \Psi_a + \cdots$ 具有单位模来求得. 这个条件的 ϵ 的二阶项告诉我们

$$2\mathrm{Re}(\Psi_a, \delta_2 \Psi_a) = -(\delta_1 \Psi_a, \delta_1 \Psi_a) = -\sum_{b \neq a} \left| \frac{(\Psi_b, \delta_1 H \Psi_a)}{E_a - E_b} \right|^2 \tag{5.4.7}$$

我们可以选择 $\Psi_a + \delta_1\Psi_a + \delta_2\Psi_a$ 的相位, 使得矩阵元 $(\Psi_a, \delta_2\Psi_a)$ 为实的, 这样式(5.4.7)就给出这个矩阵元需要的公式. 在无简并情况下, 状态矢量的二阶移动总量就是

$$\delta_2\Psi_a = \sum_{b \neq a} \frac{\Psi_b}{E_a - E_b} \left(\sum_{c \neq a} \frac{(\Psi_b, \delta_1 H \Psi_c)(\Psi_c, \delta_1 H \Psi_a)}{E_a - E_c} + (\Psi_b, \delta_2 H \Psi_a) - \frac{\delta_1 E_a (\Psi_b, \delta_1 H \Psi_a)}{E_a - E_b} \right)$$
$$- \frac{1}{2} \Psi_a \sum_{b \neq a} \left| \frac{(\Psi_b, \delta_1 H \Psi_a)}{E_a - E_b} \right|^2 \tag{5.4.8}$$

下一步我们考虑比较复杂的简并情况, 我们感兴趣的某些状态具有相同的未微扰能量. 首先我们注意到二阶能量移动的计算和无简并情况差不多. 再一次取式(5.4.1)和 Ψ_a 的标量积, 给出式(5.4.4). 在 5.1 节中找到的正交归一条件, 即矩阵元 $(\Psi_b, \delta_1\Psi_a)$ 对于 $E_b = E_a$ 必须选择为反 Hermite 的, 这告诉我们 $(\Psi_a, \delta_1\Psi_a)$ 为虚的, 所以可以适当选择 $\Psi_a + \delta_1\Psi_a$ 的相位, 使它为零. 对于在式(5.4.4)左边第一项 $(\Psi_a, \delta_1 H \delta_1\Psi_a)$ 中的 $\delta_1\Psi_a$, 我们可以使用式(5.1.16). 因为未微扰态的选择使得 $(\Psi_a, \delta_1 H \Psi_b)$ 在 $E_b = E_a$ 但 $b \neq a$ 条件下为零, 我们已经选择 $\Psi_a + \delta_1\Psi_a$ 的相位, 使得 $(\Psi_a, \delta_1\Psi_a)$ 也为零, 式(5.1.16)中包含未知矩阵元的第二项对于式(5.4.4)的第一项没有贡献. 我们就可以得出

$$\delta_2 E_a = \sum_{c: E_c \neq E_a} \frac{|(\Psi_a, \delta_1 H \Psi_c)|^2}{E_a - E_c} + (\Psi_a, \delta_2 H \Psi_a) \tag{5.4.9}$$

这和无简并情况的结果相同, 除去我们在这里既需要声明对于中间状态 Ψ_c 有 $c \neq a$, 并且 $E_c \neq E_a$.

其次, 我们回到状态矢量中的一阶移动 $\delta_1\Psi_a$. 在 5.1 节中, 我们得以计算在任何未微扰态 Ψ_c 方向上的分量, $E_c \neq E_a$, 但对于它在未微扰态 Ψ_b 方向上的分量, $E_b = E_a$, 我们只能得到: 正交归一要求 $(\Psi_b, \delta_1\Psi_a)$ 形成反 Hermite 矩阵. 我们现在能前进一步, 通过施加条件, 二阶效应对状态矢量只造成小的变化.

取式(5.4.1)与任意状态 Ψ_b 的标量积, 对于 $E_b = E_a$ ($b \neq a$), 得出

$$(\Psi_b, \delta_2 H \Psi_a) + (\Psi_b, \delta_1 H \delta_1 \Psi_a) = \delta_1 E_a (\Psi_b, \delta_1\Psi_a)$$

在左边第二项中, 我们在 $\delta_1 H$ 和 $\delta_1\Psi_a$ 之间插入中间态 Ψ_c 的完备集之和. 用一阶微扰论的结果, 对 $E_b = E_a$, 有 $(\Psi_b, \delta_1 H \Psi_a) = \delta_{ab} \delta_1 E_a$, 以及由式(5.1.16)给出 $(\Psi_b, \delta_1 H \Psi_a) = (\Psi_c, \delta_1\Psi_a)$ ($E_c \neq E_a$). 对于 $E_b = E_a$ ($b \neq a$), 我们有

$$(\Psi_b, \delta_2 H \Psi_a) + \delta_1 E_b (\Psi_b, \delta_1\Psi_a) + \sum_{c: E_c \neq E_a} \frac{(\Psi_b, \delta_1 H \Psi_c)(\Psi_c, \delta_1 H \Psi_a)}{E_a - E_c} = \delta_1 E_a (\Psi_b, \delta_1\Psi_a)$$
$$\tag{5.4.10}$$

如果在一阶中去除零阶简并, 即如果 $b \neq a$ 但 $E_b = E_a$, 就有 $\delta_1 E_a \neq \delta_1 E_b$, 这个结果允许存在 $\delta_1 \Psi_a$ 的完全解. 这样式(5.4.10)提供分量 $(\Psi_b, \delta_1 \Psi_a)$ 的公式 ($E_b = E_a$, 但 $b \neq a$):

$$(\Psi_b, \delta_1 \Psi_a) = \frac{1}{\delta_1 E_a - \delta_1 E_b} \left[(\Psi_b, \delta_2 H \Psi_a) + \sum_{c:E_c \neq E_a} \frac{(\Psi_b, \delta_1 H \Psi_c)(\Psi_c, \delta_1 H \Psi_a)}{E_a - E_c} \right] \quad (5.4.11)$$

通过检查可知, 上式的右边是反 Hermite 矩阵 (方括号中的矩阵是 Hermite 的, 但前面的能量分母是反对称的), 所以在 5.1 节中使用 Schrödinger 方程和正交归一条件之后仍为我们留下一个关于 $(\Psi_b, \delta_1 \Psi_a)$, $E_b = E_a$ 的自由度. 这仍使 $(\Psi_a, \delta_1 \Psi_a)$ 未确定, 但前面提到过, 我们可以使它为零, 只要对 $\Psi_a + \delta_1 \Psi_a$ 的相位适当选择. 所以我们就有了在简并情况下状态矢量的一阶移动的完全表达式:

$$\delta_1 \Psi_a = \sum_{c:E_c \neq E_a} \frac{(\Psi_c, \delta_1 H \Psi_a)}{E_a - E_c} \Psi_c$$
$$+ \sum_{b \neq a:E_b = E_a} \frac{\Psi_b}{\delta_1 E_a - \delta_1 E_b} \left[(\Psi_b, \delta_2 H \Psi_a) + \sum_{c:E_c \neq E_a} \frac{(\Psi_b, \delta_1 H \Psi_c)(\Psi_c, \delta_1 H \Psi_a)}{E_a - E_c} \right] \Psi_b$$

$$(5.4.12)$$

这只有在零阶简并在一阶中被去除时才能适用. 如果任何一阶能量微扰 $\delta_1 E_b$ 等于 $\delta_1 E_a$, 且 $E_a = E_b$, 则式(5.4.10)没有告诉我们关于 $(\Psi_b, \delta_1 \Psi_a)$ 的任何东西, 而意味着如果 $E_a = E_b$ 和 $\delta_1 E_b = \delta_1 E_a$, 但 $b \neq a$, 则 $[\delta_2^{\text{eff}} H]_{ba} = 0$, 此处

$$\left[\delta_2^{\text{eff}} H \right]_{ba} \equiv (\Psi_b, \delta_2 H \Psi_a) + \sum_{c:E_c \neq E_a} \frac{(\Psi_b, \delta_1 H \Psi_c)(\Psi_c, \delta_1 H \Psi_a)}{E_a - E_c} \quad (5.4.13)$$

我们在 5.1 节中提到过, 如果一些状态有相同的零阶和一阶能量值, 我们就可以取这些态的任何正交归一线性组合作为未微扰状态矢量. 因为 $\delta_2^{\text{eff}} H$ 是 Hermite 矩阵, 用我们在 5.1 节中对 $\delta_1 H$ 所做的同样推理, 我们能选这些线性组合来对角化这个矩阵, 所以如果 $E_b = E_a$ 和 $\delta_1 E_b = \delta_1 E_a$, 但 $b \neq a$, 则在新的基中 $[\delta_2^{\text{eff}} H]_{ba} = 0$. 这完全决定了未微扰态, 除非某些二阶能量 $\delta_2 E_a = [\delta_2^{\text{eff}} H]_{aa}$ 相等. 在这种情况下, 我们必须注意微扰理论的更高阶, 以去除简并并确定未微扰态.

一般说来, 在式(5.4.5)或式(5.4.9)中对态求和并不容易. 在某些情况下, 求和可能发散. 若矩阵元 $|(\Psi_b, \delta_1 H \Psi_a)|$ 对于高能状态 Ψ_b 下降得不够快使求和收敛, 就出现**紫外发散**; 若有连续体状态 Ψ_b, 其能量 E_b 往下延伸到 E_a, 就出现**红外发散**. 处理这些无限大从 20 世纪 30 年代起就是理论物理学家关注的对象.

有两种情况容许 $\delta_2 E_a$ 更容易计算:

(1) 对于给定的状态 Ψ_a, 所有的状态 $\Psi_b (b \neq a)$ 使得 $(\Psi_b, \delta_1 H \Psi_a)$ 的值相当可观, 其能量 E_b 聚集在一个值 $E_b \simeq E_a + \Delta_a$ 附近, $\Delta_a \neq 0$. 正交归一态矢量 Ψ_b 的完备性使我

们得到

$$\sum_{b \neq a} |(\Psi_b, \delta_1 H \Psi_a)|^2 = \left(\Psi_a, \delta_1 H \sum_b \Psi_b (\Psi_b, \delta_1 H \Psi_a)\right) - |(\Psi_a, \delta_1 H \Psi_a)|^2$$

$$= (\Psi_c, (\delta_1 H)^2 \Psi_a) - (\delta_1 E_a)^2 \tag{5.4.14}$$

所以在没有简并时, $\delta_2 E_a$ 就由**封闭近似**给出:

$$\delta_2 E_a = \frac{1}{-\Delta_a} \sum_{b \neq a} |(\Psi_b, \delta_1 H \Psi_a)|^2 + (\Psi_a, \delta_2 H \Psi_a)$$

$$= -\frac{[(\Psi_a, (\delta_1 H)^2 \Psi_a) - (\delta_1 E_a)^2]}{\Delta_a} + (\Psi_a, \delta_2 H \Psi_a) \tag{5.4.15}$$

(2) 存在 Ψ_b 的一个小的集合, 其 $(\Psi_b, \delta_1 H \Psi_a)$ 值相当可观, E_b 非常接近, 但不等于 E_a. 在此情况下, 式(5.4.5)或式(5.4.9)中的求和往往可以局限在这些态中. 例如, 在估计氢的 $2p_{3/2}$ 态的二阶 Stark 移动时, 在式(5.4.5)中可以只保留 $2s_{1/2}$ 态, 它们是接近简并的.

5.5 变分法

有些问题不能用微扰论求解, 因为 Hamilton 量并不接近于一个具有已知的本征值和本征态的 Hamilton 量. 在化学中有经典的例子: 没有一个小参数可以用来展开由几个核组成的分子中电子的能量和状态矢量. 在这种情况下, 往往有可能至少对基态能量得到一个好的估计, 但需用一个称为**变分法**的技术. 它基于一个普遍的定理: **真实的基态能量小于或等于 Hamilton 量在任何状态的期望值**.

要证明这个定理, 回顾一下将任何状态矢量 Ψ 展开为正交归一状态矢量 Ψ_n 的表达式(3.1.16):

$$\Psi = \sum_n \Psi_n (\Psi_n, \Psi), \quad (\Psi_n, \Psi_m) = \delta_{nm} \tag{5.5.1}$$

我们可以取 Ψ_n 为 Hamilton 量的精确本征矢量,

$$H\Psi_n = E_n \Psi_n \tag{5.5.2}$$

这给出 Hamilton 量在状态 Ψ 的期望值

$$\langle H \rangle_\Psi \equiv \frac{(\Psi, H\Psi)}{(\Psi, \Psi)} = \frac{\sum\limits_n E_n \left| (\Psi_n, \Psi) \right|^2}{\sum\limits_n \left| (\Psi_n, \Psi) \right|^2} \qquad (5.5.3)$$

如果 E_{ground} 是真实的基态能量, 则对于所有的 n, 都有 $E_n \geqslant E_{\text{ground}}$, 所以

$$\langle H \rangle_\Psi \geqslant E_{\text{ground}} \qquad (5.5.4)$$

这正是需要证明的.

我们可以验证, 之前在微扰论中找到的近似方法支持这个结果. 回忆一下, 准确到小的微扰 δH 的一阶, 未微扰状态矢量 $\Psi_n^{(0)}$ 和未微扰能量 $E_n^{(0)}$ 的物理状态的能量由总 Hamilton 量的期望值给出:

$$E_n^{(0)} + \delta E_n = E_n^{(0)} + \left(\psi_n^{(0)}, \delta H \psi_n^{(0)} \right) = \left(\Psi_n^{(0)}, (H + \delta H) \Psi_n^{(0)} \right)$$

(只要未微扰状态矢量的选择使得在 $E_m^{(0)} = E_n^{(0)}$ 但 $m \neq n$ 的情况下, $(\Psi_n^{(0)}, \delta H \Psi_m^{(0)}) = 0$). 进一步, 我们已经看到二阶微扰论能量是**小于**这个期望值的. 我们现在看到, 这个期望值不仅是在一阶微扰论中对真实能量的近似, 也是在二阶微扰论中基态能量的上限——它是基态能量的精确上限, 不论我们选择什么样的 Ψ_n.

变分原理的一个优点就是, 虽然选择试探状态矢量是个判断问题, 但有一个客观的方法告诉我们, 两个试探状态矢量哪一个更好一些. 因为真实基态能量小于 Hamilton 量对任何试探态矢量的期望值, 所以给出的最小的期望值的态矢量就是更好的.

对于包含单粒子在普遍势 $V(\boldsymbol{X})$ 中运动的系统, Hamilton 量是

$$H = \frac{\boldsymbol{P}^2}{2M} + V(\boldsymbol{X}) \qquad (5.5.5)$$

于是, 因为 $\boldsymbol{P}$ 是 Hermite 的, 所以

$$\langle H \rangle_\Psi = \frac{\sum\limits_i (P_i \Psi, P_i \Psi)/(2M) + (\Psi, V\Psi)}{(\Psi, \Psi)} \qquad (5.5.6)$$

$$= \langle T \rangle_\Psi + \langle V \rangle_\Psi \qquad (5.5.7)$$

此处

$$\langle T \rangle_\Psi = \frac{\int \mathrm{d}^3 x \, \hbar^2/(2M) \sum\limits_i |\partial \psi(\boldsymbol{x})/\partial x_i|^2}{\int \mathrm{d}^3 x \, |\psi(\boldsymbol{x})|^2} \qquad (5.5.8)$$

$$\langle V \rangle_\Psi = \frac{\int \mathrm{d}^3 x \, V(\boldsymbol{x}) |\psi(\boldsymbol{x})|^2}{\int \mathrm{d}^3 x \, |\psi(\boldsymbol{x})|^2}$$

此处 $\psi(\boldsymbol{x})$ 是坐标空间波函数 $(\Phi_{\boldsymbol{x}}, \Psi)$. 平均动能 $\langle T \rangle_\Psi$ 被一个尽可能平坦的 $\psi(\boldsymbol{x})$ 最小化, 而对于一个吸引势如 Coulomb 势, 平均势 $\langle V \rangle_\Psi$ 被一个在原点附近集中的 $\psi(\boldsymbol{x})$ 最小化. 所以最小化 $\langle H \rangle_\Psi$ 是一个妥协: 在原点附近多少有点集中, 但是也往更远的距离延展.

在基态之外的其他某些状态的能量由对于 Ψ 的期望值 $\langle H \rangle_\Psi$ 的条件极小给出, 即在附加局限条件下求出的极小值. 假设某个 Hermite 算符 A(例如 $\boldsymbol{L}^2$) 和 Hamilton 量对易. 于是如果试探态矢量 Ψ 是 A 的本征态, Hamilton 量对于那个态矢量的期望值就给出具有相同本征值 A 的所有 H 的本征态能量的上限. 这样, 例如, 取在式(5.5.7)中的试探态矢量具有形式 $R(r) Y_\ell^m(\hat{\boldsymbol{x}})$, 这个期望值会给出所有角动量 ℓ 的状态能量的上限.

在一定意义上, 变分法应用于所有的能量本征态. 对于激发态, 期望值 $\langle H \rangle_\Psi$ 显然不是最小值, 但它对于态 Ψ 的任何无限小变分是**恒定**的. 当我们在态矢量 Ψ 中做一个无限小变化 $\delta\Psi$ 时, 期望值的变化是

$$\delta \langle H \rangle_\Psi = 2 \frac{\mathrm{Re}(\delta\Psi, H\Psi)}{(\Psi,\Psi)} - 2 \frac{(\Psi, H\Psi)\,\mathrm{Re}(\delta\Psi,\Psi)}{(\Psi,\Psi)^2}$$
$$= \frac{2\mathrm{Re}(\delta\Psi, (H - \langle H \rangle_\Psi)\Psi)}{(\Psi,\Psi)} \tag{5.5.9}$$

如果 Ψ 是 H 的本征态, 它就为零. 在此情况下, $H\Psi = (\langle H \rangle_\Psi)\Psi$.

在对基态或激发态应用变分原理时, 人们通常定义一个试探态矢量 $\Psi(\lambda)$ 作为一些复参量 λ_i 的函数, 并且寻找这些参数的值使 $\langle H \rangle_{\Psi(\lambda)}$ 对于 λ_i 是恒定的. 当我们在这些参数中给一个小的变化 $\delta\lambda_i$ 时, 试探态矢量的变分是 $\delta\Psi(\lambda) = \sum_i (\partial\Psi(\lambda)/\partial\lambda_i)\delta\lambda_i$, 所以相应的 H 期望值变分就由下式给出:

$$\delta \langle H \rangle_\Psi = \frac{2\mathrm{Re}\sum_i \delta\lambda_i (\partial\Psi(\lambda)/\partial\lambda_i, (H - \langle H \rangle_\Psi)\Psi)}{(\Psi,\Psi)} \tag{5.5.10}$$

因为对所有复 $\delta\lambda_i$, 它在一个恒定点处必须为零, 故对于所有的 i, 必须有

$$(\partial\Psi(\lambda)/\partial\lambda_i, (H - \langle H \rangle_\Psi)\Psi) = 0 \tag{5.5.11}$$

因为状态矢量 $(H - \langle H \rangle_\Psi)\Psi$ 和所有的状态矢量 $\partial\Psi/\partial\lambda_i$ 正交, 我们可以猜测, 如果有足够的独立参量 λ_i, $H\Psi - \langle H \rangle_\Psi \Psi$ 就是小的, 所以 Ψ 将会接近一个完全 Hamilton 量的本征矢量, 其能量为 $\langle H \rangle_\Psi$. 我们引入的独立参数 λ_i 越多, 状态矢量 $H\Psi$ 就可能会更趋近 $\langle H \rangle_\Psi \Psi$.

对于 Coulomb 势, 在 $\langle H \rangle_\Psi$ 的极小处, 式(5.5.8)中的动能项和势能项有一个简单的关系, 称为**位力定理**. 可通过仅引入一个自由参数, 即长度尺度, 用量纲分析找出期望值对这个参数的依赖推导它. 如果我们归一化试探波函数 $\psi(\boldsymbol{x})$, $\int \mathrm{d}^3 x |\psi(\boldsymbol{x})|^2 = 1$, ψ 就有

量纲 $[长度]^{-3/2}$, 所以它的形式必须是 $\psi(\boldsymbol{x}) = a^{-3/2} f(\boldsymbol{x}/a)$, 此处 $f(\boldsymbol{z})$ 是一个无量纲变量的无量纲函数, a 是一个当我们变化波函数时可以自由变化的长度. 将式(5.5.8)中的积分变量从 $\boldsymbol{x}$ 变到 $\boldsymbol{x}/a$, 容易看到当 a 变化时, $\langle T \rangle_\Psi$ 随 a^{-2} 变化, 而对于 Coulomb 势 $\langle V \rangle_\Psi$ 随 a^{-1} 变化. 因为它们的和对 a 的导数在真实能量本征态时必须为零, 我们有

$$-2 \langle T \rangle_\Psi - \langle V \rangle_\Psi = 0 \tag{5.5.12}$$

所以 $\langle H \rangle_\Psi = -\langle T \rangle_\Psi$. (或者应该强调一下, 只有在 $\langle H \rangle_\Psi$ 的恒定点已经找到之后才能应用这个关系; 否则, 我们就可以用极大化 $\langle T \rangle_\Psi$ 来极小化 $\langle H \rangle_\Psi$, 但实际上不是如此.) 这可以应用于激发态以及基态, 对多电子原子, 甚至可以应用于分子, 只要仅有的作用力是 Coulomb 力.

5.6 Born-Oppenheimer 近似

有一些理论, 其中部分 Hamilton 量被一个小参数抑制, 但是我们仍不能使用基于将能量和本征值对小参数展开到一阶或二阶的微扰论. 一个好的例子是由分子物理提供的, 核的动能被核质量的倒数抑制. 代替通常的微扰论, 在这里我们用另一个近似, 由 Born 和 J. Robert Oppenheimer (1904~1967) 在 1927 年引入[①].

分子的 Hamilton 量可以写为[②]

$$H = T_{\text{elec}}(p) + T_{\text{nuc}}(P) + V(x, X) \tag{5.6.1}$$

此处 T_{elec} 和 T_{nuc} 是电子 (用指标 n 表示) 与核 (用指标 N 表示) 的动能,

$$T_{\text{elec}}(p) = \sum_n \frac{\boldsymbol{p}_n^2}{2m_{\text{e}}}, \quad T_{\text{nuc}}(P) = \sum_N \frac{\boldsymbol{P}_N^2}{2M_{\text{N}}} \tag{5.6.2}$$

V 是势能,

$$V(x, X) = \frac{1}{2} \sum_{n \neq m} \frac{e^2}{|\boldsymbol{x}_n - \boldsymbol{x}_m|} + \frac{1}{2} \sum_{N \neq M} \frac{Z_N Z_M e^2}{|\boldsymbol{X}_N - \boldsymbol{X}_M|} - \sum_{n, N} \frac{Z_N e^2}{|\boldsymbol{x}_n - \boldsymbol{X}_N|} \tag{5.6.3}$$

此处 $Z_N e$ 是原子核 N 的电荷. 当然, $[x_{ni}, p_{mj}] = \mathrm{i}\hbar \delta_{nm} \delta_{ij}$, $[X_{Ni}, P_{Mj}] = \mathrm{i}\hbar \delta_{NM} \delta_{ij}$, 所有其他坐标和/或动量的对易子为零. 我们现在用大写和小写字母分别代表核及电子的

---

① Born M, Oppenheimer J R. Ann. Phys., 1927, 84: 457.
② 在本节中我们放弃沿用的习惯, 用大写字母表示算符, 用小写字母表示它的本征值. 取而代之的是, 坐标和动量的大写与小写相应代表核与电子. 我们在文字叙述中讲明坐标与动量的符号代表算符或它的本征值.

动力学变量. 粗体标示 3-矢量, 当不使用粗体 (和矢量指标) 时, 应该理解 x, p 和 X, P 分别代表电子和核的所有动力量. 在式(5.6.1)~ 式(5.6.3)中我们忽略了自旋变量, 但如果需要, 变量 x, p 和 X, P 可以包括电子及核自旋 3-分量.

我们求下面 Schrödinger 方程的解:

$$(T_{\text{elec}}(p) + T_{\text{nuc}}(P) + V(x, X))\Psi = E\Psi \tag{5.6.4}$$

Born-Oppenheimer近似利用大的核质量 M_N 对核动的抑制, 所以我们先考虑约化 Hamilton 量的本征值问题, 先略去 T_{nuc}. 核坐标 X_{Ni} 和约化 Hamilton 量对易, 所以我们能够求约化 Hamilton 量和 X 的同时本征矢量:

$$[T_{\text{elec}}(p) + V(x, X)]\Phi_{a,X} = \mathcal{E}_a(X)\Phi_{a,X} \tag{5.6.5}$$

此处下标 X 表示核坐标算符的本征值 (在式(5.6.4)中算符也表示为 X). 在式(5.6.5)中, 核坐标 $\boldsymbol{X}_N$ 可以看作 c 数参量, 约化 Hamilton 量 $T_{\text{elec}} + V$ 以及它的本征值和本征函数都依赖它. 约化 Hamilton 量是 Hermite 的, 这样本征态可以选为正交归一的, 即

$$(\Phi_{b,X'}, \Phi_{a,X}) = \delta_{ab} \prod_{N,i} \delta(X'_{Ni} - X_{Ni}) \tag{5.6.6}$$

我们可以将状态 $\Phi_{a,X}$ 写作具有确定电子以及核坐标值的状态 $\Phi_{x,X}$ 的叠加,

$$\Phi_{a,X} = \int \mathrm{d}x\, \psi_a(x; X)\Phi_{x,X} \tag{5.6.7}$$

态 $\Phi_{a,X}$ 有通常的连续态归一化

$$(\Phi_{x',X'}, \Phi_{x,X}) = \prod_{n,i} \delta(x_{ni} - x'_{ni}) \prod_{N,j} \delta(X_{Nj} - X'_{Nj}) \tag{5.6.8}$$

归一化条件式 (5.6.6) 就意味着对于每个 X, 有

$$\int \mathrm{d}x\, \psi_a^*(x; X)\psi_b(x; X) = \delta_{ab} \tag{5.6.9}$$

将式(5.6.7)代入式(5.6.5), 得

$$(T_{\text{elec}}(-\mathrm{i}\hbar\partial/\partial x) + V(x, X))\psi_a(x; X) = \mathcal{E}_a(X)\psi_a(x; X) \tag{5.6.10}$$

此式可以看作在约化的 Hilbert 空间 (包含平方可积的 x 的函数) 中普通的Schrödinger 方程.

不幸的是, 我们不能简单地用一阶微扰论, 将 T_{nuc} 当作微扰, $\Phi_{a,X}$ 当作未微扰能量本征态. 这是因为我们在寻求全 Hamilton 量的分立本征值, 本征矢量 Ψ 应该是归一化

的, 即 (Ψ, Ψ) 是有限的, 而式(5.6.6)表明 $(\Phi_{a,X}, \Phi_{a,X})$ 是无限的. 我们不能把一个微扰展开成幂, 这个微扰把连续归一化的状态矢量转换成一个作为分立态归一化的状态矢量.

因为 $\Phi_{a,X}$ 构成完备集, 故全 Schrödinger 方程(5.6.4)的真实解可以写作

$$\Psi = \sum_a \int \mathrm{d}X f_a(X) \Phi_{a,X} \tag{5.6.11}$$

归一化条件 $(\Psi, \Psi) = 1$ 此处理解为

$$\sum_a \int \mathrm{d}X |f_a(X)|^2 = 1 \tag{5.6.12}$$

将展开式(5.6.11)代入 Schrödinger 方程(5.6.4), 并用约化 Schrödinger 方程(5.6.5), 有

$$0 = \sum_a \int \mathrm{d}X f_a(X) \left(T_{\mathrm{elec}}(P) + \mathcal{E}_a(X) - E\right) \Phi_{a,X} \tag{5.6.13}$$

至此, 此式是精确的, 但它也是复杂的: 算符 T_{nuc} 不仅仅作用在 $\Phi_{a,X}$ 的 X 指标上. 也就是说, 作用在基状态 $\Phi_{x,X}$ 上, 核动量的个别分量 i 给出[1]

$$P_{Ni}\Phi_{x,X} = \mathrm{i}\hbar \frac{\partial}{\partial X_{Ni}} \Phi_{x,X} \tag{5.6.14}$$

所以利用式(5.6.7), 进行分部积分, 可得

$$\int \mathrm{d}X f_a(X) P_{N,i} \Phi_{a,X}$$
$$= -\mathrm{i}\hbar \int \mathrm{d}x \int \mathrm{d}X \left[\psi_a(x;X) \frac{\partial}{\partial X_{Ni}} f_a(X) + f_a(X) \frac{\partial}{\partial X_{Ni}} \psi_a(x;X)\right] \Phi_{x,X} \tag{5.6.15}$$

Born-Oppenheimer 近似包括将式(5.6.15)中 $\psi_a(x;X)$ 对 X 的导数略去, 所以, 再次用式(5.6.7), 可得

$$\int \mathrm{d}X f_a(X) T_{\mathrm{nuc}}(P) \Phi_{a,X} \approx \int \mathrm{d}X \Phi_{a,X} \sum_N \left(\frac{-\hbar^2}{2M_N}\right) \nabla_N^2 f_a(X) \tag{5.6.16}$$

我们将使用这个近似, 观察它将我们引向何方, 并回过头来看我们找到的解是否和这个近似相协调.

用近似式(5.6.16), Schrödinger 方程(5.6.13)变为

---

[1] 提示: 根据式(3.5.11), 动量算符 P 作用在基状态 Φ_X 上为 $\mathrm{i}\hbar\partial/\partial X$, 所以

$$P \int \mathrm{d}X \psi(X) \Phi_X = \int \mathrm{d}X (-\mathrm{i}\hbar \partial \psi(X)/\partial X) \Phi_X$$

$$0 = \sum_a \int dX \Phi_{a,X} \left(\sum_N \frac{-\hbar^2}{2M_N} \nabla_N^2 + \mathcal{E}_a(X) - E \right) f_a(X) \tag{5.6.17}$$

因为约化 Hamilton 量的本征矢量 $\Phi_{a,X}$ 是独立的, 求和中的每一项必须为零, 所以对于所有的 a, 有

$$\left(\sum_N \frac{-\hbar^2}{2M_N} \nabla_N^2 + \mathcal{E}_a(X) \right) f_a(X) = E f_a(X) \tag{5.6.18}$$

这就是, $f_a(X)$ 满足一个 Schrödinger 方程, 其中电子的动力学变量不再出现, 除了具有确定核坐标 X 的电子状态能量 $\mathcal{E}_a(X)$ 以外, 它现在起着核感受的势的作用. 为此目的, 关于电子我们要计算的就是能量 $\mathcal{E}_a(X)$ 而不是本征矢量 $\Phi_{a,X}$. 这仍然不容易, 但至少我们能 (并且经常做) 找出最低的 $\mathcal{E}_a(X)$, 办法是对约化 Hamilton 量 $T_{\text{elec}} + V$ 用变分原理, 将核坐标固定.

不同的电子组态彼此退耦合, 所以对于每一个 a 我们有解, 其中不包含任何其他的 f_b. 从现在起我们弃去指标 a, 集中注意在单一的电子组态上, 经常是先考虑基态, 其中能量 $\mathcal{E}(X)$ 是 $\mathcal{E}_a(X)$ 中最低的.

对多原子分子, 函数 $\mathcal{E}(X)$ 是很复杂的. 可以预期它有几个局域极小, 相应不同的稳定或亚稳分子组态. 方程(5.6.18)将会有解, 其波函数 $f(X)$ 集中在这些极小中的某一个附近, 相应于分子在这个组态的不同的振动模. 取 $\boldsymbol{X}_N = \boldsymbol{0}$ 作为一个局域极小的坐标, 方程(5.6.18)对于每一个这样的波函数可以近似为[①]

$$\left(\sum_N \frac{-\hbar^2}{2M_N} \nabla_N^2 + \frac{1}{2} \sum_{N,N',i,j} K_{Ni;N'j} X_{Ni} X_{N'j} \right) f(X) = E f(X) \tag{5.6.19}$$

此处

$$K_{Ni,N'j} \equiv \left(\frac{\partial^2 \mathcal{E}(X)}{\partial X_{Ni} \partial X_{N'j}} \right)_{X=0} \tag{5.6.20}$$

我们顺便提一下, 用 **Hellmann-Feynman 定理**[②], 可以使问题变得容易些. 该定理即

$$\frac{\partial \mathcal{E}(X)}{\partial X_{Ni}} = \int dx \, |\psi(x;X)|^2 \frac{\partial V(x,X)}{\partial X_{Ni}} \tag{5.6.21}$$

换句话说, 为了找到局域极小, 需要计算 $\mathcal{E}(X)$ 的一阶导数, 我们不需要计算电子波函数 $\psi(x;X)$ 对核坐标 X 的导数. 要证明这点, 注意, 由方程(5.6.10)(弃去下标 a), 有

$$\mathcal{E}(X) = \int dx \, \psi^*(x;X) \left(T_{\text{elec}}(-i\hbar \partial/\partial x) + V(x,X) \right) \psi(x;X)$$

---

① 这对于我们的目标不必要, 但这可以改写为独立谐振子集合的 Schrödinger 方程, 通过引入新的坐标作为 X_{Ni} 的线性组合. 波函数 f 就成为谐振子波函数的乘积, 每个新坐标对应一个波函数, 能量 E 是相应谐振子能量之和.

② Hellmann F. Einführung in die Quantenchemie (Franz Deutcke, Leipzig and Vienna, 1937); Feynman R P. Phys. Rev., 1939, 56: 340.

所以

$$
\begin{aligned}
\frac{\partial \mathcal{E}(X)}{\partial X_{Ni}} &= \int \mathrm{d}x \left(\frac{\partial}{\partial X_{Ni}} \psi(x;X) \right)^* \left[T_{\mathrm{elec}}(-\mathrm{i}\hbar \partial/\partial x) + V(x,X) \right] \psi(x;X) \\
&\quad + \int \mathrm{d}x\, \psi^*(x;X) \left(T_{\mathrm{elec}}(-\mathrm{i}\hbar \partial/\partial x) + V(x,X) \right) \left(\frac{\partial}{\partial X_{Ni}} \psi(x;X) \right) \\
&\quad + \int \mathrm{d}x\, |\psi(x;X)|^2 \frac{\partial V(x,X)}{\partial X_{Ni}} \\
&= \mathcal{E}(X) \left(\int \mathrm{d}x \left(\frac{\partial}{\partial X_{Ni}} \psi(x;X) \right)^* \psi(x;X) + \int \mathrm{d}x\, \psi^*(x;X) \left(\frac{\partial}{\partial X_{Ni}} \psi(x;X) \right) \right) \\
&\quad + \int \mathrm{d}x\, |\psi(x;X)|^2 \frac{\partial V(x,X)}{\partial X_{Ni}}
\end{aligned}
$$

但归一化条件式(5.6.9)对于所有的 X 都满足, 所以

$$
\int \mathrm{d}x \left(\frac{\partial}{\partial X_{Ni}} \psi(x;X) \right)^* \psi(x;X) + \int \mathrm{d}x\, \psi^*(x;X) \left(\frac{\partial}{\partial X_{Ni}} \psi(x;X) \right) = 0
$$

它产生需要的结果式 (5.6.21).

我们现在可以验证 Born-Oppenheimer近似的适用性. 其中我们忽略了在式(5.6.15)中 $\psi_a(x;X)$ 对于 X 的导数. 本征值方程(5.6.5)仅涉及电子变量, 所以在此方程中仅有的量纲参数是 m_{e}, e 和 $\hbar$. 要使 $\psi_a(x;X)$ 有可观的变化, 需要变化的 X 的长度尺度因此就是 Bohr 半径,

$$
a \approx \hbar^2/(m_{\mathrm{e}} e^2)
$$

因为这是仅有的用 m_{e}, e 和 $\hbar$ 形成的且具有长度单位的量. 在另一方面, 分子振动波函数 $f(\boldsymbol{x})$ 的 Schrödinger 方程 (5.6.19)只涉及参数 $\hbar^2/M$(这里 M 是分子中典型的原子核质量) 和 K. 由式(5.6.20)给出, K 的单位是 [能量]/[长度]^2, 这样, 由于 K 是源自电子能量, 它只能是原子结合能的量级, 大约是 $e^4 m_{\mathrm{e}}/\hbar^2$, 除以 a^2, 所以

$$
K \approx \frac{e^4 m_{\mathrm{e}}}{\hbar^2 a^2} = \frac{e^8 m_{\mathrm{e}}^3}{\hbar^6}
$$

由 $\hbar^2/M$ 和 K 形成且有长度量纲的仅有的量是

$$
b = \left(\frac{\hbar^2}{MK} \right)^{1/4} \approx \frac{\hbar^2}{e^2 M^{1/4} m_{\mathrm{e}}^{3/4}}
$$

这就是要想得到 $f_a(X)$ 可观的变化必须使 X 变化的距离尺度. 式(5.6.15)方括号中第二项与第一项之比的数量级就是

$$
\frac{\text{第二项}}{\text{第一项}} \approx \frac{1/a}{1/b} \approx \left(\frac{m_{\mathrm{e}}}{M} \right)^{1/4}
$$

这个数值从氢的 0.15 变到铀的 0.04. 对 Born-Oppenheimer 近似的修正被压低到这个数值的一次或多次幂. 这表明一阶微扰论的明显失败; 这里对首阶近似的修正并不和 $1/M_N$ 成正比, 而和 $1/M_N^{1/4}$ 成正比.

有一个或许更为物理的方式来理解 Born-Oppenheimer 近似. 分子中的激发电子态能量和电子中的相似, 数量级为 $e^4 m_e/\hbar^2$. 与此对照, 激发分子振动态能量的数量级是

$$\sqrt{K\hbar^2/M} \approx \frac{e^4 m_e^{3/2}}{\hbar^2 M^{1/2}}$$

因此振动激发能量要比电子激发能量小一个数量级为 $\sqrt{m_e/M}$ 的因子. (这就是分子光谱一般在红外、原子光谱在可见和紫外的原因.)Born-Oppenheimer 近似可起作用, 因为分子中核的运动不涉及足够大的以激发更高的电子态的能量.

我们把讨论继续下去. 在 4.9 节中, 我们看到整个分子转动态激发能量的数量级为[①]$\hbar^2/(Ma^2) = m_e^2 e^4/(M\hbar^2)$, 比振动能量的还要小一个附加因子 $\sqrt{m_e/M}$. 这样我们就有了能量的阶梯

电子能量: $e^2 m_e/\hbar^2$

振动能量: $(m_e/M)^{1/2} e^4 m_e/\hbar^2$

转动能量: $(m_e/M) e^4 m_e/\hbar^2$

用现代基本粒子物理的语言, 在 Born-Oppenheimer 近似中, 电子态被 "积分出去了", 结果是一个核运动的"有效 Hamilton 量". 类似地, 在 4.9 节中, 我们发现在一阶近似下在计算转动谱时不需要考虑分子的振动态.

同样, 在原子和分子物理开始时, 理论家用有效 Hamilton 量, 在其中原子核的内部激发是被默认忽略的. Born 和 Oppenheimer 正是首先明确进行这类分析的, 虽然对于他们来讲, 是电子的, 而非内在核激发被忽略了. 今天我们常常 (虽然不是永远) 用有效 Hamilton 量研究核的内在结构, 其中中子和质子被当作点粒子处理, 忽略了质子和中子作为夸克的复合态的结构, 因为产生质子和中子的激发态所需能量大于在通常核现象中所遇到的. 并且, 类似地, 我们用基本粒子的标准模型, 不需要知道在极高能下引力变为强作用时会发生什么.

---

① 这些能量的数量级是角动量平方除以转动惯量. 角动量的数量级为 $\hbar$, 转动惯量的数量级为 Ma^2, 所以转动能量数量级为 $\hbar^2/(Ma^2) = m_e^2 e^4/(M\hbar^2)$.

5.7 WKB 近似

一个有足够高动量的粒子会有一个随位置变化非常快的波函数, 比势的变化快得多. Schrödinger 方程对于常数势很容易精确求解, 所以对于一个和波函数比变化慢得多的势就能近似求解. 这是一个近似方法的基础, 方法由 Gregor Wentzel[1] (1898~1978), Hendrik Kramers[2] (1894~1952) 和 Leon Brillouin[3] (1889~1969) 独立引入, 称为 WKB 近似.

考虑 Schrödinger 方程

$$\frac{\mathrm{d}^2 u(x)}{\mathrm{d}x^2} + k^2(x)u(x) = 0 \tag{5.7.1}$$

此处

$$k(x) = \sqrt{\frac{2\mu}{\hbar^2}\left(E - U(x)\right)} \tag{5.7.2}$$

这是一个在一维势 $U(x)$ 中质量为 μ 的粒子处于能量为 E 的态, 其波函数为 $u(x)$ 的 Schrödinger 方程, 也是一个质量为 μ 的粒子 (或两个粒子的约化质量为 μ) 在三维运动的 Schrödinger 方程, 这里 x 是径向坐标, $u(x)$ 是 x 乘以能量为 E 的波函数 $\psi(x)$, 且有

$$U(x) \equiv V(x) + \frac{\hbar^2}{2\mu}\frac{\ell(\ell+1)}{x^2}$$

这里 $V(x)$ 是中心势. 在当前情况下, 我们假设 $U(x) \leqslant E$, 此后再考虑 $U \geqslant E$ 的情况.

如果 $k(x)$ 是常数, 方程(5.7.1)就会有一个解 $u(x) \propto \exp(\pm \mathrm{i}kx)$. 所以如果 $k(x)$ 是慢变化的, 则我们预期有如下形式的解:

$$u(x) \propto A(x)\exp\left(\pm \mathrm{i}\int k(x)\mathrm{d}x\right) \tag{5.7.3}$$

此处 $A(x)$ 是慢变化的振幅. 此解精确满足方程(5.7.1), 如果

$$A'' \pm 2\mathrm{i}kA' \pm \mathrm{i}k'A = 0 \tag{5.7.4}$$

---

[1] Wentzel G. Z. Physik, 1926, 38: 518.
[2] Kramers H A. Z. Physik, 1926, 39: 828.
[3] Brillouin L. Comptes Rendus Acad. Sci., 1926, 183: 24.

当然, 这个方程也不比方程(5.7.1)更容易解, 但如果 $A(x)$ 变化得足够慢, 我们就可以弃去 A'' 项而找到一个近似解. 我们将找到这样的解, 并验证在什么条件下它是一个好的近似.

略去 A'', 方程(5.7.4)变得精确可解: $A(x) \propto k^{-1/2}(x)$. 所以我们有方程(5.7.1)的一对近似解:

$$u(x) \propto \frac{1}{\sqrt{k(x)}} \exp\left(\pm \mathrm{i} \int k(x)\mathrm{d}x\right) \tag{5.7.5}$$

如果方程(5.7.4)中的 A'' 项确比 $k'A$ 项小很多, 则这些解成立. 对于 $A = Ck^{-1/2}$ (C 为常数), 我们有

$$A'' = C\left(-\frac{k''}{2k^{3/2}} + \frac{3k'^2}{4k^{5/2}}\right)$$

所以我们有 $|A''| \ll |k'A|$, 如果 $|k''/k^{3/2}| \ll |k'/\sqrt{k}|$ 以及 $|k'^2/k^{5/2}| \ll |k'/k^{1/2}|$. 换句话说, 如果

$$\left|\frac{k''}{k'}\right| \ll k, \quad \left|\frac{k'}{k}\right| \ll k \tag{5.7.6}$$

则这些条件简单地要求在距离 $1/k$ 中 k' 与 k 二者的分数变化都远小于 1.

在经典禁戒区域 ($U > E$), Schrödinger 方程取以下形式:

$$\frac{\mathrm{d}^2 u(x)}{\mathrm{d}x^2} - \kappa^2(x)u(x) = 0 \tag{5.7.7}$$

此处

$$\kappa(x) \equiv \sqrt{\frac{2\mu}{\hbar^2}(U(x) - E)} \tag{5.7.8}$$

和 $U < E$ 的情况完全类似, 我们可以找到方程的解

$$u(x) \propto \frac{1}{\sqrt{\kappa(x)}} \exp\left(\pm \int \kappa(x)\mathrm{d}x\right) \tag{5.7.9}$$

在条件

$$\left|\frac{\kappa''}{\kappa'}\right| \ll \kappa, \quad \left|\frac{\kappa'}{\kappa}\right| \ll \kappa \tag{5.7.10}$$

下它们是好的近似.

在此处, 我们要对一维问题和三维问题分别进行讨论.

1. 一维

对一维典型的束缚态问题, 我们在有限范围 $a_E < x < b_E$ 内有 $U < E$, 在范围之外 $U > E$, 在后者区域波函数必须对于 $x \to \pm\infty$ 指数衰减. 条件式(5.7.6)和式(5.7.10)显然

在"转向点"a_E 和 b_E 附近不被满足,在那里 $U=E$. 如果条件式(5.7.10)对于所有的比 b_E 足够大的 x 处得到满足,那么为了有一个归一化的解,在此区域内我们必须有

$$u(x) \propto \frac{1}{\sqrt{\kappa(x)}} \exp\left(-\int \kappa(x) \mathrm{d}x\right) \tag{5.7.11}$$

另一方面,对于 (a_E, b_E) 区域中的 x,且远离转向点,方程的解是式(5.7.5)的两个解的线性组合. 要找到这个解,我们必须问,对于 x 足够小于 b_E 处什么样的线性组合能光滑地在 x 足够大于 b_E 处和解(5.7.11)对接? (我们会回来看在 a_E 之下的解.)

除非 E 取某些特别的值,我们预期当 x 接近 b_E 时有 $U(x)-E \propto x-b_E$,所以对于比 b_E 稍大一点的 x,我们有

$$\kappa(x) \approx \beta_E \sqrt{x-b_E} \tag{5.7.12}$$

此处 $\beta_E \equiv \sqrt{2\mu U'(b_E)}/\hbar$. 更确定一些,式(5.7.12)是好的近似,如果 $b_E \lesssim x \ll b_E + \delta_E$,这里 $\delta_E \equiv 2U'(b_E)/|U''(b_E)|$. 在 x 的这个区间,用一个变量来取代 x 更方便:

$$\phi \equiv \int_{b_E}^{x} \kappa(x') \mathrm{d}x' = \frac{2\beta_E}{3}(x-b_E)^{3/2} \tag{5.7.13}$$

在此情况下,波动方程(5.7.7)采取以下形式:

$$\frac{\mathrm{d}^2 u}{\mathrm{d}\phi^2} + \frac{1}{3\phi}\frac{\mathrm{d}u}{\mathrm{d}\phi} - u = 0 \tag{5.7.14}$$

它有两个独立的解:

$$u \propto \phi^{1/3} I_{\pm 1/3}(\phi) \tag{5.7.15}$$

此处 $I_\nu(\phi)$ 是 ν 阶虚变量 Bessel 函数[①]:

$$I_\nu(\phi) = \mathrm{e}^{-\mathrm{i}\pi\nu/2} J_\nu\left(\mathrm{e}^{\mathrm{i}\pi/2}\phi\right)$$

此处 $J_\nu(\phi)$ 是通常的 ν 阶 Bessel 函数.

现在,只要式(5.7.12)是好的近似,我们就有

$$\frac{\kappa'}{\kappa^2} = \frac{1}{3\phi}, \quad \frac{\kappa''}{\kappa\kappa'} = -\frac{1}{3\phi}$$

所以 WKB 近似条件式(5.7.10)将被满足,如果 $\phi \gg 1$. 在近似式(5.7.12)和 WKB 近似被满足的 x 区域将有交叠,只要 $\phi(b_E + \delta_E) \gg 1$,或者换句话说,如果

$$\frac{2\beta_E}{3}\left(\frac{2U'(b_E)}{|U''(b_E)|}\right)^{3/2} = \kappa_E L_E \gg 1 \tag{5.7.16}$$

[①] Watson G N. A Treatise on the Theory of Bessel Functions. 2nd ed. Cambridge: Cambridge University Press, 1944: Section 3.7.

其中 $\kappa_E \equiv \sqrt{2\mu|E|}/\hbar$, L_E 是标志势的变化的长度标度,

$$L_E \equiv \frac{2^{5/2}U'^2(b_E)}{3\,|U''(b_E)|^{3/2}\,|U(b_E)|^{1/2}} \tag{5.7.17}$$

从现在起, 我们将假设 $\kappa_E L_E \gg 1$. 所以有一个区域, 在其中 WKB 近似和近似式 (5.7.12) 二者都被满足. 我们看到, 在此区域中必须有 $\phi \gg 1$. 在此情况下, 我们可以用函数 (5.7.15) 的渐近形式:

$$\phi^{1/3}I_{\pm 1/3}(\phi) \to (2\pi)^{-1/2}\phi^{-1/6}\left(\exp(\phi)(1+O(1/\phi))\right.$$
$$\left. + \exp(-\phi - \mathrm{i}\pi/2 \mp \mathrm{i}\pi/3)(1+O(1/\phi))\right) \tag{5.7.18}$$

注意当式 (5.7.12) 被满足时, $\phi^{-1/6} \propto \kappa^{-1/2}$, 所以解 (5.7.18) 确实和 WKB 解 (5.7.9) 形式相洽合. 现在明白了, 要想式 (5.7.14) 的解与衰减的 WKB 解 (5.7.11) 在二者均成立时光滑对接, 我们就必须取在转向点附近的解为下面的线性组合:

$$u \propto \phi^{1/3}\left(I_{+1/3}(\phi) - I_{-1/3}(\phi)\right) \tag{5.7.19}$$

类似地, 在转向点的另一边, 当 x 处于区间 $b_E - \delta_E \ll x \leqslant b_E$ 时, 我们可以有

$$k(x) \approx \beta_E\sqrt{b_E - x} \tag{5.7.20}$$

引入下面的变量是方便的:

$$\tilde{\phi} \equiv \int_x^{b_E} k(x')\mathrm{d}x' = \frac{2\beta_E}{3}(b_E - x)^{3/2} \tag{5.7.21}$$

Schrödinger 方程 (5.7.1) 就变为

$$\frac{\mathrm{d}^2 u}{\mathrm{d}\tilde{\phi}^2} + \frac{1}{3\tilde{\phi}}\frac{\mathrm{d}u}{\mathrm{d}\tilde{\phi}} + u = 0 \tag{5.7.22}$$

它有两个独立的解:

$$u \propto \tilde{\phi}^{1/3}J_{\pm 1/3(\tilde{\phi})} \tag{5.7.23}$$

这里 $J_\nu(z)$ 是通常的 ν 阶 Bessel 函数. 要想理解这些解的什么线性组合能和线性组合 (5.7.19) 光滑对接, 我们需要考虑二者在 $x \to b_E$ 时的表现.

一方面, 对于 $\phi \to 0$, 解 $\phi^{1/3}I_{\pm 1/3}(\phi)$ 有极限行为:

$$\phi^{1/3}I_{+1/3}(\phi) \to \frac{\phi^{2/3}}{2^{1/3}\Gamma(4/3)} = \frac{(2\beta_E/3)^{2/3}}{2^{1/3}\Gamma(4/3)}(x - b_E) \tag{5.7.24}$$

$$\phi^{1/3}I_{-1/3}(\phi) \to \frac{2^{1/3}}{\Gamma(2/3)} \tag{5.7.25}$$

另一方面, 对于 $\tilde{\phi} \to 0$, 解 $\tilde{\phi}^{1/3} J_{\pm 1/3}(\tilde{\phi})$ 表现为

$$\tilde{\phi}^{1/3} J_{+1/3}(\tilde{\phi}) \to \frac{\tilde{\phi}^{2/3}}{2^{2/3}\Gamma(4/3)} = \frac{(2\beta_E/3)^{2/3}}{2^{1/3}\Gamma(4/3)}(b_E - x) \qquad (5.7.26)$$

$$\tilde{\phi}^{1/3} J_{-1/3}(\tilde{\phi}) \to \frac{2^{1/3}}{\Gamma(2/3)} \qquad (5.7.27)$$

我们看到 $\phi^{1/3}I_{+1/3}(\phi)$ 和 $-\tilde{\phi}^{1/3}J_{+1/3}(\tilde{\phi})$ 光滑对接, $\phi^{1/3}I_{-1/3}(\phi)$ 和 $+\tilde{\phi}^{1/3}J_{-1/3}(\tilde{\phi})$ 光滑对接, 所以解(5.7.19)与下面的线性组合光滑对接:

$$u \propto \tilde{\phi}^{1/3}\left(J_{+1/3}(\tilde{\phi}) + J_{-1/3}(\tilde{\phi})\right) \qquad (5.7.28)$$

只要不等式(5.7.16)得以满足, 就会有 x 的值使得一方面 $\tilde{\phi} \gg 1$, 因此不等式(5.7.6)得以满足, 另一方面近似(5.7.20)得到满足, 在此情况下我们就能用式(5.7.28)作为 $\tilde{\phi} \gg 1$ 的渐近极限:

$$\tilde{\phi}^{1/3}\left(J_{+1/3}(\tilde{\phi}) + J_{-1/3}(\tilde{\phi})\right) \to \sqrt{\frac{2}{\pi}}\tilde{\phi}^{-1/6}\left(\cos\left(\tilde{\phi} - \frac{\pi}{6} - \frac{\pi}{4}\right) + \cos\left(\tilde{\phi} + \frac{\pi}{6} - \frac{\pi}{4}\right)\right)$$

所以

$$u \propto \tilde{\phi}^{-1/6}\cos\left(\tilde{\phi} - \frac{\pi}{4}\right) \propto k^{-1/2}(x)\cos\left(\int_x^{b_E} k(x')\mathrm{d}x' - \frac{\pi}{4}\right)$$

在转向点之间的任何地方, 条件式(5.7.6)得到满足, 波函数必定是两个独立解(5.7.5)的一个固定的线性组合, 所以我们就能得出结论: 对于所有这样的 x, 有

$$u \propto k^{-1/2}(x)\cos\left(\int_x^{b_E} k(x')\mathrm{d}x' - \frac{\pi}{4}\right) \qquad (5.7.29)$$

同样的论证对另一个转向点 $x = a_E$ 也能应用, 除非这里 $U(x)$ 随 x 的**减小**而增加, 而非随 x 的增加而增加, 所以根据同样的推理, 我们能得出在转向点之间的任何地方, 条件式(5.7.6)得到满足, 波函数必定具有下面的形式:

$$u \propto k^{-1/2}(x)\cos\left(\int_{a_E}^{x} k(x')\mathrm{d}x' - \frac{\pi}{4}\right) \qquad (5.7.30)$$

要使式(5.7.29)和式(5.7.30)都是正确的, 对于所有这样的 x, 必须有

$$\cos\left(\int_x^{b_E} k(x')\mathrm{d}x' - \frac{\pi}{4}\right) \propto \cos\left(\int_{a_E}^{x} k(x')\mathrm{d}x' - \frac{\pi}{4}\right)$$

进一步, 因为两个余弦函数都在 $+1$ 和 -1 之间振荡, 故比例常数只能是 $+1$ 或 -1. 关于余弦函数的变量, 这就给我们留下两种选择:

$$\int_x^{b_E} k(x')\mathrm{d}x' - \frac{\pi}{4} = \int_{a_E}^{x} k(x')\mathrm{d}x' - \frac{\pi}{4} + n\pi$$

$$\int_x^{b_E} k(x')\mathrm{d}x' - \frac{\pi}{4} = -\left(\int_{a_E}^x k(x')\mathrm{d}x' - \frac{\pi}{4}\right) + n\pi$$

此处 n 是整数, 不必是正的. 第一种选择被排除了, 因为左边随 x 而减小, 而右方随 x 而增加, 所以只留下第二种选择, 它可以写作

$$\int_{a_E}^{b_E} k(x')\mathrm{d}x' = \left(n+\frac{1}{2}\right)\pi \tag{5.7.31}$$

左边是正的, 所以此处整数 n 只能是零或正定的.

式(5.7.31)几乎和 Bohr 量子化条件的推广式(1.2.12)一样, 该推广是由 Sommerfeld 引入的. 一个粒子在整个振荡循环中从 b_E 运动到 a_E, 然后再回来, 所以 WKB 近似给出 Sommerfeld 量子化条件积分的值,

$$\oint p\mathrm{d}q = 2\hbar \int_{a_E}^{b_E} k(x')\mathrm{d}x' = 2\pi\hbar\left(n+\frac{1}{2}\right) = h\left(n+\frac{1}{2}\right)$$

因此式(5.7.31)和 Sommerfeld 量子化条件只相差伴随 n 的项 $1/2$. 这里的推导建议, 式(5.7.31)应该只在大 n 时才会精确, 那时 $1/2$ 这一项就没有影响了, 但实际上此式对于所有的 n 都出人意料地好用. 特别地, 对谐振子我们有 $U(x) = m\omega^2 x^2/2$, 所以 $E = m\omega^2 b_E^2/2, a_E = -b_E$. 式(5.7.31)中的积分就是

$$\int_{a_E}^{b_E} k\mathrm{d}x = \frac{\mu\omega b_E^2}{\hbar} \int_{-1}^{+1} \sqrt{1-y^2}\mathrm{d}y = \frac{\mu\omega b_E^2}{\hbar}\frac{\pi}{2} = \frac{E\pi}{\hbar\omega}$$

所以由式(5.7.31)给出 $E = \hbar\omega(n+1/2)$, 这是对谐振子正确而精确的结果.

2. 三维球对称

对三维的情况, 径向坐标 r(现在坐标用 r, 而不是用 x 表示) 当然限制在 $r \geqslant 0$, 所以我们没有 $r \to -\infty$ 的边界条件. 如在 2.1 节中看到的, 取而代之的是对于任何势在 $r \to 0$ 时增加不如 $u(r) \propto r^{\ell+1}$ 那样快, 其约化波函数 $u(r) \equiv r\psi(r)$ 遵守边界条件, 在 $r \to 0$ 时, $u(r) \propto r^{\ell+1}$. 一般在 $r = b_E$ 时有外转向点, 在那里 $U(b_E) = E$, 且波函数在 $r \gg b_E$ 时是按指数减小的, 所以至少在 b_E 下面一个区域内的 r 值范围, 波函数有式(5.7.29)那样的形式:

$$u(r) \propto k^{-1/2}(r)\cos\left(\int_r^{b_E} k(r')\mathrm{d}r' - \frac{\pi}{4}\right) \tag{5.7.32}$$

对于 $\ell \neq 0$, 我们在 $r = a_E < b_E$ 也永远有一个内转向点, 在那里 $U(a_E) = E$. 波函数(5.7.32)要服从一个条件: 它光滑对接于一个 $r < a_E$ 的解, 此解在 $r \to 0$ 时表现得如 $r^{\ell+1}$, 而不是 $r^{-\ell}$. 这会变得复杂, 特别是对 $\ell \neq 0$, WKB 近似对 $r \to 0$ 不成立, 在那里 $\kappa \propto 1/r$. 对 $\ell = 0$ 事情要简单些, 那里没有离心势垒, 也可能没有内转向点. 如果没有内

转向点, 对于一个合理的光滑势, 解(5.7.32)到 $r = 0$ 一直成立. 在此情况下, 对于 $r \to 0$, 条件 $u(r) \propto r$ 需要式(5.7.32)中余弦的变量对 $r = 0$ 必须取值 $n\pi - \pi/2$, 此处 n 是整数, 所以束缚态的条件是

$$\int_0^{b_E} k(r')\mathrm{d}r' = \left(n - \frac{1}{4}\right)\pi \tag{5.7.33}$$

因此 $n \geqslant 1$. 例如, 对 Coulomb 势的 $\ell = 0$ 态, 我们有 $U(r) = -Ze^2/r$, 所以

$$k(r) = \sqrt{\frac{2m_{\mathrm{e}}}{\hbar^2}\left(E + Ze^2/r\right)}$$

对 $E < 0$, 在 $b_E = -Ze^2/E$ 时有一个转向点, 并有

$$\int_0^{b_E} k(r)\mathrm{d}r = \sqrt{\frac{-2m_{\mathrm{e}}E}{\hbar^2}} \int_0^{b_E} \mathrm{d}r \sqrt{\frac{b_E}{r} - 1} = \frac{\pi}{2}\sqrt{-\frac{2m_{\mathrm{e}}}{\hbar^2 E}}Ze^2$$

由条件式(5.7.33)就给出

$$E = -\frac{Z^2 e^4 m_{\mathrm{e}}}{2\hbar^2 (n - 1/4)^2}$$

这和第 n 能级的 Bohr 公式(1.2.11)相同 (在第 2 章中证明了, 这是量子力学的正确结果), 除了 n 在这里被 $n - 1/4$ 取代之外. 这样, WKB 近似对高能级 $n \gg 1/4$ 的效果好得很, 正如我们的预期, 因为对于这些能级, 波函数会振荡多次. 甚至对于中等的 n, WKB 量子化条件式(5.7.33)对 Coulomb 势的效果也相当好, 但还不如 Sommerfeld 量子化条件式(1.2.12).

5.8 破缺的对称性

有些时候一个 Hamilton 量有一个对称性, 它的本征态分享这种对称性, 但在自然界真正实现的物理状态是 Schrödinger 方程的近精确解, 对于它对称性就破缺了. 在对于化学和分子物理有很大重要性的非相对论量子力学中, 我们能找到这种情况的例子. 例如, 考虑质量为 m 的粒子在一维势 $V(x)$ 中的运动, 势有对称性, $V(-x) = V(x)$. 如果 $\psi(x)$ 是 Schrödinger 方程的一个解, 具有给定能量, 那么 $\psi(-x)$ 也是它的解, 所以在没有简并的情况下, 我们必须有 $\psi(-x) = \alpha\psi(x)$, 其中 α 是某个常数. 由此就有 $\psi(x) = \alpha\psi(-x) = \alpha^2\psi(x)$, 所以 α 只能是 $+1$ 或 -1, 能量本征函数对于 x 是奇的或偶的. 最低能量的具有奇或偶波函数的状态一般具有非常不同的能量.

但假设势有两个极小值, 在原点两侧对称, 被位于原点的一个既高且厚的势垒分开. 氨分子 (NH_3) 就是这样, 此处 x 是氮核在三个氢核所形成平面垂直线上的位置, 势垒是由氮和氢核的正电荷间强排斥力提供的. 如果势垒是无限高和厚的, 就会有两个简并能量为 E_0 的本征态, 一个的波函数 $\psi_0(x)$ 仅在 $x > 0$ 时不为零, 另一个的波函数 $\psi_0(-x)$ 仅在 $x < 0$ 时不为零. 两个解都破缺了在 $x \leftrightarrow -x$ 下的对称性. 从这两个解我们可以形成偶解和奇解, 即 $(\psi_0(x) \pm \psi_0(-x))/\sqrt{2}$, 它们也是简并的, 能量为 E_0. 但如果势垒虽然又高又宽, 但仍然是有限的, 那么奇解和偶解就不再是简并的, 仅是近似简并的.

要估计能量分裂的数量级, 我们可以用在上一节中描述的 WKB 方法. 在势垒之中偶和奇波函数取下面的形式:

$$\psi_\pm(x) \propto \frac{1}{\sqrt{\kappa(x)}} \left(\exp\left(\int_0^x \kappa(x')\mathrm{d}x'\right) \pm \exp\left(\int_0^{-x} \kappa(x')\mathrm{d}x'\right) \right) \tag{5.8.1}$$

此处对于在势 $V(x)$ 中质量为 m、能量为 E 的粒子, 有

$$\kappa(x) = \sqrt{\frac{2m}{\hbar^2}\left(V(x) - E\right)} \tag{5.8.2}$$

如果势垒足够高和光滑, 以使 $\kappa(x)$ 比 $\kappa(x)$ 和 $\kappa'(x)$ 的对数变化率要大得多, 那么这应是一个好的近似.

这些波函数的对数导数是

$$\frac{\psi'_\pm(x)}{\psi_\pm(x)} \approx -\frac{\kappa'(x)}{2\kappa(x)} + \kappa(x)\frac{\exp\left(\int_0^x \kappa(x')\mathrm{d}x'\right) \mp \exp\left(\int_0^{-x} \kappa(x')\mathrm{d}x'\right)}{\exp\left(\int_0^x \kappa(x')\mathrm{d}x'\right) \pm \exp\left(\int_0^{-x} \kappa(x')\mathrm{d}x'\right)} \tag{5.8.3}$$

(为了使 WKB 近似成立, 需要求 $|\kappa'|/\kappa \ll \kappa$, 所以式(5.8.3)的第一项一般要比第二项小得多, 但我们在这里依然保留它, 因为它不致在我们的讨论中引起问题.) 对于从 $-a$ 延伸得到 $+a$ 的一个厚势垒, 其满足

$$\int_0^a \kappa \mathrm{d}x = \int_{-a}^0 \kappa \mathrm{d}x \gg 1$$

在势垒边处, 这些波函数的对数导数是

$$\frac{\psi'_\pm(a)}{\psi_\pm(a)} = -\frac{\psi'_\pm(-a)}{\psi_\pm(-a)} \approx -\frac{\kappa'(a)}{2\kappa(a)} + \kappa(a)\left(1 \mp 2\exp\left(-\int_{-a}^a \kappa(x')\mathrm{d}x'\right)\right) \tag{5.8.4}$$

在势垒边, 这些对数导数必须和正在势垒外边的波函数的对数导数相对接, 此条件就决定了能量. 方程(5.8.4)表明, 对于厚势垒这个条件对于偶解和奇解几乎一样, 差别就在于 $\exp\left(-\int_{-a}^a \kappa(x')\mathrm{d}x'\right)$. 这样, 偶和奇波函数具有能量 $E_\pm = E_1 \pm \delta E$, 这里 E_1 近似等于在无穷厚势垒极限下偶态及奇态的能量, δE 被因子 $\exp\left(-\int_{-a}^a \kappa(x')\mathrm{d}x'\right)$ 压低.

因为对于厚势垒 δE 很小, 破缺对称态很接近能量本征态, 所以它的波函数集中在势垒的一边或另一边. 但为什么在自然界实现的是对称破缺态而不是真实的能量本征态呢? 答案和在 3.7 节中讨论的失谐现象有关. 波函数不可避免地受到外在微扰, 对于厚势垒产生波函数相位的涨落, 在势垒两边的相位变化没有关联. 这些涨落不能把一个集中在势垒一边的破缺对称波函数改变为完全或部分集中在势垒另一边的解, 但它们迅速地把一个偶或奇波函数改变为偶和奇波函数的非相干混合, 这就是破缺对称态.

虽然破缺对称态对外在微扰不敏感, 但它们是不稳定的. 看一下波函数 $\psi(x,t)$ 的时间演化是有益的, 它在 $t=0$ 时取形式 $\psi_0(x)$, 仅在 $x>0$ 时不为零. 我们可以把始态波函数写作

$$\psi(x,0) = \frac{1}{2}\left(\psi_0(x) + \psi_0(-x)\right) + \frac{1}{2}\left(\psi_0(x) - \psi_0(-x)\right)$$

所以在此后任何的时间 t, 波函数是

$$\begin{aligned}
\psi(x,t) &\approx \frac{1}{2}\left(\psi_0(x) + \psi_0(-x)\right)\exp\left(-\mathrm{i}(E_1 + \delta E)t/\hbar\right) \\
&\quad + \frac{1}{2}\left(\psi_0(x) - \psi_0(-x)\right)\exp\left(-\mathrm{i}(E_1 - \delta E)t/\hbar\right) \\
&= \exp\left(-\mathrm{i}E_1 t/\hbar\right)\left(\psi_0(x)\cos(\delta E t/\hbar) - \mathrm{i}\psi_0(-x)\sin(\delta E t/\hbar)\right)
\end{aligned} \tag{5.8.5}$$

我们看到一个由波函数 $\psi_0(x)$ 给出的粒子起初渗透势垒到 $x<0$ 区域, 使得另一个波函数 $\psi_0(-x)$ 的振幅以速率 $\varGamma = \delta E/\hbar$ 增长. 此后 $x<0$ 区域的振幅增加到相当大, 直到粒子开始往回渗透到 $x>0$ 区域. 但如果势垒非常高和厚, 破缺对称波函数 $\psi_0(x)$ 会坚持到指数长时间. 甚至, 有的分子像糖和蛋白质一样能存在于"手征"组态, 具有确定左手性或右手性组态, 它们被比氨的势垒高得多的势垒分离开. 对这样的分子, 从一个对称破缺态跃迁到另一个对称破缺态要用如此长的时间, 以至于观察不到. 这就是我们遇到在自然界有左手或右手糖和蛋白质的原因.

这些考虑指向一个自发对称破缺的一般特征: 它永远和在某种意义上非常大的系统相联系. 只有像蛋白质和糖这样分子非常大的势垒才能使分子具有确定的手征性. 在量子场论中, 是真空态无限大的体积允许其他的对称性被自发破缺[①].

---

① 对这一点的讨论, 请看 S. Weinberg 的著作 *The Quantum Theory of Fields, Vol. II* (Cambridge University Press, 1996: Section 19.1).

5.9 van der Waals 力

在电中性原子或分子之间当然没有 Coulomb 力. 但是在中性系统之间有长程弱的电力, 意思是力按距离倒数的幂次减小, 而不是按指数减小. 这种力的第一个讯号在对于理想气体状态方程的修正中被发现. 这被 Johannes Diderik van der Waals (1837~1923) 在他的 1873 年 Leiden 大学的博士论文中诠释为分子之间长程力的效应. 在具有永久电多极矩的分子之间, 相互作用通过一阶微扰论给出此种力, 但其至在不具有永久矩的原子和分子之间, 也永远有从相互诱导电偶极矩通过二阶微扰论产生的长程力. 这首先由 Fritz London (1900~1954) 计算得出[1].

考虑两个包含几个点粒子的两个体系 A 和 B, 分别用 a 和 b 标示, 带电 e_a 和 e_b. 假设这些体系在分离时是稳定的, 而且质量够大, 使两个体系质量中心有明确的分离矢量 $\boldsymbol{R}$. 考虑足够大的分离, 在两个体系的带电粒子空间波函数间基本没有交叠, 所以每一个带电粒子能够考虑属于体系 A 或 B.[2] 取 $\boldsymbol{x}_a$ 作为体系 A 中粒子 a 到该体系的质量中心的距离, 取 $\boldsymbol{y}_b$ 作为体系 B 中粒子 b 到该体系的质量中心的距离. 只取两个体系间的静电相互作用, Hamilton 量是

$$H = H_0 + H' \tag{5.9.1}$$

此处 H_0 是体系 A 和 B 在分离中的 Hamilton 量之和 $H_A + H_B$, 以及

$$H' = \sum_{a \in A} \sum_{b \in B} \frac{e_a e_b}{|\boldsymbol{x}_a - \boldsymbol{y}_b + \boldsymbol{R}|} \tag{5.9.2}$$

我们在此假设分离 $R \equiv |\boldsymbol{R}|$ 足够大, 波函数都可以忽略, 除非 $|\boldsymbol{x}_a| \ll R$ 和 $|\boldsymbol{y}_b| \ll R$. 所以我们可以将式(5.9.2)展开成 $|\boldsymbol{x}_a|/R$ 和 $|\boldsymbol{y}_b|/R$ 的幂级数. 为了这个目的, 我们利用分母在方向 $\hat{\boldsymbol{x}}_a = \boldsymbol{x}_a/|\boldsymbol{x}_a|$, $\hat{\boldsymbol{y}}_b = \boldsymbol{y}_b/|\boldsymbol{y}_b|$ 和 $\hat{\boldsymbol{R}} = \boldsymbol{R}/|\boldsymbol{R}|$ 的分波展开. 考虑到在 $\boldsymbol{x}_a$, $\boldsymbol{y}_b$ 和 $\boldsymbol{R}$ 转动下 $|\boldsymbol{x}_a - \boldsymbol{y}_b + \boldsymbol{R}|$ 的不变性, 此展开取以下的形式[3]:

$$\frac{1}{|\boldsymbol{x}_a - \boldsymbol{y}_b + \boldsymbol{R}|} = \sum_{\ell, \ell', L} f_{\ell\ell'L}(|\boldsymbol{x}_a|, |\boldsymbol{y}_b|, R) \sum_{m, m', M} (-1)^{L-M} C_{\ell\ell'}(LM; mm')$$

---

[1]　Eisenschitz R, London F. Z. Physik, 1930, 60: 491; London F. Z. Physik, 1930, 63: 245.

[2]　译者注: 还有两个体系分别为电中性的条件, 见 188 页第一行.

[3]　对 m 和 m' 求和产生一个 $\hat{\boldsymbol{x}}_a$ 和 $\hat{\boldsymbol{y}}_b$ 的函数, 它和角动量 L, M 一起变换, 于是对 M 求和给出一个转动标量. 我们在此用式(4.3.35), 因子 $1/\sqrt{2L+1}$ 包括在系数 $f_{\ell\ell'L}$ 中.

$$\times Y_\ell^m(\hat{\boldsymbol{x}}_a)Y_{\ell'}^{m'}(\hat{\boldsymbol{y}}_b)Y_L^{-M}(\hat{\boldsymbol{R}}) \tag{5.9.3}$$

此处 Y_ℓ^m 等是在 2.2 节中描述的球谐函数, $C_{\ell\ell'}(LM;mm')$ 是在 4.3 节中描述的 Clebsch-Gordan 系数. 因为具有任何给定 ℓ 和 ℓ' 值的项必须是 $\boldsymbol{x}_a$ 和 $\boldsymbol{y}_b$ 的笛卡儿分量的幂级数, 函数 $f_{\ell\ell'L}(|\boldsymbol{x}_a|,|\boldsymbol{y}_b|,|\boldsymbol{R}|)$ 必须包含 ℓ 个因子 $|\boldsymbol{x}_a|$、ℓ' 个因子 $|\boldsymbol{y}_b|$. 实际上, 这是在 $f_{\ell\ell'L}(|\boldsymbol{x}_a|,|\boldsymbol{y}_b|,|\boldsymbol{R}|)$ 中出现的仅有的 $|\boldsymbol{x}_a|$ 和 $|\boldsymbol{y}_b|$ 幂次. 要看到这点, 我们只要注意到[①], 对于任何矢量 $\boldsymbol{u}$ 和 $\boldsymbol{v}$ 以及 $|\boldsymbol{u}| < |\boldsymbol{v}|$, 有

$$|\boldsymbol{u}-\boldsymbol{v}|^{-1} = \sum_{\ell=0}^{+\infty}\frac{4\pi}{2\ell+1}|\boldsymbol{u}|^\ell|\boldsymbol{v}|^{-\ell-1}\sum_{m=-\ell}^{\ell}(-1)^{\ell-m}Y_\ell^m(\hat{\boldsymbol{u}})Y_\ell^{-m}(\hat{\boldsymbol{v}}) \tag{5.9.4}$$

对于 $\boldsymbol{u}=\boldsymbol{x}_a$ 和 $\boldsymbol{v}=-\boldsymbol{R}+\boldsymbol{y}_b$, 利用这个公式证明 $f_{\ell\ell'L}(|\boldsymbol{x}_a|,|\boldsymbol{y}_b|,|\boldsymbol{R}|)$ 对于 $|\boldsymbol{x}_a|$ 的全部依赖是因子 $|\boldsymbol{x}_a|^\ell$, 而对于 $\boldsymbol{u}=\boldsymbol{y}_b$ 和 $\boldsymbol{u}=\boldsymbol{R}+\boldsymbol{x}_a$, 利用这个公式证明 $f_{\ell\ell'L}(|\boldsymbol{x}_a|,|\boldsymbol{y}_b|,|\boldsymbol{R}|)$ 对于 $|\boldsymbol{y}_b|$ 的全部依赖是因子 $|\boldsymbol{y}_b|^{\ell'}$. 量纲分析就告诉我们

$$f_{\ell\ell'L}(|\boldsymbol{x}_a|,|\boldsymbol{y}_b|,R) = N_{\ell\ell'L}R^{-1-\ell-\ell'}|\boldsymbol{x}_a|^\ell|\boldsymbol{y}_b|^{\ell'} \tag{5.9.5}$$

此处 $N_{\ell\ell'L}$ 是数值系数, 一般为 1 的量级, 除了一种情况之外, 我们不去计算它. 在式(5.9.2)中利用式(5.9.3)和式(5.9.5), 我们找到微扰 Hamilton 量

$$H' = \sum_{\ell,\ell',L}N_{\ell\ell'L}R^{-1-\ell-\ell'}\sum_{m,m',M}(-1)^{L-M}C_{\ell\ell'}(LM;mm')Y_L^{-M}(\hat{\boldsymbol{R}})E_\ell^{m(A)}E_{\ell'}^{m'(B)} \tag{5.9.6}$$

此处 $E_\ell^{m(A)}$ 和 $E_{\ell'}^{m'(B)}$ 是体系 A 和 B 的电多极算符,

$$E_\ell^{m(A)} \equiv \sum_{a\in A}e_a|\boldsymbol{x}_a|^\ell Y_\ell^m(\hat{\boldsymbol{x}}_a), \quad E_{\ell'}^{m'(B)} \equiv \sum_{b\in B}e_b|\boldsymbol{y}_b|^{\ell'}Y_{\ell'}^{m'}(\hat{\boldsymbol{y}}_b) \tag{5.9.7}$$

这些算符对于 $\ell=1$, $\ell=2$, $\ell=3$ 等通常分别称为电偶极矩、电四极矩、电八极矩等.

对于哪些项能够出现在式(5.9.6)中是有限制的, 除 Clebsch-Gordan 系数所施加的限制之外:

(1) 没有非零的 $\ell=0$ 或 $\ell'=0$ 的项. 一个 $\ell=0$ 的项或 $\ell'=0$ 的项分别正比于 $\sum_{a\in A}e_a$ 或 $\sum_{b\in B}e_b$, 因此为零, 因为两个体系都设定为总电荷为零.

(2) 没有 $L=0$ 的非零项. 任何 $L=0$ 的项都是从式(5.9.2)对于 $\boldsymbol{R}$ 的方向平均而来的, 而这个平均是

$$\frac{1}{4\pi}\sum_{a\in A}\sum_{b\in B}e_ae_b\int\mathrm{d}^2\hat{\boldsymbol{R}}\frac{1}{|\boldsymbol{x}_a-\boldsymbol{y}_b+\boldsymbol{R}|} = \sum_{a\in A}\sum_{b\in B}\frac{e_ae_b}{R} \tag{5.9.8}$$

---

① 这与 W. Magnus 和 F. Oberhettinger 的著作 *Formulas and Theorems for the Functions of Mathematical Physics* (J. Wermer 译, Chelsea Publishing Co., 1949) 51 页的一个公式等价, 对于 Legendre 多项式展开, 和式(4.3.36)一起作为球谐函数乘积之和.

187

它为零, 因为 $\sum\limits_{a\in A} e_a = \sum\limits_{b\in B} e_b = 0$.

(3) 唯一的非零项是那些 $\ell + \ell' + L$ 为偶的项, 这是因为式(5.9.2)在联合反射 $\boldsymbol{x}_a \mapsto -\boldsymbol{x}_a$, $\boldsymbol{y}_b \mapsto -\boldsymbol{y}_b$, $\boldsymbol{R} \mapsto -\boldsymbol{R}$ 之下明显为偶的, 但根据球谐函数的反射性质(2.2.18), 式(5.9.3)中的球谐函数乘积在联合反射之下要改变一个符号 $(-1)^{\ell+\ell'+L}$. 因此 $N_{\ell\ell'L}$ 必须为零, 除非 $\ell + \ell' + L$ 为偶的.

式(5.9.6)表明对于大的 R, 其中最大的项是 $\ell + \ell'$ 最小的项. 考虑到式(5.9.6)中的 Clebsch-Gordan 系数以及以上三点, 主要项如下:

偶极-偶极. 这些是 $\ell = \ell' = 1$ 的项, 因此表现为 R^{-3}, 因为 $L=0$ 和 $L=1$ 被以上 (2) 和 (3) 两点排除, 对这些项必须有 $L=2$.

偶极-四极. 这些是 $\ell = 1$, $\ell' = 2$ 的项, 或者相反, 因此表现为 R^{-4}. 对它们都有 $L=1$ 和 $L=3$.

四极-四极. 这些是 $\ell = \ell' = 2$ 的项, 所以表现为 R^{-5}. 对它们都有 $L=2$ 和 $L=4$.

偶极-八极. 这些是 $\ell = 1$, $\ell' = 3$ 的项, 或者相反, 因此表现为 R^{-5}. 对它们也都有 $L=2$ 和 $L=4$.

让我们仔细观察偶极-偶极项, 它将是最重要的. 将式(5.9.2)的分母展开到 $\boldsymbol{x}_a$ 和 $\boldsymbol{y}_b$ 的一阶 (并弃去只依赖于 $\boldsymbol{x}_a$ 和/或 $\boldsymbol{y}_b$ 的项, 它们对式(5.9.2)没有贡献, 因为 $\sum\limits_{a\in A} e_a$ 和 $\sum\limits_{b\in B} e_b$ 都为零), 我们求得

$$[H']_{\text{dipole-dipole}} = \frac{1}{R^3}(3\hat{\boldsymbol{R}}\cdot\boldsymbol{D}^{(A)}\hat{\boldsymbol{R}}\cdot\boldsymbol{D}^{(B)} - \boldsymbol{D}^{(A)}\cdot\boldsymbol{D}^{(B)}) \tag{5.9.9}$$

此处

$$\boldsymbol{D}^{(A)} \equiv \sum_{a\in A} e_a\boldsymbol{x}_a, \quad \boldsymbol{D}^{(B)} \equiv \sum_{b\in B} e_b\boldsymbol{y}_b \tag{5.9.10}$$

用 2.2 节中的球谐函数表和 4.3 节中的 Clebsch-Gordan 系数表, 读者可以验证, 表达式(5.9.9)和展开式(5.9.6)中的 $\ell = \ell' = 1$, $L=2$ 的项相同, 其中 $N_{112} = (4\pi)^{3/2}/3$.

在一阶微扰论中, 当体系 A 和 B 分别处于 Ψ_α 和 Ψ_β 时, 微扰 Hamilton 量(5.9.6)产生一个势能, 它的期望值是

$$V_1(\boldsymbol{R}) = \sum_{\ell,\ell',L} N_{\ell\ell'L} R^{-1-\ell-\ell'} \sum_{m,m',M} (-1)^{L-M} C_{\ell\ell'}(LM;mm') Y_L^{-M}(\hat{\boldsymbol{R}}) \langle E_\ell^{m(A)}\rangle_\alpha \langle E_{\ell'}^{m'(B)}\rangle_\beta$$

$$\tag{5.9.11}$$

多极算符 $E_\ell^{m(A)}$ 和 $E_{\ell'}^{m'(B)}$ 在空间反演下分别改变符号 $(-1)^\ell$ 和 $(-1)^{\ell'}$, 所以它们的期望值当 ℓ 为奇或 ℓ' 为奇时为零, 如果和通常一样状态 Ψ_α 和 Ψ_β 具有确定的宇称. 这样, 在通常情况下, 在一阶微扰论中, 在 R 大时的主导项不是偶极-偶极项, 而是四极-四极

项 ($\ell = \ell' = 2$), 它表现为 R^{-5}, 但是, 就像在 4.4 节的末尾讨论过的, 对任何算符 O_j^m 都有 $j \neq 0$, 它的期望值对于所有的非极化系统为零. 这样, 如果系统 A 和 B 是非极化的, 则在一级微扰论中没有四极-四极相互作用, 也没有式(5.9.11)中的任何项对于系统之间的相互作用能做出贡献. 要找出相互作用能, 我们必须用二阶微扰论.

对于任何给定的多极算符 $E_\ell^{m(A)}$ 和 $E_{\ell'}^{m'(B)}$, 包括偶极-偶极算符, 永远有某些激发态 $\Psi_{\alpha'}$ 和 $\Psi_{\beta'}$, 对于它们矩阵元 $(\Psi_{\alpha'}, E_\ell^{m(A)}\Psi_\alpha)$ 和 $(\Psi_{\beta'}, E_{\ell'}^{m'(B)}\Psi_\beta)$ 不为零. 例如, 电偶极矩在氢的 1s 基态和 2p 激发态间有不为零的矩阵元, Lyman α 光子可以从这个激发态的发射率的测量计算出来. 这样, 在二阶微扰论中我们预期相互作用势在大的 R 时被偶极-偶极项支配, 它在 $R \to +\infty$ 时有最慢的下降率. 根据式(5.4.5)和式(5.9.9), 在二阶微扰论中这给出在系统 A 和 B 处于 Ψ_α 和 Ψ_β 态时对于相互作用能的贡献, 由下式给出:

$$V_2(\boldsymbol{R}) = \frac{1}{R^6} \sum_{\alpha'\beta'} (E_\alpha + E_\beta - E_{\alpha'} - E_{\beta'})^{-1} \Big| 3\hat{\boldsymbol{R}} \cdot (\Psi_{\alpha'}, \boldsymbol{D}^{(A)}\Psi_\alpha)\hat{\boldsymbol{R}} \cdot (\Psi_{\beta'}, \boldsymbol{D}^{(B)}\Psi_\beta)$$
$$- (\Psi_{\alpha'}, \boldsymbol{D}^{(A)}\Psi_\alpha) \cdot (\Psi_{\beta'}, \boldsymbol{D}^{(B)}\Psi_\beta) \Big|^2 \tag{5.9.12}$$

如果我们需要对态 Ψ_A 和 Ψ_B 的角动量 3-分量进行平均, 这里没有造成此项为零的对消. 实际上, 当它们是基态时, 式(5.9.12)的能量分母是负恒定的, 而分子是正恒定的, 所以 $V_2(\boldsymbol{R})$ 是负恒定的. 因为 $|V_2(\boldsymbol{R})|$ 在 R 增加时单调减小, 所以这个能量在系统 A 和 B 间代表纯吸引力.

习题

1. 假设氢原子中电子与质子的相互作用对电子的势能产生一个改变, 形式为

$$\Delta V(r) = V_0 \exp(-r/R)$$

此处 R 比 Bohr 半径 a 小得多. 计算氢的 2s 和 2p 态的能量移动, 准确到 V_0 的一阶.

2. 有时假设在多电子原子中电子受到的静电势可以被一个屏蔽 Coulomb 势近似, 其形式为

$$V(r) = -\frac{Ze^2}{r} \exp(-r/R)$$

此处 R 是原子半径的估计值. 用变分法给出在这个势中电子最低能量态的能量近似公式, 用变分试探波函数

$$\psi(\boldsymbol{x}) \propto \exp(-r/\rho)$$

其中 ρ 是自由参数.

3. 氢在强度为 E 的很弱的静电场中, 计算它的 $2\mathrm{p}_{3/2}$ 态的能量移动, 准确到 E 的二阶, 假定 E 足够小, 这个移动要比 $2\mathrm{p}_{1/2}$ 和 $2\mathrm{p}_{3/2}$ 态间的精细结构分裂小. 在此处用二阶微扰论, 你可以只考虑能量分母最小的中间态.

4. 氢中电子的自旋-轨道耦合在 Hamilton 量中产生一项, 形式为

$$\Delta H = \xi(r)\boldsymbol{L}\cdot\boldsymbol{S}$$

此处 $\xi(r)$ 是 r 的某个小的函数. 给出 ΔH 对于氢的 $2\mathrm{p}_{1/2}$ 和 $2\mathrm{p}_{3/2}$ 态间的精细结构分裂的贡献的公式, 准确到 $\xi(r)$ 的一阶.

5. 用 WKB 近似推导一个在势 $V(r) = -V_0\mathrm{e}^{-r/R}$ 中质量为 m 的粒子 s 束缚态能量的公式, 其中 V_0 和 R 都是正的.

第 6 章

时间依赖问题的近似方法

任何孤立系统的 Hamilton 量都是与时间无关的. 但我们经常要处理量子力学系统, 它们并不是孤立的, 而是受时间依赖的外场影响, 在此情况下, Hamilton 量代表和这些场相互作用的部分依赖于时间. 在这里我们对于计算束缚态能量的微扰并不感兴趣, 因为物理状态并不由确定能量所表征. 取而代之的是, 我们的兴趣在于计算量子系统发生这种或那种变化的变化率. 这样的计算仅在最简单的情况下才能精确进行, 所以我们需要考虑近似方法, 其中最简单和最灵活的是微扰论.

6.1 一阶微扰论

我们考虑一个 Hamilton 量

$$H(t) = H_0 + H'(t) \tag{6.1.1}$$

此处 H_0 是系统在无外场情况下与时间无关的 Hamilton 量, $H'(t)$ 是一个小的时间依赖的微扰. 系统的状态矢量 Ψ 满足时间依赖的 Schrödinger 方程

$$i\hbar\frac{\mathrm{d}\Psi(t)}{\mathrm{d}t} = H(t)\Psi(t) \tag{6.1.2}$$

我们能找到正交归一的与时间无关的未微扰状态矢量的完备集

$$H_0\Psi_n = E_n\Psi_n, \quad (\Psi_n, \Psi_m) = \delta_{nm} \tag{6.1.3}$$

并用时间依赖系数 $c_n(t)$ 把 Ψ 用 Ψ_n 展开,

$$\Psi(t) = \sum_n c_n(t)\exp(-\mathrm{i}E_n t/\hbar)\Psi_n \tag{6.1.4}$$

为了此后的方便, 从系数 $c_n(t)$ 中抽出了一个因子 $\exp(-\mathrm{i}E_n t/\hbar)$. 作用在 Ψ_n 上面的微扰 $H'(t)$ 本身也对 Ψ_m 做展开:

$$H'(t)\Psi_n = \sum_m \Psi_m(\Psi_m, H'(t)\Psi_n)$$

所以时间依赖的 Schrödinger 方程变为

$$\sum_n \left(\mathrm{i}\hbar\frac{\mathrm{d}c_n(t)}{\mathrm{d}t} + E_n c_n(t)\right)\exp(-\mathrm{i}E_n t/\hbar)\Psi_n$$
$$= \sum_n c_n(t)\left(E_n\Psi_n + \sum_m H'_{mn}(t)\Psi_m\right)\exp(-\mathrm{i}E_n t/\hbar)$$

此处

$$H'_{mn}(t) = (\Psi_m, H'(t)\Psi_n)$$

消去和 E_n 成正比的项, 然后在右边对换指标 m 和 n, 将两边 Ψ_n 的系数等同起来, 就给出一个 $c_n(t)$ 的微分方程:

$$\mathrm{i}\hbar\frac{\mathrm{d}c_n(t)}{\mathrm{d}t} = \sum_m H'_{nm}(t)c_m(t)\exp\left(\mathrm{i}(E_n - E_m)t/\hbar\right) \tag{6.1.5}$$

到此为止, 发展是精确的. 因为式(6.1.5)给出的 $c_n(t)$ 的变化率和微扰成正比, 准确到微扰的一阶, 我们可以在右边把 $c_m(t)$ 取作一个常数, 等于 $c_m(t)$ 在某一个时间的值, 例如在 $t = 0$ 时, 方程的解是

$$c_n(t) \approx c_n(0) - \frac{\mathrm{i}}{\hbar}\sum_m c_m(0)\int_0^t \mathrm{d}t' H'_{nm}(t')\exp\left(\mathrm{i}(E_n - E_m)t'/\hbar\right) \tag{6.1.6}$$

用迭代的办法可以得到高阶近似.

下面我们将看到微扰论使用的方式以及得到的结果决定性地依靠我们对 $H'(t)$ 设定什么样的时间依赖. 我们将考虑两种情况: 单色微扰 ($H'(t)$ 以单一的频率振荡) 和随机微扰 ($H'(t)$ 是一个随机变量, 其统计性质不随时间变化).

6.2 单频微扰

让我们专门来研究弱微扰以单一频率 $\omega/(2\pi)$ 振荡的情况:

$$H'(t) = -U \exp(-\mathrm{i}\omega t) - U^\dagger \exp(\mathrm{i}\omega t) \tag{6.2.1}$$

此处 ω 取为正数. 式(6.1.6)中的积分是平庸的, 它给出式(6.1.4)中系数的一阶解:

$$c_n(t) = c_n(0) + \sum_m U_{nm} c_m(0) \frac{\exp(\mathrm{i}(E_n - E_m - \hbar\omega)t/\hbar) - 1}{E_n - E_m - \hbar\omega}$$
$$+ \sum_m U^*_{mn} c_m(0) \frac{\exp(\mathrm{i}(E_n - E_m + \hbar\omega)t/\hbar) - 1}{E_n - E_m + \hbar\omega} \tag{6.2.2}$$

特别地, 如果在 $t = 0$ 时除去 $c_1(0) = 1$ 以外所有的 $c_m(0)$ 都为零, 则振幅 $c_n(t)(n \neq 1)$ 由下式给出:

$$c_n(t) = U_{n1} \frac{\exp(\mathrm{i}(E_n - E_1 - \hbar\omega)t/\hbar) - 1}{E_n - E_1 - \hbar\omega} + U^*_{1n} \frac{\exp(\mathrm{i}(E_n - E_1 + \hbar\omega)t/\hbar) - 1}{E_n - E_1 + \hbar\omega} \tag{6.2.3}$$

式(6.2.3)中的两项在 $t = 0$ 时都为零, 然后和 t 成正比而增加一段时间. 当 t 相应地变为 $|(E_n - E_1)/\hbar - \omega|^{-1}$ 量级或 $|(E_n - E_1)/\hbar + \omega|^{-1}$ 量级时, 第一项和第二项停止增加, 在此以后这两项振荡但不再增加. 有趣的情况是, 若末态具有能量接近 $E_1 + \hbar\omega$ 或 $E_1 - \hbar\omega$, 式(6.2.3)两项中的一项就可以长期增长. 在吸收能量 $E_n \approx E_1 + \hbar\omega$ 时, 第二项早在第一项之前就停止生长, 所以在晚些的时间变得相对可以忽略, 因此

$$c_n(t) \to U_{n1} \frac{\exp(\mathrm{i}(E_n - E_1 - \hbar\omega)t/\hbar) - 1}{E_n - E_1 - \hbar\omega}$$

这样在足够长的时间 t 以后再找到系统处于 $n \neq 1$ 态的概率是

$$|(\Psi_n, \Psi)|^2 = |c_n(t)|^2 \approx 4|U_{n1}|^2 \frac{\sin^2((E_n - E_1 - \hbar\omega)t/(2\hbar))}{(E_n - E_1 - \hbar\omega)^2} \tag{6.2.4}$$

现在, 对大的时间我们可以做近似

$$\frac{2\hbar \sin^2(Wt/(2\hbar))}{\pi t W^2} \to \delta(W) \tag{6.2.5}$$

因为这个函数当 $t \to +\infty$ 时如 $1/t$ 一般趋于零, 如果 $W \neq 0$, 而对于 $W = 0$, 它是这样大, 以至于

$$\int_{-\infty}^{+\infty} \frac{2\hbar \sin^2(Wt/(2\hbar))}{\pi t W^2} \mathrm{d}W = \frac{1}{\pi} \int_{-\infty}^{+\infty} \frac{\sin^2 u}{u^2} \mathrm{d}u = 1$$

因此, 对大的 t, 由式(6.2.4)给出

$$|c_n(t)|^2 = 4|U_{n1}|^2 \frac{\pi t}{2\hbar}\delta(E_1 + \hbar\omega - E_n)$$

因此到态 n 的跃迁率就是

$$\Gamma(1 \to n) \equiv |c_n(t)|^2/t = \frac{2\pi}{\hbar}|U_{n1}|^2 \delta(E_1 + \hbar\omega - E_n) \tag{6.2.6}$$

此公式常称为 **Fermi 黄金规则**. 在受激发射的情况下, $\hbar\omega$ 接近于 $E_1 - E_n$, 我们就有

$$\Gamma(1 \to n) = \frac{2\pi}{\hbar}|U_{1n}|^2 \delta(E_n + \hbar\omega - E_1)$$

我们处理末态 n, 就像它是分立的. 要把式(6.2.6)用于态 n 是连续体的一部分, (就如电离原子产生自由电子) 我们可以想象整个系统位于大的盒子之中. 为了避免盒壁的多余效应, 使用**周期性边界条件**是方便的, 它要求波函数对于平移三个笛卡儿坐标 $x_i \mapsto x_i + L_i$ 不变, 此处 L_i 是大的长度, 最终要取为无限大的. 自由粒子的归一化波函数取如下形式:

$$\frac{\exp(\mathrm{i}\boldsymbol{p} \cdot \boldsymbol{x}/\hbar)}{\sqrt{L_1 L_2 L_3}} \tag{6.2.7}$$

$\boldsymbol{p}$ 的分量被以下条件限制:

$$p_i = \frac{2\pi\hbar n_i}{L_i} \tag{6.2.8}$$

这里 n_1, n_2, n_3 是任意正整数或负整数. 当我们在自由粒子态 n 上对跃迁率(6.2.6)求和时我们实际上是对 n_1, n_2, n_3 求和. 现在, 根据式(6.2.8), 在区间 $\Delta p_i \gg \hbar/L_i$ 内 n_i 的数目是 $L_i \Delta p_i/(2\pi\hbar)$, 所以在动量空间体积 $\mathrm{d}^3 p\,\Delta p_1 \Delta p_2 \Delta p_3$ 内状态的总数是 $\mathrm{d}^3 p\, L_1 L_2 L_3/(2\pi\hbar)^3$. 因此我们能够通过对动量积分并提供一个状态中每一个自由粒子对率的贡献来对跃迁率(6.2.6)的连续态求和. 等价地, 我们可以在矩阵元 U_{n1} 中对每一个自由粒子在状态 n 提供一个因子 $\sqrt{L_1 L_2 L_3}/(2\pi\hbar)^{3/2}$. 但是矩阵元 U_{n1} 也包含一个从在状态 n 的每一个自由粒子波函数(6.2.7)来的因子 $1/\sqrt{L_1 L_2 L_3}$, 所以体积因子对消, 给我们留下每个自由粒子一个因子 $(2\pi\hbar)^{-3/2}$. 因此跃迁(6.2.6)应该做积分, 而不是对末态自由粒子动量求和, 波函数取为

$$\frac{\exp(\mathrm{i}\boldsymbol{p} \cdot \boldsymbol{x}/\hbar)}{(2\pi\hbar)^{3/2}} \tag{6.2.9}$$

而不是式(6.2.7). 这是自由粒子波函数(3.5.12), 归一化因子要选择得能够给出标量积(3.5.13). (另外我们也可以对波数积分, 而不是对动量, 但我们必须弃去式(6.2.9)中 3/2 幂中的 $\hbar$.)

式(6.2.6)中的 δ 函数固定了自由粒子能量的求和, 只留下一个对角度和能量比的有限积分. 下一节给出例子.

6.3　电磁波导致的电离

作为时间依赖微扰论在单色微扰情况下运用的例子, 考虑把基态氢原子放入光波. 正像在 5.3 节, 如果光的波长比 Bohr 半径 a 大得多, 则微扰 Hamilton 量只依赖于在原子所在处的电场, 对于平面偏振它采取以下形式:

$$\boldsymbol{E} = \boldsymbol{\mathcal{E}} \exp(-\mathrm{i}\omega t) + \boldsymbol{\mathcal{E}}^* \exp(\mathrm{i}\omega t) \tag{6.3.1}$$

这里 $\boldsymbol{\mathcal{E}}$ 是常量. (我们只考虑电场, 因为作用在电磁波中一个非相对论性的电子的磁力比电力要小一个因子, 其量级是粒子速度和光速之比.)Hamilton 量中的微扰就是

$$H'(t) = e\boldsymbol{\mathcal{E}} \cdot \boldsymbol{X} \exp(-\mathrm{i}\omega t) + e\boldsymbol{\mathcal{E}}^* \cdot \boldsymbol{X} \exp(\mathrm{i}\omega t) \tag{6.3.2}$$

此处 $\boldsymbol{X}$ 是电子位置的算符. 如果我们取 $\boldsymbol{\mathcal{E}}$ 沿 3-轴方向, 大小为 $\mathcal{E}$, 则式(6.2.1)中的算符 U 是

$$U = -e\mathcal{E} X_3 \tag{6.3.3}$$

我们需要计算这个微扰在归一化的基态波函数与动量 $\hbar\boldsymbol{k}_e$ 自由电子波函数之间的矩阵元, 基态波函数是

$$\psi_{1s}(\boldsymbol{x}) = \frac{\exp(-r/a)}{\sqrt{\pi a^3}} \tag{6.3.4}$$

(此处 a 是 Bohr 半径, 由式(2.3.19)给出, $a = \hbar^2/(m_e e^2) = 0.529 \times 10^{-8}$ cm), 自由电子波函数是

$$\psi_e(\boldsymbol{x}) = (2\pi\hbar)^{-3/2} \exp(\mathrm{i}\boldsymbol{k}_e \cdot \boldsymbol{x}) \tag{6.3.5}$$

其归一化曾在前面描述.

将发射电子当作自由电子处理仅在它逸出时的能量远大于氢原子结合能时才是合理的. 否则, 代替式(6.3.5), 我们应该用一个非束缚电子在质子 Coulomb 场中的波函数. 略去氢原子结合能以及氢核的反冲能, 在光的波数为 k_γ 时, 发射电子的能量等于光子能量 $\hbar c k_\gamma$, 而氢原子结合能(2.3.20)是 $e^2/(2a)$, 所以在用式(6.3.5)时, 我们假设

$$k_\gamma a \gg e^2/(2\hbar c) \approx 1/274 \tag{6.3.6}$$

注意这和我们关于光波长远大于原子大小的假设没有矛盾, 假设只需要 $k_\gamma a \ll 1$.

微扰(6.3.3)在波函数(6.3.4)和(6.3.5)之间的矩阵元是

$$U_{e,1s} = -\frac{e\mathcal{E}}{(2\pi\hbar)^{3/2}\sqrt{\pi a^3}} \int d^3x\, e^{-i\boldsymbol{k}_e\cdot\boldsymbol{x}} x_3 \exp(-r/a) \qquad (6.3.7)$$

回顾在普遍情况下,

$$\int d^3x\, e^{-i\boldsymbol{k}\cdot\boldsymbol{x}} f(r) = \frac{1}{k} \int_0^{+\infty} 4\pi r f(r)\sin kr\, dr$$

我们能做角度积分. 这个表达式对 k_3 的微分给出

$$-i\int d^3x\, e^{-i\boldsymbol{k}\cdot\boldsymbol{x}} f(r)x_3 = \frac{k_3}{k^3} \int_0^{+\infty} 4\pi r f(r)\left(-\sin kr + kr\cos kr\right) dr$$

将此式用于式(6.3.7), 给出

$$U_{e,1s} = \frac{4\pi i e\mathcal{E} k_{e3}}{k_e^3 (2\pi\hbar)^{3/2}\sqrt{\pi a^3}} \int_0^{+\infty} \exp(-r/a)\left(\sin k_e r - k_e r\cos kr\right) r\, dr \qquad (6.3.8)$$

这个积分由下式给出:

$$\int_0^{+\infty} \exp(-r/a)\left(\sin k_e r - k_e r\cos k_e r\right) r\, dr = \frac{8k_e^3 a^5}{(1+k_e^2 a^2)^3}$$

将电子最后能量 $\hbar^2 k_e^2/(2m_e)$ 和光子能量 $\hbar c k_\gamma$ 等同起来, 我们有

$$k_e^2 a^2 \approx \frac{2m_e c k_\gamma a^2}{\hbar} = 2k_\gamma a \cdot \frac{\hbar c}{e^2}$$

根据式(6.3.6), 这比 1 大很多, 所以由式(6.3.8)给出

$$U_{e,1s} = \frac{8\sqrt{2}i e\mathcal{E}\cos\theta}{\pi\hbar^{3/2} k_e^5 a^{5/2}} \qquad (6.3.9)$$

此处 θ 是 $\boldsymbol{k}_e$ 和电磁波偏振方向 (在此取为 3-轴) 之间的夹角.

根据式(6.2.6), 微分电离率是

$$d\Gamma(1s \to \boldsymbol{k}_e) = \frac{2\pi}{\hbar} |U_{e,1s}|^2 \delta(\hbar c k_\gamma - E_e)\hbar^3 k_e^2 dk_e d\Omega \qquad (6.3.10)$$

其中 $E_e = \hbar^2\boldsymbol{k}_e^2/(2m_e)$, $d\Omega = \sin\theta d\theta d\phi$ 是末态电子微分立体角元, 所以 $\hbar^3 k_e^2 dk_e d\Omega$ 就是末态电子动量空间体积元. (按照我们的假设式(6.3.6), 在 δ 函数中我们略去氢结合能以及与 E_e 相比很小的氢核反冲能.) 现在, $dk_e = m_e dE_e/(\hbar^2 k_e)$, 以及 $dE_e\delta(\hbar\omega - E_e)$ 因子在任何对 k_e 积分中的效应就是将 k_e 设成由能量守恒所确定的值,

$$\hbar k_e = \sqrt{2m_e\hbar c k_\gamma} \qquad (6.3.11)$$

所以微分电离率是

$$\frac{d\Gamma(1s \to \boldsymbol{k}_e)}{d\Omega} = 2\pi m_e k_e |U_{e,1s}|^2 \qquad (6.3.12)$$

这里 k_e 由式(6.3.11)给出. 在式(6.3.12)中用式(6.3.9)给出我们最后的微分电离率公式

$$\frac{\mathrm{d}\Gamma(1\mathrm{s}\rightarrow \boldsymbol{k}_e)}{\mathrm{d}\Omega} = \frac{256e^2\mathcal{E}^2 m_e \cos^2\theta}{\pi\hbar^3 k_e^9 a^5} \tag{6.3.13}$$

在以下光波数区域中适用:

$$\frac{1}{274} \ll k_\gamma a \ll 1 \tag{6.3.14}$$

6.4 涨落微扰

在 6.2 节中讨论的单色微扰能产生在一个分立态和连续体之间的有限跃迁率, 如在 6.3 节中讨论的电离过程那样. 但如果没有微扰频率的精细调节, 单色微扰不能产生分立态之间的跃迁. (对于存在时间短于系统演化时间 t 的微扰, 频率分布的宽度将会大于 $1/t$, 就不需要精细调节了. 但是在此情况下, 当然, 6.1 节中 $|c_n(t)|^2$ 的跃迁概率, 一旦微扰中止就不会随 t 增加, 我们也就谈不上跃迁率了.) 但是有一种微扰能够跨越频率的宽范围, 从而不需要在分立态间产生跃迁的精细调节, 但能产生正比于消逝时间的跃迁概率, 从而跃迁概率是有限的. 这就是随机涨落的微扰, 但它的统计性质不随时间改变.

具体来说, 假定两个不同时间的微扰之间的关联只依赖于时间的差别, 而不取决于时间本身:

$$\overline{H'_{nm}(t_1)H'^*_{nm}(t_2)} = f_{nm}(t_1-t_2) \tag{6.4.1}$$

在量上面的横线表示对涨落的平均. 这一类的涨落称为**恒定**的.

在 $c_n(0) = \delta_{n1}$ 情况下, 式(6.1.6)给出到 $n \neq 1$ 态的跃迁概率,

$$|c_n(t)|^2 = \frac{1}{\hbar^2}\int_0^t \mathrm{d}t_1 \int_0^t \mathrm{d}t_2 H'_{n1}(t_1)H'^*_{n1}(t_2)\exp\left(\mathrm{i}(E_n-E_1)(t_1-t_2)/\hbar\right) \tag{6.4.2}$$

所以平均跃迁概率是

$$\overline{|c_n(t)|^2} = \frac{1}{\hbar^2}\int_0^t \mathrm{d}t_1 \int_0^t \mathrm{d}t_2 f_{n1}(t_1-t_2)\exp\left(\mathrm{i}(E_n-E_1)(t_1-t_2)/\hbar\right) \tag{6.4.3}$$

我们可以把关联函数 f_{nm} 写作 Fourier 变换,

$$f_{nm}(t) = \int_{-\infty}^{+\infty} \mathrm{d}\omega F_{nm}(\omega)\exp(-\mathrm{i}\omega t) \tag{6.4.4}$$

所以式(6.4.3)变为

$$\overline{|c_n(t)|^2} = \frac{1}{\hbar^2} \int_{-\infty}^{+\infty} d\omega \, F_{n1}(\omega) \left| \int_0^t dt_1 \exp\left(i\left((E_n - E_1)/\hbar - \omega\right) t_1\right) \right|^2$$

$$= 4 \int_{-\infty}^{+\infty} d\omega \, F_{n1}(\omega) \frac{\sin^2\left((E_n - E_1 - \hbar\omega) t/2\hbar\right)}{(E_n - E_1 - \hbar\omega)^2} \tag{6.4.5}$$

正像在式(6.2.5)中, 对于大时间我们可以有近似

$$\frac{2\hbar \sin^2(Wt/(2\hbar))}{\pi t W^2} \to \delta(W) = \frac{1}{\hbar} \delta(W/\hbar) \tag{6.4.6}$$

所以由式(6.4.5)给出跃迁率

$$\Gamma(1 \to n) \equiv \frac{\overline{|c_n(r)|^2}}{t} = \frac{2\pi^2}{\hbar} F_{n1}\left((E_n - E_1)/\hbar\right) \tag{6.4.7}$$

我们将在下一节中应用这个结果.

6.5 辐射的吸收与受激发射

为了阐明前一节的普遍结果, 我们考虑在涨落电场中的一个原子, 就像在光子气体中一样. 驱动原子态间 $1 \to n$ 跃迁涨落的频率 $\omega/(2\pi)$ 等于 $(E_n - E_1)/h$, 所以电场在空间变化的尺度的量级是 $c/|\omega| = hc|E_n - E_1|$. 这典型的是几千埃 ($10^{-10}$ m), 比原子要大得多, 后者通常是几埃. 所以在这里, 如式(5.3.1), 取如下微扰是个好的近似:

$$H'_{nm}(t) = e \sum_N [\boldsymbol{x}_N]_{nm} \cdot \boldsymbol{E}(t) \tag{6.5.1}$$

此处 $\boldsymbol{E}$ 是在原子位置处的电场, 求和遍及原子中的电子, 以及

$$[\boldsymbol{x}_N]_{nm} = (\Psi_n, \boldsymbol{X}_N \Psi_m) = \int \psi_n^*(x) \boldsymbol{x}_N \psi_m(x) \prod_M d^3 x_M \tag{6.5.2}$$

我们假设电场涨落有如下的关联函数:

$$\overline{E_i(t_1) E_j(t_2)} = \delta_{ij} \int_{-\infty}^{+\infty} d\omega \, \mathcal{P}(\omega) \exp\left(-i\omega(t_2 - t_1)\right) \tag{6.5.3}$$

(在设定此式正比于 δ_{ij} 时, 我们假设电场没有优先的方向; δ_{ij} 是和坐标系方向无关的最一般的张量.) 因为左边在交换 t_1 和 i 与 t_2 和 j 时是实的和对称的, 所以有

$$\mathcal{P}(\omega) = \mathcal{P}(-\omega) = \mathcal{P}^*(\omega) \tag{6.5.4}$$

微扰的关联函数现在由下式给出:

$$\overline{H'_{nm}(t_1)H'^{*}_{nm}(t_2)} = e^2 \left| \sum_N [\boldsymbol{x}_N]_{nm} \right|^2 \int_{-\infty}^{+\infty} \mathrm{d}\omega\, \mathcal{P}(\omega) \exp\left(-\mathrm{i}\omega(t_2-t_1)\right) \tag{6.5.5}$$

这就是说, 在式(6.4.1)和式(6.4.4)中引入的函数 $F_{nm}(\omega)$ 是

$$F_{nm}(\omega) = e^2 \left| \sum_N [\boldsymbol{x}_N]_{nm} \right|^2 \mathcal{P}(\omega) \tag{6.5.6}$$

由式(6.4.7)就给出原子从初始状态 $m=1$ 到一个更高或更低的能量状态 n 的跃迁率:

$$\varGamma(1 \to n) = \frac{2\pi e^2}{\hbar^2} \left| \sum_N [\boldsymbol{x}_N]_{n1} \right|^2 \mathcal{P}(\omega_{n1}) \tag{6.5.7}$$

此处 $\omega_{nm} = (E_n - E_m)/\hbar$.

函数 $\mathcal{P}(\omega)$ 可与涨落场的能量频率分布相联系. 在电磁辐射中, 磁场 $\boldsymbol{B}$ 与电场的数值大小相同, 所以能量密度 (非合理化静电单位) 是 $(\boldsymbol{E}^2 + \boldsymbol{B}^2)/(8\pi) = \boldsymbol{E}^2/(4\pi)$. 取 $t_1 = t_2$ 并对式(6.5.3)中 $i=j$ 的项求和, 我们得到电磁辐射的能量密度

$$\rho = \frac{1}{4\pi}\overline{\boldsymbol{E}^2(t)} = \frac{3}{4\pi}\int_{-\infty}^{+\infty} \mathrm{d}\omega\, \mathcal{P}(\omega) = \frac{3}{2\pi}\int_{0}^{+\infty} \mathrm{d}\omega\, \mathcal{P}(\omega) \tag{6.5.8}$$

所以在角频率 $|\omega|$ 和 $|\omega|+\mathrm{d}|\omega|$ 间的能量密度为 $3/(2\pi)\mathcal{P}(|\omega|)\mathrm{d}|\omega|$. 为了与第 1 章所引结果相比较, 我们可将此式转换为能量对频率 $\nu = \omega/(2\pi)$ 的分布. 在频率 ν 和 $\nu+\mathrm{d}\nu$ 间的能量密度是

$$\rho(\nu)\mathrm{d}\nu = 3/(2\pi)\mathcal{P}(|\omega|)\mathrm{d}|\omega| = 3\mathcal{P}(2\pi\nu)\mathrm{d}\nu \tag{6.5.9}$$

所以我们可将式(6.5.7)写为

$$\varGamma(1 \to n) = \frac{2\pi e^2}{3\hbar^2} \left| \sum_N [\boldsymbol{x}_N]_{n1} \right|^2 \rho(\nu_{n1}) \tag{6.5.10}$$

此处 $\nu_{nm} = |\omega_{nm}|/(2\pi) = |E_n - E_m|/h$. 正如在 1.2 节中所看到的, Einstein 引入在光吸收 (如果 $E_n > E_1$) 或受激发射 (如果 $E_1 > E_n$) 中 $\rho(\nu_{n1})$ 的系数 B_1^n, 所以

$$B_1^n = \frac{2\pi e^2}{3\hbar^2} \left| \sum_N [\boldsymbol{x}_N]_{n1} \right|^2 \tag{6.5.11}$$

对于氢或碱金属, 只有一个电子参与和电磁辐射的相互作用, 上式取熟悉的形式

$$B_1^n = \frac{2\pi e^2}{3\hbar^2} \left| [\boldsymbol{x}]_{n1} \right|^2 \tag{6.5.12}$$

这与由经典带电粒子振荡器 (式(1.4.1)) 和黑体辐射热平衡导出的经典结果式(1.4.6)相符. 历史上的推导现在可以被反转; 应用式(6.5.11)和式(1.2.16), 我们可以从式(1.4.5)得出 $1 \to n$ 跃迁中的自发发射率

$$A_1^n = \frac{4e^2 \left| \omega_{n1} \right|^3}{3c^3 \hbar} \left| [\boldsymbol{x}]_{n1} \right|^2 \tag{6.5.13}$$

此处无须依靠与经典电动力学的类比. 这个推导由 Dirac[①]在 1926 年给出. 我们将在 11.7 节中通过考虑对一个原子与量子化的电磁场相互作用的直接计算来导出这个结果.

6.6 绝热近似

在某些情况下, Hamilton 量是一个或多个参数的函数 $H[s]$, 参数统统用 s 表示. 这些参数是随时间变化很慢的函数 $s(t)$[②]. 比如, 对于在缓慢变化的磁场中的自旋, 这些参数 $s(t)$ 为磁场的三个分量. 这里我们可以运用名为**绝热近似**[③]的方法来寻找与时间相关的 Schrödinger 方程的解.

对于任何参数 s, 我们总可以找到 $H[s]$ 的完备、正交和归一的本征态集 $\Phi_n[s]$, 其本征值为 $E_n[s]$:

$$H[s]\Phi_n[s] = E_n[s]\Phi_n[s], \quad (\Phi_n[s], \Phi_m[s]) = \delta_{nm} \tag{6.6.1}$$

对任何一对参数 s 和 s', $\Phi_n[s]$ 和 $\Phi_n[s']$ 均为完备正交归一集, 由一个幺正变换相联系. 如果我们用 $s(t)$ 和 $s(0) = s_0$ 分别表示在 t 和 $t = 0$ 时的参数, 则有幺正算符 $U[s]$, 有

$$\Phi_n[s] = U[s]\Phi_n[s_0], \quad U[s]^{-1} = U[s]^\dagger, \quad U[s_0] = 1 \tag{6.6.2}$$

其中 $U[s]$ 为并矢之和,

$$U[s] = \sum_n \left[\Phi_n[s]\Phi_n^\dagger[s_0] \right] \tag{6.6.3}$$

---

① Dirac P A M. Proc. Roy. Soc. A, 1926, 112: 611.

② 在这节中我们用方括弧 [ ] 来表示不同物理量对 s 的依赖, 圆括弧 ( ) 表示对 t 的依赖.

③ 这个方法由 M. Born 和 V. Fock 用于现代量子力学. (Born M, Fock V. Z. Physik, 1928, 51: 165.) 更容易找到和阅读的文献请见 Albert Messiah 的 *Quantum Mechanics Vol.* Ⅱ (North-Holland Publishing Co. 1962) 第 17 章第 10～14 节.

我们将 Hamilton 量变换为

$$\tilde{H}[s] \equiv U[s]^\dagger H[s] U[s] \qquad (6.6.4)$$

所以虽然它的本征值取决于 s, 但它的本征态与 s 无关,

$$\tilde{H}[s]\varPhi_n[s_0] = E_n[s]\varPhi_n[s_0] \qquad (6.6.5)$$

如果对于任何算符 O, 我们定义

$$O_{nm} = (\varPhi_n[s_0], O\varPhi_m[s_0]) \qquad (6.6.6)$$

则对这些基, 变换后的 Hamilton 量是

$$\tilde{H}_{nm}[s] = E_n[s]\delta_{nm} \qquad (6.6.7)$$

时间相关的 Schrödinger 方程

$$\mathrm{i}\hbar\frac{\mathrm{d}}{\mathrm{d}t}\varPsi(t) = H[s(t)]\varPsi(t) \qquad (6.6.8)$$

可以写为

$$\mathrm{i}\hbar\frac{\mathrm{d}}{\mathrm{d}t}\tilde{\varPsi}(t) = (\tilde{H}[s(t)] + \varDelta(t))\tilde{\varPsi}(t) \qquad (6.6.9)$$

其中

$$\tilde{\varPsi}(t) \equiv U[s(t)]^\dagger \varPsi(t) \qquad (6.6.10)$$

$$\varDelta(t) \equiv \mathrm{i}\hbar\left[\frac{\mathrm{d}}{\mathrm{d}t}U[s(t)]\right]^\dagger U[s(t)] \qquad (6.6.11)$$

我们注意到 U 是幺正的, $\dot{U}^\dagger U + U^\dagger \dot{U} = 0$, 所以 $\varDelta$ 是 Hermite 的.

$\varDelta(t)$ 和 $H[s(t)]$ 的本征态的变化率相关, 但 $\tilde{H}[s(t)]$ 的本征态不随时间变化. 相比之下好像可以将 $\varDelta(t)$ 省略掉. 但这是错误的. 不管参数 $s(t)$ 演化得多慢, Hamilton 量都随时演变. 我们要对微分方程(6.6.9)在时间上积分足够长的时间, 此时 $s(t)$ 已经改变了一个不可忽略的量, 其时间长度可与小的 $\varDelta(t)$ 相抵消. 所以一般而言, $\varDelta(t)$ 不能被忽略.

为处理这一点, 我们再做一个幺正变换. 幺正算符 $V(t)$ 由微分方程

$$\mathrm{i}\hbar\frac{\mathrm{d}}{\mathrm{d}t}V(t) = \tilde{H}[s(t)]V(t) \qquad (6.6.12)$$

和起始条件 $V(0) = 1$ 定义. 利用式(6.6.6)的基, 平庸解为

$$V_{nm}(t) = \delta_{nm}\exp\left(\mathrm{i}\phi_n(t)\right) \qquad (6.6.13)$$

其中 $\phi_n(t)$ 叫作**动力学相**:

$$\phi_n(t) = -\frac{1}{\hbar} \int_0^t E_n[s(\tau)] \mathrm{d}\tau \tag{6.6.14}$$

利用式(6.6.12), 式(6.6.9)可写为

$$\mathrm{i}\hbar \frac{\mathrm{d}}{\mathrm{d}t} \tilde{\tilde{\Psi}}(t) = \tilde{\Delta}(t) \tilde{\tilde{\Psi}}(t) \tag{6.6.15}$$

其中

$$\tilde{\tilde{\Psi}}(t) \equiv V(t)^\dagger \tilde{\Psi}(t) = V(t)^\dagger U(t)^\dagger \Psi(t) \tag{6.6.16}$$

$$\tilde{\Delta}(t) \equiv V(t)^\dagger \Delta(t) V(t) \tag{6.6.17}$$

用式(6.6.6), 由式(6.6.13)给出

$$\begin{aligned}
\tilde{\Delta}_{nm}(t) &= \Delta_{nm}(t) \exp\left(\mathrm{i}\phi_m(t) - \mathrm{i}\phi_n(t) \right) \\
&= \Delta_{nm}(t) \exp\left(\frac{\mathrm{i}}{\hbar} \int_0^t \left(E_n[s(t)] - E_m[s(t)] \right) \mathrm{d}t \right)
\end{aligned} \tag{6.6.18}$$

如果和 $(E_n[s] - E_m[s])/\hbar \, (n \neq m)$ 相比, $s(t)$ 的分数变化率很小 (只有在非简并时才可能), 则在一定的长时间里式(6.6.18)中的相位对于 $n \neq m$ 经过很多周期的振动, 阻止 $\tilde{\Delta}(t)$ 的非对角元素的增加. 尽管 $\tilde{\Delta}(t)$ 的对角元素数值小, 但只有它们才影响态长时间的演变. 我们可以将它写成

$$\tilde{\Delta}_{nm}(t) \to \delta_{nm} \rho_n(t) \tag{6.6.19}$$

其中 $\rho_n(t)$ 是实量,

$$\begin{aligned}
\rho_n(t) &\equiv \tilde{\Delta}_{nn}(t) = \Delta_{nn}(t) = \mathrm{i}\hbar \left(\left(\frac{\mathrm{d}}{\mathrm{d}t} U[s(t)] \right)^\dagger U[s(t)] \right)_{nm} \\
&= \mathrm{i}\hbar \left(\frac{\mathrm{d}}{\mathrm{d}t} \Phi_n[s(t)], \Phi_n[s(t)] \right)
\end{aligned} \tag{6.6.20}$$

式(6.6.15)的解则是

$$\begin{aligned}
\tilde{\tilde{\Psi}}(t) &= \sum_n \Phi_n[s_0] \exp(\mathrm{i}\gamma_n(t)) \left(\Phi_n[s_0], \tilde{\tilde{\Psi}}(0) \right) \\
&= \sum_n \Phi_n[s_0] \exp(\mathrm{i}\gamma_n(t)) \left(\Phi_n[s_0], \Psi(0) \right)
\end{aligned} \tag{6.6.21}$$

这里 $\gamma_n(t)$ 是相位,

$$\gamma_n = -\frac{1}{\hbar} \int_0^t \rho_n(\tau) \mathrm{d}\tau \tag{6.6.22}$$

联立式(6.6.16)、式(6.6.2)和式(6.6.13), 可给出 Schrödinger 方程(6.6.8)的解

$$\Psi(t) = U(t)V(t)\tilde{\tilde{\psi}}(t) = \sum_n U(t)\Phi_n[s_0]\left(\Phi_n[s_0], V(t)\tilde{\tilde{\psi}}(t)\right)$$

$$= \sum_n \exp(\mathrm{i}\phi_n(t))\exp(\mathrm{i}\gamma_n(t))\Phi_n[s(t)]\left(\Phi_n[s_0], \Psi(0)\right) \tag{6.6.23}$$

也就是说, 除 $\phi_n(t)$ 和 $\gamma_n(t)$ 相位外, 绝热近似把态分解为 $H[s(t)]$ 的本征态, 并写出每项对时间的依赖, 使它们留在 $H[s(t)]$ 的本征态.

如上面已提到过的, 这个结果只适用于无简并的情况. 如果存在简并, 我们可将 n 换成复合指数 N_ν: 能级由 N, M 等标志, 即如果 $N \neq M$, 就有 $E_N \neq E_M$, 而 ν, μ 等标志给定能量的态. 在这种情况下, 式(6.6.15)中的 $\tilde{\Delta}$ 改写成

$$\tilde{\Delta}_{N\nu, N\mu}(t) \rightarrow \delta_{NM} R_{\nu\mu}^{(N)}(t) \tag{6.6.24}$$

其中 $R^{(N)}$ 是一个在能量为 E_N 的子空间中的共轭算符:

$$R_{\nu\mu}^{(N)}(t) \equiv \tilde{\Delta}_{N\nu, N_\mu}(t) = \Delta_{N\nu, N_\mu}(t)$$

$$= \mathrm{i}\hbar\left(\left(\frac{\mathrm{d}}{\mathrm{d}t}U[s(t)]\right)^\dagger U[s(t)]\right)_{N_\nu, N_\mu}$$

$$= \mathrm{i}\hbar\left(\frac{\mathrm{d}}{\mathrm{d}t}\Phi_{N_\nu}[s(t)], \Phi_{N_\mu}[s(t)]\right) \tag{6.6.25}$$

用推导式(6.6.23)相同的论证, Schrödinger 方程(6.6.8)的解是

$$\Psi(t) = \sum_N \exp(\mathrm{i}\phi_N(t))\sum_{\mu,\nu}\Gamma_{\mu\nu}^{(N)}(t)\Phi_{N\mu}[s(t)]\left(\Phi_{N\nu}[s_0], \Psi(0)\right) \tag{6.6.26}$$

其中动态相 $\phi_N(t)$ 由式(6.6.14)(用 N 代换 n) 给出, $\Gamma^{(N)}(t)$ 是一个幺正矩阵, 为下面方程的解:

$$\mathrm{i}\hbar\frac{\mathrm{d}}{\mathrm{d}t}\Gamma^{(N)}(t) = R^{(N)}(t)\Gamma^{(N)}(t) \tag{6.6.27}$$

初始条件 $\Gamma^{(N)}(0) = I$. 在简并的情况下, 这个幺正矩阵[①]取代 (在非简并情况下的) 相位因子 $\mathrm{e}^{\mathrm{i}\gamma_n(t)}$.

---

① Wilczek F, Zee A. Phys. Rev. Lett., 1984, 52: 2111.

6.7　Berry 相

Michael Berry[1]最先注意到与时间相关 Schrödinger 方程的绝热近似解中出现的非动力学相 $\gamma_n(t)$ 有趣的特性和物理应用. 首先, 必须注意到这是**几何相**, 即它依赖于 Hamilton 量在参数空间从 $s(0)$ 到 $s(t)$ 的路径, 但与路径和时间两者间的关系无关. 这可以从式(6.6.20)和式(6.6.22)以及下面的结果看出:

$$\gamma_n(t) = -\mathrm{i} \int_{C(t)} \sum_i \mathrm{d}s_i \left(\frac{\partial}{\partial s_i} \Phi_n[s], \Phi_n[s] \right) \tag{6.7.1}$$

其中 $C(t)$ 指明积分是在 Hamilton 量的参数空间沿着 $s(\tau)$ 从 $\tau = 0$ 到 $\tau = t$ 所走的路径.

同样重要的是, $\gamma_n(t)$ 不会有 (直接可测的) 物理性质, 这是因为我们总可以用任意的与 s 相关的相位来改变能量本征态 $\Phi_n[s]$ 的相位,

$$\Phi_n[s] \to \mathrm{e}^{\mathrm{i}\alpha_n[s]} \Phi_n[s] \tag{6.7.2}$$

这导致相位 $\gamma_n(t)$ 的移动:

$$\gamma_n(t) \to \gamma_n(t) + \alpha_n[s(0)] - \alpha_n[s(t)] \tag{6.7.3}$$

但式(6.6.23)表示的态矢的进程没有改变. 具有物理意义的是相位 γ_n 的等价的**类**, 即它们是否由式(6.7.3)转换而彼此相联系的.

正如 Berry 所注意到的, 这些类在一般情况下不是平凡的, 即无法通过变换(6.7.2)来消除 $\gamma_n(t)$. 要识别出这些例子, 只需考虑与在 $t = 0$ 开始且以后在时间 t 终止在同一点的路径 $C(t)$ 相关的 $\gamma_n(t)$. 这个相位当然与我们给能量本征态 $\Phi_n[s]$ 在路径上各点 s 所取的相位无关, 即如果 $\gamma_n(t)$ 可以通过变换(6.7.2)消去, 则沿封闭路径的 $\gamma_n(t)$ 必定为零, 不管 $\Phi_n[s]$ 取什么相位. 反过来说, 如果所有封闭路径中得出的由式(6.7.1)所给的相位消失, 则与一个由 $s(0)$ 到 $s(t)$ 的路径所得相位必须等于由其他路径所得的相位. 这是因为沿着这两个路径的相位差等于一个由 $s(0)$ 沿路径 1 到 $s(t)$ 并沿路径 2 返回 $s(0)$ 的封闭路径的相位. 这就意味着 $\gamma_n(t)$ 是 $s(t)$ 的函数, 且可通过式(6.7.3)所示的变换消去. 此后, 与封闭路径相关的相位 γ_n 记为 $\gamma_n[C]$; 通常称为 **Berry 相**.

---

[1]　Berry M V. Proc. Roy. Soc. A, 1984, 392: 45.

Berry 相可以写成便于计算的形式, 且明确显示把它和我们给本征态 $\Phi_n[s]$ 确定相位的约定无关. 根据推广的 Stokes 定理, 式(6.7.1)中的路径积分可写成在以路径 C 为界的任何表面 $A[C]$ 上的积分:

$$\gamma_n[C] = -\mathrm{i} \iint\limits_{A[C]} \sum_{i,j} \mathrm{d}A_{ij} \frac{\partial}{\partial s_i} \left(\frac{\partial}{\partial s_i} \Phi_n[s], \Phi_n[s] \right) \tag{6.7.4}$$

其中 $\mathrm{d}A_{ij} = -\mathrm{d}A_{ji}$ 是该面积的张量面积元[①]. 例如, 当 Hamilton 量由三个参数 s_i 确定时, 我们有 $\mathrm{d}A_{ij} = \sum_k \epsilon_{ijk} e_k \mathrm{d}A$, 其中 ϵ_{ijk} 是常见的全反对称张量, $\epsilon_{123} = +1$; $\mathrm{d}A$ 是常见的面积元; e 是在面积法线方向上的单位矢量. (我们在这里用 e 取代通常的 $\boldsymbol{n}$, 以避免与态矢的标记混淆.) 这里由通常的 Stokes 定理给出式(6.7.4)的结果:

$$\gamma_n[C] = -\mathrm{i} \iint\limits_{A[C]} \mathrm{d}A \boldsymbol{e}[s] \cdot (\nabla \times (\nabla \Phi_n[s], \Phi_n[s])) \tag{6.7.5}$$

其中梯度是对参量 s_i 取的.

回到一般的情况, 我们注意到 $\mathrm{d}A_{ij}$ 关于 i 和 j 置换是反对称的, 式 (6.7.4)可写成

$$\begin{aligned}\gamma_n[C] &= \mathrm{i} \iint\limits_{A[C]} \sum_{i,j} \mathrm{d}A_{ij} \left(\frac{\partial}{\partial s_i} \Phi_n[s], \frac{\partial}{\partial s_j} \Phi_n[s] \right) \\ &= \mathrm{i} \iint\limits_{A[C]} \sum_{i,j} \mathrm{d}A_{ij} \sum_m \left(\frac{\partial}{\partial s_i} \Phi_n[s], \Phi_m[s] \right) \left(\Phi_m[s], \frac{\partial}{\partial s_j} \Phi_n[s] \right) \end{aligned} \tag{6.7.6}$$

对 $(\Phi_n[s], \Phi_n[s]) = 1$ 两边关于 s 取微分, 我们看到

$$\left(\frac{\partial}{\partial s_i} \Phi_n[s], \Phi_n[s] \right) = - \left(\Phi_n[s], \frac{\partial}{\partial s_i} \Phi_n[s] \right)$$

基于 $\mathrm{d}A_{ij}$ 的反对称性, 式(6.7.6)中 $m = n$ 的项的贡献为

$$-\mathrm{i} \iint\limits_{A[C]} \mathrm{d}A_{ij} \left(\frac{\partial}{\partial s_i} \Phi_n[s], \Phi_n[s] \right) \left(\frac{\partial}{\partial s_j} \Phi_n[s], \Phi_n[s] \right) = 0$$

另外, 式中 $m \neq n$ 的项可写成不涉及本征态导数的形式. 将Schrödinger 方程(6.6.1)关于参量 s_i 取微分, 并与 $\Phi_m[s](m \neq n)$ 取标量积, 我们发现

$$(E_n[s] - E_m[s]) \left(\Phi_m[s], \frac{\partial}{\partial s_j} \Phi_n[s] \right) = \left(\Phi_m[s], \frac{\partial H[s]}{\partial s_j} \Phi_n[s] \right) \tag{6.7.7}$$

---

① 对于一个在任意维空间 $k-l$ 平面中的曲线 C, 对任何张量 T_{ij} 的积分 $\sum\limits_{i,j} \int\limits_{A[C]} \mathrm{d}A_{ij} T_{ij}$ 等于 $T_{kl} - T_{lk}$ 在以 C 为界的面积 $A[C]$ 上的一般积分. 当曲线不在平面上时, 可将面积分成小的平面; 结果为这些小平面上积分的和.

所以式(6.7.6)可写成

$$\gamma_n[C] = \mathrm{i} \iint_{A[C]} \sum_{i,j} \mathrm{d}A_{ij} \sum_{m \neq n} \left(\Phi_n[s], \frac{\partial H[s]}{\partial s_j} \Phi_m[s] \right)^*$$

$$\times \left(\Phi_n[s], \frac{\partial H[s]}{\partial s_j} \Phi_m[s] \right) (E_m[s] - E_n[s])^{-2} \tag{6.7.8}$$

这个形式明显地表示出 Berry 相与如何确定本征态相位的约定无关. 与动态相位不同, Berry 相与 Hamilton 量的尺度无关: 将 $H[s]$ 乘以一个常数 λ, 它的效果是 $\partial H[s]/\partial s_i$ 和 $E_m[s] - E_n[s]$ 二者都乘以 λ, 所以式(6.7.8)中的 λ 因子相消. 式(6.7.8)的另一个优点是: 在一般情况下, Hamilton 量关于 s_i 的导数比本征态的导数更容易计算. 由于面积元 $\mathrm{d}A_{ij}$ 的反对称性, 这个 Berry 相的表达式为实的.

在 i 和 j 跑遍三个不同参数的特别情况下, 式(6.7.8)具有如下的形式:

$$\gamma_n[C] = \iint_{A[C]} \mathrm{d}A \boldsymbol{e}[s] \cdot \boldsymbol{V}_n[s] \tag{6.7.9}$$

其中 $\boldsymbol{e}[s]$ 是表面 $A[C]$ 在 s 点的法线方向的单位矢量, $\boldsymbol{V}_n[s]$ 是参数空间的一个 3-矢量:

$$\boldsymbol{V}_n[s] \equiv \mathrm{i} \sum_{m \neq n} \left((\Phi_n[s], [\nabla H[s]] \Phi_m[s])^* \times (\Phi_n[s], [\nabla H[s]] \Phi_m[s]) \right) (E_m[s] - E_n[s])^{-2}$$

$$\tag{6.7.10}$$

对一个处在慢时间变化磁场中具有非零角动量 $\boldsymbol{J}$ 的粒子或其他系统, 这种形式有一个自然的应用. 如上所述, 参量 s_i 为磁场 $\boldsymbol{B}$ 的三个分量. 我们取 Hamilton 量如下:

$$H[\boldsymbol{B}] = \kappa \boldsymbol{B} \cdot \boldsymbol{J} + H_0 \tag{6.7.11}$$

其中 κ 是一个与磁矩有关的常数, H_0 与磁场或其他外加场无关, 所以与 $\boldsymbol{J}$ 对易. 能量本征态为 $\boldsymbol{J}$ 在 $\boldsymbol{B}$ 方向上的分量和 $\boldsymbol{J}^2$, H_0 的本征态:

$$\hat{\boldsymbol{B}} \cdot \boldsymbol{J} \Phi_n[\boldsymbol{B}] = \hbar n \Phi_n[\boldsymbol{B}]$$

$$\boldsymbol{J}^2 \Phi_n[\boldsymbol{B}] = \hbar^2 j(j+1) \Phi_n[\boldsymbol{B}] \tag{6.7.12}$$

$$H_0 \Phi_n[\boldsymbol{B}] = E_0 \Phi_n[\boldsymbol{B}]$$

能量为

$$E_n[\boldsymbol{B}] = \kappa |\boldsymbol{B}| \hbar n + E_0 \tag{6.7.13}$$

其中 n 是整数或半整数, 从 $-j$ 到 j 逐一增加. 按照绝热近似的本质, 我们集中研究在磁场变化中的一个 n 值和一个 E_0. 如上所述, κ 因子在 3-矢量(6.7.10)中抵消,

式(6.7.10)变为

$$\boldsymbol{V}_n[\boldsymbol{B}] \equiv \frac{\mathrm{i}}{\hbar^2 |\boldsymbol{B}|^2} \sum_{n \neq m} \left((\Phi_n[\boldsymbol{B}], \boldsymbol{J}\Phi_m[\boldsymbol{B}])^* \times (\Phi_n[\boldsymbol{B}], \boldsymbol{J}\Phi_m[\boldsymbol{B}]) \right) (m-n)^{-2} \qquad (6.7.14)$$

我们先计算在 $A[C]$ 范围内特定磁场 $\boldsymbol{B}$ 中的这个 3-矢量. 计算中, 取第 3-轴沿 $\boldsymbol{B}$ 方向更方便. 由于 Φ_m 和 Φ_n 均为 J_3 的本征态, $m \neq n$ 的矩阵元 $(\Phi_n[\boldsymbol{B}], \boldsymbol{J}\Phi_m[\boldsymbol{B}])$ 只在 1-2 平面有分量, 所以式(6.7.14)在 3-方向. 另外, 矩阵元 $(\Phi_n[\boldsymbol{B}], J_1\Phi_m[\boldsymbol{B}])$ 或 $(\Phi_n[\boldsymbol{B}], J_2\Phi_m[\boldsymbol{B}])$ 只有在 $m = n \pm 1$ 时不为零, 且对于这些态 $(m-n)^2 = 1$. 所以式(6.7.14)中的 3-矢量只有 3-分量不为零:

$$
\begin{aligned}
V_{n3}[\boldsymbol{B}] &= \frac{\mathrm{i}}{\hbar^2 |\boldsymbol{B}|^2} \sum_{\pm} \left((\Phi_n[\boldsymbol{B}], J_1\Phi_{n\pm 1}[\boldsymbol{B}])^* \times (\Phi_n[\boldsymbol{B}], J_2\Phi_{n\pm 1}[\boldsymbol{B}]) \right. \\
&\qquad \left. - (\Phi_n[\boldsymbol{B}], J_2\Phi_{n\pm 1}[\boldsymbol{B}])^* \times (\Phi_n[\boldsymbol{B}], J_1\Phi_{n\pm 1}[\boldsymbol{B}]) \right) \\
&= \frac{1}{2\hbar^2 |\boldsymbol{B}|^2} \sum_{\pm} \left(|(\Phi_n[\boldsymbol{B}], (J_1 + \mathrm{i}J_2)\Phi_{n\pm 1}[\boldsymbol{B}])|^2 - |(\Phi_n[\boldsymbol{B}], (J_1 - \mathrm{i}J_2)\Phi_{n\pm 1}[\boldsymbol{B}])|^2 \right)
\end{aligned}
$$

根据 4.2 节的结果, 不为零的矩阵元为

$$(\Phi_n[\boldsymbol{B}], (J_1 + \mathrm{i}J_2)\Phi_{n-1}[\boldsymbol{B}]) = \hbar\sqrt{(j-n+1)(j+n)}$$

$$(\Phi_n[\boldsymbol{B}], (J_1 - \mathrm{i}J_2)\Phi_{n+1}[\boldsymbol{B}]) = \hbar\sqrt{(j-n)(j+n+1)}$$

所以

$$V_{n3}[\boldsymbol{B}] = \frac{n}{|\boldsymbol{B}|^2}, \quad V_{n1}[\boldsymbol{B}] = V_{n1}[\boldsymbol{B}] = 0$$

我们可以把它写成与第 3-轴方向沿 $\boldsymbol{B}$ 的选择无关的形式:

$$\boldsymbol{V}_n[\boldsymbol{B}] = \frac{n\boldsymbol{B}}{|\boldsymbol{B}|^3} \qquad (6.7.15)$$

这个形式在所有场合均成立, 故 Berry 相(6.7.9)为

$$\gamma_n[C] = n \iint_{A[C]} \mathrm{d}A \frac{\boldsymbol{B} \cdot \boldsymbol{e}[\boldsymbol{B}]}{|\boldsymbol{B}|^3} \qquad (6.7.16)$$

其中积分是在磁场参数空间任何以封闭曲线 C 为界的表面上进行的. 我们可通过 Gauss 定理来计算这个积分. 在磁场参数空间中画一个锥体 (除 C 为圆外, 不一定是圆锥体) 以 $A[C]$ 为底, 边从场空间原点到曲线 C. 由于在锥体的边上法线 $\boldsymbol{e}$ 垂直于磁场 $\boldsymbol{B}$, 所以它对如式(6.7.16)的面积分无贡献. 即式(6.7.16)中的积分可以写成对整个锥体表面的积分. Gauss 定理告诉我们 $\boldsymbol{B}/|\boldsymbol{B}|^3$ 在 $A[C]$ 表面法线方向分量的面积分与这个矢量的发散对锥体的体积分相同:

$$\gamma_n[C] = n \iint_{A[C]} \mathrm{d}^3 B \nabla \cdot \frac{\boldsymbol{B}}{|\boldsymbol{B}|^3} \qquad (6.7.17)$$

除在原点的奇点 $4\pi\delta^3(\boldsymbol{B})$ 外, $\boldsymbol{B}/|\boldsymbol{B}|^3$ 的散度为零. 这个奇点具有球对称性, 所以式(6.7.17)中对 $\boldsymbol{B}$ 的积分就等于 4π 乘以锥体在球体中所占比例. 这个比例即为曲线 C 在原点所张成的立体角 $\Omega[C]$ 除以 4π, 所以 Berry 相是

$$\gamma_n[C] = n\Omega[C] \tag{6.7.18}$$

例如, 如果磁场保持其 3-分量固定, 而只在方向上变化, 则 C 就是一个圆, B_3 和 $|\boldsymbol{B}|$ 固定, 以及

$$\gamma_n[C] = n\int_0^{\arccos(B_3/|\boldsymbol{B}|)} 2\pi\sin\theta\mathrm{d}\theta = 2\pi n(1 - B_3/|\boldsymbol{B}|)$$

Berry 相和其他相似的相位在很多不同的物理问题中出现[①]. 我们将在 10.4 节中遇见一个例子: Aharonov-Bohm效应.

6.8 Rabi 振荡与 Ramsey 干涉仪

在 6.2 节中, 我们考虑了一个处于能量为 E_m 的始态的系统, 处于具有与 $\exp(\mp\mathrm{i}\omega t)$ 成正比项的微扰中. 我们发现, 在 t 时间以后找到系统位于另一个能量为 E_n 的分立状态的概率随时间增加, 最后在频率 $\omega = \pm(E_n - E_m)/\hbar$ 处具有峰值, 峰的宽度量级为 $1/t$. 但是如果我们把一个系统单独放在那里经历很长时间, 则能量为 E_n 的状态的振幅增加得非常多, 以至于系统开始返回 E_m 状态的跃迁, 然后再回到 E_n, 等等. 这称为 **Rabi 振荡**[②], 以 I. I. Rabi (1898~1988) 命名. 我们将要看到, 这个现象妨碍跃迁频率 $(E_n - E_m)/\hbar$ 的精确测量, 这个问题后来被 Norman Ramsey(1915~2011) 研制的干涉仪[③]解决, 它带来原子和分子跃迁频率极端精确的测量.

要研究 Rabi 振荡, 我们仍需做一个近似, 忽略在时间依赖 Schrödinger 方程中系数对时间快速振荡的项. 在 6.2 节中也用过这个近似, 但在这里我们保存在振荡微扰中所有阶的项.

我们取如式(6.2.1)所示的微扰. 精确的时间依赖 Schrödinger 方程(6.1.5)就取以下

---

① 关于这些相位的详情, 见 A. Shapere 和 F. Wilczek 编的 *Geometric Phases in Physics* (World Scientific Publishers Co., 1989).

② Rabi I I. Phys. Rev., 1937, 51: 652.

③ Ramsey N F. Phys. Rev., 1949, 76: 996. Ramsey N F. Molecular Beams. Oxford University Press, 1956: Chapter V. 关于历史评述可读: Kleppner D. Phys. Today. January, 2013: 25; Haroche S, Brune M, Raimond J-M. Phys. Today. January, 2013: 27.

形式:

$$i\hbar\frac{d}{dt}c_n(t) = -\sum_m c_m(t)U_{nm}\exp\left(i(E_n - E_m - \hbar\omega)t/\hbar\right)$$
$$-\sum_m c_m(t)U_{mn}^*\exp\left(i(E_n - E_m + \hbar\omega)t/\hbar\right) \tag{6.8.1}$$

此处 $c_n(t)$ 是用式(6.1.4)定义的波函数的分量. 我们假设微扰频率 ω 被调节在一个共振频率附近, 例如 $(E_e - E_g)/\hbar$(这里 e 和 g 通常指 "激发态" 和 "基态", 虽然它们可以是任何两个状态). 和在 6.2 节中一样, 我们忽略在式(6.8.1)中系数迅速振荡的所有项, 只保留相对小振荡频率 $\pm(\omega - (E_e - E_g)/\hbar)$ 的项. 若无意外, 式(6.8.1)中仅有的这类项是正比于 U_{eg} 或 U_{eg}^* 的, 所以在此近似下式(6.8.1)变为

$$i\hbar\frac{d}{dt}c_e = -U_{eg}e^{-i\Delta\omega t}c_g, \quad i\hbar\frac{d}{dt}c_g = -U_{eg}^*e^{i\Delta\omega t}c_e \tag{6.8.2}$$

此处 $\Delta\omega$ 是对于共振值激励频率的位移,

$$\Delta\omega \equiv \omega - (E_e - E_g)/\hbar \tag{6.8.3}$$

找到精确解是容易的:

$$c_g(t) = Ce^{i\Delta\omega t/2}\left(-i\hbar\Omega\cos(\Omega t + \delta) - \frac{\hbar\Delta\omega}{2}\sin(\Omega t + \delta)\right) \tag{6.8.4}$$

$$c_e(t) = CU_{eg}e^{-i\Delta\omega t/2}\sin(\Omega t + \delta) \tag{6.8.5}$$

此处 C 和 δ 是任意复常数, Rabi 振荡的频率 Ω 由下式给出:

$$\Omega^2 = \frac{\Delta\omega^2}{4} + \frac{|U_{eg}|^2}{\hbar^2} \tag{6.8.6}$$

(要找到这个解, 先假设 c_e 取如式(6.8.5)所示的形式, Ω 是未知数. 将此式代入式(6.8.2)的第一式就给出式(6.8.4)的 c_g. 将 c_g 的这个结果代入式(6.8.2)的第二式就给出 c_e 和式(6.8.5)相洽合的结果, 只要 Ω 满足式(6.8.6).)

例如, 假设 $c_g(0) = 1$, $c_e(0) = 0$, 则有 $\delta = 0$ 和 $C = i/(\hbar\Omega)$, 所以式(6.8.4)、式(6.8.5)的解分别变为

$$c_g(t) = e^{i\Delta\omega t/2}\left(\cos\Omega t - \frac{i\Delta\omega}{2\Omega}\sin\Omega t\right) \tag{6.8.7}$$

$$c_e(t) = \frac{iU_{eg}}{\hbar\Omega}e^{-i\Delta\omega t/2}\sin\Omega t \tag{6.8.8}$$

所以如果在 $t = 0$ 时系统处于状态 g, 则在较迟的时候 t 它处于状态 e 的概率将是

$$|c_e|^2 = \left|\frac{U_{eg}}{\hbar\Omega}\right|^2\sin^2\Omega t \tag{6.8.9}$$

若 $|U_{eg}| \ll \hbar\Delta\omega/2$, 我们将会有 $\Omega \approx \Delta\omega/2$, 而式(6.8.9)将会和一阶微扰论的结果式(6.2.4)相同.

在给定时间 t, 概率(6.8.9)的峰值在 $\Delta\omega = 0$, 换句话说, 在 $\omega = (E_e - E_g)/\hbar$, 所以我们可以通过找出 ω 的值使得激发概率 $|c_e|^2$ 达到极大值来测量跃迁频率 $(E_e - E_g)/\hbar$. 但是这个测量的精确度被 $|c_e|^2$ 对 ω 的图中峰值宽度限制. 这个宽度的量级是 $1/t$, 只要逝去的时间 t 比 $\hbar/|U_{eg}|$ 小得多, 在此情况下, 若 $\Delta\omega \approx 1/t$, 我们就可以忽略在给出 Ω^2 的式(6.8.6)中的 $\hbar^2/|U_{eg}|^2$, 所以 $|\Omega| \approx |\Delta\omega|/2$. 虽然我们可以通过增大在激发概率测量前逝去的时间来改进 $(E_e - E_g)/\hbar$ 的测量准确到一定程度, 但如果 t 的量级是 $\hbar/|U_{eg}|$ 以及测量的精确度是 $\hbar/|U_{eg}|$, 改进就到了头. 对于建立一个真正精准的频率标准, 这是不够好的.

采用 Ramsey 发明的一个妙招, 人们可以做得更好. 在一个 Ramsey 干涉仪中, 一个长的波导和一个圆频率为 ω 的相干微波辐射源相连接. 波导在它的两端有两个短的横向的突出部分. 一个在基态 g 的原子 (或者分子) 射入其中一个突出部分, 所以它在 t_1 时间内暴露在微波脉冲之下; 然后它沿着自己的路径在波导之外运行一段更长的时间 T; 最后它进入在波导另一端另一个突出部分, 所以它再次暴露在微波辐射脉冲中, 这次, 度过另一段很短的时间 t_2, 然后离开波导到达一个探测器. 它可以记录下基态 g 及激发态 e 的原子数. 我们现在会看到, 在这个激发态上发现原子的概率是在 $\Delta\omega = 0$ 处有很尖锐的峰值的; 所以调节 ω 来找这个峰值, 人们就能做一次共振频率 $(E_e - E_g)/\hbar$ 非常精确的测量.

根据式(6.8.7)和式(6.8.8), 暴露于第一个脉冲时间 t_1 以后的原子将处于基态和激发态的相干叠加中, 相应振幅为

$$c_g(t_1) = \mathrm{e}^{\mathrm{i}\Delta\omega t_1/2}\left(\cos\Omega t_1 - \frac{\mathrm{i}\Delta\omega}{2\Omega}\sin\Omega t_1\right) \tag{6.8.10}$$

$$c_e(t_1) = \frac{\mathrm{i}U_{eg}}{\hbar\Omega}\mathrm{e}^{-\mathrm{i}\Delta\omega t_1/2}\sin\Omega t_1 \tag{6.8.11}$$

振幅 $c_g(t)$ 和 $c_e(t)$ 在无微扰下定义为不依赖时间的, 所以式(6.8.10)和式(6.8.11)在时间 t_1 到 $t_1 + T$ 当原子在波导之外时也给出这些振幅, 因此当原子在时间 $t_1 + T$ 重新进入波导时, 也是如此. 在第二个脉冲期间振幅再一次由式(6.8.4)和式(6.8.5)给出, 但现在 C 和 δ 的值由要求在 $t_1 + T$ 时振幅(6.8.4)和(6.8.5)取式(6.8.10)和式(6.8.11)的值决定:

$$C\mathrm{e}^{\mathrm{i}\Delta\omega(t_1+T)/2}\left(-\mathrm{i}\hbar\Omega\cos\left(\Omega(t_1+T)+\delta\right) - \frac{\hbar\Delta\omega}{2}\sin\left(\Omega(t_1+T)+\delta\right)\right)$$
$$= \mathrm{e}^{\mathrm{i}\Delta\omega t_1/2}\left(\cos\Omega t_1 - \frac{\mathrm{i}\Delta\omega}{2\Omega}\sin\Omega t_1\right) \tag{6.8.12}$$

$$CU_{eg}\mathrm{e}^{-\mathrm{i}\Delta\omega(t_1+T)/2}\sin\left(\Omega(t_1+T)+\delta\right) = \frac{\mathrm{i}U_{eg}}{\hbar\Omega}\mathrm{e}^{-\mathrm{i}\Delta\omega t_1/2}\sin\Omega t_1 \tag{6.8.13}$$

我们能通过把两式左边和右边的比例等同来推导决定常数 δ 的方程. 在一些对消之后, 可给出

$$\mathrm{e}^{\mathrm{i}\Delta\omega T}\left(\cot\left(\Omega(t_1+T)+\delta\right)-\mathrm{i}\frac{\Delta\omega}{2\Omega}\right)=\cot\Omega t_1-\mathrm{i}\frac{\Delta\omega}{2\Omega} \tag{6.8.14}$$

于是 C 就由式(6.8.13)给出:

$$C=\mathrm{e}^{-\mathrm{i}\Delta\omega T/2}\frac{\mathrm{i}}{\hbar\Omega}\frac{\sin\Omega t_1}{\sin\left(\Omega(t_1+T)+\delta\right)} \tag{6.8.15}$$

原子在时间 t_1+t_2+T 离开波导时处于激发态的振幅就由式(6.8.5)给出, 需利用我们刚刚求出的 C 和 δ 的值:

$$\begin{aligned}
c_e(t_1+t_2+T)&=CU_{eg}\mathrm{e}^{-\mathrm{i}\Delta\omega(t_1+t_2+T)/2}\sin\left(\Omega(t_1+t_2+T)+\delta\right)\\
&=\mathrm{e}^{-\mathrm{i}\Delta\omega(t_1+t_2)/2}\frac{\mathrm{i}U_{eg}}{\hbar\Omega}\frac{\sin(\Omega t_1)\sin\left(\Omega(t_1+t_2+T)+\delta\right)}{\sin\left(\Omega(t_1+T)+\delta\right)}\\
&=\mathrm{e}^{-\mathrm{i}\Delta\omega(t_1+t_2)/2}\frac{\mathrm{i}U_{eg}}{\hbar\Omega}\sin\Omega t_1\left(\sin\Omega t_2\cot\left(\Omega(t_1+T)+\delta\right)+\cos\Omega t_2\right)
\end{aligned}$$

所以, 利用式(6.8.14), 有

$$\begin{aligned}
&c_e(t_1+t_2+T)\\
&=\mathrm{e}^{-\mathrm{i}\Delta\omega(t_1+t_2)/2}\frac{\mathrm{i}U_{eg}}{\hbar\Omega}\sin\Omega t_1\\
&\quad\times\left(\mathrm{i}\frac{\Delta\omega}{2\Omega}\sin\Omega t_2(1-\mathrm{e}^{-\mathrm{i}\Delta\omega T})+\mathrm{e}^{-\mathrm{i}\Delta\omega T}\sin\Omega t_2\cot\Omega t_1+\cos\Omega t_2\right)
\end{aligned} \tag{6.8.16}$$

我们将假设 ω 的调节使得 $\Delta\omega$ 足够小, 且 $\hbar\Delta\omega$ 远小于 $|U_{eg}|$, 这意味着 Ω 非常接近 $|U_{eg}|$, 以及 $\Delta\omega$ 远小于 Ω. 在原子离开波导时, 发现原子处于激发态的概率是

$$P_e\equiv\left|c_e(t_1+t_2+T)\right|^2=\sin^2\Omega t_1\left|\mathrm{e}^{\mathrm{i}\Delta\omega T}\sin\Omega t_2\cot\Omega t_1+\cos\Omega t_2\right|^2 \tag{6.8.17}$$

对于大的时间间隔 T, 相因子 $\mathrm{e}^{-\mathrm{i}\Delta\omega T}$ 对于 ω 的变化是很敏感的, 所以为了使整个表达式的灵敏度极大化, 通常取相因子的系数等于不依赖 T 的那一项, 也就是说, 最好调整 t_1 和 t_2 使得 $\sin\Omega t_2\cos\Omega t_1=\cos\Omega t_2$, 所以 $t_1=t_2\equiv\tau$, 这正好要求原子在波导两个投射腔中的路径长度相等. 利用这个假设, 由式(6.8.17)给出

$$P_e=\sin^2\Omega\tau\cos^2\Omega\tau\left|\mathrm{e}^{\mathrm{i}\Delta\omega T}+1\right|^2 \tag{6.8.18}$$

我们可以最大化因子 $\sin^2\Omega\tau\cos^2\Omega\tau$, 取 $\Omega\tau=\pi/4$ 即可, 此时

$$P_e=\frac{1}{2}\left(1+\cos\Delta\omega T\right) \tag{6.8.19}$$

(在原则上, Ω 依赖于 ω, 但我们假设了 $\hbar|\Delta\omega| \ll |U_{eg}|$, 故这个依赖是很弱的, 从而我们可以找到一个 τ 的值, 使 $\Omega\tau$ 对所有我们感兴趣的 ω 值都接近于 $\pi/4$.)

表达式(6.8.19)在 $\Delta\omega = 2n\pi/T$ 时达到等于 1 的极大值, 此处 n 是整数, 正的、负的或零. 因为 ω 的值在 $(E_e - E_g)/\hbar$ 附近变动, 概率 P_e 经历从一个极大到下一个极大的迅速变化. 因为 T 是大的, 这些极大彼此靠得很近, 但也很窄, 所以如果我们能识别相当于 $\Delta\omega = 0$ 的极大值, 则达到极大时的 ω 值就提供给我们非常精确的频率 $(E_e - E_g)/\hbar$ 测量. 但是式(6.8.19)本身并不提供任何关于 $\Delta\omega = 0$ 极大的识别信息.

从一开始就清楚, 如果不同原子之间有速度的展宽, 这个问题就能解决. 假设由于速度有展宽, 原子在波导外面两个投射腔间停留的时间从 T 到 $T + \mathrm{d}T$ 的概率是高斯分布,

$$P(T)\mathrm{d}T = \exp\left(-(T - \overline{T})^2/\Delta T^2\right) \frac{\mathrm{d}T}{\Delta T \sqrt{\pi}} \tag{6.8.20}$$

此处 $\overline{T}$ 是两个脉冲的平均间隔, ΔT 是 T 的时间展宽. 这样在激发态离开波导的原子分数是

$$
\begin{aligned}
\overline{P}_e &= \frac{1}{2}\int_{-\infty}^{+\infty} \exp\left(-(T - \overline{T})^2/\Delta T^2\right) \frac{\mathrm{d}T}{\Delta T \sqrt{\pi}} (1 + \cos\Delta\omega T) \\
&= \frac{1}{2} + \frac{1}{2}\cos\Delta\omega\overline{T}\exp\left(-\Delta\omega^2\Delta T^2/4\right)
\end{aligned} \tag{6.8.21}
$$

在 $\Delta\omega = 0$ 处的极大值仍是 $\overline{P}_e = 1$, 但在 $\Delta\omega = 2\pi/\overline{T}$ 处的相邻极大值有一个较小的激发概率,

$$\overline{P}_e = \left(1 + \exp(-\pi^2\Delta T^2/\overline{T}^2)\right)/2$$

例如, 如果 $\Delta T = 0.3\overline{T}$, 对在 $\Delta\omega = 2\pi/\overline{T}$ 时的极大值有 $\overline{P}_e = 0.91$, 用适当的统计可以把它和 $\overline{P}_e = 1$ 相区别. T 的真实统计一般会区别于式(6.8.20)(实际上是速度, 而非时间, 才满足热速度的高斯分布), 所以在 $\Delta\omega = 2\pi/\overline{T}$ 处极大的峰值可能和我们计算的有所偏离, 但 $(E_e - E_g)/\hbar$ 的测量只和确认 $\Delta\omega = 0$ 处的极大有关, 与其他极大高度的确切知识无关. 某些近代的实验用很小的速度展宽, 但在 $\Delta\omega = 0$ 处的极大仍然可以辨认为在一个 ω 值处发生, 极大值在波导长度 cT 变化时是固定的.

在任何情况下, 只要 $\Delta\omega = 0$ 的极大值用一种或另一种方法辨认出来, 式(6.8.19)表明, 找出在此极大处的 ω 值就能测量频率 $(E_e - E_g)/\hbar$, 精确度达 $1/T$ 量级, 所以精确度可以通过增加 T 来提高, 不用找 $|U_{eg}|$ 有限大小的麻烦.

6.9 开放系统

封闭系统由与时间无关的 Hamilton 量控制, 所以它们的密度矩阵的时间依赖由幺正变换(3.6.24)给出. 这个变换是一般线性变换的一个特例, 这些变换将 ρ 在一个时间的分量用 ρ 在其他时间的分量的线性组合表示. 对于各类开放系统, 即暴露在外在环境中的系统, 虽然其密度矩阵的时间依赖比式(3.6.24)更复杂, 但它仍然由一个线性关系给出, 一般形式为

$$[\rho(t)]_{MN} = \sum_{M',N'} K_{MM',NN'}(t-t')[\rho(t')]_{M'N'} \tag{6.9.1}$$

其系数仅为逝去时间 $t-t'$ 的函数, 关系成立的假设是系统和环境的统计性质与时间无关. (我们在这里假定物理的 Hilbert 空间的维数为 d, 所以指标 M, N 等跑遍 d 个值, 但这些考虑常常能够被延展到无穷维空间.)

作为一个例子, 和 6.4 节中一样, 环境的影响是给予 Schrödinger 绘景状态矢量 $\Psi(t)$ 一个时间依赖, 它被一个迅速和随机涨落的含时 Hamilton 量控制:

$$i\hbar\frac{\mathrm{d}}{\mathrm{d}t}\Psi(t) = H(t)\Psi(t)$$

方程的解可以写作

$$\Psi(t) = U(t,t')\Psi(t')$$

此处 $U(t,t')$ 是下面微分方程的解:

$$i\hbar\frac{\mathrm{d}}{\mathrm{d}t}U(t,t') = H(t)U(t,t')$$

初始条件为

$$U(t',t') = 1$$

其结果是, 对任何给定的涨落历史, 密度矩阵(3.3.35)的时间依赖由幺正变换给出:

$$\rho(t) = U(t,t')\rho(t')U^{\dagger}(t,t')$$

(我们可以容易地看到 U 是幺正的, 因为对 Hermite 的 $H(t)$, 上面 $\mathrm{d}U/\mathrm{d}t$ 的方程告诉我们 $U^{\dagger}(t,t')U(t,t')$ 的变化率为零, 它也满足初始条件 $U^{\dagger}(t,t')U(t,t') = 1$.)$H(t)$ 是迅速、

随机涨落的, 我们对密度矩阵的个别历史没有多少兴趣, 而关注它对许多涨落的平均. 任何量对许多涨落的平均用量上面的一个横线代表, 我们有一个平均的时间依赖,

$$\overline{\rho(t)} = \overline{U(t,t')\rho(t')U^\dagger(t,t')}$$

如果我们假设在 Hamilton 量中涨落的特征时间过程中密度矩阵变化很小, 平均密度矩阵就有时间依赖(6.9.1),

$$K_{MM',NN'}(t-t') \equiv \overline{[U(t,t')]_{MM'}[U^\dagger(t,t')]_{M'N}}$$

引人注意的是, 不管核 K 是否取这种特殊形式, 我们都可以用核的普遍特性推导出密度矩阵的一个有用的微分方程[①]. 式(6.9.1)给出的 $\rho(t)$ 为 Hermite 的充分必要条件是, 对于任意的 Hermite 的 $\rho(t')$, K 是 Hermite 的, 意为

$$K^*_{MM',NN'}(\tau) = K_{NN',MM'}(\tau) \tag{6.9.2}$$

并且, 式(6.9.1)给出的 $\rho(t)$ 具有单位迹的充分必要条件是, 对于任意的具有单位迹的 $\rho(t')$, 下式成立:

$$\sum_M K_{MM',MN'}(\tau) = \delta_{M'N'} \tag{6.9.3}$$

这些条件是如此普遍, 当 K 满足式(6.9.2)和式(6.9.3)时, 式(6.9.1)也在一种量子力学的修改版本中[②]被用来研究封闭系统的演化, 以解决在 3.7 节中讨论的测量问题.

从 Hermite 性条件式(6.9.2), 我们可以将 K 展开为

$$K_{MM',NN'}(\tau) = \sum_i \eta_i(\tau)u^{(i)}_{MM'}(\tau)u^{(i)*}_{NN'}(\tau) \tag{6.9.4}$$

此处 $u^{(i)}_{MM'}(\tau)$ 是核 $K_{MM',NN'}(\tau)$ 的本征矩阵; $\eta_i(\tau)$ 是相应的实本征值,

$$\sum_{N,N'} K_{MM',NN'}(\tau)u^{(i)}_{NN'}(\tau) = \eta_i(\tau)u^{(i)}_{MM'}(\tau) \tag{6.9.5}$$

本征矩阵满足正交归一条件

$$\sum_{N',N} u^{(i)*}_{NN'}(\tau)u^{(j)}_{NN'}(\tau) = \delta_{ij} \tag{6.9.6}$$

---

① 这里的推导依照 P. Pearle 的处理. (Eur. J. Phys., 2012, 33: 805. arXiv:1204.2016.)

② Ghirardi G C, Rimini A, Weber T. Phys. Rev. D, 1986, 34: 470.

Pearle P. Phys. Rev. A, 1989, 39: 2277.

Ghirardi G C, Pearle P, Rimini A. Phys. Rev. A, 1990, 42: 78.

Pearle P//Struppa D C, Tollakson J M. Quantum Theory: A Two-Time Success Story (Yakir Aharonov Festschrift). Berlin: Springer, 2013: Chapter 9. [arXiv:1209.5802].

关于述评, 见 A. Bassi 和 G. C. Ghirardi 的文章 (*Physics Reports*, 2003, 379: 257).

式(6.9.4)中的求和跑遍所有的本征矩阵. 映射(6.9.1)现在理解为

$$\rho_{MN}(t) = \sum_i \sum_{M',N'} \eta_i(t-t') u_{MM'}^{(i)}(t-t') \rho_{M'N'}(t') u_{NN'}^{(i)*}(t-t') \tag{6.9.7}$$

或在矩阵符号中,

$$\rho(t) = \sum_i \eta_i(t-t') u^{(i)}(t-t') \rho(t') u^{(i)\dagger}(t-t') \tag{6.9.8}$$

并且, 迹条件式(6.9.3)现在理解为

$$\sum_i \eta_i(\tau) u^{(i)\dagger} u^{(i)} = I \tag{6.9.9}$$

这里 I 是单位矩阵.

关于 $\rho(t)$ 的微分方程的推导在一阶微扰论中现在是个练习. 首先, 注意到对于 $t = t'$, 式(6.9.1)必须给出 $\rho(t') = \rho(t)$(对于任何 $\rho(t)$), 所以在此情况下, 核 K 是

$$K_{MM',NN'}(0) = \delta_{M'M} \delta_{N'N} \tag{6.9.10}$$

它有一个本征矩阵, 其本征值为 d,

$$u_{MM'}^{(1)}(0) = \frac{1}{\sqrt{d}} \delta_{MM'}, \quad \eta_1(0) = d \tag{6.9.11}$$

以及 $d^2 - 1$ 个本征矩阵记为 $u^{(a)}(0)$, 本征值为零, 取无迹矩阵形式:

$$\sum_M u_{MM'}^{(a)}(0) = 0, \quad \eta_a(0) = 0 \tag{6.9.12}$$

但不仅仅是无迹矩阵就可以了. 因为本征值零是简并的, 故我们必须用在 5.1 节中建立的简并一阶微扰论的规则. 要使本征矩阵 $u^{(a)}(0)$ 和 $K(\tau)$ 的本征矩阵 $u^{(a)}(\tau)$ 在小的 τ 值光滑连接, 这些本征矩阵不仅是 $K(0)$ 的本征矩阵 (所以是无迹的), 还必须使在极限 $\tau \to 0$ 时 $K(\tau)$ 的一阶项在这些本征矩阵间的矩阵元是对角的:

$$\sum_{M',N',M,N} u_{MM'}^{(b)*}(0) \left[\frac{\mathrm{d}K_{MM',NN'}(\tau)}{\mathrm{d}\tau} \right]_{\tau=0} u_{NN'}^{(a)}(0) = \Delta_a \delta_{ab} \tag{6.9.13}$$

此处 $u^{(a)}(\tau)$ 是 $K(\tau)$ 的本征矩阵, 它与 $u^{(a)}(0)$ 光滑连接. 如此相应的本征值 $\eta_a(\tau)$ 有导数

$$\left[\frac{\mathrm{d}\eta_a(\tau)}{\mathrm{d}\tau} \right]_{\tau=0} = \Delta_a \tag{6.9.14}$$

要推导 $\rho(t)$ 的微分方程, 需考虑式(6.9.1)在逝去时间 $t' - t$ 很小时的极限. 利用式(6.9.8)和式(6.9.11)以及 $\eta_a(0)$ 为零, 式(6.9.1)中的一阶项给出

$$\dot\rho(t) = \sum_a \Delta_a u^{(a)}(0)\rho(t)u^{(a)\dagger}(0) + B(\rho)t + \rho(t)B^\dagger \tag{6.9.15}$$

此处

$$B = \frac{1}{2d}\dot\eta_1(0)I + d^{1/2}\dot u^{(1)}(0) \tag{6.9.16}$$

要推导一个矩阵 B 更有用的公式, 我们用迹条件式(6.9.9). 这个条件对 $t = 0$ 自动被本征矩阵(6.9.11)和(6.9.12)满足, 但式(6.9.9)在 $t = 0$ 时的导数给出一个非平庸的求和规则:

$$\sum_a \Delta_a u^{(a)\dagger}(0)u^{(a)}(0) + \frac{1}{d}\dot\eta^{(1)}(0)I + d^{1/2}\dot u^{(1)}(0) + d^{1/2}\dot u^{(1)\dagger}(0) = 0$$

或换句话说,

$$B + B^\dagger = -\sum_a \Delta_a u^{(a)\dagger}(0)u^{(a)}(0) \tag{6.9.17}$$

我们能引入一种新的 Hamilton 量——一个 Hermite 矩阵 $\mathcal{H}$, 通过 $-i\mathcal{H}$ 作为 B 的反 Hermite 部分定义, 所以式(6.9.17)就理解为

$$B = -i\mathcal{H} - \frac{1}{2}\sum_a \Delta_a u^{(a)\dagger}(0)u^{(a)}(0) \tag{6.9.18}$$

微分方程(6.9.15)就取以下形式:

$$\dot\rho(t) = -i[\mathcal{H}, \rho(t)]$$
$$+ \sum_a \Delta_a \left(u^{(a)}(0)\rho(t)u^{(a)}(0)^\dagger - \frac{1}{2}u^{(a)}(0)^\dagger u^{(a)}(0)\rho(t) - \frac{1}{2}\rho(t)u^{(a)}(0)^\dagger u^{(a)}(0) \right)$$
$$\tag{6.9.19}$$

在 Hamilton 量的定义中有不唯一性, 这就允许我们把式(6.9.19)中的无迹矩阵 $u^{(a)}(0)$ 换为 N_a, 它有我们需要的任何迹. 容易看出, 如果我们定义

$$N_a \equiv u^{(a)}(0) + \xi_a I$$
$$\mathcal{H}' \equiv \mathcal{H} - \frac{1}{2i}\sum_a \Delta_a \left(\xi_a u^{(a)}(0)^\dagger - \xi_a^* u^{(a)}(0) \right) \tag{6.9.20}$$

其中 ξ_a 是复数的任意集合, 则微分方程(6.9.19)可以重写为

$$\dot\rho(t) = -i[\mathcal{H}', \rho(t)] + \sum_a \Delta_a \left(N_a\rho(t)N_a^\dagger - \frac{1}{2}N_a^\dagger N_a\rho(t) - \frac{1}{2}\rho(t)N_a^\dagger N_a \right) \tag{6.9.21}$$

由于 $u^{(a)}(0)$ 张成无迹矩阵空间, 这证明, 除非我们列举矩阵 N_a 的迹, 在式(6.9.21)中的 Hamilton 量只在一个无迹矩阵的 Hermite 部分有确切定义.

我们还没有做出关于正恒定性的任何假设. 一个矩阵 A 称为正的, 如果对于任何 u_M, $\sum_{M,N} u_M^* A_{MN} u_N$ 是正的 (或者零). 定义式(3.3.35)说明了密度矩阵必须是正的. (这也可以从要求用正的算符 A 代表任何可观测量的平均值 $\mathrm{Tr}(A\rho)$ 必须为正的看出.) 密度矩阵 $\rho(t)$ 对于任何正的 $\rho(t')$ 将为正的, 如果 (但不仅是如果[①]) 所有的本征值 $\eta^{(i)}(t-t')$ 都是正的. 如果我们对 $\eta_i(\tau) \geqslant 0$ 重新将式(6.9.8)写为如下称为 **Kraus 形式** 的[②], 这就显然了:

$$\rho(t') = \sum_i A^{(i)}(t-t')\rho(t)'A^{(i)\dagger}(t-t') \tag{6.9.22}$$

此处 $A^{(i)}(\tau) \equiv \sqrt{\eta_i(\tau)}u^{(i)}(\tau)$.

本征值 $\eta^{(1)}(\tau)$ 对于 $\tau = 0$ 有单位值, 所以 $\eta^{(1)}(\tau)$ 有可能至少对于在 $\tau = 0$ 的邻域 τ 值处将为正的. 在另一方面, 对 $\tau = 0$ 所有的 $\eta^{(a)}(\tau)$ 为零, 所以根据式(6.9.14)它们将是正的, 至少在一个正的 τ 区域内, 如果所有的 Δ_a 是正的, 但在此情况下, 对于小的负 τ 值 $\eta^{(a)}(\tau)$ 将是负的. 经常是假设所有的 Δ_a 为正的, 但只用式(6.9.21)来预言未来, 在这种情况下, 我们得到保证, 如果 $\rho(t')$ 为正的, 则 $\rho(t)$ 至少在 t' 以后的一个有限时间段 t 内是正的, 放弃用方程(6.9.21)去重现过去的任何企图, 因此方程(6.9.21)就能写成 **Lindblad 方程**的形式[③].

$$\dot{\rho}(t) = -\mathrm{i}[\mathcal{H}', \rho(t)] + \sum_a \left(L_a\rho(t)L_a^\dagger - \frac{1}{2}L_a^\dagger L_a\rho(t) - \frac{1}{2}\rho(t)L_a^\dagger L_a \right) \tag{6.9.23}$$

此处 $L_a \equiv \sqrt{\Delta_a}N_a$.

有一个争论, 称任何物理允许的形式如变换(6.9.1)的核的本征值必须是正的, 如在推导 Lindblad 方程式所假设的. 这是基于**完全正性**要求之上的[④]. 一个核称为完全正性的, 如果它不仅保留了研究体系的密度矩阵的正性, 而且保留了一个通过包括进来一个任意有限维数的孤立系统, 在它上面核作为单位算符作用, 这样一个扩展体系密度矩

---

① 变换(6.9.1)的一个标准例子 (其中核 K 有正的也有负的本征值, 但是能保持 ρ 为正的) 是换位映射, 即 $K_{MM',NN'} = \delta_{MN'}\delta_{NM'}$. 由于这个核, 式(6.9.1)将 ρ 变换为它的转置, 转置肯定是正的, 如果 ρ 为正的. 但是这个核的本征矩阵 (意为式(6.9.5)) 都是对称的或反对称的, 分别有本征值 $+1$ 和 -1.

② Kraus K. States, Effects and Operators: Fundamental Notions of Quantum Mechanics. Lecture Notes in Physics 190. Berlin: Springer-Verlag, 1983: Chapter 3.

③ Lindblad G. Commun. Math. Phys., 1976, 48: 119.

Gorini V, Kossakowski A, Sudarshan E C G. J. Math. Phys., 1976, 17: 821.

一个早期的工作 (Kossakowski A. Reports Math. Phys., 1972 3, 247: Eq.(77)) 的直接应用能推导 Lindblad 方程.

④ Stinespring W F. Proc. Am. Math. Soc.,1955, 6: 211.

Choi M D. J. Canad. Math.,1972, 24: 520.

述评见 F. Benatti 和 R. Floreanini 的文章 (*Int. J. Mod. Phys. B*, 2005, 19: 3063 [arXiv:quant-ph/0507271]).

阵的正性. Choi[①]的一个定理证明了完全正性核的所有本征值都是正的. 但在真实世界里没有一个物理状态, 在其上时间平移作用是平庸的, 除非真空态, 但它仅形成一维 Hilbert 空间, 所以一段时间以来, 并不太清楚 Choi 定理在物理上是否有关. 但是还有另一个像是不可免的要求, 它也导致关于正本征值的同样结论. 如果一个系统 $\mathcal{S}$ 物理上可以实现, 则包含两个孤立版本的系统 $\mathcal{S} \otimes \mathcal{S}$ 将也有可能实现. 任何对称以核 K 作用在 $\mathcal{S}$ 的密度矩阵上, 将作用在组合系统的密度矩阵上, 其核为直积 $K \otimes K$. Benatti, Floreanini 和 Romano[②]证明了在此情况下, 要使 $K \otimes K$ 为正的 (意为 $\mathcal{S} \otimes \mathcal{S}$ 的所有纠缠的正 Hermite 密度矩阵变换为正 Hermite 密度矩阵), 不但 K 要是正的, 而且要是完全正的, 以使所有 K 的本征值真正为正的.

当 L_a 为 Hermite 算符时, 微分方程(6.9.23)有一些特别有趣的性质. 一个特点是, 它产生不减小的 von Neumann 熵[③]. 熵(3.3.38)的增加率是[④]

$$\frac{\mathrm{d}}{\mathrm{d}t} S[\rho] = -k_{\mathrm{B}} \mathrm{Tr} \left(\frac{\mathrm{d}\rho}{\mathrm{d}t} (\mathbf{1} + \ln \rho) \right) = k_{\mathrm{B}} \mathrm{Tr} \left(\frac{\mathrm{d}\rho}{\mathrm{d}t} \ln \rho \right)$$

式(6.9.23)的第一项对 $\mathrm{d}S/\mathrm{d}t$ 没有贡献, 因为 $\mathrm{Tr}\left([\mathcal{H}', \rho] \ln \rho\right) = \mathrm{Tr}\left(\mathcal{H}'[\rho, \ln \rho]\right) = 0$. 我们有

$$\frac{\mathrm{d}}{\mathrm{d}t} S[\rho] = -k_{\mathrm{B}} \sum_a \mathrm{Tr} \left(\left(L_a \rho L_a - L_a^2 \rho \right) \ln \rho \right)$$

$$= -k_{\mathrm{B}} \sum_a \sum_{i,j} \left| [L_a]_{ij} \right|^2 (p_j - p_i) \ln p_i$$

此处 i 和 j 是 ρ 的本征矢量, p_i 和 p_j 是相应的本征值. 因为我们假设 L_a 是 Hermite

[①] Choi M D. Linear Algebra and Its Applications, 1975, 10: 285.

[②] Benatti F, Floreanini R, Romano R. J. Phys. A. Math. Gen., 2002, 35: L551.

[③] 这里给的证明是 T. Banks, L. Susskind 和 M.H. Peskin (*Nuclear Physics B*, 1984, 244: 125)所给证明的修改版本.

[④] 由任意算符函数 $\rho(t)$ 的任何可微分函数 $f(\rho)$ 的一般规律直接给出此结果. 甚至当 $\mathrm{d}\rho/\mathrm{d}t$ 与 ρ 不对易时, 我们有

$$\frac{\mathrm{d}}{\mathrm{d}t} \mathrm{Tr} f(\rho) = \mathrm{Tr} \left(f'(\rho) \frac{\mathrm{d}\rho}{\mathrm{d}t} \right)$$

为看到这点, 注意如果 ρ 有本征值 p_i 及归一化本征矢量 Ψ_i, 就有

$$\mathrm{Tr} \left(f'(\rho) \frac{\mathrm{d}\rho}{\mathrm{d}t} \right) = \sum_i f'(p_i) \left(\Psi_i, \frac{\mathrm{d}\rho}{\mathrm{d}t} \Psi_i \right)$$

但因为 Ψ 的模是与时间无关的,

$$\frac{\mathrm{d}p_i}{\mathrm{d}t} = \frac{\mathrm{d}}{\mathrm{d}t} (\Psi_i, \rho \Psi_i) = \left(\Psi_i, \frac{\mathrm{d}\rho}{\mathrm{d}t} \Psi_i \right) + p_i \left(\Psi_i, \frac{\mathrm{d}}{\mathrm{d}t} \Psi_i \right) + p_i \left(\frac{\mathrm{d}}{\mathrm{d}t} \Psi_i, \Psi_i \right) = \left(\Psi_i, \frac{\mathrm{d}\rho}{\mathrm{d}t} \Psi_i \right)$$

所以

$$\mathrm{Tr} \left(f'(\rho) \frac{\mathrm{d}\rho}{\mathrm{d}t} \right) = \sum_i f'(p_i) \frac{\mathrm{d}p_i}{\mathrm{d}t} = \frac{\mathrm{d}}{\mathrm{d}t} \sum_i f(p_i) = \frac{\mathrm{d}}{\mathrm{d}t} \mathrm{Tr} f(\rho)$$

这就是希望得到的关系. 最后的 S 的表达式从 $\mathrm{Tr}\rho$ 为常数得到.

的, 因子 $|[L_a]_{ij}|^2(p_j-p_i)$ 关于 i 和 j 是反对称的, 所以求和可以写为

$$\frac{\mathrm{d}}{\mathrm{d}t}S[\rho] = \frac{k_{\mathrm{B}}}{2}\sum_a\sum_{i,j}|[L_a]_{ij}|^2(p_j-p_i)(\ln p_j-\ln p_i) \qquad (6.9.24)$$

但是 $\ln p$ 是 p 的增函数, 所以 $(p_j-p_i)(\ln p_j-\ln p_i)$ 总为正的, 因此熵 S 永不减小, 这就是我们要证明的. 特别地, 纯态 $S=0$, 一般演化为具有不同概率态的系综, $S>0$.

密度矩阵的后期行为提供了所有 L_a 为 Hermite 算符时的另一个有趣的性质. 因为方程(6.9.23)是一个线性微分方程, 我们期待 $\rho(t)$ 由一个和给出[1]:

$$\rho(t) = \sum_n \rho_n \exp(\lambda_n t) \qquad (6.9.25)$$

此处 ρ_n 和 λ_n 分别是方程(6.9.23)中线性算符的本征矩阵和本征值:

$$\lambda_n\rho_n = -\mathrm{i}[\mathcal{H}',\rho_n] + \sum_a\left(L_a\rho L_a^\dagger - \frac{1}{2}L_a^\dagger L_a\rho - \frac{1}{2}\rho L_a^\dagger L_a\right) \qquad (6.9.26)$$

在所有的 L_a 为 Hermite 算符时, 我们有

$$\lambda_n\mathrm{Tr}\left(\rho_n^\dagger\rho_n\right) = -\mathrm{i}\,\mathrm{Tr}\left(\rho_n^\dagger[\mathcal{H}',\rho_n]\right) - \frac{1}{2}\sum_a\mathrm{Tr}\left([\rho_n,L_a]^\dagger[\rho_n,L_a]\right) \qquad (6.9.27)$$

右边第一项是纯虚的, 因为 $\mathrm{Tr}\left(\rho_n^\dagger[\mathcal{H},\rho_n]\right)^* = \mathrm{Tr}\left([\rho_n^\dagger,\mathcal{H}]\rho_n\right) = \mathrm{Tr}\left(\rho_n^\dagger[\mathcal{H},\rho_n]\right)$, 第二项是实的和负的, 所以我们可以推断所有 λ_n 的实部是负的. 因此式(6.9.25)中的大多数项按指数衰减, 只留下 $\mathrm{Re}\,\lambda_n=0$ 的项, 根据式(6.9.27), ρ_n 与所有的 L_a 对易.

这个讨论给我们一个概念, 哪一类算符 L_a 会出现在系统中, 系统是被安排来提供某些可观测量集合的测量的. 我们在式(3.7.2)中看到, 测量的效应必须是将初始密度矩阵转化为投影算符 $\Lambda_\alpha = [\Psi_\alpha\Psi_\alpha^\dagger]$ 的线性组合, 算符是作用在被测量的可观测量的正交归一本征矢量 Ψ_α 上的. 根据上述结果, 为了使密度矩阵有此种形式的后期极限 (除去可能的由 "Hamilton 量" $\mathcal{H}'$ 产生的振荡), 所有的 L_a 必须和 Λ_α 对易. 这个条件要求所有的 L_a 必须是 Λ_α 的线性组合[2]:

$$L_a = \sum_\alpha l_{a\alpha}\Lambda_\alpha \qquad (6.9.28)$$

---

① 这是一般的情况, 没有一个本征值是简并的. 如果本征值 λ_n 有 $\mathcal{N}$ 重简并, 则指数 $\exp(\lambda_n t)$ 伴随一个 $\mathcal{N}-1$ 次的 t 的多项式.

② 显然, 这个条件是足够的, 因为 $\Lambda_\alpha\Lambda_\beta = \delta_{\alpha\beta}\Lambda_\alpha$, 所以所有的 Λ 都彼此对易. 要看到它是必要的, 注意到 L_a 与 Λ_α 对易的条件告诉我们

$$L_a\Psi_\alpha = L_a\Lambda_\alpha\Psi_\alpha = \Lambda_\alpha L_a\Psi_\alpha = \Psi_\alpha(\Psi_\alpha, L_a\Psi_\alpha)$$

所以所有的 Ψ_α 是每一个 L_a 的本征矢量. 因此 L_a 就是被测量的可观测量的函数. 如我们在 3.3 节中所看到的, 最一般的这种函数是投影算符 Λ_α 的线性组合.

此处系数 $l_{a\alpha}$ 必须为实的, 以使 L_a 为 Hermite 的. 很可能由于测量涉及宏观仪器, 由 L_a 所致的密度矩阵的变化率要远大于在通常量子力学中由 $\mathcal{H}'$ 所致的. 略去式(6.9.23)的第一项, 它取以下形式:

$$\dot{\rho}(t) = \sum_{\alpha,\beta} C_{\alpha\beta} \left(\Lambda_\alpha \rho(t) \Lambda_\beta - \frac{1}{2} \Lambda_\alpha \Lambda_\beta \rho(t) - \frac{1}{2} \rho(t) \Lambda_\alpha \Lambda_\beta \right) \qquad (6.9.29)$$

此处 $C_{\alpha\beta} = \sum_a l_{a\alpha} l_{a\beta}$. 我们尝试解

$$\rho(t) = \sum_{\alpha,\beta} f_{\alpha\beta} \Lambda_\alpha \rho(0) \Lambda_\beta \qquad (6.9.30)$$

由态 Ψ_α 的完备性给出 $\sum_\alpha \Lambda_\alpha = I$. 所以密度矩阵在 $t = 0$ 时等于 $\rho(0)$ 的初始条件就被满足, 如果对于所有 α 和 β 有 $f_{\alpha\beta}(0) = 1$. 将式(6.9.30)代入方程(6.9.29), 并再一次用关系 $\Lambda_\alpha \Lambda_\beta = \delta_{\alpha\beta} \Lambda_\alpha$, 我们得到

$$\dot{f}_{\alpha\beta} = \lambda_{\alpha\beta} f_{\alpha\beta} \qquad (6.9.31)$$

此处

$$\lambda_{\alpha\beta} = C_{\alpha\beta} - \frac{1}{2} (C_{\alpha\alpha} + C_{\beta\beta}) = -\frac{1}{2} \sum_a (l_{a\alpha} - l_{a\beta})^2 \qquad (6.9.32)$$

满足初始条件 $f_{\alpha\beta}(0) = 1$ 的解当然是 $f_{\alpha\beta}(t) = \exp(\lambda_{\alpha\beta} t)$, 所以

$$\rho(t) = \sum_{\alpha,\beta} \Lambda_\alpha \rho(0) \Lambda_\beta \exp(\lambda_{\alpha\beta} t) \qquad (6.9.33)$$

在一般的情况下, 没有不同的 α 和 β 使得 $l_{a\alpha}$ 和 $l_{a\beta}$ 对于所有的 L_a 都相等, 所有的 $\lambda_{\alpha\beta}$ 对于 $\alpha \neq \beta$ 是负恒定的, 所以式(6.9.33)当 $t \to +\infty$ 时为零, 除去 $\alpha = \beta$ 的那些项. 所以在后期

$$\rho(t) \to \sum_\alpha \Lambda_\alpha \rho(0) \Lambda_\alpha \qquad (6.9.34)$$

这正是根据式(3.7.2)对于测量本征态为 Ψ_α 的量所预期的行为. 所以我们看到方程(6.9.29)是足够一般的, 它不仅能重现通常的量子力学密度矩阵的幺正演化, 在其中方程的 L_a 项比 $\mathcal{H}'$ 小得多, 而且也能重现测量所产生的密度矩阵变化.

习题

1. 考虑时间依赖 Hamilton 量 $H = H_0 + H'(t)$, 其中

$$H'(t) = U \exp(-t/T)$$

此处 H_0 和 U 是与时间无关的算符, T 是一个常数. 微扰产生一个在从 $t = 0$ 到 $t \gg T$ 时间间隔发生从 H_0 的本征态 n 到一个不同的本征态 m 跃迁的概率为何? 准确到微扰 U 的最低一阶.

2. 计算氢原子 2p 态在单色外电场中的电离率, 对角动量在场方向分量进行平均. (忽略自旋.)

3. 考虑 Hamilton 量 $H[s]$, 它依赖于一定数量的慢变化参数, 总体地称为 $s(t)$. 如果 $H[s]$ 用 $f[s]H[s]$ 取代, 此处 $f[s]$ 是 s 的任意实数数值函数, 对于给定封闭曲线 C, 其 Berry 相 $\gamma_n[C]$ 的效应如何?

第7章

势散射

我们在分子、原子或原子核内看不到粒子的径迹. 反而, 关于这些系统的而不来自其分立态能量的信息, 我们多数情况下要取自散射实验. 如我们在 1.2 节中看到的, 在近代原子物理刚开始时, 我们关于原子的正电荷集中在小的重核中的认识来自 1911 年在Rutherford 实验室中的散射实验. 在这个实验中, 从镭原子核射出的 α 粒子被金原子散射. 今天基本粒子性质的探索大多数是通过研究从高能加速器产生的粒子的散射进行的.

在这一章中, 我们将讨论一个简单但重要的情况下的散射理论: 非相对论性粒子在局域势中的弹性散射. 但是用一个近代的技术, 使它可以容易地推广到更一般的问题. 散射理论的普遍理论形式将要在下一章中讨论.

7.1 入态

我们考虑一个在势 $V(\boldsymbol{x})$ 中质量为 μ 的非相对论性粒子. Hamilton 量是

$$H = H_0 + V(\boldsymbol{x}) \tag{7.1.1}$$

此处 $H_0 = \boldsymbol{p}^2/(2\mu)$ 是动能算符, $\boldsymbol{x}$ 是位置算符. 以后我们将专门讨论中心势 $V(r)$ 的情况, 它只依赖于 $r \equiv |\boldsymbol{x}|$, 但在这里讨论更一般的情况也一样容易. 我们假设 $V(\boldsymbol{x}) \to 0 (r \to +\infty)$. 我们将不讨论在束缚态中的粒子, 它将有负的能量, 而是讨论一个正能量粒子, 它从遥远的地方 (动量为 $\hbar\boldsymbol{k}$) 来到势中被散射, 再次走向无限远, 一般沿另一个方向.

在 Heisenberg 绘景中, 这个情景用一个时间无关的状态矢量 $\Psi_{\boldsymbol{k}}^{\mathrm{in}}$ 代表, 上标 "in" 表示这个状态看来像是包含一个离散射中心很远的地方具有动量 $\hbar\boldsymbol{k}$ 的粒子, 如果测量是在很早的时间进行的. 其含义为何, 我们应该小心. 在非常早的时候粒子所在位置处, 势是可以忽略的, 所以它的能量是 $\hbar^2\boldsymbol{k}^2/(2\mu)$, 因此状态矢量是 Hamilton 量的本征态,

$$H\Psi_{\boldsymbol{k}}^{\mathrm{in}} = \frac{\hbar^2\boldsymbol{k}^2}{2\mu}\Psi_{\boldsymbol{k}}^{\mathrm{in}} \tag{7.1.2}$$

在 Schrödinger 绘景中, 时间依赖的态 $\exp(-\mathrm{i}tH/\hbar)\Psi_{\boldsymbol{k}}^{\mathrm{in}}$ 正是 $\Psi_{\boldsymbol{k}}^{\mathrm{in}}$ 乘以一个看起来好像平庸的相因子 $\exp(-\mathrm{i}\hbar t\boldsymbol{k}^2/(2\mu))$. 要想诠释上述 $\Psi_{\boldsymbol{k}}^{\mathrm{in}}$ 的定义, 我们必须考虑一个时间依赖的态的**叠加**, 它具有能量展宽:

$$\Psi_g(t) = \int \mathrm{d}^3 k\, g(\boldsymbol{k}) \exp\left(-\mathrm{i}\hbar t\boldsymbol{k}^2/(2\mu)\right) \Psi_{\boldsymbol{k}}^{\mathrm{in}} \tag{7.1.3}$$

此处 $g(\boldsymbol{k})$ 是一个峰值在某个波数 $\boldsymbol{k}_0$ 的光滑函数. 态 $\Psi_{\boldsymbol{k}}^{\mathrm{in}}$ 可以定义为本征值方程(7.1.2)的特殊解, 它满足进一步的条件, 即在极限 $t \to \infty$ 下对于足够光滑的函数 $g(\boldsymbol{k})$,

$$\Psi_g(t) \to \int \mathrm{d}^3 k\, g(\boldsymbol{k}) \exp\left(-\mathrm{i}\hbar t\boldsymbol{k}^2/(2\mu)\right) \Phi_{\boldsymbol{k}} \tag{7.1.4}$$

此处 $\Phi_{\boldsymbol{k}}$ 是动量算符 $\boldsymbol{P}$ 的正交归一本征矢量, 本征值为 $\hbar\boldsymbol{k}$,

$$\boldsymbol{P}\Phi_{\boldsymbol{k}} = \hbar\boldsymbol{k}\Phi_{\boldsymbol{k}}, \quad (\Phi_{\boldsymbol{k}}, \Phi_{\boldsymbol{k}'}) = \delta^3(\hbar\boldsymbol{k} - \hbar\boldsymbol{k}') \tag{7.1.5}$$

因此它是 H_0(不是 H!) 的本征矢量, 本征值为 $E(|\boldsymbol{k}|) = \hbar^2\boldsymbol{k}^2/(2\mu)$. (即使这些状态用它们的波数表示, 但归一化到其标量积是一个动量, 而非波数的 δ 函数是更方便的.) 于是归一化条件 $(\Psi_g, \Psi_g) = 1$ 就等价于下面的条件:

$$\hbar^{-3} \int \mathrm{d}^3 k \, |g(\boldsymbol{k})|^2 = 1 \tag{7.1.6}$$

条件式(7.1.4)可以通过改写 Schrödinger 方程作为积分方程来重新表达. 我们可以将式(7.1.2)写为

$$(E(|\boldsymbol{k}|) - H_0)\Psi_{\boldsymbol{k}}^{\mathrm{in}} = V\Psi_{\boldsymbol{k}}^{\mathrm{in}}$$

此方程有一个形式解

$$\Psi_{\boldsymbol{k}}^{\mathrm{in}} = \Phi_{\boldsymbol{k}} + (E(|\boldsymbol{k}|) - H_0 + \mathrm{i}\epsilon)^{-1} V\Psi_{\boldsymbol{k}}^{\mathrm{in}} \tag{7.1.7}$$

这里 ϵ 是一个正无限小量, 它在当我们对 H_0 的本征值积分时被插入以赋予算符 $(E(|\boldsymbol{k}|) - H_0 + \mathrm{i}\epsilon)^{-1}$ 意义. 此式称为 **Lippmann-Schwinger 方程**[①]. (这只是一个 "形式" 解, 因为 $\Psi_{\boldsymbol{k}}^{\mathrm{in}}$ 既出现在式的左边, 又出现在式的右边.)

当然, 我们也可以找出 Schrödinger 方程的一个类似的形式解, 以分母 $E(|\boldsymbol{k}|) - H_0 - \mathrm{i}\epsilon$ 代替 $E(|\boldsymbol{k}|) - H_0 + \mathrm{i}\epsilon$. 我们甚至可以取 $E(|\boldsymbol{k}|) - H_0 - \mathrm{i}\epsilon$ 和 $E(|\boldsymbol{k}|) - H_0 + \mathrm{i}\epsilon$ 的任何平均, 或者弃去方程(7.1.7)的第一项. 特殊 "解"(7.1.7)的特别性质在于它也满足初始条件式(7.1.4).

要看到这点, 我们可以将 $V\Psi_{\boldsymbol{k}}^{\mathrm{in}}$ 关于正交归一自由粒子态 $\Phi_{\boldsymbol{q}}$ 展开:

$$V\Psi_{\boldsymbol{k}}^{\mathrm{in}} = \hbar^3 \int \mathrm{d}^3 q \Phi_{\boldsymbol{q}} \left(\Phi_{\boldsymbol{q}}, V\Psi_{\boldsymbol{k}}^{\mathrm{in}}\right) \tag{7.1.8}$$

这样方程(7.1.7)变为

$$\Psi_{\boldsymbol{k}}^{\mathrm{in}} = \Phi_{\boldsymbol{k}} + \hbar^3 \int \mathrm{d}^3 q \left(E(|\boldsymbol{k}|) - E(\boldsymbol{q}) + \mathrm{i}\epsilon\right)^{-1} \Phi_{\boldsymbol{q}} \left(\Phi_{\boldsymbol{q}}, V\Psi_{\boldsymbol{k}}^{\mathrm{in}}\right) \tag{7.1.9}$$

在计算式(7.1.3)对 $\boldsymbol{k}$ 的积分时, 我们注意到

$$\int \mathrm{d}^3 k g(\boldsymbol{k}) \frac{\exp(-\mathrm{i}\hbar t\boldsymbol{k}^2/(2\mu))}{E(|\boldsymbol{k}|) - E(\boldsymbol{q}) + \mathrm{i}\epsilon} \left(\Phi_{\boldsymbol{q}}, V\Psi_{\boldsymbol{k}}^{\mathrm{in}}\right)$$

$$= \int \mathrm{d}\Omega \int_0^{+\infty} k^2 g(\boldsymbol{k}) \mathrm{d}k \frac{\exp(-\mathrm{i}\hbar t k^2/(2\mu))}{E(k) - E(q) + \mathrm{i}\epsilon} \left(\Phi_{\boldsymbol{q}}, V\Psi_{\boldsymbol{k}}^{\mathrm{in}}\right)$$

此处 $\mathrm{d}\Omega = \sin\theta\mathrm{d}\theta\mathrm{d}\phi$. 我们可以把对 k 的积分转换成对能量的积分, 即 $\mathrm{d}k = \mu\mathrm{d}E/(k\hbar^2)$. 现在, 当 $t \to -\infty$ 时, 指数非常迅速地振荡, 仅有做出贡献的 E 值在 $E(q)$ 附近, 在那里

[①] Lippmann B, Schwinger J. Phys. Rev., 1950, 79: 469.

分母也非常迅速地变化. 当 $t \to -\infty$ 时, 我们可以在式中除迅速变化的指数和分子外各处设 $k = q$, 由此给出一个正比于下式的结果:

$$\int_{-\infty}^{+\infty} \frac{\exp(-\mathrm{i}Et/\hbar)}{E - E(q) + \mathrm{i}\epsilon} \mathrm{d}E$$

(积分区域已经被延展至整个实轴. 这是允许的, 因为积分从区域 $|E - E(q)| \gg \hbar/|t|$ 以外接受贡献甚少.) 当 $t \to -\infty$ 时, 我们可以把积分路径用一个在上半复平面的大半圆封闭起来, 在圆弧上被积函数可以忽略, 因为对 $\mathrm{Im}E > 0$ 和 $t \to -\infty$, 分子 $\exp(-\mathrm{i}Et/\hbar)$ 按指数减小. 但是被积函数仅有的奇点在 $E = E(q) - \mathrm{i}\epsilon$ 处, 位于下半平面, 所以当 $t \to -\infty$ 时积分为零. 仅余下式(7.1.9)的第一项, $t \to -\infty$ 时给出式(7.1.4).

为阐明条件式(7.1.4)的重要性, 考虑它与确定位置状态 $\Phi_{\boldsymbol{x}}$ 的标量积, 用通常的确定动量态的平面波函数, 我们在式(3.5.12)中看到它取以下形式:

$$(\Phi_{\boldsymbol{x}}, \Phi_{\boldsymbol{k}}) = (2\pi\hbar)^{-3/2} \mathrm{e}^{\mathrm{i}\boldsymbol{k}\cdot\boldsymbol{x}} \tag{7.1.10}$$

当 $t \to -\infty$ 时, 这给出

$$(\Phi_{\boldsymbol{x}}, \Psi_g(t)) \to (2\pi\hbar)^{-3/2} \int \mathrm{d}^3 k \, g(\boldsymbol{k}) \exp\left(\mathrm{i}\boldsymbol{k}\cdot\boldsymbol{x} - \mathrm{i}\hbar t \boldsymbol{k}^2/(2\mu)\right) \tag{7.1.11}$$

我们将假设粒子沿负 3-轴从远而近, 所以我们将对大而负的 t 和 x_3 感兴趣, 但保持 x_3/t 有限. 但是我们也假设粒子速度足够被局限在 3-轴方向, 使得当函数 $g(\boldsymbol{k})$ 不可忽略时, 有

$$\hbar|t|\boldsymbol{k}_\perp^2/(2\mu) \ll 1 \tag{7.1.12}$$

此处 $\boldsymbol{k}_\perp$ 是二维矢量 (k_1, k_2). 式(7.1.11)就能写为

$$(\Phi_{\boldsymbol{x}}, \Psi_g(t)) \to (2\pi\hbar)^{-3/2} \int \mathrm{d}^2 k_\perp \int_{-\infty}^{+\infty} \mathrm{d}k_3 \, g(\boldsymbol{k}_\perp, k_3) \exp\left(\mathrm{i}\boldsymbol{k}_\perp \cdot \boldsymbol{x}_\perp\right)$$
$$\times \exp\left(\mathrm{i}x_3^2 \mu/(2\hbar t)\right) \exp\left(-\mathrm{i}\hbar t (k_3 - \mu x_3/(\hbar t))^2/(2\mu)\right) \tag{7.1.13}$$

最后因子作为 k_3 的函数迅速振荡, 使得积分当 $t \to -\infty$ 时变得可忽略, 除非对于 k_3 的值接近恒定点 $k_3 = m x_3/(\hbar t)$, 所以在极限 $t \to -\infty$ 下, x_3/t 固定, 积分变为

$$(\Phi_{\boldsymbol{x}}, \Psi_g(t)) \to (2\pi\hbar)^{-3/2} \int \mathrm{d}^2 k_\perp \int_{-\infty}^{+\infty} \mathrm{d}k_3 \, g(\boldsymbol{k}_\perp, \mu x_3/(\hbar t)) \exp\left(\mathrm{i}\boldsymbol{k}_\perp \cdot \boldsymbol{x}_\perp\right) \exp\left(\mathrm{i}x_3^2 \mu/(2\hbar t)\right)$$
$$\times \int_{-\infty}^{+\infty} \mathrm{d}k_3 \exp\left(-\mathrm{i}\hbar t (k_3 - \mu x_3/(\hbar t))^2/(2\mu)\right)$$
$$= (2\pi\hbar)^{-3/2} \exp\left(\mathrm{i}x_3^2 \mu/(2\hbar t)\right) \sqrt{\frac{2\mu\pi}{\mathrm{i}\hbar t}} \int \mathrm{d}^2 k_\perp \, g(\boldsymbol{k}_\perp, \mu x_3/(\hbar t)) \exp\left(\mathrm{i}\boldsymbol{k}_\perp \cdot \boldsymbol{x}_\perp\right)$$
$$\tag{7.1.14}$$

我们假设函数 $g(\boldsymbol{k}_\perp, k_3)$ 虽然光滑, 却在 $k_3 = k_0$ 和 $\boldsymbol{k}_\perp = \boldsymbol{0}$ 有强的峰值, 所以表达式(7.1.14)在 $\hbar k_0 t/\mu$ 处有峰值, 相当于一个粒子沿 x_3 轴运动, 速度为 $\hbar k_0/\mu$.

特别地, 当 $t \to -\infty$ 时空间概率分布是

$$|(\Phi_{\boldsymbol{x}}, \Psi_g(t))|^2 \to \frac{\mu}{4\pi^2 \hbar^4 t} \left| \int \mathrm{d}^2 k_\perp g(\boldsymbol{k}_\perp, \mu x_3/(\hbar t)) \exp\left(\mathrm{i} \boldsymbol{k}_\perp \cdot \boldsymbol{x}_\perp\right) \right|^2 \tag{7.1.15}$$

并遵守概率守恒:

$$\int \mathrm{d}^3 x \, |(\Phi_{\boldsymbol{x}}, \Psi_g(t))|^2 \to \frac{\mu}{\hbar^4 t} \int \mathrm{d}^2 k_\perp \int_{-\infty}^{+\infty} \mathrm{d}x_3 \, |g(\boldsymbol{k}_\perp, \mu x_3/(\hbar t))|^2$$

$$= \hbar^{-3} \int \mathrm{d}^2 k_\perp \int_{-\infty}^{+\infty} \mathrm{d}k_3 \, |g(\boldsymbol{k}_\perp, k_3)|^2 = 1 \tag{7.1.16}$$

＊＊＊＊＊

对于 $g(\boldsymbol{k})$ 取一个简单的例子就可以看到, 这些是如何详细地得出的:

$$g(\boldsymbol{k}) \propto \exp\left(-\frac{\Delta_0^2}{2}(\boldsymbol{k} - \boldsymbol{k}_0)^2 - \mathrm{i}\frac{\hbar \boldsymbol{k} \cdot \boldsymbol{k}_0 t_0}{\mu} + \frac{\mathrm{i}\hbar t_0 \boldsymbol{k}^2}{2\mu} \right)$$

此处 t_0 是大的 (负值) 初始时间, $\boldsymbol{k}_0$ 在 3-轴方向, Δ_0 是一个常数. (我们将看到指数上和 t_0 成正比的项的选择, 要使得 Δ_0 是在 $t = t_0$ 时坐标空间波函数的扩展度. 这些项在 $\boldsymbol{k} = \boldsymbol{k}_0$ 处对于 $\boldsymbol{k}$ 恒定, 所以它们的存在不会影响导致式(7.1.14)论证的成立.) 用式(7.1.11)通过直接的计算给出当 $t \to -\infty$ 时的空间概率分布,

$$|(\Phi_{\boldsymbol{x}}, \Psi_g(t))|^2 \propto \Delta^{-3} \exp\left(-\frac{1}{\Delta^2}(\boldsymbol{x} - (\hbar \boldsymbol{k}_0/\mu)t)^2 \right)$$

此处

$$\Delta \equiv \left(\Delta_0^2 + \frac{\hbar^2(t-t_0)^2}{\mu^2 \Delta_0^2} \right)^{1/2}$$

因此概率分布聚集在一个中心点, 它以等于平均动量 $\hbar \boldsymbol{k}_0$ 除以质量 μ 的速度运动, 并在 $t = 0$ 时到达散射中心.

这个分布的扩展在 $t = t_0$ 时是 Δ_0, 但对于 $t - t_0 > \mu \Delta_0^2/\hbar$, 它开始增加扩展. 这由简单运动学的基础容易理解. 波函数速度的扩展 Δv 等于 $\hbar/\mu$ 乘波数的扩展, 因此数量级为 $\hbar/(\mu \Delta_0)$. 在时间间隔 $t - t_0$ 后, 它对位置扩展的贡献为 $\Delta v(t-t_0) \approx \hbar(t-t_0)/(\mu \Delta_0)$. 对于 $t - t_0 > \mu \Delta_0^2/\hbar$, 这就变得比初始扩展 Δ_0 更大.

在典型情况下, 这个波包的膨胀不会变得可观. 为了使得波包在时间间隔从 $t = t_0$ 到 $t = 0$ 不致有可观的膨胀, 我们需要 $\Delta_0^2 > \hbar|t_0|/\mu$. 但我们也必须有 $\Delta_0 \ll \hbar k_0|t_0|/\mu$, 使得 t_0 必须足够早, 以使波包不会在 $t = t_0$ 时一直扩展到散射中心. 这两个条件在 $\hbar k_0^2 t_0/\mu \gg 1$ 时相容, 它要求波函数振荡在粒子到达散射中心之前有时间经过很多循环. 这个需要可以认为是我们为散射过程所设下的.

7.2 散射振幅

在前一节中我们定义了一个状态, 它在早期的表现是一个走向散射中心准备碰撞的粒子. 现在我们必须考虑在碰撞之后它是什么样子.

为了这个目的, 我们考虑状态 $\Psi_{\boldsymbol{k}}^{\mathrm{in}}$ 的坐标空间波函数. 回到方程(7.1.7), 把它写为

$$V\Psi_{\boldsymbol{k}}^{\mathrm{in}} = \int \mathrm{d}^3 x \Phi_{\boldsymbol{x}} \left(\Phi_{\boldsymbol{x}}, V(\boldsymbol{x})\Psi_{\boldsymbol{k}}^{\mathrm{in}}\right) = \int \mathrm{d}^3 x \Phi_{\boldsymbol{x}} V(\boldsymbol{x})\psi_{\boldsymbol{k}}(\boldsymbol{x}) \tag{7.2.1}$$

此处 $\psi_{\boldsymbol{k}}(\boldsymbol{x})$ 是入态 (in-state) 的坐标空间波函数,

$$\Psi_{\boldsymbol{k}} = \left(\Phi_{\boldsymbol{x}}, \Psi_{\boldsymbol{k}}^{\mathrm{in}}\right) \tag{7.2.2}$$

于是, 取 Lippmann-Schwinger 方程(7.1.7)和确定位置态 $\Phi_{\boldsymbol{x}}$ 的标量积, 并用式(7.1.10), 我们有

$$\psi_{\boldsymbol{k}}(\boldsymbol{x}) = (2\pi\hbar)^{-3/2}\mathrm{e}^{\mathrm{i}\boldsymbol{k}\cdot\boldsymbol{x}} + \int \mathrm{d}^3 y\, G_k(\boldsymbol{x}-\boldsymbol{y})V(\boldsymbol{y})\psi_{\boldsymbol{k}}(\boldsymbol{y}) \tag{7.2.3}$$

此处 G_k 是 Green 函数,

$$
\begin{aligned}
G_k(\boldsymbol{x}-\boldsymbol{y}) &= \left(\Phi_{\boldsymbol{x}}, (E(k) - H_0 + \mathrm{i}\epsilon)^{-1}\Phi_{\boldsymbol{y}}\right) \\
&= \int \frac{\hbar^3 \mathrm{d}^3 q}{(2\pi\hbar)^3} \frac{\mathrm{e}^{\mathrm{i}\boldsymbol{q}\cdot(\boldsymbol{x}-\boldsymbol{y})}}{E(k)-E(q)+\mathrm{i}\epsilon} \\
&= \frac{4\pi}{(2\pi)^3} \int_0^{+\infty} q^2 \mathrm{d}q \frac{\sin(q|\boldsymbol{x}-\boldsymbol{y}|)}{q|\boldsymbol{x}-\boldsymbol{y}|} \frac{2\mu/\hbar^2}{k^2-q^2+\mathrm{i}\epsilon} \\
&= -\mathrm{i}\frac{2\mu}{\hbar^2}\frac{1}{4\pi^2|\boldsymbol{x}-\boldsymbol{y}|} \int_{-\infty}^{+\infty} \frac{\mathrm{e}^{\mathrm{i}\boldsymbol{q}\cdot(\boldsymbol{x}-\boldsymbol{y})}q\mathrm{d}q}{k^2-q^2+\mathrm{i}\epsilon} \\
&= -\frac{2\mu}{\hbar^2}\frac{1}{4\pi|\boldsymbol{x}-\boldsymbol{y}|}\mathrm{e}^{\mathrm{i}k|\boldsymbol{x}-\boldsymbol{y}|}
\end{aligned} \tag{7.2.4}
$$

(最后的表达式是通过把积分路径在上半平面用一个大半圆完成围道积分获得的, 并在 $q = k + \mathrm{i}\epsilon$ 取极点处的贡献.) 对于在 $|\boldsymbol{y}| \to +\infty$ 时趋于零足够快的势 $V(\boldsymbol{y})$, 当 $|\boldsymbol{x}| \to +\infty$ 时, 由式(7.2.3)给出

$$\psi_{\boldsymbol{k}}(\boldsymbol{x}) \to (2\pi\hbar)^{-3/2}\left(\mathrm{e}^{\mathrm{i}\boldsymbol{k}\cdot\boldsymbol{x}} + f_{\boldsymbol{k}}(\hat{\boldsymbol{x}})\mathrm{e}^{\mathrm{i}kr}/r\right) \tag{7.2.5}$$

此处 $r \equiv |\boldsymbol{x}|$, $f_{\boldsymbol{k}}(\hat{\boldsymbol{x}})$ 是**散射振幅**,

$$f_{\boldsymbol{k}}(\hat{\boldsymbol{x}}) = -\frac{\mu}{2\pi\hbar^2}(2\pi\hbar)^{3/2}\int \mathrm{d}^3 y \mathrm{e}^{\mathrm{i}\boldsymbol{k}\cdot\boldsymbol{y}} V(\boldsymbol{y})\psi_{\boldsymbol{k}}(\boldsymbol{y}) \tag{7.2.6}$$

现在我们考虑组合(7.1.3)在晚些时候如何表现. 考虑波函数

$$\psi_g(\boldsymbol{x},t) \equiv \left(\varPhi_{\boldsymbol{x}}, \varPsi_g^{\mathrm{in}}(t)\right) = \int \mathrm{d}^3 k\, g(\boldsymbol{k})\psi_{\boldsymbol{k}}(\boldsymbol{x})\exp\left(-\mathrm{i}\hbar t\boldsymbol{k}^2/(2\mu)\right) \tag{7.2.7}$$

在极限 $t \to +\infty$ 下, 且 r/t 保持不变, $\boldsymbol{x}$ 垂直于 3-轴. 在此极限下用式(7.2.5), 由式(7.2.7)给出

$$\psi_g(\boldsymbol{x},t) \to \frac{(2\pi\hbar)^{-3/2}}{r}\int \mathrm{d}^2 k_\perp \int_{-\infty}^{+\infty}\mathrm{d}k_3\, g(\boldsymbol{k}_\perp,k_3)\exp\left(\mathrm{i}k_3 r - \mathrm{i}\hbar t k_3^2/2\mu\right)f_{\boldsymbol{k}_0}(\hat{\boldsymbol{x}}) \tag{7.2.8}$$

我们对散射振幅取下标 $\boldsymbol{k}_0$, 因为函数 g 在此 $\boldsymbol{k}$ 值处有尖锐峰值, 以及我们把在指数上的 $k \equiv \sqrt{k_3^2 + \boldsymbol{k}_\perp^2}$ 近似为 $k \approx k_3$, 因为 $g(\boldsymbol{k}_\perp,k_3)$ 假设可以忽略, 除非 $|\boldsymbol{k}_\perp| \ll k_3$. 和前节一样, 对大的 r 和 t 我们可以把 $g(\boldsymbol{k}_\perp,k_3)$ 中的 k_3 设为 $k_3 = \mu r/(\hbar t)$, 在这里指数的变量是恒定的, 所以

$$\psi_g(\boldsymbol{x},t) \to \frac{(2\pi\hbar)^{-3/2}}{r}f_{\boldsymbol{k}_0}(\hat{\boldsymbol{x}})\int \mathrm{d}^2 k_\perp g(\boldsymbol{k}_\perp,\mu r/(\hbar t))\int_{-\infty}^{+\infty}\mathrm{d}k_3 \exp\left(\mathrm{i}k_3 r - \mathrm{i}\hbar t k_3^2/(2\mu)\right)$$

$$= \frac{(2\pi\hbar)^{-3/2}}{r}f_{\boldsymbol{k}_0}(\hat{\boldsymbol{x}})\int \mathrm{d}^2 k_\perp g(\boldsymbol{k}_\perp,\mu r/\hbar t)\exp\left(\mathrm{i}\mu r^2/(2\hbar t)\right)\sqrt{\frac{2\mu\pi}{\mathrm{i}\hbar t}} \tag{7.2.9}$$

粒子在此后的时间位于方向 $\hat{\boldsymbol{x}}$ 周围无限小立体角元 $\mathrm{d}\varOmega$ 圆锥内的概率 $\mathrm{d}P(\hat{\boldsymbol{x}})$ 就是 $|\psi_g(\boldsymbol{x},t)|^2$ 在此锥内的积分:

$$\mathrm{d}P(\hat{\boldsymbol{x}},\boldsymbol{k}_0) = \mathrm{d}\varOmega\int_0^{+\infty} r^2\mathrm{d}r\,|\psi_g(r\hat{\boldsymbol{x}},t)|^2$$

$$\to \frac{1}{(2\pi)^2}\frac{\mu}{\hbar^4 t}|f_{\boldsymbol{k}_0}(\hat{\boldsymbol{x}})|^2\int_0^{+\infty}\mathrm{d}r\left|\int \mathrm{d}^2 k_\perp g(\boldsymbol{k}_\perp,\mu r/\hbar t)\right|^2 \tag{7.2.10}$$

或者, 将积分变量 r 改为 $k_3 \equiv \mu r/(\hbar t)$,

$$\frac{\mathrm{d}P(\hat{\boldsymbol{x}},\boldsymbol{k}_0)}{\mathrm{d}\varOmega} = \frac{1}{(2\pi)^2\hbar^3}|f_{\boldsymbol{k}_0}(\hat{\boldsymbol{x}})|^2\int_0^{+\infty}\mathrm{d}k_3\left|\int \mathrm{d}^2 k_\perp g(\boldsymbol{k}_\perp,k_3)\right|^2 \tag{7.2.11}$$

现在, 式(7.2.11)中 $|f_{\boldsymbol{k}_0}(\hat{\boldsymbol{x}})|^2$ 的系数的量纲为面积的倒数. 实际上, 它正是 $t \to +\infty$ 时粒子位于中心在 3-轴上一个垂直于轴的小面积上的单位面积的概率:

$$\rho_\perp \equiv \lim \int_{-\infty}^{+\infty}\mathrm{d}x_3\,|\psi_g(0,x_3,t)|^2 \tag{7.2.12}$$

要看到此点, 注意到根据式(7.1.15), 在 $\boldsymbol{x}_\perp = \boldsymbol{0}$ 的条件下, 量(7.2.12)是

$$\rho_\perp = \frac{\mu}{4\pi^2\hbar^4 t}\int_{-\infty}^{+\infty}\mathrm{d}x_3\left|\int \mathrm{d}^2 k_\perp g(\boldsymbol{k}_\perp,\mu x_3/(\hbar t))\right|^2$$

$$= \frac{1}{4\pi^2\hbar^3} \int_{-\infty}^{+\infty} \mathrm{d}k_3 \left| \int \mathrm{d}^2 k_\perp g(\boldsymbol{k}_\perp, k_3) \right|^2 \tag{7.2.13}$$

这是出现在式(7.2.11)中的系数. 所以式(7.2.11)可以写为

$$\frac{\mathrm{d}P(\hat{\boldsymbol{x}}, \boldsymbol{k}_0)}{\mathrm{d}\Omega} = \rho_\perp \left| f_{\boldsymbol{k}_0}(\hat{\boldsymbol{x}}) \right|^2 \tag{7.2.14}$$

我们定义下面的比例为**微分截面**:

$$\frac{\mathrm{d}\sigma(\hat{\boldsymbol{x}}, \boldsymbol{k}_0)}{\mathrm{d}\Omega} \equiv \frac{1}{\rho_\perp} \frac{\mathrm{d}P(\hat{\boldsymbol{x}}, \boldsymbol{k}_0)}{\mathrm{d}\Omega} \tag{7.2.15}$$

所以

$$\frac{\mathrm{d}\sigma(\hat{\boldsymbol{x}}, \boldsymbol{k}_0)}{\mathrm{d}\Omega} = \left| f_{\boldsymbol{k}_0}(\hat{\boldsymbol{x}}) \right|^2 \tag{7.2.16}$$

我们可以想象 $\mathrm{d}\sigma(\hat{\boldsymbol{x}}, \boldsymbol{k}_0)$ 为一个垂直于 3-轴的小面积, 粒子要散射进入在方向 $\hat{\boldsymbol{x}}$ 周围立体角 $\mathrm{d}\Omega$ 就必须打到该面积上. 式(7.2.15)表示打到这块面积的概率等于 $\mathrm{d}\sigma$ 和束流有效截面积 $1/\rho_\perp$ 之比.

从现在开始, 我们丢掉 $\boldsymbol{k}_0$ 的下标 0. 并且, 不再把散射振幅写作 $\boldsymbol{k}$ 和 $\hat{\boldsymbol{x}}$ 的函数, 一般我们把它写作 k 和 $\hat{\boldsymbol{x}}$ 围绕 $\boldsymbol{k}$ 方向的极角 θ 和辐角 ϕ 的函数, 所以式(7.2.16)理解为

$$\mathrm{d}\sigma(\theta, \phi, k) = \left| f_k(\theta, \phi) \right|^2 \sin\theta \mathrm{d}\theta \mathrm{d}\phi \tag{7.2.17}$$

这是我们通过散射振幅表示的微分截面的普遍公式.

当然, 实验家并不真正送一个或几个粒子去打一个靶来测量 $\mathrm{d}\sigma/\mathrm{d}\Omega$. 实际上, 他们把一个粒子束指向一个包含大量 N_T 靶粒子的薄片. (必须具体说明一个薄片, 来避免束流中的粒子经历不止一个靶粒子的多次散射. 这就是为什么在 1.2 节中讨论的原子核的发现时选用薄的金箔当作靶.) 如果散射到某个特殊的角度区间仅因为束流中的一个粒子打中了在靶周围的一个小面积 $\mathrm{d}\sigma$ 才能够发生, 这样散射到这个角度区间的就是横向单位面积束流粒子数 $\mathcal{N}_\mathrm{B}$ 乘以要打中的总面积 $N_\mathrm{T}\mathrm{d}\sigma$.

7.3　光学定理

看来有点奇怪, 式(7.2.5)的平面波项并不由于入射波的散射而贫化. 实际上, 在前向, 式(7.2.5)中的这两项是有干涉的, 这在散射中心之外减小了平面波的振幅, 如概率守

恒所要求的. 为了能够如此, 必须在前向散射振幅和总截面之间有一个关系. 这个关系称为**光学定理**[①].

为推导这个关系, 我们用三维概率守恒条件 (已在 1.5 节中讨论过). 在坐标空间, Schrödinger 方程是

$$-\frac{\hbar^2}{2M}\nabla^2\psi_{\boldsymbol{k}} + V(\boldsymbol{x})\psi_{\boldsymbol{k}} = \frac{\hbar^2\boldsymbol{k}^2}{2M}\psi_{\boldsymbol{k}} \tag{7.3.1}$$

我们用复共轭 $\psi_{\boldsymbol{k}}^*$ 乘以此式, 再减去乘积的复共轭. 对于实的势, 这给出

$$0 = \psi_{\boldsymbol{k}}^*\nabla^2\psi_{\boldsymbol{k}} - \psi_{\boldsymbol{k}}\nabla^2\psi_{\boldsymbol{k}}^* = \nabla\cdot(\psi_{\boldsymbol{k}}^*\nabla\psi_{\boldsymbol{k}} - \psi_{\boldsymbol{k}}\nabla\psi_{\boldsymbol{k}}^*) \tag{7.3.2}$$

用 Gauss 定理, 对于任意半径 r 的球, 得出

$$0 = r^2\int_0^\pi \sin\theta\mathrm{d}\theta\int_0^{2\pi}\mathrm{d}\phi\left(\psi_{\boldsymbol{k}}^*\frac{\partial\psi_{\boldsymbol{k}}}{\partial r} - \psi_{\boldsymbol{k}}\frac{\partial\psi_{\boldsymbol{k}}^*}{\partial r}\right) \tag{7.3.3}$$

作为特例, 我们取 r 足够大, 可以用渐近公式(7.2.5). 在这个极限下, 取 $\boldsymbol{k}$ 在 3-轴方向, 并用 $x_3 = r\cos\theta$, 可得

$$(2\pi\hbar)^3\psi_{\boldsymbol{k}}^*\frac{\partial\psi_{\boldsymbol{k}}}{\partial r} \to \mathrm{i}k\cos\theta + \frac{\mathrm{i}kf_{\boldsymbol{k}}\mathrm{e}^{\mathrm{i}kr(1-\cos\theta)}}{r} - \frac{f_{\boldsymbol{k}}\mathrm{e}^{\mathrm{i}kr(1-\cos\theta)}}{r^2}$$
$$+ \frac{\mathrm{i}kf_{\boldsymbol{k}}^*\cos\theta\mathrm{e}^{-\mathrm{i}kr(1-\cos\theta)}}{r} + \frac{\mathrm{i}k|f_{\boldsymbol{k}}|^2}{r^2} - \frac{|f_{\boldsymbol{k}}|^2}{r^3}$$

所以

$$(2\pi\hbar)^3\left(\psi_{\boldsymbol{k}}^*\frac{\partial\psi_{\boldsymbol{k}}}{\partial r} - \psi_{\boldsymbol{k}}\frac{\partial\psi_{\boldsymbol{k}}^*}{\partial r}\right)$$
$$\to 2\mathrm{i}k\cos\theta + \frac{\mathrm{i}k(1+\cos\theta)\mathrm{e}^{\mathrm{i}kr(1-\cos\theta)}f_{\boldsymbol{k}}}{r} + \frac{\mathrm{i}k(1+\cos\theta)\mathrm{e}^{-\mathrm{i}kr(1-\cos\theta)}f_{\boldsymbol{k}}^*}{r}$$
$$- \frac{\mathrm{e}^{\mathrm{i}kr(1-\cos\theta)}f_{\boldsymbol{k}}}{r^2} + \frac{\mathrm{e}^{-\mathrm{i}kr(1-\cos\theta)}f_{\boldsymbol{k}}^*}{r^2} + \frac{2\mathrm{i}k|f_{\boldsymbol{k}}|^2}{r^2} \tag{7.3.4}$$

对 $kr \gg 1$, 指数 $\mathrm{e}^{\pm\mathrm{i}kr(1-\cos\theta)}$ 迅速振荡, 除在 $\cos\theta = 1$ 之处, 在式(7.3.3)中对 θ 的积分的贡献几乎全部来自 $\theta = 0$ 附近. 对于 θ 和 ϕ 的光滑函数 $g(\theta,\phi)$, 我们可以有以下近似:

$$\int_0^\pi \sin\theta\mathrm{d}\theta\int_0^{2\pi}\mathrm{d}\phi\mathrm{e}^{\mathrm{i}kr(1-\cos\theta)}g(\theta,\phi) \to 2\pi g(0)\int_0^\pi\sin\theta\mathrm{d}\theta\mathrm{e}^{\mathrm{i}kr(1-\cos\theta)} \tag{7.3.5}$$

此处 $g(0)$ 是 $g(\theta,\phi)$ 对于 $\theta = 0$ 的与 ϕ 无关的值. 引入变量 $\nu \equiv 1 - \cos\theta$, 把积分限 $\nu = 2$ 换为 $\nu = +\infty$(因为积分振荡使得对于大的 kr, ν 的贡献从 2 到无限大都是指数地减小), 给出

$$\int_0^\pi \sin\theta\mathrm{d}\theta\int_0^{2\pi}\mathrm{d}\phi\mathrm{e}^{\mathrm{i}kr(1-\cos\theta)}g(\theta,\phi) \to 2\pi g(0)\int_0^{+\infty}\mathrm{d}\nu\mathrm{e}^{\mathrm{i}kr\nu} = 2\pi\mathrm{i}g(0)/(kr) \tag{7.3.6}$$

[①] 定理被给予了这个名称, 因为它第一次在经典电动力学中遇到, 这是 Rayleigh 爵士在光的吸收和折射系数的虚部之间建立的关系. 它第一次因在量子力学中的散射振幅被 E. Feenberg 推导 (*Phys. Rev.*, 1932, 40: 40). 历史述评请见 R. G. Newton 的文章 (*Amer. J. Phys.*, 1976, 44: 639).

(计算对 ν 的积分, 用通常的技巧, 把因子 $e^{-\epsilon\nu}(\epsilon>0)$ 插入被积函数, 在积分之后, 令 ϵ 趋于零.) 将此应用于式(7.3.4)的立体角积分, 给出

$$
\begin{aligned}
(2\pi\hbar)^3 \int_0^\pi &\sin\theta\mathrm{d}\theta \int_0^{2\pi}\mathrm{d}\phi \left(\psi_{\boldsymbol{k}}^*\frac{\partial\psi_{\boldsymbol{k}}}{\partial r} - \psi_{\boldsymbol{k}}\frac{\partial\psi_{\boldsymbol{k}}^*}{\partial r}\right) \\
&\to \frac{\mathrm{i}k}{r}\frac{2\pi i}{kr}2f_{\boldsymbol{k}}(0) + \frac{\mathrm{i}k}{r}\frac{-2\pi\mathrm{i}}{kr}2f_{\boldsymbol{k}}^*(0) + \frac{2\mathrm{i}k}{r}\int_0^\pi\sin\theta\mathrm{d}\theta\int_0^{2\pi}|f_{\boldsymbol{k}}(\theta,\phi)|^2\,\mathrm{d}\phi + O(1/r^3) \\
&\to -\frac{8\pi\mathrm{i}}{r^2}\mathrm{Im}f_{\boldsymbol{k}}(0) + \frac{2\mathrm{i}k}{r}\int_0^\pi\sin\theta\mathrm{d}\theta\int_0^{2\pi}\mathrm{d}\phi|f_{\boldsymbol{k}}(\theta,\phi)|^2
\end{aligned} \tag{7.3.7}
$$

对于大的 r, 由式 (7.3.3) 给出

$$
\sigma_{\text{scatt}} \equiv \int_0^\pi\sin\theta\mathrm{d}\theta\int_0^{2\pi}\mathrm{d}\phi\,|f_{\boldsymbol{k}}(\theta,\phi)|^2 = \frac{4\pi}{k}\mathrm{Im}f_{\boldsymbol{k}}(0) \tag{7.3.8}
$$

这是光学定理的一个特殊情况, 此处的推导基于实势的弹性散射. 在此情况下总截面 σ_{tot}(定义如下: 如果初始粒子局限在一个横向面积 A 之内, 则散射或任何其他反应的总概率是 σ_{tot}/A) 和弹性散射截面 σ_{scatt} 相同, 所以我们正好把式(7.3.8)写为

$$
\sigma_{\text{tot}} = \frac{4\pi}{k}\mathrm{Im}f_{\boldsymbol{k}}(0) \tag{7.3.9}
$$

这是最普遍形式的光学定理, 在 8.3 节中将对普遍散射过程进行推导.

要看出式(7.3.9)是概率守恒所需要的, 考虑在 3-方向运行的平面波打到位于 x-y 平面上的散射体薄箔上 (足够薄以使多次散射可被忽略), 并计算在箔后面距离 $z\gg 1/k$ 处的波函数. 为此目的, 我们要将个别散射体的贡献加起来, 通过将散射振幅乘以箔单位面积的散射体数目 $\mathcal{N}$, 并对箔的面积积分. 这给出 $x=y=0$ 的下游波函数:

$$
\begin{aligned}
\psi_{\boldsymbol{k}} &= (2\pi\hbar)^{-3/2}\left(\mathrm{e}^{\mathrm{i}kz} + \mathcal{N}\int_0^{+\infty}\frac{b\mathrm{d}b}{(z^2+b^2)^{1/2}}\int_0^{2\pi}\mathrm{d}\phi\,f_{\boldsymbol{k}}(\arctan(b/z),\phi)\mathrm{e}^{\mathrm{i}k(z^2+b^2)^{1/2}}\right) \\
&= (2\pi\hbar)^{-3/2}\mathrm{e}^{\mathrm{i}kz}\left(1 + \mathcal{N}\int_0^{+\infty}\frac{b\mathrm{d}b}{(z^2+b^2)^{1/2}}\int_0^{2\pi}\mathrm{d}\phi\,f_{\boldsymbol{k}}(\arctan(b/z),\phi)\mathrm{e}^{\mathrm{i}k((z^2+b^2)^{1/2}-z)}\right)
\end{aligned}
$$

展开指数中的平方根, 我们看到被积函数当 $kb^2/z\gg 1$ 时迅速振荡, 所以对积分做出可观贡献的 b 值被限制在量级为 $\sqrt{z/k}$ 的上限之下. 因为我们假设 $kz\gg 1$, 这意味着积分的大部分来自比 z 小得多的 b 值, 所以它简化为

$$
\psi_{\boldsymbol{k}} = (2\pi\hbar)^{-3/2}\mathrm{e}^{\mathrm{i}kz}\left(1 + \pi f_{\boldsymbol{k}}(0)\mathcal{N}z^{-1}\int_0^{+\infty}\mathrm{d}b^2\mathrm{e}^{\mathrm{i}kb^2/(2z)}\right) \tag{7.3.10}
$$

和通常一样, 我们诠释 $\int_0^{+\infty}\mathrm{e}^{\mathrm{i}ax}\mathrm{d}x$: 通过插入收敛因子 $\mathrm{e}^{-\epsilon x}$ 计算积分得到 $1/(\epsilon-\mathrm{i}a)$, 然后设 $\epsilon=0$. 所以由式(7.3.10)给出

$$
\psi_{\boldsymbol{k}} = (2\pi\hbar)^{-3/2}\mathrm{e}^{\mathrm{i}kz}\left(1 + 2\mathrm{i}\pi f_{\boldsymbol{k}}(0)\mathcal{N}k^{-1}\right) \tag{7.3.11}
$$

到 $\mathcal{N}$ 的一阶[1], 平面波的概率密度因此被压低一个因子

$$(2\pi\hbar)^2\,|\psi_{\boldsymbol{k}}|^2 = 1 - \frac{4\pi\mathrm{Im}f_{\boldsymbol{k}}(0)\mathcal{N}}{k} \tag{7.3.12}$$

这应该等于 $1-P$, 此处 P 是粒子被散射或用其他方式从束流中移出的概率. 这个概率由 σ_{tot}/A 乘以在原始波包有效面积 $A \equiv 1/\rho_T$ 中的散射体数目 $\mathcal{N}A$ 给出, 所以 $P = \sigma_{\mathrm{tot}}\mathcal{N}$. 将量(7.3.12)和 $1-P$ 对等起来就给出光学定理的普遍形式(7.3.9). 在这个形式下, 它可以应用到从初始粒子开始的任何反应, 相对论性的或非相对论性的.

光学定理有一个直接后果: 对高能散射提供重要信息. 如果散射振幅 $f_{\boldsymbol{k}}(\theta,\phi)$ 是角度的光滑函数, 那么总会有某个立体角 $\Delta\Omega$, 在其中微分散射截面 $|f_{\boldsymbol{k}}(\theta,\phi)|^2$ 和前向散射截面值相比不会小得很多——为了确定, 我们说不小于 $|f_{\boldsymbol{k}}(0)|^2/2$. 这样, 有

$$\sigma_{\mathrm{tot}}(k) \geqslant \frac{1}{2}\,|f_{\boldsymbol{k}}(0)|^2\,\Delta\Omega \geqslant \frac{1}{2}\,|\mathrm{Im}f_{\boldsymbol{k}}(0)|^2\,\Delta\Omega = \frac{k^2\sigma_{\mathrm{tot}}^2(k)\Delta\Omega}{32\pi^2}$$

因此

$$\Delta\Omega \leqslant \frac{32\pi^2}{k^2\sigma_{\mathrm{tot}}^2(k)} \tag{7.3.13}$$

如在 8.4 节中讨论的, 在强相互作用粒子 (如质子) 碰撞中, 在高能时总截面是常数或随能量缓慢增加, 所以在立体角 $\Delta\Omega$ 中微分散射截面和前向相比不会少于一半, 它的值要大体上以 $1/k^2$ 规律减小. 在前向的尖锐峰值称为**衍射峰**.

7.4 Born 近似

我们所采用的处理方法的优点之一是它立即导致一个广泛使用的近似方法, 称为 **Born 近似**[2]. 这个近似一般对弱势成立, 更确切地说, 即相关的势 V 的矩阵元远小于动能 H_0 的典型矩阵元时. 在此情况下, 因为散射振幅式(7.2.6)已经包括了势的显含因子, 就可以取 "入" 波函数 $\psi_{\boldsymbol{k}}$ 作为自由粒子波函数 $(2\pi\hbar)^{-3/2}\exp(\mathrm{i}\boldsymbol{k}\cdot\boldsymbol{x})$ 来计算振幅到势的一阶, 这样, 有

$$f_{\boldsymbol{k}}(\hat{\boldsymbol{x}}) \approx -\frac{\mu}{2\pi\hbar^2}\int \mathrm{d}^3y\,V(\boldsymbol{y})\exp\left(\mathrm{i}(\boldsymbol{k}-k\hat{\boldsymbol{x}})\cdot\boldsymbol{y}\right) \tag{7.4.1}$$

---

[1] 对 $\mathcal{N}$ 高阶项和箔中多次散射的项贡献是同量级的, 我们在此略去了.

[2] Born M. Z. Physik, 1926, 38: 803.

作为特例, 对于中心势它给出

$$f_{\boldsymbol{k}}(\theta,\phi) \approx -\frac{2\mu}{\hbar^2} \int_0^{+\infty} r^2 \mathrm{d}r V(r) \frac{\sin qr}{qr} \tag{7.4.2}$$

此处 $\hbar q$ 是动量转移,

$$q \equiv |\boldsymbol{k} - k\hat{\boldsymbol{x}}| = 2k\sin(\theta/2) \tag{7.4.3}$$

这里 θ 是入射方向 $\hat{\boldsymbol{k}}$ 和散射方向 $\hat{\boldsymbol{x}}$ 的夹角. 振幅与辐角 ϕ 无关的结果是问题对中心势 3-轴转动对称性的直接后果, 与Born 近似无关. 另一方面, 散射振幅仅通过组合 q 依赖于 k 和 θ 的结果不仅由于势仅与 r 有关, 而且也因为用了 Born 近似.

例如, 考虑在屏蔽 Coulomb 势中的散射:

$$V(r) = \frac{Z_1 Z_2 e^2}{r} \mathrm{e}^{-\kappa r} \tag{7.4.4}$$

这是被原子序数为 Z_2 的原子散射时, 一个电荷为 $Z_1 e$ 的核受到的势的粗略近似; 在小距离 r 时入射核受到原子核的全部 Coulomb 场, 而在大的 r 时电荷被原子的电子屏蔽. (这种形式的势也称为 Yukawa 势, 因为 Hideki Yukawa(1907~1981) 在 1935 年证明在核子之间交换无自旋质量为 $\hbar\kappa/c$ 的玻色子时产生这种形式的势[1].) 在式(7.4.2)中, 用它给出

$$f_{\boldsymbol{k}}(\theta,\phi) \approx -\frac{2\mu Z_1 Z_2 e^2}{q\hbar^2} \int_0^{+\infty} \mathrm{d}r \mathrm{e}^{-\kappa r} \sin qr = -\frac{2\mu Z_1 Z_2 e^2}{\hbar^2} \frac{1}{q^2 + \kappa^2} \tag{7.4.5}$$

作为特例, 纯 Coulomb 势在 Born 近似中的散射振幅由 $\kappa = 0$ 时式(7.4.5)给出. 这给出的散射截面和 Rutherford 在他分析 α 粒子被金原子散射推导的相同, 在 1.2 节中讨论过, 从而导致在 1911 年原子核的发现. Rutherford 是幸运的; 他的推导是严格经典的, 除去 Coulomb 势外其他任何势的量子力学计算都会给出与经典不同的结果. 我们将在 7.9 节中看到散射振幅从势得到可观的高阶修正, 但对 Coulomb 势这些修正只改变散射振幅的相, 所以不影响 Coulomb 散射截面.

7.5 相移

散射振幅有一个有用的表示, 它对于球对称势特别方便. 因为入射波 $\exp(\mathrm{i}kx_3)$ 对于沿 3-轴的转动是不变的, Laplace 算符和势对于所有转动不变, 总波函数必须也对沿

---

[1] Yukawa H. Proc. Phys.-Math. Soc. (Japan), 1935, 17 (3): 48.

3-轴的转动不变, 因此要独立于辐角 ϕ. 把它用球谐函数展开, 我们只遇到 $m=0$ 的项, 或用另一句话说, 正比于在 2.2 节中讨论的 Legendre 多项式 $P(\cos\theta)$ 的项. 我们把完全波函数写为

$$\psi(r,\theta) = \sum_{\ell=0}^{+\infty} R_\ell(r) P_\ell(\cos\theta) \tag{7.5.1}$$

并且, 在式(7.2.5)中的平面波有熟知的展开:

$$\exp(\mathrm{i}kr\cos\theta) = \sum_{\ell=0}^{+\infty} \mathrm{i}^\ell (2\ell+1) j_\ell(kr) P_\ell(\cos\theta) \tag{7.5.2}$$

此处 $j_\ell(kr)$ 是**球 Bessel 函数**:

$$j_\ell(z) \equiv \sqrt{\frac{\pi}{2z}} J_{\ell+1/2}(z) = (-1)^\ell z^\ell \frac{\mathrm{d}^\ell}{(z\mathrm{d}z)^\ell} \frac{\sin z}{z} \tag{7.5.3}$$

式(7.5.2)的推导从注意到 $\mathrm{e}^{\mathrm{i}k\cos\theta} = \mathrm{e}^{\mathrm{i}kx_3}$ 满足波动方程 $(\nabla^2+k^2)\mathrm{e}^{\mathrm{i}kr\cos\theta}=0$ 开始. 根据式(2.1.16)和式(2.2.1), 如果我们把 $\mathrm{e}^{\mathrm{i}kr\cos\theta}$ 的分波展开为

$$\mathrm{e}^{\mathrm{i}kr\cos\theta} = \sum_{\ell=0}^{+\infty} f_\ell(kr) P_\ell(\cos\theta)$$

则系数 $f_\ell(kr)$ 必须满足波动方程

$$\left(\frac{1}{r^2} \frac{\mathrm{d}}{\mathrm{d}r} r^2 \frac{\mathrm{d}}{\mathrm{d}r} - \frac{\ell(\ell+1)}{r^2} + k^2 \right) f_\ell(kr) = 0$$

因此 $\sqrt{r}f_\ell(kr)$ 满足 $\ell+1/2$ 阶 Bessel 微分方程. 用 $f_\ell(kr)$ 在 $r=0$ 时正规的条件, 它告诉我们 $f_\ell(kr)$ 正比于 $j_\ell(kr)$, 如式(7.5.3)第一个等式所定义的. 比例常数可以从计算 $\int_{-1}^{1} \exp(\mathrm{i}kr\mu) P_\ell(\mu)\mathrm{d}\mu$ 求得, 并用正交归一性质 $\int_{-1}^{1} P_{\ell'}(\mu) P_\ell(\mu)\mathrm{d}\mu = \delta_{\ell\ell'}/(2\ell+1)$. 与通常的 Bessel 函数不同, 球 Bessel 函数可以用初等函数表示, 例如

$$j_0(x) = \frac{\sin x}{x}, \quad j_1(x) = \frac{\sin x}{x^2} - \frac{\cos x}{x}, \quad \cdots \tag{7.5.4}$$

以上波动方程其他的在原点不正规的解是球 Neumann 函数,

$$n_0(x) = -\frac{\cos x}{x}, \quad n_1(x) = -\frac{\cos x}{x^2} - \frac{\sin x}{x}, \quad \cdots \tag{7.5.5}$$

要找出散射振幅, 我们必须考虑波函数(7.5.1)和平面波(7.5.2)在 $r \to +\infty$ 时的差别. 如果势对大的 r 足够快地趋于零, 约化径向波函数 $rR_\ell(r)$ 在 r 大时必须变为 $\cos kr$ 和 $\sin kr$ 的线性组合, 不失一般性, 我们可以写为

$$R_\ell(r) \to \frac{c_\ell(k)\sin(kr - \ell\pi/2 + \delta_\ell(k))}{kr} \tag{7.5.6}$$

此处 c_ℓ 和 δ_ℓ 是可以依赖 k, 但与 r 无关的量. 容易看出, 径向波函数 $R_\ell(r)$ 是实的, 准确到常数相因子.(对于一个在 $r \to 0$ 时不比 $1/r^2$ 增加更快的势, Schrödinger 方程(2.1.16), 乘以 $2\mu r^2/\hbar^2 R_\ell(r)$, 取以下形式:

$$\frac{1}{R_\ell(r)}\frac{\mathrm{d}}{\mathrm{d}r}\left(r^2\frac{\mathrm{d}}{\mathrm{d}r}\right)R_\ell(r) \to \ell(\ell+1)$$

所以当 $r \to 0$ 时, $R_\ell(r)$ 越来越趋近于 r^ℓ 和 $r^{-\ell-1}$ 的线性组合. 可归一化条件需要我们选择 $R_\ell(r)$ 在 $r \to 0$ 时的趋向 r^ℓ. 对于实的势, $R_\ell^*(r)$ 和 $R_\ell(r)$ 满足同样的齐次二阶微分方程和在对数导数上同样的初始条件, 所以它必须等于 $R_\ell(r)$, 准确到常数因子, 这告诉我们, $R_\ell(r)$ 是实的, 准确到复常数因子.) 所以 c_ℓ 可以是复的, 但 δ_ℓ 必须是实的.

在另一方面, 对大的变量, 出现在平面波中的球 Bessel 函数有以下渐近行为:

$$j_\ell(kr) \to \frac{\sin(kr-\ell\pi/2)}{kr} \tag{7.5.7}$$

在无相互作用时, 在波函数中只有平面波项, 所以 $R_\ell(r)$ 应该与 $j_\ell(kr)$ 成正比. 与式(7.5.6)和式(7.5.7)相比较可证明在此情况下所有的 δ_ℓ 为零. 由于这个原因, δ_ℓ 称为 **相移**.

要确定系数 c_ℓ, 我们施加条件, 当 $r \to +\infty$ 时, 散射波 $\psi(r,\theta) - \exp(\mathrm{i}kr\cos\theta)$ 只能包含在 r 的依赖上和出射波 $\exp(\mathrm{i}kr)/(kr)$ 成正比的项, 而不能含入射波 $\exp(-\mathrm{i}kr)/(kr)$ 的项. 从式(7.5.1)减去式(7.5.2), 并用式(7.5.6)和式(7.5.7), 我们看到在散射波中 $P_\ell(\cos\theta)\exp(-\mathrm{i}kr)/(2\mathrm{i}kr)$ 的系数是

$$c_\ell \mathrm{i}^\ell \mathrm{e}^{-\mathrm{i}\delta_\ell} = \mathrm{i}^{2\ell}(2\ell+1)$$

所以

$$c_\ell = \mathrm{i}^\ell(2\ell+1)\mathrm{e}^{\mathrm{i}\delta_\ell} \tag{7.5.8}$$

散射波有渐近行为

$$\psi(r,\theta) - \exp(\mathrm{i}kr\cos\theta) \to \frac{\mathrm{e}^{\mathrm{i}kr}}{2\mathrm{i}kr}\sum_{\ell=0}^{+\infty}(2\ell+1)P_\ell(\cos\theta)(\mathrm{e}^{2\mathrm{i}\delta_\ell}-1) \tag{7.5.9}$$

因此散射振幅就是

$$f(\theta) = \frac{1}{2\mathrm{i}k}\sum_{\ell=0}^{\infty}(2\ell+1)P_\ell(\cos\theta)(\mathrm{e}^{2\mathrm{i}\delta_\ell}-1) \tag{7.5.10}$$

我们现在可以验证光学定理. 从式(7.5.10), 我们立即发现

$$\mathrm{Im}f(0) = \frac{1}{2k}\sum_{\ell=0}^{+\infty}(2\ell+1)(1-\cos 2\delta_\ell) = \frac{1}{k}\sum_{\ell=0}^{+\infty}(2\ell+1)\sin^2\delta_\ell \tag{7.5.11}$$

由球谐函数的正交归一条件给出

$$\delta_{\ell\ell'} = 2\pi \int_0^\pi Y_\ell^0(\theta) Y_{\ell'}^0(\theta) \sin\theta \mathrm{d}\theta = \frac{2\ell+1}{2} \int_0^\pi P_\ell(\cos\theta) P_{\ell'}(\cos\theta) \sin\theta \mathrm{d}\theta \tag{7.5.12}$$

所以弹性散射截面是

$$\sigma_{\mathrm{scat}} = \frac{4\pi}{k^2} \sum_{\ell=0}^{+\infty} (2\ell+1) \sin^2\delta_\ell \tag{7.5.13}$$

通过式(7.5.11)和式(7.5.13)的比较给出光学定理式(7.3.8).

相移形式做得好的一件事是分析散射振幅的低能行为. 要做到这点, 我们先推导一个对任何能量都适用的相移公式, 然后把它用于低能.

假设势在半径 a 之外是可忽略的 (假设势在 $r \to +\infty$ 时迅速趋于零, 虽然它在任何有限的 r 处并不严格为零, 我们得到的结果将定性地可靠.) 当 $r > a$ 时, 给定 ℓ 的径向波函数 $R_\ell(r)$ 是自由粒子波动方程的解, 它一般是球 Bessel 函数 $j_\ell(kr)$(它在 $r \to 0$ 时是正规的) 和 $n_\ell(kr)$(在原点变为无穷大) 的线性组合. 这些函数对大变量的渐近行为是

$$j_\ell(\rho) \to \frac{\sin(\rho-\ell\pi/2)}{\rho}, \quad n_\ell \to -\frac{\cos(\rho-\ell\pi/2)}{\rho} \tag{7.5.14}$$

因此给出式(7.5.6)和式(7.5.8)的渐近行为的线性组合是

$$R_\ell(r) = \mathrm{i}^\ell(2\ell+1)\mathrm{e}^{\mathrm{i}\delta_\ell}\left(j_\ell(kr)\cos\delta_\ell - n_\ell(kr)\sin\delta_\ell\right), \quad r > a \tag{7.5.15}$$

在 $r = a$ 处 $R_\ell'(r)/R_\ell(r)$ 的值 (在这里渐近公式(7.5.14)不适用) 是用以下条件设定的: 波函数应该光滑地与 Schrödinger 方程在 $r < a$ 处的解 (它在 $r \to 0$ 时表现良好, $R_\ell \propto r^\ell$) 对接, 解当然依赖于势的细节. 这个条件可以写为

$$R_\ell'(a)/R_\ell(a) = \Delta_\ell(k) \tag{7.5.16}$$

这里 $\Delta_\ell(k)$ 对于 $r < a$ 只依赖于波函数. 由式(7.5.15)和式(7.5.16)给出

$$\tan\delta_\ell(k) = \frac{kj_\ell'(ka) - \Delta_\ell(k)j_\ell(ka)}{kn_\ell'(ka) - \Delta_\ell(k)n_\ell(ka)} \tag{7.5.17}$$

现在, 对足够小的 k, 在径向波函数的 Schrödinger 方程中的 $k^2 R_\ell$ 项效应很小, 所以 $\Delta_\ell(k)$ 在低能时变得基本与 k 无关. 并且, 小变量的球 Bessel 函数是

$$j_\ell(\rho) \to \frac{\rho^\ell}{(2\ell+1)!!}, \quad n_\ell(\rho) \to -(2\ell-1)!!\rho^{-\ell-1} \tag{7.5.18}$$

此处对任何奇整数 n,

$$n!! \equiv n(n-2)(n-4)\cdots 1 \tag{7.5.19}$$

这里 $(-1)!! \equiv 1$. 因此对 $ka \ll 1$, 由式(7.5.17)给出

$$\tan\delta_\ell \to \frac{\ell - a\Delta_\ell}{a\Delta_\ell + \ell + 1} \frac{(ka)^{2\ell+1}}{(2\ell+1)!!(2\ell-1)!!} \tag{7.5.20}$$

这证明了 $\tan\delta_\ell$ 在 $k \to 0$ 时按 $k^{(2\ell+1)}$ 趋于零, 所以 $\delta_\ell(k)$ 或者为零, 或者趋近 π 的整数倍. 我们可以走得更远, 讲一些关于 k 的高阶项. 注意 Δ_ℓ 对于 k^2 的依赖仅是通过在 Schrödinger 方程中的 $k^2 R_\ell$ 的一项, 所以 Δ_ℓ 是 k^2 的幂级数. 并且, $k^{-\ell}j_\ell(ka)$, $k^{1-\ell}j'_\ell(ka)$, $k^{\ell+1}n_\ell(ka)$ 和 $k^{\ell+2}n'_\ell(ka)$ 都是 k^2 的幂级数. 因此我们从式(7.5.17)看出 $k^{-2\ell-1}\tan\delta_\ell$ 也是 k^2 的幂级数.

显然, 如果没有选择规则压低 s 波散射, δ_0 就是在 $k \to 0$ 时的主导相移. 通常把 $k\cot\delta_0$ 而非它的倒数 $k^{-1}\tan\delta_\ell$ 表示为 k^2 的幂级数:

$$k\cot\delta_0 \to -\frac{1}{a_s} + \frac{r_{\text{eff}}}{2}k^2 + \cdots \tag{7.5.21}$$

此处 a_s 和 r_{eff} 是长度量纲的常数, 分别称为**散射长度**和**有效力程**. 根据式(7.5.13), 当 $k \to 0$ 时截面趋于一个常数

$$\sigma_{\text{scat}} \to 4\pi a_s^2 \tag{7.5.22}$$

我们将在 8.8 节中看到在一个浅的 s 波束缚态存在条件下, 可能推导一个用束缚态能量表示的 a_s 的公式, 不需要知道关于势的任何细节.

我必须提一下, 这些结果有一个例外, 即 s 波束缚态能量正好为零的情况. 在一般情况下, 在 $k = 0$ 时, $\ell = 0$ 径向波函数 R_0 在势的力程之外满足 Schrödinger 方程 $\mathrm{d}/\mathrm{d}r(r^2\mathrm{d}R_0/\mathrm{d}r) = 0$, 所以 R_0 是一个线性组合, 一项正比于 $1/r$, 一项是常数, 在零能处有束缚态, 常数项不能存在, 所以在 $r = a$ 时, $R_0 \propto 1/r$, 因此 $\Delta_0(0) = -1/a$. 在此情况下, 在式(7.5.20)中的分母 $a\Delta_0 + 1$ 为零, 使结论 $\tan\delta_0 \to 0$ 当 $k \to 0$ 时不能成立. 实际上, 我们将在 8.8 节中普遍基础上证明, 有 s 波零能量束缚态时, 在零能量的 $\tan\delta_0$ 是无限大的, 而不是零.

7.6　共振

也有其他情况, 其中相移对能量显示特征的依赖, 而与势的具体形式无关. 考虑势 $V(r)$, 它在原点外面一个很厚的壳内的值比能量大得多, 围绕出一个内区, 在此势要

小得多, $V \ll E$. 在此情况下, 在势垒内 Schrödinger 方程的通解是两个解的线性组合, 一个解为 $R_+(r,E,\ell)$, 它随 r 的增加按指数增加, 另一个解 $R_-(r,E,\ell)$ 按指数衰减. 要看到这点, 注意在任何低于势垒高度的能量 E, 约化径向波函数 $u(r,E,\ell) \equiv rR(r,E,\ell)$ 的 Schrödinger 方程(2.1.29)在势垒内可以写为

$$\frac{\mathrm{d}^2 u}{\mathrm{d}r^2} = \kappa^2 u \tag{7.6.1}$$

此处

$$\kappa^2(r,E,\ell) \equiv \frac{2\mu}{\hbar^2}(V(r)-E) + \frac{\ell(\ell+1)}{r^2} > 0 \tag{7.6.2}$$

在假设势垒既高且厚时, 我们具体假设 κ 是如此之大, κ 和 $\kappa' \equiv \partial\kappa/\partial r$ 在 $1/\kappa$ 这个距离内的变化都很小, 即

$$\left|\frac{\kappa'}{\kappa}\right| \ll \kappa, \quad \left|\frac{\kappa''}{\kappa'}\right| \ll \kappa \tag{7.6.3}$$

从现在起 κ 就被理解为量(7.6.2)的正平方根. 在这些条件下我们可以用在 5.7 节中讨论的 WKB 近似求得方程(7.6.1)的近似解, 其形式为

$$u_\pm(r,E,\ell) \equiv rR_\pm(r,E,\ell) = A_\pm(r,E,\ell)\exp\left(\pm\int_0^r \kappa(r',E,\ell)\mathrm{d}r'\right) \tag{7.6.4}$$

此处 $A_\pm$ 比指数的变量变化慢得多. (方程(5.7.9)证明 $A_\pm \propto 1/\sqrt{\kappa}$ 是个好的近似.)

这些解要延拓到势垒外面, 也延拓到内区. 在势垒外面, R_+ 比 R_- 大得多:

$$\frac{R_-(r,E,\ell)}{R_+(r,E,\ell)} = O\left(\exp\left(-2\int_{\mathrm{barrier}}\kappa(r',E,\ell)\mathrm{d}r'\right)\right) \ll 1 \tag{7.6.5}$$

积分取遍整个 $V(r') > E$ 的区域. 在另一方面, Schrödinger 方程在内区的解在 $r \to 0$ 时走向如 r^ℓ(而非 $r^{-\ell-1}$), 必须取以下形式:

$$R(r,E,\ell) = c_+(E,\ell)R_+(r,E,\ell) + c_-(E,\ell)R_-(r,E,\ell) \tag{7.6.6}$$

系数 $c_\pm(E,\ell)$ 一般是同一量级的.

现在回顾相移的表达式(7.5.17):

$$\tan\delta_\ell(k) = \frac{kj_\ell'(ka) - \Delta_\ell(k)j_\ell(ka)}{kn_\ell'(ka) - \Delta_\ell(k)n_\ell(ka)} \tag{7.6.7}$$

此处 $\Delta_\ell(k)$ 是对数导数, $\Delta_\ell(k) \equiv R'(a,E,\ell)/R(a,E,\ell)$, 恰在势垒外边的半径 a 取值. 对于在势垒高度以下的典型能量, 波函数由 R_+ 支配, $\Delta_\ell(k)$ 将等于 $R_+'(a,E,\ell)/R_+(a,E,\ell)$. 对于多数能量, 这给出 $\tan\delta_\ell(E)$ 一个光滑变化的值, 记为 $\tan\bar{\delta}_\ell(E)$.

但是假设在无限厚的势垒极限, Schrödinger 方程有一个能量为 E_0、轨道角动量为 ℓ_0 的束缚态解. 在这个能量下 Schrödinger 方程在 $r \to 0$ 趋向 r^{ℓ_0} 的那一个解在势

垒内必须衰变, 所以 $c_+(E_0, \ell_0) = 0$. 只要 E 足够接近 E_0, 使得 $c_+(E_0, \ell_0)/c_-(E_0, \ell_0)$ 小于量级(7.6.6), 对数导数 $\Delta_{\ell_0}(k)$ 就将可观地不同于 $R'_+(a, E, \ell_0)/R_+(a, E, \ell_0)$, 而在 $E = E_0$(在此处 c_+ 为零) 时取 $R'_-(a, E, \ell_0)/R_-(a, E, \ell_0)$. 我们得出, 当能量增加通过 $E = E_0$ 时, $\tan\delta_{\ell_0}(E)$ 迅速变化, 在 $E = E_0$ 附近突然变得与 $\tan\overline{\delta}_{\ell_0}(E)$ 显著不同, 然后回到光滑变化的 $\tan\overline{\delta}_{\ell_0}(E)$. $\tan\delta_{\ell_0}(E)$ 与 $\tan\overline{\delta}_{\ell_0}(E)$ 显著不同的范围和式(7.6.6)成正比.

在下一节中我们将给出论证, 相移的迅速减小会破坏因果性. 因为 $\tan\delta_{\ell_0}(E)$ 迅速变化, 但当 E 通过 E_0 时回到同样的值, 相移必定在能量 E_0 周围很窄的范围增加 $180°$(也可能是 $180°$ 的整数倍[①]), 因此必须在这个能量范围中的某一个能量 E_R 处等于 $90°$. 所以相移可以取以下形式:

$$\delta_{\ell_0}(E) = \overline{\delta}_{\ell_0}(E) + \delta_{\ell_0}^{(R)}(E) \tag{7.6.8}$$

$$\tan\delta_{\ell_0}^{(R)}(E) = -\frac{1}{2}\frac{\Gamma}{E - E_R} \tag{7.6.9}$$

此处 Γ 是个量纲和能量相同的常数, 与式(7.6.6)成正比, E_R 是一个与 E_0 相差最多 Γ 量级的能量. (比例常数写成 $-\Gamma/2$ 是为以后方便. 要想式(7.6.9)给出增加的相移, 必须有 $\Gamma > 0$.) 相移在能量 E_R 处的增加是和一个经典系统在振荡微扰的频率和体系的一个自然频率洽合时出现很大的共振响应相似的, 因此, $\tan\delta_{\ell_0}$ 在 E_R 处的发散称为一个**共振**, E_R 是共振能.

非共振相移 $\tan\overline{\delta}_{\ell_0}$ 典型地比 $90°$ 小得多. 在此情况下, 我们可以在式(7.6.8)中略去 $\overline{\delta}_{\ell_0}(E)$, 这就得到

$$\sin^2\delta_{\ell_0}(E) = \frac{\tan^2\delta_{\ell_0}(E)}{1 + \tan^2\delta_{\ell_0}(E)} = \frac{\Gamma^2/4}{(E - E_R)^2 + \Gamma^2/4}$$

所以式(7.5.13)给出总截面

$$\sigma_{\text{scat}} \approx \frac{\pi(2\ell_0 + 1)}{k^2}\frac{\Gamma^2}{(E - E_R)^2 + \Gamma^2/4} \tag{7.6.10}$$

式(7.6.10)称为 **Breit-Wigner 公式**[②]. 我们看到 Γ 是截面在半极大处的峰值全宽度. 在极大处的截面取值 $4\pi(2\ell_0 + 1)/k_R^2$, 差不多是波长的平方, 和势的细节无关. 在 8.5 节中将给出公式对于各种问题的推广.

共振宽度 Γ 和共振态的寿命有重要联系. 用式(7.6.8)和式(7.6.9)以及一些初等三

---

① 在 $\delta_\ell(E)$ 跳跃 $360°$, $540°$ 等时, 它必定通过 $270°$, $450°$ 等, 散射截面将显示几乎在同样能量下的几个峰值. 几个共振出现在同样能量的情况在此不予讨论.

② Breit G, Wigner E P. Phys. Rev., 1936, 49: 519.

角, 我们容易看到在散射振幅(7.5.10)中的 $\exp(2\mathrm{i}\delta_{\ell_0})$ 在共振附近表现为

$$\exp\left(2\mathrm{i}\delta_{\ell_0}(E)\right) = \exp\left(2\mathrm{i}\bar{\delta}_{\ell_0}(E)\right)\left(1 - \frac{\mathrm{i}\Gamma}{E - E_{\mathrm{R}} + \mathrm{i}\Gamma/2}\right) \tag{7.6.11}$$

如果在 $t = 0$ 时我们将系统置于角动量 ℓ_0、径向波函数 $\int g(E)R(r,\ell_0,E)\mathrm{d}E$ 的近稳定态上, 其中 $g(E)$ 是光滑函数, 它对 E 在 E_{R} 附近变化缓慢, 对时间依赖波函数的共振贡献 $\int g(E)R(r,\ell_0,E)\exp(-\mathrm{i}Et/\hbar)\mathrm{d}E$ 中将有一项, 其时间依赖将在晚些时候正比于积分

$$\int_{-\infty}^{+\infty} \frac{\exp(-\mathrm{i}Et/\hbar)\mathrm{d}E}{E - E_{\mathrm{R}} + \mathrm{i}\Gamma/2} = -2\pi\mathrm{i}\exp(-\mathrm{i}E_{\mathrm{R}}t/\hbar - \Gamma t/(2\hbar)) \tag{7.6.12}$$

(对 $t > 0$ 的积分可以在下半复平面用大的半圆完成积分路径容易做出.) 因子 $\exp(-\mathrm{i}E_{\mathrm{R}}t\hbar)$ 支持以下诠释: 散射由于形成在接近 E_{R} 能量的一个近乎稳定状态而发生, 在散射振幅中的因子 $\exp(-\Gamma t/(2\hbar))$ 给出在散射概率中的因子 $\exp(-\Gamma t/\hbar)$, 说明这个状态的衰变率为 $\Gamma/\hbar$.

在核物理中有些情况, 因势垒太厚状态的衰变率 Γ 非常小, 小到这些状态的核在自然界可以发现, 而不是作为散射的共振出现. 经典例子由对于发射 α 粒子不稳定的核所提供, 首先被 George Gamow[①] (1904~1968) 用量子力学处理. 在一些跃迁中, α 粒子作为 s 波被发射, 例如 $^{238}\mathrm{U} \to {}^{234}\mathrm{Th} + \alpha$ 和 $^{226}\mathrm{Ra} \to {}^{222}\mathrm{Rn} + \alpha$, 势垒纯粹由Coulomb 势给出, 在 α 衰变中它是 $V(r) = 2Ze^2/r$, 此处 Z 是终态原子核的原子序数. 势垒由有效核半径 R 起延伸到转向点, 在那里 $V(r)$ 等于 α 粒子的最终动能 E_α. 式(7.6.6)中的势垒穿透积分就是

$$2\int_{\text{barrier}} \kappa\,\mathrm{d}r = 2\int_{R}^{2Ze^2/E_\alpha} \mathrm{d}r \sqrt{\frac{2m_\alpha}{\hbar^2}\left(\frac{2Ze^2}{r} - E_\alpha\right)} \tag{7.6.13}$$

在许多情况下, 这个指数相当大, 给 α 发射核以极长的寿命. $^{238}\mathrm{U}$ 的寿命是 4.47×10^9 年, 足够长, 使得可观的铀在地球上存在, 它们是在太阳系形成之前产生的. 甚至 $^{226}\mathrm{Ra}$ 寿命 1 600 年也足够长, 使得镭在从 $^{238}\mathrm{U}$ 开始的放射性衰变链中能在铀矿中发现. (不用说, $^{226}\mathrm{Ra}$ 和 $^{238}\mathrm{U}$ 的 Γ 太小了, 不能使它们作为共振态在 $^{222}\mathrm{Rn}$ 或 $^{234}\mathrm{Th}$ 的 α 粒子散射中出现.) 量(7.6.13)的指数是 E_α 和 Z 极为敏感的函数, 这些都已准确地知道了, 此外还有 R, 知之不多, 所以这个公式在历史上和观测的 α 衰变率一起用来确定 R.

最后, 回顾在这里 Breit-Wigner 公式(7.6.10)是在可忽略的非共振相移 $\bar{\delta}_{\ell_0}(E)$ 情况下推导出来的. 但也有些情况, $\bar{\delta}_{\ell_0}(E)$ 本身也接近 90°, 在此情况下, 总相移在一个共振处从 90° 升到 270°. 在它通过 180° 的地方, 在总截面不是峰值, 而是尖锐的下沉. 这个现象最初在 1921~1922 年由 Ramsauer 和 Townsend[②]在电子被惰性气体原子散射中独立观察到.

---

① Gamow G. Physik Z., 1926, 52: 510; Condon E U, Gurney R W. Phys. Rev., 1929, 33: 127.

② Ramsauer C. Ann. Physik, 1921, 4: 64; Bailey V A, Townsend J S. Phil. Mag. S6, 1922, 43: 1127.

7.7 时间延迟

在前一节的演示中, 通过考虑在一个单一的位置上散射波函数的叠加的时间依赖, 看到宽度为 Γ 的共振代表一个衰变率为 $\Gamma/\hbar$ 的态. 要看出在散射中发生了什么, 我们需要考虑这一叠加在晚些时候和长距离处的时间依赖. 我们在 7.2 节中做过考虑, 在那里我们从式(7.2.5)和式(7.2.7)推导波函数(7.2.9)在晚些时候和长距离的行为. 但在那里我们假设散射振幅 $f_{\boldsymbol{k}}$ 对波数 k 的依赖要比波包 $g(\boldsymbol{k})$ 或因子 e^{ikr} 或 $\exp(-i\hbar t k^2/(2\mu))$ 光滑得多. 现在我们要考虑对任何特殊的角动量 ℓ, 相移 $\delta_\ell(E)$ 都可能随能量迅速变化.

根据式(7.5.10), 波函数(7.2.7)包含一项, 它对大的 r 表现为

$$\frac{(2\pi\hbar)^{-3/2}}{2ikr} \int \mathrm{d}^3 k \, g(\boldsymbol{k}) \exp\left(ikr - i\hbar t k^2/(2\mu) + 2i\delta_\ell(E)\right)(2\ell+1)P_\ell(\cos\theta) \tag{7.7.1}$$

此处相移的变量是 $E = \hbar^2 k^2/(2\mu)$. 在晚些时候积分被指数的变量为恒定时的 j 值控制, 在那里

$$r - \hbar t k/\mu + 2\delta_\ell'(E)\hbar^2 k/\mu = 0$$

或换句话说,

$$r = \frac{\hbar k}{\mu}(t - \Delta t) \tag{7.7.2}$$

此处①

$$\Delta t = 2\hbar\delta_\ell'(E) \tag{7.7.3}$$

(这只在 t 是正的、大的时候才成立; 当 t 是大的但是负的时候, 式(7.7.2)对 $r > 0$ 无解, 这一项在波函数的渐近形式中不出现.) 式(7.7.2)表明 Δt 是入射粒子进入而后离开势所经历的时间延迟.

结果式(7.7.3)证实了前一节所做的评论, 相移一般随能量的增加可以尖锐地增加, 但不能尖锐地减小. 一个波包到达散射中心的时间的不确定性是 $\mathcal{R}/v$ 量级, 此处 $\mathcal{R}$ 是势的力程, v 是波包速度, 所以 Δt 可以是负的, 如果它的值不比这个大, 但一个负的 Δt 有更大的值就代表因果性的失败: 波包从势离开早于它进入. 用式(7.7.3), 这对于任何相移随能量减小设定了一个粗略的上限: $-\delta_\ell'(E) \lesssim \mathcal{R}/(2\hbar v)$.

① Wigner E P. Phys. Rev., 1955, 98: 145.

式(7.7.3)对于共振有一个自然的应用. 忽略非共振贡献 $\bar{\delta}_{\ell_0}(E)$ 随能量的变化率 (此处 ℓ_0 是近稳定状态的角动量), 式(7.6.9)给出在共振附近 (作为正量) 的时间延迟(7.7.3):

$$\Delta t = \frac{2\hbar}{1 + \tan^2 \delta_{\ell_0}^{(\mathrm{R})}(E)} \frac{\mathrm{d}}{\mathrm{d}E} \tan \delta_{\ell_0}^{(\mathrm{R})}(E) = \frac{\hbar \Gamma}{(E - E_{\mathrm{R}})^2 + \Gamma^2/4} \tag{7.7.4}$$

作为特例, 在共振峰处时间延迟为 $4\hbar/\Gamma$. 我们可以如下理解因子 4: 注意到根据式(7.6.12), 波包从势垒泄漏所需的平均时间 (不是概率密度) 是 $2\hbar/\Gamma$, 很有可能这也是入射波包渗入势垒所需的时间, 给出总的时间延迟 $4\hbar/\Gamma$.

7.8 Levinson 定理

这是由数学家 Norman Levinson (1912~1975) 给出的引人注意的定理[①], 它把 $E > 0$ 的相移行为和 $E < 0$ 的束缚态数目联系起来. 最容易的证明是把体系封闭在一个半径为 R 的大球中, 粒子波函数在球面上为零. 回顾一下根据式(7.5.6)角动量为 ℓ、正能量 $E = \hbar^2 k^2/(2\mu)$ 状态的径向波函数和 $\sin(kr - \ell\pi/2 + \delta_\ell(E_n))$ 成正比, 所以边界条件要求这些状态必须有 k 值等于离散的 k_n 之一,

$$k_n R - \ell\pi/2 + \delta_\ell(E_n) = n\pi \tag{7.8.1}$$

此处 n 是任意整数, 它使此式给出正的 k_n 值. 轨道角动量为 ℓ、能量在 0 与 E 之间的状态数 $N_\ell(E)$ 就是使式(7.8.1)对 $0 \leqslant E_n \leqslant E$ 得到满足的 n 值的数目,

$$N_\ell(E) = \frac{1}{\pi}(kR + \delta_\ell(E) - \delta_\ell(0)) \tag{7.8.2}$$

没有相互作用 V, 相移为零, 相应的状态数正是 kR/π, 所以在能量 0 和 E 之间的散射状态数由于相互作用的**变化**是

$$\Delta N_\ell(E) = \frac{1}{\pi}(\delta_\ell(E) - \delta_\ell(0)) \tag{7.8.3}$$

现在, 若我们慢慢地引入相互作用, 物理状态既不能产生, 也不能消灭, 但是在 $V = 0$ 时 $E > 0$ 的散射态可以被相互作用转变为 $E < 0$ 的束缚态. 状态不能产生也不能消灭的事

---

① Levinson N. Kon. Danske Vid. Selskab Mat.-Fys. Medd., 1949, 25: 9. Levinson 的证明基于严格的方法, 不在本书的范围内. Levinson 的论文表明, 此处推导的结果在有零能量束缚态存在时不能应用.

实告诉我们, 由于相互作用在所有角动量为 ℓ 的正能量散射态数目加上具有这个角动量的束缚态数目产生的变化 ΔN_ℓ 必须为零, 所以束缚态的数目为

$$N_\ell(E) = \frac{1}{\pi}\left(\delta_\ell(0) - \delta_\ell(+\infty)\right) \tag{7.8.4}$$

这必须为正的, 所以在能量从零升到无限大时相移必须或者没有净变化, 或者净变化减少. 这和前一节的结果没有矛盾, 它只是禁止相移**迅速**减小. 因为在每一个共振处相移迅速增加 $180°$, 它必须也从共振处缓慢减小 $180°$ 乘以共振和束缚态总数.

这是一个引人注意的结果, 但不是一个很有用的. 由于非相对论中心势, 它只对弹性散射有用, 但它又用了在无限大能量的相移, 在那里非弹性通道是开放的, 而且相对论效应是重要的. 曾经有过很多尝试企图把这个定理推广到现实和所有能量的模型, 但迄今为止没有成功.

7.9 Coulomb 散射

本章到此为止我们只考虑过在 $r \to +\infty$ 时比 $1/r$ 趋于零更快的势. 但是势散射的最重要的例子是 Coulomb 散射, 一个电荷为 $Z_1 e$ 的粒子被一个电荷为 $Z_2 e$ 的散射中心散射, 对此例 $V(r) = Z_1 Z_2 e^2/r$. 幸运的是, 在此例中微分散射截面可以精确计算, 不需要借助于 Born 近似或分波展开.

Coulomb 势中正能量为 $E = \hbar^2 k^2/(2\mu)$ 的粒子的 Schrödinger 方程取以下形式:

$$-\frac{\hbar^2}{2\mu}\nabla^2\psi + \frac{Z_1 Z_2 e^2}{r}\psi = \frac{\hbar^2 k^2}{2\mu}\psi \tag{7.9.1}$$

原来可以找到这个方程的解, 它在 $r \to 0$ 时表现良好, 当 $r \to +\infty$ 时它表现为平面波加出射波, 形式为

$$\psi(\boldsymbol{x}) = \mathrm{e}^{\mathrm{i}kz}\mathcal{F}(r-z) \tag{7.9.2}$$

直接计算表明这个波动方程的 Laplace 算符是

$$\nabla^2\psi = \mathrm{e}^{\mathrm{i}kz}\left(-k^2\mathcal{F}(\rho) + \frac{2}{r}\left((1-\mathrm{i}k\rho)\mathcal{F}'(\rho) + \rho\mathcal{F}''(\rho)\right)\right) \tag{7.9.3}$$

此处 $\rho \equiv r - z$. Schrödinger 方程(7.9.1)取常微分方程形式

$$\rho\mathcal{F}''(\rho) + (1-\mathrm{i}k\rho)\mathcal{F}'(\rho) - k\xi\mathcal{F}(\rho) = 0 \tag{7.9.4}$$

此处 ξ 是无量纲量,

$$\xi = \frac{Z_1 Z_2 e^2 \mu}{\hbar^2 k} \tag{7.9.5}$$

引入新的独立变量

$$s \equiv \mathrm{i}k\rho = \mathrm{i}k(r-z) \tag{7.9.6}$$

可把此式写为熟知的微分方程. 方程(7.9.4)可以写为

$$s\frac{\mathrm{d}^2}{\mathrm{d}s^2}\mathcal{F} + (1-s)\frac{\mathrm{d}}{\mathrm{d}s}\mathcal{F} + \mathrm{i}\xi\mathcal{F} = 0 \tag{7.9.7}$$

这是合流超几何方程的一个特例, 或称 Kummer 方程:

$$s\frac{\mathrm{d}^2}{\mathrm{d}s^2}\mathcal{F} + (c-s)\frac{\mathrm{d}}{\mathrm{d}s}\mathcal{F} - a\mathcal{F} = 0 \tag{7.9.8}$$

在我们的情况下,

$$c = 1, \quad a = -\mathrm{i}\xi \tag{7.9.9}$$

在 $s = 0$ 时式(7.9.8)的正规解称为 Kummer 函数[1], 并可以表示为幂级数

$$_1F_1(a;c;s) = 1 + \frac{a}{c}\frac{s}{1!} + \frac{a(a+1)}{c(c+1)}\frac{s^2}{2!} + \cdots \tag{7.9.10}$$

除归一化问题外, 波函数是

$$\psi(\boldsymbol{x}) = N\mathrm{e}^{\mathrm{i}kz}{}_1F_1(-\mathrm{i}\xi;1;\mathrm{i}k(r-z)) \tag{7.9.11}$$

常数 N 在此后选择. 对大的复变量 Kummer 函数的渐近行为是

$$_1F_1(a;c;s) \to \frac{\Gamma(c)}{\Gamma(c-a)}(-s)^{-a}(1+O(1/s)) + \frac{\Gamma(c)}{\Gamma(a)}\mathrm{e}^s s^{a-c}(1+O(1/s)) \tag{7.9.12}$$

此处 $\Gamma(z)$ 是熟悉的伽马函数, 对 $\mathrm{Re}\,z > 0$, 定义为

$$\Gamma(z) = \int_0^{+\infty}\mathrm{d}x\, x^{z-1}\mathrm{e}^{-x}$$

对其他 z 值用解析延拓定义. 因此波函数对大的 r 和固定的 $\cos\theta = z/r$ 的渐近行为是[2]

$$\psi \to N\mathrm{e}^{\xi\pi/2}\left(\frac{(k(r-z))^{\mathrm{i}\xi}}{\Gamma(1+\mathrm{i}\xi)}\mathrm{e}^{\mathrm{i}kz} + \frac{(k(r-z))^{-\mathrm{i}\xi-1}}{\mathrm{i}\Gamma(-\mathrm{i}\xi)}\mathrm{e}^{\mathrm{i}kr}\right)$$

---

[1] Magnus W, Oberhettinger F. Formulas and Theorems for the Functions of Mathematical Physics. J. Webber transl. New York: Chelsea Publishing Co., 1949: Chapter Ⅵ, Section 1.

[2] 在推导式(7.9.13)的第一行时, 重要的是, 注意对 $s = \mathrm{i}k(r-z)$, 式(7.9.12)第一项中 $-s$ 的相位必须取 $-\pi/2$, 以及第二项中 s 的相位必须取 $\pi/2$.

$$= \frac{Ne^{\xi\pi/2}}{\Gamma(1+\mathrm{i}\xi)} \left(e^{\mathrm{i}kz+\mathrm{i}\xi\ln(kr(1-\cos\theta))} + f_k(\theta)\frac{e^{\mathrm{i}kr-\mathrm{i}\xi\ln(kr(1-\cos\theta))}}{r} \right) \tag{7.9.13}$$

此处

$$f_k(\theta) = \frac{\Gamma(1+\mathrm{i}\xi)}{\Gamma(-\mathrm{i}\xi)} \frac{1}{\mathrm{i}k(1-\cos\theta)} = -\frac{\Gamma(1+\mathrm{i}\xi)}{\Gamma(1-\mathrm{i}\xi)} \frac{\xi}{k(1-\cos\theta)}$$

$$= -\frac{\Gamma(1+\mathrm{i}\xi)}{\Gamma(1-\mathrm{i}\xi)} \frac{2Z_1 Z_2 e^2 \mu}{\hbar^2 q^2} \tag{7.9.14}$$

这里我们用了普遍公式 $\Gamma(1+z) = z\Gamma(z)$, 并定义了 $q^2 \equiv 2k^2(1-\cos\theta) = 4k^2\sin^2(\theta/2)$.

在下一节中证明式(7.9.13)中相位上的项表现为 $\ln kr$ 是对于在 $r \to +\infty$ 时表现为 $1/r$ 的势散射的不可避免的特征. 对于宏观的大 r 值, 这些项的贡献和 kr 相比可以忽略, 所以式(7.9.13)有效地和渐近波函数的标准公式(7.2.5)一致, 只要我们把式(7.9.11)中的归一化常数 N 选为

$$N = \Gamma(1+\mathrm{i}\xi)e^{-\xi\pi/2}(2\pi\hbar)^{-3/2} \tag{7.9.15}$$

并将 $f_{\boldsymbol{k}}(\theta)$ 等同于散射振幅.

我们注意到, 对 $|\xi| \ll 1$, 因子 $\Gamma(1+\mathrm{i}\xi)/\Gamma(1-\mathrm{i}\xi)$ 为 1, 由式(7.9.14)和无限屏蔽半径 $1/\kappa$ 的 Born 近似结果式(7.4.5)给出同样的散射振幅. 对于所有的 ξ, $\Gamma(1+\mathrm{i}\xi)/\Gamma(1-\mathrm{i}\xi)$ 正好影响散射振幅的相位, 所以在这里 Born 近似给出准确到所有阶的正确微分截面公式. 总弹性散射截面是无限大的, 意为在入射束中, 每一个粒子都会多少被散射, 但在实际上 Coulomb 势永远有一些屏蔽, 总截面永不会真正地无限大.

7.10 程函近似

程函近似[①]是在没有球对称可以简化计算的时候对 WKB 近似在三维问题的扩展. 这类问题之一是势散射, 即使势是球对称的, 空间也有一个优势方向, 即入射平面波的方向. 在对散射问题的应用中, 程函近似表明为什么经典力学可以在一些情况下用来计算散射截面, 也提供散射振幅的相位信息. 在 10.4 节中讲到 Aharonov-Bohm 效应时我们会再一次用程函近似.

[①] 关于光学中的程函近似, 请见 M. Born 和 E. Wolf 的著作 *Principles of Optics* (New York: Pergamon Press, 1959).

考虑一个无自旋[①]的坐标为 $\boldsymbol{x}$ 的单粒子的一般能量本征值问题:

$$H(-\mathrm{i}\hbar\nabla,\boldsymbol{x})\psi(\boldsymbol{x}) = E\psi(\boldsymbol{x}) \tag{7.10.1}$$

我们感兴趣的是 $\psi(\boldsymbol{x})$ 随 $\boldsymbol{x}$ 的变化远快于 Hamilton 量 H 的解. 我们在 WKB 近似中的经验建议我们应该求以下形式的解:

$$\psi(\boldsymbol{x}) = N(\boldsymbol{x})\exp\left(\mathrm{i}S(\boldsymbol{x})/\hbar\right) \tag{7.10.2}$$

此处相位 $S(\boldsymbol{x})$ 的变化比振幅 $N(\boldsymbol{x})$ 要快得多. 如果我们忽略 $N(\boldsymbol{x})$(与 $S(\boldsymbol{x})$ 相比) 的变化, 在式(7.10.1)中的梯度就主要作用在式(7.10.2)的指数上. 在此极限下, 相位就满足方程

$$H\left(\nabla S(\boldsymbol{x}),\boldsymbol{x}\right) = E \tag{7.10.3}$$

这里的问题 (在一维时并不存在) 是对于 $\nabla S(\boldsymbol{x})$ 的三个分量只有一个方程. 例如, 如果梯度在 Hamilton 量中以 Laplace 算符 ∇^2 形式出现, 则式(7.10.3)只告诉我们 $\nabla S(\boldsymbol{x})$ 的大小, 关于方向则什么也没讲. 计算 S 余下的信息只有 3-矢量 ∇S 是个梯度. 下面的处理允许我们构造一个函数 $S(\boldsymbol{x})$, 它的梯度满足方程(7.10.3).

首先, 我们需要一个适合的初始条件. $S(\boldsymbol{x})$ 在一个 "初始表面" 上应该取某个常数值 S_0, 这就提供了条件. 这个表面不是任意的, 由我们手头的问题决定. 例如, 我们将看到在散射中初始表面就取为和入射束的方向垂直的平面. $S(\boldsymbol{x})$ 在初始表面上为常数, $\nabla S(\boldsymbol{x})$ 就在表面上所有的点处垂直于初始表面.

其次, 从初始表面出发, 我们定义一族"射线路径". 这些曲线由一对方程定义, 它们类似于经典 Hamilton 动力学运动方程:

$$\frac{\mathrm{d}q_i}{\mathrm{d}\tau} = \frac{\partial H(\boldsymbol{p},\boldsymbol{q})}{\partial p_i}, \quad \frac{\mathrm{d}p_i}{\mathrm{d}\tau} = -\frac{\partial H(\boldsymbol{p},\boldsymbol{q})}{\partial q_i} \tag{7.10.4}$$

此处 τ 参数化这些曲线. 微分方程的初始条件是, 每一个轨道在 $\tau=0$ 时始于初始表面上的 $\boldsymbol{q}(0)$, $\boldsymbol{p}(0)$ 在该点垂直于表面, $\boldsymbol{p}(0)$ 的大小由以下在该点的条件给出:

$$H(\boldsymbol{p}(0),\boldsymbol{q}(0)) = E \tag{7.10.5}$$

虽然这是一个时间无关的问题, 显然我们可以把 τ 看作经典粒子从初始表面出发, 到达 $\boldsymbol{q}(\tau)$ 所需的时间.

我们假设这些射线路径至少充满在初始平面相邻的有限体积而没有交叉, 所以在这个体积中的每一点 $\boldsymbol{x}$, 就有一个唯一的 $\tau_{\boldsymbol{x}}$, 使得

---

① 对于有自旋依赖力的 (有自旋) 粒子, 就必须对不同的自旋分量把处理扩展到一组耦合方程. 多分量波在各向异性介质中的传播用程函近似处理由 S. Weinberg 给出. (Phys. Rev., 1962, 126: 1899.)

$$q(\tau_x) = x \tag{7.10.6}$$

相位 S 就由下式给出:

$$S(x) = \int_0^{\tau_x} p(\tau) \cdot \frac{dq(\tau)}{d\tau} d\tau + S_0 \tag{7.10.7}$$

我们来验证, 这解决了我们的问题. 容易看到, 对于所有这样的 τ, 有

$$H(p(\tau), q(\tau)) = E \tag{7.10.8}$$

这是因为微分方程(7.10.4)意味着

$$\frac{d}{d\tau} H(p(\tau), q(\tau)) = \sum_i \frac{\partial H(p(\tau), q(\tau))}{\partial p_i(\tau)} \frac{dp_i}{d\tau} + \sum_i \frac{\partial H(p(\tau), q(\tau))}{\partial q_i(\tau)} \frac{dq_i(\tau)}{d\tau} = 0 \tag{7.10.9}$$

于是, 由于方程(7.10.8)在 $\tau = 0$ 时得到满足, 它也对所有的 τ 得到满足, 至少对于有限范围.

余下只需证明 $p = \nabla S$. 为了此目的, 我们注意到 x 的无限小变化 δx 不仅改变 τ_x, 例如变到 $\tau_x + \Delta\tau_x$, 而且也会将从初始表面到点 x 的射线路径移动到一条新的路径, 将 $q(\tau)$ 和 $p(\tau)$ 置换为 $q(\tau) + \Delta q(\tau)$ 和 $p(\tau) + \Delta p(\tau)$, 此处 $\Delta q(\tau)$ 和 $\Delta p(\tau)$ 是无穷小, 且有

$$\delta x = \left(\frac{dq(\tau)}{d\tau} \Delta\tau_x + \Delta q(\tau) \right)_{\tau = \tau_x} \tag{7.10.10}$$

x 的改变产生 $S(x)$ 的改变, 由式(7.10.7)给出

$$\delta S(x) = \Delta\tau_x p(\tau_x) \cdot \frac{dq(\tau)}{d\tau} \bigg|_{\tau = \tau_x} + \int_0^{\tau_x} \left(p(\tau) \cdot \frac{d\Delta q(\tau)}{d\tau} + \Delta p(\tau) \cdot \frac{dq(\tau)}{d\tau} \right) d\tau$$

我们重新整理, 将上式写作

$$\delta S(x) = \Delta\tau_x p(\tau_x) \cdot \frac{dq(\tau)}{d\tau} \bigg|_{\tau = \tau_x} + \int_0^{\tau_x} \frac{d}{d\tau} (p(\tau) \cdot \Delta q(\tau)) d\tau$$

$$+ \int_0^{\tau_x} \left(\Delta p(\tau) \cdot \frac{dq(\tau)}{d\tau} - \frac{dp(\tau)}{d\tau} \cdot \Delta q(\tau) \right) d\tau$$

第一个积分由被积分函数在上端点 $\tau = \tau_x$ 的值给出:

$$\int_0^{\tau_x} \frac{d}{d\tau} (p(\tau) \cdot \Delta q(\tau)) d\tau = p(\tau_x) \cdot \Delta q(\tau_x)$$

下端点 $\tau = 0$ 的贡献为零, 因为在初始表面上 p 垂直于表面, 而 Δq 切于表面, 所以 $p(0) \cdot \Delta q(0) = 0$. 根据射线路径方程(7.10.4), 第二个积分的被积函数是

$$\Delta p(\tau) \cdot \frac{dq(\tau)}{d\tau} - \frac{dp(\tau)}{d\tau} \cdot \Delta q(\tau)$$

$$
= \sum_i \Delta p_i(\tau) \frac{\partial H\left(\boldsymbol{q}(\tau), \boldsymbol{p}(\tau)\right)}{\partial p_i} + \sum_i \Delta q_i(\tau) \frac{\partial H\left(\boldsymbol{q}(\tau), \boldsymbol{p}(\tau)\right)}{\partial q_i}
$$

$$
= \Delta H\left(\boldsymbol{q}(\tau), \boldsymbol{p}(\tau)\right)
$$

这等于零, 因为如我们所看到的, 在所有的射线路径上 H 有相同的值, $H = E$. 利用式(7.10.10), 我们只余下

$$
\delta S(\boldsymbol{x}) = \Delta \tau_{\boldsymbol{x}} \boldsymbol{p}(\tau_{\boldsymbol{x}}) \cdot \left. \frac{\mathrm{d}\boldsymbol{q}(\tau)}{\mathrm{d}\tau} \right|_{\tau = \tau_{\boldsymbol{x}}} + \boldsymbol{p}(\tau_{\boldsymbol{x}}) \Delta \boldsymbol{q}(\tau_{\boldsymbol{x}}) = \boldsymbol{p}(\tau_{\boldsymbol{x}}) \cdot \delta \boldsymbol{x} \tag{7.10.11}
$$

所以

$$
\boldsymbol{p}(\tau_{\boldsymbol{x}}) = \nabla S(\boldsymbol{x}) \tag{7.10.12}
$$

这正是要证明的.

考虑梯度的下一阶, 我们可以了解振幅 $N(\boldsymbol{x})$. 利用式(7.10.2), Schrödinger 方程(7.10.1)可以精确表示为[①]

$$
H\left(\nabla S(\boldsymbol{x}) - \mathrm{i}\hbar\nabla, \boldsymbol{x}\right) N(\boldsymbol{x}) = E N(\boldsymbol{x}) \tag{7.10.13}
$$

方程(7.10.3)被满足, $N(\boldsymbol{x})$ 的梯度的零阶项和 $\nabla S(\boldsymbol{x})$ 抵消. 准确到这些梯度的一阶项, Schrödinger 方程变为

$$
\boldsymbol{A}(\boldsymbol{x}) \cdot \nabla N(\boldsymbol{x}) + B(\boldsymbol{x}) N(\boldsymbol{x}) = 0 \tag{7.10.14}
$$

此处

$$
\begin{aligned}
A_i(\boldsymbol{x}) &\equiv \left(\frac{\partial H(\boldsymbol{p}, \boldsymbol{x})}{\partial p_i} \right)_{\boldsymbol{p} = \nabla S(\boldsymbol{x})} \\
B(\boldsymbol{x}) &\equiv \frac{1}{2} \sum_{i,j} \left(\frac{\partial^2 H(\boldsymbol{p}, \boldsymbol{x})}{\partial p_i \partial q_j} \right)_{\boldsymbol{p} = \nabla S(\boldsymbol{x})} \frac{\partial^2 S(\boldsymbol{x})}{\partial x_i \partial x_j}
\end{aligned} \tag{7.10.15}
$$

利用式(7.10.4), 由式(7.10.14)给出

$$
\frac{\mathrm{d}}{\mathrm{d}\tau} \ln N\left(\boldsymbol{q}(\tau)\right) = -B\left(\boldsymbol{q}(\tau)\right)
$$

所以

$$
N(\boldsymbol{x}) = N(\boldsymbol{x}_0) \exp\left(-\int_0^{\tau_{\boldsymbol{x}}} B\left(\boldsymbol{q}(\tau)\right) \mathrm{d}\tau \right) \tag{7.10.16}
$$

此处 $\boldsymbol{x}_0$ 是初始表面上的一点, 它被一个射线路径连接到 $\boldsymbol{x}$. 重要的是, 除去 $\boldsymbol{x}_0$ 以外, $N(\boldsymbol{x})$ 不依赖它在初始表面上任何点的值, 所以我们可以说波函数是从初始表面沿着射线路径传播的.

---

① 函数 $H(\nabla S(\boldsymbol{x}) - \mathrm{i}\hbar\nabla, \boldsymbol{x})$ 由它的幂级数展开定义, 在此展开中必须将算符 $-\mathrm{i}\hbar\nabla$ 理解为作用在它右边的一切, 不仅包括 N, 还包括 S 的导数.

在势散射中, 我们有

$$H(\boldsymbol{p}, \boldsymbol{x}) = \frac{\boldsymbol{p}^2}{2m} + V(\boldsymbol{x})$$

所以

$$\boldsymbol{A}(\boldsymbol{x}) = \frac{1}{m}\nabla S(\boldsymbol{x}), \quad B(\boldsymbol{x}) = \frac{1}{m}\nabla^2 S(\boldsymbol{x})$$

因此由式(7.10.14)给出[①]

$$0 = 2Nm\left(\boldsymbol{A}\cdot\nabla N + BN\right) = 2N\left(\nabla S\cdot\nabla N + \frac{N}{2}\nabla^2 S\right) = \nabla\cdot\left(N^2\nabla S\right) \tag{7.10.17}$$

我们现在可以看到在程函近似中不同角度的散射概率分布是由经典散射理论给出的. 首先, 回顾散射截面是如何用经典计算的. 考虑一束粒子, 在平行的轨道上 (例如沿 z 轴) 朝向散射中心进入. 为了被散射进入在极角和辐角 θ 和 ϕ 方向的小的立体角 $\mathrm{d}\Omega$, 入射粒子必须在初始时刻占据一个垂直于 z 轴的且正比于 $\mathrm{d}\Omega$ 小的面积 $\delta A(\theta, \phi)$. 经典微分截面定义为以下比例:

$$\left(\frac{\mathrm{d}\sigma(\theta,\phi)}{\mathrm{d}\Omega}\right)_{\text{classical}} \equiv \frac{\delta A(\theta,\phi)}{\delta\Omega} \tag{7.10.18}$$

这就是说, 对于任何方向, $(\mathrm{d}\sigma/\mathrm{d}\Omega)_{\text{classical}}\delta\Omega$ 是粒子要被散射在那个方向的立体角 $\delta\Omega$ 内所必须打中的面积.

例如, 假设通过解球对称势的经典运动方程, 已经知道要使沿 z 轴趋近散射中心的粒子散射到角度 θ, 它必须在初始时刻沿一条距离 z 轴 $b(\theta)$(碰撞参数) 的直线运行. 每一个散射到在方向 θ 和 $\theta + \delta\theta$ 以及 ϕ 和 $\phi + \delta\phi$ 之间的小的立体角 $\sin\theta\delta\theta\delta\phi$ 的粒子将要在碰撞参数 $b(\theta)$ 和 $b(\theta) + (\mathrm{d}b(\theta)/\mathrm{d}\theta)\delta\theta$ 之间, 以及在辐角 ϕ 和 $\phi + \delta\phi$ 之间趋近散射中心, 所以

$$\frac{\mathrm{d}\sigma(\theta,\phi)}{\mathrm{d}\Omega} = |b\,\mathrm{d}b\,\mathrm{d}\phi/(\sin\theta\,\mathrm{d}\theta\,\mathrm{d}\phi)| = \frac{b(\theta)}{\sin\theta}\left|\frac{\mathrm{d}b(\theta)}{\mathrm{d}\theta}\right| \tag{7.10.19}$$

特别地, 对于质量为 μ、初始速度为 v_0 的粒子被 Coulomb 势 $Z_1 Z_2 e^2/r$ 散射, 经典运动方程给出 $b(\theta) = Z_1 Z_3 e^2/(\mu v_0^2 \tan(\theta/2))$. 将此结果用于式(7.10.19), 我们得到微分截面 $\mathrm{d}\sigma/\mathrm{d}\Omega = Z_1^2 Z_2^2 e^4/(4\mu^2 v_0^4 \sin^4(\theta/2))$. 这就是 1911 年 Rutherford 如何计算 Coulomb 散射截面的.

现在考虑如何在量子力学中用程函近似计算截面. 波函数的相位为常数的 "初始表面" 可以取为垂直于 z 轴的平面并远在散射中心的上游. 考虑从初始平面上一个小的初始面积 $\delta A(\theta, \phi)$ 起始的所有经典轨道形成的管子, 它通过散射中心, 然后离开很远的距离, 方向在由角度 θ 和 ϕ 定义的立体角 $\delta\Omega$ 内. 用 Gauss 定理, 从式(7.10.17)得出

---

① 量 $N^2\nabla S$ 和出现在概率守恒条件(1.5.5)中的概率流 $\psi^*\nabla\psi - \psi\nabla\psi^*$ 成正比, 所以其散度为零源自式(1.5.5)和 $|\psi|^2$ 的时间无关性.

$N^2\nabla S$ 的法线分量在管子表面的积分为零. 根据式(7.10.12), 这意味着 $N^2\boldsymbol{p}$ 的法线分量在管子表面的积分为零. 管子的表面是由粒子轨道构成的, 所以 $\boldsymbol{p}$ 对表面的垂直分量为零, 从而对积分的唯一贡献来自初始面积 δA, 在那里 $\boldsymbol{p}$ 沿法线指向管内, 以及最终的面积为 $r^2\mathrm{d}\Omega$, 在那里 $\boldsymbol{p}$ 沿法线指向管外. 因为初始和最终动量大小相等, 表面积分为零就告诉我们

$$-\delta A(\theta,\phi)N^2_{\mathrm{initial}} + r^2\delta\Omega N^2_{\mathrm{final}} = 0 \tag{7.10.20}$$

要找到 N^2 的初始值和最终值, 回顾式(7.2.5)给出离散射中心 r(大) 处的波函数

$$\psi_{\boldsymbol{k}}(\boldsymbol{x}) \to C\left(\mathrm{e}^{\mathrm{i}\boldsymbol{k}\cdot\boldsymbol{x}} + f_{\boldsymbol{k}}(\theta,\phi)\mathrm{e}^{\mathrm{i}kr}/r\right) \tag{7.10.21}$$

此处 C 是个不重要的归一化常数, $f_{\boldsymbol{k}}(\theta,\phi)$ 是散射振幅. 所以, 将此式和式(7.10.2)比较, 可得

$$N_{\mathrm{initial}} = C, \quad N_{\mathrm{final}} = Cf_{\boldsymbol{k}}(\theta,\phi)/r \tag{7.10.22}$$

量子力学的微分截面就由式(7.10.22)和式(7.10.20)在程函近似下给出:

$$\left(\frac{\mathrm{d}\sigma(\theta,\phi)}{\mathrm{d}\Omega}\right)_{\mathrm{eikonal}} = |f_{\boldsymbol{k}}(\theta,\phi)|^2 = \frac{N^2_{\mathrm{final}}r^2}{N^2_{\mathrm{initial}}} = \frac{\delta A(\theta,\phi)}{\delta\Omega} = \left(\frac{\mathrm{d}\sigma(\theta,\phi)}{\mathrm{d}\Omega}\right)_{\mathrm{classical}} \tag{7.10.23}$$

这正是要证明的.

但程函近似超越经典散射理论的范围, 它不仅给出了散射振幅的绝对值, 而且提供了相位的公式. 考虑质量为 μ 的粒子被中心势 $V(r)$ 散射的情形, Hamilton 量是

$$H = \frac{p_r^2}{2\mu} + \frac{p_\vartheta^2}{2\mu r^2} + V(r) \tag{7.10.24}$$

由此我们求得

$$\dot{r} = p_r/\mu, \quad \dot{\vartheta} = p_\vartheta/(\mu r^2) \tag{7.10.25}$$

量上一点表示对轨道参数 τ 的微分. 这里有两个运动常数, 即能量 H 和角动量 p_ϑ, 我们给出它们的值:

$$H = \hbar^2 k^2/(2\mu), \quad p_\vartheta = -\hbar kb \tag{7.10.26}$$

此处 k 是入射波的波数, b 是碰撞参数, 它是在没有势的情况下到散射中心的最近距离. 沿轨道的 ϑ 坐标和 r 坐标的联系由下式给出:

$$\frac{\mathrm{d}\vartheta}{\mathrm{d}r} = \frac{\dot{\vartheta}}{\dot{r}} = \frac{p_\vartheta}{r^2 p_r} = -\frac{\hbar kb}{r^2 p_r} \tag{7.10.27}$$

在式(7.10.24)中, 利用式(7.10.26), 并对 p_r 求解, 给出

$$p_r = \pm\sqrt{\hbar^2 k^2 - \hbar^2 k^2 b^2/r^2 - 2\mu V(r)/r^2} \tag{7.10.28}$$

从式(7.10.27)和式(7.10.28), 我们找到散射振幅的相位 $S/\hbar$ 的公式(7.10.7)中被积函数:

$$(p_r\mathrm{d}r + p_\vartheta\mathrm{d}\vartheta)/\hbar = \pm\kappa(r)\mathrm{d}r \tag{7.10.29}$$

此处

$$\kappa(r) = \sqrt{k^2(1-b^2/r^2) - 2\mu V(r)/\hbar^2} + \frac{k^2b^2}{r^2\sqrt{k^2(1-b^2/r^2) - 2\mu V(r)/\hbar^2}} \tag{7.10.30}$$

在散射问题中通常取初始表面到散射中心一个大的距离 R, 令波函数在此表面上的常数相位为

$$S_0 = -\int_{r_0}^R \kappa(r)\mathrm{d}r$$

此处 r_0 是经典轨道到散射中心的最近距离, 由 $p_r = 0$ 的解给出, 即

$$k^2(1-b^2/r_0^2) - 2\mu V(r_0)/\hbar^2 = 0 \tag{7.10.31}$$

波函数出射部分的相位就被程函近似式(7.10.7)和式(7.10.29)给出,

$$S(r,\theta)/\hbar = \int_{r_0}^r \kappa(r)\mathrm{d}r \tag{7.10.32}$$

可把 $\kappa(r)$(式(7.10.30)) 中的 b 理解成函数 $b(\theta)$, 它是经典运动方程给出在角度 θ 散射的碰撞参数.

积分(7.10.32)一般是相当复杂的, 但它可对大的 r 的相位给出简单的结果. 在散射问题中, 都假设 $V(r)$ 在距散射中心很远时为零. 假设它在 $r \to +\infty$ 时趋于零的速度至少和 $1/r$ 一样快, 由式(7.10.30)给出

$$\kappa(r) \to k - \frac{\mu V(r)}{\hbar^2 k} + O\left(1/r^2\right) \tag{7.10.33}$$

我们必须区别两种情况:

(1) 如果在 $r \to +\infty$ 时 $V(r)$ 趋于零, 如 $r^{-\mathcal{N}}$ ($\mathcal{N} > 1$), 则在式(7.10.33)中走向如 $1/r^2$, 以及 $V(r)$ 项在式(7.10.32)的积分中做出贡献, 它在 $r \to +\infty$ 时变得与 r 无关. 在此情况下波函数的相位在 $r \to +\infty$ 时趋向 $kr + C$, C 与 r 无关, 但一般依赖于 b 以及 k, 因此也依赖于散射角 θ.

(2) 对于在 r 大时走向如 U/r 的势 $V(r)$, U 是常数, 积分 $\int^r V(r')\mathrm{d}r'$ 在 $r \to +\infty$ 时不收敛, 在 r 大时波函数的相位走向如

$$S(r)/\hbar \to kr - \frac{\mu U}{\hbar^2 k}\ln r + C \tag{7.10.34}$$

C 一般依赖于 θ 以及 k, 但不依赖于 r. 特别地, 对 Coulomb 势我们有 $U = Z_1 Z_2 e^2 = \xi \hbar^2 k/\mu$, 此处 ξ 是前一节引入的 Coulomb 散射参数. 因此式(7.10.34)产生了在波函数(7.9.13)的出射部分中的 r 依赖因子

$$e^{ikr - i\xi \ln r}$$

但是在程函近似中, 我们看到这样的 $\ln r$ 项在波函数出射部分的相位中出现, 不仅是对于 Coulomb 势, 也对于在 $r \to +\infty$ 时走向为 $1/r$ 的任何势.

习题

1. 用 Born 近似给出质量为 m、波数为 k 的粒子在有限力程 R 的任意中心势 $V(r)$ 中在 $kR \ll 1$ 极限下的 s 波散射长度公式. 用这个结果和光学定理计算前向散射振幅的虚部, 准确到势的**第二阶**.

2. 假设质量为 m 的无自旋非相对论粒子在未知的势中散射, 在能量 E_R 处观察到一个共振, 在共振峰处的弹性截面为 $\sigma_{\max}$. 说明如何用这个数据给出共振态的轨道角动量值.

3. 给出在势

$$V(r) = \begin{cases} -V_0, & r < R \\ 0, & r \geqslant R \end{cases}$$

中散射的 $\ell = 0$ 相移的切线公式, 对所有的 $E > 0$, 到 $V_0 > 0$ 的所有阶.

4. 假设未微扰 Hamilton 量的本征态不仅包括自由粒子的连续态 (动量为 $\boldsymbol{p}$, 未微扰能量为 $E = \boldsymbol{p}^2/(2\mu)$), 也包括一个分立态 (角动量为 ℓ, 具有负的未微扰能量). 假设当我们投入相互作用时连续态受到一个定域的势, 但是仍保持连续态, 而分立态移动到正能量, 因而变为不稳定的. 当波数 k 从 $k = 0$ 增加到 $k = +\infty$ 时相移 $\delta_\ell(k)$ 如何变化?

5. 在散射振幅 f 与角度 θ 和 ϕ 无关时, 求弹性截面的上边界.

第 8 章

一般散射理论

前一章描述了非相对论单粒子在定域势中的弹性散射理论. 有更一般的情形是散射理论可以应用的. 散射可以产生附加的粒子; 相互作用也可能不是定域势; 有一些或者所有的粒子可以用相对论速度运动, 有一些可能是光子; 甚至初态可以包含两个以上的粒子. 本章在一个一般水平上描述散射理论, 可以涵盖所有这些可能性.

在这一章中, 我们用能量的相对论公式: 动量为 $\boldsymbol{p}$、质量为 m 的粒子能量是 $(\boldsymbol{p}^2 c^2 + m^2 c^4)^{1/2}$, 其中 c 是光速. 这是因为我们要考虑非弹性散射过程, 在其中质量能会转换为动能, 反之亦然. 建立动力学理论形式与狭义相对论相洽并不完全是平庸的 (真正令人满意的方法是基于量子场论的), 但就一般原理而论, 量子力学对相对论和非相对论的体系同样适用.

8.1　S 矩阵

我们再一次假设 Hamilton 量是未微扰 Hermite 项 H_0(它描述任意数目的非相互作用粒子) 加上某种相互作用 V:

$$H = H_0 + V \tag{8.1.1}$$

我们关于 V 的仅有假设是: 它是 Hermite 的, 以及当 H_0 所描述的粒子彼此相距很远时, 它的效应是可以忽略的.

在 7.1 节中我们定义了一个"入"态 $\Psi_{\boldsymbol{k}}^{\mathrm{in}}$ 作为 Hamilton 量的本征态, 它看来像是包含一个离散射中心很远的地方具有动量 $\hbar\boldsymbol{k}$ 的粒子, 如果测量是在很早的时间进行的. 我们推广这个定义, 定义 "入" 态 Ψ_{α}^{+} 和 "出" 态 Ψ_{α}^{-} 作为 Hamilton 量的本征态,

$$H\Psi_{\alpha}^{\pm} = E_{\alpha}\Psi_{\alpha}^{\pm} \tag{8.1.2}$$

如果测量是在很早时间进行的 (对于 Ψ_{α}^{+}) 或在很晚时间进行的 (对于 Ψ_{α}^{-}), 它们看起来像是自由粒子 Hamilton 量的本征态 Φ_{α},

$$H_0\Phi_{\alpha} = E_{\alpha}\Phi_{\alpha} \tag{8.1.3}$$

包含一定数量的粒子, 彼此相距很远. 此处 α 是一个复合指标, 代表状态中粒子的类型和数目, 以及所有它们的动量和自旋 3-分量 (或螺旋度). 选取状态 Φ_{α} 为正交和归一的会很方便,

$$(\Phi_{\beta}, \Phi_{\alpha}) = \delta(\beta - \alpha) \tag{8.1.4}$$

这里的 δ 函数 $\delta(\alpha - \beta)$ 包含在状态 α 和 β 的粒子类型、数目和自旋 3-分量的 Kronecker δ 和在这些状态中的粒子动量的三维 δ 函数的乘积.

通过指定一个 $g(\alpha)$ 作为充分光滑的状态 α 的动量的函数来进行式(7.1.3)和式(7.1.4)在 $r \to \mp\infty$ 时的推广, Ψ_{α}^{+} 和 Ψ_{α}^{-} 的定义可表述得更精确:

$$\int \mathrm{d}\alpha\, g(\alpha)\Psi_{\alpha}^{\pm}\exp(-\mathrm{i}E_{\alpha}t/\hbar) \to \int \mathrm{d}\alpha\, g(\alpha)\Phi_{\alpha}\exp(-\mathrm{i}E_{\alpha}t/\hbar) \tag{8.1.5}$$

(对 α 的积分一般包括对粒子的数目、类型和它们的自旋 3-分量求和, 以及对在状态 α 的粒子动量积分.) 我们可以通过将方程(8.1.2)改写为 Lippmann-Schwinger 方

程(7.1.7)的推广来满足这个条件:

$$\Psi_\alpha^\pm = \Phi_\alpha + (E_\alpha - H_0 \pm i\epsilon)^{-1} V \Psi_\alpha^\pm \tag{8.1.6}$$

这里 ϵ 是正的无限小量. 用在 7.1 节中用过的论证的一个简单扩展就得到式(8.1.5). 从式(8.1.6), 我们有

$$\int d\alpha\, g(\alpha) \Psi_\alpha^\pm \exp(-iE_\alpha t/\hbar)$$

$$= \int d\alpha\, g(\alpha) \Phi_\alpha \exp(-iE_\alpha t/\hbar) + \int d\alpha \int d\beta \frac{g(\alpha) \exp(-iE_\alpha t/\hbar)\, (\Phi_\beta, V\Psi_\alpha^\pm)}{E_\alpha - E_\beta \pm i\epsilon} \Phi_\beta \tag{8.1.7}$$

上式等号右边第二项指数的快速振荡消除了除去接近 E_β 的那些 E_α(对它们分母快速变化) 以外的所有对积分的贡献. 特别地, 这允许我们把积分延展到所有的实数 E_α, 因为对于 $|t| \to +\infty$, 在整个积分区域内除去很接近 E_β 以外, 对积分没有贡献. 当 $t \to -\infty$ 时, 这个积分可以通过将对 E_α 的积分路径用在上半复平面的大半圆封闭起来, 当 $t \to +\infty$ 时, 用在下半复平面的大半圆封闭起来, 因为在两种情形下因子 $\exp(-iE_\alpha t/\hbar)$ 在半圆上按指数衰减. 在两种情况下, 在 $E_\alpha = E_\beta \mp i\epsilon$ 的极点都在积分路径之外, 所以积分为零, 为我们留下式(8.1.5). (顺便说一下, 式(8.1.6)分母上的 $\pm i\epsilon$ 项导致通常"入" 态和 "出" 态被相应标记为 Ψ_α^+ 和 Ψ_α^-.)

"入" 态和 "出" 态位于同一个 Hilbert 空间, 区别只在于它们如何被它们在 $t \to -\infty$ 或 $t \to +\infty$ 时的外观描述. 实际上, 任何 "入" 态都可以用 "出" 态的叠加表示:

$$\Psi_\alpha^+ = \int d\beta\, S_{\beta\alpha} \Psi_\beta^- \tag{8.1.8}$$

这个关系式中的系数 $S_{\beta\alpha}$ 组成 **S 矩阵**. 如果我们安排一个状态, 它在 $t \to -\infty$ 时像是一个自由粒子态 Φ_α, 这个态就是 Ψ_α^+, 式(8.1.8)告诉我们, 这个态在晚些时候将会像叠加态 $\int d\beta\, S_{\beta\alpha} \Phi_\beta$. 我们将看到, S 矩阵包含在各种粒子间的反应率的所有信息.

我们能推导一个 S 矩阵的有用公式, 通过考虑如果我们对"入" 态在**晚些**时候测量, 它该像什么样子. 我们再一次对 Ψ_α^+ 用式(8.1.7), 但是现在因为 $t > 0$, 我们只能在第二项对 E_α 的积分中在复平面的**下半**平面用一个大的半圆来封闭积分路径, 所以我们现在从极点 $E_\alpha = E_\beta - i\epsilon$ 接受到贡献. 因为我们对封闭路径按顺时针方向积分, 这个极点的贡献是 $-2\pi i$ 乘以此积分, 但将分母舍去, 对 E_α 的积分以在其余的被积函数中 $E_\alpha = E_\beta - i\epsilon$ 代替. 由于 ϵ 是无限小的, 这就相当于在式(8.1.7)中将 $(E_\alpha - E_\beta + i\epsilon)^{-1}$ 代以 $-2\pi i(E_\alpha - E_\beta)$, 所以当 $t \to +\infty$ 时,

$$\int d\alpha\, g(\alpha) \Psi_\alpha^+ \exp(-iE_\alpha t/\hbar)$$

$$\to \int d\alpha\, g(\alpha) \Phi_\alpha \exp(-iE_\alpha t/\hbar)$$

$$-2\pi i \int d\alpha \int d\beta\, g(\alpha) \exp(-iE_\alpha t/\hbar)\, (\Phi_\beta, V\Psi_\alpha^+)\, \delta(E_\alpha - E_\beta)\Phi_\beta \tag{8.1.9}$$

正如在上一段中提到的, Ψ_α^+ 在 $t \to +\infty$ 时看来像叠加 $\int d\beta\, S_{\beta\alpha}\Phi_\beta$, 所以从式(8.1.9), 我们有

$$S_{\beta\alpha} = \delta(\beta - \alpha) - 2\pi i \delta(E_\alpha - E_\beta) T_{\beta\alpha} \tag{8.1.10}$$

此处

$$T_{\beta\alpha} \equiv (\Phi_\beta, V\Psi_\alpha^+) \tag{8.1.11}$$

我们选择了态 Φ_α 为正交归一的. 所以从式(8.1.6)得知, "入" 态和 "出" 态也是正交归一的. 这从条件式(8.1.5)看是很显然的, 但我们也能给出直接的证明. 我们可以通过将式(8.1.6)用在标量积的左边或右边来计算矩阵元 $(\psi_\beta^\pm, V\psi_\alpha^\pm)$. 结果必须是一样的, 所以 (利用 H_0 和 V 为 Hermite 的事实)

$$\left(\Psi_\beta^\pm, V\Phi_\alpha\right) + \left(\Psi_\beta^\pm, V(E_\alpha - H_0 \pm i\epsilon)^{-1} V\Psi_\alpha^\pm\right)$$
$$= (\Phi_\beta, V\Psi_\alpha^\pm) + \left(\Psi_\beta^\pm, V(E_\beta - H_0 \mp i\epsilon)^{-1} V\Psi_\alpha^\pm\right) \tag{8.1.12}$$

我们用平庸的恒等式

$$(E_\alpha - H_0 \mp i\epsilon)^{-1} - (E_\beta - H_0 \mp i\epsilon)^{-1} = \frac{E_\alpha - E_\beta \pm 2i\epsilon}{(E_\alpha - H_0 \pm i\epsilon)(E_\beta - H_0 \mp i\epsilon)}$$

所以用 $E_\alpha - E_\beta \pm 2i\epsilon$ 来除, 得

$$-\left(\frac{(\Phi_\alpha, V\Psi_\beta^\pm)}{E_\beta - E_\alpha \pm 2i\epsilon}\right)^* - \frac{(\Phi_\beta, V\Psi_\alpha^\pm)}{E_\alpha - E_\beta \pm 2i\epsilon} = \left(\Psi_\beta^\pm, V(E_\beta - H_0 \mp i\epsilon)^{-1}(E_\alpha - H_0 \pm i\epsilon)^{-1} V\Psi_\alpha^\pm\right)$$

关于 ϵ 的唯一重要事情是, 它是正的无穷小, 所以在这里我们也可以用 ϵ 代替 2ϵ. 根据式(8.1.6), 这告诉我们

$$-\left(\Phi_\alpha, \Psi_\beta^\pm - \Phi_\beta\right)^* - \left(\Phi_\beta, \Psi_\alpha^\pm - \Phi_\alpha\right) = \left(\Psi_\beta^\pm - \Phi_\beta, \Psi_\alpha^\pm - \Phi_\alpha\right)$$

所以

$$\left(\Psi_\beta^\pm, \Psi_\alpha^\pm\right) = (\Phi_\beta, \Phi_\alpha) = \delta(\alpha - \beta) \tag{8.1.13}$$

取式(8.1.8)和 Ψ_β^- 的标量积, 我们就有

$$S_{\beta\alpha} = \left(\Psi_\beta^-, \Psi_\alpha^+\right) \tag{8.1.14}$$

这样 $S_{\beta\alpha}$ 就是一个状态被安排为在 $t \to -\infty$ 时看来像自由粒子态 Φ_α, 在 $t \to +\infty$ 时进行测量, 它将像自由粒子态 Φ_β 的概率振幅.

因为 $S_{\beta\alpha}$ 是两个状态矢量正交归一完备集合的标量积的矩阵, 故它必须是幺正的. 我们也可以直接证明此点. 将式(8.1.12)(取"入"态) 乘以 $E_\alpha - E_\beta$, 由此得出

$$\delta(E_\alpha - E_\beta)\left(T^*_{\alpha\beta} - T_{\beta\alpha}\right) = 2\mathrm{i}\epsilon\delta(E_\alpha - E_\beta)\int \mathrm{d}\gamma \frac{T^*_{\gamma\beta}T_{\gamma\alpha}}{(E_\alpha - E_\gamma)^2 + \epsilon^2}$$

对于无限小的 ϵ, 函数 $\epsilon/(x^2 + \epsilon^2)$ 在除 $x = 0$ 以外各处都是可以忽略的, 而它对于 x 所有值的积分是 π, 所以在任何积分中都可以用 $\pi\delta(x)$ 代替它. 乘以 $-2\pi\mathrm{i}$, 将 $\delta(E_\alpha - E_\beta)\delta(E_\alpha - E_\gamma)$ 用 $\delta(E_\beta - E_\gamma)\delta(E_\alpha - E_\gamma)$ 代替, 并回顾式(8.1.10), 我们就有

$$-\left(S_{\beta\alpha} - \delta(\alpha - \beta)\right) - \left(S^*_{\alpha\beta} - \delta(\alpha - \beta)\right) = \int \mathrm{d}\gamma \left(S_{\gamma\beta} - \delta(\beta - \gamma)\right)^* \left(S_{\gamma\alpha} - \delta(\alpha - \gamma)\right)$$

换句话说,

$$\int \mathrm{d}\gamma\, S^*_{\gamma\beta}S_{\gamma\alpha} = \delta(\alpha - \beta) \tag{8.1.15}$$

在矩阵语言中, $S^\dagger S = I$, 此处 $\dagger$ 表示复共轭的转置.

如果 α 和 β 是分立态而不是连续态的成员, S 矩阵的幺正性就会导致总概率 $\sum_\beta |S_{\beta\alpha}|^2$ 为 1. 当这些态形成一个连续体时, 幺正性在真实世界的物理含义将在 8.3 节中讨论.

$*****$

"入"态和"出"态的区别包含在 Lippmann-Schwinger 方程(8.1.6)的分母中 $\pm\mathrm{i}\epsilon$ 项的符号中. 为了使它不那么抽象, 让我们看一下"出"态在第 7 章中讨论的情况下像什么样子, 那是质量为 μ 的非相对性粒子和动量 $\hbar\boldsymbol{k}$ 在实定域势 $V(\boldsymbol{x})$ 中的散射. 在 7.2 节中, 我们看到坐标空间波散射函数 $\psi^+_{\boldsymbol{k}}(\boldsymbol{x})$ 满足积分方程(7.2.3):

$$\psi^+_{\boldsymbol{k}}(\boldsymbol{x}) = (2\pi\hbar)^{-3/2}\mathrm{e}^{\mathrm{i}\boldsymbol{k}\cdot\boldsymbol{x}} + \int \mathrm{d}^3y\, G^+_k(\boldsymbol{x} - \boldsymbol{y})V(y)\psi^+_{\boldsymbol{k}}(\boldsymbol{y}) \tag{8.1.16}$$

此处 $G^+_k(\boldsymbol{x} - \boldsymbol{y})$ 是由式(7.2.4)给出的一个 Green 函数:

$$G^+_k(\boldsymbol{x} - \boldsymbol{y}) = \left(\Phi_{\boldsymbol{x}}, (E(k) - H_0 + \mathrm{i}\epsilon)^{-1}\Phi_{\boldsymbol{y}}\right) = -\frac{2\mu}{\hbar^2}\frac{1}{4\pi|\boldsymbol{x} - \boldsymbol{y}|}\mathrm{e}^{\mathrm{i}k|\boldsymbol{x} - \boldsymbol{y}|} \tag{8.1.17}$$

我们现在使用一个上标 "+", 以说明这仅与"入"态有关, 对"出"态, 波函数转而满足

$$\psi^-_{\boldsymbol{k}}(\boldsymbol{x}) = (2\pi\hbar)^{-3/2}\mathrm{e}^{\mathrm{i}\boldsymbol{k}\cdot\boldsymbol{x}} + \int \mathrm{d}^3y\, G^-_k(\boldsymbol{x} - \boldsymbol{y})V(\boldsymbol{y})\psi^-_{\boldsymbol{k}}(\boldsymbol{y}) \tag{8.1.18}$$

此处 $G^-_k(\boldsymbol{x} - \boldsymbol{y})$ 是一个不同的 Green 函数,

$$G^-_k(\boldsymbol{x} - \boldsymbol{y}) = \left(\Phi_{\boldsymbol{x}}, (E(k) - H_0 - \mathrm{i}\epsilon)^{-1}\Phi_{\boldsymbol{y}}\right) \tag{8.1.19}$$

比较方程(8.1.17)和(8.1.18), 可得

$$G_k^-(\boldsymbol{x}-\boldsymbol{y}) = G_k^{+*}(\boldsymbol{x}-\boldsymbol{y}) = -\frac{2\mu}{\hbar^2}\frac{1}{4\pi|\boldsymbol{x}-\boldsymbol{y}|}\mathrm{e}^{-\mathrm{i}k|\boldsymbol{x}-\boldsymbol{y}|} \tag{8.1.20}$$

因此方程(8.1.18)的解就简单地是

$$\psi_{\boldsymbol{k}}^-(\boldsymbol{x}) = \psi_{-\boldsymbol{k}}^{+*}(\boldsymbol{x}) \tag{8.1.21}$$

作为特例, 代替式(7.2.5), "出" 空间波函数在大的 $|\boldsymbol{x}|$ 处渐近形式是

$$\psi_{\boldsymbol{k}}^-(\boldsymbol{x}) \to (2\pi\hbar)^{-3/2}\left(\mathrm{e}^{\mathrm{i}\boldsymbol{k}\cdot\boldsymbol{x}} + f_{-\boldsymbol{k}}^*(\hat{\boldsymbol{x}})\mathrm{e}^{\mathrm{i}kr}/r\right) \tag{8.1.22}$$

其中 $r \equiv |\boldsymbol{x}|$.

8.2 跃迁率

式(8.1.10)给出的 S 矩阵显然是保持能量守恒的. 即使态 α 和 β 不相同, $S_{\beta\alpha}$ 也是与 $\delta(E_\alpha - E_\beta)$ 成正比的. 并且, 空间平移不变性对称告诉我们 Hamilton 量 H 和动量算符 $\boldsymbol{P}$ 对易, 因为 H_0 显然和 $\boldsymbol{P}$ 对易, 所以 V 也是, 因此得出结论: $T_{\beta\alpha}$ 和 $S_{\beta\alpha}$ 也正比于三维 δ 函数 $\delta^3(\boldsymbol{P}_\alpha - \boldsymbol{P}_\beta)$, 此处 $\boldsymbol{P}_\alpha$ 和 $\boldsymbol{P}_\beta$ 分别是态 α 和 β 的总动量. 在 α 和 β 不是等同的状态情况下, 我们可以有

$$S_{\beta\alpha} = \delta(E_\alpha - E_\beta)\delta^3(\boldsymbol{P}_\alpha - \boldsymbol{P}_\beta)M_{\beta\alpha} \tag{8.2.1}$$

此处 $M_{\beta\alpha}$ 是态 α 和 β 中动量的光滑函数, 不包含 δ 函数[①]. 在式(8.2.1)中出现 δ 函数就提出了一个问题: 在设 $\alpha \to \beta$ 跃迁概率等于 $|S_{\beta\alpha}|^2$ 时, 我们如何得到 $\delta(E_\alpha - E_\beta)$ 和 $\delta^3(\boldsymbol{P}_\alpha - \boldsymbol{P}_\beta)$ 的平方?

处理这个问题最容易的方法是想象系统被包含在体积为 V 的盒子中, 而相互作用只发生在有限时间 T 内. 一个后果就是 δ 函数正如在 3.2 节中, 可以表示为

$$\delta^3(\boldsymbol{P}_\alpha - \boldsymbol{P}_\beta) \equiv \frac{1}{(2\pi\hbar)^3}\int \mathrm{d}^3x\,\mathrm{e}^{\mathrm{i}(\boldsymbol{P}_\alpha - \boldsymbol{P}_\beta)\cdot\boldsymbol{x}/\hbar}$$

---

① 严格说来, 这仅在态 α 和 β 没有子集合时, 它们有相同的总动量. 这个条件之所以必要, 是因为为了排除在 $\alpha \to \beta$ 跃迁中涉及几个彼此毫无关系的相距遥远的反应, 此时 $S_{\beta\alpha}$ 就会包含几个动量守恒 δ 因子, 每个反应有一个. 在两个粒子散射中不出现这个可能性.

$$\delta(E_\alpha - E_\beta) \equiv \frac{1}{2\pi\hbar} \int_{-\infty}^{+\infty} dt \, e^{i(E_\alpha - E_\beta)t/\hbar}$$

在这里被代之以

$$\delta_V^3(\boldsymbol{P}_\alpha - \boldsymbol{P}_\beta) \equiv \frac{1}{(2\pi\hbar)^3} \int_V d^3x \, e^{i(\boldsymbol{P}_\alpha - \boldsymbol{P}_\beta)\cdot\boldsymbol{x}/\hbar}$$

$$\delta_T(E_\alpha - E_\beta) \equiv \frac{1}{2\pi\hbar} \int_T dt \, e^{i(E_\alpha - E_\beta)t/\hbar} \tag{8.2.2}$$

这样我们就有

$$\left(\delta_V^3(\boldsymbol{P}_\alpha - \boldsymbol{P}_\beta)\right)^2 = \frac{V}{(2\pi\hbar)^3} \delta_V^3(\boldsymbol{P}_\alpha - \boldsymbol{P}_\beta) \tag{8.2.3}$$

$$\left(\delta_T(E_\alpha - E_\beta)\right)^2 = \frac{T}{2\pi\hbar} \delta_T(E_\alpha - E_\beta) \tag{8.2.4}$$

并且, 在用 S 矩阵元平方作为跃迁概率时, 我们必须将状态适当归一化. 在坐标空间中这意味着代替给予动量为 $\boldsymbol{p}$ 的单粒子态 $\varPhi_{\boldsymbol{p}}$ 以连续态归一的波函数(6.2.9),

$$(\varPhi_{\boldsymbol{x}}, \varPhi_{\boldsymbol{p}}) = \frac{e^{i\boldsymbol{p}\cdot\boldsymbol{x}}}{(2\pi\hbar)^{3/2}}$$

我们应取其归一化为其绝对值平方在盒中的积分为 1:

$$(\varPhi_{\boldsymbol{x}}, \varPhi_{\boldsymbol{p}}^{\mathrm{Box}}) = \frac{e^{i\boldsymbol{p}\cdot\boldsymbol{x}}}{\sqrt{V}}$$

这就是, 我们定义盒归一态为

$$\varPhi_{\boldsymbol{p}}^{\mathrm{Box}} \equiv \sqrt{\frac{(2\pi\hbar)^3}{V}} \varPhi_{\boldsymbol{p}} \tag{8.2.5}$$

对多粒子状态, 因子 $\sqrt{(2\pi\hbar)^2/V}$ 的乘积出现在盒归一态和连续体归一态的关系之中. 因此在盒归一态之间的 S 矩阵元是

$$S_{\beta\alpha}^{\mathrm{Box}} = \left(\frac{(2\pi\hbar)^3}{V}\right)^{(N_\alpha + N_\beta)/2} S_{\beta\alpha} \tag{8.2.6}$$

此处 N_α 和 N_β 分别是始态和终态的粒子数. 把这些放在一起, $\alpha \to \beta$ 的跃迁概率是

$$P(\alpha \to \beta) = \left|S_{\beta\alpha}^{\mathrm{Box}}\right|^2 = \frac{T}{2\pi\hbar} \left(\frac{(2\pi\hbar)^3}{V}\right)^{N_\alpha + N_\beta - 1} \delta_T(E_\alpha - E_\beta) \delta_V^3(\boldsymbol{P}_\alpha - \boldsymbol{P}_\beta) |M_{\beta\alpha}|^2$$

跃迁**率**是跃迁概率除以相互作用存在的时间 T, 即

$$\varGamma(\alpha \to \beta) = \frac{P(\alpha \to \beta)}{T}$$

$$= \frac{1}{2\pi\hbar} \left(\frac{(2\pi\hbar)^3}{V}\right)^{N_\alpha + N_\beta - 1} \delta_T(E_\alpha - E_\beta) \delta_V^3(\boldsymbol{P}_\alpha - \boldsymbol{P}_\beta) |M_{\beta\alpha}|^2 \tag{8.2.7}$$

但这还不是通常所测量的. 式(8.2.7)给出到若干可能的终态之一的跃迁率. 但在一个大盒子里, 这些态相距很近. 如我们在 6.2 节中看到的, 在动量空间体积 d^3p 中的单粒子状态数是 $V d^3p/(2\pi\hbar)^3$, 所以跃迁到终态范围 $d\beta$ 的跃迁率是

$$d\Gamma(\alpha \to \beta) = \left(V/(2\pi\hbar)^3\right)^{N_\beta} \Gamma(\alpha \to \beta) d\beta$$

$$= \frac{1}{2\pi\hbar} \left(\frac{(2\pi\hbar)^3}{V}\right)^{N_\alpha - 1} |M_{\beta\alpha}|^2 \delta(E_\alpha - E_\beta)\delta^3(\boldsymbol{P}_\alpha - \boldsymbol{P}_\beta) d\beta \qquad (8.2.8)$$

此处 $d\beta$ 是状态中每一个粒子的 d^3p 因子的乘积. (我们弃去了在 δ 函数中的下标 V 和 T, 因为这个公式永远在极限 $V \to +\infty$ 和 $T \to +\infty$ 时使用, 这时 δ 函数(8.2.2)变为通常的 δ 函数.) 这是跃迁率最终的普遍公式.

式(8.2.8)中的因子 $(1/V)^{N_\alpha - 1}$ 正是在物理基础上应该预期的. 对 $N_\alpha = 1$, 这个因子是 1, 所以一个单粒子衰变到一个粒子集合的衰变率与衰变发生的体积无关,

$$d\Gamma(\alpha \to \beta) = \frac{1}{2\pi\hbar} |M_{\beta\alpha}|^2 \delta(E_\alpha - E_\beta)\delta^3(\boldsymbol{P}_\alpha - \boldsymbol{P}_\beta) d\beta \qquad (8.2.9)$$

正如我们预期的. 对 $N_\alpha = 2$, 这个因子是 $1/V$, 所以在两个粒子碰撞产生终态 β 的产生率正比于任何一个粒子位于另一个粒子所在位置的密度 $1/V$, 再一次正如我们期待的. 因为这是一个率, 它实际上应该正比于 "单位面积率" u_α/V, 在此一个粒子的束流打中另一个粒子, 此处 u_α 是两个粒子的相对速度. 在跃迁率 $d\Gamma(\alpha \to \beta)$ 中 u_α/V 的系数是微分截面

$$d\sigma(\alpha \to \beta) \equiv \frac{d\Gamma(\alpha \to \beta)}{u_\alpha/V} = \frac{(2\pi\hbar)^2}{u_\alpha} |M_{\beta\alpha}|^2 \delta(E_\alpha - E_\beta)\delta^3(\boldsymbol{P}_\alpha - \boldsymbol{P}_\beta) d\beta \qquad (8.2.10)$$

我们经常在质心系中工作, 在此两个粒子有大小相等和方向相反的动量, 例如 $\boldsymbol{p}$ 和 $-\boldsymbol{p}$. 在此情况下, 相对速度是

$$u = \frac{|\boldsymbol{p}|c^2}{E_1} + \frac{|\boldsymbol{p}|c^2}{E_2} = \frac{|\boldsymbol{p}|}{\mu}, \quad \mu \equiv \frac{E_1 E_2}{c^2(E_1 + E_2)} \qquad (8.2.11)$$

这里

$$E_1 = \sqrt{|\boldsymbol{p}|^2 c^2 + m_1^2 c^4}, \quad E_2 = \sqrt{|\boldsymbol{p}|^2 c^2 + m_2^2 c^4}$$

在非相对论情况下, $E \approx mc^2$, μ 就是我们熟悉的约化质量 $m_1 m_2/(m_1 + m_2)$.

甚至有在物理上重要的碰撞过程, 其中三个粒子位于初态, 例如, 像给太阳以热的链式反应的第一步 $e^- + p + p \to d + \nu$. 很自然地, 这种反应的反应率应该正比于两个粒子位于第三个粒子处密度的乘积, 或 $1/V^2$.

还需要解释在式(8.2.8)～式(8.2.10)中如何处理因子 $\delta(E_\alpha - E_\beta)\delta^3(\boldsymbol{P}_\alpha - \boldsymbol{P}_\beta)$. 对于终态中的两个粒子, 这个因子正好正比于微分立体角元. 我们在质心系中工作, 其中始

态总动量为零. 这样如果终态包含两个动量为 $\boldsymbol{p}_1$ 和 $\boldsymbol{p}_2$、能量为 E_1 和 E_2 的粒子, 则这个因子是

$$
\begin{aligned}
\delta^3(\boldsymbol{p}_1+\boldsymbol{p}_2)\delta(E_1+E_2-E)\mathrm{d}^3p_1\mathrm{d}^3p_2 &=\delta(E_1+E_2-E)p_1^2\mathrm{d}p_1\mathrm{d}\Omega_1 \\
&=\frac{p_1^2\mathrm{d}\Omega_1}{|\partial(E_1+E_2)/\partial p_1|}=\mu p_1\mathrm{d}\Omega_1
\end{aligned}
\tag{8.2.12}
$$

此处 μ 由式(8.2.11)给出. 在最后的表达式中, p_1 是由能量守恒决定的动量, 是方程 $E_1+E_2=E$ 的解. (在推导这个结果时, 我们利用 $\delta(f(p))\mathrm{d}p=1/|f'(p)|$, 此处 $f'(p)$ 是在 $f(p)=0$ 的 p 值处取值的.)

例如, 根据式(8.2.9), 一个单粒子衰变为两个粒子的衰变率是

$$
\mathrm{d}\Gamma=\frac{1}{2\pi\hbar}|M_{\beta\alpha}|^2\mu_\beta p_\beta\mathrm{d}\Omega_\beta
\tag{8.2.13}
$$

式(8.2.10)给出两个粒子在质心系碰撞后跃迁到粒子 2 终态的微分截面

$$
\mathrm{d}\sigma(\alpha\to\beta)=\frac{(2\pi\hbar)^2}{u_\alpha}|M_{\beta\alpha}|^2\mu_\beta p_\beta\mathrm{d}\Omega_\beta=(2\pi\hbar)^2\frac{p_\beta}{p_\alpha}\mu_\alpha\mu_\beta|M_{\beta\alpha}|^2\mathrm{d}\Omega_\beta
\tag{8.2.14}
$$

要和前一章的结果比较, 我们注意到在非相对论性粒子在固定散射中心的弹性散射情况下, 在式(8.2.1)中没有动量守恒 δ 函数, 它在此处给出

$$
S_{\boldsymbol{k}',\boldsymbol{k}}=\delta(E(k')-E(k))M_{\boldsymbol{k}',\boldsymbol{k}}
\tag{8.2.15}
$$

此处 $\boldsymbol{k}$ 和 $\boldsymbol{k}'$ 分别为初始和最终的波数, 我们假设 $\boldsymbol{k}'\neq\boldsymbol{k}$. 与式(8.1.10) 和式 (8.1.11)相比较, 得出

$$
M_{\boldsymbol{k}',\boldsymbol{k}}=-2\pi\mathrm{i}\left(\Phi_{\boldsymbol{k}'},V\Psi_{\boldsymbol{k}}^+\right)=-2\pi\mathrm{i}\int\mathrm{d}^3x(2\pi\hbar)^{-3/2}\mathrm{e}^{-\mathrm{i}\boldsymbol{k}'\cdot\boldsymbol{x}}V(\boldsymbol{x})\psi_{\boldsymbol{k}}(\boldsymbol{x})
\tag{8.2.16}
$$

这样式(7.2.6)给出散射振幅 (记号有些不同) 和 M 矩阵元:

$$
f(\boldsymbol{k}\to\boldsymbol{k}')=-2\pi\hbar\mathrm{i}\mu M_{\boldsymbol{k}',\boldsymbol{k}}
\tag{8.2.17}
$$

此处 $\mu_\alpha=\mu_\beta\equiv\mu$, $p_\alpha=p_\beta$, 所以在此情况下, 式(8.2.14)给出微分截面 $\mathrm{d}\sigma=|f|^2\mathrm{d}\Omega$, 正如在 7.2 节中推导出的.

8.3 一般光学定理

我们现在来研究 S 矩阵幺正性的一个重要结果. 式(8.2.1)仅对 α 和 β 不同的反应过程适用. 更普遍地, 我们有

$$S_{\beta\alpha} = \delta(\alpha - \beta) + \delta(E_\alpha - E_\beta)\delta^3(\boldsymbol{P}_\alpha - \boldsymbol{P}_\beta)M_{\beta\alpha} \tag{8.3.1}$$

幺正条件是

$$
\begin{aligned}
\delta(\alpha - \beta) &= \int \mathrm{d}\gamma\, S^*_{\gamma\beta} S_{\gamma\alpha} \\
&= \delta(\alpha - \beta) + \delta(E_\alpha - E_\beta)\delta^3(\boldsymbol{P}_\alpha - \boldsymbol{P}_\beta)\left(M_{\beta\alpha} + M^*_{\alpha\beta}\right) \\
&\quad + \int \mathrm{d}\gamma\, M^*_{\gamma\beta} M_{\gamma\alpha}\delta(E_\gamma - E_\beta)\delta^3(\boldsymbol{P}_\gamma - \boldsymbol{P}_\beta)\delta(E_\gamma - E_\alpha)\delta^3(\boldsymbol{P}_\gamma - \boldsymbol{P}_\alpha)
\end{aligned}
$$

所以对于 $\boldsymbol{P}_\alpha = \boldsymbol{P}_\beta$ 和 $E_\alpha = E_\beta$, 有

$$0 = M_{\beta\alpha} + M^*_{\alpha\beta} + \int \mathrm{d}\gamma\, M^*_{\gamma\beta} M_{\gamma\alpha}\delta(E_\gamma - E_\alpha)\delta^3(\boldsymbol{P}_\gamma - \boldsymbol{P}_\alpha) \tag{8.3.2}$$

这对 $\alpha = \beta$ 的情况特别有用, 在此情况下, 式(8.3.2)正比于始态 α 的过程的总反应率, 它由式(8.2.8)给出,

$$
\begin{aligned}
\Gamma_\alpha &\equiv \int \mathrm{d}\gamma\, \Gamma(\alpha \to \gamma) \\
&= \frac{1}{2\pi\hbar}\left(\frac{(2\pi\hbar)^3}{V}\right)^{N_\alpha - 1}\int |M_{\gamma\alpha}|^2\,\delta(E_\alpha - E_\gamma)\delta^3(\boldsymbol{P}_\alpha - \boldsymbol{P}_\gamma)\mathrm{d}\gamma
\end{aligned} \tag{8.3.3}
$$

所以在 $\alpha = \beta$ 的情况下, 式(8.3.2)可以写为

$$\mathrm{Re}M_{\alpha\alpha} = -\pi\hbar\left(\frac{V}{(2\pi\hbar)^3}\right)^{N_\alpha - 1}\Gamma_\alpha \tag{8.3.4}$$

这是光学定理的最一般形式.

在二粒子态 α 的特殊情况下, 式(8.3.4)变为

$$\mathrm{Re}M_{\alpha\alpha} = -\frac{\pi\hbar}{(2\pi\hbar)^3}u_\alpha\sigma_\alpha \tag{8.3.5}$$

此处 u_α 是相对速度, $\sigma_\alpha = \Gamma_\alpha/(u_\alpha/V)$ 是两个粒子碰撞所有可能结果的总截面. 利用式(8.2.17), 前向散射振幅的虚部就是

$$\mathrm{Im}f(\boldsymbol{k}_\alpha \to \boldsymbol{k}_\alpha) = -2\pi\hbar\mu_\alpha\,\mathrm{Re}M_{\alpha\alpha} = \frac{\mu_\alpha u_\alpha}{4\pi\hbar}\sigma_\alpha = \frac{k_\alpha}{4\pi}\sigma_\alpha \tag{8.3.6}$$

这是原本的光学定理, 在 7.3 节中对势散射的特殊情况推导过.

8.4 分波展开

将转动不变性和幺正性一起应用, 我们能推导出一个 S 矩阵的表示, 它很像前一章中的散射振幅用相移的表达式, 但这里是在一个一般得多的环境中, 包括非弹性散射和带自旋的粒子.

我们必须先来看一下, 如何来表达二粒子态 $\Phi_{\boldsymbol{p}_1,\sigma_1;\boldsymbol{p}_2,\sigma_2}$ (动量为 $\boldsymbol{p}_1$ 和 $\boldsymbol{p}_2$, 自旋为 s_1 和 s_2, 自旋 3-分量为 σ_1 和 σ_2), 通过确定能量 E、总动量 $\boldsymbol{P}$、总角动量 $\boldsymbol{J}$、总角动量 3-分量 M、轨道角动量 ℓ 和总自旋 s 的态进行. 我们定义

$$\Phi_{\boldsymbol{P},E,J,M,\ell,s,n} \equiv \int \mathrm{d}^3 p_1 \frac{1}{\sqrt{\mu|\boldsymbol{p}_1|}} \delta(E-E_1-E_2)$$
$$\times \sum_{\sigma_1,\sigma_2,\sigma,m} Y_\ell^m(\hat{\boldsymbol{p}}_1) C_{s_1 s_2}(s\sigma;\sigma_1\sigma_2) C_{s\ell}(JM;\sigma m) \Phi_{\boldsymbol{p}_1,\sigma_1;\boldsymbol{P}-\boldsymbol{p}_1,\sigma_2;n} \quad (8.4.1)$$

这里 n 是一个复合指标, 标记粒子类型, 包括它们的质量 m_1 和 m_2 以及自旋 s_1 和 s_2; Y_ℓ^m 是在 2.2 节中描述的球谐函数; C 是在 4.3 节中描述的 Clebsch-Gordan 系数; E_i 是能量,

$$E_1 \equiv \sqrt{m_1^2 c^4 + |\boldsymbol{p}_1|^2 c^2}, \quad E_2 \equiv \sqrt{m_2^2 c^4 + |\boldsymbol{P}-\boldsymbol{p}_1|^2 c^2}$$

我们在此集中于质心系, $\boldsymbol{P}=\boldsymbol{0}$. 在此情况下 μ 是式(8.2.11)定义的约化质量. 定义式(8.2.1)的概念是: 两个自旋合成为总自旋 s 和 3-分量 σ, 在质心系 $\boldsymbol{P}=\boldsymbol{0}$ 中, 总自旋和轨道角动量合成为总角动量 $\boldsymbol{J}$ 和 3-分量 M. 我们将看到因子 $(\mu|\boldsymbol{p}_1|)^{-1/2}$ 的插入是为了给予态(8.4.1)一个简单的模.

状态 $\Phi_{\boldsymbol{p}_1,\sigma_1;\boldsymbol{p}_2,\sigma_2;n}$ 取为连续体归一化

$$\left(\Phi_{\boldsymbol{p}_1',\sigma_1',\boldsymbol{p}_2',\sigma_2',n'}, \Phi_{\boldsymbol{p}_1,\sigma_1,\boldsymbol{p}_2,\sigma_2,n}\right) = \delta_{n'n}\delta^3(\boldsymbol{p}_1'-\boldsymbol{p}_1)\delta^3(\boldsymbol{p}_2'-\boldsymbol{p}_2)\delta_{\sigma_1'\sigma_1}\delta_{\sigma_2'\sigma_2} \quad (8.4.2)$$

我们来验证式(8.4.1)的归一化. 我们感兴趣的情况是两个态中的一个总动量为零, 两个态的标量积为

$$\left(\Phi_{\boldsymbol{P}',E',J',\ell',s',n'}, \Phi_{\boldsymbol{0},E,J,\ell,s,n}\right)$$
$$= \delta_{n'n}\delta^3(\boldsymbol{P}')\delta(E'-E) \int \frac{\mathrm{d}^3 p_1}{\mu|\boldsymbol{p}_1|} \times \delta(E_1+E_2-E) \sum_{\sigma_1\sigma_2 m'm\sigma'\sigma} Y_{\ell'}^{m'}(\hat{\boldsymbol{p}}_1)^* Y_\ell^m(\hat{\boldsymbol{p}}_1)$$

$$\times C_{s_1 s_2}(s'\sigma'; \sigma_1\sigma_2) C_{s'\ell'}(J'M'; \sigma'm') C_{s_1 s_2}(s\sigma; \sigma_1\sigma_2) C_{s\ell}(JM; \sigma m) \tag{8.4.3}$$

用 δ 函数的定义性质, 我们有 (对 $\boldsymbol{P} = \boldsymbol{0}$)

$$\int_0^{+\infty} p_1^2 \mathrm{d}p_1 \delta(E_1 + E_2 - E) = \frac{p_1^2}{|(\partial/\partial p_1)(E_1 + E_2)|} = p_1 E_1 E_2/(Ec^2) = \mu p_1$$

此处 p_1 是能量守恒方程 $E_1 + E_2 = E$ 的解, $E_1 \equiv \sqrt{m_1^2 c^4 + p_1^2 c^2}$, $E_2 \equiv \sqrt{m_2^2 c^4 + p_1^2 c^2}$, 它将在式(8.4.3)中和因子 $1/\mu p_1$ 对消, 这就是我们将此因子的平方根放在定义式(8.4.1)中的缘故. 这样式(8.4.3)变为

$$(\Phi_{\boldsymbol{P}', E', J', \ell', s', n'}, \Phi_{\boldsymbol{0}, E, J, \ell, s, n})$$
$$= \delta_{n'n} \delta^3(\boldsymbol{P}') \delta(E' - E) \sum_{\sigma_1 \sigma_2 m' m \sigma' \sigma} \int \mathrm{d}^2 \hat{\boldsymbol{p}}_1 Y_{\ell'}^{m'}(\hat{\boldsymbol{p}}_1)^* Y_\ell^m(\hat{\boldsymbol{p}}_1)$$
$$\times C_{s_1 s_2}(s'\sigma'; \sigma_1\sigma_2) C_{s'\ell'}(J'M'; \sigma'm') C_{s_1 s_2}(s\sigma; \sigma_1\sigma_2) C_{s\ell}(JM; \sigma m) \tag{8.4.4}$$

其次, 我们用球谐函数和 Clebsch-Gordan 系数的正交归一性质:

$$\int \mathrm{d}^2 p_1 Y_{\ell'}^{m'}(\hat{\boldsymbol{p}}_1)^* Y_\ell^m(\hat{\boldsymbol{p}}_1) = \delta_{\ell'\ell} \delta_{m'm}$$
$$\sum_{\sigma_1 \sigma_2} C_{s_1 s_2}(s'\sigma'; \sigma_1\sigma_2) C_{s_1 s_2}(s\sigma; \sigma_1\sigma_2) = \delta_{s's} \delta_{\sigma'\sigma}$$

这样

$$\sum_{\sigma m} C_{s\ell}(J'M'; \sigma m) C_{s\ell}(JM; \sigma m) = \delta_{J'J} \delta_{M'M}$$

所以式(8.4.4)变为所需的结果:

$$(\Phi_{\boldsymbol{P}', E', J', M', \ell', s', n'}, \Phi_{\boldsymbol{0}, E, J, M, \ell, s, n}) = \delta_{n'n} \delta^3(\boldsymbol{P}') \delta(E' - E) \delta_{s's} \delta_{\ell'\ell} \delta_{J'J} \delta_{M'M} \tag{8.4.5}$$

用态(8.4.1)做基的好处是, 对这些态 Wigner-Eckart 定理和动量守恒告诉我们 S 矩阵可以表示为

$$S_{\boldsymbol{P}', E', J', M', \ell', s', n'; \boldsymbol{0}, E, J, M, \ell, s, n} = \delta^3(\boldsymbol{P}') \delta(E' - E) \delta_{J'J} \delta_{M'M} S_{n'\ell's'; n\ell s}^J(E) \tag{8.4.6}$$

此处 S^J 是一个用离散指标标明它的行和列的矩阵, 这就使得矩阵 $M_{\beta\alpha}$ 在式(8.3.1)中取以下形式:

$$M_{\boldsymbol{0}, E, J', M', \ell', s', n'; \boldsymbol{0}, E, J, M, \ell, s, n} = \delta_{J'J} \delta_{M'M} \left(S^J(E) - 1\right)_{n'\ell's'; n\ell s} \tag{8.4.7}$$

但是为了计算截面, 我们需要用原来每个粒子具有确定动量的态的基来表示这个矩阵. 要回到原来的基, 我们用式(8.4.1)和式(8.4.2)计算标量积

$$(\Phi_{\boldsymbol{p}_1, \sigma_1; -\boldsymbol{p}_1, \sigma_2; n}, \Phi_{\boldsymbol{P}, E, J, M, \ell, s, n})$$

$$= \frac{\delta_{nn'}}{\sqrt{\mu|\boldsymbol{p}_1|}} \delta^3(\boldsymbol{P}) \delta(E - E_1 - E_2) \sum_{\sigma,m} Y_\ell^m(\hat{\boldsymbol{p}}_1) C_{s_1 s_2}(s\sigma; \sigma_1 \sigma_2) C_{s\ell}(JM; \sigma m) \qquad (8.4.8)$$

这样由式(8.4.5)就给出

$$\Phi_{\boldsymbol{p}_1, \sigma_1; -\boldsymbol{p}_1, \sigma_2; n} = \int \mathrm{d}^3 P \int \mathrm{d}E \sum_{J, M, \ell, s, n'} \left(\Phi_{\boldsymbol{P}, E, J, M, \ell, sn'}, \Phi_{\boldsymbol{p}_1, \sigma_1, -\boldsymbol{p}_1, \sigma_2; n} \right) \Phi_{\boldsymbol{P}, E, J, M, \ell, sn'}$$

$$= \frac{1}{\sqrt{\mu|\boldsymbol{p}_1|}} \sum_{J, M, \ell, m, s, \sigma} Y_\ell^m(\hat{\boldsymbol{p}}_1)^* C_{s_1 s_2}(s\sigma; \sigma_1 \sigma_2) C_{s\ell}(JM; \sigma m) \Phi_{\boldsymbol{0}, E_1 + E_2, J, M, \ell, s, n}$$

$$(8.4.9)$$

从式(8.4.7),我们有

$$M_{\boldsymbol{p}_1', \sigma_1', -\boldsymbol{p}_2', \sigma_2', n'; \boldsymbol{p}_1, \sigma_1, -\boldsymbol{p}_1, \sigma_2, n}$$

$$= \frac{1}{\sqrt{\mu'|\boldsymbol{p}_1'|}} \frac{1}{\sqrt{\mu|\boldsymbol{p}_1|}} \sum_{J, M} \sum_{\ell', m', s', \sigma'} Y_{\ell'}^{m'}(\hat{\boldsymbol{p}}_1') C_{s_1' s_2'}(s'\sigma'; \sigma_1' \sigma_2') C_{s'\ell'}(JM; \sigma' m')$$

$$\times \sum_{\ell, m, s, \sigma} Y_\ell^m(\hat{\boldsymbol{p}}_1)^* C_{s_1 s_2}(s\sigma; \sigma_1 \sigma_2) C_{s\ell}(JM; \sigma m) \left(S^J(E) - 1 \right)_{\ell' s' n', \ell s n} \qquad (8.4.10)$$

我们将选择一个坐标系,其中 $\boldsymbol{p}_1$ 在 3-轴方向,并用球谐函数的以下性质:

$$Y_\ell^m(\hat{\boldsymbol{p}}_1) = \delta_{m0} \sqrt{\frac{2\ell+1}{4\pi}} \qquad (8.4.11)$$

所以式(8.4.10)稍许简化了:

$$M_{\boldsymbol{p}_1', \sigma_1', -\boldsymbol{p}_2', \sigma_2', n'; \boldsymbol{p}_1, \sigma_1, -\boldsymbol{p}_1, \sigma_2, n}$$

$$= \frac{1}{\sqrt{\mu'|\boldsymbol{p}_1'|}} \frac{1}{\sqrt{\mu|\boldsymbol{p}_1|}} \sum_{J, M} \sum_{\ell', m', s', \sigma'} Y_{\ell'}^{m'}(\hat{\boldsymbol{p}}_1') C_{s_1' s_2'}(s'\sigma'; \sigma_1' \sigma_2') C_{s'\ell'}(JM; \sigma' m')$$

$$\times \sum_{\ell, s, \sigma} \sqrt{\frac{2\ell+1}{4\pi}} C_{s_1 s_2}(s\sigma; \sigma_1 \sigma_2) C_{s\ell}(JM; \sigma 0) \left(S^J(E) - 1 \right)_{\ell' s' n', \ell s n} \qquad (8.4.12)$$

这给出一个复杂的微分截面,但如果我们对终态动量积分,对终态自旋 3-分量求和,并对始态自旋 3-分量求平均,结果就会简单得多. 根据式(8.2.14),跃迁 $n \to n'$ 的总截面是

$$\sigma(n \to n'; E) = \frac{(2\pi\hbar^2)\mu\mu'}{(2s_1+1)(2s_2+1)} \frac{p_1'}{p_1} \sum_{\sigma_1, \sigma_2, \sigma_1', \sigma_2'} \int \mathrm{d}\Omega_1' \left| M_{\boldsymbol{p}_1', \sigma_1', -\boldsymbol{p}_2', \sigma_2', n'; \boldsymbol{p}_1, \sigma_1, -\boldsymbol{p}_1, \sigma_2, n} \right|^2$$

$$(8.4.13)$$

此处自旋不做观察. 在式(8.4.12)中矩阵的一个因子对 J, M, ℓ', m', s', σ', ℓ, s, σ 的求和伴随以 M 矩阵的另一个因子对独立变量 $\overline{J}$, $\overline{M}$, $\overline{\ell'}$, $\overline{m'}$, $\overline{s'}$, $\overline{\sigma'}$, $\overline{\ell}$, $\overline{s}$, $\overline{\sigma}$ 的求和,但这些

双求和会塌缩到单求和, 如果我们依次应用下列关系:

$$\int Y_{\ell'}^{m'}(\hat{\boldsymbol{p}}_1')Y_{\overline{\ell}'}^{\overline{m}'}(\hat{\boldsymbol{p}}_1')^* \mathrm{d}\Omega_1' = \delta_{\ell'\overline{\ell}'}\delta_{m',\overline{m}'} \tag{8.4.14}$$

$$\sum_{\sigma_1',\sigma_2'} C_{s_1's_2'}(s'\sigma';\sigma_1'\sigma_2')C_{s_1's_2'}(\overline{s}'\overline{\sigma}';\sigma_1'\sigma_2') = \delta_{s'\overline{s}'}\delta_{\sigma'\overline{\sigma}'} \tag{8.4.15}$$

$$\sum_{\sigma',m'} C_{s'\ell'}(JM;\sigma'm')C_{s'\ell'}(\overline{JM};\sigma'm') = \delta_{J\overline{J}}\delta_{M\overline{M}} \tag{8.4.16}$$

$$\sum_{\sigma_1,\sigma_2} C_{s_1s_2}(s\sigma;\sigma_1\sigma_2)C_{s_1s_2}(\overline{s\sigma};\sigma_1\sigma_2) = \delta_{s\overline{s}}\delta_{\sigma\overline{\sigma}} \tag{8.4.17}$$

$$\sum_{M,\sigma} C_{s\ell}(JM;\sigma 0)C_{s\overline{\ell}}(JM;\sigma 0) = \frac{2J+1}{2\ell+1}\delta_{\ell\overline{\ell}} \tag{8.4.18}$$

在我们进行了积分与求和之后, 式(8.4.13)变为

$$\sigma(n\to n';E) = \frac{\pi}{k^2(2s_1+1)(2s_2+1)} \sum_{J,\ell',s',\ell,s} (2J+1)\left|\left(S^J(E)-1\right)_{\ell's'n',\ell sn}\right|^2 \tag{8.4.19}$$

此处 $k \equiv p_1/\hbar$ 是初始波数. 对任何矩阵 A, $\sum_{N'}|A_{N'N}|^2 = (A^\dagger A)_{NN}$, 所以产生二粒子终态的总截面是

$$\sigma(n\to n';E) = \frac{\pi}{k^2(2s_1+1)(2s_2+1)} \sum_{J,\ell,s}(2J+1)\left(\left(S^{J\dagger}(E)-1\right)\left(S^J(E)-1\right)\right)_{\ell sn,\ell sn} \tag{8.4.20}$$

这可以和普遍光学定理(8.3.5)给出的以下总自旋平均截面

$$\sigma_{\text{total}}(n;E) = -\frac{8\pi^2\hbar^2\mu}{p_1(2s_1+1)(2s_2+1)} \sum_{\sigma_1,\sigma_2} \text{Re}M_{\boldsymbol{p}_1,\sigma_1,-\boldsymbol{p}_1,\sigma_2,n;\boldsymbol{p}_1,\sigma_1,-\boldsymbol{p}_1,\sigma_2,n} \tag{8.4.21}$$

相比较. 再次用式(8.4.12)和式(8.4.11), 我们有

$$\sigma_{\text{total}}(n;E) = \frac{2\pi}{k^2(2s_1+1)(2s_2+1)} \sum_{\sigma_1,\sigma_2,J,M,\ell',s',\sigma',\ell,s,\sigma} \sqrt{(2\ell+1)(2\ell'+1)}$$

$$\times C_{s_1s_2}(s'\sigma';\sigma_1\sigma_2)C_{s_1s_2}(s\sigma;\sigma_1\sigma_2)C_{s'\ell'}(JM;\sigma'0)C_{s\ell}(JM;\sigma 0)$$

$$\times \text{Re}\left(1-S^J(E)\right)_{\ell's'n,\ell sn}$$

这样由式(8.4.17)和式(8.4.18)(用撇号代替横杠) 给出总自旋平均截面:

$$\sigma_{\text{total}}(n;E) = \frac{2\pi}{k^2(2s_1+1)(2s_2+1)} \sum_{J,\ell,s}(2J+1)\text{Re}\left(1-S^J(E)\right)_{\ell sn,\ell sn} \tag{8.4.22}$$

一般地, 这**不**等于式(8.4.20), 因为式(8.4.20)中的求和只跑遍二粒子终态. 式(8.4.22)和式(8.4.20)的差别是终态包含三个或更多个粒子的反应截面:

$$\sigma_{\text{production}}(n; E) \equiv \sigma_{\text{total}}(n; E) - \sum_n \sigma(n \rightarrow n'; E)$$

$$= \frac{\pi}{k^2(2s_1+1)(2s_2+1)} \sum_{J, \ell, s} (2J+1) \left(1 - S^{J\dagger}(E)S^J(E)\right)_{\ell s n, \ell s n} \quad (8.4.23)$$

只有在能量很低, 不容许多余粒子产生时, 矩阵 $S^J(E)$(它是在二粒子态空间定义的) 才是幺正的.

对给定的 n 和 E, 有时从一个始态集合 $\Phi_{0, E, J, M, \ell, s, n}$ 仅能产生和始态相同的终态. 例如, 在两个无自旋粒子碰撞能量太低, 不能发生非弹性散射时, 因为我们必须有 $\ell = J$, 并且当然有 $s = 0$. 忽略弱宇称破缺, 在 $s_1 = 0$ 和 $s_2 = 1/2$ 的粒子弹性碰撞时也是如此, 例如在 π 子-核子散射低于产生附加 π 子的阈能时[①], 因为两个态 $\ell = J+1/2$ 和 $\ell = J-1/2$ 有不同的宇称, 故不能被 S^J 的非零矩阵元连接. 在任何这种情况下, 假设的产生截面(8.4.23)和 $S_{\ell' s' n', \ell s n}$ 为零 (除非 $\ell' = \ell$, $s' = s$, $n' = n$) 告诉我们

$$I = \left(S^{J\dagger}(E)S^J(E)\right)_{\ell s n, \ell s n} = \left|\left(S^J(E)\right)_{\ell s n, \ell s n}\right|^2 \quad (8.4.24)$$

因此, 在这些场合我们可写作

$$\left(S^J(E)\right)_{\ell' s' n', \ell s n} \equiv \exp(2\mathrm{i}\delta_{J\ell s n}(E))\delta_{\ell' \ell}\delta_{s' s}\delta_{n' n} \quad (8.4.25)$$

此处 $\delta_{J\ell s n}(E)$ 为实的, 称为相移 (和在势散射中的形式相同). 将此用于式(8.4.19), 给出截面 (在此是总截面)

$$\sigma(n \rightarrow n; E) = \frac{4\pi}{k^2(2s_1+1)(2s_2+1)} \sum_{J, \ell, s} (2J+1)\sin^2\delta_{J\ell s n}(E) \quad (8.4.26)$$

这是势散射的相应结果式(7.5.13)的推广, 但现在可以用于带自旋的粒子、相对论速度的粒子或比定域势更复杂的相互作用.

更一般地, 式(8.4.23)告诉我们 $(S^{J\dagger}(E), S^J(E))_{\ell s n, \ell s n}$ 最大等于 1, 所以一般地有

$$\left|\left(S^J(E)\right)_{\ell s n, \ell s n}\right|^2 \leqslant \left(S^{J\dagger}(E)S^J(E)\right)_{\ell s n, \ell s n} \leqslant 1 \quad (8.4.27)$$

如果我们愿意, 就可以写作

$$\left(S^J(E)\right)_{\ell s n, \ell s n} \equiv \exp(2\mathrm{i}\delta_{J\ell s n}(E)) \quad (8.4.28)$$

---

① 严格说来, 这些附注只适用于 $\pi^+ \text{p}$ 或 $\pi^- \text{n}$ 散射, 因为在其他情况下我们有非弹性散射 $\pi^- \text{p} \leftrightarrow \pi^0 \text{n}$. 这些其他情况可以同样利用同位旋和总角动量守恒处理. 也就是说, 我们有确定的 J, ℓ 和总同位旋 T, 这里 $T = 1/2$ 或 $T = 3/2$.

这样一般地有 $\mathrm{Im}\,\delta_{J\ell sn}(E)\geqslant 0$.

我们能用这个理论形式得到对于不同截面的高能行为更深刻的理解. 如果能量很高, 使得波长 $\hbar/p$ 远小于碰撞粒子的特征半径 R (即 $kR \gg 1$), 其中 $k = p/\hbar$, 则调用经典的散射图像是可行的.

假设两个强子的截面是半径为 R_1 和 R_2 的圆盘, 以动量 $\boldsymbol{p}_1$ 和 $-\boldsymbol{p}_1$ 相向运动, 和某个中线平行, 并和它相距 b_1 和 b_2. 经典地, 总角动量是 $\ell\hbar = |\boldsymbol{p}_1|b_1 + |\boldsymbol{p}_1|b_2$. 如果 $R_1 + R_2 \geqslant b_1 + b_2$ (即 $\ell \geqslant kR$, 此处 $k = |\boldsymbol{p}_1|/\hbar$, $R = R_1 + R_2$), 强子就会彼此相撞. 假设在此情况下粒子碰撞相毁, 没有机会进行跃迁 $\ell sn \to \ell sn$(什么也没有发生), 如果 $\ell \geqslant kR$, 就没有碰撞. 也就是, 我们假设

$$S^{J}_{\ell sn, \ell sn} = \begin{cases} 0, & \ell < kR \\ 1, & \ell > kR \end{cases} \tag{8.4.29}$$

和式(8.4.22)一起, 由此式给出

$$\sigma_{\mathrm{total}}(n;E) \to \frac{2\pi}{k^2(2s_1+1)(2s_2+1)} \sum_{\ell}^{kR} \sum_{J} (2J+1) \tag{8.4.30}$$

在此求和中 J 的值跑遍从 $|\ell - s|$ 到 $\ell + s$. 对于 $kR \gg 1$, 求和被大的 ℓ 值控制, $\ell \gg s$, 因此 $2J + 1 \approx 2\ell$. 对于 $\ell \gg s$, J 值的数目是 $2s + 1$. 并且, 对 s 的求和跑遍从 $s = |s_1 - s_2|$ 到 $s = s_1 + s_2$, 所以余下的对 s 的求和是

$$\sum_{s=|s_1-s_2|}^{s_1+s_2} (2s+1)$$

$$= 2\left(\frac{(s_1+s_2)(s_1+s_2+1)}{2} - \frac{(|s_1+s_2|-1)(|s_1+s_2|)}{2} \right) + s_1 + s_2 - |s_1 - s_2| + 1$$

$$= (2s_1+1)(2s_2+1)$$

最后, 有

$$\sum_{\ell=0}^{kR} 2\ell = kR(kR+1) \to (kR)^2$$

将这些放在一起, 再由式(8.4.30)给出

$$\sigma_{\mathrm{total}}(n;E) \to 2\pi R^2 \tag{8.4.31}$$

式(8.4.31)中的因子 2 可能使人惊奇. 我们可能预期, 在质心系中的高能粒子会经历某种反应, 当且仅当它们彼此趋近时所沿的直线彼此不大于距离 R, 即它们相互作用的力程. 在此情况下, 截面是 πR^2, 不是 $2\pi R^2$. 大些的截面可能归结于准弹性散射, 在始

态和终态都是两个粒子, 由于互相趋近的粒子距离稍大于 R 而发生衍射. 我们可以估计准弹性散射和粒子产生的相对贡献, 通过加强式(8.4.29), 假设

$$S^J_{\ell's'n',\ell sn} = \begin{cases} 0, & \ell < kR \\ \delta_{\ell'\ell}\delta_{s's}\delta_{n'n}, & \ell > kR \end{cases} \tag{8.4.32}$$

在此情况下, 由式(8.4.23)给出

$$\sigma_{\text{production}}(n;E) \to \frac{\pi}{k^2(2s_1+1)(2s_2+1)} \sum_{\ell=0}^{kR} \sum_J (2J+1) = \pi R^2 \tag{8.4.33}$$

结果 $\sigma_{\text{production}}(n;E) \to \pi R^2$ 并不使人感到惊异. 粒子在有效面积 πR^2 之内碰撞不仅发生准弹性散射, 而且和碰撞的玻璃球一样, 产生其他粒子暴.

强相互作用散射过程, 例如质子-质子散射截面[1] 在极高能时确实变得近乎常数. 截面有缓慢的增加, 可以归结为 R 的缓慢增加. 我们可以猜测, 在距离 R 处如 Yukawa 势这样的势 $V \propto \mathrm{e}^{-r/R_Y}/r$ 会减小到动能 $\hbar^2 k^2/(2\mu)$ 之下, 由很大的 k 给出 $R \approx R_Y \ln k$. 截面可以预期如 $\ln^2 k$ 那样增长, 这是在非常一般条件下容许的最快增加[2]. 或许让人惊讶, 这和观测很好地符合[3]. 在大强子对撞机上 7 GeV 质子-质子散射和 57 GeV 宇宙射线的测量证明了截面确实如 $\ln^2 k$ 那样增加, 而 $\sigma_{\text{production}}/\sigma_{\text{total}}$ 趋近 0.491 ± 0.021, 符合式(8.4.33)和式(8.4.31)之比.

8.5 再论共振

在 7.6 节中, 我们考虑了无自旋非相对论粒子在势上的散射, 势是由高垒围绕势能低得多的内区构成的. 我们在式(7.6.13)中找到散射振幅正比于 $(E-E_{\mathrm{R}}+\mathrm{i}\Gamma/2)^{-1}$, 这里 Γ 按指数减小, E_{R} 是在势垒无限高或厚时束缚态的能量 (准确到 Γ 数量级). 考虑式(7.6.12)波包的时间依赖, 我们可以把 $\Gamma/\hbar$ 诠释为这个不稳定态的衰变率.

这个论证可以倒转过来并且加以推广. 近乎稳定状态的出现有几个可能的理由. 一个是势垒的存在, 如在 7.6 节中处理的, 一个状态要衰变, 粒子就要穿透势垒. 例如在核的 α 衰变, 像 ^{235}U 或 ^{238}U 的放射性衰变, 在那里 α 粒子必须穿透由 90 个质子形

---

[1] 在质子-质子碰撞中, 没有可观的到其他二粒子态的跃迁, 所以在这里不需要区别产生截面(8.4.33)和总非弹性截面.

[2] Froissart M. Phys. Rev., 1961, 123: 1053.

[3] Block M M, Halzen F. Phys. Rev. Lett., 2011, 107: 212002.

成的 Coulomb 势垒. 一个状态的衰变如果只在通过一个内在很弱的相互作用才有可能, 近乎稳定的状态也会出现, 例如式(6.5.13)证明了 原子状态发射一个单光子的衰变率 $\Gamma/\hbar$ 典型的量级是 $e^2\omega^3 a^2/(c^3\hbar)$, 此处 a 是原子的特征大小, $\omega \approx e^2/(a\hbar)$ 是光子的频率, 和电子围绕轨道运行的经典频率是同量级的. 于是衰变率与轨道频率之比就是 $\Gamma/(\hbar\omega) \approx e^6/(\hbar^3 c^3)$, 它是很小的, 因为 $e^2/(\hbar c) \approx 1/137$ 是小的. 也有可能一个状态具有大量粒子而近乎稳定, 因为能量守恒允许衰变, 只有在通过某种涨落使态的大部分能量集中在一个单粒子上时. 不论近乎稳定态存在的理由为何, 在所有这些情况下具有能量 E_R 和衰变率 $\Gamma/\hbar$ 态的存在意味着散射矩阵中因子 $(E - E_\mathrm{R} + \mathrm{i}\Gamma/2)^{-1}$ 的存在, 所以反应持续一段时间 t 的概率和以下表达式成正比:[①]

$$\left| \int_{-\infty}^{+\infty} \frac{\exp(-\mathrm{i}Et/\hbar)\mathrm{d}E}{E - E_\mathrm{R} + \mathrm{i}\Gamma/2} \right|^2 = 4\pi^2 \exp(-\Gamma t/\hbar) \tag{8.5.1}$$

散射矩阵在近于共振处的行为主要取决于 S 矩阵的 幺正性, 不论对近乎稳定态的存在负责的机制是什么. 为分析此点, 把在上节引入的状态的基推广是有帮助的. 对于给定的总能量 E 和总动量 $\boldsymbol{P}$, 被允许的个别 3-动量占有的空间具有有限的体积, 所以永远有可能把任何多粒子状态 $\Phi_{\boldsymbol{p}_1, \boldsymbol{p}_2, \boldsymbol{p}_3, \dots}$ 展开为态 $\Phi_{E, \boldsymbol{P}, J, M, N}$ 的级数, 和在二粒子情况下展开式(8.4.9)相似. 这里 $E, \boldsymbol{P}, J$ 和 M 再次为总能量、动量、角动量和角动量的 3-分量, N 是一个离散指标, 是二粒子态复合指标 ℓ, s, n 的推广. 用这个基, 我们可以得质心系普遍 S 矩阵元为

$$S_{E'\boldsymbol{P}'J'M'N', E0JMN} = \delta(E' - E)\delta^3(\boldsymbol{P}')\delta_{J'J}\delta_{M'M}\mathcal{S}_{N'N}^J(E) \tag{8.5.2}$$

(S 矩阵元对 M 的依赖只通过因子 $\delta_{M'M}$ 这一事实从 4.2 节中的结果得出.) 如果这些态是归一化的, 以使

$$(\Phi_{E',\boldsymbol{P}',J'M'N'}, \Phi_{E,\boldsymbol{P},JMN}) = \delta(E' - E)\delta^3(\boldsymbol{P}' - \boldsymbol{P})\delta_{J'J}\delta_{M'M}\delta_{N'N} \tag{8.5.3}$$

则幺正性就告诉我们, 矩阵 $\mathcal{S}^J(E)$ 必须是 幺正的,

$$\mathcal{S}^{J\dagger}(E)\mathcal{S}^J(E) = I \tag{8.5.4}$$

此处 I 当然是单位矩阵, $I_{N'N} = \delta_{N'N}$.

现在, 假设在共振附近处矩阵 $\mathcal{S}^J$ 取以下形式:

$$\mathcal{S}^J(E) \approx \mathcal{S}^{(0)} + \frac{\mathcal{R}}{E - E_\mathrm{R} + \mathrm{i}\Gamma/2} \tag{8.5.5}$$

[①] 这和通常一样, 用在下半平面的大半圆来闭合积分路径, 然后提出在极点 $E = E_\mathrm{R} - \mathrm{i}\Gamma/2$ 处的贡献来计算. 当然, 真实的被积函数包含其他因子, 包括波包的振幅, 这些可能在下半平面有极点, 但对足够窄的共振, 所有这些极点都在实轴之下大于 $\Gamma/2$ 的距离, 所以不会在很晚的时候做贡献.

此处 $\mathcal{S}^{(0)}$ 和 $\mathcal{R}$ 是常数矩阵. 我们不再保留在 $\mathcal{S}^{(0)}$ 和 $\mathcal{R}$ 上的标志 J, 因为式(8.5.5)只对一个 J 值成立, 即共振态的角动量. ($\mathcal{S}^{(0)}$ 就像 $\exp(2\mathrm{i}\bar{\delta})$, $\bar{\delta}$ 是式(7.6.8)中缓慢变化的非共振相移.)

矩阵 $\mathcal{S}^{J\dagger}(E)\mathcal{S}^J(E) - I$ 是一些正比于 $(E-E_\mathrm{R})/((E-E_\mathrm{R})^2 + \Gamma^2/4)$, $1/((E-E_R)^2 + \Gamma^2/4)$, 以及常数的各项之和. 因为这三个 E 的函数是彼此独立的, 幺正条件式(8.5.4)要求每一项的系数为零. 由常数项给出

$$\mathcal{S}^{(0)\dagger}\mathcal{S}^{(0)} = I \tag{8.5.6}$$

由和 $(E-E_\mathrm{R})/((E-E_\mathrm{R})^2 + \Gamma^2/4)$ 成正比的项给出

$$\mathcal{S}^{(0)\dagger}\mathcal{R} + \mathcal{R}^\dagger \mathcal{S}^{(0)} = 0 \tag{8.5.7}$$

由和 $1/((E-E_\mathrm{R})^2 + \Gamma^2/4)$ 成正比的项给出

$$-\frac{\mathrm{i}\Gamma}{2}\mathcal{S}^{(0)\dagger}\mathcal{R} + \frac{\mathrm{i}\Gamma}{2}\mathcal{R}^\dagger \mathcal{S}^{(0)} + \mathcal{R}^\dagger\mathcal{R} = 0 \tag{8.5.8}$$

为了使这些条件更明显, 可以引入另一个常数矩阵 $\mathcal{A}$:

$$\mathcal{R} = -\mathrm{i}\Gamma\mathcal{A}\mathcal{S}^{(0)} \tag{8.5.9}$$

这是可能的, 因为式(8.5.6)表明 $\mathcal{S}^{(0)}$ 有逆. 这样, 式(8.5.7)和式(8.5.8)告诉我们

$$\mathcal{A}^\dagger = \mathcal{A}, \quad \mathcal{A}^2 = \mathcal{A} \tag{8.5.10}$$

因为 $\mathcal{A}$ 是 Hermite 的, 它可以被对角化, 即它可以表示为 $u\mathcal{D}u^\dagger$, 此处 u 是一个幺正矩阵, $\mathcal{D}$ 是对角矩阵. 进一步, 因为 $\mathcal{A}^2 = \mathcal{A}$, 故矩阵 $\mathcal{D}$ 的对角元非 0 即 1. 也就是, 我们可以有

$$\mathcal{A}_{N'N} = \sum_r u_{N'r}u_{Nr}^* \tag{8.5.11}$$

这里的求和跑遍 $\mathcal{A}$ 的所有为 1(不是为 0 的) 的本征值. 因为 u 是个幺正矩阵, 它的矩阵元 u_{Nr} 满足归一条件

$$\sum_N u_{Nr}^* u_{Nr'} = (u^\dagger u)_{rr'} = \delta_{rr'} \tag{8.5.12}$$

由式(8.5.5)、式(8.5.9)和式(8.5.11), 就给出在共振附近的矩阵 $\mathcal{S}(E)$,

$$\mathcal{S}^J(E)_{N'N} \approx \sum_{N''} \left(\delta_{N'N''} - \frac{\mathrm{i}\Gamma}{E - E_\mathrm{R} + \mathrm{i}\Gamma/2} \sum_r u_{N'r}u_{N''r}^* \right) \mathcal{S}_{N''N}^{(0)} \tag{8.5.13}$$

到此为止，一切都是很一般的. 为了再往前走，我们做出简化假设，即在共振附近散射完全被共振控制，所以 $\mathcal{S}^{(0)} \approx 1$，因此式(8.5.13)就给出

$$\mathcal{S}^J(E)_{N'N} \approx \delta_{N'N} - \frac{\mathrm{i}\Gamma}{E - E_{\mathrm{R}} + \mathrm{i}\Gamma/2} \sum_r u_{N'r} u_{Nr}^* \tag{8.5.14}$$

我们进一步假设共振态仅有的简并就是和总角动量 3-分量 M 的 $2J+1$ 个值有关的. 因此指标 r 只取一个值，所以可以弃去. 这样式(8.5.14)变为

$$\mathcal{S}^J(E)_{N'N} \approx \delta_{N'N} - \frac{\mathrm{i}\Gamma}{E - E_{\mathrm{R}} + \mathrm{i}\Gamma/2} u_{N'} u_N^* \tag{8.5.15}$$

归一化条件式(8.5.12)就是

$$\sum_N |u_N|^2 = 1 \tag{8.5.16}$$

式(8.5.15)表明，共振态衰变到通道 N 的概率正比于 $|u_N|^2$，而式(8.5.16)告诉我们，比例常数是 1，即 $|u_N|^2$ 就是这个衰变的衰变率，称为 **分支比**.

作为特例，对于只包含两个粒子的基状态，我们可以取 N 为复合指标 ℓ, s, n，此处 ℓ 是轨道角动量，s 是总自旋，n 表示两个粒子的种类，包括它们的质量和自旋. 利用 8.4 节中的符号，式(8.5.14)对于二粒子态给出

$$S^J(E)_{\ell's'n',\ell sn} \approx \delta_{\ell'\ell}\delta_{s's}\delta_{n'n} - \frac{\mathrm{i}\Gamma}{E - E_{\mathrm{R}} + \mathrm{i}\Gamma/2} u_{\ell's'n'} u_{\ell sn}^* \tag{8.5.17}$$

由式(8.5.16)给出

$$\sum_{\ell,s,n} |u_{\ell sn}|^2 + \sum_{\geqslant 3 \text{个粒子}} |u_N|^2 = 1 \tag{8.5.18}$$

这样，式(8.4.19)就给出跃迁 $n \to n'$(对终态自旋求和，对始态自旋求平均) 在共振附近能量的截面

$$\sigma(n \to n'; E) = \frac{\pi(2J+1)}{k^2(2s_1+1)(2s_2+1)} \frac{\Gamma_n \Gamma_{n'}}{(E - E_{\mathrm{R}})^2 + \Gamma^2/4} \tag{8.5.19}$$

此处 Γ_n 是**部分宽度**，

$$\Gamma_n \equiv \Gamma \sum_{\ell,s} |u_{\ell sn}|^2 \tag{8.5.20}$$

这是前面对势散射的特殊情况推导的 Breit-Wigner 公式 (7.6.10)的推广. 并且，由式(8.4.22)给出对始态 n 的**所有**反应总截面 (对初始自旋进行平均):

$$\sigma_{\text{total}}(n; E) = \frac{\pi(2J+1)}{k^2(2s_1+1)(2s_2+1)} \frac{\Gamma_n \Gamma}{(E - E_{\mathrm{R}})^2 + \Gamma^2/4} \tag{8.5.21}$$

注意特定的截面(8.5.19)和总截面(8.5.21)就是

$$\frac{\sigma(n \to n'; E)}{\sigma_{\text{total}}(n; E)} = \frac{\Gamma_{n'}}{\Gamma} = \sum_{\ell,s} |u_{\ell sn'}|^2 \tag{8.5.22}$$

不论终态为何, 在一个碰撞中形成共振态的概率是相同的, 所以式(8.5.22)给出 分支比, 即共振态衰变到特定的二体终态 n' 的概率. 根据式(8.5.18), 如果共振态只衰变为二体状态, 则分支比之和为 1; 否则此和小于 1. 最后, 因为 $\Gamma/\hbar$ 是共振态的总衰变率, 所以 $\Gamma_{n'}/\hbar$ 是共振态衰变到特定的终态 n' 的衰变率.

8.6　旧式微扰论

Lippmann- Schwinger 方程(8.1.6)容许用迭代法得到一个容易的形式解:

$$\Psi_\alpha^\pm = \Phi_\alpha + (E_\alpha - H_0 \pm \mathrm{i}\epsilon)^{-1} V \Phi_\alpha + (E_\alpha - H_0 \pm \mathrm{i}\epsilon)^{-1} V (E_\alpha - H_0 \pm \mathrm{i}\epsilon)^{-1} V \Phi_\alpha + \cdots$$
$$(8.6.1)$$

此解依次产生了 S 矩阵(8.1.10)对于相互作用的幂级数, 写作

$$S_{\beta\alpha} = \delta(\alpha - \beta) - 2\pi\mathrm{i}\delta(E_\beta - E_\alpha)(\Phi_\beta, (V + VG(E_\alpha + \mathrm{i}\epsilon))\Phi_\alpha) \qquad (8.6.2)$$

此处对于任意的复变量 W, 有

$$G(W) = K(W) + K^2(W) + \cdots \qquad (8.6.3)$$
$$K(W) \equiv (W - H_0)^{-1} V \qquad (8.6.4)$$

这称为 "旧式微扰论", 因为对于多数 (不是全部) 目标而言, 它被在下节描述的时间依赖微扰论超越了. 式(8.6.2)方括弧中的第一项提供了 7.4 节中讨论的 Born 近似.

对于如展开式(8.6.3)的收敛自然提出问题. 如果 K 是一个数, 问题容易回答: 级数收敛当且仅当 $|K| < 1$. 如果 K 是一个有限矩阵, 也容易回答级数收敛当且仅当 K 的每一个本征值的绝对值小于 1. 更普遍地, 称为泛函分析的数学分支告诉我们, 具有一个称为**完全连续性**的算符能以任意的精确性被有限矩阵近似. 其结果是, 如果 K 是完全连续的, 则几何级数 $K + K^2 + K^3 + \cdots$ 是收敛的, 如果 K 的所有本征值的绝对值都小于 1[1]. 完全连续性有一个抽象的定义[2], 它对于我们在此没有用. 对我们重要的是一

---

[1]　我较详细地讨论了这些事项和对散射理论的应用, 并给出了原始文献, 请见 *Lectures on Particles and Field Theory: 1964 Brandeis Summer Institute in Theoretical Physics* (Englewood Cliffs, NJ, Prentice-Hall, 1965: 289-403).

[2]　算符 A 称为完全连续的, 如果对于矢量 Φ_ν 的任何无限集合 (它是有界的, 即所有的模 (Φ_ν, Φ_ν) 小于某个数 M), 存在一个子序列 Φ_n, 对它 $A\Phi_n$ 是收敛的, 意为对某些矢量 Ω, $A\Phi_n - \Omega$ 的模当 $n \to +\infty$ 时趋于零.

个算符 K 是完全连续的, 如果 (但不是仅如果) 它对于下面的量有一个有限值:

$$\tau_K \equiv \mathrm{Tr}(K^\dagger K) \tag{8.6.5}$$

求迹理解为对算符的对角元的所有离散指标求和, 以及对所有连续指标求积分. 并且, K 的本征值 λ 都满足

$$|\lambda|^2 \leqslant \tau_K \tag{8.6.6}$$

所以幂级数(8.6.3)是收敛的, 如果 (但不仅仅如果)$\tau_K < 1$.

显然, 要想把式(8.6.3)写成核 $K(\tau_K$ 有限) 的幂级数, 我们必须和算符 $(W - H_0)^{-1}V$ 的矩阵元中的动量守恒 δ 函数打交道. 对于一个粒子在固定势内的理论, 这没有问题, 因为不涉及 δ 函数. 两个粒子没有外势也没有问题. 在此情况下我们可以通过因子化去掉一个 δ 函数来定义算符 $\mathcal{V}$ 和 $\mathcal{K}$

$$(\Phi_\beta, V\Phi_\alpha) \equiv \delta^3(\boldsymbol{P}_\beta - \boldsymbol{P}_\alpha)\mathcal{V}_{\beta\alpha}$$
$$(\Phi_\beta, (W - H_0)^{-1}V\Phi_\alpha) \equiv \delta^3(\boldsymbol{P}_\beta - \boldsymbol{P}_\alpha)\mathcal{K}_{\beta\alpha}(W)$$

并将式(8.6.2)和式(8.6.3)重写为

$$S_{\beta\alpha} = \delta(\alpha - \beta) - 2\pi\mathrm{i}\delta(E_\beta - E_\alpha)\delta^3(\boldsymbol{P}_\beta - \boldsymbol{P}_\alpha)(\mathcal{V} + \mathcal{V}\mathcal{G}(E_\alpha + \mathrm{i}\epsilon))_{\beta\alpha}$$

此处对于任意复的 W, 有

$$\mathcal{G}(W) = (W - H_0)^{-1}\mathcal{V} + (W - H_0)^{-1}\mathcal{V}(W - H_0)^{-1}\mathcal{V} + \cdots$$

因为单的二体动量守恒 δ 函数已经因子化出去, $\mathcal{K} \equiv (W - H_0)^{-1}$ 的矩阵元将是光滑函数, 至少不再包括更多的 δ 函数. 所以 $\tau_{\mathcal{K}}$ 有限至少是可能的, 且依赖于能量和势的细节.

将方法用于涉及三个或更多个粒子的问题就更困难了. 算符 $(W - H_0)^{-1}V$ 的三粒子矩阵元包含三个粒子的任何一个动量守恒, 以及所有三个动量守恒的项. 这些项代表了不可避免的可能性: 两个粒子相互作用, 留下第三个自由. 这些 δ 函数不能简单地被因子化出去, 因为在每一项中它们不是相同的 δ 函数. 在任何有固定粒子数的理论中有复杂的方法处理, 涉及重写级数(8.6.3)[①]. 但是这些方法对于一些理论, 例如量子场论会失效, 那里粒子数不固定.

[①] 对三个粒子情况, 首先由 Faddeev 做出. (Faddeev L D, Sov. Phys. JETP, 1961, 12: 1014; Sov. Phys. Doklady, 1963, 6: 384; Sov. Phys. Doklady, 1963, 7: 600.) 独立地, 对任何数目的粒子情况, 由 S. Weinberg 做出. (Phys. Rev. B, 1964, 133: 232.)

为了这些原因, 我们在这里只讨论单粒子在固定势问题以及二粒子在无外势的等价问题. 对于二粒子情况, 我们能消去动量守恒 δ 函数问题, 把它因子化出去就行. 为简单起见, 我们集中讨论非相对论单粒子在定域势 (但不一定是中心势)$V(\boldsymbol{x})$ 内的散射.

不论是一个粒子还是两个粒子, 当 W 趋近 H_0 的谱的实值的时候, 仍然有算符 $(W - H_0)^{-1}$ 的奇点问题. 如许多作者指出的, 可通过把下面对单粒子定义的对称算符展开为幂来处理:

$$\overline{K}(W) \equiv V^{1/2}(W - H_0)^{-1}V^{1/2} \tag{8.6.7}$$

S 矩阵(8.6.2)可以写为

$$S_{\beta\alpha} = \delta(\alpha - \beta) - 2\pi\mathrm{i}\delta(E_\beta - E_\alpha)\left(\Phi_\beta, \left(V + V^{1/2}\overline{G}(E_\alpha + \mathrm{i}\epsilon)V^{1/2}\right)\Phi_\alpha\right) \tag{8.6.8}$$

此处对任意复的 W, 有

$$\overline{G}(W) = \overline{K}(W) + \overline{K}(W)^2 + \cdots \tag{8.6.9}$$

用坐标表示, 我们可以用式(7.2.4)来代表算符 $(E + \mathrm{i}\epsilon - H_0)^{-1}$,

$$\left(\Phi_{\boldsymbol{x}'}, (E + \mathrm{i}\epsilon - H_0)^{-1}\Phi_{\boldsymbol{x}}\right) = -\frac{2\mu}{\hbar^2}\frac{\mathrm{e}^{\mathrm{i}k|\boldsymbol{x}' - \boldsymbol{x}|}}{4\pi|\boldsymbol{x}' - \boldsymbol{x}|} \tag{8.6.10}$$

此处 μ 是粒子质量 (在二粒子情况下它是约化质量), k 正比于 $E = k^2/(2\mu)$ 的正根. 算符 $\overline{K}$ 的迹(8.6.5)就是

$$
\begin{aligned}
\tau_{\overline{K}} &\equiv \mathrm{Tr}\left(\overline{K}(E + \mathrm{i}\epsilon)^\dagger \overline{K}(E + \mathrm{i}\epsilon)\right) \\
&= \left(\frac{2\mu}{\hbar^2}\right)^2 \int \mathrm{d}^3x\,\mathrm{d}^3x'\, V(\boldsymbol{x}')V(\boldsymbol{x})\frac{1}{16\pi^2|\boldsymbol{x}' - \boldsymbol{x}|^2}
\end{aligned} \tag{8.6.11}
$$

如果 $V(\boldsymbol{x})$ 在 $|\boldsymbol{x}| \to 0$ 时发散得不比 $|\boldsymbol{x}|^{-2+\delta}$ 更厉害, 且在 $|\boldsymbol{x}| \to +\infty$ 时至少和 $|\boldsymbol{x}|^{-3-\delta}$ 一样快地趋于零 (在两种情形下, $\delta > 0$), 它就是收敛的. 例如对于屏蔽 Coulomb 势 $V(r) = -g\exp(-r/R)/r$, 我们有 $\tau_{\overline{K}} = 2\mu^2g^2R^2/\hbar^4$. 这样 S 矩阵的微扰级数对于 $|g| < \hbar^2/(\mu R\sqrt{2})$ 是收敛的. 但对于 非屏蔽的 Coulomb 势, R 是无限大的, 验证收敛的方法失效.

类似的技术可以用来为可能的束缚态结合能设限. 为了这个目的, 我们需要算符 $(W - H)^{-1}$ 的展开, 称为 **预解式**:

$$(W - H)^{-1} = (W - H_0)^{-1} + \left(K(W) + K^2(W) + \cdots\right)(W - H_0)^{-1} \tag{8.6.12}$$

此处 $K(W)$ 是非对称核(8.6.4). (我们当然可以将它用对称核 $V^{1/2}(W - H_0)^{-1}V^{-1/2}$ 表示, 但在这里不需要, 因为 $(W - H_0)^{-1}$ 对于 $W = -B < 0$ 是非奇异的.) 当 W 等

于束缚态能量 $-B$(在 H_0 的谱之下) 时, 预解式必须变为奇异的, 因为对于这样的能量 $W-H$ 湮灭束缚态的状态矢量. 但在 H_0 谱之外的能量, 式(8.6.12)中的每一项都是有限的, 所以预解式的奇异性只能来自 $K(-B)$ 幂级数的发散. 所以能量 $-B$ 的束缚态是不可能的, 如果 $\tau_K(-B) < 1$, 此处 $\tau_K(-B) \equiv \mathrm{Tr}(K(-B)^\dagger K(-B))$. 对定域势用式(8.6.10), 这里 $k = +\mathrm{i}\sqrt{2B\mu}/\hbar$, 我们有

$$
\begin{aligned}
\tau_K(-B) &= \left(\frac{2\mu}{\hbar^2}\right)^2 \int \mathrm{d}^3x\,\mathrm{d}^3x'\, V^2(\boldsymbol{x}) \frac{\exp\left(-2\sqrt{2B\mu/\hbar^2}\,|\boldsymbol{x}'-\boldsymbol{x}|\right)}{16\pi^2\,|\boldsymbol{x}'-\boldsymbol{x}|^2} \\
&= \left(\frac{2\mu}{\hbar^2}\right)^{3/2} \frac{1}{8\pi\sqrt{B}} \int \mathrm{d}^3x\, V^2(\boldsymbol{x})
\end{aligned}
\tag{8.6.13}
$$

所以只有结合能满足下式时束缚态才能存在:

$$
B \leqslant \left(\frac{2\mu}{\hbar^2}\right)^3 \left(\frac{1}{8\pi} \int \mathrm{d}^3x\, V^2(\boldsymbol{x})\right)^2
\tag{8.6.14}
$$

有时 V 不够小到可以用微扰论来计算跃迁振幅, 但是可以写作

$$
V = V_\mathrm{s} + V_\mathrm{w}
\tag{8.6.15}
$$

此处 V_s 是强的, 但它不能导致跃迁 $\alpha \to \beta$, 而 V_w 能够引起跃迁, 并且足够弱, 使得我们可以计算 $\alpha \to \beta$ 的振幅, 准确到 V_w 的一阶, 当然我们需要包括所有的阶. 例如, 在核 β 衰变中, 强核相互作用甚至电磁作用不能被忽略, 但它们不能把中子变成质子, 也不能反过来, 或产生电子和中微子. 如果没有弱核相互作用, β 衰变振幅会为零, 因为这个相互作用确实很弱, 振幅可以计算到弱作用的一阶. 在其他情况下, V_w 可以是电磁相互作用, 例如核内的 γ 衰变. 在基本粒子衰变过程中, 例如 K 介子衰变为两个或三个 π 子, V_s 是把介子中的夸克和反夸克聚在一起的强力, 而 V_w 是允许一种类型的夸克变为另一种类型的夸克的弱力.

要计算准确到 V_w 的一阶的跃迁振幅, 首先定义在 V_w 为零时的 "入" 态和 "出" 态:

$$
\Psi_{\mathrm{s}\alpha}^\pm = \Phi_\alpha + (E_\alpha - H_0 \pm \mathrm{i}\epsilon)^{-1} V_\mathrm{s} \Psi_{\mathrm{s}\alpha}^\pm
\tag{8.6.16}
$$

这样我们就可以将式(8.1.11)写为

$$
\begin{aligned}
T_{\beta\alpha} &= \left(\Phi_\beta, V\Psi_\alpha^+\right) \\
&= \left(\left(\Psi_{\mathrm{s}\beta}^- - (E_\beta - H_0 - \mathrm{i}\epsilon)^{-1} V_\mathrm{s}\Psi_{\mathrm{s}\beta}^-\right), V\Psi_\alpha^+\right) \\
&= \left(\Psi_{\mathrm{s}\beta}^-, V\Psi_\alpha^+\right) + \left(\Psi_{\mathrm{s}\beta}^-, V_\mathrm{s}(E_\alpha - H_0 + \mathrm{i}\epsilon)^{-1} V\Psi_\alpha^+\right)
\end{aligned}
$$

所以, 再次用 Lippmann-Schwinger 方程,

$$
T_{\beta\alpha} = \left(\Psi_{\mathrm{s}\beta}^-, V\Psi_\alpha^+\right) - \left(\Psi_{\mathrm{s}\beta}^-, V_\mathrm{s}\Psi_\alpha^+\right) + \left(\Psi_{\mathrm{s}\beta}^-, V_\mathrm{s}\Phi_\alpha\right)
$$

$$= \left(\Psi_{\text{s}\beta}^{-}, V\Psi_{\alpha}^{+}\right) + \left(\Psi_{\text{s}\beta}^{-}, V_{\text{s}}\Phi_{\alpha}\right) \tag{8.6.17}$$

在上面提到的情况中, 过程 $\alpha \to \beta$ 在弱作用不存在时不能发生, 此式就是最有用的. 在式(8.6.17)中最后一项为零, 我们有

$$T_{\beta\alpha} = \left(\Psi_{\text{s}\beta}^{-}, V_{\text{w}}\Psi_{\alpha}^{+}\right) \tag{8.6.18}$$

到此为止, 这是精确的. 因为式(8.6.18)包含明确的因子 V_{w}, 所以准确到 V_{w} 的一阶, 我们可以忽略 Ψ_{α}^{+} 和 $\Psi_{\text{s}\alpha}^{+}$ 的区别, 并把式(8.6.18)写为

$$T_{\beta\alpha} \approx \left(\Psi_{\text{s}\beta}^{-}, V_{\text{w}}\Psi_{\text{s}\alpha}^{+}\right) \tag{8.6.19}$$

这称为**扭曲波 Born 近似**.

例如在核的 β 衰变中, 我们可以取 V_{s} 为强核相互作用与电磁相互作用的和, 而 V_{w} 是弱核相互作用. 在此情况下, 式(8.6.19)中的 $\Psi_{\text{s}\alpha}^{+}$ 正是原始核的状态矢量, 而 $\Psi_{\text{s}\beta}^{-}$ 是最终核、发射的电子 (或正电子) 和反中微子 (或中微子) 的状态矢量. 中微子或反中微子与最终核没有强核相互作用或电磁相互作用, 而电子或正电子与最终核有电磁相互作用但没有强核相互作用. 在坐标表示中, 状态矢量 $\Psi_{\text{s}\beta}^{-}$ 和中微子或反中微子的平面波函数 (它们与我们不相关) 以及电子或正电子与最终核的二粒子波函数的乘积成正比. 弱核相互作用只在电子或正电子与核相接触时才起作用, 所以 (至少对非相对论电子或正电子) 矩阵元正比于零距离的 Coulomb 波函数之值, 由式(7.9.11)和式(7.9.10)给出, 其中归一化常数 N 由式 (7.9.15) 给出. 所以 β 衰变率有对 $\xi = \pm Z' e^2 m_{\text{e}}/(\hbar^2 k_{\text{e}})$ 的依赖, 它正比于[①]

$$\mathcal{F}(\xi) = |\Gamma(1 + \text{i}\xi)|^2 \exp(-\pi\xi) = \frac{2\pi\xi}{\exp(2\pi\xi) - 1} \tag{8.6.20}$$

(此处 $Z'e$ 是最终核的电荷, 符号对应于正电子和电子是正或负). 同样的因子在 $\nu + \text{N} \to \text{e}^- + \text{N}'$ 和 $\bar{\nu} + \text{N} \to \text{e}^+ + \text{N}'$ 低能截面中出现.

对于 $|\xi| \ll 1$, 因子 $\mathcal{F}$ 是 1, 表明过程既没有增强, 又没有压制. 对于 $\xi \ll -1$, 这个因子是 $2\pi|\xi|$, 表明和缓的增强. 对于 $\xi \gg 1$, $F \approx 2\pi\xi \exp(-2\pi\xi)$, 表明严重的压制. 这个压制不是别的, 而是在 7.6 节中讨论的正势垒的效应.

---

① 在计算它时, 我们用了实数条件 $\Gamma(z)^* = \Gamma(z^*)$ 和熟悉的迭代关系 $\Gamma(1 + z) = z\Gamma(z)$, 得到

$$|\Gamma(1 + \text{i}\xi)|^2 = \Gamma(1 + \text{i}\xi)\Gamma(1 - \text{i}\xi) = \text{i}\xi\Gamma(\text{i}\xi)\Gamma(1 - \text{i}\xi)$$

然后用经典公式

$$\Gamma(z)\Gamma(1 - z) = \pi\sin\pi z$$

计算这个乘积.

8.7 时间依赖微扰论

在前一节讨论的旧式微扰论中的能量分母给这个理论形式带来了几个缺点. 因为这些分母依赖能量但不依赖动量, 它们掩盖了相对论理论的Lorentz 不变性, 因为这些分母依赖在反应中涉及所有粒子的能量, 它们掩盖了在很远距离发生的过程的独立性. 两个缺点都可以通过用不同的理论形式描述同一个微扰级数来避免, 这个理论形式称为时间依赖微扰论.

为在时间依赖微扰论中推导矩阵公式, 我们回到"入"态和"出"态的定义条件式(8.1.5). 用能量本征值条件式(8.1.2)和式(8.1.3), 我们可以把式(8.1.5)写为

$$\exp(-\mathrm{i}Ht/\hbar)\int \mathrm{d}\alpha\, g(\alpha)\Psi_\alpha^\pm \xrightarrow{t\to\mp\infty} \exp(-\mathrm{i}H_0 t/\hbar)\int \mathrm{d}\alpha\, g(\alpha)\Phi_\alpha \tag{8.7.1}$$

这可以简写为

$$\Psi_\alpha^\pm = \Omega(\mp\infty)\Phi_\alpha \tag{8.7.2}$$

此处

$$\Omega(t) \equiv \mathrm{e}^{\mathrm{i}Ht/\hbar}\mathrm{e}^{-\mathrm{i}H_0 t/\hbar} \tag{8.7.3}$$

极限 $t\to\mp\infty$ 实际上只在式(8.7.2)乘以一个光滑波包振幅 $g(\alpha)$ 并对 α 积分时才是很好定义的, 但我们可以直观地理解极限, 注意到 H 在很早和很晚的时间有效地变为 H_0, 那时碰撞粒子彼此相距很远.

用式(8.1.14), 我们看到 S 矩阵是

$$S_{\beta\alpha} = (\Psi_\beta^-, \Psi_\alpha^+) = (\Phi_\beta, \Omega^\dagger(+\infty)\Omega(-\infty)\Phi_\alpha) = (\Phi_\beta, U(+\infty, -\infty)\Phi_\alpha) \tag{8.7.4}$$

此处

$$U(t, t') \equiv \Omega^\dagger(t)\Omega(t') = \mathrm{e}^{\mathrm{i}H_0 t/\hbar}\mathrm{e}^{-\mathrm{i}H(t-t')/\hbar}\mathrm{e}^{-\mathrm{i}H_0 t'/\hbar} \tag{8.7.5}$$

要计算 U, 我们将式(8.7.5)写成一个微分方程

$$\frac{\mathrm{d}}{\mathrm{d}t}U(t, t') = -\frac{\mathrm{i}}{\hbar}\mathrm{e}^{\mathrm{i}H_0 t/\hbar}(H - H_0)\mathrm{e}^{-\mathrm{i}H(t-t')/\hbar}\mathrm{e}^{-\mathrm{i}H_0 t'/\hbar} = -\frac{\mathrm{i}}{\hbar}V_\mathrm{I}(t)U(t, t') \tag{8.7.6}$$

初始条件为

$$U(t', t') = I \tag{8.7.7}$$

此处

$$V_{\mathrm{I}}(t) \equiv \mathrm{e}^{\mathrm{i}H_0 t/\hbar} V \mathrm{e}^{-\mathrm{i}H_0 t/\hbar} \tag{8.7.8}$$

当然还有 $V \equiv H - H_0$. 下标 I 代表"相互作用绘景"(interaction picture), 一项被用来区别算符的时间依赖是被自由粒子 Hamilton 量 H_0 控制, 以对比于在 Heisenberg 绘景中的算符, 它的时间依赖被总 Hamilton 量 H 控制, 或在 Schrödinger 绘景中的算符, 它不依赖时间.

微分方程(8.7.6)和初始条件式(8.7.7)是同一个积分方程等价的:

$$U(t,t') = 1 - \frac{\mathrm{i}}{\hbar} \int_{t'}^{t} \mathrm{d}\tau\, V_{\mathrm{I}}(\tau) U(\tau,t') \tag{8.7.9}$$

它可以用迭代法求解 (至少是形式上的):

$$U(t,t') = 1 - \frac{\mathrm{i}}{\hbar} \int_{t'}^{t} \mathrm{d}\tau\, V_{\mathrm{I}}(\tau) + \left(-\frac{\mathrm{i}}{\hbar}\right)^2 \int_{t'}^{t} \mathrm{d}\tau_1 \int_{t'}^{\tau_1} \mathrm{d}\tau_2\, V_{\mathrm{I}}(\tau_1) V_{\mathrm{I}}(\tau_2) + \cdots \tag{8.7.10}$$

我们可以通过引入**编时乘积**来重写它,

$$T\{V_{\mathrm{I}}(\tau)\} \equiv V_{\mathrm{I}}(\tau)$$

$$T\{V_{\mathrm{I}}(\tau_1) V_{\mathrm{I}}(\tau_2)\} \equiv \begin{cases} V_{\mathrm{I}}(\tau_1) V_{\mathrm{I}}(\tau_2), & \tau_1 > \tau_2 \\ V_{\mathrm{I}}(\tau_2) V_{\mathrm{I}}(\tau_1), & \tau_2 > \tau_1 \end{cases}$$

一般地, 有

$$T\{V_{\mathrm{I}}(\tau_1) \cdots V_{\mathrm{I}}(\tau_n)\}$$
$$\equiv \sum_{P} \theta(\tau_{P1} - \tau_{P2}) \theta(\tau_{P2} - \tau_{P3}) \cdots \theta(\tau_{Pn-1} - \tau_{Pn}) V_{\mathrm{I}}(\tau_{P1}) \cdots V_{\mathrm{I}}(\tau_{Pn}) \tag{8.7.11}$$

此处求和跑遍 $n!$ 个从 $1, 2, \cdots, n$ 到 $P1, P2, \cdots, Pn$ 的排列, θ 是阶跃函数,

$$\theta(x) \equiv \begin{cases} 1, & x > 0 \\ 0, & x < 0 \end{cases} \tag{8.7.12}$$

在式(8.7.11)中的阶跃函数的乘积在求和中选出一项, 对它 V_{I} 是时间排序的, 具有最晚时间变量的 V_{I} 排在最左边, 次晚时间的排在左边第二 $\cdots\cdots$ 当我们对所有的 τ_i 从 t' 到 t 积分式(8.7.11)时, $n!$ 项的每一个正好给出在式(8.7.10)第 n 阶项出现的积分, 所以

$$U(t,t') = \sum_{n=0}^{+\infty} \frac{1}{n!} \left(-\frac{\mathrm{i}}{\hbar}\right)^n \int_{t'}^{t} \mathrm{d}\tau_1 \cdots \int_{t'}^{t} \mathrm{d}\tau_n\, T\{V_{\mathrm{I}}(\tau_1) \cdots V_{\mathrm{I}}(\tau_n)\} \tag{8.7.13}$$

$n = 0$ 的项就是单位算符. 式(8.7.4)就给出 Dyson 的 S 矩阵微扰级数[①]:

$$S_{\beta\alpha} = \sum_{n=0}^{+\infty} \frac{1}{n!} \left(-\frac{\mathrm{i}}{\hbar} \right)^n \int_{-\infty}^{+\infty} \mathrm{d}\tau_1 \cdots \int_{-\infty}^{+\infty} \mathrm{d}\tau_n \left(\Phi_\beta, T\{V_{\mathrm{I}}(\tau_1) \cdots V_{\mathrm{I}}(\tau_n)\} \Phi_\alpha \right) \qquad (8.7.14)$$

计算级数的每一项是直截了当的——我们只要计算一个相互作用绘景算符乘积的积分在自由粒子状态之间的矩阵元, 而算符的时间依赖被 H_0 控制, 基本上是平庸的. 当然, 当我们限制对 n 求和为有限数目的项时, 结果可能是, 也可能不是一个好的近似.

这个公式使 Lorentz 不变性至少在某些理论中是易懂的. 例如, 如果 $V_{\mathrm{I}}(t) = \int \mathrm{d}^3 x\, \mathcal{H}(\boldsymbol{x}, t)$, 此处 $\mathcal{H}(\boldsymbol{x}, t)$ 是场变量一个标量函数, 则由式(8.7.14)给出

$$S_{\beta\alpha} = \sum_{n=0}^{+\infty} \frac{1}{n!} \left(-\frac{\mathrm{i}}{\hbar} \right)^n \int \mathrm{d}^4 x_1 \cdots \int \mathrm{d}^4 x_n \left(\Phi_\beta, T\{\mathcal{H}(x_1) \cdots \mathcal{H}(x_n)\} \Phi_\alpha \right) \qquad (8.7.15)$$

积分现在跑遍空间和时间. 这至少看来是 Lorentz 不变的. 但是我们仍然担心在式(8.7.15)中的时间排序. "时空点 $\{\boldsymbol{x}', t'\}$ 比点 $\{\boldsymbol{x}, t\}$ 在一个晚些的时间" 这个陈述是 Lorentz 不变的, 如果点 $\{\boldsymbol{x}', t'\}$ 是在以 $\{\boldsymbol{x}, t\}$ 为中心的光锥内, 即 $(\boldsymbol{x}' - \boldsymbol{x})^2 < c^2(t' - t)^2$. 这样在式(8.7.15)中的时间排序是 Lorentz 不变的, 只有当 $(\boldsymbol{x}' - \boldsymbol{x})^2 \geqslant c^2(t' - t)^2$ 时 $\mathcal{H}(\boldsymbol{x}, t)$ 和 $\mathcal{H}(\boldsymbol{x}', t')$ 才对易. (这是充分的, 但不是必要的条件, 因为有重要的理论, 其中在 $\mathcal{H}(\boldsymbol{x}, t)$ 和 $\mathcal{H}(\boldsymbol{x}', t')$ 的对易子中 (对于 $(\boldsymbol{x}' - \boldsymbol{x})^2 \geqslant c^2(t' - t)^2$) 的非零项被 Hamilton 量中的项抵消了, 这些项不能被写为标量的积分.)

式(8.7.14)也能使相距很远的过程之间的独立性变得易懂. 假设跃迁 $\alpha \to \beta$ 包含两个分开的跃迁 $a \to b$ 和 $A \to B$, 其中状态 a 和 b 中的所有粒子和状态 A 和 B 的所有粒子都相距很远. 如果我们假设相距足够远的粒子之间的相互作用可以忽略, 则在式(8.7.14)中每一个 $V_{\mathrm{I}}(t)$ 或者作用在状态 a 和 b 的粒子上, 或者作用在状态 A 和 B 的粒子上, 但不能在二者之间. 如果 $V_{\mathrm{I}}(\boldsymbol{x}, t)$ 只作用在状态 a 和 b 的粒子上, 而 $V_{\mathrm{I}}(\boldsymbol{x}', t')$ 只作用在状态 A 和 B 的粒子上, 则这两个算符对易, 它们的编时乘积就能被通常的乘积取代. 在式(8.7.4)中给定的 n 阶项中, 我们必须对 m 个作用在状态 a 和 b 的粒子上的算符 (从 $m = 0$ 到 $m = n$) 求和, 余下的 $n - m$ 个算符作用在状态 A 和 B 的粒子上. 选出 m 个算符作用在 a 和 b 而余下 $n - m$ 个作用在 A 和 B 上方式的数目是 $n!/(m!(m-n)!)$, 所以

$$S_{bB, aA} = \sum_{n=0}^{+\infty} \frac{1}{n!} \left(-\frac{\mathrm{i}}{\hbar} \right)^n \int_{-\infty}^{+\infty} \mathrm{d}\tau_1 \cdots \int_{-\infty}^{+\infty} \mathrm{d}\tau_n \sum_{m=0}^{n} \frac{n!}{m!(n-m)!}$$

$$\times \left(\Phi_b, T\{V_{\mathrm{I}}(\tau_1) \cdots V_{\mathrm{I}}(\tau_m)\} \Phi_a \right) \left(\Phi_B, T\{V_{\mathrm{I}}(\tau_{m+1}) \cdots V_{\mathrm{I}}(\tau_n)\} \Phi_A \right)$$

---

① Dyson F J. Phys. Rev., 1949, 75, 486: 1736.

$$= S_{ba} S_{BA}$$

这个因子化保证从始态 a 到各种终态 b 的反应率不依赖于跃迁 $A \to B$ 的存在. 在旧式微扰论中不易看到这个关键的因子化.

在不同 τ 变量的 V_I 彼此都对易的例外情况下, 我们可以弃去式(8.7.14)中的时间排序, 所以求和正是通常的指数函数的收敛级数,

$$S_{\beta\alpha} = \left(\Phi_\beta, \exp\left(\frac{-\mathrm{i}}{\hbar} \int_{-\infty}^{+\infty} \mathrm{d}\tau\, V_I(\tau) \right) \Phi_\alpha \right)$$

即使这个简单的结果 (经常) 不成立, 通常也可将式(8.7.14)简写为

$$S_{\beta\alpha} = \left(\Phi_\beta, T\left\{ \exp\left(\frac{-\mathrm{i}}{\hbar} \int_{-\infty}^{+\infty} \mathrm{d}\tau\, V_I(\tau) \right) \right\} \Phi_\alpha \right) \tag{8.7.16}$$

符号 T 表示在求此量时, 花括弧中的级数每一项都要按时间排序.

作为一个 $V_I(\tau_i)$ 互**不**对易的很简单的例子, 考虑非相对论单粒子被定域势散射的经典例子. 这里 $H_0 = \boldsymbol{p}^2/(2\mu)$ 是动能, 动量算符 V 是位置算符 $\boldsymbol{x}$ 的函数 $V(\boldsymbol{x})$. 因为关系(8.7.8)是相互作用在相互作用绘景和 Schrödinger 绘景之间的相似变换, 它给出 (至少对于可以表达为幂级数的任何势)

$$V_I(\tau) = V(\boldsymbol{x}_I(\tau)) \tag{8.7.17}$$

此处 $\boldsymbol{x}_I(\tau)$ 是相互作用绘景中的位置算符,

$$\boldsymbol{x}_I(t) \equiv \mathrm{e}^{\mathrm{i}H_0 t/\hbar} \boldsymbol{x} \mathrm{e}^{-\mathrm{i}H_0 t/\hbar} \tag{8.7.18}$$

这个算符满足微分方程

$$\frac{\mathrm{d}}{\mathrm{d}t} \boldsymbol{x}_I(t) = \frac{\mathrm{i}}{\hbar} \mathrm{e}^{\mathrm{i}H_0 t/\hbar} [H_0, \boldsymbol{x}] \mathrm{e}^{-\mathrm{i}H_0 t/\hbar} = \frac{1}{\mu} \mathrm{e}^{\mathrm{i}H_0 t/\hbar} \boldsymbol{p} \mathrm{e}^{-\mathrm{i}H_0 t/\hbar} = \boldsymbol{p}/\mu \tag{8.7.19}$$

显然的初始条件为

$$\boldsymbol{x}_I(0) = \boldsymbol{x} \tag{8.7.20}$$

这样

$$\boldsymbol{x}_I(t) = \boldsymbol{x} + \boldsymbol{p}t/\mu \tag{8.7.21}$$

所以

$$V_I(\tau) = V(\boldsymbol{x} + \boldsymbol{p}\tau/\mu) \tag{8.7.22}$$

(这里 $\boldsymbol{x}$ 和 $\boldsymbol{p}$ 分别是 Schrödinger 绘景中与时间无关的位置算符与动量算符.)

因为这涉及 $\boldsymbol{x}$ 和 $\boldsymbol{p}$, 不同 τ 变量的 $\boldsymbol{x}_{\mathrm{I}}(\tau)$ 间彼此不对易. 相反

$$[x_{\mathrm{I}i}(\tau), x_{\mathrm{I}j}(\tau')] = \frac{\mathrm{i}\hbar}{\mu}(\tau' - \tau)\delta_{ij} \tag{8.7.23}$$

所以不同 τ 变量的 $V_{\mathrm{I}}(\tau)$ 间彼此不对易, 因此这**不是** Dyson 级数是一个指数函数展开的例子.

虽然 S 矩阵是粒子物理核心的关注所在, 但它并不是值得计算的唯一对象. 有时候需要计算一个 Heisenberg 绘景算符 $\mathcal{O}_{\mathrm{H}}(t)$(它可以是一些算符的乘积, 都在时间 t) 在状态 Ψ_α^+ 的期望值, 这个态是用在它很早时间的面貌定义的. (在计算宇宙学中的关联函数时这是我们特别关心的问题, α 通常取真空态.) 这使时间依赖微扰论的另一个版本成为需要, 称为 "入-入" 理论形式[①]. 任何 Heisenberg 绘景算符都可以用相应的相互作用绘景算符表达为

$$\begin{aligned}\mathcal{O}_{\mathrm{H}}(t) &= \mathrm{e}^{\mathrm{i}Ht/\hbar}\mathcal{O}\mathrm{e}^{-\mathrm{i}Ht/\hbar} = \mathrm{e}^{\mathrm{i}Ht/\hbar}\mathrm{e}^{-\mathrm{i}H_0t/\hbar}\mathcal{O}_{\mathrm{I}}\mathrm{e}^{\mathrm{i}Ht_0/\hbar}\mathrm{e}^{-\mathrm{i}Ht/\hbar} \\ &= \Omega(t)\mathcal{O}_{\mathrm{I}}\Omega^\dagger(t) \end{aligned} \tag{8.7.24}$$

我们利用上式以及式(8.7.2)和式(8.7.5), 把期望值写为

$$\begin{aligned}(\Psi_\alpha^+, \mathcal{O}_{\mathrm{H}}(t)\Psi_\alpha^+) &= (\Phi_\alpha, \Omega^\dagger(-\infty)\Omega(t)\mathcal{O}_{\mathrm{I}}(t)\Omega^\dagger(t)\Omega(-\infty)\Phi_\alpha) \\ &= (\Phi_\alpha, U^\dagger(t, -\infty)\mathcal{O}_{\mathrm{I}}U(t, -\infty)\Phi_\alpha) \end{aligned} \tag{8.7.25}$$

这样, 对 $U(t, -\infty)$ 用微扰级数(8.7.13), 我们有

$$\begin{aligned}&(\Psi_\alpha^+, \mathcal{O}_{\mathrm{H}}(t)\Psi_\alpha^+) \\ &= \left(\Phi_\alpha, \left[T\left\{\exp\left(\frac{-\mathrm{i}}{\hbar}\int_{-\infty}^t \mathrm{d}\tau\, V_{\mathrm{I}}(\tau)\right)\right\}\right]^\dagger \mathcal{O}_{\mathrm{I}}(t)T\left\{\exp\left(\frac{-\mathrm{i}}{\hbar}\int_{-\infty}^t \mathrm{d}\tau\, V_{\mathrm{I}}(\tau)\right)\right\}\Phi_\alpha\right) \end{aligned}$$
$$\tag{8.7.26}$$

此处 $T\{\cdot\}$ 和在式(8.7.16)中具有同样的意义, 也就是, 我们必须在指数的幂级数展开中对 V_{I} 算符时间排序. 在式(8.7.26)中的第一个编时乘积的伴随符号意思是在表达式的这部分中, 相互作用算符不是时间排序的, 而是反时间排序的, 也就是在左边第一个算符是时间变量**最早**的一个, 等等. 因此 "入-入" 期望值(8.7.26)的结构与 S 矩阵的 Dyson 展开式(8.7.16)大不相同.

[①] Schwinger J. Proc. Nat. Acad. Sci. (USA), 1960, 46: 1401; J. Math. Phys., 1961, 2: 407; Mahanthappa K T. Phys. Rev., 1962, 126: 329; Bakshi P M, Mahanthappa K T. J. Math. Phys., 1963, 4: 12; Keldysh L V. Sov. Phys. JETP, 1965, 20: 1018; Boyanovsky D, de Vega H J. Ann. Phys., 2003, 307: 335; DeWitt B. The Global Approach to Quantum Field Theory. Clarendon Press, Oxford, 2003: Section 3I. 评述以及对宇宙学关联的应用, 请见 S. Weinberg 的文章 (*Phys. Rev. D*, 2005, 72: 043514 [hep-th/0506236]).

8.8 浅束缚态

有时一个束缚态的束缚足够弱, 以至我们可以仅从结合能的知识得到散射振幅的结果, 而不需要关于相互作用的细节信息. 为了这个目的, 我们用一个称为 **Low 方程**的工具①.

为推导 Low 方程, 我们把相互作用 V 作用在 Lippmann-Schwinger 方程(8.1.6)上, 从而有

$$V\Psi_\alpha^\pm = V\Phi_\alpha + V(E_\alpha - H_0 \pm i\epsilon)^{-1}V\Psi_\alpha^\pm \tag{8.8.1}$$

我们可以把此方程的解写为

$$V\Psi_\alpha^\pm = T(E_\alpha \pm i\epsilon)\Phi_\alpha \tag{8.8.2}$$

此处 $T(W)$ 是下面算符方程的解:

$$T(W) = V + V(W - H_0)^{-1}T(W) \tag{8.8.3}$$

我们回顾根据式(8.1.10)和式(8.1.11), S 矩阵可以写为

$$S_{\beta\alpha} = \delta(\beta - \alpha) - 2\pi i\delta(E_\beta - E_\alpha)T_{\beta\alpha} \tag{8.8.4}$$

此处

$$T_{\beta\alpha} \equiv (\Phi_\beta, V\Psi_\alpha^+) = (\Phi_\beta, T(E_\alpha + i\epsilon)\Phi_\alpha) \tag{8.8.5}$$

到此为止, 还没有新东西, 除了一个小的理论形式改变. 注意, 用一些初等代数可以把算符方程(8.8.3)的解写作

$$T(W) = V + V(W - H)^{-1}V \tag{8.8.6}$$

我们可以用插入一个 H 的本征态的完备集来计算预解算符 $(W - H)^{-1}$. 这些包括散射 "入" 态 Ψ_α^+ 以及束缚态. (不包括 "出" 态 Ψ_α^-, 因为它们不是独立的; Ψ_α^- 可以写为叠加形式 $\int d\beta\, S_{\alpha\beta}^* \Psi_\beta^+$.) 这样, 有

$$(\Phi_\beta, T(W)\Phi_\alpha) = V_{\beta\alpha} + \int db \frac{(\Phi_\beta, V\Psi_b)(\Phi_\alpha, V\Psi_b)^*}{W - E_b} + \int d\gamma \frac{T_{\beta\gamma}T_{\alpha\gamma}^*}{W - E_\gamma} \tag{8.8.7}$$

---

① 这个方程以 Francis Low 命名. 我还没有找到最早发表论文的地方.

此处 $V_{\beta\alpha} = (\Phi_\beta, V\Phi_\alpha)$, b 表示不同束缚态的性质, 包括它们的总动量. 作为特例, 设 $W = E_\alpha + i\epsilon$, 由式(8.8.7)给出

$$T_{\beta\alpha} = V_{\beta\alpha} + \int db \frac{(\Phi_\beta, V\Psi_b)(\Phi_\alpha, V\Psi_b)^*}{E_\alpha - E_b} + \int d\gamma \frac{T_{\beta\gamma}T_{\alpha\gamma}^*}{E_\alpha - E_\gamma + i\epsilon} \tag{8.8.8}$$

(在束缚态项中, 我们不需要分母中的 $i\epsilon$, 因为束缚态的能量必须在 H_0 的谱之外.) 方程(8.8.8)称为 Low 方程.

Low 方程是关于 $T_{\beta\alpha}$ 的非线性积分方程, 其中非零的 $T_{\beta\alpha}$ 值是被式(8.8.8)前面两项驱动的. 对于一个浅束缚态, 它的能量很接近连续体, 在式(8.8.8)中束缚态项要胜过势能项, 当 E_γ 最接近束缚态能量时, 即最接近连续体最小能量时, $T_{\beta\gamma}$ 和 $T_{\alpha\gamma}$ 会获得大的值——只要两个粒子满足 $\ell = 0$ 以避免矩阵元被因子 k^ℓ 压制, 这像是合理的. 这样, 当 α 是 $\ell = 0$ 的二粒子态, β 是两个和 α 同类型的粒子时, 把 γ 限制在同类型的二粒子态, 这像是合理的. (我想到的是一个质子和一个中子的低能散射, 浅束缚态是氘核, 但还是继续做一般的分析.) 和在 8.4 节中一样, 这些二粒子态可以用它们的能量、总动量 $\boldsymbol{P}$、总自旋 s、轨道角动量 $\ell = 0$、总角动量 $J = s$、总角动量 (总自旋) 的 3-分量 σ, 以及两个粒子的类型来标示. 弃去指标 $\ell = 0, \sigma$ 和两个类型指标, 这些都是自始至终不变的, 自由粒子态可以表示为 $\Phi_{E,\boldsymbol{P},\sigma}$, 散射 "入" 态可以表示为 $\Psi_{E,\boldsymbol{P},\sigma}^+$. 对方程(8.8.8)有贡献的束缚态必须有自旋 s. 如果我们假设只有一个束缚态, 就可以弃去指标 s 和 $\ell = 0$, 只用总动量和自旋 3-分量来表示束缚态, 即 $\Psi_{\boldsymbol{P},\sigma}$, 它的能量是 $\boldsymbol{P}$ 的固定函数. 于是相关的在质心系的矩阵元就有以下形式:

$$T_{E',\boldsymbol{P}',\sigma';E,0,\sigma} = \mathcal{T}(E',E)\delta^3(\boldsymbol{P}')\delta_{\sigma'\sigma} \tag{8.8.9}$$

$$(\Phi_{E,0,\sigma}, V\Psi_{\boldsymbol{P},\sigma'}) = \mathcal{G}(E)\delta^3(\boldsymbol{P})\delta_{\sigma'\sigma} \tag{8.8.10}$$

从现在起我们把 E 理解为从二粒子态的总静止质量测量起的能量, 所以对它积分就是从零到无限大, 束缚态在质心系的能量就是 $-B$, 这里 B 是结合能. 忽略方程(8.8.8)中的势能项, Low 方程就为

$$\mathcal{T}(E',E) = \frac{\mathcal{G}(E')\mathcal{G}^*(E)}{E + B} + \int_0^{+\infty} dE'' \frac{\mathcal{T}(E',E'')\mathcal{T}^*(E',E'')}{E - E'' + i\epsilon} \tag{8.8.11}$$

如我们解释过的, 现在我们感兴趣的是在方程中 E 和 E' 都小, 和结合能相似的情况. 在此情况下, 一个可能好的近似是

$$\mathcal{G}(E) = \sqrt{p(E)}\,g \tag{8.8.12}$$

此处 g 是常数, $p(E)$ 是能量为 E 时两个粒子在质心系中的动量. 由非相对论运动学给出 $p(E) = \sqrt{2\mu E}$, μ 是约化质量. 因子 $p(E)$ 是需要的, 因为我们期待 $V\Psi_{0,\sigma}$ 具有对个

别动量为 $\boldsymbol{p}$ 和 $-\boldsymbol{p}$ 的二粒子态的矩阵元, 它们在 $\boldsymbol{p}=\boldsymbol{0}$ 附近是解析的, 如在式(8.4.9)中表明的, 这些二粒子态由 $\varPhi_{E,0,\sigma}$ 乘以一个正比于 $1/\sqrt{|\boldsymbol{p}|}$ 的因子给出. Low 方程(8.8.11)现在为

$$\mathcal{T}(E',E) = \frac{\sqrt{p(E')p(E)}\,|g|^2}{E+B} + \int_0^{+\infty} \mathrm{d}E'' \frac{\mathcal{T}(E',E'')\mathcal{T}^*(E',E'')}{E-E''+\mathrm{i}\epsilon} \tag{8.8.13}$$

考查这个方程, 它可以用以下 "拟设" (ansatz) 求解:

$$\mathcal{T}(E',E) = \sqrt{p(E')p(E)}\,t(E) \tag{8.8.14}$$

所以方程(8.8.13)会被满足, 如果

$$t(E) = \frac{|g|^2}{E+B} + \int_0^{+\infty} \mathrm{d}E'\, p(E') \frac{|t(E')|^2}{E-E'+\mathrm{i}\epsilon} \tag{8.8.15}$$

此方程实际上可以有精确解. 在本节末证明, 对任意正函数 $p(E)$ 其解是

$$t(E) = \left(\frac{E+B}{|g|^2} + (E+B)^2 \int_0^{+\infty} \frac{p(E')\mathrm{d}E'}{(E'+B)^2(E'-E-\mathrm{i}\epsilon)} \right)^{-1}$$

只要在 $E \to +\infty$ 时 $p(E)$ 增加不太快. 对于 $p(E) = \sqrt{2\mu E}$ 的情况, 它给出

$$t(E) = \left(\frac{E+B}{|g|^2} + \frac{\pi(B-E)}{2}\sqrt{\frac{2\mu}{B}} + \mathrm{i}\pi\sqrt{2\mu E} \right)^{-1} \tag{8.8.16}$$

我们能计算束缚态和它的组成部分的耦合 g, 通过束缚态矢量 $\varPsi_{\boldsymbol{P},\sigma}$ 的归一化条件, 即

$$(\varPsi_{\boldsymbol{P}',\sigma'}, \varPsi_{0,\sigma}) = \delta^3(\boldsymbol{P}')\delta_{\sigma'\sigma} \tag{8.8.17}$$

裸二粒子态 $\varPhi_{E,0,\sigma}$ 是 H_0 的本征态, 本征值为 E 而束缚态 $\varPsi_{0,\sigma}$ 是 H 的本征态, 本征值是 $-B$, 所以

$$(\varPhi_{E,0,\sigma}, V\varPsi_{\boldsymbol{P}',\sigma'}) = (\varPhi_{E,0,\sigma}, (H-H_0)\varPsi_{\boldsymbol{P}',\sigma'}) = -(E+B)(\varPhi_{E,0,\sigma}, \varPsi_{\boldsymbol{P}',\sigma'})$$

或者, 用式(8.8.10)和式(8.8.12), 有

$$(\varPhi_{E,0,\sigma}, \varPsi_{\boldsymbol{P}',\sigma'}) = -\delta^3(\boldsymbol{P}')\delta_{\sigma'\sigma}\frac{g\sqrt{p(E)}}{E+B} \tag{8.8.18}$$

这样, 式(8.8.17)用裸二粒子态展开, 给出

$$1 = |g|^2 \int_0^{+\infty} \frac{p(E)\mathrm{d}E}{(E+B)^2}$$

所以[①]

$$|g|^2 = \frac{1}{\pi}\sqrt{\frac{2B}{\mu}} \tag{8.8.19}$$

在 Low 方程的解(8.8.16)中用这个结果, 我们有

$$t(E) = \frac{1}{\pi\sqrt{2\mu}}\left(\sqrt{B} + \mathrm{i}\sqrt{E}\right)^{-1} \tag{8.8.20}$$

现在我们要把这个结果转化为对 $\ell = 0$ 相移的公式. 式(8.4.7)和式(8.4.25)给出质心系散射振幅 (用此处的基, 略去指标 $\ell = 0, s, n$ 和 $J = s$)

$$M_{0,E,\sigma';0,E,\sigma} = \delta_{\sigma',\sigma}\left(\mathrm{e}^{2\mathrm{i}\delta(E)} - 1\right)$$

比较式(8.3.1)和式(8.8.4), 并用式(8.8.9), 我们有

$$\delta^3(\boldsymbol{P})M_{\boldsymbol{P},E,\sigma';0,E,\sigma} = -2\pi\mathrm{i}T_{E,0,\sigma';E,\boldsymbol{P},\sigma} = -2\pi\mathrm{i}\mathcal{T}(E,E)\delta^3(\boldsymbol{P})\delta_{\sigma'\sigma}$$

所以由式(8.8.9)和式(8.8.14)给出

$$\mathrm{e}^{2\mathrm{i}\delta(E)} - 1 = -2\pi\mathrm{i}\mathcal{T}(E,E) = 2\pi\mathrm{i}\sqrt{2\mu E}\,t(E) \tag{8.8.21}$$

用解(8.8.20), 我们就有

$$\mathrm{e}^{2\mathrm{i}\delta(E)} - 1 = -2\mathrm{i}\sqrt{E}\left(\sqrt{B} + \mathrm{i}\sqrt{E}\right)^{-1} \tag{8.8.22}$$

取其逆, 我们发现两边都有一项 $-1/2$, 将它消去以后, 我们有

$$\cot\delta = -\sqrt{B/E} \tag{8.8.23}$$

注意这个结果是实的, 所以和 S 矩阵的幺正性是相洽的, 这是一个非平庸的相洽条件, 在 Born 近似中是不被满足的. 结果式(8.8.23)可以和有效力程展开式(7.5.21)比较. 设 $E = \hbar^2 k^2/(2\mu)$, 我们有 $k\cot\delta = -\sqrt{2\mu B}/\hbar$, 所以散射长度是

$$a_s = \hbar/\sqrt{2\mu B} \tag{8.8.24}$$

有效力程和展开式中的所有高阶项是可忽略的. 这在 B 和 E 趋于零的极限 (E/B 固定) 下是精确的结果.

前面提到过, 这个计算的经典应用是总自旋为 1 状态 (和氘核相同) 的低能质子-中子散射. 这里 $\mu = m_\mathrm{n}m_\mathrm{p}/(m_\mathrm{n} + m_\mathrm{p}) \approx m_\mathrm{p}/2$, $B = 2.224\,6\ \mathrm{MeV}$, 所以由式(8.8.24)给出

---

① 更一般地, 如果 H_0 的本征态除连续体以外还包括一个量子数与束缚态相同的基本粒子态, $|g|$ 就小于式(8.8.19)给出的值, 差一个因子 $1 - Z$, 此处 Z 是在考查束缚态时, 发现它处于基本粒子态, 而不是二粒子态的概率. $Z \neq 0$ 的情况由 S. Weinberg 仔细研究 (*Phys. Rev. B*, 1965, 137: 672).

$a_s = 4.31 \times 10^{-13}$ cm. 另一方面, 实验给出 $a_s = 5.41 \times 10^{-13}$ cm 测量的有效力程不是零, 但是相当小, $r_{\text{eff}} = 1.74 \times 10^{-13}$ cm. 核力的力程量级是 10^{-13} cm. 所以这些预言和我们可以预期的一样好.

顺便说一下, 注意对于 $B \to 0$, 由式(8.8.23)给出 $\cot \delta \to 0$, 所以 $\delta \to 90°$, 也许加上 $180°$ 的整数倍. 这对在 7.5 节中讨论的低能极限是个例外.

$$* * * * *$$

在这里我们回到非线性积分方程(8.8.15)的解. 我们定义复变量 z 的函数:

$$f(z) = \frac{|g|^2}{z + B} + \int_0^{+\infty} dE' \, p(E') \frac{|t(E')|^2}{z - E'} \tag{8.8.25}$$

所以

$$t(E) = f(E + i\epsilon) \tag{8.8.26}$$

我们注意到 $-f(z)$ 在上半平面是解析的, 在那里它有正恒定的虚部

$$\text{Im}\,(-f(z)) = \text{Im}\,z \left(\frac{|g|^2}{|z + B|^2} + \int_0^{+\infty} dE' \, p(E') \frac{|t(E')|^2}{|z - E'|^2} \right) \tag{8.8.27}$$

同样对于 $1/f(z)$ 也是对的. 一个普遍定理[①]告诉我们, 任何这样的函数都必须有以下表示:

$$f^{-1}(z) = f^{-1}(z_0) + (z - z_0)f^{-1\prime}(z_0) + (z - z_0)^2 \int_{-\infty}^{+\infty} dE' \frac{\sigma(E')}{(E' - z_0)^2 (E' - z)} \tag{8.8.28}$$

此处 $\sigma(E)$ 是实和正的, z_0 是任意的. (这样的一种公式称为 "二次减除色散关系".) 选 $z_0 = -B$ 是方便的. 我们知道 $f^{-1}(-B) = 0$ 和 $f^{-1\prime}(-B) = 1/|g|^2$, 所以

$$f^{-1}(z) = \frac{z + B}{|g|^2} + (z + B)^2 \int_{-\infty}^{+\infty} dE \frac{\sigma(E)}{(E + B)^2 (E - z)} \tag{8.8.29}$$

现在, 什么是 $\sigma(E)$? 让我们首先尝试地假设 $f(z)$ 在实轴上没有零点. 这样由式(8.8.29)就给出

$$\sigma(E) = \frac{1}{\pi} \text{Im} f^{-1}(E + i\epsilon) = -\frac{\text{Im} f(E + i\epsilon)}{\pi |f(E + i\epsilon)|^2} = \begin{cases} p(E), & E \geqslant 0 \\ 0, & E \leqslant 0 \end{cases} \tag{8.8.30}$$

在式(8.8.29)中使用这个结果, 给出

---

① Herglotz A. Ver. Verhandl. Sachs. Ges. Wiss. Leipzig, Math.-Phys., 1911, 63: 501; Shohat J A, Tamarkin J D. The Problem of Moments. New York: American Mathematical Society, 1943: Chapter Ⅱ.

$$f(z) = \left(\frac{z+B}{|g|^2} + (z+B)^2 \int_0^{+\infty} \frac{p(E')\mathrm{d}E'}{(E'+B)^2(E'-z)} \right)^{-1} \tag{8.8.31}$$

设 $z = E + \mathrm{i}\epsilon$, 由此给出 $t(E)$, 并取 $p(E) = \sqrt{2\mu E}$, 就产生式(8.8.16).

这个解不唯一, 因为我们在上面假设了 $f(z)$ 在实轴上没有零点. 但在 B 取比这些零点位置要小得多的极限下, 任何其他的解都变得和这个解没有区别.

8.9 散射过程的时间反转

如我们在 3.6 节和 4.7 节中看到的, 在许多情境中假设时间反转的对称性是很好的近似, 时间反转在量子力学中用反线性和反幺正算符 T 代表. 在那里时间反转是好的对称, 算符 T 就和 Hamilton 量 (包括 H_0 和 V 两项) 对易, 但和动量以及角动量算符反对易, 所以它将自由粒子态 Φ_α 转换成另一个自由粒子态:

$$\mathsf{T}\Phi_\alpha = \Phi_{\mathcal{T}\alpha} \tag{8.9.1}$$

此处 $\mathcal{T}\alpha$ 表示和 α 相同的粒子的状态, 但所有的动量和自旋 z 分量都反转过来. 若把相互作用考虑进来, 事情就更为复杂了. 我们定义 "入" 态 Ψ_α^+ 和 "出" 态 Ψ_α^- 作为 Hamilton 量的本征态, 它们在早的和晚的时间分别看来像自由粒子态 Φ_α, 所以时间反转算符 T 作用在这些态上应该给出具有相同能量的 Hamilton 量的本征态, 它们在**晚的和早的**时间分别看来像自由粒子态 $\Phi_{\mathcal{T}\alpha}$. 这就是

$$\mathsf{T}\Psi_\alpha^\pm = \Psi_{\mathcal{T}\alpha}^\mp \tag{8.9.2}$$

我们可以验证这点, 通过将算符 T 作用在 Lippmann-Schwinger 方程 (8.1.6)上. 用式(8.9.1)并记住 T 不是线性的, 而是反线性的, 我们得到

$$\mathsf{T}\Psi_\alpha^\pm = \Phi_{\mathcal{T}\alpha} + (E_\alpha - E_\beta \mp \mathrm{i}\epsilon)^{-1} V \mathsf{T}\Psi_\alpha^\pm \tag{8.9.3}$$

所以 $\mathsf{T}\Psi_\alpha^\pm$ 满足 Lippmann-Schwinger 方程 (作为 $\Psi_{\mathcal{T}\alpha}^\mp$).

因为 T 是反幺正的, 时间反转并**不告诉**我们 $S_{\beta\alpha}$ 等于相同反应而自旋和动量反转的 S 矩阵 $S_{\mathcal{T}\beta\mathcal{T}\alpha}$. 取而代之的是, 回忆反幺正算符的定义性质式(3.4.10), 我们有

$$S_{\beta\alpha} = \left(\Psi_\beta^-, \Psi_\alpha^+ \right) = \left(\mathsf{T}\Psi_\alpha^+, \mathsf{T}\Psi_\beta^- \right) = \left(\Psi_{\mathcal{T}\alpha}^-, \Psi_{\mathcal{T}\beta}^+ \right) = S_{\mathcal{T}\alpha\mathcal{T}\beta} \tag{8.9.4}$$

这就是**精细平衡原理**.

只靠它自己, 这对一个 $\alpha \neq \beta$ 的跃迁不会告诉我们什么. 如果时间反转不变性和适当的近似合并在一起, 我们就得到关于个别跃迁有用的信息. 例如, 式(8.6.2)对于 $\beta \neq \alpha$ 准确到 V 的一阶就给出 Born 近似结果 $S_{\beta\alpha} = -2\pi \mathrm{i} \delta(E_\alpha - E_\beta)(\Phi_\beta, V\Phi_\alpha)$, 这样, 因为 V 是 Hermite 的, 在此近似中我们有 $S_{\alpha\beta} = -S_{\beta\alpha}^*$, 所以由时间反转不变结果式(8.9.4)给出

$$S_{\beta\alpha} = -S_{\mathcal{T}\beta\mathcal{T}\alpha}^* \tag{8.9.5}$$

我们计算反应率时负号和复共轭都不起作用, 因为反应率只是 S 矩阵的绝对值平方, 所以在 Born 近似中时间反演不变性就告诉我们, 任何过程的反应率都等于自旋和动量反转的**同一**过程的反应率.

这个结果可以用一个更为广泛应用的近似来推广, 这就是在 8.6 节中讨论的扭曲波 Born 近似. 若我们把相互作用 V 写成二项之和,

$$V = V_{\mathrm{s}} + V_{\mathrm{w}} \tag{8.9.6}$$

此处 V_{s} 要比 V_{w} 强得多, 但靠它自己不能产生需要的反应. (在 8.6 节讨论的例子中, V_{s} 和 V_{w} 并不总是强核和弱核相互作用, 虽然它们经常是.) 根据式(8.6.19), 在所有这些情况下扭曲波 Born 近似给出任何反应 $\alpha \to \beta$ 的散射振幅, 准确到 V_{w} 的一阶, 而到 V_{s} 的所有阶:

$$T_{\beta\alpha} = \left(\Psi_{\mathrm{s}\beta}^-, V_{\mathrm{w}}\Psi_{\mathrm{s}\alpha}^+\right) \tag{8.9.7}$$

此处 $T_{\beta\alpha}$ 是在普遍 S 矩阵公式(8.1.10)中出现的振幅:

$$S_{\beta\alpha} = \delta(\alpha - \beta) - 2\pi \mathrm{i} \delta(E_\alpha - E_\beta)T_{\beta\alpha} \tag{8.9.8}$$

状态矢量的下标 s 表明, 这些 "入" 态和 "出" 态只在 V_{s} 被包括在相互作用 V 中时才是 Lippmann-Schwinger 方程(8.1.6)的解.

如果我们现在假设时间反转算符 T 和 V_{w} 以及 V_{s} 和 H_0 对易, 并记着 T 是反幺正的, 则我们有

$$T_{\beta\alpha} = \left(\mathsf{T}\Psi_{\mathrm{s}\alpha}^+, V_{\mathrm{w}}\mathsf{T}\Psi_{\mathrm{s}\beta}^-\right) = \left(\Psi_{\mathrm{s}\mathcal{T}\alpha}^-, V_{\mathrm{w}}\Psi_{\mathrm{s}\mathcal{T}\beta}^+\right)$$

并且用 V_{w} 是 Hermite 的这一事实, 它给出

$$T_{\beta\alpha} = \left(\Psi_{\mathrm{s}\mathcal{T}\beta}^+, V_{\mathrm{w}}\Psi_{\mathrm{s}\mathcal{T}\alpha}^-\right)^* \tag{8.9.9}$$

这是我们所需要的, 除去我们现在在左边有 "入" 态, 在右边有 "出" 态. 我们可以处理这个问题, 回忆起 "入" 态和 "出" 态的关系式(8.1.8), 并用对强散射的精细平衡原理关

系式(8.9.4):

$$\Psi_{s\mathcal{T}\beta}^{+} = \int d\beta' \, S_{\mathcal{T}\beta,\mathcal{T}\beta'}^{s} \Psi_{s\mathcal{T}\beta'}^{-} = \int d\beta' \, S_{\beta'\beta}^{s} \Psi_{s\mathcal{T}\beta'}^{-}$$

$$\Psi_{s\mathcal{T}\alpha}^{-} = \int d\alpha' \, S_{\mathcal{T}\alpha',\mathcal{T}\alpha}^{s*} \Psi_{s\mathcal{T}\alpha'}^{+} = \int d\alpha' \, S_{\alpha'\alpha}^{s*} \Psi_{s\mathcal{T}\alpha'}^{+}$$

此处 S^s 是仅有 V_s 被包括在相互作用 V 中时计算的 S 矩阵. 所以, 现在再次用式(8.9.9), 有

$$T_{\beta\alpha} = \int d\alpha' \int d\beta' \, S_{\beta'\beta}^{s} S_{\alpha\alpha'}^{s} T_{\mathcal{T}\beta',\mathcal{T}\alpha'}^{*} \tag{8.9.10}$$

此式现在将过程 $\alpha \to \beta$ 和自旋、动量反转的**同一过程** $\mathcal{T}\alpha \to \mathcal{T}\beta$ 联系起来, 正是我们需要的.

应该注意在式(8.9.10)(它包括对动量的积分和对离散变量的求和) 中对 α' 和 β' 的积分只分别跑遍被强相互作用 V_s 从 α 和 β 能产生的态. 特别地, 在像 β 衰变的情况下, 初态 α 是 $H_0 + V_s$ 的分立本征态, 在没有弱相互作用 V_w 时它是稳定的, 终态 β 也是如此, 除去像光子、电子和/或中微子的存在, 对它们 V_s 没有效应, 在式(8.9.10)中 S 矩阵因子是 δ 函数, 我们有

$$T_{\beta\alpha} = T_{\mathcal{T}\beta,\mathcal{T}\alpha}^{*} \tag{8.9.11}$$

正如在 Born 近似中.

更一般地, 我们可以选择态的基, 如在 8.4 节中所讨论的那样, "强"S 矩阵 $S_{\beta'\beta}^{s}$ 是对角的,

$$S_{\beta'\beta}^{s} = e^{2i\delta_\beta} \delta(\beta' - \beta) \tag{8.9.12}$$

此处 δ_β 是实相移. 如果初态 α 是 V_s 的分立本征态而在没有 V_w 时是稳定的, 则式(8.9.10)告诉我们

$$T_{\beta\alpha} = e^{2i\delta_\beta} T_{\mathcal{T}\beta,\mathcal{T}\alpha}^{*} \tag{8.9.13}$$

这称为 **Watson-Fermi 定理**[1]. 它可以用来和实验过程数据一起, 例如 K 介子衰变的模式 $K \to 2\pi + e + \nu$, 来测量一些过程的相移, 例如 π-π 散射, 用其他方法是不易测量的[2].

---

[1] Watson K. Phys. Rev., 1952, 88: 1163; Fermi E. Nuovo Cimento, 1965, 2 (Suppl.1): 17.
[2] Cabibbo N, Maksymowicz A. Phys. Rev., 1965, B 137: 438; 1968, 168: 1926.

习题

1. 考虑一般的 Hamilton 量 $H_0 + V$, 其中 H_0 是自由粒子能量. 用修改的 Lippmann-Schwinger 方程定义一个状态 Ψ_α^0,

$$\Psi_\alpha^0 = \Phi_\alpha + \frac{E_\alpha - H_0}{(E_\alpha - H_0)^2 + \epsilon^2} V \Psi_\alpha^0$$

此处 Φ_α 是 H_0 的本征态, 本征值为 E_α, ϵ 是正的无限小量. 定义

$$A_{\beta\alpha} \equiv \left(\Phi_\beta, V \Psi_\alpha^0 \right)$$

   (1) 对于 $E_\alpha = E_\beta$, 证明 $A_{\beta\alpha} = A_{\alpha\beta}^*$.

   (2) 对于在定域势 $V(\boldsymbol{x})$ 中能量为 $\hbar^2 k^2/(2\mu)$ 的非相对论粒子的简单情况, 计算状态 $\Psi_{\boldsymbol{k}}^0$ 的坐标空间波函数 $(\Phi_{\boldsymbol{x}}, \Psi_{\boldsymbol{k}}^0)$ 在 $|\boldsymbol{x}| \to +\infty$ 时的渐近行为. 将结果用 A 的矩阵元表示.

2. 考虑一个可分离的相互作用, 它在自由粒子状态间的矩阵元有下面的形式:

$$(\Phi_\beta, V\Phi_\alpha) = f(\alpha) f^*(\beta)$$

此处 $f(\alpha)$ 是某个动量及其他标志自由粒子态 Φ_α 的量子数的一般函数.

   (1) 求此理论的 "入" 态 Lippmann-Schwinger 方程的精确解.

   (2) 用 (1) 的结果计算 S 矩阵.

   (3) 验证 S 矩阵的幺正性.

3. 能量在几百兆电子伏以下的 π^+ 在质子上的散射是纯弹性的, 并且只有轨道角动量 $\ell = 0$ 和 $\ell = 1$ 做出贡献.

   (1) 列出在这样低能量进入 π^+-质子散射的所有相移. (记住 π 子和质子的自旋分别是 0 和 1/2.)

   (2) 给出用这些相移表示的微分散射截面.

4. 通过直接计算, 证明: 对 S 矩阵, 在时间依赖微扰论和旧式微扰论中相互作用的一阶、二阶项给出相同的结果.

5. 假设同位旋守恒, 并假设在 π 子和核子散射中唯一可观的相移是相当于量子数为 $J=3/2$, $\ell=1$ 和 $T=3/2$ 的. 计算以下反应的微分散射截面, 并用这个相移表示:
$\pi^+ + p \to \pi^+ + p$, $\pi^+ + n \to \pi^+ + n$, $\pi^+ + n \to \pi^0 + p$ 和 $\pi^- + n \to \pi^- + n$.

6. Λ^0 是一个自旋为 $1/2$、质量为 $1116\,\mathrm{GeV}/c^2$ 的粒子. 它只通过弱核力衰变为同位旋为 $1/2$ 的态的核子和一个 π 子. 求衰变到 $\ell=0$ 和 $\ell=1$ 的态的振幅的相, 用 s 波和 p 波 π 子-核子散射 (对总角动量 $j=1/2$, 总同位旋 $t=1/2$, 总能量为 $1116\,\mathrm{GeV}$) 的相移表示. (这个过程中宇称不守恒, 但你可以假设它的时间反转不变性.)

第9章

正则理论形式

要进行量子力学计算, 我们需要 Hamilton 量的公式. 它是算符的函数, 而算符的对易关系是已知的. 到此为止, 我们只处理简单系统, 这个公式是容易猜出的. 对非相对论无自旋粒子, 通过只和粒子间距有关的势相互作用的系统, 能量的经典公式建议我们取

$$H = \sum_n \frac{\boldsymbol{p}_n^2}{2m_n} + V(\boldsymbol{x}_1 - \boldsymbol{x}_2, \boldsymbol{x}_1 - \boldsymbol{x}_3, \cdots)$$

此处 $\boldsymbol{x}_n$ 和 $\boldsymbol{p}_n$ 分别是第 n 个粒子的位置和动量. 我们在 3.5 节中看到在任何系统中总动量算符 $\boldsymbol{P} = \sum_n \boldsymbol{p}_n$ 和第 n 个粒子的坐标的对易子由式(3.5.3)给出, 由此离猜到个别粒子的动量和位置的对易关系式(3.5.6)就很近了:

$$[x_{ni}, p_{mj}] = \mathrm{i}\hbar\delta_{nm}\delta_{ij}$$

但在更复杂的理论中, 如与速度有关的相互作用, 或粒子与场的相互作用, 或场之间的相互作用, 我们的任务会难得多.

一般地, 这个问题用正则理论形式的规则处理. 我们将在 9.1 节中看到, 经典系统的运动方程通常可以从一个广义坐标变量及其时间导数的函数 (称为 Lagrange 量) 推导

出来. 将在 9.2 节中描述的 Lagrange 理论形式的很大优点是, 它允许我们从对称原理推导出守恒量的存在. 守恒量之一就是 Hamilton 量, 将在 9.3 节中讨论. Hamilton 量用广义坐标和广义动量表示. 在 9.4 节中证明这些变量必须满足一定的对易关系, 才能使 Lagrange 理论形式提供的守恒量充当与它们联系的对称生成元, 特别是使 Hamilton 量充当时间平移的生成元.

我将以非相对论粒子在定域势的理论为例演示所有要点. 在此实例中, 正则理论形式的应用是相当简单的. 当系统满足一个限制条件时就变得复杂了, 例如一个粒子被限制在表面上运动. 局限系统在 9.5 节中讨论. 一个正则理论形式的替代版本——路径积分理论形式, 在 9.6 节中推导.

9.1 Lagrange 理论形式

通常, 控制描述经典物理系统广义坐标变量 $q_N(t)$ 的动力学方程能从一个变分原理推导出来. 该原理是说, 下面的积分对于所有无限小变分 $q_N(t) \mapsto q_N(t) + \delta q_N(t)$ 是恒定的, 而所有的 $\delta q_N(t)$ 在积分的两个端点 $(t \to \pm\infty)$ 为零:

$$I[q] \equiv \int_{-\infty}^{+\infty} L\left(q(t), \dot{q}(t), t\right) \mathrm{d}t \tag{9.1.1}$$

而函数或泛函 L 称为理论的 Lagrange 量, 泛函 $I[q]$ 称为作用量. 在粒子的理论中, N 是一个复合指标 ni, $q_N(t)$ 是第 n 个粒子在时间 t 的位置的第 i 个分量 $x_{ni}(t)$. 在场理论中, N 是一个复合指标 $n\boldsymbol{x}$, $q_N(t)$ 是第 n 个场在位置 $\boldsymbol{x}$ 和时间 t 的值. 我们将把 N 当作分立指标处理, 但在第 11 章中我们将发现, 把本章的公式调适到场的情况是容易的.

我们在此令 L 对时间是显含依赖的, 以考虑到系统受时间依赖外在场的影响, 但在孤立系统的案例中, L 仅通过它对 $q(t)$ 和 $\dot{q}(t)$ 的依赖与 t 有关.

式(9.1.1)必须是由恒定的条件给出:

$$0 = \delta I[q]$$
$$= \sum_N \int_{-\infty}^{+\infty} \left[\frac{\partial L\left(q(t), \dot{q}(t), t\right)}{\partial q_N(t)} \delta q_N(t) + \frac{\partial L\left(q(t), \dot{q}(t), t\right)}{\partial \dot{q}_N(t)} \delta \dot{q}_N(t) \right] \mathrm{d}t$$

时间导数的变分就是变分的时间导数, 所以我们可以对第二项进行分部积分. 因为变分

在积分的端点为零, 故结果是

$$0 = \sum_N \int_{-\infty}^{+\infty} \left(\frac{\partial L\left(q(t), \dot{q}(t), t\right)}{\partial q_N(t)} - \frac{\mathrm{d}}{\mathrm{d}t} \frac{\partial L\left(q(t), \dot{q}(t), t\right)}{\partial \dot{q}_N(t)} \right) \delta q_N(t) \, \mathrm{d}t \tag{9.1.2}$$

此式必须对任何在 $t \to \pm\infty$ 时趋于零的无限小函数 $\delta q_N(t)$ 成立, 所以对每一个 N 和每一个有限时间, 我们必须有

$$\frac{\partial L\left(q(t), \dot{q}(t), t\right)}{\partial q_N(t)} = \frac{\mathrm{d}}{\mathrm{d}t} \frac{\partial L\left(q(t), \dot{q}(t), t\right)}{\partial \dot{q}_N(t)} \tag{9.1.3}$$

例如, 对一个包含一定数目的质量为 m_n 的非相对论粒子经典系统, 通过只与位置有关的势相互作用, Newton 运动方程是

$$m_n \ddot{x}_{ni} = -\frac{\partial V}{\partial x_{ni}(t)} \tag{9.1.4}$$

如果我们取 Lagrange 量为

$$L = \sum_n \frac{m_n}{2} \dot{\boldsymbol{x}}_n^2 - V \tag{9.1.5}$$

则这正是 Lagrange 方程(9.1.3).

Lagrange 理论形式的优点之一就是容易采用我们喜欢的坐标. 例如, 考虑质量为 m 的单粒子在二维空间的运动, 势 $V(r)$ 仅依赖径向坐标. 这里我们取 q_N 为极坐标 r 和 θ, 并将 Lagrange 量(9.1.5)写为

$$L = \frac{m}{2}(\dot{r}^2 + r^2\dot{\theta}^2) - V(r) \tag{9.1.6}$$

Lagrange 运动方程(9.1.3)在此坐标中就是

$$0 = \frac{\mathrm{d}}{\mathrm{d}t} \frac{\partial L}{\partial \dot{r}} - \frac{\partial L}{\partial r} = m\ddot{r} - mr\dot{\theta}^2 + V'(r) \tag{9.1.7}$$

$$0 = \frac{\mathrm{d}}{\mathrm{d}t} \frac{\partial L}{\partial \dot{\theta}} - \frac{\partial L}{\partial \theta} = \frac{\mathrm{d}}{\mathrm{d}t}(mr^2\dot{\theta}) \tag{9.1.8}$$

我们看到在方程(9.1.7)中离心力的效应, 方程(9.1.8)就是 Kepler 第二定律, 在两种情况下的推导都不涉及如何将笛卡儿运动方程(9.1.4)直接转为极坐标.

对 Lagrange 理论形式更具挑战性的例子是带电粒子在电磁场中的理论, 将在下一章中讨论.

295

9.2　对称原理与守恒定律

Lagrange 理论形式的伟大优点是, 它提供对称原理和守恒量之间存在的简单关系. 作用量的每一个连续对称性意味着一个量的存在, 根据运动方程, 它不随时间改变. 这个普遍结果归功于 Emmy Noether(1882~1935), 称为 **Noether 定理**[①].

考虑变量 $q_N(t)$ 的任意无限小变换

$$q_N \to q_N + \epsilon \mathcal{F}_N(q, \dot{q}) \tag{9.2.1}$$

此处 ϵ 是无限小常数, $\mathcal{F}$ 是 q 和 $\dot{q}$ 的函数, 取决于问题中对称的性质. 这就是 Lagrange 量的一个对称性, 如果

$$0 = \sum_N \left(\frac{\partial L}{\partial q_N} \mathcal{F}_N + \frac{\partial L}{\partial \dot{q}_N} \dot{\mathcal{F}}_N \right) \tag{9.2.2}$$

在第一项中用 Lagrange 运动方程(9.1.3), 即得

$$0 = \sum_N \left(\left(\frac{\mathrm{d}}{\mathrm{d}t} \frac{\partial L}{\partial \dot{q}_N} \right) \mathcal{F}_N - \frac{\partial L}{\partial \dot{q}_N} \dot{\mathcal{F}} \right) = \frac{\mathrm{d}F}{\mathrm{d}t} \tag{9.2.3}$$

此处 F 是守恒量,

$$F \equiv \sum_N \frac{\partial L}{\partial \dot{q}_N} \mathcal{F}_N(q, \dot{q}) \tag{9.2.4}$$

例如, 只要势 V 只依赖于粒子坐标之差, Lagrange 量(9.1.5)在以下变换中就不变:

$$x_{ni} \to x_{ni} + \epsilon_i \tag{9.2.5}$$

对每个粒子指标 n, ϵ_i 相同. 这样, 对每一个 i, 我们有一个守恒量, 总动量的第 i 个分量

$$P_i = \sum_n \frac{\partial L}{\partial \dot{x}_{ni}} = \sum_n m_n \dot{x}_{ni} \tag{9.2.6}$$

类似地, 如果 $V(r)$ 是转动不变的, 则 Lagrange 量(9.1.5)在以下无限小转动下不变:

$$\boldsymbol{x}_n \to \boldsymbol{x}_n + \boldsymbol{e} \times \boldsymbol{x}_n \tag{9.2.7}$$

[①] Noether E. Nachr. König. Gesell. Wiss. zu Göttingen, Math.-phys. Klasse, 1918, 235.

对每个粒子指标 n, 无限小 3-矢量 e 相同. 所以有

$$\frac{\mathrm{d}}{\mathrm{d}t}\boldsymbol{L} = \boldsymbol{0} \tag{9.2.8}$$

此处

$$e \cdot \boldsymbol{L} = \sum_{ni} \frac{\partial L}{\partial \dot{x}_{ni}} (e \times \boldsymbol{x}_{ni})_i = \sum_n m_n \dot{\boldsymbol{x}}_n \cdot (e \times \boldsymbol{x}_n)$$

回忆起任何矢量 $\boldsymbol{a}$, $\boldsymbol{b}$ 和 $\boldsymbol{c}$ 的三重标量积具有对称性质, 即 $\boldsymbol{a} \cdot (\boldsymbol{b} \times \boldsymbol{c}) = \boldsymbol{b} \cdot (\boldsymbol{c} \times \boldsymbol{a})$, 故有

$$\boldsymbol{L} = \sum_n m_n \boldsymbol{x}_n \times \dot{\boldsymbol{x}}_n \tag{9.2.9}$$

这就是轨道角动量, 当然它不必须守恒, 如果相互作用涉及粒子自旋算符 $\boldsymbol{S}_n$, 因为在这种情况下 Lagrange 量在变换(9.2.7)之下不是不变的, 除非我们也把自旋变换包括在内.

更一般地, 我们可以考虑不是 Lagrange 量的对称性变换, 而是作用量的对称性变换. 弄清楚这是什么意思是重要的. 说一个无限小变换是作用量的对称性, 我们不仅意味着当运动方程被满足时, 变换使作用量不变, 因为**所有**的无限小变换当运动方程被满足时, 变换使作用量不变——这是在 Lagrange 理论形式中运动方程是如何被推导的. 作用量的对称性是一个使作用量不变的变换, 不论运动方程被满足与否. 在这种情况中, 代替式(9.2.2), 我们必须有

$$\sum_n \left(\frac{\partial L}{\partial q_N} \mathcal{F}_N + \frac{\partial L}{\partial \dot{q}_N} \dot{\mathcal{F}}_N \right) = \frac{\mathrm{d}G}{\mathrm{d}t} \tag{9.2.10}$$

此处 $G(t)$ 是 $q_N(t)$ 和 $\dot{q}_N(t)$ 的某个函数, 也可能是 t 的某个函数, 它在 $t = \pm\infty$ 时取相同的值 (例如零), 所以 $\int \dot{G}\mathrm{d}t = 0$. 再重复一下, 式(9.2.10)应该被满足, 不论 $q_N(t)$ 和 $\dot{q}_N(t)$ 服从运动方程(9.1.3)与否. 当它们被满足时, 式(9.2.10)左边等于 $\mathrm{d}F/\mathrm{d}t$, 所以这个不变性条件导致守恒定律

$$0 = \frac{\mathrm{d}}{\mathrm{d}t}(F - G) \tag{9.2.11}$$

其中 F 再次由式(9.2.4)给出. 我们将在下一节中看到作用量对称性的一个例子.

9.3 Hamilton 理论形式

从 Lagrange 量我们构造一个在前面各章中多次显示其用处的量, 称为 Hamilton 量. 如果 Lagrange 量没有对时间的**明显**的直接依赖, Hamilton 量就是守恒的, 或者更

一般地说, 它的时间依赖仅由 Lagrange 量的明显时间依赖产生. Hamilton 量定义为

$$H \equiv \sum_N \dot{q}_N \frac{\partial L}{\partial \dot{q}_N} - L \tag{9.3.1}$$

利用 Lagrange 运动方程(9.1.3), 它的变化率为

$$\frac{\mathrm{d}H}{\mathrm{d}t} = \sum_n \ddot{q}_N \frac{\partial L}{\partial \dot{q}_N} + \sum_N \dot{q}_N \frac{\partial L}{\partial q_N} - \frac{\mathrm{d}L}{\mathrm{d}t}$$

但 Lagrange 量的总时间变化率是

$$\frac{\mathrm{d}L}{\mathrm{d}t} = \frac{\partial L}{\partial t} + \sum_N \ddot{q}_N \frac{\partial L}{\partial \dot{q}_N} + \sum_N \dot{q}_N \frac{\partial L}{\partial q_N}$$

此处 $\partial L/\partial t$ 是 Lagrange 量由于任何明显的时间依赖产生的变化率, 例如在时间依赖的外场情况中. 因此

$$\frac{\mathrm{d}H}{\mathrm{d}t} = -\frac{\partial L}{\partial t} \tag{9.3.2}$$

特别地, 孤立的系统的 Hamilton 量是守恒的, 其中 Lagrange 量没有明显的时间依赖.

在 L 没有明显的时间依赖时, Hamilton 量的守恒可以看作用量在一个对称变换下不变性的后果: 这个变换就是时间平移. 当我们将时间坐标移动一个无限小 ϵ 时, 任何变量 $q_N(t)$ 的变化是 $\epsilon\dot{q}_N(t)$, 所以用式(9.2.4)的记号, 我们有 $\mathcal{F}_N(t) = \dot{q}_N(t)$, 量(9.2.4)是

$$F = \sum_n \frac{\partial L}{\partial q_N} \dot{q}_N$$

它不是与时间无关的, 因为时间平移关于 Lagrange 量不是对称的, 而仅关于作用量是对称的. 此处, 我们有

$$\sum_N \left(\frac{\partial L}{\partial q_N} \mathcal{F}_N + \frac{\partial L}{\partial \dot{q}_N} \dot{\mathcal{F}}_N \right) = \sum_N \left(\frac{\partial L}{\partial q_N} \dot{q}_N + \frac{\partial L}{\partial \dot{q}_N} \ddot{q}_N \right) = \frac{\mathrm{d}L}{\mathrm{d}t}$$

所以这里式(9.2.10)中的量 G 正是 $G = L$, 而在式(9.2.11)中的守恒量是

$$F - G = \sum_N \frac{\partial L}{\partial q_N} \dot{q}_N - L = H$$

代替 Lagrange 理论形式的二阶微分运动方程, 我们可以用 Hamilton 理论形式把运动方程写为两个变量的一阶微分方程: 变量是 Lagrange 理论形式 q_N 和它们的"正则共轭量",

$$p_N = \frac{\partial L}{\partial \dot{q}_N} \tag{9.3.3}$$

为了这个目的, 我们必须把 Hamilton 量 $H(q,p)$ 看成一个 q_N 和 p_N 的函数, 而把在式(9.3.1)中的 $\dot{q}_N$ 看作 q_N 和 p_N 的函数, 由方程(9.3.3)对 $\dot{q}_N$ 解出得到. 也就是说, 式(9.3.1)应该被诠释为

$$H(q,p) = \sum_N \dot{q}_N(q,p) p_N - L(q, \dot{q}(q,p)) \tag{9.3.4}$$

这样有

$$\frac{\partial H}{\partial q_N} = \sum_M \frac{\partial \dot{q}_M}{\partial q_N} p_M - \frac{\partial L}{\partial q_N} - \sum_M \frac{\partial L}{\partial \dot{q}_M} \frac{\partial \dot{q}_M}{\partial q_N}$$

根据式(9.3.3), 第一项和第三项对消, 由 Lagrange 运动方程(9.1.3)就给出

$$\dot{p}_N = -\frac{\partial H}{\partial q_N} \tag{9.3.5}$$

并且

$$\frac{\partial H}{\partial p_N} = \dot{q}_N + \sum_M p_M \frac{\partial \dot{q}_M}{\partial p_N} - \sum_M \frac{\partial L}{\partial \dot{q}_M} \frac{\partial \dot{q}_M}{\partial p_N}$$

现在第二项和第三项对消, 余下

$$\dot{q}_N = \frac{\partial H}{\partial p_N} \tag{9.3.6}$$

方程(9.3.5)和(9.3.6)就是在 Hamilton 理论形式中的普遍运动方程.

作为一个简单的例子, 考虑 Lagrange 量(9.1.5):

$$L = \sum_n \frac{m_n}{2} \dot{\boldsymbol{x}}_n^2 - V(\boldsymbol{x})$$

此处 $q_{ni} \equiv [\boldsymbol{x}_n]_i$. 式(9.3.3)在此给出熟悉的结果 $\boldsymbol{p}_n = m\dot{\boldsymbol{x}}_n$, 可以没有困难地解出 $\dot{\boldsymbol{x}}_n = \boldsymbol{p}_n/m_n$. Hamilton 量(9.3.1)就是

$$H = \sum_n \frac{1}{m_n} \boldsymbol{p}_n^2 - L = \sum_n \frac{1}{2m_n} \boldsymbol{p}_n^2 + V(\boldsymbol{x})$$

这就是熟悉的 Hamilton 量, 我们在它的基础上进行了第 2 章中的计算. 运动方程(9.3.5)和(9.3.6)在这里是

$$\dot{p}_{ni} = -\frac{\partial V}{\partial x_{ni}}, \quad \dot{x}_{ni} = \frac{p_{ni}}{m_n}$$

它们一起就导致运动方程(9.1.4).

Hamilton 理论形式可以用于任何坐标系. 例如, 对于 Lagrange 量(9.1.6)的二维系统, 坐标 r 和 θ 的正则共轭是

$$p_r = m\dot{r}, \quad p_\theta = mr^2\dot{\theta} \tag{9.3.7}$$

Hamilton 量是

$$H = \frac{p_r^2}{2m} + \frac{p_\theta^2}{2mr^2} + V(r) \tag{9.3.8}$$

根据方程(9.3.5), Hamilton 量不依赖于 θ 这一事实就立即告诉我们, p_θ 是常数, 和 Kepler 第二定律相符.

9.4 正则对易关系

到此为止, 本章的讨论一直用经典语言进行, 虽然讨论同样对 Heisenberg 绘景的量子力学算符适用. 现在我们必须通过施加适当的 q_N 和 p_N 的对易关系向量子力学过渡.

要推动形成这些对易关系, 我们回到在量子力学中对称原理的实施. 在这里, 我们局限在 Lagrange 量的对称性上, 例如空间平移和转动, 其中 9.2 节中引入的函数 $\mathcal{F}_N$ 只依赖于 q 而不依赖于 $\dot{q}$. 这就是, 我们假设 Lagrange 量在以下的无限小变换下不变:

$$q_N \to q_N + \epsilon \mathcal{F}_N(q) \tag{9.4.1}$$

要实现把这个对称作为量子力学的幺正变换

$$(\mathbf{1} - \mathrm{i}\epsilon F/\hbar)^{-1} q_N (\mathbf{1} - \mathrm{i}\epsilon F/\hbar) = q_N + \epsilon \mathcal{F}_N(q) \tag{9.4.2}$$

我们需要一个算符 F 作为对称的生成元, 意为

$$[F, q_N] = -\mathrm{i}\hbar \mathcal{F}_N(q) \tag{9.4.3}$$

(因子 $-\mathrm{i}/\hbar$ 是从式(9.4.2)中的 F 提出来的, 以保持和公式(3.5.2)代表平移的幺正算符的相似性.) 我们在 9.2 节中看到, 在变换式(9.4.1)下 Lagrange 量的不变性意味着一个守恒量(9.2.4)的存在, 我们现在有

$$F = \sum_N p_N \mathcal{F}_N(q) \tag{9.4.4}$$

如果我们施加正则对易关系

$$[q_N(t), p_{N'}(t)] = \mathrm{i}\hbar \delta_{NN'} \tag{9.4.5}$$

$$[q_N(t), q_{N'}(t)] = [p_N(t), p_{N'}(t)] = 0 \tag{9.4.6}$$

则这些算符 F 满足对于所有形式(9.4.1)的对称性的对易关系(9.4.3).

式(9.4.6)中算符 p 彼此间的对易关系对于得到式(9.4.3)并不需要, 但是有了它, 在简单情况下算符(9.4.4)能生成简单的 p_N 和 q_N 的变换. 对于在平移不变势中非相对论粒子 (指标 n)(N 是复合指标 ni), 有一个在平移下的对称性, 其中式(9.4.1)取形式(9.2.5), 生成元(9.2.6)取以下形式:

$$\boldsymbol{P} = \sum_n \boldsymbol{p}_n \qquad (9.4.7)$$

在此情况下, 从式(9.4.6)看, 很显然所有的 $\boldsymbol{p}_n$ 都是平移不变的,

$$[\boldsymbol{P}, \boldsymbol{p}_n] = 0 \qquad (9.4.8)$$

类似地, 对在转动不变势中非相对论无自旋粒子, 在转动下有一个对称性, 其中式(9.4.1)取形式(9.2.7), 生成元(9.2.9)就取以下形式:

$$\boldsymbol{L} = \sum_n \boldsymbol{x}_n \times \boldsymbol{p}_n \qquad (9.4.9)$$

(因为这是矢量的叉积, 它不涉及位置和动量同一分量的乘积, 所以这些算符的次序不重要.) 在此情况下, $\boldsymbol{L}$ 就充当位置和动量的转动生成元,

$$[L_i, x_{nj}] = \mathrm{i}\hbar \sum_k \epsilon_{ijk} x_{nk}, \quad [L_i, p_{nj}] = \mathrm{i}\hbar \sum_k \epsilon_{ijk} p_{nk} \qquad (9.4.10)$$

此处 ϵ_{ijk} 是完全反对称量, $\epsilon_{123} = 1$.(要证明这些关系, 将式(9.4.9)写为 $L_i = \sum_n \epsilon_{ij'k'} x_{nj'} p_{nk'}$.)

在有自旋粒子理论中, 一个涉及自旋的标量组合如 $\boldsymbol{s}_n \cdot \boldsymbol{p}_m$ 或 $\boldsymbol{s}_n \cdot \boldsymbol{x}_m$ 的算符将是转动不变的, 但和轨道角动量 $\boldsymbol{L}$ 不对易. 自旋矩阵 $\boldsymbol{s}_n$ 定义为满足通常的对易关系,

$$[s_{ni}, s_{n'j}] = \mathrm{i}\hbar \delta_{nn'} \sum_k \epsilon_{ijk} s_{nk}, \quad [s_{ni}, x_{n'j}] = [s_{ni}, p_{n'j}] = 0$$

所以算符 $\boldsymbol{J} \equiv \boldsymbol{L} + \sum_n \boldsymbol{s}_n$ 生成自旋以及位置和动量的转动,

$$[J_i, x_{nj}] = \mathrm{i}\hbar \sum_n \epsilon_{ijk} x_{nk}, \quad [J_i, p_{nj}] = \mathrm{i}\hbar \sum_n \epsilon_{ijk} p_{nk}, \quad [J_i, s_{nj}] = \mathrm{i}\hbar \sum_n \epsilon_{ijk} s_{nk} \qquad (9.4.11)$$

这样 $\boldsymbol{J}$ 就和任何转动不变的算符对易.

时间平移不变性的对称性再一次需要特殊的处理, 因为它是作用量的对称性, 而不是 Lagrange 量的, 并且在变换规则(9.2.1)中的函数 $\mathcal{F}_N$ 依赖于时间导数 $\dot{q}_N$. 我们注意

到, 作为对易关系式(9.4.5)和式(9.4.6)的结果, 对于任何 q_N 和 p_N 的函数 $f(q,p)$, 我们有

$$[f(q,p),q_N] = -\mathrm{i}\hbar\frac{\partial f(q,p)}{\partial p_N} \tag{9.4.12}$$

$$[f(q,p),p_N] = \mathrm{i}\hbar\frac{\partial f(q,p)}{\partial q_N} \tag{9.4.13}$$

(要证明式(9.4.12), 注意到如果我们在乘积 $f(q,p)q_N$ 中把 q_N 移动到左边, 通过在 $f(q,p)$ 中的所有 p, 对于 $f(q,p)$ 中每一个 p_N, 我们得到一项 $-\mathrm{i}\hbar$ 乘函数 $f(q,p)$, 其中去掉 p_N. 所有这些项的和与 $-\mathrm{i}\hbar\partial f(q,p)/\partial p_N$ 相同. 式(9.4.13)的证明是相似的. 导数的计算必须把因子 p_N 或 q_N 去掉, 其他所有算符的次序保持不变. 例如 $\partial q_2 p_1 p_2/\partial p_1 = q_2 p_2$.) Hamilton 运动方程(9.3.5)和(9.3.6)就能分别写为

$$\dot{p}_N = \frac{\mathrm{i}}{\hbar}[H(q,p),p_N], \quad \dot{q}_N = \frac{\mathrm{i}}{\hbar}[H(q,p),q_N] \tag{9.4.14}$$

所以 Hamilton 量是时间平移的生成元. 由此还得出结论, 对任何不显含时间的函数 $f(q,p)$, 有

$$\dot{f}(q,p) = \frac{\mathrm{i}}{\hbar}[H(q,p),f(q,p)] \tag{9.4.15}$$

特别地, 因为 $\boldsymbol{P}$ 和任何平移不变的 Hamilton 量对易, 所以它在没有外场时是守恒的. 在 Heisenberg 绘景中自旋矩阵是**定义**为具有满足方程(9.4.14)时间依赖的:

$$\dot{\boldsymbol{s}}_n = \frac{\mathrm{i}}{\hbar}[H,\boldsymbol{s}_n] \tag{9.4.16}$$

从式(9.4.15)和式(9.4.16), 对总角动量 $\boldsymbol{J} = \boldsymbol{L} + \sum_n \boldsymbol{s}_n$, 我们有同样的方程

$$\dot{\boldsymbol{J}} = \frac{\mathrm{i}}{\hbar}[H,\boldsymbol{J}] \tag{9.4.17}$$

所以如果 Hamilton 量是转动不变的, $\boldsymbol{J}$ 是守恒的, 对孤立系统它就是这样的.

我们能推广式(9.4.12)和式(9.4.13)以给出对于 q 和 p 的函数的对易子公式:

$$[f(q,p),g(q,p)] = \mathrm{i}\hbar[f(q,p),g(q,p)]_\mathrm{P} \tag{9.4.18}$$

此处 $[f(q,p),g(q,p)]_\mathrm{P}$ 表示在经典动力学中称为 **Poisson 括号**的量,

$$[f(q,p),g(q,p)]_\mathrm{P} \equiv \sum_N \left(\frac{\partial f(q,p)}{\partial q_N}\frac{\partial g(q,p)}{\partial p_N} - \frac{\partial g(q,p)}{\partial q_N}\frac{\partial f(q,p)}{\partial p_N}\right) \tag{9.4.19}$$

(当我们将 $f(q,p)$ 通过 $g(q,p)$ 移往右边时, 我们得到一些项之和: 根据式(9.4.12), 对每一个 $g(q,p)$ 中的 q_N, 我们得到一个因子 $-\mathrm{i}\hbar\partial f(q,p)/\partial p_N$ 乘 $g(q,p)$ 并去掉 q_N, 这给

出式(9.4.19)的第二项, 根据式(9.4.13), 对每一个 $g(q,p)$ 中的 p_N, 我们得到一个因子 $+i\hbar\partial f(q,p)/\partial q_N$ 乘 $g(q,p)$ 并去掉 p_N, 这给出式(9.4.19)的第一项. 再一次, 在量子力学中我们必须标明在 Poisson 括号中 q 和 p 的次序, 这最好根据具体情况解决.)

对易子有一些代数性质:

$$[f,g] = -[g,f] \tag{9.4.20}$$

$$[f,gh] = [f,g]h + g[f,h] \tag{9.4.21}$$

以及 Jacobi 恒等式

$$[f,[g,h]] + [g,[h,f]] + [h,[f,g]] = 0 \tag{9.4.22}$$

容易直接验证, Poisson 括号(9.4.19)满足同样的代数条件.

如我们在 1.4 节中看到的, 在和量子力学 Poisson 括号相似基础上 Dirac 在 1926 年把 Heisenberg 猜出的对易关系推广到完全集合(9.4.5)和(9.4.6). 但很难论证这个相似性或正则理论体系本身具有物理学基础原则的地位, 特别是自旋这样的物理量, 正则理论体系无法应用. 另一方面, 在当前物理学的状况, 对称性原理似乎和其他我们所知的一样基础. 这就是为什么在这一节中正则对易关系提出的动机是构造量子力学对称变换生成算符的需要, 而不是和 Poisson 括号的相似性.

9.5 受限 Hamilton 体系

至此我们考虑了具有同样数目的独立的 q 和 p 的系统, 但一般地这些正则变量可能受到局限. 我们将在第 11 章中看到这种受限系统的一个重要的物理实例. 现在我们用一个多少人为的但有启发的例子来说明问题: 一个非相对论粒子被局限在一个表面上运动, 表面由局限条件描述:

$$f(\boldsymbol{x}) = 0 \tag{9.5.1}$$

这里 $f(\boldsymbol{x})$ 是位置的光滑函数. 例如, 一个粒子被局限在半径为 R 的球面上运动, 我们可以取 $f(\boldsymbol{x}) = \boldsymbol{x}^2 - R^2$.

我们取 Lagrange 量

$$L(\boldsymbol{x},\dot{\boldsymbol{x}}) = \frac{m}{2}\dot{\boldsymbol{x}}^2 - V(\boldsymbol{x}) + \lambda f(\boldsymbol{x}) \tag{9.5.2}$$

此处 $V(\boldsymbol{x})$ 是定域势, λ 是附加坐标. $\boldsymbol{x}$ 的 Lagrange 运动方程是

$$m\ddot{\boldsymbol{x}} = -\nabla V + \lambda \nabla f = \mathbf{0} \tag{9.5.3}$$

并且, 因为在 Lagrange 量中没有 λ 的导数, 故 λ 的运动方程就是 $\partial L/\partial \lambda = 0$, 它给出局限条件式(9.5.1). (注意 $\nabla f(\boldsymbol{x})$ 是在表面(9.5.1)的 $\boldsymbol{x}$ 点处的法线方向, 因为对于任何与表面在 $\boldsymbol{x}$ 点处相切的无限小矢量 $\boldsymbol{u}$, $f(\boldsymbol{x}+\boldsymbol{u})$ 和 $f(\boldsymbol{x})$ 必须为零, 所以 $f(\boldsymbol{x}+\boldsymbol{u}) - f(\boldsymbol{x}) = \boldsymbol{u}\cdot\nabla f(\boldsymbol{x}) = 0$. 因此式(9.5.3)体现了局限粒子在表面上的物理需要, 式(9.5.1)只能产生垂直于表面的力.)

式(9.5.1)称为初级局限, 是从系统的本性施加的. 也有次级局限, 由当粒子运动时初级局限仍然满足的条件施加: 对所有在表面上的 $\boldsymbol{x}$,

$$\frac{\mathrm{d}f}{\mathrm{d}t} = \dot{\boldsymbol{x}}\cdot\nabla f(\boldsymbol{x}) = 0 \tag{9.5.4}$$

这样, 也有次级局限保持被满足的条件:

$$\ddot{\boldsymbol{x}}\cdot\nabla f + (\dot{\boldsymbol{x}}\cdot\nabla)^2 f = 0 \tag{9.5.5}$$

(量 $(\boldsymbol{x}\cdot\nabla)^2 f$ 一般不为零, 因为式(9.5.4)只需要当 $\boldsymbol{x}$ 在表面时 $\dot{\boldsymbol{x}}\cdot\nabla f$ 必须为零, 所以它的梯度指向表面外方向的分量不必为零.) 方程(9.5.5)不算新的局限, 因为它只为了决定 λ. 在式(9.5.5)中, 由运动方程(9.5.3)给出

$$\lambda = \frac{1}{(\nabla f)^2}\left(\nabla f\cdot\nabla V - m(\dot{\boldsymbol{x}}\cdot\nabla)^2 f\right) \tag{9.5.6}$$

所以运动方程变为

$$m\ddot{\boldsymbol{x}} = -\nabla V + \nabla f\frac{\nabla f\cdot\nabla V}{(\nabla f)^2} - \frac{m}{(\nabla f)^2}\nabla f(\dot{\boldsymbol{x}}\cdot\nabla)^2 f \tag{9.5.7}$$

读者可以验证, 这个方程只依赖于粒子被约束的表面, 不依赖于特殊的函数 $f(\boldsymbol{x})$, 它的为零条件是用来描述局限的. 也就是, 如果我们引入一个新的函数 $g(\boldsymbol{x}) = G(f(\boldsymbol{x}))$, 此处 G 是 f 的任何光滑函数, 在 $f = 0$ 处有唯一的零点, 则在运动方程中用 $g(\boldsymbol{x})$ 代替 $f(\boldsymbol{x})$, 我们能推导出如式(9.5.7)所示的涉及 $f(\boldsymbol{x})$ 的运动方程.

因为 $\partial L/\partial \lambda = 0$, 故这个系统的 Hamilton 量就是

$$H(\boldsymbol{x},\boldsymbol{p}) = \boldsymbol{p}\cdot\dot{\boldsymbol{x}} - L$$

此处

$$\boldsymbol{p} = m\dot{\boldsymbol{x}}$$

用局限(9.5.1), 这就是

$$H(\boldsymbol{x}, \boldsymbol{p}) = \frac{\boldsymbol{p}^2}{2m} + V(\boldsymbol{x}) \tag{9.5.8}$$

但我们不能在此处施加通常的正则对易关系 $[x_i, p_j] = \mathrm{i}\hbar\delta_{ij}$, 因为这和初级局限(9.5.1)以及下式表示的次级局限(9.5.4)都不相容:

$$\boldsymbol{p} \cdot \nabla f = 0 \tag{9.5.9}$$

所以, 我们**应该**用什么对易规则?

对于一大类局限 Hamilton 系统, 一个普遍的答案是 Dirac 所建议的[①]. 设有一定数量的初级和次级局限, 表示为以下形式:

$$\chi_r(q, p) = 0 \tag{9.5.10}$$

例如, 在上面讨论的问题中有两个 χ,

$$\chi_1 = f(\boldsymbol{x}), \quad \chi_2 = \boldsymbol{p} \cdot \nabla f(\boldsymbol{x}) \tag{9.5.11}$$

Dirac 区别两种情况, 由以下矩阵的性质区别:

$$C_{rs}(q, p) \equiv [\chi_r(q, p), \chi_s(q, p)]_{\mathrm{P}} \tag{9.5.12}$$

此处 $[f, g]_{\mathrm{P}}$ 表示 Poisson 括号, 在式(9.4.19)中定义

$$[f(q, p), g(q, p)]_{\mathrm{P}} \equiv \sum_N \left(\frac{\partial f(q, p)}{\partial q_N} \frac{\partial g(q, p)}{\partial p_N} - \frac{\partial g(q, p)}{\partial q_N} \frac{\partial f(q, p)}{\partial p_N} \right) \tag{9.5.13}$$

局限只在偏导数计算完了**之后**再应用. 如局限中存在某个 u_s, 使得对于所有的 r, $\sum\limits_s C_{rs} u_s = 0$ 成立, 它就称为**第一类局限**, 而且必须通过施加条件以减小独立变量数目来处理. (例如, 在粒子局限在表面的例子中, 如果我们保留 λ 作为独立变量而不用条件式(9.5.6), 则这个例子中的局限就是第一类的. 我们将在第 11 章中看到另一个第一类局限的例子, 用选择电磁场的规范来消除.) 这些已经做完后, 局限就是**第二类**的, 用以下条件定义:

$$\mathrm{Det}\, C \neq 0 \tag{9.5.14}$$

所以矩阵 C 有逆 C^{-1}. Dirac 建议在只有第二类局限的理论中, 要取代如式(9.4.18)所示的对易子 (由 $\mathrm{i}\hbar$ 乘以 Poisson 括号给出), 而用以下的表达式

$$[f(q, p), g(q, p)] = \mathrm{i}\hbar [f(q, p), g(q, p)]_{\mathrm{D}} \tag{9.5.15}$$

[①] Dirac P A M. Lectures on Quantum Mechanics. New York: Yeshiva University, 1964.

此处 $[f(q,p),g(q,p)]_{\mathrm{D}}$ 是 **Dirac 括号**[①],

$$[f(q,p),g(q,p)]_{\mathrm{D}} \equiv [f(q,p),g(q,p)]_{\mathrm{P}} - \sum_{r,s} [f(q,p),\chi_r(q,p)]_{\mathrm{P}} C_{rs}^{-1}(q,p) [\chi_s(q,p),g(q,p)]_{\mathrm{P}}$$

$$(9.5.16)$$

特别地, 代替通常的正则对易关系, Dirac 建议要求

$$[q_N,p_M] = \mathrm{i}\hbar \left(\delta_{NM} - \sum_{rs} \frac{\partial \chi_r}{\partial p_N} C_{rs}^{-1} \frac{\partial \chi_s}{\partial q_M} \right) \tag{9.5.17}$$

$$[q_N,q_M] = \mathrm{i}\hbar \sum_{rs} \frac{\partial \chi_r}{\partial p_N} C_{rs}^{-1} \frac{\partial \chi_s}{\partial p_M} \tag{9.5.18}$$

$$[p_N,p_M] = \mathrm{i}\hbar \sum_{rs} \frac{\partial \chi_r}{\partial q_N} C_{rs}^{-1} \frac{\partial \chi_s}{\partial q_M} \tag{9.5.19}$$

(在Dirac 括号涉及非对易算符时, 必须小心它们的排序. 再一次, 这需要根据具体情况解决.) 反过来, 普遍对易关系式(9.5.15)从式(9.5.17)~式(9.5.19)得到.

这个建议满足了对易子的一定数量的必要条件. 首先, Dirac 括号有和对易子同样的代数性质式(9.4.20)~式(9.4.22):

$$[f,g]_{\mathrm{D}} = -[g,f]_{\mathrm{D}} \tag{9.5.20}$$

$$[f,gh]_{\mathrm{D}} = [f,g]_{\mathrm{D}}h + g[f,h]_{\mathrm{D}} \tag{9.5.21}$$

$$[f,[g,h]_{\mathrm{D}}]_{\mathrm{D}} + [g,[h,f]_{\mathrm{D}}]_{\mathrm{D}} + [h,[f,g]_{\mathrm{D}}]_{\mathrm{D}} = 0 \tag{9.5.22}$$

进一步, 假设式(9.5.15)和局限是相容的. 注意任何局限函数 $\chi_r(q,p)$ 与其他任何函数 $g(q,p)$ 的 Dirac 括号由式(9.5.12)和式(9.5.16)给出:

$$[\chi_r,g]_{\mathrm{D}} = [\chi_r,g]_{\mathrm{P}} - \sum_{r',s} C_{rr'} C_{r's}^{-1} [\chi_s,g]_{\mathrm{P}} = 0 \tag{9.5.23}$$

所以式(9.5.15)和算符 χ_r 为零的条件相容.

让我们看一下上述方法对局限在表面上的粒子如何工作. 局限函数(9.5.11)的 Poisson 括号是

$$C_{12} = -C_{21} = [\chi_1,\chi_2]_{\mathrm{D}} = (\nabla f)^2 \tag{9.5.24}$$

当然 $C_{11} = C_{22} = 0$, 所以逆 C 矩阵的矩阵元如下:

$$C_{12}^{-1} = -C_{21}^{-1} = -(\nabla f)^{-2}, \quad C_{11}^{-1} = C_{22}^{-1} = 0 \tag{9.5.25}$$

[①] 有不同的情况, 式(9.5.15)可以从通常的正则对易关系在简约的正则变量集合下推导出来; 请见 T. Maskawa 和 H. Nakajima 的文章 (*Prog. Theor. Phys.*, 1976, 56: 1295)和 S. Weinberg 的著作 *The Quantum Theory of Fields, Vol.I* (Cambridge: Cambridge University Press, 1955) 第 7 章附录.

这样由式(9.5.17)给出

$$[x_i, p_j] = \mathrm{i}\hbar \left(\delta_{ij} - \frac{\partial f}{\partial x_i} (\nabla f)^{-2} \frac{\partial f}{\partial x_j} \right) \tag{9.5.26}$$

并且, 因为 χ_1 不依赖于 $\boldsymbol{p}$, 故由式(9.5.18)给出

$$[x_i, x_j] = 0 \tag{9.5.27}$$

计算 $\boldsymbol{p}$ 的对易子要费点功夫. 根据式(9.5.19), 我们有

$$[p_i, p_j] = -\mathrm{i}\hbar \left(\frac{\partial f}{\partial x_i} (\nabla f)^{-2} \frac{\partial}{\partial x_j} (\boldsymbol{p} \cdot \nabla f) - i \leftrightarrow j \right) \tag{9.5.28}$$

一般地, 它不为零. 例如, 如果我们局限粒子在半径为 R 的球上, 则 $f(\boldsymbol{x}) = \boldsymbol{x}^2 - R^2$, 由式(9.5.28)给出

$$[p_i, p_j] = -\mathrm{i}\frac{\hbar}{R^2} (x_i p_j - x_j p_i)$$

这些对易关系和通常的不同之处在于对易子(9.5.28)不为零且式(9.5.26)第二项存在, 这对于 $\boldsymbol{p} \cdot \nabla f$ 和 x_i 的对易子与 $\boldsymbol{p} \cdot \nabla f$ 为零相洽是必要的.

我们现在可以得出此例的运动方程了. 因为 Hamilton 量是时间平移的生成元, 故对任何算符 $\mathcal{O}$, 我们必须通常有 $\dot{\mathcal{O}} = (\mathrm{i}/\hbar)[H, \mathcal{O}]$. 用对易关系式(9.5.26)～式(9.5.28)和 H 的公式(9.5.8), 我们有

$$\dot{x}_i = \frac{\mathrm{i}}{2m\hbar} \left[\boldsymbol{p}^2, x_i \right] = \frac{1}{m} p_j \left(\delta_{ij} - \frac{\partial f}{\partial x_i} (\nabla f)^{-2} \frac{\partial f}{\partial x_j} \right)$$

因为 $\boldsymbol{p} \cdot \nabla f = 0$, 故由上式给出熟悉的结果

$$\dot{\boldsymbol{x}} = \boldsymbol{p}/m \tag{9.5.29}$$

另外一方面,

$$\dot{p}_j = \frac{\mathrm{i}}{\hbar} \left[\frac{\boldsymbol{p}^2}{2m} + V(\boldsymbol{x}), p_j \right]$$

$$= \frac{1}{m(\nabla f)^2} \frac{\partial f}{\partial x_j} (\boldsymbol{p} \cdot \nabla)^2 f - \sum_i \frac{\partial V}{\partial x_i} \left(\delta_{ij} - \frac{\partial f}{\partial x_i} (\nabla f)^{-2} \frac{\partial f}{\partial x_j} \right)$$

或换句话说,

$$\dot{\boldsymbol{p}} = -\frac{1}{m(\nabla f)^2} \nabla f (\boldsymbol{p} \cdot \nabla)^2 f - \nabla V + \nabla f \frac{\nabla f \cdot \nabla V}{(\nabla f)^2} \tag{9.5.30}$$

这样由 Dirac 假设式(9.5.15)产生和这个模型的经典 Lagrange 量提供的相同的运动方程(9.5.7).

9.6 路径积分理论形式

Richard Feynman (1918~1988) 在他的博士论文[①]中建议了一个理论形式: 一个粒子集合从初始时间所在的组态到最终时间的另一个组态的跃迁振幅由一个积分给出, 即它是对粒子从初始到最终组态所能够采取的所有可能路径的积分. Feynman 好像打算使这个路径积分成为量子力学通常的理论形式的替代版本, 但是后来意识到, 它可以从通常的正则形式推导出来.

让我们考虑一个 Heisenberg 绘景算符 $Q_N(t)$ 的集合及其正则共轭 $P_N(t)$, 满足通常的对易关系式(9.4.5)和式(9.4.6):

$$[Q_N(t), P_M(t)] = \mathrm{i}\hbar\delta_{NM} \tag{9.6.1}$$

$$[Q_N(t), Q_M(t)] = [P_N(t), P_M(t)] = 0 \tag{9.6.2}$$

(我们用大写字母将算符和它们的本征值区别开, 后者用小写字母表示.) 我们引入所有 $Q_N(t)$ 的本征矢量的完备正交归一集合:

$$Q_N(t)\Psi_{q,t} = q_N\Psi_{q,t} \tag{9.6.3}$$

$$(\Psi_{q',t}, \Psi_{q,t}) = \delta(q - q') \equiv \prod_N \delta(q_N - q'_N) \tag{9.6.4}$$

假设我们要计算系统从一个 $Q_N(t)$ 具有本征值 q_N 的状态走向一个 $Q_N(t')$ 具有本征值 q'_N 的状态的概率振幅 $(\Psi_{q',t'}, \Psi_{q,t})$, 这里 $t' > t$. 为了这个目的, 我们在从 t 到 t' 的时间间隔中引入大 $\mathcal{N}$ 的时间 τ_n, 这里 $t' > \tau_1 > \tau_2 > \cdots > \tau_{\mathcal{N}} > t$, 并用态 $\Psi_{q,t}$ 的完备性, 有

$$(\Psi_{q',t'}, \Psi_{q,t}) = \int \mathrm{d}q_1 \mathrm{d}q_2 \cdots \mathrm{d}q_{\mathcal{N}} (\Psi_{q',t'}, \Psi_{q_1,\tau_1})(\Psi_{q_1,\tau_1}, \Psi_{q_2,\tau_2}) \cdots (\Psi_{q_{\mathcal{N}},\tau_{\mathcal{N}}}, \Psi_{q,t}) \tag{9.6.5}$$

此处 $\int \mathrm{d}q_n$ 是 $\prod_n \int \mathrm{d}q_{N,n}$ 的缩写. (式(9.6.5)中 q 的下标是指标 n 的值, 表示不同的时间, 而不是表示不同正则变量的指标 N 的值.) 现在我们需要计算对于一般 q' 和 q 的标量积 $(\Psi_{q',\tau'}, \Psi_{q,\tau})$, 这里 τ' 比 τ 稍微大一点. (不必和式(9.6.5)中的 q 和 q' 相联系.)

[①] Feynman R P. The Principle of Least Action in Quantum Mechanics. Princeton University, 1942; University Microfilms Publication No. 2948, Ann Arbor, MI; Feynman R P, Hibbs A R. Quantum Mechanics and Path Integrals. New York: McGraw-Hill, 1965.

为此目的, 回忆 Heisenberg 绘景算符的时间依赖由下式给出:

$$Q_N(\tau') = e^{iH(\tau'-\tau)/\hbar} Q_N(\tau) e^{-iH(\tau'-\tau)/\hbar} \tag{9.6.6}$$

这样

$$\Psi_{q',\tau'} = e^{iH(\tau'-\tau)/\hbar} \Psi_{q',\tau} \tag{9.6.7}$$

所以

$$(\Psi_{q',\tau'}, \Psi_{q,\tau}) = (\Psi_{q',\tau}, e^{-iH(\tau'-\tau)/\hbar} \Psi_{q,\tau}) \tag{9.6.8}$$

(注意在式(9.6.7)中指数的变量是 $iH(\tau'-\tau)/\hbar$ 而不是 $-iH(\tau'-\tau)/\hbar$, 因为 $\Psi_{q',\tau'}$ 不是 Schrödinger 绘景在时间 τ' 的状态矢量, 而是定义为 Heisenberg 绘景的一个算符在此时间的本征态.) 现在, Hamilton 量可以写作 Schrödinger 绘景算符 Q_N 和 P_N 的函数, 或者因为 Hamilton 量和它自己对易, 它正好也可以写为对于任何 τ 的 $Q_N(\tau)$ 和 $P_N(\tau)$ 的同一函数. 要计算矩阵元(9.6.8), 我们需要在指数右边插入 $P_N(\tau)$ 的本征态的完备正交归一集合,

$$(\Psi_{q',\tau'}, \Psi_{q,\tau}) = \int dp (\Psi_{q',\tau}, \exp(-iH(Q(\tau), P(\tau))(\tau'-\tau)/\hbar) \Phi_{p,\tau})(\Phi_{p,\tau}, \Psi_{q,\tau})$$

此处 $\int dp \equiv \prod_N \int dp_N$, 并且有

$$P_N(\tau) \Phi_{p,\tau} = p_N \Phi_{p,\tau} \tag{9.6.9}$$

$$(\Phi_{p',\tau}, \Phi_{p,\tau}) = \delta(p-p') \equiv \prod_N \delta(p_N - p_N') \tag{9.6.10}$$

我们永远可以用对易关系式(9.6.1)和式(9.6.2)把 Hamilton 量写成一个形式, 其中所有 Q 都在所有 P 的左边, 在此情况下 Hamilton 量中的算符 $Q_N(\tau)$ 和 $P_N(\tau)$ 可以被它们的本征值取代[①]:

$$(\Psi_{q',\tau'}, \Psi_{q,\tau}) = \int dp \exp(-iH(q',p)(\tau'-\tau)/\hbar)(\Psi_{q',\tau}, \Phi_{p,\tau})(\Phi_{p,\tau}, \Psi_{q,\tau}) \tag{9.6.11}$$

正像通常的平面波, 在式(9.6.11)中留下的标量积取以下简单形式:

$$(\Psi_{q',\tau}, \Phi_{p,\tau}) = \prod_N \frac{e^{ip_N q_N'/\hbar}}{\sqrt{2\pi\hbar}}, \quad (\Phi_{p,\tau}, \Psi_{q,\tau}) = \prod_N \frac{e^{-ip_N q_N/\hbar}}{\sqrt{2\pi\hbar}}$$

所以式(9.6.11)现在为

$$(\Psi_{q',\tau'}, \Psi_{q,\tau}) = \int \prod_N \frac{dp_N}{2\pi\hbar} \exp\left(-iH(q',p)(\tau'-\tau)/\hbar + i\sum_N p_N(q_N' - q_N)/\hbar\right)$$

---

① 因为 H 出现在指数上, 故这只在 $\tau'-\tau$ 无限小时成立, 此时指数是 H 的线性函数.

或者我们在式(9.6.5)中需要的形式

$$
\left(\Psi_{q_n,\tau_n}, \Psi_{q_{n+1},\tau_{n+1}}\right)
$$

$$
= \int \prod_N \frac{\mathrm{d}p_{N,n}}{2\pi\hbar} \exp\left(-\frac{\mathrm{i}}{\hbar} H(q_n, p_n)(\tau_n - \tau_{n+1}) + \frac{\mathrm{i}}{\hbar} \sum_N p_{N,n}(q_{N,n} - q_{N,n+1}) \right) \quad (9.6.12)
$$

其中我们的理解是

$$
q_0 = q', \quad \tau_0 = t', \quad q_{n+1} = q, \quad \tau_{n+1} = \tau
$$

我们现在可以在式(9.6.5)中用矩阵元(9.6.12), 它给出

$$
(\Psi_{q',t'}, \Psi_{q,t}) = \int \left(\prod_N \prod_{n=1}^{\mathcal{N}} \mathrm{d}q_{N,n} \right) \left(\int \prod_N \prod_{n=0}^{\mathcal{N}} \frac{\mathrm{d}p_{N,n}}{2\pi\hbar} \right)
$$

$$
\times \exp\left(-\frac{\mathrm{i}}{\hbar} \sum_{n=0}^{\mathcal{N}} H(q_n, p_n)(\tau_n - \tau_{n+1}) + \frac{\mathrm{i}}{\hbar} \sum_N \sum_{n=0}^{\mathcal{N}} p_{N,n}(q_{N,n} - q_{N,n+1}) \right)
$$

$$
(9.6.13)
$$

我们可以引入内插于 τ_n 之间的 c 数函数 $q_N(\tau)$ 和 $p_N(\tau)$, 使得

$$
q_N(\tau_n) = q_{N,n}, \quad p_N(\tau_n) = p_{N,n} \quad (9.6.14)
$$

进一步, 我们可以取相邻的 τ 的差的无穷小 $\mathrm{d}\tau$:

$$
\tau_{n-1} - \tau_n = \mathrm{d}\tau \quad (9.6.15)
$$

所以准确到 $\mathrm{d}\tau$ 的一阶, 有

$$
q_{N,n} - q_{N,n+1} = \dot{q}_N(\tau_n)\mathrm{d}\tau
$$

$$
H(q_n, p_n)(\tau_n - \tau_{n+1}) = H(q(\tau_n), p(\tau_n))\mathrm{d}\tau
$$

因此式(9.6.13)可以写为

$$
(\Psi_{q',t'}, \Psi_{q,t}) = \int_{q(t)=q; q(t')=q'} \prod_\tau \mathrm{d}q(\tau) \int \prod_\tau \frac{\mathrm{d}p(\tau)}{2\pi\hbar}
$$

$$
\times \exp\left(\frac{\mathrm{i}}{\hbar} \int_t^{t'} \mathrm{d}\tau \left(\sum_N p_N(\tau)\dot{q}_N(\tau) - H(q(\tau), p(\tau)) \right) \right) \quad (9.6.16)
$$

此处

$$
\int \prod_\tau \mathrm{d}q(\tau) \int \prod_\tau \frac{\mathrm{d}p(\tau)}{2\pi\hbar} \equiv \int \prod_N \prod_{n=1}^{\mathcal{N}} \mathrm{d}q_{N,n} \int \prod_N \prod_{n=0}^{\mathcal{N}} \frac{\mathrm{d}p_{N,n}}{2\pi\hbar}
$$

所以这是一个**路径积分**, 对所有函数 $q_N(\tau)$ 和 $p_N(\tau)$ 积分, 其中 $q_N(\tau)$ 被条件 $q_N(t) = q_N$ 和 $q_N(t') = q'_N$ 约束.

路径积分理论形式的一个优点是, 它允许量子力学到经典极限的轻松过渡. 在宏观系统中, 我们一般有

$$\int_t^{t'} \mathrm{d}\tau \left(\sum_N p_N(\tau)\dot{q}_N(\tau) - H\left(q(\tau), p(\tau)\right) \right) \gg \hbar$$

式(9.6.16)中指数的相位就很大, 所以指数非常迅速地振荡, 使除去相位恒定的路径以外, 其他路径的贡献都趋向于零. 相位对于 $q_N(\tau)$ 的变分 (初始和最终时间的值不变) 保持恒定的条件是

$$0 = \int_t^{t'} \left(\sum_N p_N(\tau)\delta\dot{q}_N(\tau) - \frac{\partial H}{\partial q_N(\tau)}\delta q_N(\tau) \right)$$

$$= \int_t^{t'} \left(-\sum_N \dot{p}_N(\tau) - \frac{\partial H}{\partial q_N(\tau)} \right) \delta q_N(\tau)$$

所以

$$\dot{p}_N = -\frac{\partial H}{\partial q_N}$$

并且, 相位对于 $p_N(\tau)$ 的任意变分保持恒定的条件是

$$\dot{q}_N = \frac{\partial H}{\partial p_N}$$

当然我们知道这些是经典运动方程.

Feynman 的部分动机是想要把量子力学的跃迁概率用 Lagrange 量表示, 而不是用 Hamilton 量表示. (在 8.7 节中讨论过, 在 Lorentz 不变理论中, 与 Hamilton 量不同, Lagrange 量典型地是一个标量密度的积分.) 但在式(9.6.16)中指数的积分**不是** Lagrange 量, 因为这里 $p_N(t)$ 是个独立积分变量, 不是 $\partial L/\partial \dot{q}_N$. 有一个经常遇到的情况: 对 $p(\tau)$ 积分时可以简单地设 $p_N = \partial L/\partial \dot{q}_N$ 来进行计算, 所以被积分函数确实是 Lagrange 量. 这个情况是: Hamilton 量是常数系数的 p 的二阶项之和, 加上可能的 p 的一阶项和零阶项, 所以指数是 p 的 Gauss 函数. 一般地, Gauss 函数的积分由以下公式给出:

$$\int_{-\infty}^{+\infty} \prod_r \mathrm{d}\xi_r \exp\left(\mathrm{i}\left(\frac{1}{2}\sum_{r,s} K_{rs}\xi_r\xi_s + \sum_r L_r\xi_r + M \right) \right)$$

$$= \left(\mathrm{Det}\left(K/(2\mathrm{i}\pi)\right)\right)^{-1/2} \exp\left(\mathrm{i}\left(\frac{1}{2}\sum_{r,s} K_{rs}\xi_{0r}\xi_{0s} + \sum_r L_r\xi_{0r} + M \right) \right) \tag{9.6.17}$$

此处 ξ_{0r} 是 ξ_r 的一个值, 指数的变量是恒定的:

$$\sum_s K_{rs}\xi_{0s} + L_r = 0 \tag{9.6.18}$$

使得式(9.6.16)的被积函数为恒定的 $p_N(\tau)$ 的值满足条件

$$\dot{q}_N(\tau) = \frac{\partial H\left(q(\tau), p(\tau)\right)}{\partial p_N(\tau)} \tag{9.6.19}$$

它的解使得 $\sum_N p_N(\tau)\dot{q}_N(\tau) - H\left(q(\tau), p(\tau)\right)$ 为 Lagrange 量. 这样, 在式(9.6.16)中对 p 的积分给出

$$(\Psi_{q',t'}, \Psi_{q,t}) = C \int_{q(t)=q; q(t')=q'} \prod_\tau \mathrm{d}q(\tau) \exp\left(\frac{\mathrm{i}}{\hbar} \int_t^{t'} \mathrm{d}\tau L\left(q(\tau), \dot{q}(\tau)\right)\right) \tag{9.6.20}$$

这里 C 是与 q 和 q' 无关的比例常数, 也是独立于 Hamilton 量中 p 的线性项或与 p 无关的项. 但它和时间间隔 $t'-t$ 以及把它分为 $\mathcal{N}+1$ 个长度为 $\mathrm{d}\tau$ 的小段有关. 例如, 对于运动在 D 维空间中的非相对论粒子, Hamilton 量中的 p 的二阶项是 $\boldsymbol{p}^2/(2m)$. 根据式(9.6.17), 这就是我们用来计算 C 所需的全部. 在此情况下[1],

$$C = \left(\frac{1}{2\pi\hbar} \int_{-\infty}^{+\infty} \mathrm{d}p \exp\left(-\frac{\mathrm{i}p^2 \mathrm{d}\tau}{2m\hbar}\right)\right)^{(\mathcal{N}+1)D} = \left(\frac{m}{2\mathrm{i}\pi\hbar \mathrm{d}\tau}\right)^{(\mathcal{N}+1)D} \tag{9.6.21}$$

式(9.6.20)中余下的路径积分一般是不易的. 容易做的案例是自由粒子 (或自由场), 或谐振子势中的粒子, 其中 Lagrange 量关于 $\dot{q}_N$ 和 q_N 是二次的. 再一次, 对于二次的 Lagrange 量积分可以做出, 通过设 $q(t)$ 等于一个函数, 对它 Lagrange 量对小的 $q_N(\tau)$ 的变分是恒定的, 且 $q_N(t') = q'_N$ 和 $q_N(t) = q_N$ 是固定的, 也就是说, 对它 $q_N(\tau)$ 满足经典运动方程

$$\frac{\mathrm{d}}{\mathrm{d}\tau} \frac{\partial L(\tau)}{\partial \dot{q}_N(\tau)} = \frac{\partial L(\tau)}{\partial q_N(\tau)}$$

其中 $q_N(t') = q'_N$, $q_N(t) = q_N$. 例如, 对在 D 维空间中的自由粒子, 我们有 $L = m\dot{\boldsymbol{x}}^2/2$, 经典运动方程的解有常速度

$$\dot{\boldsymbol{x}}(\tau) = \frac{\boldsymbol{x}' - \boldsymbol{x}}{t' - t}$$

所以由式(9.6.20)给出

$$(\Psi_{\boldsymbol{x}',t'}, \Psi_{\boldsymbol{x},t}) = BC \exp\left(\frac{\mathrm{i}m(\boldsymbol{x}' - \boldsymbol{x})^2}{2(t'-t)\hbar}\right) \tag{9.6.22}$$

此处和 C 一样, B 是与 $\boldsymbol{x}$ 和 $\boldsymbol{x}'$ 无关的常数. 一个相当繁琐的计算沿着我们计算 C 的路径给出[2]

---

① Feynman 和 Hibbs (如前所引) 给出这个结果的非直接论据, 而不是从积分得到它. 本书就不叙述它了.

② Feynman 和 Hibbs 的文章 (如前所引) 第 43~44 页.

$$B = \mathcal{N}^{-D/2} \left(\frac{m}{2i\pi\hbar d\tau} \right)^{-D\mathcal{N}/2}$$

这样, 因为

$$\mathcal{N} d\tau = t' - t$$

所以

$$BC = \left(\frac{m}{2i\pi\hbar(t'-t)} \right)^{D/2} \tag{9.6.23}$$

我们可以验证, 注意到式(9.6.22)必须在极限 $t' \to t$ 时趋向 δ 函数 $\delta^D(\boldsymbol{x}' - \boldsymbol{x})$. 这就是, 对于任何光滑的函数 $f(\boldsymbol{x})$, 在这个极限下我们必须有

$$\int d^D x \left(\frac{m}{2i\pi\hbar(t'-t)} \right)^{D/2} \exp\left(\frac{im(\boldsymbol{x}'-\boldsymbol{x})^2}{2(t'-t)\hbar} \right) f(\boldsymbol{x}) \to f(\boldsymbol{x}')$$

对于 $t' \to t$ 指数随 $\boldsymbol{x}$ 变化非常迅速, 除非 $\boldsymbol{x} = \boldsymbol{x}'$, 所以设定 f 的变量等于 $\boldsymbol{x}'$ 就能做出积分, 我们需要证明的是

$$\int d^D x \left(\frac{m}{2i\pi\hbar(t'-t)} \right)^{D/2} \exp\left(\frac{im(\boldsymbol{x}'-\boldsymbol{x})^2}{2(t'-t)\hbar} \right) = 1$$

这从 Gauss 函数积分的标准公式给出. 矩阵元(9.6.22)的 $\boldsymbol{x}'$ 依赖的理解是: 这个矩阵元就是态 $\Psi_{\boldsymbol{x},\tau}$ 的波函数, 定义为 $\boldsymbol{x}(\tau)$ 的本征态, 在此基下 $\boldsymbol{x}(t')$ 为对角的. 所以这个矩阵元必须满足 Schrödinger 方程

$$-\frac{\hbar^2 \nabla'^2}{2m} (\Psi_{\boldsymbol{x}',t'}, \Psi_{\boldsymbol{x},t}) = i\hbar \frac{\partial}{\partial t'} (\Psi_{\boldsymbol{x}',t'}, \Psi_{\boldsymbol{x},t})$$

它确实如此. 所以路径积分理论形式允许我们找出 Schrödinger 方程的解而不用写出 Schrödinger 方程.

在一个实验中, 一个粒子从屏幕一边的 $\boldsymbol{x}$ 点到达屏幕另一边的 $\boldsymbol{x}'$ 点, 而屏幕上有几个孔. 不止一条轨线 $\boldsymbol{x}(\tau)$ 使作用量 $\int L(\tau) d\tau$ 恒定, 而是每个孔都有一条轨线使之恒定. 路径积分理论形式允许我们理解在这个实验中产生的干涉图样, 不用波动力学, 而是作为几个可能的经典路径的叠加.

更一般地, 对非二次型的 Lagrange 量, 路径积分(9.6.20)不能解析算出. 处理这个问题的一种方法是将 Lagrange 量中非二次部分展开, 产生一个时间依赖微扰论的 Lagrange 版本. 另一种方法是将从 t 到 t' 的积分区域分成有限数量长度为 $\Delta\tau$ 的部分, 数值计算 $\exp(iL(\tau)\Delta\tau/\hbar)$ 在每一个部分末端对粒子坐标的积分. 在量子场论中可以把空间作为点的晶格, 在时空晶格的每一点对场数值积分. 这种方法可以揭示问题的一个

特征, 而它是通过微扰论得不到的①.

习题

1. 考虑单粒子, 其 Lagrange 量为

$$L = \frac{m}{2}\dot{\boldsymbol{x}}^2 + \dot{\boldsymbol{x}} \cdot \boldsymbol{f}(\boldsymbol{x}) - V(\boldsymbol{x})$$

此处 $\boldsymbol{f}(\boldsymbol{x})$ 和 $V(\boldsymbol{x})$ 分别是位置的任意矢量和标量函数.

(1) 求 $\boldsymbol{x}$ 满足的运动方程.

(2) 求作为 $\boldsymbol{x}$ 及其正则共轭 $\boldsymbol{p}$ 的函数的 Hamilton 量.

(3) 坐标空间波函数 $\psi(\boldsymbol{x}, t)$ 满足的 Schrödinger 方程是什么?

2. 证明 Poisson 括号和 Dirac 括号都满足 Jacobi 恒等式.

3. 考虑一维谐振子, 其 Hamilton 量为

$$H = \frac{p^2}{2m} + \frac{m\omega^2 x^2}{2}$$

用路径积分理论形式计算在时间 t、位置 x 到时间 $t' > t$、位置 x' 跃迁的概率振幅.

---

① 关于格点方法对场论的应用, 请见M. Creutz 的著作 *Quarks, Gluons, and Lattices* (Cambridge: Cambridge University Press, 1985) 和 T. DeGrand, C. DeTar 的著作 *Lattice Methods for Quantum Chromodynamics* (Singapore: World Scientific Press, 2006).

第 10 章

电磁场中的带电粒子

在本章中, 我们将处理在外加电磁场中的非相对论带电粒子问题, 即由宏观系统产生的场, 其涨落可以被忽略. 这个问题本身就很重要, 它也可提供一个有点令人惊讶的正则对易关系的例子.

10.1 带电粒子的正则形式

考虑一些处在外加经典电场 $\boldsymbol{E}(\boldsymbol{x},t)$ 和磁场 $\boldsymbol{B}(\boldsymbol{x},t)$ 中的非相对论、无自旋的粒子, 其质量为 m_n, 电荷为 e_n (在 10.3 节中将讨论自旋的效应). 因为很简单, 我们将在这个理论中包括一个依赖部分粒子或所有粒子坐标的局域场 $\mathcal{V}$. 粒子的运动方程为

$$m_n \ddot{\boldsymbol{x}}_n(t) = e_n \left(\boldsymbol{E}\left(\boldsymbol{x}_n(t),t\right) + \frac{1}{c}\dot{\boldsymbol{x}}_n(t) \times \boldsymbol{B}\left(\boldsymbol{x}_n(t),t\right) \right) - \nabla_n \mathcal{V}\left(\boldsymbol{x}_n(t)\right) \tag{10.1.1}$$

315

我们无法写出这个系统的一个依赖于 $\boldsymbol{E}$ 和 $\boldsymbol{B}$ 的简单的 Lagrange 量; 我们必须引入一个矢量势 $\boldsymbol{A}(\boldsymbol{x},t)$ 和一个标量势 $\phi(\boldsymbol{x},t)$, 为此, 设

$$\boldsymbol{E} = -\frac{1}{c}\dot{\boldsymbol{A}} - \nabla\phi, \quad \boldsymbol{B} = \nabla \times \boldsymbol{A} \tag{10.1.2}$$

(因为 $\boldsymbol{E}$ 和 $\boldsymbol{B}$ 满足 Maxwell 齐次方程 $\nabla\times\boldsymbol{E} + \dot{\boldsymbol{B}}/c = \boldsymbol{0}$ 和 $\nabla\cdot\boldsymbol{B} = 0$, 所以我们总可以做到.)

让我们先试取 Lagrange 量为

$$L(t) = \sum_n \left(\frac{m_n}{2}\dot{\boldsymbol{x}}_n^2(t) - e_n\phi(\boldsymbol{x}_n(t),t) + \frac{e_n}{c}\dot{\boldsymbol{x}}_n(t)\cdot\boldsymbol{A}(\boldsymbol{x}_n(t),t) \right) - \mathcal{V}(\boldsymbol{x}) \tag{10.1.3}$$

然后检验它是否给出正确的运动方程(10.1.1). 此处 ϕ 和 $\boldsymbol{A}$ 是外加场, 不是动力学变量 (当我们在下一章量子化电磁场时, 它们将变成动力学变量). 所以我们只考虑微分方程(9.1.3), 其中 $q_N(t)$ 是坐标 $x_{ni}(t)$. 对于 Lagrange 量(10.1.3), 我们有 (这里 $\boldsymbol{x}_n$ 依赖于时间, 但没有明确写出)

$$\frac{\partial L(t)}{\partial x_{ni}} = -e_n\frac{\partial\phi(\boldsymbol{x}_n,t)}{\partial x_{ni}} + \frac{e_n}{c}\sum_j \dot{x}_{nj}\frac{\partial A_j(\boldsymbol{x}_n,t)}{\partial x_{ni}} - \frac{\partial\mathcal{V}(\boldsymbol{x})}{\partial x_{ni}} \tag{10.1.4}$$

$$\frac{\partial L(t)}{\partial\dot{x}_{ni}} = m_n\dot{x}_{ni} + \frac{e_n}{c}A_i(\boldsymbol{x}_n,t) \tag{10.1.5}$$

所以

$$\frac{\mathrm{d}}{\mathrm{d}t}\frac{\partial L(t)}{\partial\dot{x}_{ni}} = m_n\ddot{x}_{ni} + \frac{e_n}{c}\frac{\partial A_i(\boldsymbol{x}_n,t)}{\partial t} + \frac{e_n}{c}\sum_j\frac{\partial A_i(\boldsymbol{x}_n,t)}{\partial x_{nj}}\dot{x}_{nj} \tag{10.1.6}$$

运动方程(9.1.3)则为

$$m_n\ddot{x}_{ni} = -e_n\frac{\partial\phi(\boldsymbol{x}_n,t)}{\partial x_{ni}} - \frac{e_n}{c}\frac{\partial A_i(\boldsymbol{x}_n,t)}{\partial t} + \frac{e_n}{c}\sum_j\dot{x}_{nj}\left(\frac{\partial A_j(\boldsymbol{x}_n,t)}{\partial x_{ni}} - \frac{\partial A_i(\boldsymbol{x}_n,t)}{\partial x_{nj}}\right) - \frac{\partial\mathcal{V}(\boldsymbol{x})}{\partial x_{ni}} \tag{10.1.7}$$

我们看到, 根据式(10.1.2), 前两项中 e_n 的系数之和给出电场. 右边第三项中的求和给出

$$\sum_j \dot{x}_{nj}\left(\frac{\partial A_j(\boldsymbol{x}_n,t)}{\partial x_{ni}} - \frac{\partial A_i(\boldsymbol{x}_n,t)}{\partial x_{nj}}\right) = \sum_{j,k}\dot{x}_{nj}\epsilon_{ijk}\left(\nabla\times\boldsymbol{A}(\boldsymbol{x}_n,t)\right)_k = \left(\dot{\boldsymbol{x}}_n\times\boldsymbol{B}(\boldsymbol{x}_n,t)\right)_i$$

其中 ϵ_{ijk} 是通常的反对称张量, $\epsilon_{123} = 1$. 所以由这个 Lagrange 量所得的运动方程(10.1.7)确实与方程(10.1.1)一样.

为计算能量本征值, 我们需要构造一个 Hamilton 量. 根据式(10.1.5), 这里坐标对时间的导数为坐标及其正则动量的函数:

$$\dot{\boldsymbol{x}}_n = \frac{1}{m_n}\left(\boldsymbol{p}_n - \frac{e_n}{c}\boldsymbol{A}(\boldsymbol{x}_n,t)\right) \tag{10.1.8}$$

由式(9.3.1)给出 Hamilton 量

$$
\begin{aligned}
H(\boldsymbol{x}, &\boldsymbol{p}, t) \\
&= \sum_n \frac{1}{m_n} \boldsymbol{p}_n \cdot \left(\boldsymbol{p}_n - \frac{e_n}{c} \boldsymbol{A}(\boldsymbol{x}_n, t) \right) \\
&\quad - \sum_n \left(\frac{1}{2m_n} \left(\boldsymbol{p}_n - \frac{e_n}{c} \boldsymbol{A}(\boldsymbol{x}_n, t) \right)^2 - e_n \phi(\boldsymbol{x}_n, t) + \frac{e_n}{m_n c} \left(\boldsymbol{p}_n - \frac{e_n}{c} \boldsymbol{A}(\boldsymbol{x}_n, t) \right) \cdot \boldsymbol{A}(\boldsymbol{x}_n, t) \right) \\
&\quad + \mathcal{V}(\boldsymbol{x})
\end{aligned}
$$

或更简单地写为

$$
H(\boldsymbol{x}, \boldsymbol{p}, t) = \sum_n \frac{1}{2m_n} \left(\boldsymbol{p}_n - \frac{e_n}{c} \boldsymbol{A}(\boldsymbol{x}_n, t) \right)^2 + \sum_n e_n \phi(\boldsymbol{x}_n, t) + \mathcal{V}(\boldsymbol{x}) \tag{10.1.9}
$$

如果我们用式(10.1.8)将第一项写成 $\sum_n m_n \dot{\boldsymbol{x}}_n / 2$, 这就好像这些粒子的动力学不受矢量势的影响, 但这是错误的. 应用 Hamilton 量来推导动力方程, 我们必须像式(9.3.4)一样视其为 $\boldsymbol{x}_n$ 和 $\boldsymbol{p}_n$ 的函数, 而不是 $\boldsymbol{x}_n$ 和 $\dot{\boldsymbol{x}}_n$ 的函数. 具体地说, 是 $\boldsymbol{p}_n$ 而不是 $m\dot{\boldsymbol{x}}_n$ 出现在正则对易关系中,

$$
[x_{ni}, p_{mj}] = \mathrm{i}\hbar \delta_{nm} \delta_{ij} \tag{10.1.10}
$$

$$
[x_{ni}, x_{mj}] = [p_{ni}, p_{mj}] = 0 \tag{10.1.11}
$$

我们将在 10.3 节中应用这个 Hamilton 量和这些对易关系来找出在均匀磁场中带电粒子的能级.

矢量势在 Hamilton 量(10.1.9)中的出现并不影响概率的守恒, 但需要更改式(1.5.5)中的概率流. 为了简单, 考虑系统中只有一个粒子, 其质量为 m, 电荷为 $-e$(对原子核, 把 $-e$ 换为 Ze). 在坐标空间波函数 ψ 的 Schrödinger 方程中, 我们按照对易关系的需要将 $\boldsymbol{p}$ 换为 $-\mathrm{i}\hbar\nabla$, 所以

$$
-\mathrm{i}\hbar \frac{\partial \psi(\boldsymbol{x}, t)}{\partial t} = H(\boldsymbol{x}, -\mathrm{i}\hbar\nabla, t) \psi(\boldsymbol{x}, t) \tag{10.1.12}
$$

其中

$$
H(\boldsymbol{x}, -\mathrm{i}\hbar\nabla, t) = \frac{1}{2m} \left(-\mathrm{i}\hbar\nabla + \frac{e}{c} \boldsymbol{A}(\boldsymbol{x}, t) \right)^2 - e\phi(\boldsymbol{x}, t) + \mathcal{V}(\boldsymbol{x}) \tag{10.1.13}
$$

所以概率密度的变化率是

$$
\frac{\left| \partial \Psi(\boldsymbol{x}, t) \right|^2}{\partial t} = \frac{\mathrm{i}}{\hbar} \left(\psi^*(\boldsymbol{x}, t) H(\boldsymbol{x}, -\mathrm{i}\hbar\nabla, t) \psi(\boldsymbol{x}, t) - \psi(\boldsymbol{x}, t) H(\boldsymbol{x}, +\mathrm{i}\hbar\nabla, t) \psi^*(\boldsymbol{x}, t) \right) \tag{10.1.14}
$$

H 中含有 $\mathcal{V}$, $-e\phi$ 和 $(e^2/(2mc^2))\boldsymbol{A}^2$ 的项在右边完全抵消, 只剩下一阶和二阶的梯度项. 通过直接的计算, 我们将式(10.1.14)写成与式(1.5.5)相似的守恒形式:

$$\frac{|\partial\psi(\boldsymbol{x},t)|^2}{\partial t} + \nabla\cdot\mathcal{J}(\boldsymbol{x},t) = 0 \tag{10.1.15}$$

其中 $\mathcal{J}(\boldsymbol{x},t)$ 是概率流量,

$$\mathcal{J} = \frac{-\mathrm{i}\hbar}{2m}\left(\psi^*\left(\nabla+\frac{\mathrm{i}e}{\hbar c}\boldsymbol{A}\right)\psi - \psi\left(\left(\nabla+\frac{\mathrm{i}e}{\hbar c}\boldsymbol{A}\right)\psi\right)^*\right) \tag{10.1.16}$$

10.2　规范不变性

不同的矢量和标量势可以给出相同的电场和磁场. 通过对式(10.1.2)的具体检查, 我们可以对势做一个**规范变换**:

$$\boldsymbol{A}(\boldsymbol{x},t)\mapsto\boldsymbol{A}'(\boldsymbol{x},t) = \boldsymbol{A}(\boldsymbol{x},t)+\nabla\alpha(\boldsymbol{x},t) \tag{10.2.1}$$

$$\phi(\boldsymbol{x},t)\mapsto\phi'(\boldsymbol{x},t) = \phi(\boldsymbol{x},t)-\frac{1}{c}\frac{\partial}{\partial t}\alpha(\boldsymbol{x},t) \tag{10.2.2}$$

其中 $\alpha(\boldsymbol{x},t)$ 是一个任意的实函数, 所得的电场磁场并无变化. 引人注目的是 Lagrange 量 (10.1.3) 依赖于对矢量和标量势的特别选择, 但从其所得的运动方程只依赖于电场和磁场. 从变换式(10.2.1)、式(10.2.2), 我们可以看到 Lagrange 量变换为

$$L(t)\mapsto L'(t) = L(t)+\sum_n\frac{e_n}{c}\left(\frac{\partial\alpha(\boldsymbol{x}_n,t)}{\partial t}+\dot{\boldsymbol{x}}_n\cdot\nabla_n\alpha(\boldsymbol{x}_n,t)\right)$$

$$=L(t)+\frac{\mathrm{d}}{\mathrm{d}t}\sum_n\frac{e_n}{c}\alpha(\boldsymbol{x}_n,t) \tag{10.2.3}$$

所以 Lagrange 量不是规范不变的, 但作用量 $\int\mathrm{d}tL(t)$ 是规范不变的 (假定在 $t\to\pm\infty$ 时, $\alpha(\boldsymbol{x},t)$ 消失). 由于运动方程等价于作用量对在 $t\to\pm\infty$ 时为零的运动量的小变化是恒定的, 它们也是规范不变的.

但 Hamilton 量不是规范不变的. 如果我们对 Hamilton 量(10.1.9)做式 (10.2.1)、式(10.2.2)所示的规范变换, 则得到新的 Hamilton 量:

$$H'(\boldsymbol{x},\boldsymbol{p},t) = \sum_n\frac{1}{2m_n}\left(\boldsymbol{p}_n-\frac{e_n}{c}\boldsymbol{A}(\boldsymbol{x}_n,t)-\frac{e_n}{c}\nabla\alpha(\boldsymbol{x}_n,t)\right)^2$$

$$+\sum_n e_n\phi(\boldsymbol{x}_n,t)-\sum_n\frac{e_n}{c}\frac{\partial\alpha(\boldsymbol{x}_n,t)}{\partial t}+\mathcal{V}(\boldsymbol{x}) \tag{10.2.4}$$

根据对易关系式(10.1.10)和式(10.1.11), 我们可定义幺正算符

$$U(t)\equiv\exp\left(\mathrm{i}\sum_n\frac{e_n}{\hbar c}\alpha(\boldsymbol{x}_n,t)\right) \tag{10.2.5}$$

它满足

$$U(t)\boldsymbol{p}_n U^{-1}(t)=\boldsymbol{p}_n(t)-\frac{e_n}{c}\nabla\alpha(\boldsymbol{x}_n,t) \tag{10.2.6}$$

在新的规范中, Hamilton 量(10.2.4)可写成

$$H'(\boldsymbol{x},\boldsymbol{p},t)=U(t)H(\boldsymbol{x},\boldsymbol{p},t)U^{-1}(t)+\mathrm{i}\hbar\left(\frac{\mathrm{d}}{\mathrm{d}t}U(t)\right)U^{-1}(t) \tag{10.2.7}$$

等号右边的第二项给出式(10.2.4)中的倒数第二项. (取 $\boldsymbol{x}_n$ 和 $\boldsymbol{p}_n$ 为在 Schrödinger 绘景中与时间无关的算符, 这允许我们在式(10.2.7)中用 $\mathrm{d}/\mathrm{d}t$ 取代 $\partial/\partial t$.) 此后很容易看出, 如果 $\Psi(t)$ 满足与时间有关的 Schrödinger 方程

$$\mathrm{i}\hbar\frac{\mathrm{d}}{\mathrm{d}t}\Psi(t)=H(t)\Psi(t) \tag{10.2.8}$$

则幺正变换的态矢量

$$\Psi'(t)\equiv U(t)\Psi(t) \tag{10.2.9}$$

满足在新的规范中与时间有关的 Schrödinger 方程:

$$\mathrm{i}\hbar\frac{\mathrm{d}}{\mathrm{d}t}\Psi'(t)=U(t)H(t)\Psi(t)+\mathrm{i}\hbar\left(\frac{\mathrm{d}}{\mathrm{d}t}U(t)\right)\Psi(t)=H'(t)\Psi'(t) \tag{10.2.10}$$

想起 $\boldsymbol{x}_n$ 算符在坐标波函数上的作用是将其乘以第 n 个坐标矢量, 所以变换式(10.2.9)是对坐标波函数进行一个与位置有关的相位改变; 在坐标空间的概率密度没有变化. 对于一个质量为 m、电荷为 $-e$ 的单粒子, 式(10.1.16)中的概率流也没有变化. 式(10.2.1)、式(10.2.2)中的规范变换导致该粒子的波函数上的相位变化因子 $\exp(-\mathrm{i}e\alpha/(\hbar c))$, 所以式(10.2.6)中矢量势变化的效应因 ψ' 的梯度的变化而抵消.

很有意义的是来考虑在与时间无关的电场和磁场下规范变换对与时间无关的 Hamilton 量的本征值的效应. 为了使场与时间无关, 我们选择与时间无关的规范变换[①]. 在此情况下, 式(10.2.7)只是一个幺正变换, $H'=UHU^{-1}$, 所以如果 Ψ 是 H 的本征态, 本征值为 E, 则 Ψ' 是 H' 的本征态, 具有相同的本征值 E. 在能量有确切定义时, 它是规范不变的.

---

① 如果我们选择 $\alpha(\boldsymbol{x},t)=\lambda t$ (λ 与 $\boldsymbol{x}_n$ 和 t 无关), 变换后的场也与时间无关. 这等同于在静电势上加一个任意常数, 并把一个总电荷为 Q 的系统能量改变同一个数 $-\lambda Q/c$.

10.3 Landau 能级

作为前两节中发展的在电磁场中带电粒子理论的应用, 我们将研讨由 Lev Landau (1908~1968) 在 1930 年最先解释的经典问题: 电子在均匀磁场下在二维空间中运动的量子理论[①]. 由于电子有自旋, 我们必须在 Hamilton 量上加一项 $-\mu_e \boldsymbol{s} \cdot \boldsymbol{B}/(\hbar/2)$, 其中 μ_e 是一个叫作电子磁矩的参数. 电子在一个一般电磁场中的 Hamilton 量是

$$H = \frac{1}{2m_e} \left(\boldsymbol{p} + \frac{e}{c} \boldsymbol{A}(\boldsymbol{x},t) \right)^2 - e\phi(\boldsymbol{x},t) - \frac{2\mu_e}{\hbar} \boldsymbol{s} \cdot \boldsymbol{B}(\boldsymbol{x},t) \tag{10.3.1}$$

这里我们省略了电子间的相互作用, 所以每次考虑一个电子是适当的. 设磁场在 $+z$ 方向, 并为一个常数 B_z. 我们也包括一个沿 z 方向的电场, 强度只依赖于 z, 其作用是在这个方向上限制电子, 不管是一层材料还是一块材料. 我们可以如下取矢量和标量势形式:

$$A_y = x B_z, \quad A_x = A_z = 0, \quad \phi = \phi(z) \tag{10.3.2}$$

(这并不是唯一的选择. 但如 10.2 节中所示, 给定电场和磁场时, Hamilton 量的本征值不依赖于势的选择.) 给定这些势, Hamilton 量(10.3.1)取如下形式:

$$H = \frac{1}{2m_e} \left(p_x^2 + (p_y + eB_z x/c)^2 + p_z^2 \right) - e\phi(z) - 2\mu_e s_z B_z/\hbar \tag{10.3.3}$$

这个 Hamilton 量与 p_y 和 s_z 对易, 并与以下算符对易:

$$\mathcal{H} \equiv \frac{p_z^2}{2m_e} - e\phi(z) \tag{10.3.4}$$

我们可以寻找这些算符的本征态 Ψ,

$$\mathcal{H}\Psi = \mathcal{E}\Psi, \quad s_z \Psi = \pm \frac{\hbar}{2}\Psi, \quad p_y \Psi = \hbar k_y \Psi \tag{10.3.5}$$

以及

$$H\Psi = E\Psi \tag{10.3.6}$$

Schrödinger 方程(10.3.6)则为

$$\frac{1}{2m_e} \left(p_x^2 + (\hbar k_y + eB_z x/c)^2 \right) \Psi = (E - \mathcal{E} \pm \mu_e B_z)\Psi \tag{10.3.7}$$

[①] Landau L. Z. Physik, 1930, 64: 629.

我们可以把它写成更熟悉的形式

$$\left(\frac{1}{2m_e}p_x^2 + \frac{m_e\omega^2}{2}(x-x_0)^2\right)\Psi = (E - \mathcal{E} \pm \mu_e B_z)\Psi \tag{10.3.8}$$

其中

$$\omega = \frac{eB_z}{m_e c}, \quad x_0 = -\frac{\hbar k_y c}{eB_z} \tag{10.3.9}$$

(参数 ω 是磁场 B_z 中经典电子轨道的角频率, 所以称之为回旋加速器频率.) 当然, 我们知道式(10.3.8)是 2.5 节中讨论过的谐振子的 Schrödinger 方程. (虽然式(10.3.7)中的 p_x 不等于 $m\dot{x}$, 但它满足对易关系 $[x, p_x] = i\hbar$, 所以它在坐标空间波函数上的作用如同微分算符 $-i\hbar\partial/\partial x$, 正如一般谐振子问题.) 式(10.3.8)中的 x_0 不影响能量本征值, 可以通过坐标重新定义 $x \mapsto x' = x - x_0$ 而吸收. 所以能量本征值为

$$E = \mathcal{E} \mp \mu_e B_z + \hbar\omega\left(n + \frac{1}{2}\right) \tag{10.3.10}$$

其中 $n = 0, 1, 2, \cdots$.

如果我们代入电子磁矩的数值,

$$\mu_e = -\frac{e\hbar(1+\delta)}{2m_e c} \tag{10.3.11}$$

其中 $\delta = 0.001\,165\,923(8)$ 是一个小的辐射修正, 式(10.3.10)取一个有意思的形式:

$$E = \mathcal{E} + \hbar\omega\left(n + \frac{1}{2} \pm \frac{1+\delta}{2}\right) \tag{10.3.12}$$

我们可以看到一个近似的简并: 取 $\delta \approx 0$, 给定 $\mathcal{E}$ 和 k_y, 能级 $\mathcal{E}$ 有一个态, 能级 $\mathcal{E} + \hbar\omega$ 和 $\mathcal{E} + 2\hbar\omega$ 有两个态, 等等.

因为式(10.3.12)的能量不依赖于 k_y, 这些能级具有进一步的更大的简并度. 设电子局限在一个方块中, 且有 $-L_x/2 \leqslant x \leqslant L_x/2$ 和 $-L_y/2 \leqslant y \leqslant L_y/2$. 谐振子的波函数(2.5.13)以 x_0 为中心, 在 x 方向的扩展是微观距离 $(\hbar/(m_e\omega))^{1/2}$; 我们假设该距离比 L_x 小很多, 所以式(10.3.8)中的 x_0 满足 $|x_0| < L_x/2$, 通过式(10.3.9)给出 $|k_y| < eB_z L_x/(2\hbar c)$. 正如式(1.1.1), 波数只能取 $2\pi n_y/L_y$, 其中 n_y 是整数, 所以给定 n, $\mathcal{E}$ 和 s_z, 满足 $|k_y| < eB_z L_x/(2\hbar c)$ 的态的数目为满足绝对值小于 $(eB_z L_x/(2\hbar c))(L_y/(2\pi))$ 的整数的数目, 即

$$\mathcal{N}_y = \frac{eB_z A}{2\pi\hbar c} \tag{10.3.13}$$

其中 $A = L_x L_y$ 是方块样品的面积.

更进一步, 我们需要对决定波函数对 z 依赖的 Hamilton 量中的 $\mathcal{H}$ 项 (见式(10.3.4)) 做出假设. 我们将集中于最简单的情况: 电子在 z 方向被局限在很薄的金属中, 以至本征值 $\mathcal{E}$ 相互远离, 所以所有导电电子都在 $\mathcal{H}$ 具有最低能量 $\mathcal{E}_0$ 的本征态中.

如果我们设所有能量小于最大能量 $\mathcal{E}_F$(Fermi 能量减去 $\mathcal{E}_0$, 称为部分 Fermi 能量) 的所有谐振子态被电子占据, 则导电电子的总数为

$$N = 2\frac{\mathcal{E}_F}{\hbar\omega}\mathcal{N}_y = \frac{\mathcal{E}_F m_e A}{\pi\hbar^2} \tag{10.3.14}$$

在无磁场的情况下, 我们得到同样的 Fermi 能量与电子面积密度 N/A 的关系:

$$N = 2\frac{L_x}{2\pi}\frac{L_y}{2\pi}\int_0^{\sqrt{2m_e\mathcal{E}_F}/\hbar} 2\pi k\mathrm{d}k = \frac{\mathcal{E}_F m_e A}{\pi\hbar^2}$$

磁场对这个结果做出的改变在于能量的量子化. 根据式(10.3.12)(设 $\delta = 0$), 如果所有小于一个最大值的能级都被占据, 则部分 Fermi 能量 $\mathcal{E}_F$ 必须是 $\hbar\omega$ 的整数倍; 但是一个特别的导电电子面积密度 N/A 通过式(10.3.14)给出的 $\mathcal{E}_F$ 不一定满足这一要求. 当部分 Fermi 能量不是 $\hbar\omega$ 的整数倍时, 最高的谐振子能级没有被完全占据. 特别地, 如果 $[\mathcal{E}_F/(\hbar\omega)]$ 是小于 $\mathcal{E}_F/(\hbar\omega)$ 的最大整数, 则所有 $\hbar\omega[\mathcal{E}_F/(\hbar\omega)]$ 以下的能级被完全占据, 再高的一个能级被部分占据, 其被占据的分数 f(占据度) 由下式决定:

$$\left(\left[\frac{\mathcal{E}_F}{\hbar\omega}\right] + f\right)\hbar\omega = \mathcal{E}_F$$

换句话说,

$$f = \frac{\mathcal{E}_F}{\hbar\omega} - \left[\frac{\mathcal{E}_F}{\hbar\omega}\right] \tag{10.3.15}$$

当磁场强度增加时, $\mathcal{E}_F/(\hbar\omega)$ 随 $1/B_z$ 减小. 所以 f 减小, 直到 $\mathcal{E}_F/(\hbar\omega)$ 是一个整数, 即 $f = 0$. 当磁场强度继续增加时, 占据度 f 从 0 跳跃到 1, 然后继续向零减小, 直到 $\mathcal{E}_F/(\hbar\omega)$ 等于下一个整数, 等等. 很多金属的性质具有周期性, 其周期等于导致 $\mathcal{E}_F/(\hbar\omega)$ 减小一单位所需 $1/B_z$ 的减小:

$$\Delta\left(\frac{1}{B_z}\right) = \frac{\hbar e}{m_e c \mathcal{E}_F} \tag{10.3.16}$$

实验中观测到电阻率和磁化率的周期变化分别称为 Shubnikov-de Hass 效应和 de Hass-van Alphen 效应. 通过在不同磁场方向上对这些周期性的测量, 有可能确定晶体中电子能量和动量之间的关系.

在 z 方向具有有限厚度的样品中, 许多 $\mathcal{H}$ 的本征态被占据, 但同样观测到类似的周期性. 这里本征值 $\mathcal{E}$ 为 z 方向 Bloch 波数 k_z 的函数, 观测到的振荡与 $\mathcal{E}(k_z)$ 的极大或极小相关联.

10.4 Aharonov-Bohm 效应

如我们在 10.1 节中强调的, 虽然在经典物理中引入矢量和标量势是为了数学上的方便, 但在量子力学中确是必要的. 对此有一个生动的示范: Aharonov-Bohm 效应. 他们预言[①]虽然在带电粒子路径上磁场处处为零, 但矢量势仍可能有观测到的效应.

首先让我们来考虑如何计算一个在静态电磁场中能量为 E 的电子的波函数 (只允许磁场强度明显变化出现在远大于电子波长的尺度上). 在这种情况下, 我们可以使用 7.10 节中的程函近似, 其 Hamilton 量由式(10.1.9)(电荷为 $-e$ 的粒子) 给出, 其中没有非电磁场势 $\mathcal{V}$:

$$H(\boldsymbol{x},\boldsymbol{p}) = \frac{1}{2m_{\mathrm{e}}} \left(\boldsymbol{p} + \frac{e}{c} \boldsymbol{A}(\boldsymbol{x}) \right)^2 - e\phi(\boldsymbol{x}) \tag{10.4.1}$$

我们将波函数写成

$$\psi(\boldsymbol{x}) = N(\boldsymbol{x}) \exp(\mathrm{i}S(\boldsymbol{x})/\hbar) \tag{10.4.2}$$

此处 N 和 S 为实数, 且假设相位 $S(\boldsymbol{x})/\hbar$ 比振幅 $N(\boldsymbol{x})$ 在空间里的变化更快. 如 7.10 节中所示, 要解出 S, 我们必须构造由 Hamilton 量(7.10.4)所决定的射线路径. 此处 Hamilton 量(10.4.1)写为

$$\frac{\mathrm{d}x_i}{\mathrm{d}\tau} = \frac{1}{m_{\mathrm{e}}} \left(p_i + \frac{e}{c} A_i(\boldsymbol{x}) \right) \tag{10.4.3}$$

$$\frac{\mathrm{d}p_i}{\mathrm{d}\tau} = -\frac{e}{m_{\mathrm{e}}c} \sum_j \left(p_j + \frac{e}{c} A_j(\boldsymbol{x}) \right) \frac{\partial A_j(\boldsymbol{x})}{\partial x_i} + e\frac{\partial \phi(\boldsymbol{x})}{\partial x_i} \tag{10.4.4}$$

此处 τ 参数化相空间中的路径. 波函数的边界条件在一个初始表面上指定, 在此表面上, 最低阶的波函数相位是一个常数, 我们可取其为零, Hamilton 量等于电子能量 E, 而且 $\mathrm{d}\boldsymbol{x}/\mathrm{d}\tau$ 垂直于这个表面. (例如, 如果在 z 值为绝对值大的负值时, 势趋于零, 这样波函数正比于 $\exp(\mathrm{i}kz)$, 我们可以取初始表面为任何垂直于 z 轴且 z 为绝对值大的负值的平面.) 沿任何路径, 式(10.4.3)和式(10.4.4)都给出 $H = E$. 在初始表面附近任意一点 $\boldsymbol{x}$ 可找到表面上一点 $\boldsymbol{X}(\boldsymbol{x})$, 使得一条路径在 $\tau = 0$ 从 $\boldsymbol{X}(\boldsymbol{x})$ 开始, 遵守 Hamilton 方程(10.4.3)和(10.4.4), 在路径参数 $\tau = \tau_{\boldsymbol{x}}$ 时最终到达 $\boldsymbol{x}$ 点. 相位 $S(\boldsymbol{x})/\hbar$ 则由一般公式给出:

$$S(\boldsymbol{x}) = \int_0^{\tau_{\boldsymbol{x}}} \boldsymbol{p}(\tau) \cdot \frac{\mathrm{d}\boldsymbol{x}(\tau)}{\mathrm{d}\tau} \mathrm{d}\tau \tag{10.4.5}$$

---

① Aharonov Y, Bohm D. Phys. Rev., 1959, 115: 485.

如 7.10 节所示, 其结果是

$$p(\tau_x) = \nabla S(x) \tag{10.4.6}$$

由此可知 $p(\tau)$ 是式(10.4.3)和式(10.4.4)对上述从初始表面上一点到 x 射线路径的解. (这保证 $H(\nabla S, x) = E$, 即在 N 的梯度可被忽略时的 Schrödinger 方程.) 在我们的例子中, 用式(10.4.3)并将 Hamilton 量(10.4.1)设为 E, 由式(10.4.5)给出

$$S(x) = \int_0^{\tau_x} \left(-\frac{e}{c} A(x(\tau)) \cdot \frac{\mathrm{d}x(\tau)}{\mathrm{d}\tau} + 2\left(E + e\phi(x(\tau))\right) \right) \mathrm{d}\tau \tag{10.4.7}$$

要计算振幅, 我们应有式(10.1.15)所示的概率守恒定理. 因为波函数与时间无关, 所以

$$\nabla \cdot \mathcal{J} = 0 \tag{10.4.8}$$

此处 $\mathcal{J}$ 由式(10.1.6)给定. 再次在程函近似中忽略 N 的梯度, 这个流是

$$\mathcal{J} = \frac{1}{m} N^2 \left(\nabla S + \frac{e}{c} A \right) \tag{10.4.9}$$

根据 7.10 节中的推理, 考虑所有到达位于 x(与射线路径垂直的) 小面积 δa 的射线路径. 这些路径起源于初始表面上一小块位于 $X(x)$ 的面积 δA. 我们可以画一个细管, 其两端终结于上述的两个小面积上, 其表面由连接初始表面 δA 边缘到位于 x 的 δa 边缘的射线路径所形成. 式(10.4.8)、式(10.4.9)和 Gauss 定理告诉我们 $N^2(\nabla S + (e/c)A)$ 沿细管表面外向法线方向的分量在细管表面上的积分为零. 根据式(10.4.3)和式(10.4.6), $\nabla S + (e/c)A$ 与 $\mathrm{d}x/\mathrm{d}\tau$ 成正比, 所以与射线路径同向; $N^2(\nabla S + (e/c)A)$ 的法线方向分量在细管表面上为零, 并与路径同向. 在 x 处界面上, 矢量 $N^2(\nabla S + (e/c)A)$ 沿外向法线; 但在初始面上则为向内. 所以由 Gauss 定理给出

$$N^2(x) \left| \left(\frac{\mathrm{d}x(\tau)}{\mathrm{d}\tau} \right)_{\tau=\tau_x} \right| \delta a - N^2(X(x)) \left| \left(\frac{\mathrm{d}x(\tau)}{\mathrm{d}\tau} \right)_{\tau=0} \right| \delta A = 0 \tag{10.4.10}$$

这里要对由初始表面上点 $X(x)$ 到 x 的射线路径上计算 $\mathrm{d}x(\tau)/\mathrm{d}\tau$. 我们只需要式(10.4.10)中关于 N^2 值在点 x 处和相应初始表面上点 $X(x)$ 处之比的特性, 即只依赖于能量, 作用在电子上的场强 B 和 E, 但不依赖于矢量势 (除去矢量势对场强的影响). 这是因为从式(10.4.3)和式(10.4.4)得出 (与式(10.1.1)相似) $x(\tau)$ 的运动方程:

$$m_e \ddot{x}(t) = -e \left(E(x(t), t) + \frac{1}{c} \dot{x}(t) \times B(x(t), t) \right) \tag{10.4.11}$$

且根据方程(10.4.1)和(10.4.3), 在初始表面的 $\mathrm{d}x/\mathrm{d}\tau$ 值只取决于 E 和 ϕ. 所以除通过磁场外, 射线路径 $x(\tau)$ 不依赖于矢量势 (除去它对磁场的影响). 路径扩张比 $\delta a/\delta A$ 和如

下所示的比有同样的特性:

$$\left| \left(\frac{\mathrm{d}\boldsymbol{x}(\tau)}{\mathrm{d}\tau} \right)_{\tau=\tau_{\boldsymbol{x}}} \right| \Big/ \left| \left(\frac{\mathrm{d}\boldsymbol{x}(\tau)}{\mathrm{d}\tau} \right)_{\tau=0} \right|$$

所以根据式(10.4.10)，这也是 N^2 在 $\boldsymbol{x}$ 处和在初始表面上相对应点处的数值比.

设通过对场、屏幕和/或分束器的设置，使得一个相干电子束一分为二，导致有两个路径到在 $\boldsymbol{x}$ 处的探测器. 在 $\boldsymbol{x}$ 的波函数将有如下形式：

$$\psi(\boldsymbol{x}) = N_1(\boldsymbol{x}) \exp\left(\mathrm{i}S_1(\boldsymbol{x})/\hbar\right) + N_2(\boldsymbol{x}) \exp\left(\mathrm{i}S_2(\boldsymbol{x})/\hbar\right) \tag{10.4.12}$$

此处下标 1 和 2 表示两条到探测器的路径. 在 $\boldsymbol{x}$ 的概率密度依赖于相位差，

$$|\psi(\boldsymbol{x})|^2 = N_1^2(\boldsymbol{x}) + N_2^2(\boldsymbol{x}) + 2N_1(\boldsymbol{x})N_2(\boldsymbol{x}) \cos\left((S_1(\boldsymbol{x}) - S_2(\boldsymbol{x}))/\hbar\right) \tag{10.4.13}$$

根据式(10.4.7)，这里出现的相位差可写为一个从初始表面上点 $X_1(\boldsymbol{x})$ 出发沿路径 1 到点 $\boldsymbol{x}$，再沿路径 2 回到初始表面上点 $X_2(\boldsymbol{x})$ 的曲线上的积分. 但在初始表面上的相位 S 已被定义为常数，所以该积分可写为由 $X_1(\boldsymbol{x})$ 起经路径 1 到 $\boldsymbol{x}$，然后反方向沿路径 2 到点 $X_2(\boldsymbol{x})$，最后在初始表面到 $X_1(\boldsymbol{x})$ 的封闭曲线 C_{12} 上的积分：

$$\frac{1}{\hbar}\left(S_1(\boldsymbol{x}) - S_2(\boldsymbol{x})\right) = \frac{1}{\hbar}\oint_{C_{12}} \left(-\frac{e}{c}\boldsymbol{A}(\tau) \cdot \frac{\mathrm{d}\boldsymbol{x}(\tau)}{\mathrm{d}\tau} + 2\left(E + e\phi(\boldsymbol{x}(\tau))\right) \right) \mathrm{d}\tau \tag{10.4.14}$$

根据 Stokes 定理，相位差的第一项正比于通过由 C_{12} 所围的面积 $\mathcal{A}_{12}$ 的磁通量：

$$-\frac{e}{\hbar c}\oint_{C_{12}} \boldsymbol{A}(\tau) \cdot \frac{\mathrm{d}\boldsymbol{x}(\tau)}{\mathrm{d}\tau}\mathrm{d}\tau = -\frac{e}{\hbar c}\Phi \tag{10.4.15}$$

其中磁通量是

$$\Phi = \int_{\mathcal{A}_{12}} \boldsymbol{B} \cdot \hat{\boldsymbol{n}}\mathrm{d}\mathcal{A} \tag{10.4.16}$$

其中 $\hat{\boldsymbol{n}}$ 是垂直于面积 $\mathcal{A}_{12}$ 的单位矢量. 式(10.4.14)中的相位差和式(10.4.13)中的强度依赖于在曲线 C_{12} 内部磁场的强度，但电子并不经过这些地方.

在 Aharonov 和 Bohm 考虑的特殊情况下，将一个带有磁通量 Φ 的磁螺线管 (磁通量完全包含在螺线管内) 插入路径 1 和 2 之间. 如我们所见，射线路径和 N^2 的值只决定于在路径上的电磁场，并不受螺线管的影响. 虽然螺线管的磁场在其外部的两条射线路径上消失，但其所带的矢量势延伸到其外面，并对相位差贡献 $-e\Phi/(\hbar c)$ 一项. 式(10.4.14)中的相位差包括其他贡献，但螺线管的贡献可通过改变 Φ 来观测 (对系统不做其他改变). 如式(10.4.13)~式(10.4.15)所示，电子在探测器中的概率密度随 Φ 周期性地变化, 周期为 $2\pi\hbar c/e = 4.14 \times 10^{-7}$ Gs·cm^2. 这个效应已在一系列的实验中观测到[①].

在这里 Aharonov-Bohm 效应为与时间相关的考虑所解释, 但它也可视为在电子静止系中变化磁场的效应, 意为我们可视式(10.4.15)为 6.7 节中所讨论的Berry 相的例子.

习题

1. 考虑一个处于外加电磁场中的系统. 设 Lagrange 量中与标量势 ϕ 和矢量势 $\boldsymbol{A}$ 相关的项为

$$L_{\text{int}}(t) = \int \mathrm{d}^3x \left(-\rho(\boldsymbol{x},t)\phi(\boldsymbol{x},t) + \boldsymbol{J}(\boldsymbol{x},t)\cdot\boldsymbol{A}(\boldsymbol{x},t)\right)$$

其中 ρ 和 J 依赖于物质变量但与 ϕ 和 $\boldsymbol{A}$ 无关. 求在规范不变下 ρ 和 J 必须遵守的条件.

2. 考虑一个均匀的矩形金属, 其边为 L_x, L_y 和 L_z. 设电势 ϕ 在金属中消失, 导电电子在金属中的波函数满足周期性边界条件. 设该金属处于一个在 z 方向的不变磁场, 其强度使得回旋频率远大于 $\hbar/(m_e L_z^2)$. 设金属中导电电子密度为 n. 计算在 $\omega m_e L_z^2/\hbar \to +\infty$ 的极限下导电电子的能量的最大值.

3. 考虑一个处于外加电磁场中的非相对论电子. 计算其速度各分量间的对易子.

① Chambers R G. Phys. Rev. Lett., 1960, 5: 3.

Fowler H A, Marton L, Simpson J A, et al. J. Appl. Phys., 1961, 32: 1153.

Boersch H, Hamisch H, Grohmann K, et al. Z. Physik., 1961, 165: 79.

Möllenstedt G, Bayh W. Phys. Blätter, 1962, 18: 299.

Tomomura A, Matsuda T, Suzuki R, et al. Phys. Rev. Lett., 1982, 48: 1443.

第 11 章

辐射的量子理论

我们现在回到在 20 世纪初导致量子理论产生的问题——电磁辐射的本性.

11.1　Euler-Lagrange 方程

为了量子化电磁场, 我们将用一个导致 Maxwell 方程的 Lagrange 量. 但在引入 Lagrange 量之前, 先用一般词语解释一下在场论中如何从 Lagrange 量推导场方程.

在一般场论中, 正则变量 $q_N(t)$ 是场 $\psi_n(\boldsymbol{x}, t)$, 其中 N 是复合指标, 包括一个标明场类型的分立指标 n 和空间坐标 $\boldsymbol{x}$. 相应地, Lagrange 量 $L(t)$ 是 $\psi_n(\boldsymbol{x}, t)$ 和 $\dot{\psi}_n(\boldsymbol{x}, t)$ 的**泛函**, 它在一个固定的时间 t 依赖于所有的函数 $\psi_n(\boldsymbol{x}, t)$ 和 $\dot{\psi}_n(\boldsymbol{x}, t)$(对于所有 $\boldsymbol{x}$). 其结果是, 在运动方程中对 q_N 和 $\dot{q}_N$ 的偏导数在此必须诠释为对 $\psi_n(\boldsymbol{x}, t)$ 和 $\dot{\psi}_n(\boldsymbol{x}, t)$ 的泛

函导数, 这样, 这些方程为

$$\frac{\partial}{\partial t}\left(\frac{\delta L(t)}{\delta \dot{\psi}_n(\boldsymbol{x},t)}\right) = \frac{\delta L(t)}{\delta \psi_n(\boldsymbol{x},t)} \tag{11.1.1}$$

此处泛函导数 $\delta L/\delta \dot{\psi}_n$ 和 $\delta L/\delta \psi_n$ 是如此定义的: 使得在固定时间 t, $\psi_n(\boldsymbol{x},t)$ 和 $\dot{\psi}_n(\boldsymbol{x},t)$ 中的独立无限小变化 $\delta \psi_n(\boldsymbol{x},t)$ 和 $\delta \dot{\psi}_n(\boldsymbol{x},t)$ 产生的 Lagrange 量的变化为

$$\delta L(t) = \sum_n \int \mathrm{d}^3 x \left(\frac{\delta L(t)}{\delta \psi_n(\boldsymbol{x},t)}\delta \psi_n(\boldsymbol{x},t) + \frac{\delta L(t)}{\delta \dot{\psi}_n(\boldsymbol{x},t)}\delta \dot{\psi}_n(\boldsymbol{x},t)\right) \tag{11.1.2}$$

类似地, $\psi_n(\boldsymbol{x},t)$ 的正则共轭是

$$\pi_n(\boldsymbol{x},t) = \frac{\delta L(t)}{\delta \dot{\psi}_n(\boldsymbol{x},t)} \tag{11.1.3}$$

在没有局限的理论中, 正则对易关系是

$$[\psi_n(\boldsymbol{x},t),\pi_m(\boldsymbol{y},t)] = \mathrm{i}\hbar\delta_{nm}\delta^3(\boldsymbol{x}-\boldsymbol{y}) \tag{11.1.4}$$

$$[\psi_n(\boldsymbol{x},t),\psi_m(\boldsymbol{y},t)] = [\pi_n(\boldsymbol{x},t),\pi_m(\boldsymbol{y},t)] = 0 \tag{11.1.5}$$

典型地 (但不永远如此), 在场论中 Lagrange 量是定域的 **Lagrange 量密度** $\mathcal{L}$ 的积分:

$$L(t) = \int \mathrm{d}^3 x \, \mathcal{L}(\psi(\boldsymbol{x},t), \nabla\psi(\boldsymbol{x},t), \dot{\psi}(\boldsymbol{x},t)) \tag{11.1.6}$$

由 ψ_n 以及它们的空间及时间导数 (在 $|\boldsymbol{x}| \to +\infty$ 时为零) 的无限小变化所导致的 Lagrange 作用量的变分为

$$\delta L(t) = \int \mathrm{d}^3 x \sum_n \left(\frac{\partial \mathcal{L}}{\partial \psi_n}\delta \psi_n + \sum_i \frac{\partial \mathcal{L}}{\partial(\partial_i \psi_n)}\frac{\partial}{\partial x_i}\delta \psi_n + \frac{\partial \mathcal{L}}{\partial \dot{\psi}_n}\frac{\partial}{\partial t}\delta \psi_n\right)$$

由分部积分, 可得

$$\delta L(t) = \int \mathrm{d}^3 x \sum_n \left(\left(\frac{\partial \mathcal{L}}{\partial \psi_n} - \sum_i \frac{\partial}{\partial x_i}\frac{\partial \mathcal{L}}{\partial(\partial_i \psi_n)}\right)\delta \psi_n + \frac{\partial \mathcal{L}}{\partial \dot{\psi}_n}\frac{\partial}{\partial t}\delta \psi_n\right)$$

这可以表示为 Lagrange 量的变分导数公式:

$$\frac{\delta L(t)}{\delta \psi_n} = \frac{\partial \mathcal{L}}{\partial \psi_n} - \sum_i \frac{\partial}{\partial x_i}\frac{\partial \mathcal{L}}{\partial(\partial_i \psi_n)} \tag{11.1.7}$$

$$\frac{\delta L(t)}{\delta \dot{\psi}_n} = \frac{\partial \mathcal{L}(t)}{\partial \dot{\psi}_n} \tag{11.1.8}$$

运动方程(11.1.1)就取 **Euler-Lagrange 场方程**的形式

$$\frac{\partial \mathcal{L}}{\partial \psi_n} - \sum_i \frac{\partial}{\partial x_i}\frac{\partial \mathcal{L}}{\partial(\partial_i \psi_n)} = \frac{\partial \mathcal{L}}{\partial \dot{\psi}_n} \tag{11.1.9}$$

在相对不变理论中, 将它写作下面的形式是更方便的:

$$\frac{\partial \mathcal{L}}{\partial \psi_n} = \sum_\mu \frac{\partial}{\partial x^\mu} \frac{\partial \mathcal{L}}{\partial (\partial_\mu \psi_n)} \tag{11.1.10}$$

此处 μ 是 4-分量指标, 求和跑遍 $i = 1, 2, 3$ 和 0, 其中 $x^i = x_i$, $x^0 = ct$. 类似地, 在具有定域 Lagrange 量密度的理论中, 和 $\psi_n(\boldsymbol{x}, t)$ 正则共轭的场变量(11.1.3)是

$$\pi_n = \frac{\delta L(t)}{\delta \dot{\psi}_n} = \frac{\partial \mathcal{L}}{\partial \dot{\psi}_n} \tag{11.1.11}$$

11.2 电动力学的 Lagrange 量

电场 $\boldsymbol{E}(\boldsymbol{x}, t)$ 和磁场 $\boldsymbol{B}(\boldsymbol{x}, t)$ 是由非齐次 Maxwell 方程[①]

$$\nabla \times \boldsymbol{B} - \frac{1}{c} \frac{\partial \boldsymbol{E}}{\partial t} = \frac{4\pi}{c} \boldsymbol{J}, \quad \nabla \cdot \boldsymbol{E} = 4\pi \rho \tag{11.2.1}$$

以及齐次 Maxwell 方程

$$\nabla \times \boldsymbol{E} + \frac{1}{c} \frac{\partial \boldsymbol{B}}{\partial t} = 0, \quad \nabla \cdot \boldsymbol{B} = 0 \tag{11.2.2}$$

控制的. 后者我们在 10.1 节中遇到过. 此处 $\rho(\boldsymbol{x}, t)$ 是电荷密度, 即在任何体积中的电荷就是 ρ 对于该体积的积分, $\boldsymbol{J}(\boldsymbol{x}, t)$ 是电流密度, 即每秒通过一个小面积的电荷就是 $\boldsymbol{J}(\boldsymbol{x}, t)$ 垂直于该面积的分量乘以该面积. 它们满足电荷守恒条件

$$\frac{\partial \rho}{\partial t} + \nabla \cdot \boldsymbol{J} = 0 \tag{11.2.3}$$

它们是式(11.2.1)中两个方程彼此洽合所需要的. 例如, 对于带有电荷 e_n、位于坐标矢量 $\boldsymbol{x}_n(t)$ 的非相对论点粒子, 电荷密度与电流密度分别是

$$\rho(\boldsymbol{x}, t) = \sum_n e_n \delta^3(\boldsymbol{x} - \boldsymbol{x}_n(t)), \quad \boldsymbol{J}(\boldsymbol{x}, t) = \sum_n e_n \dot{\boldsymbol{x}}_n(t) \delta^3(\boldsymbol{x} - \boldsymbol{x}_n(t)) \tag{11.2.4}$$

利用下面的关系

$$\frac{\partial}{\partial t} \delta^3(\boldsymbol{x} - \boldsymbol{x}_n(t)) = -\dot{\boldsymbol{x}}_n(t) \cdot \nabla \delta^3(\boldsymbol{x} - \boldsymbol{x}_n(t))$$

---

① 因子 4π 在此出现, 因为在本书中我们用电荷与电流的非有理化单位, 所以电荷 e 在距离 r 处产生的电场是 e^2/r^2, 而不是 $e^2/(4\pi r^2)$. 有时称它为 Gauss 单位.

就容易看出，它们满足守恒条件式(11.2.3).

如在 10.1 节中一样，构造电磁学的 Lagrange 量，我们需要通过矢量势 $\boldsymbol{A}(\boldsymbol{x},t)$ 和标量势 $\phi(\boldsymbol{x},t)$ 来表示电场和磁场：

$$\boldsymbol{E} = -\frac{1}{c}\dot{\boldsymbol{A}} - \nabla\phi, \quad \boldsymbol{B} = \nabla \times \boldsymbol{A} \tag{11.2.5}$$

所以齐次 Maxwell 方程(11.2.2)是自动满足的. 我们看到在式(10.1.3)中非相对论粒子集合和电磁场的 Lagrange 量的相互作用项为

$$L_{\text{int}}(t) = \sum_n \left(-e_n\phi(\boldsymbol{x}_n,t) + \frac{e_n}{c}\dot{\boldsymbol{x}}_n(t) \cdot \boldsymbol{A}(\boldsymbol{x}_n(t),t) \right)$$

这可以表示为一个定域密度的积分，

$$L_{\text{int}}(t) = \int \mathrm{d}^3 x\, \mathcal{L}_{\text{int}}(\boldsymbol{x},t) \tag{11.2.6}$$

此处

$$\mathcal{L}_{\text{int}}(\boldsymbol{x},t) = -\rho(\boldsymbol{x},t)\phi(\boldsymbol{x},t) + \frac{1}{c}\boldsymbol{J}(\boldsymbol{x},t) \cdot \boldsymbol{A}(\boldsymbol{x},t) \tag{11.2.7}$$

我们将把此式当作任何种类的电荷与电流的相互作用 Lagrange 量密度.

对式(11.2.7)我们必须加上电磁场自身的 Lagrange 量密度 $\mathcal{L}_0$，所以 Lagrange 量涉及电磁场的部分是以下密度的积分：

$$\mathcal{L}_{\text{em}} = \mathcal{L}_0 + \mathcal{L}_{\text{int}} \tag{11.2.8}$$

我们将看到，正确产生 Maxwell 方程的电磁场 Lagrange 量密度是

$$\mathcal{L}_0 = \frac{1}{8\pi}\left(\boldsymbol{E}^2 - \boldsymbol{B}^2\right) \tag{11.2.9}$$

这里 $\boldsymbol{E}$ 和 $\boldsymbol{B}$ 通过式(11.2.5)用 $\boldsymbol{A}$ 和 ϕ 表示. 系统的总 Lagrange 量是

$$L(t) = \int \mathrm{d}^3 x\, \mathcal{L}_{\text{em}}(\boldsymbol{x},t) + \mathcal{L}_{\text{mat}}(\boldsymbol{x},t) \tag{11.2.10}$$

此处 L_{mat} 仅依赖于物质坐标及其变化率而不依赖于电磁势，因此在决定电磁场方程时不起作用.

Lagrange 量密度对电磁势及其导数的导数就是

$$\frac{\partial\mathcal{L}_{\text{em}}}{\partial(\partial_j A_i)} = -\frac{1}{4\pi}\sum_k \epsilon_{kji}B_k, \quad \frac{\partial\mathcal{L}_{\text{em}}}{\partial(\partial\dot{A}_i)} = -\frac{1}{4\pi c}E_i, \quad \frac{\partial\mathcal{L}_{\text{em}}}{\partial A_i} = \frac{1}{c}J_i \tag{11.2.11}$$

$$\frac{\partial\mathcal{L}_{\text{em}}}{\partial(\partial_i\phi)} = -\frac{1}{4\pi}E_i, \quad \frac{\partial\mathcal{L}_{\text{em}}}{\partial\dot{\phi}} = 0, \quad \frac{\partial\mathcal{L}_{\text{em}}}{\partial\phi} = -\rho \tag{11.2.12}$$

此处 i, j, k 跑遍三个坐标轴 1, 2, 3, 而 ϵ_{ijk} 是完全反对称量, 其中 $\epsilon_{123} = +1$. 容易看到非齐次 Maxwell 方程(11.2.1)和 A_i, ϕ 的 Euler-Lagrange 方程一样:

$$\frac{\partial \mathcal{L}_{\text{em}}}{\partial A_i} - \sum_j \frac{\partial}{\partial x_j} \frac{\partial \mathcal{L}_{\text{em}}}{\partial(\partial_j A_i)} = \frac{\mathrm{d}}{\mathrm{d}t} \frac{\partial \mathcal{L}_{\text{em}}}{\partial \dot{A}_i}, \quad \frac{\partial \mathcal{L}_{\text{em}}}{\partial \phi} - \sum_i \frac{\partial}{\partial x_i} \frac{\partial \mathcal{L}_{\text{em}}}{\partial(\partial_i \phi)} = \frac{\mathrm{d}}{\mathrm{d}t} \frac{\partial \mathcal{L}_{\text{em}}}{\partial \dot{\phi}} \quad (11.2.13)$$

这样 $\mathcal{L}_{\text{em}}$ 确实能被取为电磁场的 Lagrange 量密度. 当然, 我们可以把物质和辐射的总 Lagrange 量 L 乘以一个任意常数因子, 仍然得到同样的电磁场方程和粒子运动方程. 我们将会看到, L 的归一化的选择是要给出光子和带电粒子能量的有意义的结果.

11.3 电动力学的对易关系

从式 (11.2.12) 和式 (11.2.11), 我们看到 A_i 和 ϕ 的正则共轭是[①]

$$\Pi_\phi \equiv \frac{\partial \mathcal{L}}{\partial \dot{\phi}} = 0 \tag{11.3.1}$$

$$\Pi_i \equiv \frac{\partial \mathcal{L}}{\partial \dot{A}_i} = -\frac{1}{4\pi c} E_i = \frac{1}{4\pi c} \left(\frac{1}{c} \dot{\boldsymbol{A}} + \nabla \phi \right)_i \tag{11.3.2}$$

约束条件式(11.3.1)明显地和通常的对易规则 $[\phi(\boldsymbol{x}, t), \Pi_\phi(\boldsymbol{y}, t)] = \mathrm{i}\hbar \delta^3(\boldsymbol{x} - \boldsymbol{y})$ 不相容. 并且, $\boldsymbol{E}$ 的场方程告诉我们 Π_i 还要受到一个约束,

$$\nabla \cdot \boldsymbol{\Pi} = -\rho/c \tag{11.3.3}$$

方程(11.3.3)和通常的正则对易关系不相容, 后者要求$[A_i(\boldsymbol{x}, t), \Pi_j(\boldsymbol{y}, t)] = \mathrm{i}\hbar \delta_{ij} \delta^3(\boldsymbol{x} - \boldsymbol{y})$, 并且 $A_i(\boldsymbol{x}, t)$ 和 $\rho(\boldsymbol{y}, t)$ 对易.

用在 9.5 节中描述的 Dirac 语言, 约束(11.3.1)和(11.3.3)是 "第一类" 的, 因为 Π_ϕ 和 $\nabla \cdot \boldsymbol{\Pi} + \rho/c$ 的 Poisson 括号为零. 另一方面 (这和第一类局限存在不无关系), 规范不变给予我们自由来对动力学变量施加附加条件. 有各种可能性, 但最常用的是 **Coulomb 规范**, 在其中我们施加条件, 矢量势是无源的:

$$\nabla \cdot \boldsymbol{A} = 0 \tag{11.3.4}$$

---

① 我用大写字母 Π_i 代表 A_i 的正则共轭, 以区别 Heisenberg 绘景算符 Π 和 A_i 及其相互作用绘景的对应量, 在 11.5 节中将它们写作 a_i 和 π_i.

(注意这总是可以做到的, 因为如果 $\nabla \cdot \boldsymbol{A}$ 不为零, 则通过规范变换(10.2.1)和(10.2.2)就可以使它为零:

$$\boldsymbol{A} \mapsto \boldsymbol{A}' = \boldsymbol{A} + \nabla\alpha, \quad \phi \mapsto \phi' = \phi - \dot\alpha/c$$

其中 $\nabla^2\alpha = -\nabla \cdot \boldsymbol{A}$, 由此使 $\nabla \cdot \boldsymbol{A}' = 0$.) 用规范选择(11.3.4), 由场方程 $\nabla \cdot \boldsymbol{E} = 4\pi\rho$ 给出 $\nabla^2\phi = -4\pi\rho$, 所以 ϕ 不是一个独立的场变量, 而是一个 $\boldsymbol{x}$ 和粒子坐标的函数[①]:

$$\phi(\boldsymbol{x}, t) = \int \mathrm{d}^3 y \frac{\rho(\boldsymbol{y}, t)}{|\boldsymbol{x} - \boldsymbol{y}|} = \sum_n \frac{e_n}{|\boldsymbol{x} - \boldsymbol{x}_n(t)|} \tag{11.3.5}$$

这样, 现在我们就不用去担心 Π_ϕ 是否为零. 我们仍有两个约束条件, 即式(11.3.3)和式(11.3.4), 用 9.5 节中的符号, 我们将它们写为

$$\chi_1 = \nabla \cdot \boldsymbol{A}, \quad \chi_2 = \nabla \cdot \boldsymbol{\Pi} + \rho/c \tag{11.3.6}$$

正如在 9.5 节中, 我们定义一个矩阵

$$C_{r\boldsymbol{x}, s\boldsymbol{y}} \equiv [\chi_r(\boldsymbol{x}), \chi_s(\boldsymbol{y})]_{\mathrm{P}} \tag{11.3.7}$$

此处 $[\cdot, \cdot]_{\mathrm{P}}$ 表示 Poisson 括号(9.4.19), r 和 s 跑遍值 1 和 2. (回想 Poisson 括号除去一个因子 $\mathrm{i}\hbar$ 以外就是对易子, 如果把正则对易关系应用于此.) 这个 "矩阵" 有矩阵元

$$C_{1\boldsymbol{x}, 2\boldsymbol{y}} = -C_{2\boldsymbol{y}, 1\boldsymbol{x}} = \sum_{i,j} \delta_{ij} \frac{\partial^2}{\partial x_i \partial x_j} \delta^3(\boldsymbol{x} - \boldsymbol{y}) = -\nabla^2 \delta^3(\boldsymbol{x} - \boldsymbol{y}) \tag{11.3.8}$$

$$C_{1\boldsymbol{x}, 1\boldsymbol{y}} = C_{2\boldsymbol{x}, 2\boldsymbol{y}} = 0 \tag{11.3.9}$$

它有一个逆矩阵

$$C_{1\boldsymbol{x}, 2\boldsymbol{y}}^{-1} = -C_{2\boldsymbol{y}, 1\boldsymbol{x}}^{-1} = -\frac{1}{4\pi|\boldsymbol{x} - \boldsymbol{y}|} \tag{11.3.10}$$

$$C_{1\boldsymbol{x}, 1\boldsymbol{y}}^{-1} = C_{2\boldsymbol{x}, 2\boldsymbol{y}}^{-1} = 0 \tag{11.3.11}$$

其意为

$$\int \mathrm{d}^3 y \begin{pmatrix} 0 & C_{1\boldsymbol{x}, 2\boldsymbol{y}} \\ C_{2\boldsymbol{x}, 1\boldsymbol{y}} & 0 \end{pmatrix} \begin{pmatrix} 0 & C_{1\boldsymbol{y}, 2\boldsymbol{z}}^{-1} \\ C_{2\boldsymbol{y}, 1\boldsymbol{z}}^{-1} & 0 \end{pmatrix} = \begin{pmatrix} \delta^3(\boldsymbol{x} - \boldsymbol{z}) & 0 \\ 0 & \delta^3(\boldsymbol{x} - \boldsymbol{z}) \end{pmatrix} \tag{11.3.12}$$

这就是

---

① 这里我们用关系 $\nabla_{\boldsymbol{y}}^2 |\boldsymbol{y} - \boldsymbol{z}|^{-1} = -4\pi\delta^3(\boldsymbol{y} - \boldsymbol{z})$. 容易验证, 这个量对于 $\boldsymbol{y} \neq \boldsymbol{z}$ 为零, 因为 $\mathrm{d}/\mathrm{d}r(r^2\mathrm{d}/\mathrm{d}r(1/r)) = 0$. 但 Gauss 定理告诉我们, 它对于以 $\boldsymbol{z}$ 为中心的球的积分等于 $(\mathrm{d}/\mathrm{d}r)(1/r)$ 对于球面的积分, 即 -4π.

$$\int \mathrm{d}^3 y\, C_{1\boldsymbol{x},2\boldsymbol{y}} C_{2\boldsymbol{y},1\boldsymbol{z}}^{-1} = \int \mathrm{d}^3 y \left(-\nabla^2 \delta^3(\boldsymbol{x}-\boldsymbol{y}) \right) \frac{1}{4\pi|\boldsymbol{y}-\boldsymbol{z}|}$$

$$= \int \mathrm{d}^3 y \left(\delta^3(\boldsymbol{x}-\boldsymbol{y}) \right) \left(-\nabla^2 \frac{1}{4\pi|\boldsymbol{y}-\boldsymbol{z}|} \right)$$

$$= \delta^3(\boldsymbol{x}-\boldsymbol{z})$$

类似地, 对于 $\int \mathrm{d}^3 y C_{2\boldsymbol{x},1\boldsymbol{y}} C_{1\boldsymbol{y},2\boldsymbol{z}}^{-1}$ 也同样处理. 我们也注意 Poisson 括号

$$[A_i(\boldsymbol{x},t), \chi_{2\boldsymbol{x}'}(t)]_{\mathrm{P}} = \frac{\partial}{\partial x_i'} \delta^3(\boldsymbol{x}-\boldsymbol{x}'), \quad [A_i(\boldsymbol{x},t), \chi_{1\boldsymbol{x}'}(t)]_{\mathrm{P}} = 0$$

$$[\chi_{1\boldsymbol{y}'}(t), \Pi_j(\boldsymbol{y},t)]_{\mathrm{P}} = \frac{\partial}{\partial y_j'} \delta^3(\boldsymbol{y}'-\boldsymbol{y}), \quad [\chi_{2\boldsymbol{y}'}(t), \Pi_j(\boldsymbol{y},t)]_{\mathrm{P}} = 0$$

这样根据式(9.5.17)~式(9.5.19), 正则变量的对易子是

$$[A_i(\boldsymbol{x},t), \Pi_j(\boldsymbol{y},t)] = \mathrm{i}\hbar \left(\delta_{ij}\delta^3(\boldsymbol{x}-\boldsymbol{y}) - \int \mathrm{d}^3 x' \int \mathrm{d}^3 y' [A_i(\boldsymbol{x},t), \chi_{2\boldsymbol{x}'}(t)]_{\mathrm{P}} \right.$$

$$\left. \times C_{2\boldsymbol{x}',1\boldsymbol{y}'}^{-1} [\chi_{1\boldsymbol{y}'}(t), \Pi_j(\boldsymbol{y},t)]_{\mathrm{P}} \right)$$

$$= \mathrm{i}\hbar \left(\delta_{ij}\delta^3(\boldsymbol{x}-\boldsymbol{y}) - \int \mathrm{d}^3 x' \int \mathrm{d}^3 y' \left(\frac{\partial}{\partial x_i'} \delta^3(\boldsymbol{x}-\boldsymbol{x}') \right) \right.$$

$$\left. \times \frac{1}{4\pi|\boldsymbol{x}'-\boldsymbol{y}'|} \left(\frac{\partial}{\partial y_j'} \delta^3(\boldsymbol{y}-\boldsymbol{y}') \right) \right)$$

$$= \mathrm{i}\hbar \left(\delta_{ij}\delta^3(\boldsymbol{x}-\boldsymbol{y}) - \frac{\partial^2}{\partial x_i \partial y_j} \frac{1}{4\pi|\boldsymbol{x}-\boldsymbol{y}|} \right) \tag{11.3.13}$$

$$[A_i(\boldsymbol{x},t), A_j(\boldsymbol{y},t)] = [\Pi_i(\boldsymbol{x},t), \Pi_j(\boldsymbol{y},t)] = 0 \tag{11.3.14}$$

在 Coulomb 规范中正则对易关系有一个麻烦的问题, 我们尚未涉及. 虽然粒子坐标 x_{nj} 与 A_i 及 Π_i 的对易子都为零, 粒子动量 p_{nj} 和 Π_i 却有非零的对易子. 根据 Dirac 方法和式(11.3.8)~式(11.3.11), 这个对易子是

$$[\Pi_i(\boldsymbol{x},t), p_{nj}(t)] = -\mathrm{i}\hbar \int \mathrm{d}^3 y \int \mathrm{d}^3 z [\Pi_i(\boldsymbol{x},t), \chi_{1\boldsymbol{y}}(t)]_{\mathrm{P}} C_{1\boldsymbol{y},2\boldsymbol{z}}^{-1} [\chi_{2\boldsymbol{z}}(t), p_{nj}(t)]_{\mathrm{P}}$$

$$= \mathrm{i}\hbar \int \mathrm{d}^3 y \int \mathrm{d}^3 z \left(-\frac{\partial}{\partial y_i} \delta^3(\boldsymbol{x}-\boldsymbol{y}) \right) \frac{-1}{4\pi|\boldsymbol{y}-\boldsymbol{z}|} \left(\frac{1}{c} \frac{\partial}{\partial y_{nj}} \rho(\boldsymbol{z}) \right)$$

$$= \frac{\mathrm{i}\hbar e_n}{4\pi c} \frac{\partial^2}{\partial x_i \partial x_{nj}} \frac{1}{|\boldsymbol{x}-\boldsymbol{x}_n(t)|} \tag{11.3.15}$$

通过引入 $\boldsymbol{\Pi}$ 的无源部分来代替它, 我们可以避免这个复杂问题,

$$\boldsymbol{\Pi}^{\perp} \equiv \boldsymbol{\Pi} - \frac{1}{4\pi c} \nabla \phi = \frac{1}{4\pi c^2} \dot{\boldsymbol{A}} \tag{11.3.16}$$

在 Coulomb 规范中, 有

$$\nabla \cdot \boldsymbol{\Pi}^{\perp} = 0 \qquad (11.3.17)$$

$-\nabla\phi/(4\pi c)$ 与 p_{nj} 的 Dirac 括号正好是 Poisson 括号, 这样, 有

$$\left[\frac{\partial}{\partial x_{\mathrm{i}}}\phi(\boldsymbol{x},t), p_{nj}(t)\right] = \mathrm{i}\hbar e_n \frac{\partial^2}{\partial x_i \partial x_{nj}} \frac{1}{|\boldsymbol{x} - \boldsymbol{x}_n(t)|} \qquad (11.3.18)$$

我们看到

$$\left[\boldsymbol{\Pi}^{\perp}(\boldsymbol{x},t), p_{nj}(t)\right] = 0 \qquad (11.3.19)$$

并且, 因为 ϕ 与 χ_1 和 χ_2 的 Poisson 括号为零, 故它以及 $\boldsymbol{A}$ 和 $\boldsymbol{\Pi}$ 有为零的对易子, 这样 $\boldsymbol{\Pi}^{\perp}$ 的分量之间的对易子以及和 $\boldsymbol{A}$ 的对易子对于 $\boldsymbol{\Pi}$ 是一样的:

$$\left[A_i(\boldsymbol{x},t), \Pi_j^{\perp}(\boldsymbol{y},t)\right] = \mathrm{i}\hbar\left(\delta_{ij}\delta^3(\boldsymbol{x}-\boldsymbol{y}) - \frac{\partial^2}{\partial x_i \partial y_j}\frac{1}{4\pi|\boldsymbol{x}-\boldsymbol{y}|}\right) \qquad (11.3.20)$$

$$\left[A_i(\boldsymbol{x},t), A_j(\boldsymbol{y},t)\right] = \left[\Pi_i^{\perp}(\boldsymbol{x},t), \Pi_j^{\perp}(\boldsymbol{y},t)\right] = 0 \qquad (11.3.21)$$

注意这些对易关系和 $\boldsymbol{A}, \boldsymbol{\Pi}^{\perp}$ 的散度为零是相容的.

11.4 电动力学的 Hamilton 量

现在我们来构造这个理论的 Hamilton 量. 在 Coulomb 规范中, 由于 ϕ 不再是独立的物理变量, 总 Hamilton 量是

$$H = \int \mathrm{d}^3 x (\boldsymbol{\Pi} \cdot \dot{\boldsymbol{A}} - \mathcal{L}_0) + H_{\mathrm{mat}} \qquad (11.4.1)$$

此处 $\mathcal{L}_0$ 是纯电磁 Lagrange 量密度(11.2.9), H_{mat} 是物质的 Hamilton 量, 包括与电磁的相互作用. 由于 $\nabla \cdot \boldsymbol{A} = 0$, 我们可以将第一项中的 $\boldsymbol{\Pi}$ 用 $\boldsymbol{\Pi}^{\perp}$ 代替, 然后由式(11.3.16)用 $4\pi c^2 \boldsymbol{\Pi}^{\perp}$ 取代 $\dot{\boldsymbol{A}}$. 我们也可以由式(11.3.16)和式(11.2.5)用 $-4\pi c\boldsymbol{\Pi}$ 取代 $\mathcal{L}_0$ 中的 $\boldsymbol{E}$:

$$H = \int \mathrm{d}^3 x \left(4\pi c^2 \left(\boldsymbol{\Pi}^{\perp}\right)^2 - \frac{1}{8\pi}\left(4\pi c\boldsymbol{\Pi}^{\perp} + \nabla\phi\right)^2 + \frac{1}{8\pi}(\nabla \times \boldsymbol{A})^2\right) + H_{\mathrm{mat}}$$

由分部积分给出 $\int \mathrm{d}^3 x \boldsymbol{\Pi}^{\perp} \cdot \nabla\phi = 0$, 以及

$$-\frac{1}{8\pi}\int \mathrm{d}^3 x (\nabla\phi)^2 = \frac{1}{8\pi}\int \mathrm{d}^3 x \, \phi\nabla^2\phi = -\frac{1}{2}\int \mathrm{d}^3 x \rho\phi$$

Hamilton 量则是

$$H = \int \mathrm{d}^3 x \left(2\pi c^2 \left(\boldsymbol{\Pi}^\perp \right)^2 + \frac{1}{8\pi} (\nabla \times \boldsymbol{A})^2 \right) + H'_{\mathrm{mat}} \tag{11.4.2}$$

此处

$$H'_{\mathrm{mat}} = H_{\mathrm{mat}} - \frac{1}{2} \int \mathrm{d}^3 x \, \rho \phi \tag{11.4.3}$$

例如, 在物质包含在一般定域势 $\mathcal{V}$ 中的非相对论带电点粒子时, 由式(10.1.9)给出

$$H_{\mathrm{mat}} = \sum_n \frac{1}{2m_n} \left(\boldsymbol{p}_n - \frac{e_n}{c} \boldsymbol{A}(\boldsymbol{x}_n, t) \right)^2 + \sum_n e_n \phi(\boldsymbol{x}_n, t) + \mathcal{V}(\boldsymbol{x})$$

进一步, 此处[①]

$$\phi(\boldsymbol{x}, t) = \sum_m \frac{e_m}{|\boldsymbol{x} - \boldsymbol{x}_m(t)|}, \quad \int \mathrm{d}^3 x \, \rho(\boldsymbol{x}, t) \phi(\boldsymbol{x}, t) = \sum_{n \neq m} \frac{e_n e_m}{|\boldsymbol{x}_n - \boldsymbol{x}_m|}$$

所以

$$H'_{\mathrm{mat}} = \sum_n \frac{1}{2m_n} \left(\boldsymbol{p}_n - \frac{e_n}{c} \boldsymbol{A}(\boldsymbol{x}_n) \right)^2 + \frac{1}{2} \sum_{n \neq m} \frac{e_n e_m}{|\boldsymbol{x}_n - \boldsymbol{x}_m|} + \mathcal{V}(\boldsymbol{x}) \tag{11.4.4}$$

(时间变量在此被压制.) 我们认出第二项为通常一个带电粒子集合的 Coulomb 能量. 这项的因子 $1/2$ 来自 H_{mat} 中的项 $\int \mathrm{d}^3 x \rho \phi$ 和在式(11.4.3)中的 $-(1/2) \int \mathrm{d}^3 x \rho \phi$ 的合并. 这个因子消除了双重计数, 例如, 两个粒子对 n 和 m 求和包括 $n = 1$, $m = 2$ 的一项和 $n = 2$, $m = 1$ 的一项.

让我们验证, 从这个 Hamilton 量我们能重获 Maxwell 方程. 用对易子(11.3.20)和 (11.3.21)以及式(11.3.17), $\boldsymbol{A}$ 和 $\boldsymbol{\Pi}$ 的 Hamilton 运动方程是

$$\dot{A}_i = \frac{\mathrm{i}}{\hbar} [H, A_i] = 4\pi c^2 \Pi_i^\perp \tag{11.4.5}$$

$$\dot{\Pi}_i^\perp = \frac{\mathrm{i}}{\hbar} [H, \Pi_i^\perp]$$

$$= -\frac{1}{4\pi} (\nabla \times \nabla \times \boldsymbol{A})_i$$

$$+ \sum_{n,j} \frac{e_n}{m_n c} \left(p_{nj} - \frac{e_n}{c} A_j(\boldsymbol{x}_n) \right) \left(\delta^3(\boldsymbol{x} - \boldsymbol{x}_n) \delta_{ij} - \frac{\partial^2}{\partial x_i \partial x_{nj}} \frac{1}{4\pi |\boldsymbol{x} - \boldsymbol{x}_n|} \right) \tag{11.4.6}$$

(式(11.4.6)最后一项的最后因子的表达式来自对易子(11.3.20). 在式(11.4.5)和式(11.4.6)第一项中我们不需要保留这个对易子的第二项, 因为 $\boldsymbol{\Pi}^\perp$ 和 $\nabla \times \boldsymbol{A}$ 二者都有零散度.) 为

---

① 在对 n 和 m 求和施加限制 $n \neq m$ 时, 我们就弃去 Hamilton 量中的一个无限大的 c 数项, 它仅把所有能量改变相同数量, 对从 Hamilton 量推导的变化率没有影响.

找到与 Maxwell 方程的关系, 回顾根据式(10.1.8), 我们有 $\boldsymbol{p}_n - e_n \boldsymbol{A}(\boldsymbol{x}_n)/c = m_n \dot{\boldsymbol{x}}_n$. 所以由式(11.4.5)和式(11.4.6)给出

$$\ddot{\boldsymbol{A}} = -c^2 \nabla \times \boldsymbol{B} + 4\pi c \boldsymbol{J} - c \nabla \dot{\phi}$$

或换句话说,

$$\dot{\boldsymbol{E}} = c \nabla \times \boldsymbol{B} - 4\pi \boldsymbol{J}$$

这和非齐次 Maxwell 方程(11.2.1)的第一式相同. 在 Coulomb 规范中, 另一个非齐次 Maxwell 方程 $\nabla \cdot \boldsymbol{E} = 4\pi\rho$ 直接从公式(11.2.5)中将 $\boldsymbol{E}$ 用 $\dot{\boldsymbol{A}}$ 和 $\nabla\phi$ 表示, 并得到约束(11.3.4)以及 ϕ 的式(11.3.5). 两个齐次 Maxwell 方程(11.2.2)从场用势表示的定义式(11.2.5)直接得到. 所以 Hamilton 量(11.4.2)和对易关系(11.3.20)和(11.3.21)确实构成了 Maxwell 方程组.

11.5 相互作用绘景

要用在 8.7 节中描述的时间依赖微扰论就必须把 Hamilton 量 H 分为一项 H_0(准确到所有阶) 和一项 V(可做展开):

$$H = H_0 + V \tag{11.5.1}$$

为计算原子或分子稳定 (除辐射跃迁以外) 状态之间的辐射跃迁率, 我们将式(11.4.2)和式(11.4.4)给出的 Hamilton 量 H 分为

$$H_0 = H_{0\gamma} + H_{0\,\mathrm{mat}} \tag{11.5.2}$$

其中

$$H_{0\gamma} = \int \mathrm{d}^3 x \left(2\pi c^2 \left(\boldsymbol{\Pi}^{\perp} \right)^2 + \frac{1}{8\pi} \left(\nabla \times \boldsymbol{A} \right)^2 \right) \tag{11.5.3}$$

$$H_{0\,\mathrm{mat}} = \sum_n \frac{\boldsymbol{p}_n^2}{2m_n} + \frac{1}{2} \sum_{n \neq m} \frac{e_n e_m}{|\boldsymbol{x}_n - \boldsymbol{x}_m|} + \mathcal{V}(\boldsymbol{x}) \tag{11.5.4}$$

加上一项 V(包含式(11.4.4)中涉及矢量势的各项):

$$V = -\sum_n \frac{e_n}{m_n c} \boldsymbol{A}(\boldsymbol{x}_n) \cdot \boldsymbol{p}_n + \sum_n \frac{e_n^2}{2m_n c^2} \boldsymbol{A}^2(\boldsymbol{x}_n) \tag{11.5.5}$$

在 V 的第一项中, 我们把 $\boldsymbol{A}(\boldsymbol{x}_n) \cdot \boldsymbol{p}_n + \boldsymbol{p}_n \cdot \boldsymbol{A}(\boldsymbol{x}_n)$ 替换为 $2\boldsymbol{A}(\boldsymbol{x}_n) \cdot \boldsymbol{p}_n$, 这是允许的, 因为在 Coulomb 规范中,

$$\boldsymbol{A}(\boldsymbol{x}_n) \cdot \boldsymbol{p}_n - \boldsymbol{p}_n \cdot \boldsymbol{A}(\boldsymbol{x}_n) = \mathrm{i}\hbar\nabla \cdot \boldsymbol{A}(\boldsymbol{x}_n) = 0$$

我们也需要引入相互作用绘景算符, 它们的时间依赖由 H_0 控制, 而不是由 H 控制. 对相互作用绘景矢量势 $\boldsymbol{a}$ 和它的正则共轭的无源部分 $\boldsymbol{\pi}^{\perp}$, 在相互作用绘景中的时间依赖可以通过计算它们和 $H_{0\gamma}$ 的对易子得到, 就和在前一节 Heisenberg 绘景中的计算一样. 显然结果会是一样的, 除去现在不再有 V 的贡献, 所以我们还是用式(11.4.5)和式(11.4.6), 把所有含电荷 e_n 的项除掉:

$$\dot{\boldsymbol{a}} = 4\pi c^2 \boldsymbol{\pi}^{\perp} \tag{11.5.6}$$

$$\dot{\boldsymbol{\pi}}^{\perp} = -\frac{1}{4\pi}\nabla \times \nabla \times \boldsymbol{a} \tag{11.5.7}$$

相互作用绘景算符和相应的 $t = 0$ 时的 Heisenberg 绘景算符由一个幺正变换联系:

$$\boldsymbol{a}(\boldsymbol{x},t) = \mathrm{e}^{\mathrm{i}H_0 t/\hbar}\boldsymbol{A}(\boldsymbol{x},0)\mathrm{e}^{-\mathrm{i}H_0 t/\hbar}, \quad \boldsymbol{\pi}^{\perp}(\boldsymbol{x},t) = \mathrm{e}^{\mathrm{i}H_0 t/\hbar}\boldsymbol{\Pi}^{\perp}(\boldsymbol{x},0)\mathrm{e}^{-\mathrm{i}H_0 t/\hbar} \tag{11.5.8}$$

这样, 这些算符满足和 Heisenberg 绘景算符同样的不依赖时间的条件:

$$\nabla \cdot \boldsymbol{a} = \nabla \cdot \boldsymbol{\pi}^{\perp} = 0 \tag{11.5.9}$$

因此有 $\nabla \times \nabla \times \boldsymbol{a} = -\nabla^2 \boldsymbol{a}$. 从式(11.5.6)和式(11.5.7)中消去 $\boldsymbol{\pi}^{\perp}$, 得到 $\boldsymbol{a}$ 的波动方程:

$$\ddot{\boldsymbol{a}} = c^2\nabla^2\boldsymbol{a} \tag{11.5.10}$$

方程(11.5.9)和(11.5.10)的一般 Hermite 解可以表示为 Fourier 积分,

$$\boldsymbol{a}(\boldsymbol{x},t) = \int \mathrm{d}^3 k \left(\mathrm{e}^{\mathrm{i}\boldsymbol{k}\cdot\boldsymbol{x}}\mathrm{e}^{-\mathrm{i}|\boldsymbol{k}|ct}\boldsymbol{\alpha}(\boldsymbol{k}) - \mathrm{e}^{-\mathrm{i}\boldsymbol{k}\cdot\boldsymbol{x}}\mathrm{e}^{\mathrm{i}|\boldsymbol{k}|ct}\boldsymbol{\alpha}^{\dagger}(\boldsymbol{k}) \right) \tag{11.5.11}$$

此处算符 $\boldsymbol{\alpha}(\boldsymbol{k})$ 要满足条件

$$\boldsymbol{k} \cdot \boldsymbol{\alpha}(\boldsymbol{k}) = 0 \tag{11.5.12}$$

由方程(11.5.6), 就给出 $\boldsymbol{a}$ 的正则共轭的无源部分

$$\boldsymbol{\pi}^{\perp}(\boldsymbol{x},t) = -\frac{\mathrm{i}}{4\pi c}\int |\boldsymbol{k}|\mathrm{d}^3 k \left(\mathrm{e}^{\mathrm{i}\boldsymbol{k}\cdot\boldsymbol{x}}\mathrm{e}^{-\mathrm{i}|\boldsymbol{k}|ct}\boldsymbol{\alpha}(\boldsymbol{k}) - \mathrm{e}^{-\mathrm{i}\boldsymbol{k}\cdot\boldsymbol{x}}\mathrm{e}^{\mathrm{i}|\boldsymbol{k}|ct}\boldsymbol{\alpha}^{\dagger}(\boldsymbol{k}) \right) \tag{11.5.13}$$

我们需要计算出算符 $\boldsymbol{\alpha}(\boldsymbol{k})$ 和它们的 Hermite 伴随的对易子. 再一次, 因为相互作用绘景算符和它们相应的在 $t = 0$ 时的 Heisenberg 绘景算符之间由幺正变换联系, 故它们必须满足同样的等时对易关系(11.3.20)和(11.3.21)(作为 Heisenberg 绘景算符):

$$[a_i(\boldsymbol{x},t), \pi_j^{\perp}(\boldsymbol{y},t)] = \mathrm{i}\hbar \left(\delta_{ij}\delta^3(\boldsymbol{x}-\boldsymbol{y}) - \frac{\partial^2}{\partial x_i \partial x_j}\frac{1}{4\pi|\boldsymbol{x}-\boldsymbol{y}|} \right) \tag{11.5.14}$$

$$[a_i(\boldsymbol{x},t),a_j(\boldsymbol{y},t)] = [\boldsymbol{\pi}_i^\perp(\boldsymbol{x},t),\boldsymbol{\pi}_j^\perp(\boldsymbol{y},t)] = 0 \tag{11.5.15}$$

并且 $\boldsymbol{a}$ 和 $\boldsymbol{\pi}^\perp$ 与所有物质坐标和动量对易. 从式(11.5.11)和式(11.5.13), 我们得到 $a_i(\boldsymbol{x},t)$ 和 $\pi_j^\perp(\boldsymbol{y},t)$ 的对易子:

$$
\begin{aligned}
[a_i(\boldsymbol{x},t),\boldsymbol{\pi}_j^\perp(\boldsymbol{y},t)] ={}& \frac{\mathrm{i}}{4\pi c} \int \mathrm{d}^3 k' |\boldsymbol{k}| \\
& \times \Big(\mathrm{e}^{\mathrm{i}(\boldsymbol{k}\cdot\boldsymbol{x}-\boldsymbol{k}'\cdot\boldsymbol{y})} \mathrm{e}^{\mathrm{i}ct(-|\boldsymbol{k}|+|\boldsymbol{k}'|)} \big[\alpha_i(\boldsymbol{k}),\alpha_j^\dagger(\boldsymbol{k}')\big] \\
& - \mathrm{e}^{\mathrm{i}(\boldsymbol{k}\cdot\boldsymbol{x}+\boldsymbol{k}'\cdot\boldsymbol{y})} \mathrm{e}^{\mathrm{i}ct(|\boldsymbol{k}|-|\boldsymbol{k}'|)} \big[\alpha_i^\dagger(\boldsymbol{k}),\alpha_j(\boldsymbol{k}')\big] \\
& - \mathrm{e}^{\mathrm{i}(-\boldsymbol{k}\cdot\boldsymbol{x}+\boldsymbol{k}'\cdot\boldsymbol{y})} \mathrm{e}^{\mathrm{i}ct(-|\boldsymbol{k}|-|\boldsymbol{k}'|)} \big[\alpha_i(\boldsymbol{k}),\alpha_j(\boldsymbol{k}')\big] \\
& + \mathrm{e}^{\mathrm{i}(-\boldsymbol{k}\cdot\boldsymbol{x}-\boldsymbol{k}'\cdot\boldsymbol{y})} \mathrm{e}^{\mathrm{i}ct(|\boldsymbol{k}|+|\boldsymbol{k}'|)} \big[\alpha_i^\dagger(\boldsymbol{k}),\alpha_j^\dagger(\boldsymbol{k}')\big] \Big)
\end{aligned} \tag{11.5.16}
$$

式(11.5.14)证明它必须是与时间无关的, 所以有正恒定或负恒定频率的项都必须为零, 因此

$$[\alpha_i(\boldsymbol{k}),\alpha_j(\boldsymbol{k}')] = [\alpha_i^\dagger(\boldsymbol{k}),\alpha_j^\dagger(\boldsymbol{k}')] = 0 \tag{11.5.17}$$

为计算其余的对易子, 我们用 Fourier 变换,

$$\delta^3(\boldsymbol{x}-\boldsymbol{y}) = \int \frac{\mathrm{d}^3 k}{(2\pi)^3} \mathrm{e}^{\mathrm{i}\boldsymbol{k}\cdot(\boldsymbol{x}-\boldsymbol{y})}, \quad \frac{1}{4\pi|\boldsymbol{x}-\boldsymbol{y}|} = \int \frac{\mathrm{d}^3 k}{(2\pi)^3 |\boldsymbol{k}|^2} \mathrm{e}^{\mathrm{i}\boldsymbol{k}\cdot(\boldsymbol{x}-\boldsymbol{y})}$$

并将式(11.5.14)重写为

$$[a_i(\boldsymbol{x},t),\boldsymbol{\pi}_j^\perp(\boldsymbol{y},t)] = \mathrm{i}\hbar \int \frac{\mathrm{d}^3 k}{(2\pi)^3} \mathrm{e}^{\mathrm{i}\boldsymbol{k}\cdot(\boldsymbol{x}-\boldsymbol{y})} \left(\delta_{ij} - \frac{k_i k_j}{|\boldsymbol{k}|^2} \right) \tag{11.5.18}$$

将此式和式(11.5.16)的前两项比较, 我们看到

$$[\alpha_i(\boldsymbol{k}),\alpha_j^\dagger(\boldsymbol{k}')] = \frac{4\pi c\hbar}{2|\boldsymbol{k}|(2\pi)^3} \delta^3(\boldsymbol{k}-\boldsymbol{k}') \left(\delta_{ij} - \frac{k_i k_j}{|\boldsymbol{k}|^2} \right) \tag{11.5.19}$$

于是就自动得出对易关系(11.5.15).

像任何与给定的 $\boldsymbol{k}$ 垂直的矢量一样, 算符 $\boldsymbol{\alpha}(\boldsymbol{k})$ 可以表示为与 $\boldsymbol{k}$ 垂直的任何两个独立矢量 $\boldsymbol{e}(\hat{\boldsymbol{k}},\pm 1)$ 的线性组合:

$$\boldsymbol{\alpha}(\boldsymbol{k}) = \sqrt{\frac{4\pi c\hbar}{2|\boldsymbol{k}|(2\pi)^3}} \sum_\pm \boldsymbol{e}(\hat{\boldsymbol{k}},\pm 1) a(\boldsymbol{k},\pm 1) \tag{11.5.20}$$

因子 $\sqrt{4\pi c\hbar/(2|\boldsymbol{k}|(2\pi)^3)}$ 的插入是为了简化即将求出的 $a(\boldsymbol{k},\pm 1)$ 的对易关系. 例如, 对于在 z 方向的 $\boldsymbol{k}$, 我们可以取

$$\boldsymbol{e}(\hat{\boldsymbol{z}},\pm 1) = \frac{1}{\sqrt{2}}(1,\pm\mathrm{i},0) \tag{11.5.21}$$

对于在其他任何方向的 $\boldsymbol{k}$, 我们取 $e_i(\hat{\boldsymbol{k}},\pm) = \sum_j R_{ij}(\hat{\boldsymbol{z}})e_j(\hat{\boldsymbol{z}},\pm1)$, 此处 $R_{ij}(\hat{\boldsymbol{k}})$ 是将 z 方向转向 $\boldsymbol{k}$ 方向的转动矩阵. 结果是对于任何 $\boldsymbol{k}$, 我们有

$$\boldsymbol{k}\cdot\boldsymbol{e}(\hat{\boldsymbol{k}},\sigma) = 0, \quad \boldsymbol{e}(\hat{\boldsymbol{k}},\sigma)\cdot\boldsymbol{e}^*(\hat{\boldsymbol{k}},\sigma') = \delta_{\sigma\sigma'} \tag{11.5.22}$$

且有

$$\sum_\sigma e_i(\hat{\boldsymbol{k}},\sigma)e_j^*(\hat{\boldsymbol{k}},\sigma) = \delta_{ij} - \hat{k}_i\hat{k}_j \tag{11.5.23}$$

(当 $\hat{\boldsymbol{k}}$ 在 z 方向时, 通过直接计算证明式(11.5.22)和式(11.5.23)是最容易的, 注意这些方程在转动时保留它们的形式.)对易关系(11.5.19)得到满足, 如果

$$[a(\boldsymbol{k},\sigma),a^\dagger(\boldsymbol{k}',\sigma')] = \delta_{\sigma\sigma'}\delta^3(\boldsymbol{k}-\boldsymbol{k}') \tag{11.5.24}$$

并且, 对易关系(11.5.17)得到满足, 如果

$$[a(\boldsymbol{k},\sigma),a(\boldsymbol{k}',\sigma')] = [a^\dagger(\boldsymbol{k},\sigma),a^\dagger(\boldsymbol{k}',\sigma')] = 0 \tag{11.5.25}$$

我们把式(11.5.24)和式(11.5.25)当作谐振子提升算符和降低算符的对易关系(2.5.8)和(2.5.9), 只是 3-分量指标 i 和 j 被复合指标 $\boldsymbol{k},\sigma$ 和 $\boldsymbol{k}',\sigma'$ 取代.

自由电磁场的 Hamilton 量 $H_{0\gamma}$ 可以在相互作用绘景中计算, 在式(11.5.3)中设 $t=0$, 再用幺正变换(11.5.8), 给出同样形式的 Hamilton 量:

$$H_{0\gamma} = \int \mathrm{d}^3x \left(2\pi c^2(\boldsymbol{\pi}^\perp)^2 + \frac{1}{8\pi}(\nabla\times\boldsymbol{a})^2\right) \tag{11.5.26}$$

通过将自由场 Hamilton 量用这些算符表示, 我们可以揭示算符 $a(\boldsymbol{k},\sigma)$ 和 $a^\dagger(\boldsymbol{k},\sigma)$ 的物理意义. 它们出现在 $\boldsymbol{a}(\boldsymbol{x},t)$ 和 $\boldsymbol{\pi}^\perp(\boldsymbol{x},t)$ 的公式里:

$$a(\boldsymbol{x},t) = \sqrt{4\pi c\hbar}\sum_\sigma \int \frac{\mathrm{d}^3k}{\sqrt{2k(2\pi)^3}} \left(\mathrm{e}^{\mathrm{i}\boldsymbol{k}\cdot\boldsymbol{x}}\mathrm{e}^{-\mathrm{i}ctk}\boldsymbol{e}(\boldsymbol{k},\sigma)a(\boldsymbol{k},\sigma) + \mathrm{H.c.}\right) \tag{11.5.27}$$

$$\boldsymbol{\pi}^\perp(\boldsymbol{x},t) = -\mathrm{i}\frac{\sqrt{4\pi c\hbar}}{4\pi c}\sum_\sigma \int \frac{k\mathrm{d}^3k}{\sqrt{2k(2\pi)^3}} \left(\mathrm{e}^{\mathrm{i}\boldsymbol{k}\cdot\boldsymbol{x}}\mathrm{e}^{-\mathrm{i}ctk}\boldsymbol{e}(\boldsymbol{k},\sigma)a(\boldsymbol{k},\sigma) - \mathrm{H.c.}\right) \tag{11.5.28}$$

此处 $k \equiv |\boldsymbol{k}|$, "H.c." 代表前一项的 Hermite 共轭. 在式(11.5.26)中, 通过对 $\boldsymbol{x}$ 的积分给出波数的 δ 函数乘以 $(2\pi)^3$. 我们就有

$$\int \mathrm{d}^3x(\nabla\times\boldsymbol{a})^2 = 2\pi c\hbar \sum_{\sigma'\sigma} \int k\mathrm{d}^3k \left(\boldsymbol{e}^*(\hat{\boldsymbol{k}},\sigma)\cdot\boldsymbol{e}(\hat{\boldsymbol{k}},\sigma')a^\dagger(\boldsymbol{k},\sigma)a(\boldsymbol{k},\sigma')\right.$$
$$+ \boldsymbol{e}^*(\hat{\boldsymbol{k}},\sigma')\cdot\boldsymbol{e}(\hat{\boldsymbol{k}},\sigma)a(\boldsymbol{k},\sigma)a^\dagger(\boldsymbol{k},\sigma')$$
$$+ \boldsymbol{e}(\hat{\boldsymbol{k}},\sigma)\cdot\boldsymbol{e}(-\hat{\boldsymbol{k}},\sigma')a(\boldsymbol{k},\sigma)a(-\boldsymbol{k},\sigma')\mathrm{e}^{-2\mathrm{i}ckt}$$

$$+ e^*(\hat{\boldsymbol{k}}, \sigma) \cdot e^*(-\hat{\boldsymbol{k}}, \sigma') a^\dagger(\boldsymbol{k}, \sigma) a^\dagger(-\boldsymbol{k}, \sigma') \mathrm{e}^{2ickt} \Big)$$

$$\int \mathrm{d}^3 x (\boldsymbol{\pi}^\perp)^2 = -\frac{\hbar}{8\pi c} \sum_{\sigma'\sigma} \int k \mathrm{d}^3 k \left(-e^*(\hat{\boldsymbol{k}}, \sigma) \cdot e(\hat{\boldsymbol{k}}, \sigma') a^\dagger(\boldsymbol{k}, \sigma) a(\boldsymbol{k}, \sigma') \right.$$

$$- e^*(\hat{\boldsymbol{k}}, \sigma') \cdot e(\hat{\boldsymbol{k}}, \sigma) a(\boldsymbol{k}, \sigma) a^\dagger(\boldsymbol{k}, \sigma')$$

$$+ e(\hat{\boldsymbol{k}}, \sigma) \cdot e(-\hat{\boldsymbol{k}}, \sigma') a(\boldsymbol{k}, \sigma) a(-\boldsymbol{k}, \sigma') \mathrm{e}^{-2ickt}$$

$$\left. + e^*(\hat{\boldsymbol{k}}, \sigma) \cdot e^*(-\hat{\boldsymbol{k}}, \sigma') a^\dagger(\boldsymbol{k}, \sigma) a^\dagger(-\boldsymbol{k}, \sigma') \mathrm{e}^{2ickt} \right)$$

当我们在式(11.5.26)中将两项相加时, 我们看到有时间依赖的项对消了 (它们必须如此, 因为 $H_{0\gamma}$ 和它自己对易). 这刚刚好, 因为 $e(\hat{\boldsymbol{k}}, \sigma) \cdot e(-\hat{\boldsymbol{k}}, \sigma)$ 依赖于我们如何选择转动将 $\hat{\boldsymbol{z}}$ 转到 $\hat{\boldsymbol{k}}$ 和 $-\hat{\boldsymbol{k}}$. 另一方面, 式(11.5.26)的两项对时间无关项贡献相等. 这些余下的项可以用式(11.5.22)计算, 由此给出 $e^*(\hat{\boldsymbol{k}}, \sigma) \cdot e(\hat{\boldsymbol{k}}, \sigma') = \delta_{\sigma\sigma'}$, 我们求得

$$H_{0\gamma} = \frac{1}{2} \sum_\sigma \int \mathrm{d}^3 k \, \hbar c k \left(a^\dagger(\boldsymbol{k}, \sigma) a(\boldsymbol{k}, \sigma) + a(\boldsymbol{k}, \sigma) a^\dagger(\boldsymbol{k}, \sigma) \right) \tag{11.5.29}$$

这个结果的物理诠释将在下一节中描述.

11.6 光子

根据对易关系(11.5.24)和(11.5.25), 未微扰电磁 Hamilton 量(11.5.29)和算符 $a^\dagger(\boldsymbol{k}, \sigma)$, $a(\boldsymbol{k}, \sigma)$ 的对易子是

$$[H_{0\gamma}, a^\dagger(\boldsymbol{k}, \sigma)] = \hbar c k a^\dagger(\boldsymbol{k}, \sigma) \tag{11.6.1}$$

$$[H_{0\gamma}, a(\boldsymbol{k}, \sigma)] = -\hbar c k a(\boldsymbol{k}, \sigma) \tag{11.6.2}$$

因此 $a^\dagger(\boldsymbol{k}, \sigma)$ 和 $a(\boldsymbol{k}, \sigma)$ 分别是能量的提升算符和降低算符. 这就是, 如果 Ψ 是 $H_{0\gamma}$ 的本征态, 本征值为 E, 则 $a^\dagger(\boldsymbol{k}, \sigma)\Psi$ 是一个能量为 $E + \hbar c k$ 的本征态, $a(\boldsymbol{k}, \sigma)\Psi$ 是一个能量为 $E - \hbar c k$ 的本征态.

虽然我们不被量子力学的理论形式制约, 但我们被物质的稳定性引导而假设有一个能量最低的状态 Ψ_0. 避免有一个比状态 $a(\boldsymbol{k}, \sigma)\Psi_0$ 的能量还要低 $\hbar c k$ 的唯一办法是假设

$$a(\boldsymbol{k}, \sigma)\Psi_0 = 0 \tag{11.6.3}$$

我们可以找到状态 Ψ_0 的能量, 通过对易关系(11.5.24)将式(11.5.29)写为

$$H_{0\gamma} = \sum_\sigma \int \mathrm{d}^3 k \, \hbar c k a^\dagger(\boldsymbol{k}, \sigma) a(\boldsymbol{k}, \sigma) + E_0 \tag{11.6.4}$$

此处 E_0 是个无限大的常数,

$$E_0 = \sum_\sigma \int \mathrm{d}^3 k \frac{\hbar c k}{2} \delta^3(\boldsymbol{k} - \boldsymbol{k}) \tag{11.6.5}$$

我们能赋予它某种意义, 将系统放在一个体积为 Ω 的盒子内. 这样 $\delta^3(\boldsymbol{k} - \boldsymbol{k})$ 就变为 $\Omega/(2\pi)^3$, 所以我们有单位体积的能量

$$E_0/\Omega = (2\pi)^{-3} \int \mathrm{d}^3 k \, \hbar c k \tag{11.6.6}$$

这个能量可以归属为电磁场的不可避免的量子涨落. 如式(11.5.18)和式(11.5.6)所证明的, 矢量势不可能在一个有限的时间间隔内在空间任何一点为零 (或取任何确定的值); 如果场在某一时刻为零, 则它在此时刻的变化率不能取任何确定值, 包括零. 能量密度(11.6.6)在通常实验室的实验中没有效应, 因为它是空间所固有的, 而空间是不能产生也不能消灭的, 但它确实影响引力, 因此影响宇宙膨胀和巨大物体的形成, 例如星系团. 不用说, 观测是不容许有无限结果的. 即使我们把积分在实验室实验中探测过的最高的波数比如 10^{15} cm^{-1} 处切断, 结果也比观测允许的要约大一个因子 10^{56}. 电磁场和其他 Bose 场涨落的能量可以被 Fermi 子场涨落的负能量抵消掉, 但我们不知道为什么这个抵消是精确的, 或足够精确地能把真空降低到和观测符合的水平. 因为知道的 E_0/Ω 要比在可以接受的真空涨落尺度的能量小得多, 几十年来多数物理学家只要是还想这个问题的, 都假设会有某个基本的原理被发现, 它会对任何理论施加一个条件, 使得 E_0/Ω 为零. 这个可能性被在 1998 年宇宙加速膨胀的发现[1]排除了, 发现指向一个 E_0/Ω 值, 它是物质能量密度的 3 倍. 这仍为近代物理的一个基本问题[2], 但只要我们不去处理引力的效应, 它就是可以被忽略的.

我们现在来构造态展开, 即 **Fock 空间**中的状态:

$$\Psi_{\boldsymbol{k}_1, \sigma_1; \boldsymbol{k}_2, \sigma_2; \cdots; \boldsymbol{k}_n, \sigma_n} \propto a^\dagger(\boldsymbol{k}_1, \sigma_1) a^\dagger(\boldsymbol{k}_2, \sigma_2) \cdots a^\dagger(\boldsymbol{k}_n, \sigma_n) \Psi_0 \tag{11.6.7}$$

根据式(11.6.1)(弃去 E_0 项), 此态有能量

---

① 这是两个团队的独立结果: 超新星宇宙学研究计划 (Perlmutter S, et al. Astropyhs. J., 1999, 517: 565; Perlmutter S, et al. Nature, 1998, 391: 51) 和高 z 超新星找寻团队 (Riess A G. Astron. J., 1998, 116: 1009; Schmidt B, et al. Astrophys. J., 1998, 507: 46).

② 评述请见 S. Weinberg 的文章 (*Rev. Mod. Phys.*, 1989, 61: 1).

$$\hbar c k_1 + \hbar c k_2 + \cdots + \hbar c k_n$$

我们将此视为 n 个光子的态, 它们的能量为 $\hbar c k_1, \hbar c k_2, \cdots, \hbar c k_n$.

为得出这些态的动量, 我们注意到根据 9.4 节中的一般结果, 生成无限小平移的算符 $a_i(\boldsymbol{x},t) \mapsto a_i(\boldsymbol{x}-\epsilon,t)$ 由式(9.4.4)给出:

$$\boldsymbol{\epsilon} \cdot \boldsymbol{P}_\gamma = -\sum_i \int \mathrm{d}^3 x\, \boldsymbol{\pi}_i^\perp(\boldsymbol{x},t)(\boldsymbol{\epsilon}\cdot\nabla)a_i(\boldsymbol{x},t) \tag{11.6.8}$$

(这就是, 式(9.4.4)中对 N 求和换成对矢量指标 i 求和以及对场变量 $\boldsymbol{x}$ 积分.) 利用对易关系式(11.5.14)式(11.5.15), 我们有

$$[\boldsymbol{P}_\gamma, a_i(\boldsymbol{x},t)] = \mathrm{i}\hbar\nabla a_i(\boldsymbol{x},t), \quad [\boldsymbol{P}_\gamma, \boldsymbol{\pi}_i^\perp(\boldsymbol{x},t)] = \mathrm{i}\hbar\nabla\boldsymbol{\pi}_i^\perp(\boldsymbol{x},t) \tag{11.6.9}$$

(式(11.5.14)等号右边括号中的第二项没有贡献, 因为 $\nabla\cdot\boldsymbol{a}=0$ 和 $\nabla\cdot\boldsymbol{\pi}^\perp=0$.) 这样 $\boldsymbol{P}_\gamma$ 就和 $H_{0\gamma}$ 对易, 因为它和任何 $a_i(\boldsymbol{x},t), \boldsymbol{\pi}_i^\perp(\boldsymbol{x},t)$ 以及它们的梯度的函数对 $\boldsymbol{x}$ 的积分对易. 将式(11.5.11)和式(11.5.13)插入式(11.6.9), 给出

$$[\boldsymbol{P}_\gamma, a(\boldsymbol{k},\sigma)] = -\hbar\boldsymbol{k}a(\boldsymbol{k},\sigma), \quad [\boldsymbol{P}_\gamma, a^\dagger(\boldsymbol{k},\sigma)] = \hbar\boldsymbol{k}a^\dagger(\boldsymbol{k},\sigma) \tag{11.6.10}$$

假设态 Ψ_0 是平移不变的, 这告诉我们态(11.6.7)有动量

$$\hbar\boldsymbol{k}_1 + \hbar\boldsymbol{k}_2 + \cdots + \hbar\boldsymbol{k}_n$$

这样, 我们就能把这些状态诠释为包含 n 个光子, 每一个具有动量 $\hbar\boldsymbol{k}$ 和能量 $\hbar c k$. 因为光子能量 E 和它的动量 $\boldsymbol{p}$ 通过 $E=c|\boldsymbol{p}|$ 相关联, 光子是一个质量为零的粒子.

利用对易关系式(11.5.24), 我们看到算符 $a(\boldsymbol{k},\sigma)$ 和 $a^\dagger(\boldsymbol{k},\sigma)$ 作用在态(11.6.7)上有以下效果:

$$a(\boldsymbol{k},\sigma)\Psi_{\boldsymbol{k}_1,\sigma_1;\boldsymbol{k}_2,\sigma_2;\cdots;\boldsymbol{k}_n,\sigma_n}$$

$$\propto \sum_{r=1}^n \delta^3(\boldsymbol{k}-\boldsymbol{k}_r)\delta_{\sigma\sigma_r}\Psi_{\boldsymbol{k}_1,\sigma_1;\boldsymbol{k}_2,\sigma_2;\cdots;\boldsymbol{k}_{r-1},\sigma_{r-1};\boldsymbol{k}_{r+1},\sigma_{r+1};\cdots;\boldsymbol{k}_n,\sigma_n} \tag{11.6.11}$$

$$a^\dagger(\boldsymbol{k},\sigma)\Psi_{\boldsymbol{k}_1,\sigma_1;\boldsymbol{k}_2,\sigma_2;\cdots;\boldsymbol{k}_n,\sigma_n} \propto \Psi_{\boldsymbol{k},\sigma;\boldsymbol{k}_1,\sigma_1;\boldsymbol{k}_2,\sigma_2;\cdots;\boldsymbol{k}_n,\sigma_n} \tag{11.6.12}$$

这样, $a(\boldsymbol{k},\sigma)$ 和 $a^\dagger(\boldsymbol{k},\sigma)$ 相应地湮灭, 并产生一个动量为 $\hbar\boldsymbol{k}$ 和自旋为 σ 的光子.

现在我们必须考虑每一个光子携带的标号 σ 的物理意义. 为此目的, 我们需要找出算符 $\alpha(\boldsymbol{k},\sigma)$ 在转动下的性质. 考虑波矢 $\boldsymbol{k}$ 在 z 方向 $\hat{\boldsymbol{z}}$, 我们仅考虑保持 $\hat{\boldsymbol{z}}$ 不变的转动. 根据式(4.1.4), 在正交矩阵 (R_{ij}) 代表的转动下矢量 $\boldsymbol{\alpha}(k\hat{\boldsymbol{z}})$ 经历一个变换

$$U^{-1}(R)\alpha_i(k\hat{\boldsymbol{z}})U(R) = \sum_j R_{ij}\alpha_j(k\hat{\boldsymbol{z}}) \tag{11.6.13}$$

插入分解式(11.5.20), 可得

$$\sum_\sigma e_i(\hat{\boldsymbol{z}},\sigma)U^{-1}(R)a(k\hat{\boldsymbol{z}},\sigma)U(R) = \sum_\sigma \sum_j R_{ij}e_j(\hat{\boldsymbol{z}},\sigma)a(k\hat{\boldsymbol{z}},\sigma)$$

保持 $\hat{\boldsymbol{z}}$ 不变的转动具有以下形式:

$$R_{ij}(\theta) = \begin{pmatrix} \cos\theta & -\sin\theta & 0 \\ \sin\theta & \cos\theta & 0 \\ 0 & 0 & 1 \end{pmatrix}$$

简单的计算表明

$$\sum_j R_{ij}(\theta)e_j(\hat{\boldsymbol{z}},\sigma) = \mathrm{e}^{-\mathrm{i}\sigma\theta}e_i(\hat{\boldsymbol{z}},\sigma) \tag{11.6.14}$$

这样将两边 $e_i(\hat{\boldsymbol{z}},\sigma)$ 的系数等同, 我们有

$$U^{-1}(R)a(k\hat{\boldsymbol{z}},\sigma)U(R) = \mathrm{e}^{-\mathrm{i}\sigma\theta}a(k\hat{\boldsymbol{z}},\sigma) \tag{11.6.15}$$

现在, 对无限小 θ, $R_{ij} = \delta_{ij} + \omega_{ij}$, 此处非零的 ω_{ij} 的矩阵元是 $\omega_{xy} = -\omega_{yx} = -\theta$, 所以根据式(4.1.7)和式(4.1.11), 有

$$U(\theta) \to \mathbf{1} - (\mathrm{i}/\hbar)\theta J_z$$

而式(11.6.15)变为

$$(\mathrm{i}/\hbar)[J_z, a(k\hat{\boldsymbol{z}},\sigma)] = -\mathrm{i}\sigma\, a(k\hat{\boldsymbol{z}},\sigma)$$

取伴随, 得

$$[J_z, a^\dagger(k\hat{\boldsymbol{z}},\sigma)] = -\hbar\sigma a^\dagger(k\hat{\boldsymbol{z}},\sigma)$$

假设无光子态 Ψ_0 是转动不变的, 单光子态 $\Psi_{k\hat{\boldsymbol{z}},\sigma} \equiv a^\dagger_{\boldsymbol{k},\sigma}\Phi_0$ 满足

$$J_z\Psi_{k\hat{\boldsymbol{z}},\sigma} = \hbar\sigma\Psi_{k\hat{\boldsymbol{z}},\sigma} \tag{11.6.16}$$

z 方向本来没有什么特别, 所以我们做出结论: 一般单光子态 $\Psi_{\boldsymbol{k},\sigma}$ 的螺旋度的值为 $\hbar\sigma$, 即角动量在运动方向的分量 $\boldsymbol{J}\cdot\hat{\boldsymbol{k}}$. 为此原因, 光子称为自旋为 1 的粒子, 但是质量为零的粒子的特点是没有 $\boldsymbol{J}\cdot\hat{\boldsymbol{k}} = 0$ 的态. 在经典语言中, 螺旋度为 ± 1 的光子组成一束左旋或右旋偏振光.

当然, 光子不必为圆偏振的. 在一般情况下, 动量为 $\hbar\boldsymbol{k}$ 的光子是一个叠加态:

$$\Psi_{\boldsymbol{k},\xi} \equiv \left(\xi_+ a^\dagger(\boldsymbol{k},+) + \xi_- a^\dagger(\boldsymbol{k},-) \right)\Psi_{0\gamma} \tag{11.6.17}$$

此处 $\xi_\pm$ 是一对一般的复数. 根据式(11.5.24), 这些态的标量积是

$$(\Psi_{\boldsymbol{k}',\xi'},\Psi_{\boldsymbol{k},\xi}) = \delta^3(\boldsymbol{k}-\boldsymbol{k}')\left(\xi_+'^*\xi_+ + \xi_-'^*\xi_-\right) \tag{11.6.18}$$

特别地, 如果 $|\xi_+|^2 + |\xi_-|^2 = 1$, 则单光子态是正常归一的. 这个态是和一个偏振矢量结合在一起的,

$$e_i(\hat{\boldsymbol{k}},\xi) \equiv \xi_+ e_i(\hat{\boldsymbol{k}},+) + \xi_- e_i(\hat{\boldsymbol{k}},-) \tag{11.6.19}$$

其意为

$$(\Psi_{0\gamma},\boldsymbol{a}(\boldsymbol{x},t)\Psi_{\boldsymbol{k},\xi}) = \frac{\sqrt{4\pi c\hbar}}{(2\pi)^{3/2}\sqrt{2k}}\mathrm{e}^{\mathrm{i}\boldsymbol{k}\cdot\boldsymbol{x}}\mathrm{e}^{-\mathrm{i}ckt}\boldsymbol{e}(\hat{\boldsymbol{k}},\xi) \tag{11.6.20}$$

圆偏振是一个极端情况, 如果 ξ_+, ξ_- 中之一为零, 光子就有确定的螺旋度. 在相反的极端情况下, $|\xi_0| = |\xi_+| = 1/\sqrt{2}$, 偏振矢量就是实数, 准确到一个整体相, 我们就有线偏振的情况. 例如, $\boldsymbol{k}$ 在 z 方向, 偏振矢量是

$$e(\hat{\boldsymbol{z}},\xi) = (\cos\zeta,\sin\zeta,0) \tag{11.6.21}$$

如果我们取

$$\xi_\pm = \mathrm{e}^{\mp\mathrm{i}\zeta}/\sqrt{2} \tag{11.6.22}$$

(因为在态 $\Psi_{\boldsymbol{k},\xi}$ 和 $-\Psi_{\boldsymbol{k},\xi}$ 之间没有物理区别, 一个偏振矢量和它的负矢量也没有物理区别, 或者偏振角度 ζ 和 $\zeta+\pi$ 没有区别.) 式(11.6.18)和式(11.6.22)的一个重要推论是, 如果一个观测者发现一个光子处于方向 ζ 的线偏振, 并重设了分析器, 想知道光子是否有在 ζ' 方向的线偏振, 则在这个方向偏振的概率是

$$P(\xi\mapsto\xi') = \left|\xi_+'^*\xi_+ + \xi_-'^*\xi_-\right|^2 = \cos^2(\zeta-\zeta') \tag{11.6.23}$$

这一点我们在 11.8 节中是需要的. 一个完备正交归一的基是由方向 ζ 和 $\zeta+\pi/2$ 提供的, 此处 ζ 是任意的.

在中间情况中, $|\xi_+|$ 和 $|\xi_-|$ 不相等, 又都不为零, 是椭圆偏振情况.

无质量粒子的特点是它们只有两个螺旋状态 $\pm\hbar j$, 这里 j 可以是整数或半整数. 我们看到了对于光子 $j=1$; 引力场的量子化证明对于引力子 $j=2$.

因为 $a(\boldsymbol{k},\sigma)$ 和 $a^\dagger(\boldsymbol{k},\sigma)$ 不对易, 所以不可能找到两个算符 (共同) 的本征态. 但是 $a(\boldsymbol{k},\sigma)$ 彼此 (对于所有的 $\boldsymbol{k}$ 和 σ) 对易, 所以我们可以找到一个状态 $\Phi_{\mathcal{A}}$, 它是所有这些湮灭算符的本征态:

$$a(\boldsymbol{k},\sigma)\Phi_{\mathcal{A}} = \mathcal{A}(\boldsymbol{k},\sigma)\Phi_{\mathcal{A}} \tag{11.6.24}$$

其中 $\mathcal{A}$ 是 $\boldsymbol{k}$ 和 σ 的任意复函数. 这些态称为**相干态**. 在相干态中, 电磁场(11.5.11)的期望值是

$$\frac{(\Phi_{\mathcal{A}}, \boldsymbol{a}(\boldsymbol{x}, t)\Phi_{\mathcal{A}})}{(\Phi_{\mathcal{A}}, \Phi_{\mathcal{A}})} = \int \mathrm{d}^3 k \sum_{\sigma} \sqrt{\frac{4\pi c\hbar}{2|\boldsymbol{k}|(2\pi)^3}} \left(\mathrm{e}^{\mathrm{i}\boldsymbol{k}\cdot\boldsymbol{x}} \mathrm{e}^{-\mathrm{i}c|\boldsymbol{k}|t} \boldsymbol{e}(\boldsymbol{k}, \sigma)\mathcal{A}(\boldsymbol{k}, \sigma) \right.$$
$$\left. + \mathrm{e}^{-\mathrm{i}\boldsymbol{k}\cdot\boldsymbol{x}} \mathrm{e}^{\mathrm{i}c|\boldsymbol{k}|t} \boldsymbol{e}^*(\boldsymbol{k}, \sigma)\mathcal{A}^*(\boldsymbol{k}, \sigma) \right) \tag{11.6.25}$$

(我们在这里用了伴随的定义性质, 即 $(\Phi, a^\dagger\Phi) = (a\Phi, \Phi)$.)相干态 $\Phi_{\mathcal{A}}$ 经典地表现为, 好像电磁矢量势就有式(11.6.25)的值. 相干态包含没有限制的光子数, 因为如果 $\Phi_{\mathcal{A}}$ 是态叠加(11.6.7), 它有一个光子数的极大值 N, 这样 $a(\boldsymbol{k}, \sigma)\Phi_{\mathcal{A}}$ 就是具有最大光子数为 $N-1$ 的态的叠加, 最大光子数为 $N-1$, 它就不可能正比于 $\Phi_{\mathcal{A}}$ 了.

11.7 辐射跃迁率

我们现在要计算原子或分子的 $a \to b+\gamma$ 跃迁率, Ψ_a 和 Ψ_b 是物质 Hamilton 量(11.5.4)的本征态:

$$H_{0\,\mathrm{mat}}\Psi_a = E_a\Psi_a, \quad H_{0\,\mathrm{mat}}\Psi_b = E_b\Psi_b \tag{11.7.1}$$

Ψ_a 和 Ψ_b 二者都是无光子状态, 即对任何波数 $\boldsymbol{k}$ 和螺旋度 σ 的光子, 有

$$a(\boldsymbol{k}, \sigma)\Psi_a = a(\boldsymbol{k}, \sigma)\Psi_b = 0 \tag{11.7.2}$$

因此辐射衰变的终态包含一个特定波数 $\boldsymbol{k}$ 和螺旋度 σ 的光子, 可以表示为

$$\Psi_{b,\gamma} = \hbar^{-3/2}a^\dagger(\boldsymbol{k}, \sigma)\Psi_b \tag{11.7.3}$$

插入因子 $\hbar^{-3/2}$ 是为了这些态的标量积包含一个动量的 δ 函数而非波数的函数; 利用式(11.7.2)、式(11.7.3)和式(11.5.24), 即有

$$(\Psi_{b',\gamma'}, \Psi_{b,\gamma}) = \hbar^{-3}\delta^3(\boldsymbol{k}' - \boldsymbol{k})(\Psi_{b'}, \Psi_b) = \delta^3(\hbar\boldsymbol{k}' - \hbar\boldsymbol{k})(\Psi_{b'}, \Psi_b)$$

跃迁 $a \to b+\gamma$ 的 S 矩阵元由式(8.6.2)给出, 准确到相互作用 V 的一阶 (或用式(8.7.14), 以及 $(\Psi_{b\gamma}, V(\tau)\Psi_a) = \exp(-\mathrm{i}(E_a - E_b - \hbar ck)\tau/\hbar)(\Psi_{b\gamma}, V(0)\Psi_a)$, 就有如下结果:

$$S_{b\gamma,a} = -2\pi\mathrm{i}\delta(E_a - E_b - \hbar ck)(\Psi_{b\gamma}, V(0)\Psi_a)$$

$$= -2\pi \mathrm{i}\hbar^{-3/2}\delta(E_a - E_b - \hbar ck)(\Psi_b, a(\boldsymbol{k}, \sigma)V(0)\Psi_a) \tag{11.7.4}$$

在 $\tau = 0$ 时的相互作用 V 由式(11.5.5)给出, 它可以用相互作用绘景算符表示, 因为它们和在 $\tau = 0$ 时的 Heisenberg 绘景算符相同:

$$V = -\sum_n \frac{e_n}{m_n c}\boldsymbol{a}(\boldsymbol{x}_n)\cdot\boldsymbol{p}_n + \sum_n \frac{e_n^2}{2m_n c^2}\boldsymbol{a}^2(\boldsymbol{x}_n) \tag{11.7.5}$$

(我们现在略去时间变量 $\tau = 0$.) 式(11.7.5)中的 $\boldsymbol{a}^2$ 项只能产生或湮灭两个光子, 或使光子数不变, 所以它在此可被略去, 余下

$$S_{b\gamma, a} = 2\pi \mathrm{i}\hbar^{-3/2}\delta(E_a - E_b - \hbar ck)\sum_n \frac{e_n}{m_n c}(\Psi_b, a(\boldsymbol{k}, \sigma)\boldsymbol{a}(\boldsymbol{x}_n)\cdot\boldsymbol{p}_n\Psi_a)$$

我们插入式(11.5.27)并用对易关系(11.5.24)和(11.5.25), 把它写为

$$S_{b\gamma, a} = \frac{2\pi \mathrm{i}\sqrt{4\pi c\hbar}}{\sqrt{2k(2\pi\hbar)^3}}\delta(E_a - E_b - \hbar ck)\boldsymbol{e}^*(\hat{\boldsymbol{k}}, \sigma)\cdot\sum_n \frac{e_n}{m_n c}(\Psi_b, \mathrm{e}^{-\mathrm{i}\boldsymbol{k}\cdot\boldsymbol{x}}\boldsymbol{p}_n\Psi_a) \tag{11.7.6}$$

当然, 动量和能量在衰变过程中是守恒的. 要看这是如何得来的, 也为了此后会明白的原因, 我们定义相对粒子坐标 $\bar{\boldsymbol{x}}_n$:

$$\bar{\boldsymbol{x}}_n \equiv \boldsymbol{x}_n - \boldsymbol{X} \tag{11.7.7}$$

此处 $\boldsymbol{X}$ 是质心坐标, M 是总质量,

$$\boldsymbol{X} \equiv \sum_n m_n \boldsymbol{x}_n/M, \quad M = \sum_n m_n \tag{11.7.8}$$

(当然, $\bar{\boldsymbol{x}}_n$ 不是独立的, 要制约于一个条件 $\sum_n m_n\bar{\boldsymbol{x}}_n = \boldsymbol{0}$.) 这样式(11.7.6)中的矩阵元可以写作

$$(\Psi_b, \mathrm{e}^{-\mathrm{i}\boldsymbol{k}\cdot\boldsymbol{x}}\boldsymbol{p}_n\Psi_a) = (\Psi_{\bar{b}}, \mathrm{e}^{-\mathrm{i}\boldsymbol{k}\cdot\bar{\boldsymbol{x}}_n}\boldsymbol{p}_n\Psi_a) \tag{11.7.9}$$

此处

$$\Psi_{\bar{b}} \equiv \mathrm{e}^{\mathrm{i}\boldsymbol{k}\cdot\boldsymbol{X}}\Psi_b \tag{11.7.10}$$

注意 $[\boldsymbol{P}, \mathrm{e}^{\mathrm{i}\boldsymbol{k}\cdot\boldsymbol{X}}] = \hbar\boldsymbol{k}\mathrm{e}^{\mathrm{i}\boldsymbol{k}\cdot\boldsymbol{X}}$, 所以算符 $\mathrm{e}^{\mathrm{i}\boldsymbol{k}\cdot\boldsymbol{X}}$ 正好具有将状态做 Galilei 变换的效应, 它将动量移动 $\hbar\boldsymbol{k}$:

$$\boldsymbol{P}\Psi_{\bar{b}} = (\boldsymbol{p}_b + \hbar\boldsymbol{k})\Psi_{\bar{b}} \tag{11.7.11}$$

动量 $\boldsymbol{P}$ 和 $\bar{\boldsymbol{x}}_n$ 以及 $\boldsymbol{p}_n$ 对易, 所以矩阵元(11.7.9)为零, 除非 $\boldsymbol{p}_b + \hbar\boldsymbol{k} = \boldsymbol{p}_a$, 因此可以写作

$$(\Psi_{\bar{b}}, \mathrm{e}^{-\mathrm{i}\boldsymbol{k}\cdot\bar{\boldsymbol{x}}_n}\boldsymbol{p}_n\Psi_a) = \delta^3(\boldsymbol{p}_b + \hbar\boldsymbol{k} - \boldsymbol{p}_a)\boldsymbol{D}_{nba}(\hat{\boldsymbol{k}}) \tag{11.7.12}$$

量子力学讲义
Lectures on Quantum Mechanics

其中 $\boldsymbol{D}_{nba}(\hat{\boldsymbol{k}})$ 不含 δ 函数. (我们将 $\boldsymbol{D}_{nba}(\hat{\boldsymbol{k}})$ 写作 $\hat{\boldsymbol{k}}$ 而非 $\boldsymbol{k}$ 的函数, 因为 $k=|\boldsymbol{k}|$ 的值已被能量守恒固定.)

为理解实际上这个函数是如何计算的, 注意在坐标空间内代表 Ψ_a 和 Ψ_b 的波函数分别取 $(2\pi\hbar)^{-3/2}\exp(\mathrm{i}\boldsymbol{p}_a\cdot\boldsymbol{X}/\hbar)\psi_a(\overline{\boldsymbol{x}})$ 和 $(2\pi\hbar)^{-3/2}\exp(\mathrm{i}\boldsymbol{p}_b\cdot\boldsymbol{X}/\hbar)\psi_b(\overline{\boldsymbol{x}})$ 形式, 所以矩阵元是

$$
\begin{aligned}
&\left(\Psi_b, \mathrm{e}^{-\mathrm{i}\boldsymbol{k}\cdot\boldsymbol{x}_n}\boldsymbol{p}_n\Psi_a\right) \\
&= (2\pi\hbar)^{-3}\int \mathrm{d}^3 X \int\left(\prod_m \mathrm{d}^3\overline{\boldsymbol{x}}_m\right)\delta^3\left(\sum_m m_m\overline{\boldsymbol{x}}_m/M\right) \\
&\quad\times \exp\left(-\mathrm{i}\boldsymbol{p}_b\cdot\boldsymbol{X}/\hbar\right)\psi_b^*(\overline{\boldsymbol{x}}) \\
&\quad\times \exp\left(-\mathrm{i}\boldsymbol{k}\cdot\overline{\boldsymbol{x}}_n\right)\exp\left(-\mathrm{i}\boldsymbol{k}\cdot\boldsymbol{X}\right)(-\mathrm{i}\hbar\nabla_n)\exp\left(\mathrm{i}\boldsymbol{p}_a\cdot\boldsymbol{X}/\hbar\right)\psi_a(\overline{\boldsymbol{x}})
\end{aligned}
$$

我们将在质心系中工作, 这样 $\boldsymbol{p}_a=\boldsymbol{0}$, 与 $\boldsymbol{X}$ 有关的因子可以合并成单一的指数. 关于 $\boldsymbol{X}$ 积分给出

$$
\begin{aligned}
\left(\Psi_b, \mathrm{e}^{-\mathrm{i}\boldsymbol{k}\cdot\boldsymbol{x}_n}\boldsymbol{p}_n\Psi_a\right) =& \delta^3\left(\boldsymbol{p}_b+\hbar\boldsymbol{k}\right)\int\left(\prod_m \mathrm{d}^3\overline{\boldsymbol{x}}_m\right)\delta^3\left(\sum_m m_m\overline{\boldsymbol{x}}_m/M\right) \\
&\times \psi_b^*(\overline{\boldsymbol{x}})\mathrm{e}^{-\mathrm{i}\boldsymbol{k}\cdot\overline{\boldsymbol{x}}_n}(-\mathrm{i}\hbar\nabla_n)\psi_a(\overline{\boldsymbol{x}})
\end{aligned}
$$

将此式与式(11.7.12)(对 $\boldsymbol{p}_a=\boldsymbol{0}$) 比较, 有

$$
\boldsymbol{D}_{nba}(\hat{\boldsymbol{k}}) = \int\left(\prod_m \mathrm{d}^3\overline{\boldsymbol{x}}_m\right)\delta^3\left(\sum_m m_m\overline{\boldsymbol{x}}_m/M\right)\psi_b^*(\overline{\boldsymbol{x}})\mathrm{e}^{-\mathrm{i}\boldsymbol{k}\cdot\overline{\boldsymbol{x}}_n}(-\mathrm{i}\hbar\nabla_n)\psi_a(\overline{\boldsymbol{x}}) \tag{11.7.13}
$$

现在回到 S 矩阵元的计算, 将式(11.7.6)、式(11.7.9)与式(11.7.12)联合在一起, 得出

$$
S_{b\gamma,a} = \delta(E_a - E_b - \hbar ck)\delta^3(\boldsymbol{p}_a - \boldsymbol{p}_b - \hbar\boldsymbol{k})M_{b\gamma,a} \tag{11.7.14}
$$

此处

$$
M_{b\gamma,a} = \frac{2\pi\mathrm{i}\sqrt{4\pi c\hbar}}{\sqrt{2k(2\pi\hbar)^3}}\boldsymbol{e}^*(\hat{\boldsymbol{k}},\sigma)\cdot\sum_n \frac{e_n}{m_n c}\boldsymbol{D}_{n\ ba}(\hat{\boldsymbol{k}}) \tag{11.7.15}
$$

在质心系中, $a\to b+\gamma$ 的衰变率 (这里 $\boldsymbol{p}_a=\boldsymbol{0}$, $\boldsymbol{p}_b=-\hbar\boldsymbol{k}$, $\hat{\boldsymbol{k}}$ 在无限小立体角元 $\mathrm{d}\Omega$ 内) 由式(8.2.13)给出:

$$
\mathrm{d}\Gamma = \frac{1}{2\pi\hbar}|M_{\beta,\alpha}|^2\mu\hbar k\mathrm{d}\Omega \tag{11.7.16}
$$

此处 μ 由式 (8.2.11) 给出, 在通常情况 ($E_b \approx Mc^2 \gg \hbar ck$) 下, 有

$$
\mu \equiv \frac{E_b\hbar ck}{c^2(E_a + \hbar ck)} \approx \frac{\hbar k}{c} \tag{11.7.17}
$$

347

在式(11.7.16)中用式(11.7.15)和式(11.7.17), 给出

$$\mathrm{d}\Gamma(\hat{\boldsymbol{k}}, \sigma) = \frac{k}{2\pi\hbar} \left| \boldsymbol{e}^*(\hat{\boldsymbol{k}}, \sigma) \cdot \sum_n \frac{e_n}{m_n c} \boldsymbol{D}_{nba}(\hat{\boldsymbol{k}}) \right|^2 \mathrm{d}\Omega \tag{11.7.18}$$

当光子偏振不被测量时, 跃迁率是对 σ 的求和, 用式(11.5.23), 它是

$$\mathrm{d}\Gamma(\hat{\boldsymbol{k}}) \equiv \sum_\sigma \mathrm{d}\Gamma(\hat{\boldsymbol{k}}, \sigma)$$

$$= \frac{k}{2\pi\hbar} \sum_{n,m,i,j} \frac{e_n e_m}{m_n m_m c^2} \boldsymbol{D}_{nabi}(\hat{\boldsymbol{k}}) \boldsymbol{D}^*_{mabj}(\hat{\boldsymbol{k}}) \left(\delta_{ij} - \hat{k}_i \hat{k}_j \right) \mathrm{d}\Omega \tag{11.7.19}$$

经常有可能对此结果做很大的简化. 在跃迁中发射的能量 $\hbar ck$ 的典型值约为 e^2/r, 此处 r 是粒子到质心的典型距离. 因此在式(11.7.12)和式(11.7.13)中的指数 $\exp(-\mathrm{i}\boldsymbol{k} \cdot \boldsymbol{x}_n)$ 的数量级是 $kr \approx e^2/(\hbar c) \approx 1/137$. 因为它很小, 故若 $\boldsymbol{D}_{nab}$ 不为零, 则将式(11.7.13)中指数 $\exp(-\mathrm{i}\boldsymbol{k} \cdot \overline{\boldsymbol{x}}_n)$ 的变量设为零是一个好的近似, 这样此处有

$$\boldsymbol{D}_{nab}(\hat{\boldsymbol{k}}) = (b|\boldsymbol{p}_n|a) \tag{11.7.20}$$

约化矩阵元 $(b|\boldsymbol{p}_n|a)$ 由式(11.7.12)定义, 就是没有 δ 函数的 $\boldsymbol{p}_n$ 的矩阵元:

$$(\Psi_{\overline{b}}, \boldsymbol{p}_n \Psi_a) = \delta^3(\boldsymbol{p}_a - \boldsymbol{p}_a - \hbar\boldsymbol{k})(b|\boldsymbol{p}_n|a) \tag{11.7.21}$$

在坐标空间计算中, 有

$$(b|\boldsymbol{p}_n|a) = \int \left(\prod_m \mathrm{d}^3 \overline{x}_m \right) \delta^3 \left(\sum_m m_m \overline{\boldsymbol{x}}_m / M \right) \psi_b^*(-\mathrm{i}\hbar\nabla_n)\psi_a(\overline{\boldsymbol{x}}) \tag{11.7.22}$$

因为约化矩阵元现在与方向 $\hat{\boldsymbol{k}}$ 无关, 故由式(11.7.19)明显地给出跃迁率角分布:

$$\mathrm{d}\Gamma(\hat{\boldsymbol{k}}) = \frac{k}{2\pi\hbar} \sum_{n,m,i,j} \frac{e_n e_m}{m_n m_m c^2} (b|p_{ni}|a)(b|p_{mj}|a)^* \left(\delta_{ij} - \hat{k}_i \hat{k}_j \right) \mathrm{d}\Omega \tag{11.7.23}$$

我们可以将式(11.7.19)对方向 $\hat{\boldsymbol{k}}$ 积分, 得到总辐射跃迁率

$$\Gamma = \frac{4k}{3\hbar} \left| \sum_n \frac{e_n}{m_n c} (b|\boldsymbol{p}_n|a) \right|^2 \tag{11.7.24}$$

我们在之前看到过这个公式, 只是形式有所不同, 它涉及坐标, 而非动量的矩阵元. 为看到它们的联系, 注意

$$[H_{0\,\mathrm{mat}}, \overline{\boldsymbol{x}}_n] = -\mathrm{i}\hbar \left(\frac{\boldsymbol{p}_n}{m_n} - \frac{\boldsymbol{P}}{M} \right)$$

因为在质心系中, $\boldsymbol{P}\varPsi_a = 0$, 所以我们可以弃去右边括号中的第二项, 将式(11.7.22)中的矩阵元写为

$$(\varPsi_{\bar{b}}, \boldsymbol{p}_n \varPsi_a) = \frac{\mathrm{i}m_n}{\hbar} (\varPsi_{\bar{b}}, [H_{0\mathrm{mat}}, \bar{\boldsymbol{x}}_n]\varPsi_a) = \frac{\mathrm{i}m_n}{\hbar}(E_{\bar{b}} - E_a)(\varPsi_{\bar{b}}, \bar{\boldsymbol{x}}_n \varPsi_a)$$

因为态 $\varPsi_{\bar{b}}$ 有动量 $\boldsymbol{p}_b + \hbar\boldsymbol{k} = \boldsymbol{p}_a = 0$, 故它的能量 $E_{\bar{b}}$ 并不精确等于 E_b, 而等于 E_b 减去真实的反冲动能 $(\hbar k)^2/(2M)$. 在任何非相对论系统中, 这个反冲能量与能量劈裂 $E_b - E_a = \hbar ck$ 相比是很小的, 因为 $E_b - E_a \ll Mc^2$. 因此我们可以取 $E_{\bar{b}} - E_a \approx \hbar ck$, 这样, 有

$$(\varPsi_{\bar{b}}, \bar{\boldsymbol{p}}_n \varPsi_a) = \mathrm{i}ckm_n (\varPsi_{\bar{b}}, \bar{\boldsymbol{x}}_n \varPsi_a) \tag{11.7.25}$$

当然, 动量在此仍是守恒的, 所以我们可以写作

$$(\varPsi_{\bar{b}}, \bar{\boldsymbol{x}}_n \varPsi_a) = \delta^3(\boldsymbol{p}_b + \hbar c\boldsymbol{k})(b|\bar{\boldsymbol{x}}_n|a) \tag{11.7.26}$$

用推导式(11.7.22)同样的论证, 就有

$$(b|\bar{\boldsymbol{x}}_n|a) = \int \left(\prod_m \mathrm{d}^3 \bar{x}_m\right) \delta^3\left(\sum_m m_m \bar{\boldsymbol{x}}_m/M\right) \psi_b^*(\bar{\boldsymbol{x}})\bar{\boldsymbol{x}}_n \psi_a(\bar{\boldsymbol{x}}) \tag{11.7.27}$$

这样式(11.7.24)可以写为

$$\varGamma = \frac{4\omega^3}{3c^3\hbar} \left| \sum_n e_n (b|\bar{\boldsymbol{x}}_n|a) \right|^2 \tag{11.7.28}$$

此处 $\omega \equiv ck$. 算符 $\sum_n e_n \bar{\boldsymbol{x}}_n$ 称为电偶极算符, 就像在 4.4 节中提到的, 这称为 E1 或**电偶极辐射**.

这个公式是式(1.4.5)的稍微推广, 该式是 Heisenberg 在 1925 年基于和经典带电振子辐射的类比推导的. 如在 6.5 节中讨论的, 同样的结果由 Dirac 在 1926 年重新推导, 基于经典光波的受激发射, 以及 Einstein 受激辐射与自发辐射的关系(1.2.16)的计算. 此处所给的推导始于 Dirac (1927 年)[①], 是第一个证明光子如何通过与量子化电磁场与物质系统相互作用而产生的推导.

算符 $\boldsymbol{p}_n$ 和 $\bar{\boldsymbol{x}}_n$ 是空间矢量, 因此如式(4.4.6)所示, 它们在转动下表现得如 $j = 1$ 的算符. 根据在 4.3 节中描述的角动量相加规则, 这些算符在态 $\varPsi_a$ 和 $\varPsi_{\bar{b}}$ 之间的矩阵元为零, 除非这两个态的角动量 j_a 和 j_b 满足 $|j_a - j_b| \leqslant 1 \leqslant j_a + j_b$. 并且, 在空间坐标反演下这些算符反号, 所以这些矩阵元为零, 除非态 a 和 b 有相反的宇称. 如已经提到过的, 满足选择规则 $|j_a - j_b| \leqslant 1 \leqslant j_a + j_b$, 并且态 a 和 b 有相反的宇称的跃迁称为**电偶极**, 或 E1 跃迁. 这样, 除涉及电子自旋的小的效应外, 公式(11.7.28)可以用来计算氢的单光子跃迁率, 如 E1 Lyman α 跃迁 $2\mathrm{p} \to 1\mathrm{s}$, 但不能算作 $3\mathrm{d} \to 1\mathrm{s}$ 或 $3\mathrm{d} \to 2\mathrm{p}$ 的跃迁.

① Dirac P A M. Proc. Roy. Soc. A, 1927, 114: 243.

要想计算不满足电偶极选择规则的跃迁的单光子发射率, 我们必须考虑在式(11.7.13)的指数展开中的高阶项. 假设有一个跃迁, 对它 $(\Psi_{\overline{b}}, \boldsymbol{p}_n \Psi_a)$ 和 $(\Psi_{\overline{b}}, \boldsymbol{x}_n \Psi_a)$ 均为零. 在此情况下, 我们可以考虑在式(11.7.13)的指数展开中的线性项, 因此代替式(11.7.20), 我们有

$$D_{nabi}(\hat{\boldsymbol{k}}) = -\mathrm{i} \sum_j k_j (b|\overline{x}_{nj} p_{ni}|a) \tag{11.7.29}$$

并且任意与总粒子动量对易的算符 $\mathcal{O}$ 的约化矩阵元定义为

$$(\Psi_{\overline{b}}, \mathcal{O}\Psi_a) = \delta^3(\boldsymbol{p}_b + \hbar\boldsymbol{k} - \boldsymbol{p}_a)(b|\mathcal{O}|a) \tag{11.7.30}$$

微分衰变率(11.7.19)能够写为

$$\mathrm{d}\Gamma(\hat{\boldsymbol{k}}) = \frac{k^3}{2\pi\hbar} \sum_{n,m,i,j,k,l} \frac{e_n e_m}{m_n m_m c^2} (b|\overline{x}_{nk} p_{ni}|a)(b|\overline{x}_{ml} p_{mj}|a)^* \hat{k}_k \hat{k}_l \left(\delta_{ij} - \hat{k}_i \hat{k}_j\right) \mathrm{d}\Omega \tag{11.7.31}$$

要想在方向 $\hat{\boldsymbol{k}}$ 进行积分, 我们需要公式[①]

$$\int \mathrm{d}\Omega \, \hat{k}_i \hat{k}_j \hat{k}_k \hat{k}_l = \frac{4\pi}{15} \left(\delta_{ij}\delta_{kl} + \delta_{ik}\delta_{jl} + \delta_{il}\delta_{jk}\right)$$

以及前面用过的公式

$$\int \mathrm{d}\Omega \, \hat{k}_k \hat{k}_l = \frac{4\pi}{3} \delta_{kl}$$

衰变率就是

$$\Gamma = \frac{2k^3}{15\hbar} \sum_{n,m,i,j,k,l} \frac{e_n e_m}{m_n m_m c^2} (b|\overline{x}_{nk} p_{ni}|a) (b|\overline{x}_{ml} p_{mj}|a)^* (4\delta_{ij}\delta_{kl} - \delta_{ik}\delta_{jl} - \delta_{jk}\delta_{il}) \tag{11.7.32}$$

把最后一个因子分解为对于 i 和 j、j 和 l 对称的项, 以及对于 i 和 k、j 和 l 反对称的项是有帮助的:

$$4\delta_{ij}\delta_{kl} - \delta_{ik}\delta_{jl} - \delta_{jk}\delta_{il} = \frac{3}{2}\left(\delta_{ij}\delta_{kl} + \delta_{kj}\delta_{il} - \frac{2}{3}\delta_{ik}\delta_{jl}\right) + \frac{5}{2}\left(\delta_{ij}\delta_{kl} - \delta_{kj}\delta_{il}\right) \tag{11.7.33}$$

相应地, 衰变率(11.7.32)可以表达为

$$\Gamma = \frac{2k^3}{15\hbar c^2} \sum_{i,j} \left(\frac{3}{4}|(b|Q_{ij}|a)|^2 + \frac{5}{4}|(b|M_{ij}|a)|^2\right) \tag{11.7.34}$$

此处

$$(b|Q_{ij}|a) = \sum_n \frac{e_n}{m_n} \left((b|\overline{x}_{ni} p_{nj}|a) + (b|\overline{x}_{nj} p_{ni}|a) - \frac{2}{3}\delta_{ij} \sum_l (b|\overline{x}_{nl} p_{nl}|a)\right) \tag{11.7.35}$$

---

① 公式的右边是 (准确到一个常数因子) 唯一的对指标对称的 Kronecker δ. 数值系数的计算可以通过缩约每一对指标, 积分必须等于 4π.

$$(b|M_{ij}|a) \equiv \sum_n \frac{e_n}{m_n} \left((b|\overline{x}_{ni} p_{nj}|a) - (b|\overline{x}_{nj} p_{ni}|a) \right) \tag{11.7.36}$$

约化矩阵元 $(b|Q_{ij}|a)$ 和 $(b|M_{ij}|a)$ 分别称为**电四极** (E2) 和**磁偶极** (M1) 矩阵元. 涉及的算符在转动下作为 $j=2$ 和 $j=1$ 的算符变换, 这样, 这些矩阵元为零, 除非以下选择规则得到满足:

$$\mathrm{E2}: |j_a - j_b| \leqslant 2 \leqslant j_a + j_b, \quad \mathrm{M1}: |j_a - j_b| \leqslant 1 \leqslant j_a + j_b \tag{11.7.37}$$

并且, 和电偶极情况不同, 这些矩阵元为零, 除非态 a 和 b 有**相同**的宇称. 这样, 如在氢中, $3\mathrm{d} \to 2\mathrm{s}$ 和 $3\mathrm{d} \to 1\mathrm{s}$ 跃迁主要由电四极矩阵元控制, 而 $3\mathrm{p} \to 2\mathrm{p}$ 跃迁得到电四极和磁偶极矩阵元二者的贡献.

E2 和 M1 矩阵元的公式(11.7.35)和(11.7.36)可以处理成更有用的形式. 和我们推导式(11.7.25)的方法相同, 容易证明 E2 矩阵元是

$$(b|Q_{ij}|a) = \mathrm{i}ck \sum_n e_n \left((b|\overline{x}_{ni} \overline{x}_{nj}|a) - \frac{1}{3}(b|\boldsymbol{x}_n^2|a) \right) \tag{11.7.38}$$

对于 M1 矩阵元我们不能用同样的技巧, 但我们注意到

$$(b|M_{ij}|a) = \sum_k \epsilon_{ijk} \sum_n \frac{e_n}{m_n} (b|L_{nk}|a) \tag{11.7.39}$$

此处 $\boldsymbol{L}_n$ 是第 n 个粒子的轨道角动量 $\boldsymbol{x}_n \times \boldsymbol{p}_n$.

到此为止, 我们忽略了带电粒子的自旋, 但是为了计算的精度, 我们也需要包括磁矩的效应. 如在式(10.3.1)中可以看出, 磁矩的效应是加上相互作用项

$$\Delta V = -\sum_n \boldsymbol{\mu}_n \cdot (\nabla \times \boldsymbol{a}(\boldsymbol{x}_n)) \tag{11.7.40}$$

此处 (对任何自旋)$\boldsymbol{\mu}_n = \mu_n \boldsymbol{S}_n / s_n$, 其中 $\boldsymbol{S}_n$ 是第 n 个粒子的自旋算符, μ_n 是第 n 个粒子的磁矩. 遵循得到式(11.7.34)同样的分析, 我们找到加这一项对式(11.7.40)的效应是将式(11.7.39)代以

$$(b|M_{ij}|a) = \sum_k \epsilon_{ijk} \sum_n \frac{e_n}{m_n} (b|L_{nk} + g_n S_{nk}|a) \tag{11.7.41}$$

此处 g_n 是回转磁比例, 一个通常量级为 1 的无量纲的常量, 由 $\mu_n = e_n g_n s_n / (2m_n)$ 定义, 换句话说, $\boldsymbol{\mu}_n = e_n g_n \boldsymbol{S}_n / (2m_n)$ (对电子, $g = 2.002\,322\cdots$). 例如, 在总 (电子加核子) 自旋为 1 的氢原子 1s 态过渡到总自旋为 0 的 1s 态的重要跃迁 (它产生波长为 $21\,\mathrm{cm}$ 的光子) 中, 跃迁率由 M1 矩阵元控制, 这完全源自式 (11.7.41) 的第二项.

这个分析可以继续下去. 一个跃迁矩阵元不满足电偶极、电四极或磁偶极矩的选择规则时, 它可以通过在式(11.7.12)或式(11.7.13)的指数中包括进 $\boldsymbol{k}\cdot\bar{\boldsymbol{x}}_n$ 的一阶以上的项来计算. 但有一种跃迁被禁戒到 $\boldsymbol{k}\cdot\bar{\boldsymbol{x}}_n$ 的所有阶: 在态 $j_a = j_b = 0$ 之间的单光子跃迁. 这个规则从角动量沿 $\hat{\boldsymbol{k}}$ 方向的分量守恒直接得出. 当 $j_a = j_b = 0$ 时, 态 a 和 b 角动量的这个分量 (或任何分量) 必须为零, 而光子的这个分量只能取 $\hbar$ 或 $-\hbar$ 值. 这样, 例如带电无自旋介子 K^+ 衰变为带电无自旋介子 π^+ 和一个单光子是绝对禁戒的.

11.8　量子密钥分配

从古时候起人们就尝试传递信息, 其内容只能被收信人理解, 即使信息被窃听者截获也无济于事. 一个信息可以被认为是一个完整的数 m, 例如把 Morse 电码的点和画诠释为 1 和 0, 然后把得到的一整串的 1 和 0 当作二进制数处理. 加密术是一个函数, 在发信人 (Alice) 和指定收信人 (Bob) 之间协议确定, 但对于一个可能的窃听者 (Eve) 是未知的. 这个函数把信息数 m 转化为另一个正整数 $f(m)$. 如果一个加密法用过多次, Eve 通常能够推断出加密的性质, 并用频率分析法读出信息. 例如, 对英语信息, 把经常遇到的 1 和 0 序列诠释为字母 e. 为此原因, 常用的办法是让加密法依赖于经常改变的密钥, 它可以认为是另一个正整数的 k, 使得信息 m 根据密钥作为数 $f(m, k)$ 送出. 一个简单的常用方法是取 $f(m, k)$ 为乘积 km. 知道了 k, Bob 就很容易从加密的信息 km 取出信息 m, 只要除以 k 就可以了, 但是 Eve 如果不知道 k, 她就必须尝试信号 km 所有的整数分解的可能, 这需要花费一个随 km 增长的时间, 比任何幂次都要快. 但如果密钥要经常变换, Alice 和 Bob 就必须经常通信来建立新的密钥, 这些信息有可能被 Eve 截取. 量子密钥分配会击败 Eve 获取密钥的企图, 即利用量子力学的本性: 在测量任何量时, 不将状态矢量改变为此量具有确定值的状态矢量是不可能的.

在广泛使用的 BB84 协议[①]中, Alice 将密钥送给 Bob, 作为一个线性偏振光子的序列, 动量沿 3-方向, 偏振矢量为

$$\boldsymbol{e} = (\cos\zeta, \sin\zeta, 0)$$

此处 ζ 为各种角度. Alice 用角度 ζ 的值代表 1 和 0, 但有两种模式, 她可以随意为每

---

① Bennett C H, Brassard G//Proceedings of the IEEE International Conference on Computers, Systems, and Signal Processing, Bangalore, India, New York, 1984: 175-179.

一个相继的光子选择模式; 在模式 I, 0 和 1 相应用正交偏振矢量 $\zeta = 0$ 和 $\zeta = \pi/2$ 代表, 在模式 II, 0 和 1 相应用不同的正交偏振矢量 $\zeta = \pi/4$ 和 $\zeta = 3\pi/4$ 代表. (总结在表 11.1 中.) 接收到光子后, Bob 随意选择模式来设定他的分析器: 在模式 I, 他选择测量 $\zeta = 0$ 或 $\zeta = \pi/2$(例如, 设定他的分析器, 使所有 $\zeta = 0$ 的光子通过, 所有 $\zeta = \pi/2$ 的光子被阻止); 而在模式 II, Bob 选择测量 $\zeta = \pi/4$ 或 $\zeta = 3\pi/4$. 如果 Alice 送出在某个模式的光子, 而 Bob 用同一个模式分析它的偏振, Bob 就找到 Alice 所用的 ζ, 而记录下相同的 1 或 0, 如 Alice 所打算的那样. 但如果 Alice 用模式 I 而 Bob 偏偏用了模式 II, 则他观察到偏振角 $\zeta = \pi/4$ 或 $\zeta = 3\pi/4$, 各自有 50% 概率如式(11.6.23)给出的, 所以他记录下 1 或 0, 50% 概率如 Alice 所打算的. 如果 Alice 用模式 II 选择偏振而 Bob 用模式 I 测量偏振, 结果是一样的. 对每一个光子, 有 50% 概率 Alice 和 Bob 用不同的模式. 如果他们这样用, 有 50% 的概率 Bob 会记录相同的 1 或 0 如 Alice 发出的, 这样, Bob 所记录的二进制数的 25% 会是错的. 为了除去错误, 在所有的光子都被送出和记录之后, Bob 和 Alice 核对他们所用模式的笔记 (用可以传来传去的信息, 不用加密), 然后他们弃去那 50% 他们用了不同的选择和分析光子偏振的模式的二进制数. 导致的二进制数串, Alice 和 Bob 所拥有的都相同, 就是新的密钥.

表 11.1　BB84 协议

模式	二进制数	ζ
I	0	0
	1	$\pi/2$
II	0	$\pi/4$
	1	$3\pi/4$

若截获了 Alice 送给 Bob 的光子, Eve 就能够阻止这个密钥分配, 但 Eve 所要的是, Alice 和 Bob **应该**建立了一个密钥, 而这个密钥恰是 Eve 所获知的, 所以她可以秘密地读取 Alice 发给 Bob 的信息. 对 Eve 不幸的是, 尽管她可能获知 BB84 协议的全部, 但她的窃听不可避免地损毁密钥, 而这会被 Alice 和 Bob 获知[①]. Eve 窃听的唯一办法是截获 Alice 发出的光子, 测量它的偏振, 然后把具有相同偏振的替代光子送给 Bob. 但在这些进行之时, 和 Bob 一样, Eve 并不知道 Alice 在选择每一个光子偏振时用的哪种模式. 如果对某个光子 Eve 设置她的偏振分析器时用了和 Alice 送出光子不同的模式, 那么只有 50% 的概率 Eve 送给 Bob 的替代光子将有和 Alice 送出时同样的偏振. 例如, 如果 Alice 用模式 I 送出 $\zeta = \pi/2$ 的光子, 代表 1, 而 Eve 用模式 II 设置她的分析器, 她将测出 $\zeta = \pi/4$ 或 $\zeta = 3\pi/4$, 各有 50% 概率. 不论哪种偏振 Eve 都选择把光子发

---

① BB84 的安全性已有严格证明. (Shor P W, Preskill J. Phys. Rev. Lett., 2000, 85: 441.)

给 Bob, 他将记录 1 或 0, 概率均等, 不论他将分析器置于模式 I 或 II. 在这过去之后, 当 Alice 和 Bob 比较笔记时, 他们识别当 Alice 和 Bob 正好用相同模式时送出的光子, Eve 也会得知这个信息, 但这时一切都太晚了. 甚至当 Alice 和 Bob 对一个光子采用同样的模式时, 也只有 50% 概率 Eve 用了这个模式, 如果她没有用, Bob 只有 50% 概率观察到 Alice 发出的同样的偏振, 这样 Bob 从 Eve 那里接收到的密钥中, 25% 的二进制数和 Alice 理解的密钥中相应的数不匹配. 当 Alice 和 Bob 试图用相应的密钥通信时, 一般密钥不能正常工作. 例如 Alice 将一个用 m 代表的消息用一个以 k 代表的密钥加密, 而 Bob 试图用他认为的密钥, 即除以数 k' 来解密这个消息, 结果 mk/k' 将典型地不是整数. 即使它是整数, 以及这个数代表一个可能的消息, Alice 和 Bob 通过比较部分密钥并观察到 25% 的数不相匹配, 也能侦察出 Eve 在窃听. Eve 只是在阻止构造一个密钥时取得成功, 并非在秘密地获知一个 Alice 和 Bob 使用的密钥.

习题

1. 计算在氢的跃迁 3d → 2p 以及 2p → 1s 中光子的发射率, 给出公式和数值. 你可以用以下事实: 质子比电子质量大得多, 在这些过程中发射光子的波长比原子大小要大得多, 并忽略自旋.

2. 在氢 4f 态到 3s, 3p 和 3d 态的衰变中光子波数的什么幂次出现在衰变率中?

3. 考虑实标量场 $\varphi(\boldsymbol{x}, t)$ 理论, 它和一组坐标为 $\boldsymbol{x}_n$ 的粒子相互作用. 取 Lagrange 量为

$$L(t) = \frac{1}{2} \int \mathrm{d}^3 x \left(\left(\frac{\partial \varphi(\boldsymbol{x}, t)}{\partial t} \right)^2 - c^2 \left(\nabla \varphi(\boldsymbol{x}, t) \right)^2 - \mu^2 \varphi^2(\boldsymbol{x}, t) \right)$$
$$- \sum_n g_n \varphi(\boldsymbol{x}_n(t), t) + \sum_n \frac{m_n}{2} \left(\dot{\boldsymbol{x}}_n(t) \right)^2 - V(\boldsymbol{x}(t))$$

其中 μ, m_n 和 g_n 是实参数, V 是粒子坐标差分的实局域函数.

(1) 求场方程和 φ 的对易规则.

(2) 求全系统的 Hamilton 量.

(3) 在相互作用绘景中, 将 φ 用标量场量子的产生算符和湮灭算符表示.

(4) 计算这些量子的能量和动量.

(5) Hamilton 量的物质部分 (即只和坐标 $\boldsymbol{x}_n$ 及其正则共轭有关的 Hamilton 量部分) 的本征态之间的跃迁导致 φ 量子发射, 给出单位立体角的发射率的一般公式.

(6) 当发射量子的波长比初始和最终粒子系统的大小大得多时, 将公式对立体角积分. 这些跃迁的选择规则是什么?

4. 将相干态 Φ_A 表示为确定光子数态(11.6.7)的叠加.

第 12 章

纠缠

量子力学有一个令人困惑的离奇之处. 也许它最离奇的性质就是纠缠, 这是描述甚至扩展到宏观距离的系统的需要, 其方式和经典概念不相洽合.

12.1 纠缠的佯谬

Einstein 从一开始就抗拒量子力学能提供现实的完全描述这一想法. 他的这种保留总结在与 Boris Podolsky (1886~1966) 和 Nathan Rosen (1909~1955) 合写的 1935 年论文中[①]. 他们考虑一个实验, 两个坐标为 x_1 和 x_2、动量为 p_1 和 p_2 的粒子沿 x 轴运动, 它们产生在可观测量 $x_1 - x_2$ 和 $p_1 + p_2$ 的本征态中: 具体地, $p_1 + p_2$ 有本征值零, 而

[①] Einstein A, Podolsky B, Rosen N. Phys. Rev., 1935, 47: 777.

$x_1 - x_2 = x_0$, 其中 x_0 是一个宏观大的长度, 比粒子 1 和 2 可以彼此施加任何影响的距离要大得多. 量子力学本身对此没有设置障碍, 因为这两个可观测量对易. 实际上, 我们可以容易地写出这个状态的波函数

$$\psi(x_1, x_2) = \int_{-\infty}^{+\infty} dk \exp(ik(x_1 - x_2 + x_0)) = 2\pi\delta(x_1 - x_2 + x_0) \tag{12.1.1}$$

当然, 这个波函数是不能归一化的, 但这正是连续体波函数通常的问题; 波函数(12.1.1)可以用归一化波函数任意接近地近似, 例如

$$\exp(-\kappa(x_1 + x_2)^2) = \int_{-\infty}^{+\infty} dk \exp(ik(x_1 - x_2 + x_0)) \exp\left(-L^2(k - k_0)^2\right)$$

其中 L 和 κ 都很小.

Einstein 等人想象一个研究粒子 1 的观测者, 测量了它的动量, 得到 $\hbar k_1$. 粒子 2 的动量就为已知的, 为 $-\hbar k_1$, 有任意小的不确定性. 但假设观测者测量了粒子 1 的位置, 得到位置 x_1, 在此情况下粒子 2 的位置就应是 $x_1 + x_0$. 我们知道测量粒子 1 的位置会干扰它的动量, 反之亦然, 因此不论最后做的是什么测量, 它总会和早些时候的测量结果相干扰. 但是这些测量如何与粒子 2 的性质相干扰, 如果粒子相距很远呢? 如果它们不相干扰, 我们能不能做出, 粒子 2 既有确定的动量 $-\hbar k_1$ 又有确定的位置 $x_1 + x_0$, 和这两个可观测量不对易相矛盾的结论吗?

Einstein 等人没有讲清楚如何构造这样一个状态, 但是人们可以想象, 两个粒子开始时被束缚在静止的某种不稳定的分子中, 它们以大小相等但方向相反的动量自由地向相反的方向飞去, 直到它们的距离达到宏观的大. 如果它们的初始距离为 $x_1^{\text{init}} - x_2^{\text{init}}$, 那么 (假设粒子有相同的质量) 在时间 t 之后它们的距离将是

$$x_1 - x_2 = x_1^{\text{init}} - x_2^{\text{init}} + (p_1 - p_2)t/m$$

我们实际上不能取初始距离 $x_1^{\text{init}} - x_2^{\text{init}}$ 为确切值, 因为这样它们的相对动量 $p_1 - p_2$ 将完全不确定, 不久就使距离 $x_1 - x_2$ 也不确定. 如果我们取初始位置的不确定性为 $\Delta|x_1^{\text{init}} - x_2^{\text{init}}| = L$, 那么相对动量的不确定性量级至少为 $\hbar/L$, 在时间 t 之后距离的不确定性至少为量级 $L + \hbar t/mL$. 它在 $L = \sqrt{\hbar t/m}$ 时有极小值, $x_1 - x_2$ 的不确定性量级也是 $\sqrt{\hbar t/m}$. 但是这不能消除 Einstein-Podolsky-Rosen 佯谬, 因为我们能以任何我们愿意要的准确度测量 k_2, 我们能以精确度 $\sqrt{\hbar t/m}$ 测量 x_2, 这些精确度的乘积可以如我们所愿的小, 与不确定性原理矛盾.

Einstein, Rosen 和 Podolsky 提出的问题经过 David Bohm[①](1917~1992) 变得更为尖锐. 一个总角动量为零的粒子衰变为两个粒子, 自旋均为 1/2. 用 Clebsch-Gordan

---

① Bohm D. Quantum Theory. New York: Prentice-Hall, Inc., 1951: Chapter XXII; Bohm D, Aharonov Y. Phys. Rev., 1957, 108: 1070.

系数将两个 1/2 自旋组合为零自旋, 自旋态矢量就是

$$\Psi = \frac{1}{\sqrt{2}}(\Psi_{\uparrow\downarrow} - \Psi_{\downarrow\uparrow}) \tag{12.1.2}$$

此处两个箭头表示两个粒子自旋 z 分量的符号. 很长时间后, 粒子相距很远, 此时对粒子 1 的自旋分量进行测量. 如果测量粒子 1 的自旋 z 分量, 它的值必须是 $\hbar/2$ 或 $-\hbar/2$, 这样粒子 2 的自旋 z 分量相应地分别具有值 $-\hbar/2$ 或 $\hbar/2$. Bohm 推理说, 因为两个粒子相距如此之远, 以至测量粒子 1 的自旋不会影响粒子 2 的自旋, 所以那个 z 分量可以一直都在. 但是观测者也可以不测量粒子 1 的自旋 z 分量而测量它的 x 分量, 用同样的推理, 如果粒子 1 的自旋 x 分量被测为 $\hbar/2$ 或 $-\hbar/2$, 这样粒子 2 的自旋 x 分量必须一直是 $-\hbar/2$ 或 $\hbar/2$, 对于自旋 y 分量也是如此. 按照这样的推理, 粒子 2 自旋的三个分量都有确定值, 但这是不可能的, 因为这些自旋分量不对易.

Bohm 假设或者量子力学的内容, 或者它的诠释需要改变. 今天多数的物理学家对于 Einstein-Podolsky-Rosen 佯谬或者 Bohm 佯谬的反应是: 接受 "不论两个粒子相距有多远, 一个粒子性质的测量定会影响另一个粒子的波函数" 的观点. 虽然两个粒子相距很远, 但是它们的性质纠缠在一起.

量子力学中纠缠的存在自然引起问题, 一个纠缠系统的孤立部分的测量是否可以用来对另一个孤立部分瞬时传送消息, 不受光速有限设定的限制. 不, 它不能. 在 Einstein-Podolsky-Rosen 案例下, 粒子 2 的观测者没有任何办法知道它是否有确定的动量: 如果她测量动量, 她得到某个值, 但她不知道她是否会得到另一个值. 甚至实验重复了很多次, 粒子 2 的观测者也不能说出在粒子 1 上面做过什么测量. 她可以得到粒子 2 不同的动量值, 但她不知道这究竟是因为粒子 1 的位置被测量了, 还是因为粒子 1 开始就是动量本征态的叠加.

这可以用一般的语言来讨论, 最简单的是 Bohm 所考虑的系统, 其中被测量的量只取分立值. 如在 3.7 节中描述的, 量子力学状态的决定性的幺正演化, 或是在测量中产生的概率性的变化, 或是在幺正演化和测量的任何组合, 将产生密度矩阵 $\rho \mapsto \rho'$ 的线性变换, 它取一般的形式

$$\rho'_{M'N'} = \sum_{M,N} K_{M'M,N'N}\, \rho_{MN} \tag{12.1.3}$$

此处 K 是某个与 ρ 无关的 c 数核. 要对于有单位迹的任何 ρ 得到有单位迹的 ρ', 充分和必要条件是

$$\sum_{M'} K_{M'M,M'N} = \delta_{MN} \tag{12.1.4}$$

假设一个系统包含两个孤立的部分: 子系统 I 和 II, 将指标 M, N 等置换为复合指标 ma, nb 等, 第一个字母标示系统 I 的状态, 第二个字母标示系统 II 的状态. 纠缠的可能

一般不允许密度矩阵因子化为两个子系统的密度矩阵乘积 $\rho^{(\mathrm{I})}_{mn}\rho^{(\mathrm{II})}_{ab}$, 但如果子系统是孤立的 (没有物理影响或信息在它们间流过), 则式(12.1.3)中的核可因子化:

$$K_{m'a'ma,n'b'nb} = K^{(\mathrm{I})}_{m'm,n'n} K^{(\mathrm{II})}_{a'a,b'b} \tag{12.1.5}$$

此处 $K^{(\mathrm{I})}$ 和 $K^{(\mathrm{II})}$ 是描述在子系统 I 和 II 中密度矩阵变换的核, 如果另一个子系统不存在的话. 例如, 我们在子系统 I 中做了某个物理量的测量, 它在完备正交归一态的集合上取确定值 $\Phi^{(\mathrm{I})}_\mu$, 也在子系统 II 中做了某个物理量的测量, 它在完备正交归一态的集合上取确定值 $\Phi^{(\mathrm{II})}_\alpha$, 这将整个系统置于具有以下投影算符的状态之下:

$$(\Lambda_{\mu\alpha})_{m'a',ma} = \left(\Lambda^{(\mathrm{I})}_\mu\right)_{m'm} \left(\Lambda^{(\mathrm{II})}_\alpha\right)_{a'a}$$

此处 $\Lambda^{(\mathrm{I})}_\mu$ 和 $\Lambda^{(\mathrm{II})}_\alpha$ 分别是投影到 $\Phi^{(\mathrm{I})}_\mu$ 和 $\Phi^{(\mathrm{II})}_\alpha$ 态上的投影算符. 根据式(3.7.2), 联合测量的效应是以下核的映射:

$$\begin{aligned}
K_{m'a'ma,n'b'nb} &= \sum_{\mu,\alpha} (\Lambda_\mu)_{m'a',ma} (\Lambda_\alpha)_{nb,n'b'} \\
&= \left(\sum_\mu \left(\Lambda^{(\mathrm{I})}_\mu\right)_{m'm} \left(\Lambda^{(\mathrm{I})}_\mu\right)_{nn'} \right) \left(\sum_\alpha \left(\Lambda^{(\mathrm{II})}_\alpha\right)_{a'a} \left(\Lambda^{(\mathrm{II})}_\alpha\right)_{bb'} \right)
\end{aligned} \tag{12.1.6}$$

在通常状态矢量的幺正变换情况下, 核的因子化作为孤立系统性质的结果, 由此得出

$$H_{ma,nb} = H^{(\mathrm{I})}_{mn}\delta_{ab} + H^{(\mathrm{II})}_{ab}\delta_{mn}$$

因为在式(3.7.3)中每一个指数的两项对易, 和的指数是指数的乘积, 故在这里由式(3.7.3)给出

$$\begin{aligned}
K_{m'a'ma,n'b'nb} &= \left(\left(\exp(-\mathrm{i}H^{(\mathrm{I})}(t'-t)/\hbar)\right)_{m'm} \left(\exp(+\mathrm{i}H^{(\mathrm{I})}(t'-t)/\hbar)\right)_{n'n} \right) \\
&\quad \times \left(\left(\exp(-\mathrm{i}H^{(\mathrm{II})}(t'-t)/\hbar)\right)_{a'a} \left(\exp(+\mathrm{i}H^{(\mathrm{II})}(t'-t)/\hbar)\right)_{b'b} \right)
\end{aligned} \tag{12.1.7}$$

式(12.1.6)和式(12.1.7)显示出孤立子系统的因子分解(12.1.5)的特征. 同样的因子分解对于任何间隔以幺正演化的测量组合也能应用.

现在, 因为 $K^{(\mathrm{I})}$ 和 $K^{(\mathrm{II})}$ 是可能的物理核, 每一个满足类似式(12.1.4)的式子:

$$\sum_{m'} K^{(\mathrm{I})}_{m'm,m'n} = \delta_{mn}, \quad \sum_{a'} K^{(\mathrm{II})}_{a'a,a'b} = \delta_{ab} \tag{12.1.8}$$

在没有关于子系统 II 的信息情况下, 子系统 I 的密度矩阵是

$$\rho^{(\mathrm{I})}_{mn} = \sum_a \rho_{ma,na} \tag{12.1.9}$$

如在 3.3 节中提到的, 它源于以下的要求: 算符 $A_{ma,nb} = A_{mn}^{(I)}\delta_{ab}$ 仅非平庸地作用在子系统 I 上, 这个算符所代表的任何物理量的平均值 $\mathrm{Tr}(\rho A)$ 必须等于 $\mathrm{Tr}(\rho^{(I)}A^{(I)})$. 根据式(12.1.3)、式(12.1.5) 式(12.1.9), 它的演化由下式给出:

$$\rho_{m'n'}^{(I)} \mapsto \rho_{m'n'}^{'(I)} = \sum_{a'}\sum_{m,n,a,b} K_{m'm,n'n}^{(I)} K_{a'a,b'b}^{(II)} \rho_{ma,nb}$$

用关于 $K^{(II)}$ 的表达式(12.1.8)和式(12.1.9), 这就是

$$\rho_{m'n'}^{'(I)} = \sum_{m,n} K_{m'm,n'n}^{(I)} \rho_{mn}^{(I)} \tag{12.1.10}$$

这样, $\rho^{(I)}$ 的演化与 $\rho^{(II)}$ 无关. 所以, 尽管在纠缠态中有可能通过在子系统 II 中进行测量或改变它的 Hamilton 量来改变子系统 I 的状态矢量, 但这不能改变子系统 I 的密度矩阵. 子系统 I 的密度矩阵此后的演化以及在此子系统中的任何测量结果仅依赖于密度矩阵, 所以纠缠不产生在一定距离上瞬时通信的可能性.

但这是量子力学的一个特殊性质, 从以下事实引起: 状态矢量的测量和 Hamilton 演化所产生的密度矩阵的映射到仅依赖密度矩阵的线性函数, 不依赖状态矢量. 任何推广量子力学的企图, 如在状态矢量的演化中引入小的非线性就要冒着在分离的观测者之间引入瞬时通信的危险[①].

当然, 根据现在的概念, 在一个子系统中的测量确实改变远处孤立子系统的状态矢量: 它正好不改变密度矩阵. 如果有办法探查状态矢量而不进行测量, 快于光速的通信就有可能. 像在 3.7 节中提到的, 纠缠现象对于任何赋予波函数或状态矢量以超过预言测量结果以外的物理意义的量子力学诠释设置了障碍.

$$* * * * *$$

在 3.3 节中描述了一个量, 即 von Neumann 熵:

$$S \equiv k_{\mathrm{B}}\mathrm{Tr}(\rho\ln\rho) = -k_{\mathrm{B}}\sum_{N}\lambda_N\ln\lambda_N \tag{12.1.11}$$

此处求和跑遍密度矩阵所有的本征值 λ_N. 对于纯态它为零, 此处 ρ 是一个投影算符, 只有一个单独的单位本征值, 其他所有本征值为零. 在其他所有情况下, 它是正恒定的.

这样定义的熵是一个有用的量, 正如在 3.3 节中证明的, 在没有缠绕时, 它是一个广延量. 如果两个孤立系统纠缠起来事情就很不同了. 特别地, 整个系统的纯态的 von Neumann 熵为零, 但个别子系统的熵不为零, 实际上二者都为正值, 而且相等. 在纯态 Ψ 中, 密度矩阵的分量为

---

① Gisin N. Helv. Phys. Acta, 1989, 62: 363; Polchinski J. Phys. Rev. Lett., 1991, 66: 397.

$$\rho_{ma,nb} = \psi_{ma}\psi_{nb}^* \tag{12.1.12}$$

此处 ψ_{ma} 是归一化态 Ψ 沿状态矢量的完备正交归一集合的分量, 其中 m 和 a 分别表示子系统 I 和 II 的状态. (这当然不是形式(3.3.42), 除非波函数本身可因子化, 即 ψ_{ma} 是一个 m 的函数乘以一个 a 的函数, 这是没有纠缠的情况.) 根据式(12.1.9), 子系统 I 的密度矩阵是

$$\rho_{mn}^{(\mathrm{I})} = \sum_a \rho_{ma,na} = (\psi\psi^\dagger)_{mn} \tag{12.1.13}$$

此处 ψ 是分量为 ψ_{ma} 的矩阵. 这样, $\rho^{(\mathrm{I})}$ 的本征值就是 $\psi\psi^\dagger$ 的本征值, 它们是正恒定的或零. 类似地, 子系统 II 的密度矩阵是

$$\rho_{ab}^{(\mathrm{II})} = \sum_m \rho_{ma,mb} = (\psi^\dagger\psi)_{ba} \tag{12.1.14}$$

这样, 它的本征值就是矩阵 $\psi^\dagger\psi$ 的本征值, 也是正恒定的或零. 这两个矩阵有相同的非零本征值, 因为如果 $\psi\psi^\dagger u = \lambda u$, 用 $\psi^\dagger$ 乘, 我们就得到 $(\psi^\dagger\psi)(\psi^\dagger u) = \lambda(\psi^\dagger u)$. 如果 $\lambda \neq 0$ 而 $\psi^\dagger u$ 不能为零, 则每一个 $\psi\psi^\dagger$ 的非零本征值都是 $\psi^\dagger\psi$ 的本征值. 用同样的方式, 如果 $\psi^\dagger\psi v = \lambda' v$ 且 $\lambda' \neq 0$, 就有 $(\psi\psi^\dagger)(\psi v) = \lambda'(\psi v)$, 这样每一个 $\psi^\dagger\psi$ 的非零本征值就都是 $\psi\psi^\dagger$ 的本征值. 因为 $\rho^{(\mathrm{I})}$ 和 $\rho^{(\mathrm{II})}$ 的非零本征值相同, 故它们的熵相同. 这个共同的值称为系统的**纠缠熵**.

12.2 Bell 不等式

也有可能假设, 在量子力学中遇到的离奇的纠缠可以对量子力学加以修改而避免, 修改需引入定域隐变量. 假设在 Bohm 描述的状况中, 二电子态不是式(12.1.2), 而代以可能状态 (以某个参量或参量集表征, 记为 λ) 的系综, 这样粒子 1 的自旋在任何方向 $\hat{\boldsymbol{a}}$ 的分量的值就是一个确定的函数 $(\hbar/2)S(\hat{\boldsymbol{a}}, \lambda)$, 此处 $S(\hat{\boldsymbol{a}}, \lambda)$ 只能取值 ± 1. 经验以及角动量守恒告诉我们, 粒子 2 的自旋在同一方向的分量是 $-(\hbar/2)S(\hat{\boldsymbol{a}}, \lambda)$. 参量 λ 在两个粒子彼此分离之前就已固定, 所以不涉及非定域问题, 但为了模仿量子力学的概率特征, λ 的值是随机的, 有概率密度 $\rho(\lambda)$, 只需假设 $\rho(\lambda) \geqslant 0$ 和 $\int \rho(\lambda)\mathrm{d}\lambda = 1$ 即可. 两个粒子自旋的关联可以表示为粒子 1 的自旋 $\hat{\boldsymbol{a}}$ 分量与粒子 2 的自旋 $\hat{\boldsymbol{b}}$ 分量乘积的平均值:

$$\langle (\boldsymbol{s}_1 \cdot \hat{\boldsymbol{a}})(\boldsymbol{s}_2 \cdot \hat{\boldsymbol{b}}) \rangle = -\frac{\hbar^2}{4} \int \mathrm{d}\lambda\, \rho(\lambda) S(\hat{\boldsymbol{a}}, \lambda) S(\hat{\boldsymbol{b}}, \lambda) \tag{12.2.1}$$

此处 $\hat{\boldsymbol{a}}$ 和 $\hat{\boldsymbol{b}}$ 是两个任意的单位矢量. 在量子力学中粒子 1 的自旋是一个算符, 满足[①]

$$(\boldsymbol{s}_1 \cdot \hat{\boldsymbol{a}})(\boldsymbol{s}_1 \cdot \hat{\boldsymbol{b}}) = \frac{\hbar^2}{4} \hat{\boldsymbol{a}} \cdot \hat{\boldsymbol{b}} + \mathrm{i} \frac{\hbar}{2} (\hat{\boldsymbol{a}} \times \hat{\boldsymbol{b}}) \cdot \boldsymbol{s}_1 \tag{12.2.2}$$

这样在态(12.1.2)中, $\boldsymbol{s}_2 = -\boldsymbol{s}_1$, $\boldsymbol{s}_1$ 有零期望值, 自旋分量乘积的平均是

$$\langle (\boldsymbol{s}_1 \cdot \hat{\boldsymbol{a}})(\boldsymbol{s}_2 \cdot \hat{\boldsymbol{b}}) \rangle_{\mathrm{QM}} = -\frac{\hbar^2}{4} \hat{\boldsymbol{a}} \cdot \hat{\boldsymbol{b}} \tag{12.2.3}$$

要构造函数 S 和概率密度 ρ 以使式(12.2.1)和式(12.2.3)对任何一对方向 $\hat{\boldsymbol{a}}$ 和 $\hat{\boldsymbol{b}}$ 相等是没有困难的. 所以仅研究在两个方向的自旋分量不可能在实验中区别隐变量理论和量子力学. 但 John Bell (1928~1990) 的一篇文章[②]得以证明, 当我们考虑自旋在三个不同方向 $\hat{\boldsymbol{a}}$, $\hat{\boldsymbol{b}}$ 和 $\hat{\boldsymbol{c}}$ 的分量时, 二者的冲突仍存在. 在此情况下, 关联函数(12.2.1)满足一个恒等式, 它在一般情况下不为量子力学期望值(12.2.3)所满足.

要看到这点, 根据上面假设的隐变量理论的一般性质, 有

$$\langle (\boldsymbol{s}_1 \cdot \hat{\boldsymbol{a}})(\boldsymbol{s}_2 \cdot \hat{\boldsymbol{b}}) \rangle - \langle (\boldsymbol{s}_1 \cdot \hat{\boldsymbol{a}})(\boldsymbol{s}_2 \cdot \hat{\boldsymbol{c}}) \rangle = -\frac{\hbar^2}{4} \int \rho(\lambda) \mathrm{d}\lambda \left(S(\hat{\boldsymbol{a}}, \lambda) S(\hat{\boldsymbol{b}}, \lambda) - S(\hat{\boldsymbol{a}}, \lambda) S(\hat{\boldsymbol{c}}, \lambda) \right) \tag{12.2.4}$$

因为 $S^2(\hat{\boldsymbol{b}}, \lambda) = 1$, 故上式可以写为

$$\langle (\boldsymbol{s}_1 \cdot \hat{\boldsymbol{a}})(\boldsymbol{s}_2 \cdot \hat{\boldsymbol{b}}) \rangle - \langle (\boldsymbol{s}_1 \cdot \hat{\boldsymbol{a}})(\boldsymbol{s}_2 \cdot \hat{\boldsymbol{c}}) \rangle = -\frac{\hbar^2}{4} \int \rho(\lambda) \mathrm{d}\lambda\, S(\hat{\boldsymbol{a}}, \lambda) S(\hat{\boldsymbol{b}}, \lambda) \left(1 - S(\hat{\boldsymbol{b}}, \lambda) S(\hat{\boldsymbol{c}}, \lambda) \right) \tag{12.2.5}$$

一个积分的绝对值最多等于绝对值的积分, 这样, 有

$$\left| \langle (\boldsymbol{s}_1 \cdot \hat{\boldsymbol{a}})(\boldsymbol{s}_2 \cdot \hat{\boldsymbol{b}}) \rangle - \langle (\boldsymbol{s}_1 \cdot \hat{\boldsymbol{a}})(\boldsymbol{s}_2 \cdot \hat{\boldsymbol{c}}) \rangle \right| \leqslant \frac{\hbar^2}{4} \int \rho(\lambda) \mathrm{d}\lambda \left(1 - S(\hat{\boldsymbol{b}}, \lambda) S(\hat{\boldsymbol{c}}, \lambda) \right)$$

所以

$$\left| \langle (\boldsymbol{s}_1 \cdot \hat{\boldsymbol{a}})(\boldsymbol{s}_2 \cdot \hat{\boldsymbol{b}}) \rangle - \langle (\boldsymbol{s}_1 \cdot \hat{\boldsymbol{a}})(\boldsymbol{s}_2 \cdot \hat{\boldsymbol{c}}) \rangle \right| \leqslant \frac{\hbar^2}{4} + \langle (\boldsymbol{s}_1 \cdot \hat{\boldsymbol{b}})(\boldsymbol{s}_2 \cdot \hat{\boldsymbol{c}}) \rangle \tag{12.2.6}$$

这就是原始 Bell 不等式.

重要的事情是, 至少对于某些方向 $\hat{\boldsymbol{a}}$, $\hat{\boldsymbol{b}}$ 和 $\hat{\boldsymbol{c}}$ 的选择这个不等式**不被量子力学关联函数(12.2.3)满足**. 例如, 假定我们取

$$\hat{\boldsymbol{b}} \cdot \hat{\boldsymbol{a}} = 0, \quad \hat{\boldsymbol{c}} = (\hat{\boldsymbol{a}} + \hat{\boldsymbol{b}})/\sqrt{2} \tag{12.2.7}$$

[①] 理解此点最容易的办法是, 回顾自旋 1/2 的自旋算符 $\boldsymbol{s}$ 以 $(\hbar/2)\boldsymbol{\sigma}$ 代表, $\boldsymbol{\sigma}$ 的分量是 Pauli 矩阵(4.2.18). 直接计算表明, 这些矩阵满足乘法规则 $\sigma_i \sigma_j = \delta_{ij} I + \mathrm{i} \sum_k \epsilon_{ijk} \sigma_k$, 由此立即得出式(12.2.2).

[②] Bell J S. Physics, 1964, 1: 195. 此杂志不再出版; Bell 的文章可见文集 *Quantum Theory and Measurement* (eds. J. A. Wheeler, W. H. Zurek, Princeton University Press, Princeton, NJ, 1983). 述评请见 N. Brunner, D. Cavalcanti, S. Pironio, V. Scarani 和 S. Wehner(*Rev. Mod. Phys.*, 2014, 86: 419).

这样, 对于量子力学关联函数(12.2.3), 不等式(12.2.6)的左边是

$$\left| \langle (\boldsymbol{s}_1 \cdot \hat{\boldsymbol{a}})(\boldsymbol{s}_2 \cdot \hat{\boldsymbol{b}}) \rangle_{\mathrm{QM}} - \langle (\boldsymbol{s}_1 \cdot \hat{\boldsymbol{a}})(\boldsymbol{s}_2 \cdot \hat{\boldsymbol{c}}) \rangle_{\mathrm{QM}} \right| = \frac{\hbar^2}{4\sqrt{2}} \tag{12.2.8}$$

而右边是

$$\frac{\hbar^2}{4} + \langle (\boldsymbol{s}_1 \cdot \hat{\boldsymbol{b}})(\boldsymbol{s}_2 \cdot \hat{\boldsymbol{c}}) \rangle_{\mathrm{QM}} = \frac{\hbar^2}{4} - \frac{\hbar^2}{4\sqrt{2}} \tag{12.2.9}$$

不用说, 量(12.2.8)是大于而不小于量(12.2.9)的. 所以测量关联函数 $\langle (\boldsymbol{s}_1 \cdot \hat{\boldsymbol{a}})(\boldsymbol{s}_2 \cdot \hat{\boldsymbol{b}}) \rangle$, $\langle (\boldsymbol{s}_1 \cdot \hat{\boldsymbol{a}})(\boldsymbol{s}_2 \cdot \hat{\boldsymbol{c}}) \rangle$ 和 $\langle (\boldsymbol{s}_1 \cdot \hat{\boldsymbol{b}})(\boldsymbol{s}_2 \cdot \hat{\boldsymbol{c}}) \rangle$ 能够提供量子力学和任何隐变量理论之间的裁定.

不只实验能够提供裁定; 它已经提供了. 由 Alain Aspect 及其合作者[①]的实验实际上检验了原始 Bell 不等式的一个推广. 考虑粒子 n 的任何量 $S_n(\hat{\boldsymbol{a}})$ (就像以 $\hbar/2$ 为单位的电子自旋分量 $\hat{\boldsymbol{a}} \cdot \boldsymbol{s}_n$), 它只取值 ± 1. 在隐变量理论中 $S_n(\hat{\boldsymbol{a}})$ 的测量值是某个参量或参量集 λ 的确定函数 $S_n(\hat{\boldsymbol{a}}, \lambda)$, 而 λ 的值在粒子分离前已经固定, 其值在 λ 到 $\lambda + \mathrm{d}\lambda$ 之间的概率为 $\rho(\lambda)\mathrm{d}\lambda$. 粒子 1 的 $S_1(\hat{\boldsymbol{a}})$ 值和粒子 2 的 $S_2(\hat{\boldsymbol{a}})$ 值的关联是以下乘积的平均:

$$\langle S_1(\hat{\boldsymbol{a}}) S_2(\hat{\boldsymbol{b}}) \rangle = \int \mathrm{d}\lambda \, \rho(\lambda) S_1(\hat{\boldsymbol{a}}, \lambda) S_2(\hat{\boldsymbol{b}}, \lambda) \tag{12.2.10}$$

考虑对于四个不同方向 $\hat{\boldsymbol{a}}, \hat{\boldsymbol{b}}, \hat{\boldsymbol{a}}'$ 和 $\hat{\boldsymbol{b}}'$ 构成的量

$$\langle S_1(\hat{\boldsymbol{a}}) S_2(\hat{\boldsymbol{b}}) \rangle - \langle S_1(\hat{\boldsymbol{a}}) S_2(\hat{\boldsymbol{b}}') \rangle + \langle S_1(\hat{\boldsymbol{a}}') S_2(\hat{\boldsymbol{b}}) \rangle + \langle S_1(\hat{\boldsymbol{a}}') S_2(\hat{\boldsymbol{b}}') \rangle$$

$$= \int \mathrm{d}\lambda \, \rho(\lambda) \left[S_1(\hat{\boldsymbol{a}}, \lambda) S_2(\hat{\boldsymbol{b}}, \lambda) - S_1(\hat{\boldsymbol{a}}, \lambda) S_2(\hat{\boldsymbol{b}}', \lambda) + S_1(\hat{\boldsymbol{a}}', \lambda) S_2(\hat{\boldsymbol{b}}, \lambda) + S_1(\hat{\boldsymbol{a}}', \lambda) S_2(\hat{\boldsymbol{b}}', \lambda) \right]$$

对任何给定的 λ, 在方括弧中的乘积 $S_1 S_2$ 只能取值 ± 1, 这样它们的和只能是[②]0, +2, 或 -2. 所以平均必须满足不等式

$$\left| \langle S_1(\hat{\boldsymbol{a}}) S_2(\hat{\boldsymbol{b}}) \rangle - \langle S_1(\hat{\boldsymbol{a}}) S_2(\hat{\boldsymbol{b}}') \rangle + \langle S_1(\hat{\boldsymbol{a}}') S_2(\hat{\boldsymbol{b}}) \rangle + \langle S_1(\hat{\boldsymbol{a}}') S_2(\hat{\boldsymbol{b}}') \rangle \right| \leqslant 2 \tag{12.2.11}$$

注意这个不等式对于比原始 Bell 不等式(12.2.6)更广泛的一类理论成立, 因为在它的推导中我们不需要用以前的假设, 对于所有的方向 $\hat{\boldsymbol{a}}$, 有 $S_2(\hat{\boldsymbol{a}}, \lambda) = -S_1(\hat{\boldsymbol{a}}, \lambda)$.

为了使不等式(12.2.11)对于区别量子力学和隐变量理论有用, 量子力学给出的左边必须破坏不等式. 要计算这个量, 我们必须指明一个特殊的实验安排. 遵循早期 Clauser 等人的实验[③], Aspect 等人测量了双光子跃迁的光子偏振关联 (在此前 Kocher

---

① Aspect A, Grangier P, Roger G. Phys. Rev. Lett., 1981, 47: 460; Aspect A, Dalibard J, Roger G. Phys. Rev. Lett., 1982, 49: 1804. 这里的讨论主要依据第二篇文章.

② 对任何 λ, 被积函数中的求和不可能取值 +4, 因为为了使前三项有值 +1, 就必须有 $S_1(\hat{\boldsymbol{a}}, \lambda) = S_2(\hat{\boldsymbol{b}}, \lambda) = -S_2(\hat{\boldsymbol{b}}', \lambda) = S_1(\hat{\boldsymbol{a}}', \lambda)$, 这就使第四项为 -1, 和就是 +2, 而不是 +4. 类似地, 对任何 λ, 被积函数中的求和不可能取值 -4, 因为为了使前三项有值 -1, 就必须有 $S_1(\hat{\boldsymbol{a}}, \lambda) = -S_2(\hat{\boldsymbol{b}}, \lambda) = S_2(\hat{\boldsymbol{b}}', \lambda) = S_1(\hat{\boldsymbol{a}}', \lambda)$, 这就使第四项为 +1, 和就是 -2, 而不是 -4.

③ Clauser J F, Horne M A, Shimony A, et al. Phys. Rev. Lett., 1969, 23: 880. 关于 Bell 不等式的各种版本及其实验验证, 请见 J. F. Clauser 和 A. Shimony (*Rep. Prog. Phys.*, 1978, 41: 1881).

和 Commins[1]研究过). 两个光子在钙原子级联衰变中发射出, 第一个光子从状态 $j=0$ 偶宇称到一个短寿命中间态 $j=1$ 奇宇称的跃迁发出, 第二个光子从中间态到另一个 $j=0$ 偶宇称的态的跃迁发出. 光子指向偏振器. 一个偏振器将光子 1 送入一个光电倍增管, 如果它有沿方向 $\hat{\boldsymbol{a}}$(和光子方向 $\hat{\boldsymbol{k}}$ 垂直) 的线性偏振, 并记录 $S_1(\hat{\boldsymbol{a}}) = +1$. 如果光子沿着与 $\hat{\boldsymbol{a}}$ 和 $\hat{\boldsymbol{k}}$ 都垂直的方向线性偏振, 则把它送入另一个光电倍增管, 并记录 $S_1(\hat{\boldsymbol{a}}) = -1$. 类似地, 另一个偏振器将光子 2 送入一个光电倍增管, 如果它有沿方向 $\hat{\boldsymbol{b}}$(和光子方向 $-\hat{\boldsymbol{k}}$ 垂直) 的线性偏振, 并记录 $S_2(\hat{\boldsymbol{b}}) = +1$. 如果光子沿着与 $\hat{\boldsymbol{b}}$ 和 $-\hat{\boldsymbol{k}}$ 都垂直的方向线性偏振, 则把它送入另一个光电倍增管, 并记录 $S_2(\hat{\boldsymbol{b}}) = -1$. 偏振器可以转动, 或者 $\hat{\boldsymbol{a}}$ 被 $\hat{\boldsymbol{a}}'$ 置换, 或者 $\hat{\boldsymbol{b}}$ 被 $\hat{\boldsymbol{b}}'$ 置换, 或者两个都置换. 因为双光子跃迁是在两个 $j=0$ 的原子态之间进行的, 跃迁振幅必须是两个偏振的标量函数, 又因为初始和最终原子态是偶宇称的, 故标量 $\hat{\boldsymbol{k}} \cdot (\boldsymbol{e}_1 \times \boldsymbol{e}_2)$ 被除去了, 这样振幅必须和 $\boldsymbol{e}_1 \cdot \boldsymbol{e}_2$ 成正比, 而光子 1 的偏振在方向 $\hat{\boldsymbol{a}}$、光子 2 的偏振在方向 $\hat{\boldsymbol{b}}$ 的概率是 $(\hat{\boldsymbol{a}} \cdot \hat{\boldsymbol{b}})^2/2$. (因子 1/2 来自以下条件: $\hat{\boldsymbol{a}}$ 的两个正交方向之和必须为 1, $\hat{\boldsymbol{b}}$ 也一样.) 对于四种可能性 $S_1(\hat{\boldsymbol{a}}) = \pm 1$, $S_2(\hat{\boldsymbol{b}}) = \pm 1$, $S_1(\hat{\boldsymbol{a}})S_2(\hat{\boldsymbol{b}})$ 用以上概率加权求和, 我们得到 $S_1(\hat{\boldsymbol{a}})S_2(\hat{\boldsymbol{b}})$ 的量子力学期望值是

$$\langle S_1(\hat{\boldsymbol{a}})S_2(\hat{\boldsymbol{b}}) \rangle_{\mathrm{QM}} = \frac{1}{2} \left(\cos^2\theta_{ab} - \sin^2\theta_{ab} - \sin^2\theta_{ab} + \cos^2\theta_{ab} \right) = \cos 2\theta_{ab} \qquad (12.2.12)$$

此处 θ_{ab} 是 $\hat{\boldsymbol{a}}$ 与 $\hat{\boldsymbol{b}}$ 之间的夹角. 这样在量子力学中, 式(12.2.11)的左边是

$$\langle S_1(\hat{\boldsymbol{a}})S_2(\hat{\boldsymbol{b}}) \rangle_{\mathrm{QM}} - \langle S_1(\hat{\boldsymbol{a}})S_2(\hat{\boldsymbol{b}}') \rangle_{\mathrm{QM}} + \langle S_1(\hat{\boldsymbol{a}}')S_2(\hat{\boldsymbol{b}}) \rangle_{\mathrm{QM}} + \langle S_1(\hat{\boldsymbol{a}}')S_2(\hat{\boldsymbol{b}}') \rangle_{\mathrm{QM}}$$

$$= \cos 2\theta_{ab} - \cos 2\theta_{ab'} + \cos 2\theta_{a'b} + \cos 2\theta_{a'b'} \qquad (12.2.13)$$

上式的极大[2]出现在 $\theta_{ab} = \theta_{a'b} = \theta_{a'b'} = 22.5°$ 和 $\theta_{ab'} = 67.5°$, 在此情况下, 有

$$\langle S_1(\hat{\boldsymbol{a}})S_2(\hat{\boldsymbol{b}}) \rangle_{\mathrm{QM}} - \langle S_1(\hat{\boldsymbol{a}})S_2(\hat{\boldsymbol{b}}') \rangle_{\mathrm{QM}} + \langle S_1(\hat{\boldsymbol{a}}')S_2(\hat{\boldsymbol{b}}) \rangle_{\mathrm{QM}} + \langle S_1(\hat{\boldsymbol{a}}')S_2(\hat{\boldsymbol{b}}') \rangle_{\mathrm{QM}} = 2\sqrt{2} = 2.828$$

因为在实验中偏振器并非完全有效, 期望值仅为 2.70 ± 0.05. 式(12.2.11)左边的实验值是 2.697 ± 0.0515, 和量子力学符合得很好, 和所有隐变量理论满足的不等式(12.2.11)明显地不相符合.

---

[1] Kocher C A, Commins E D. Phys. Rev. Lett., 1967, 18: 575.

[2] 所有的方向 $\hat{\boldsymbol{a}}$、$\hat{\boldsymbol{b}}$、$\hat{\boldsymbol{a}}'$ 和 $\hat{\boldsymbol{b}}'$ 都和 $\hat{\boldsymbol{k}}$ 垂直, 所以它们都在一个平面中. 求式(12.2.13)的极大值时, 先将它们排序, 使得 $\theta_{ab'} = \theta_{ab} + \theta_{a'b} + \theta_{a'b'}$, 然后将式(12.2.13)对 θ_{ab}, $\theta_{a'b}$ 和 $\theta_{a'b'}$ 的导数都置为零, 由此即得.

12.3 量子计算

近年来, 很多的注意给予了由量子力学提供的计算的机会[①]. 这一节仅是一个关于量子计算机的能力及其局限简短的一瞥.

量子力学中纠缠的存在提供了量子计算机进行计算的可能性, 这类计算在经典计算中需要指数增长的更多资源. 量子计算机的工作记忆可以被认为是 n 个**量子比特**, 就如同总角动量 1/2 的原子或超导环中的电流, 其中某个物理量, 如角动量的 z 分量或电流的方向, 只能取两个值. 我们用只取 0 和 1 两个值的指标 s 来标明这两个值, 并定义 $\Psi_{s_1,s_2,\cdots,s_n}$ 为归一化的状态矢量, 其中量子比特取值 $s_1,s_2,\cdots,s_n$. 于是记忆的一般状态就是

$$\Psi = \sum_{s_1,s_2,\cdots,s_n} \psi_{s_1 s_2 \cdots s_n} \Psi_{s_1 s_2 \cdots s_n} \tag{12.3.1}$$

此处 $\psi_{s_1 s_2 \cdots s_n}$ 是复数, 满足归一化条件

$$\sum_{s_1,s_2,\cdots,s_n} |\psi_{s_1 s_2 \cdots s_n}|^2 = 1 \tag{12.3.2}$$

因为 $\psi_{s_1 s_2 \cdots s_n}$ 的模满足这个条件, 而它的整体相位又不重要, 故只有 $2^n - 1$ 个独立系数, 可以把它们取作 $\psi_{s_1 s_2 \cdots s_n}$ 的比例. 因此 n 个量子比特的量子计算机有一个记忆, 它能包含 $2^n - 1$ 个独立的复数, 即这就是在计算中计算机可以作用的信息. (我们将会看到, 该信息一般不能从记忆中读取.)

这可以和一个经典数值计算机相比. 包含 n 个比特的经典记忆的状态正是一串 n 个 0 和 1, 这些可以被认为是从 0 到 $2^n - 1$ 的单一的整数的二进制表达. 正是包含 $2^n - 1$ 个不受限制的复数的量子记忆和包含从 0 到 $2^n - 1$ 的单一的整数的经典记忆的比较产生了量子计算机和经典计算机的差别. 一个经典数字计算机能够做量子计算机能做的任何事, 但是要付出指数增大记忆的代价.

如对经典计算机一样, 我们可以把在 ψ 和 Ψ 上面的指标 $s_1,s_2,\cdots,s_n$ 当作一串 0 和 1, 而且它们可用在 0 和 $2^n - 1$ 之间的单一整数 ν 代替, 此数的二进制表达

[①] 例如, 请见 N. D. Mermin 的著作 *Quantum Computer Science*: *An Introduction* (Cambridge: Cambridge University Press, 2007). 关于量子计算的网上评述, 请见 J. Preskill (http://www.theory.caltech.edu/people/preskill/ph229/#lecture).

是 $s_1, s_2, \cdots, s_n$. (例如, 在 $n = 2$ 时, 我们可以定义 $\Psi_0 \equiv \Psi_{00}$, $\Psi_1 \equiv \Psi_{01}$, $\Psi_2 \equiv \Psi_{10}$ 和 $\Psi_3 \equiv \Psi_{11}$.) 这样我们就将式(12.3.1)写为

$$\Psi = \sum_{\nu=0}^{2^n-1} \psi(\nu)\Psi_\nu \tag{12.3.3}$$

并把 $\psi(\nu)$ 看作单一的整数 ν 的复值函数.

将 n 个量子比特暴露在各种外在影响之下, 原则上可以以一个形式如 $\exp(-\mathrm{i}Ht/\hbar)$ 的算符作用在它们的状态矢量上, 此处 H 是任何 Hermite 算符, 用这种方式使状态矢量受制于我们所要的任何幺正变换 $\Psi \to U\Psi$. 在波函数上的效应是

$$\psi(\nu) \mapsto \sum_{\mu=0}^{2^n-1} U_{\mu\nu}\psi(\mu) \tag{12.3.4}$$

此处 $U_{\mu\nu}$ 是某个任意的幺正矩阵. 用这种方式, 量子计算机能把函数转换为另外的函数. 例如, 构造寻找大数[①] 的质数因子的算法可利用以下幺正变换:

$$U_{\mu\nu} = 2^{-n/2}\exp\left(2\mathrm{i}\pi\mu\nu/2^n\right) \tag{12.3.5}$$

由此 $\psi(\nu)$ 转化为 Fourier 变换:

$$\psi(\nu) \mapsto 2^{-n/2}\sum_{\mu=0}^{2^n-1}\exp\left(2\mathrm{i}\pi\mu\nu/2^n\right)\psi(\mu) \tag{12.3.6}$$

它是幺正的, 因为对于在 0 和 $2^n - 1$ 之间的整数 μ 和 μ', 我们有

$$\sum_{\nu=0}^{2^n-1} U_{\mu\nu}U_{\mu'\nu}^* = 2^{-n}\sum_{\nu=0}^{2^n-1}\exp\left(2\mathrm{i}\pi(\mu-\mu')\nu/2^n\right) = \delta_{\mu\mu'}$$

为了不失去量子计算机的优势, 必须从"门"中构造出这类有用的幺正变换, 门是一类幺正变换, 它同时只作用在有限数量的量子比特上. 例如, 在 P. W. Shor 的文章中证明了, 只用两种门就可能构造幺正变换(12.3.5): 一个门 R_j 用下面的幺正矩阵作用在第 j 个量子比特的两个状态上,

$$R_j: \quad \frac{1}{\sqrt{2}}\begin{pmatrix} 1 & 1 \\ 1 & -1 \end{pmatrix}$$

另一个门 S_{jk} 作用在第 j 个和第 k 个量子比特 $(j < k)$ 的四个状态上,

$$S_{jk}: \quad \begin{pmatrix} 1 & 0 & 0 & 0 \\ 0 & 1 & 0 & 0 \\ 0 & 0 & 1 & 0 \\ 0 & 0 & 0 & \exp(\mathrm{i}\pi 2^{j-k}) \end{pmatrix}$$

[①] Shor P W. J. Sci. Statist. Comput., 1997, 26: 1484. 这种因子分解在密码学中的应用在 11.8 节中简短描述.

其中行和列对应二量子比特状态, 其指标为 00, 01, 10 和 11, 以此为序.

量子计算也受到限制, 有内在的和外在的. 它遇到内在的读出量子计算机的记忆内容的限制. 对于在一般状态(12.3.3)中系数 $\psi(\nu)$ 未知的记忆, 没有一个量子比特状态的单独测量只靠它本身能告诉我们任何关于这些系数值的确切信息. 甚至我们重复同一个计算多次, 且每次测量每一个量子比特的状态, 我们只知道模 $|\psi(\nu)|$ 的值. 在另一方面, 如果我们知道一个计算把记忆置于基状态 Ψ_ν 之一, 我们就能通过测量每一个量子比特的状态找出整数 ν. 一个特例是, 将大数分解为质数的乘积时, 输出是一些数的集合, 由态 Ψ_ν 代表, 通过测量每个量子比特的状态找到这些数是没有问题的.

更一般的测量也是可能的. 如果我们知道一个量子计算把记忆置于一个状态, 则有

$$\sum_{\nu=0}^{2^n-1} A_{\mu\nu}^r \psi(\nu) = a^r \psi(\mu)$$

对 Hermite 矩阵 A^r 的某些集合, 则通过适当的测量我们能找到本征值 a^r. (前面提到过的例子 (计算把记忆置于状态 Ψ_ν) 正是此种情况, 其中这些矩阵是 $A_{\mu'\mu}^\nu = \nu \delta_{\nu\mu'} \delta_{\nu\mu}$.)

另一个内在限制如下: 由于在记忆存储器内容上的运算 U 的线性, 有些经典计算机容易做到的事, 量子计算机做不到. 其中之一是把一个记忆存储器的内容复制到另一个存储器上[①]. 两个独立存储器的状态可以表示为直积 $\Psi \otimes \Phi$, 此处 Ψ 和 Φ 是两个存储器的状态. (这就是说, 如果 $\Psi = \sum_\nu \psi(\nu)\Psi_\nu$ 和 $\Phi = \sum_\mu \phi(\mu)\Phi_\mu$, 则 $\Psi \otimes \Phi = \sum_{\nu,\mu} \psi(\nu)\phi(\mu)\Psi_{\nu\mu}$.) 一个复制算符 U 具有以下性质:

$$U(\Psi \otimes \Phi_0) = \Psi \otimes \Psi \tag{12.3.7}$$

此处 Ψ 是第一个存储器的任意状态, Φ_0 是第二个存储器的某个特定的 "空" 态. 如果此式对任意 Ψ 成立, 则对 $\Psi = \Psi_A + \Psi_B$ 也必须成立, 所以

$$U\left((\Psi_A + \Psi_B) \otimes \Phi_0\right) = (\Psi_A + \Psi_B) \otimes (\Psi_A + \Psi_B)$$
$$= \Psi_A \otimes \Psi_A + \Psi_A \otimes \Psi_B + \Psi_B \otimes \Psi_A + \Psi_B \otimes \Psi_B \tag{12.3.8}$$

但如果 U 是线性的, 则

$$U\left((\Psi_A + \Psi_B) \otimes \Phi_0\right) = U(\Psi_A \otimes \Phi_0) + U(\Psi_B \otimes \Phi_0) = \Psi_A \otimes \Psi_A + \Psi_B \otimes \Psi_B \tag{12.3.9}$$

与式(12.3.8)矛盾.

量子计算的外在限制是对误差的反制, 误差如果不处理, 就会在长时间的计算中积累起来, 使计算变为无效的. 一种误差是相位的变化, 和环境的相互作用把某个量子比

---

① Wooters W R, Zurek W H. Nature, 1982, 299: 802; Dicks D. Phys. Lett. A, 1982, 92: 271.

特的状态从 $\psi_0\Psi_0+\psi_1\Psi_1$ 变为 $\mathrm{e}^{\mathrm{i}\alpha_0}\psi_0\Psi_0+\mathrm{e}^{\mathrm{i}\alpha_1}\psi_1\Psi_1$. 即使相位 α_i 很小, 这也意味着由这个量子比特代表的复数 ψ_1/ψ_0 的变化. 若大的不受控制的相位有了变化, 这个量子比特和其他量子比特的纠缠就被毁掉了. 对于一个退纠缠的状态, 它的 $\psi_{s_1\cdots s_n}$ 基本上是一个指标函数的乘积, 只包含 $n-1$ 个独立复数, 而不是 2^n-1 个, 所以量子计算机相对于经典计算机的优越性就丧失了. 另一种误差是比特翻转: 某个比特的状态 Ψ_1 变成了 Ψ_0, 或者反过来.

有可能对量子计算机进行探测和改正误差, 可以用合成量子比特来写程序, 它是由一些真实的量子比特聚集形成的[①]. 在一个常见的方案中[②], 9 个真实的量子比特联合为 3 个三联体, 从而形成单一的合成量子比特. 它的一般状态是

$$\psi_0\left(\Psi_{000}+\Psi_{111}\right)\otimes\left(\Psi_{000}+\Psi_{111}\right)\otimes\left(\Psi_{000}+\Psi_{111}\right)$$
$$+\psi_1\left(\Psi_{000}-\Psi_{111}\right)\otimes\left(\Psi_{000}-\Psi_{111}\right)\otimes\left(\Psi_{000}-\Psi_{111}\right) \tag{12.3.10}$$

其中用 $\otimes$ 代表的直积应该理解为, 例如, $\Psi_{000}\otimes\Psi_{111}\otimes\Psi_{000}$ 是 9 位量子比特 $\Psi_{000111000}$. 这就允许影响单独真实量子比特的误差被探测出来并用多数决定原则予以纠正. 任何真实量子比特相位的变化会改变量子比特三联体之一的状态, 从 $\Psi_{000}+\Psi_{111}$ 或 $\Psi_{000}-\Psi_{111}$ 变为另一个线性组合 (或许是 $\Psi_{000}-\Psi_{111}$ 或 $\Psi_{000}+\Psi_{111}$), 这可以用改变它的状态为另外两个三联体的状态来改正. 比特翻转将一个三联体状态转变为一个非法的状态, 其中一个量子比特在 0 状态, 两个在 1 状态, 这可以通过把三联体状态转化为合法的状态 Ψ_{111} 来改正. 而比特翻转将一个三联体状态转变为一个非法的状态, 其中一个量子比特在 1 状态, 两个在 0 状态, 这可以通过把三联体置换为另一个合法的状态 Ψ_{000} 来改正.

相位变化和比特翻转不直接作用在合成量子比特上, 只作用在形成合成量子比特的真实量子比特上. 因此, 如果影响真实量子比特的误差用上述方法改正了, 则没有误差会干扰在合成量子比特状态(12.3.10)中的系数 ψ_0 或 ψ_1, 或者在聚集许多这样的合成量子比特形成的纠缠态类似的系数. 这类误差改正码的发展和个别量子比特物理性能令人瞩目的表现[③]提出了如下问题: 如何把几百个量子比特组合在一个可用的量子计算机里, 以及如何为这样的计算机写程序?

---

① 评述请见 J. Preskill (http://www.theory.caltech.edu/people/preskill/ph229/#lecture, Capter 7) 和 D. Gottesman (Computation: A Grand Mathematical Challenge for the Twenty-First Century and the Millennium, ed. S. J. Lononaco, Jr., American Mathematical Society, Providence, RI, 2002: 221-235).

② Shor P W. Phys. Rev. A, 1995, 52: 2493.

③ Harty T P, Allcock D T, Ballance C J, et al. Phys. Rev. Lett., 2014, 113: 220501. [arXiv: 1403.1524].

索引

A

Aharonov, Yakir, 208, 245, 323, 326, 357

Aharonov-Bohm 效应, 323, 326

Allcock, D. T., 368

Ambler, E, 137

Anderson, H. L., 130

Anderson, M. H., 122

Andrade, E. N. da Costa, 7

Aspect, Alain, 363

Avogadro 常量, 4

锕系元素, 124

氨, 184

B

Bacciagaluppi, G, 27

Bailey, V. A., 240

Bakshi, P. M., 282

Ballance, C. J., 368

Banks, T, 218

Bassi, A., 81, 214

Bayh, W., 326

BB84 协议, 352, 353

Bell, John S., 362

Bell 不等式, 361~363

Benatti, F., 218

Bennet, C. H., 352

Berry, Michael V., 204

Bessel 函数, 179, 180

Beyer, R. T., 83

Bloch, F., 75

Bloch 波, 75

Block, M. M., 269

Boersch, H., 326

Bohm, David, 208, 245, 323, 326, 357, 358, 361

Bohm 佯谬, 358

Bohr, Niels, 7~10, 12~14, 41, 43, 80, 81, 85, 140, 195

Bohr 半径, 41

Boltzmann 常量, 3

Born, Max, 17, 18, 21, 22, 25, 26, 55, 57, 80, 83~85, 87~89, 92, 171~173, 175, 176, 232, 233, 243, 245, 252, 273, 277, 286, 289, 290

Born-Oppenheimer 近似, 171~176

Born 规则, 26, 55, 80, 83~85, 87~89, 92

Born 近似, 232~233, 243, 245, 252, 273, 286

Bose, Satyendra Nath, 120, 122, 126

Bose-Einstein 凝聚, 122

Bose-Einstein 统计, 126

Boyanovsky, D., 282

Brassard, G., 352

Breit, G., 128, 239, 272

Breit-Wigner 公式, 239, 240, 272

Brillouin, Leon, 177

Brillouin 区, 75

Brune, M., 208

Brunner, N., 362

Burgoyne, N., 120

半导体, 127

本征态、本征矢量、本征值, 24, 61

变分法, 168~171

变换理论, 21, 50

标量积, 52, 54

并矢, 65

波包, 12, 22, 51, 64, 83, 93, 226, 232, 241, 242

波动力学, 11~14

玻色子与费米子, 119~127

C

Cabibbo, N., 290

Cassen, B, 128

Cavalcanti, D., 362

Caves, C. M., 92

Chadwick, James, 9, 26

Chambers, R. G., 326

Chinowski, W, 137

Choi, M. D., 217

Christensen, J. H., 138

Clauser, J. F., 363

Clebsch-Gordan 系数, 108~113, 115, 117, 150

Commins, E. D., 364

Compton, Arthur H., 5, 11

Condon, E. U., 128, 240

Copenhagen 诠释, 80~81

Coulomb 规范, 331

Coulomb 散射, 233, 243, 249, 252

Coulomb 势, 13, 47, 233, 240

Creutz, M., 314

Cronin, J. W., 138

测量, 81~84, 219, 220

超荷, 132

超精细分裂, 112

超子, 130~131

程函近似, 245~252, 323, 324

初级和次级局限, 304, 305

"出" 态, 254~257, 278

磁矩, 105, 320, 321

D

Dalibard, J., 363

Darwin, C. G., 85

Davisson, Clinton, 13

de Broglie, L. 12~14, 21

de Broglie 波, 12

de Hass-van Alphen 效应, 322

de Vega, H. J., 282

DeGrand, T., 314

DeTar, C., 314

Deutsch, D., 91

DeWitt, B. S., 80, 91, 282

DeWitt, C., 91

Dicks, D., 367

Dirac, Paul A. M., 18, 21, 50, 55, 57, 95, 157, 200, 303, 305~307, 314, 331, 333, 334, 349

Dirac 方程, 138

Dirac 括号, 306, 334

Distler, J., 25

Dyson, F. J., 280, 282

Dyson 级数, 282

氘, 43

氘核, 133, 137, 286

第一类和第二类局限, 305

电荷对称, 128

电荷共轭, 137

电荷与电流密度, 329

电子

　　电荷, 4

　　发现, 4, 6

质量, 4

自旋, 95

动力学相, 202

动量, 72, 296, 301

对称变换群, 73

对称性, 68~71

对称性的生成元, 71

对角化, 62

对易子, 25, 29, 79, 332~334, 338, 340

对应原理, 8

多世界诠释, 88~92

惰性气体, 124, 240

E

Eckart, C. 24，95, 116~119, 264

Edmonds, A. R., 147

Ehrenfest, Paul, 23, 105

Einstein, Albert, 4, 5, 7~11, 15, 21, 26, 27, 122, 126, 199, 349, 356~358

Einstein-Podolsky-Rosen 佯谬, 357

Eisenschitz, R., 186

Elsasser, Walter, 13

Ensher, J. R., 122

Euler-Lagrange 场方程, 328

Everett, Hugh, 88

Ezawa, H., 86

F

Faddeev, L. D., 274

Faraday, 4

Farhi, E., 92

Feenberg, E, 128

Fermi, Enrico, 120, 127, 194, 290, 322

Fermi 面, 127

Fermi 黄金规则, 194

Fermi-Dirac 统计, 127

Feynman, Richard P., 174, 308, 311

Fierz, M., 120

Fitch, V. L., 138

Floreanini, R., 217

Fock, V., 200

Fock 空间, 341

Fowler, H. A., 326

Fraunhofer, Joseph von, 6

Friedman, J. I., 137

Froissart, M., 269

Fuchs, C. A., 85

反常 Zeeman 效应, 160

反粒子, 126, 130, 131, 137, 138

反线性算符, 77

非极化系统, 119, 189

分波展开, 263~268

分支比, 272, 273

分子, 142, 168

封闭近似, 168

辐射跃迁, 14, 47, 48, 345~352

　　电偶极跃迁, 119, 160, 349

　　电四极和磁偶极跃迁, 351

　　选择规则, 42, 118, 119, 136, 351, 352

负能量, 77

G

Galilei 变换, 77

Gamow, George, 4, 240

Garwin, R., 137

Gauss 函数的积分, 311

Geiger, Hans, 6

Gell-Mann, M., 86

Gerlach, Walter, 83, 84, 89, 104

Germer, Lester, 13

Ghirardi, G. C., 81, 214

Gibbs, J. W., 5

Gisin, N., 360

Goeppert-Mayer, M., 125

Goldstone, J., 91

Gottesman, D., 368

Goudsmit, Samuel, 94

Graham, N., 91

Grangier, P., 363

Green 函数, 227, 257

Griffiths, R. B., 86

Grohmann, K., 326

Gurney, R. W., 240

Gutmann, S., 91

概率, 22, 26, 27, 54, 55

　　守恒, 23, 231, 317, 318

概率密度, 23

刚性转子, 142~149

功函数, 4

工具论, 85

共振, 237~240, 269~273

光电离, 195~197

光电效应, 4

光吸收, 10, 198~200

光学定理, 229~232, 236, 262~263, 266

光子, 6, 7, 119, 120, 126, 342~345

关联函数, 199

规范变换, 318

规范不变性, 318~319

H

Hermite 矩阵和算符, 18, 19, 22~24, 31, 59, 61, 63~66, 70

Hafstad, L. R., 128

Halzen, F., 269

Hamilton 量, 14, 18, 21

    从 Lagrange 量推导, 297～300

    从时间平移对称性推导, 75, 298, 302

    带电粒子在电磁场中, 317

    电磁场, 334～336

    二体问题, 42, 43

    刚性转子, 142～149

    谐振子, 45

    有效 Hamilton 量, 176

Hamisch, H., 326

Haroche, S., 208

Hartle, J. B., 86, 92

Hartree, D. R., 121

Hartree 近似, 121

Harty, T. P., 368

Hayward, R. W., 137

Heisenberg, Werner, 14～21, 24, 25, 44, 45,

    48, 50, 63, 64, 76, 78, 79, 87, 118, 138,

    223, 279, 282, 300, 302, 303, 308, 309,

    337, 346

Heisenberg 不确定关系, 64

Heisenberg 绘景, 76, 223, 300

Hellmann, F., 174

Hellmann-Feynman 定理, 174

Herglotz, A., 287

Hermite 多项式, 45

Heydenberg, N, 128

Hibbs, A. R., 308, 312

Hilbert 空间, 51～55

Horne, M. A., 363

Hoyt, F. C., 24

Hu, B. -L., 86

盒归一态, 259

黑体辐射, 8, 10

红外发散, 167

化学势, 126

幻数, 44, 125

回旋加速器频率, 321

回转磁比例, 157, 351

J

Jacobi 恒等式, 303

Jeans, James, 2, 3

Jensen, J. H. D., 125

Joos, E., 83

Jordan, Pascual, 18, 21

基矢量, 54

激光, 11

极坐标, 31

价, 124

简并

    Landau 能级的, 321

    在绝热近似中, 203

    在微扰论中, 154～157, 166～167

    在谐振子中, 46～47, 134

碱金属, 41, 94, 124, 157

碱土金属, 124

角动量, 99～101

    多重态, 101～105

    刚体转子的, 143

    相加, 106～116

截面

    低能, 236～237

    高能, 268～269

    共振, 239

    经典, 249

    普遍公式, 260

    微分截面, 229

    衍射散射, 269

金属, 124, 127

紧致空间, 140

经典态, 83

晶体, 74, 127

精细结构, 95, 112, 157

精细结构常数, 157

精细平衡原理, 289

纠缠, 356~368

    快于光的通信, 358~360

    熵, 360

    实验检验, 363

    佯谬, 356~361

    在量子计算中, 365

纠缠熵, 361

矩阵, 17~18

矩阵力学, 14~21, 138

巨正则系综, 126

绝热近似, 200~203

绝缘体, 127

K

K 介子, 276, 290

Keldysh, L. V., 282

Kent, A., 89

Kirchoff, Gustav Robert, 1, 4

Klibansky, R., 80

Kobayashi, S., 86

Kocher, C. A., 364

Kramers, Hendrik, 177

Kraus, K., 217

Kraus 形式, 217

Kuhn, W, 16

Kuhn-Thomas 求和规则, 16

开放系统, 213~220

可因子化解, 274

空间反演, 37, 97, 134~138

空间平移, 71~75, 300

L

Lagrange 量, 293~295

    带电粒子在电磁场中, 316

    电磁场, 329~331

    和对称原理, 296~297

    粒子在一般势中, 295

    路径积分中, 312

    密度, 328

Laguerre 多项式, 40

Lamb 能移, 112, 135, 161, 163, 164

Landé g-因子, 158

Landau, Lev D., 320

Landau 能级, 320~322

Larmor, J., 15

Lederman, L., 137

Lee, Tsung-Dao (李政道), 137

Legendre 多项式, 38, 234

Leggett, A. J., 83

Levinson, Norman, 242

Levinson 定理, 242~243

Lewis, G. N., 6

Lifshitz, E. M., 147, 148

Lindblad, G., 217

Lindblad 方程, 217

Lippmann, B., 224, 227, 257, 273, 276, 283, 288, 289, 291

Lippmann-Schwinger 方程, 224, 227, 254, 257

London, Fritz, 186

Lononaco, S. J., 368

Lord, J. J., 130

Lorentz, Hendrik A., 5, 12, 79, 160, 278, 280, 311

Lorentz 不变性, 79, 278, 280, 311

Low, Francis, 283, 284

Low 方程, 283, 284

Lüders, G., 120, 138

Lyman α 辐射, 42

镧系元素, 124

离心力, 34

连带 Legendre 函数, 38

连续对称性, 296

连续态归一化, 56~58

量子比特, 365

    合成量子比特, 368

量子电动力学, 21

量子计算机

    比经典计算机的优点, 365

    门, 366

    限制, 367~368

量子密钥分配, 352~354

零点能, 125

卤素, 124

路径积分的经典极限, 311

路径积分理论形式, 308~314

螺旋度, 343

M

Magnus, W., 187, 244

Mahanthappa, K. T., 282

Maksymowicz, A., 290

Marsden, Ernest, 6

Martin, R., 130

Marton, L., 326

Maskawa, T., 306

Matthews, M. R., 122

Maxwell-Boltzmann 统计, 127

Maxwell 方程, 327, 329

Mermin, N. David, 85

Messiah, Albert, 200

Millikan, Robert, 4

Möllenstedt, G., 326

Mosley, H. G. J., 9

Murayama, Y., 86

密度矩阵, 66~67, 79~81, 213, 214, 358

    正性, 216~217

N

Nakajima, H., 306

Nakano, T., 131

Ne'eman, Y, 131

Newell, D. B., 3

Newton, R. G., 230

Nishijima, K., 131

Noether, Emmy, 296

Noether 定理, 296

Nye, M. J., 26

钠的 D 线, 94, 157, 159

能带, 75, 127

扭曲波 Born 近似, 277

O

Oberhettinger, F., 187, 244

Omnès R., 86

Oppenheimer, Robert J., 171~173, 175, 176

Orear, J., 130

Ozawa, M, 25

P

Paban, S., 25

Paschen-Back 效应, 161

Pauli, Wolfgang, 19, 94, 95, 104, 122, 123,
    126, 127, 138

Pauli 不相容原理, 122~127

Pauli 矩阵, 104

Pearle, P., 214

Perlmutter, S., 341

Peskin, M. H., 218

Phua, K. K., 86

Pironio, S., 362

Planck, Max, 3~5, 126

Planck 常量, 3

Podolsky, Boris, 356~358

Poisson 括号, 18, 302, 303, 305, 306

Polchinski, J., 360

Preskill, J., 353, 365, 368

碰撞参数, 249

偏振矢量, 344, 352, 353

平面波, 73

破缺的对称性, 183~185

Q

期望值, 23, 62, 63

奇异数, 131

强相互作用, 130, 131

氢的复合, 42

氢原子, 8, 9, 18, 38~42, 112, 135, 138~141

氰, 149

球面 Bessel 和 Neumann 函数, 234

球谐函数, 35~38, 48, 103, 113, 117, 135, 149
    相加定理, 113

群速度, 12

R

Rabi, I. I., 208, 209

Rabi 振荡, 208, 209

Raimond, J.-M., 208

Ramsauer, C., 240

Ramsey, Norman, 208, 210

Ramsey 干涉仪, 210~212

Rayleigh, Lord, 2~4

Rayleigh-Jeans 公式, 3

Riess, A. G., 341

Rimini, A., 81, 214

Ritz, Walther, 7

Ritz 组合原理, 7

Roger, G., 363

Romano, R., 218

Rosen, Nathan, 356~358

Runge-Lenz 矢量, 138

Rutherford, Ernest, 6, 7, 9, 26, 222, 233, 249

Ryan, M. P., 86

热气体的冷却, 41

"入" 态, 254~257, 278

"入 -入" 理论形式, 282

弱相互作用, 130, 131, 137, 290

S

$3j$ 符号, 114

S 矩阵, 254~259, 278, 280
    共振, 270, 271

Scarani, V., 362

Schack, R., 85, 92

Schmidt, B., 341

Schrödinger, Erwin, 13, 14, 19~24, 28, 29, 32, 34, 38, 43, 44, 50, 57, 74~76, 78, 80~82, 84, 86, 89, 138, 140, 152, 153, 155, 167, 172~175, 177, 178, 180, 183, 192, 200, 201, 203~205, 208, 213, 223, 224, 230, 235~238, 243, 248, 279, 281, 309, 313, 314, 317, 319~321, 324

Schrödinger 方程, 13, 14
    Coulomb 势, 38, 243
    时间依赖方程, 22

谐振子, 44

中心势, 28

Schrödinger 绘景, 76, 78, 82

Schrödinger 猫, 82, 84, 89

Schwarz, Laurent, 58

Schwartz 不等式, 63, 64

Schwinger, J., 224, 227, 257, 273, 277, 283,
288, 289, 291

Shapere, A., 208

Shimony, A., 363

Shohat, J. A., 287

Shor, P. W., 353, 366, 368

Shubnikov-de Hass 效应, 322

Simpson, J. A., 326

Slater, J. C., 122

Slater 行列式, 122

$SO(3) \otimes SO(3)$(或 $SO(4)$)
氢的对称性, 141

Solvay 会议, 26

Sommerfeld 量子化条件, 9, 182

Sommerfeld, Arnold, 9, 12, 18, 182, 183

Stark, J., 161

Stark 效应, 161~164, 168

Steinberger, J., 137

Steiner, R. L., 3

Stern, Otto, 83, 84, 89, 105

Stern-Gerlach 实验, 83, 84, 89, 105, 111

Streater, R. F., 120

Struppa, D. C., 214

$SU(3)$ 对称性
粒子物理, 131~133

谐振子, 133, 134

Susskind, L., 218

Suzuki, R., 326

散射, 22

势散射理论, 222~252

一般散射理论, 253~292

散射长度, 237, 252, 286

散射的时间延迟, 241, 242

散射振幅, 227~229, 231~236, 240, 241, 245,
250~252

射线, 55, 69

射线路径, 246

失谐, 82~84, 185

失谐历史方案, 86~88

时间反转, 77

时间排序乘积, 279~282

时间平移, 71, 75, 77

实在论诠释, 88~90

矢量的球分量, 117, 118

矢量空间, 51~52

矢量空间的维数, 53

手征, 185

受激发射, 11, 15, 18, 194, 199

受限 Hamilton 体系, 303~307

束缚态
结合能的极限, 276

浅束缚态, 283~288

衰变率, 259, 260

双缝实验, 313

算符, 59~60

算符的伴随, 59, 68

算符的迹, 64, 65

T

Tamarkin, J. D., 287

Telegdi, V. L., 137

Thomas, W., 16

Thomson, Joseph John, 4, 6

Tollakson, J. M., 214

Tomomura, A., 326

Townsend, J. S., 240

Tsao, C. H., 130

Tung, Wu-Ki, 147

Tuve, M. A., 128

汤川势 (或非屏蔽 Coulomb 势), 233, 270, 275

提升和降低算符, 45, 101, 133, 339

同位旋, 128

同位旋不变性, 128～130

投影算符, 65

推动算符 K, 78

U

$U(1)$ 对称性, 131

Uhlenbeck, George, 94

Umezaki, H., 326

V

Valentini, A., 27

van der Waals 力, 186～189

Vishveshwars, C. V., 86

von Neumann, John, 67, 68, 79, 218, 234, 360

von Neumann 熵, 67, 68, 79, 218

W

W 和 Z 粒子, 120

Waals, Johannes Diderik van der, 186

Waerden, B. L. van der, 26

Wallace, Alfred Russel, 85

Watson, K., 290

Watson, G. N., 179

Watson-Fermi 定理, 290

Webber, J., 244

Weber, T., 81, 214

Wehner, S., 362

Weinberg, S., 70, 97, 138, 185, 246, 274, 282, 286, 306, 341

Weinrich, M., 137

Weisskopf, Victor, 95

Wentzel, Gregor, 177

Wermer, J., 187

Wheeler, J. A., 80, 82, 91, 362

Wien, Wilhelm, 11

Wien 位移定律, 11

Wightman, A. S., 120

Wigner, E. P., 70, 117, 239, 241

Wigner-Eckart 定理, 95, 116～119, 162, 264

Wilczek, F., 203, 208

Williams, E. R., 3

WKB 近似, 177, 179, 180, 182～184, 190, 238, 245～246

Wolf, E., 245

Wollaston, William Hyde, 6

Wooters, W. R., 367

Wu, C. S. (吴健雄), 137

完备性, 155, 167, 220, 308

完全连续性, 273

完全正性, 217

微扰论

    旧式, 273

    时间依赖, 278

    收敛, 273～275

    跃迁率, 194, 197, 198

位力定理, 170

X

X 射线, 5, 9, 13

稀土元素, 124

相干态, 345, 355

相干态矢量的塌缩, 80

相互作用绘景, 279~282, 336, 337, 339, 346, 354

相似变换, 71

相移, 233, 235~237, 267

    低能, 236

    共振, 239

    浅束缚态, 283, 284

线性算符, 60

谐振子, 44, 45, 47, 125, 133, 134, 182, 322

虚粒子, 165

Y

Yamaguchi, Y., 86

Yang, Chen-Ning (杨振宁), 137

Yukawa, Hideki (汤川秀树), 233,

衍射峰, 232

幺正性, 68, 69

    S 矩阵, 254, 270

隐变量, 81, 361~364

引力子, 344

有效 Hamilton 量, 176

有效力程, 237, 286

预解式, 275, 276

原子光谱, 6

原子核

    发现, 6, 229

原子量, 9

约化矩阵元, 117

约化质量, 9, 28, 42, 43, 177, 260, 263, 275, 284

Z

Zee, A. (徐一鸿), 203

Zeeman, Pieter, 157,

Zeeman 效应, 157, 160, 161

Zeh, H. D., 83

Zumino, B., 120

Zurek, W. H., 80, 82, 83, 86, 362, 367

真空态, 185, 218, 282

正交归一状态矢量, 109, 168

正交矩阵, 96, 97

正氢和正氘, 149

正则对易关系, 300, 303

正则共轭, 298, 299, 308

质子, 9, 128

    磁矩, 112

中心荷, 79

中子, 127

仲氢和仲氘, 149

重子数, 130

周期性边界条件, 194

主量子数 n, 123, 140, 141

转动, 96~99

    幺正, 147

转动惯量张量, 143

状态矢量, 51, 54

紫外发散, 167

紫外灾难, 3

自发发射, 11, 200

自旋, 95, 100, 293, 297, 301~303

自旋-轨道耦合, 125, 135, 159, 190

α 粒子, 6, 7, 240,

β 衰变, 277, 290

Δ 粒子, 130

π 子, 129~131, 292

ϵ_{ijk} 张量, 29, 32, 217

量子科学出版工程

量子科学重点前沿突破方向 / 陈宇翔　潘建伟

量子物理若干基本问题 / 汪克林　曹则贤

量子计算：基于半导体量子点 / 王取泉　等

量子光学：从半经典到量子化 / （法）格林贝格　乔从丰　等

量子色动力学及其应用 / 何汉新

量子系统控制理论与方法 / 丛爽　匡森

量子机器学习理论与方法 / 孙翼　王安民　张鹏飞

量子光场的衰减和扩散 / 范洪义　胡利云

编程宇宙：量子计算机科学家解读宇宙 / （美）劳埃德　张文卓

量子物理学. 上册：从基础到对称性和微扰论 / （美）捷列文斯基　丁亦兵　等

量子物理学. 下册：从时间相关动力学到多体物理和量子混沌 / （美）捷列文斯基　丁亦兵　等

世纪幽灵：走进量子纠缠（第 2 版） / 张天蓉

量子力学讲义 / （美）温伯格　张礼　等

量子导航定位系统 / 丛爽　王海涛　陈鼎

光子-强子相互作用 / （美）费曼　王群　等

基本过程理论 / （美）费曼　肖志广　等

量子力学算符排序与积分新论 / 范洪义　等

基于光子产生-湮灭机制的量子力学引论 / 范洪义　等

抚今追昔话量子 / 范洪义

果壳中的量子场论 / （美）徐一鸿　张建东　等

量子信息简话 / 袁岚峰

量子系统格林函数法的理论与应用 / 王怀玉

量子金融：不确定性市场原理、机制和算法 / 辛厚文　辛立志